移动应用开发技术丛书

微信
小游戏开发

李艺 ◎ 著

机械工业出版社
China Machine Press

图书在版编目（CIP）数据

微信小游戏开发．前端篇 / 李艺著．—北京：机械工业出版社，2022.8
（移动应用开发技术丛书）
ISBN 978-7-111-71683-9

I. ①微… II. ①李… III. ①移动电话机－游戏程序－程序设计 ②便携式计算机－游戏程序－程序设计 IV. ① TP317.6

中国版本图书馆 CIP 数据核字（2022）第 178874 号

微信小游戏开发：前端篇

出版发行：机械工业出版社（北京市西城区百万庄大街 22 号 邮政编码：100037）

责任编辑：杨福川 责任校对：张 征 王 延
印 刷：河北宝昌佳彩印刷有限公司 版 次：2023 年 1 月第 1 版第 1 次印刷
开 本：186mm×240mm 1/16 印 张：32.25
书 号：ISBN 978-7-111-71683-9 定 价：139.00 元

客服电话：（010）88361066 68326294

Preface 1 序　一

其实第一代 iPhone 是没有 App Store 的，而那个没有 App Store 的智能手机世界，现在仍然是一些前端程序员的理想世界。在那里，除了操作系统和原生应用之外，一切都可以用同一套前端技术来实现，而不需要关心背后的操作系统是 Android、iOS 还是别的什么。在那里，需要什么功能就去用它，既不需要下载，也不需要安装，更不知道卸载为何物。

今天智能手机时代可谓 App 的天下，但是复杂而笨重的开发流程和分裂的技术路线，是每个移动开发者都不得不承受的技术之重。而最早的时候并不是这样的，那时苹果公司的乔布斯许给我们的理想世界是，用前端脚本和标记语言就可以构筑完备的生态。但是，先是受限于当时的硬件处理性能，网页运行效果不佳，后来加之 App Store 的收入诱惑、与 Android 的平台竞争，苹果让大家都忘记了理想世界原本该有的样子。

在前端理想被残酷现实侵蚀的过程中，国外也有过一些像 B2G（Mozilla 提出的开源操作系统）这样的操作系统级别的抗争，也流行过像基于 WebView 的 Hybrid App 这样取巧的 App 级别的抗争，甚至 Android 生态下还出现了“快应用”这样独立于 App 之外的生态。而其中最流行、最成功的，无疑是微信引领的“小程序 / 小游戏”生态。

李艺的这本书将带领更多的新开发者敲开理想世界的大门。来吧朋友，这里有一个更酷的新世界在等着你一起构建。

黄希彤

前端开发专家、腾讯 T4 专家

序　二 Preface 2

微软的比尔·盖茨，特斯拉的马斯克，字节跳动的张一鸣，小米的雷军，他们都是优秀的程序员。现在正在进入人人都是程序员的时代，优秀程序员的成长路径是什么呢?

边实践、边学习才是最好的程序员成长路径。以下围棋为例，学习围棋最重要的是实战，有对手、有输赢，才会有学习围棋知识的动力。编程也是一样，要想成为编程高手，只有写出自己的项目作品，有了用户反馈才会有最大的成长动力。

编写游戏是无数优秀程序员入行的第一步。很高兴看到李艺这本书的出版，它会带着你写出自己的微信小游戏。让朋友玩自己开发的游戏，这是多好的兴趣驱动和正反馈啊！相信这本书的读者里会涌现出一批优秀的程序员。

蒋涛

CSDN 创始人

Foreword 前　言

笔者在极客时间（在线教育平台）上线4周年之际，在该平台上分享过这样一段话：

“我是一个砌石阶的人。2021年国庆节我在赶书稿写作进度时，看着最终敲定的复杂的代码，突然确定——我所撰写的这套技术图书，对读者来说是有价值的。其价值就在于整套书都基于一个PBL（Project Based Learning，项目引导式学习）实战案例，从最开始的3行代码，到最终的几万行代码。试想一下：如果要求学习者直接以结果代码为模板进行练习，那肯定不太友好；而学习者如果跟着节奏从基础代码一步步修改得到结果代码，那应该会很有成就感吧。

“学编程就像登山，只要一步一个脚印坚持往上爬，就可以到达山顶。泰山虽高，只要一步一级台阶，终可看到山顶无限风光。但如果有人不走台阶，在荒山野岭中攀爬，那他将很难爬上去。”

这本书及它的姊妹篇《微信小游戏开发：后端篇》就在这种指导思想下完成了。

多数程序员坦言，他们的编程技能都是走向工作岗位以后练就的。在IT公司中，新人成长最快的方式就是有人带，师傅带着徒弟做一个项目，等项目完成时，徒弟的编程技能也就掌握得差不多了。笔者希望以类似的形式带领读者来学习，通过一个PBL实战项目，系统地学习微信小游戏开发所需的所有前端和后端知识点与技能。

为什么要这样学习呢？

初学者进入一个行业，首先要学习基础知识。有了知识，才能通过实践不断积累经验和技能；有了积累，最后才有可能顿悟。这个过程涉及5个阶段，挑选我国的古代典籍《易经》中的描述来概括[⊖]。

⊖ 这里只是为说明5个阶段，并非实际的《易经》原文顺序。

初九，潜龙勿用。

九二，见龙在田，利见大人。

上六，龙战于野，其血玄黄。

九五，飞龙在天，利见大人。

上九，亢龙有悔。

这里的五段爻辞，分别对应着以下编程学习的 5 个阶段。

- “潜龙勿用”指的是神龙潜伏于水中，暂时还无法展示威力。此时我们刚学会了一点皮毛，不要着急应用。
- “见龙在田，利见大人”指的是神龙已出现在地面上，才干已经初步显露出来，利于被伯乐看到。此时我们已经习得了一些本领，但根基尚不牢靠。
- “龙战于野，其血玄黄”指的是神龙战于四方，天地亦为之变色。此时我们已经知晓了面向对象、模块化、设计模式等基础编程技能，可以独立负责一个项目或维护一个开源软件了。
- “飞龙在天，利见大人”指的是神龙飞上天空，象征德才兼备的人一定会有所作为。此时的学习者对知识的深度和广度均有深刻认识，知识结构更加完善了。
- “亢龙有悔”一般意为居高位的人要戒骄，否则会因失败而后悔。这里指的是神龙飞得过高，可能会发生后悔的事。此时学习基本已经结束，但不要觉得学完就万事大吉了，有些内容需要反复温习，经过长期积累才能顿悟，产生新的认知。

了解了这 5 个阶段以后，可能有读者就要问了：我们在学习编程时，是应该先学基础知识再学习具体的开发技术，还是应该先学习一项具体的技术，再在工作中夯实基础呢？这是一个老生常谈的问题。

如何学习编程，一直有自下而上与自上而下之争。自下而上的学习，指的是先从计算机基础开始学习，之后再学习具体的某项技术；自上而下的学习则是反过来，先学习某项具体技术，再于工作中夯实基础。

笔者的主张是，运用 PBL 教学思想，在一个虚构的实战项目中将理论与实践相结合，基础知识与具体的技能同时学习。

在编程这个领域，学习者根本不需要考虑应该自下而上学习，还是自上而下学习。以往旧的学习方式，无论是在学校里按部就班地学习基础，还是在社会培训机构里实践应用技能，都存在一定的偏差。PBL 是最接近于公司老人带新人的学习方式。

关于这套书

微信小游戏开发系列图书共包含两本。一本是本书，主要通过一个小游戏实战项目，一步步学会JS[⊖]语言语法、模块化重构、面向对象的软件设计技巧及常见设计模式的实用技巧。另一本是《微信小游戏开发：后端篇》，主要内容包括小游戏常用单机功能优化、广告组件与社交营销排行榜、云函数与云数据库、后端接口程序及后台 Web 管理系统、Go 语言语法等方面的知识讲解。前面提到的 5 个学习阶段——潜龙勿用、见龙在田、龙战于野、飞龙在天和亢龙有悔，正好对应这两本书中的 5 篇内容。其中：本书涉及潜龙勿用、见龙在田、龙战于野这 3 篇，共 11 章，32 课；《微信小游戏开发：后端篇》则包含飞龙在天，共 7 章，18 课。亢龙有悔在番外篇中，在笔者公众号"艺述论"回复关键字 10000 时可以看到。

因为微信小游戏是当下最适合新人学习的编程技术，所以笔者选择它作为本套书的练习项目。表面上读者学习的是微信小游戏项目开发，但实际上是在系统地学习编程语言、技巧及思想。

两本书的讲解风格、编撰指导思想是一致的，内容也是连贯的，练习的也是同一个项目，编程初学者宜先阅读本书，再学习《微信小游戏开发：后端篇》。

本书的主要内容

本书分为三篇，共 11 章，32 课。

- 第一篇（第 1 章），潜龙勿用，共 2 课，介绍微信小游戏是如何运行的，以及如何创建第一个小游戏项目。
- 第二篇（第 2 ～ 5 章），见龙在田，共 14 课。第 2 ～ 3 章介绍如何用 HTML5 技术实现一个小游戏，第 4 ～ 5 章介绍如何将这个 HTML5 小游戏改写成微信小游戏。为什么不直接用微信小游戏开发？因为学习从 HTML5 移植改写，也是本书的重要内容之一，方便开发者从 4399 平台或 3366 平台上学习与借鉴游戏创意。
- 第三篇（第 6 ～ 11 章），龙战于野，共 16 课。本篇是本书的实战重点，主要介绍如何对小游戏项目进行重构。重构是软件开发中非常重要的一环，好的软件不是事先设计出来的，而是通过不断重构慢慢迭代出来的。重构不是知识，更多是一种技能。第 6 ～ 8 章介绍小游戏项目的模块化重构方法，第 9 ～ 11 章介绍小游戏项目的面向对象重构方法。

⊖ 即 JavaScript，本书简称为 JS，遵循业界常用简称。

主要读者

任何一本书都有它的特定读者群体，本套书主要面向以下初学者群体。

- 在校大学生、高职生、中专生及编程培训机构的初学人员；
- 准备转型的运维工程师和产品相关从业者。

如何学习本书

本书按照 PBL 教学理念编写，以一个小游戏项目贯穿全书，内容由易到难，建议初学者按部就班，从前向后依次学习。书中为了启发读者思考，特意增加了以下 3 类内容。

- **原因探索引导**。读者在书中可能会看到一些运行错误，这些错误是我们在实际开发中经常会遇到的。这时适合停下来，想一想为什么会出现这样的问题，应该如何解决。
- **拓展内容**。书中的章节标题凡带有“拓展”字样的，都属于实践拓展内容。这些内容都是与当前实战示例密切相关的，阅读这些内容有助于加深对当下实践主题的理解。
- **思考与练习**。这些习题也是与当前实践主题高度相关的，希望读者可以停下来做一做。书末附有参考答案，练习之后可以对照。

本书附有随书示例源码供读者下载。读者在使用源码时，需要注意以下两点。

- 示例源码是分目录独立放置的，各目录下的示例互不影响。代码顶部一般都附有源码文件的相对地址。另外，当每课内容涉及代码运行及测试时，也会提示示例的相对目录，读者只需要查看对应的示例源码即可。
- 对于不同语言的示例源码，需要使用不同的测试方式。如果是 JS 代码，可以使用 node 或 babel-node 测试；如果是小游戏项目源码，则通过微信开发者工具测试。具体如何使用，书中都有详细讲解。

如何获取更多资源

关注笔者的微信公众号“艺述论”，回复 10 000，即可下载所有随书源码。同时公众号设置了读者交流群的入口，欢迎所有读者进群交流。

为了避免因为软件版本差异给读者带来的使用困惑，笔者将书中用到的所有软件也放在了随书源码中，下载后在 software 子目录下即可看到。

勘误与支持

限于笔者水平，书中难免会出现一些表述错误或者不准确的地方，请读者在阅读过程中如有发现，请来信告知，笔者的邮箱是 9830131@qq.com，邮件标题请注明“小游戏勘误与建议”，也欢迎提出批评及改进建议。

致谢

十分感谢机械工业出版社的编辑，他们的认真和敬业令人折服，没有他们的理解、支持和鼓励，这套书可能无法面世。

最后，感谢一直支持我的家人和朋友，感谢每位读者。真诚地希望每个人都能学有所成。

李艺

2022 年 5 月 29 日于北京通州

目　录 *Contents*

第3章　编写一个简单的HTML5小游戏：完成交互功能 ············ 96

第一篇 Part 1

潜龙勿用

一般我们谈论的微信小游戏开发指的是哪些内容呢？它主要指前端游戏界面的实现和交互逻辑的编写吗？显然不止这些，微信小游戏开发还应该包括支持前端数据存取的后端接口实现。如果再把概念扩展一下，它还包括游戏关卡设计器的编写、角色人物设计器的编写、城池地图编辑器的开发、游戏管理后台的编写等。这些工作都是为了交付一个完全可运营的游戏，只要是为这个目标服务的，就都属于微信小游戏开发的范畴。

当然，初学者并不需要涉猎这么多，一般关注前端界面和后端接口的实现就足够了。本书主要讲解前端界面的实现，后端接口的编写将在《微信小游戏开发：后端篇》一书中讲解。

《易经》中用“潜龙勿用”隐喻事物在发展之初，虽然充满潜力，但不可轻举妄动。在笔者看来，以“潜龙勿用”来形容本篇再合适不过。

本书假设读者已经接触过计算机编程，并了解相关基础概念。如果没有接触过计算机编程，可以到公众号“艺述论”上回复10000，以查看相关预备篇内容。

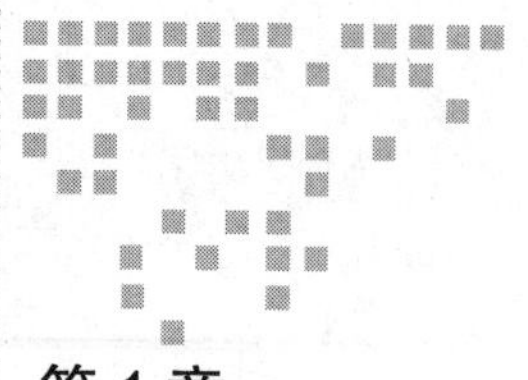

Chapter 1 第 1 章

创建小游戏项目

完成本章的学习后，读者将可以实现对一张图片的交互控制，比如在模拟器中使用鼠标按住并拖动图片，并且移动时图像还有缓动效果，运行效果如图 1-1 所示。注意，本书涉及动画效果的截图不能体现动态效果，请以实际运行效果为主，后续不再一一说明。

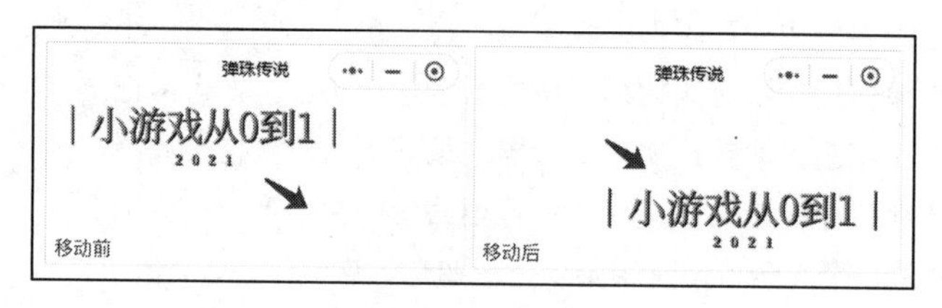

图 1-1　图像运行效果

第 1 课　创建项目

微信小游戏是小程序的一个特殊分支，其执行环境与运行机制和小程序是一样的。第 1 课将着手创建一个小游戏项目，通过该项目探讨小游戏的运行机制，快速建立对小游戏开发的概念认知。

了解小游戏的双线程运行机制

微信开发者工具的前身是公众号微页面开发调试工具，而公众号微页面开发有一个配套的 SDK（中文版是微信 JS-SDK，英文版是 Weixin JSSDK），其下载地址如下：https://developers.weixin.qq.com/doc/offiaccount/OA_Web_Apps/JS-SDK.html。

后来几经发展，此 SDK 就演变成了微信小程序 / 小游戏底层的 WeixinJSBridge。微信小游戏底层双线程示意图如图 1-2 所示。WeixinJSBridge 位于其底层部分。

说明：在谈到环境时，小程序和小游戏是一回事，以下简称小游戏环境。

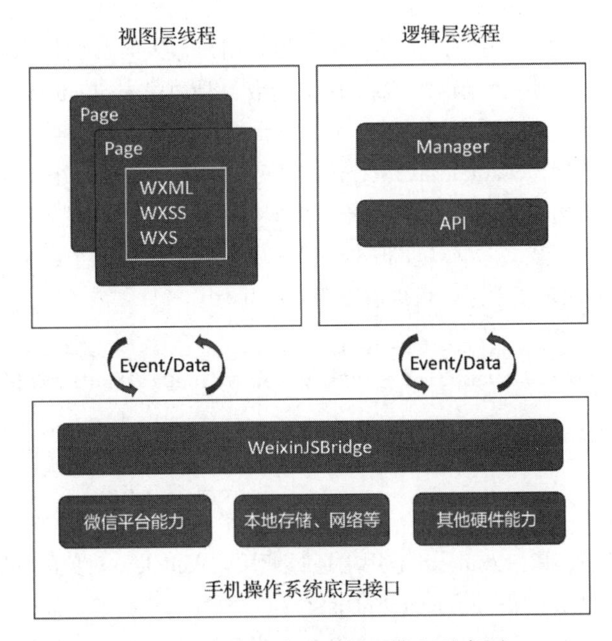

图 1-2　微信小游戏底层双线程示意图

在图 1-2 中，WeixinJSBridge 可以看作小游戏与微信 App 之间的一个桥梁，小游戏通过它访问手机操作系统的本地存储、网络、罗盘、陀螺仪等硬件设备。

从图 1-2 也可以看出，在小游戏应用中主要有两个线程：一个线程负责视图层代码执行，另一个线程负责逻辑层代码执行。

- 左边是视图层线程，负责视图的渲染。在小程序里，主要使用 WXML、WXSS、WXS 等进行视图渲染；小游戏里没有 WXML 组件，主要使用 Canvas 渲染视图。
- 右边是逻辑层线程，负责 JS（JavaScript 的简称）代码的执行。

在不同系统平台中，小程序在这两个线程的实现上有不同的方式。

- 在 iOS 手机上，视图层渲染是基于 iOS 的 WKWebView 实现的，逻辑层代码运行在 JavaScriptCore 中。
- 在 Android 手机上，视图层渲染是微信基于 Mobile Chrome 内核自研的 XWeb 引擎实现的，逻辑层代码运行在谷歌浏览器的 V8 引擎中。V8 是一个由谷歌开发的开源 JS 引擎，该引擎在笔者提供的预备篇中有提到。
- 在微信开发者工具中，视图层渲染是基于 Chromium WebView 实现的，逻辑层代码运行在 NW.js 中。Chromium 是谷歌浏览器背后的引擎，国内大多数双核浏览器都采用了

Chromium内核。NW.js原名Node-Webkit，是一个基于Chromium和Node.js实现的应用运行时，通过它可以用HTML和JS编写桌面应用程序。

这两个线程虽然在不同的平台上有不同的实现方式，但在所有平台上具有相同的协作方式。微信封装了底层差异，开发者才有了跨平台开发的便利。

在逻辑层的JS代码中，像setData这样的方法是通过WeixinJSBridge调用底层的evaluateJavaScript函数发挥作用的；在视图层，当有用户输入时，例如单击了一个按钮，若我们在这个按钮上事先绑定过一个函数，那么这个函数也是通过evaluateJavaScript函数间接被调用的。

有一点需要特别注意，evaluateJavaScript方法的执行效率太低，它是先将数据对象转换为字符串，再将字符串与JS代码拼接成一个脚本文本后才执行的。从逻辑层、视图层到底层，往来调用都是采用这样一种模式，重复且低效。逻辑层与视图层的两个线程是独立的，并不存在直接的调用渠道。具体的调试方式，可以看下面这个示例：

```
1.  String jsStr = "javascript:" + functionName + "('" + s + "')";
2.  mWebview.evaluateJavaScript (jsStr, new ValueCallback<String>() {
3.    @Override
4.    public void onReceiveValue (String value) {
5.    ...
6.    }
7.  });
```

这是一段Java代码，其在Android应用中通过调用mWebview对象的evaluateJavaScript方法来达到执行JS代码的目的。第一行中的变量jsStr是一段准备执行的代码文本。

两个线程单通道通信，不能进行并发操作，往来都要在字符串与对象之间转换，这是小游戏程序产生性能瓶颈的最大原因之一，在开发中尤其要注意。在小程序开发中，JS是主要的编程语言，但是微信又在小程序开发中创造了一个WXS脚本语言，用于在WXML页面中编写直接操作页面元素的代码，并且不能与逻辑层的代码直接进行交互，以在一定程度上缓解这个性能瓶颈。

对于初学者来说，目前阶段了解这些运行机制就足够了，不需要深究。接下来我们开始创建并运行自己的第一个小游戏项目，创建小游戏项目需要一个开发者账号，我们下面先解决这个问题。

注册开发者账号

或许有读者会问，之前注册过小程序账号，这个账号能否直接用于小游戏开发呢？

答案是不可以。虽然小游戏是小程序的一个特殊类目下的分支，但两者账号是独立的。另外，一个邮箱只能注册一个账号，如果已注册过小程序账号，那么此邮箱就不能再用来注册小游戏账号了。

打开微信公众平台（https://mp.weixin.qq.com/），类别选择小程序，开始注册一个小游戏账号，注册过程按提示操作即可。

注意，在注册过程中有一项是选择服务类目，此处一定要选择游戏类目。如果选择了非游戏类目，则该账号只能用于小程序开发，微信是以服务类目区分小程序和小游戏的。

注册完成后，登录账号，打开设置界面进行开发设置，记录下 AppID 备用。例如，笔者的 AppID 是 wx2e4e259c69153e40，这个 AppID 在接下来创建项目时会用到。

有读者可能会问，能用别人的 AppID 吗？

不可以。微信开发者工具需要微信登录，如果登录的微信与小游戏账号绑定的微信不一致，会报出“登录用户不是该小程序的开发者”的错误。

有了小游戏账号，还需要安装一个微信开发者工具，即微信团队开发的专用于小程序 / 小游戏 / 公众号项目开发的 IDE（集成开发环境）软件，该软件集成了目标项目开发所需的所有常见功能，包括编辑、编译、测试、上传、代码管理等。

安装微信开发者工具

在 2017 年 1 月 9 日小程序上线之前，微信开发者工具就已经存在了，当时它只用于微信内 HTML5 微页面的开发调试。

在小游戏开发工具的选择上，除了微信官方提供的 IDE，还有 Egret Wing 等第三方提供的集成开发环境，也有人使用 Webstorm、Vim、Sublime Text 3 或 Visual Studio Code 作为小游戏项目的开发工具。但对初学者来说，笔者建议使用官方出品的微信开发者工具。官方工具不仅可以开发项目，还附有项目发布、云开发管理、代码管理等内置功能，且与微信提供的小游戏基础库版本最为契合，更新也最为及时。

那么，此工具要如何下载呢？下面是微信开发者工具的下载页面：https://developers.weixin.qq.com/miniprogram/dev/devtools/download.html。

注意：这个下载地址以后可能会有变化，如果打不开，可以前往小游戏文档首页（https://developers.weixin.qq.com/minigame/dev/guide/），然后在顶部导航区选择工具，并在侧边栏选择下载即可找到。在笔者的公众号“艺述论”回复关键字 10 000，也可以找到这个软件的安装包。

微信开发者工具是跨平台的，有 3 个版本：Windows 64 版本、Windows 32 版本和 Mac 版本。开发者可根据自己的操作系统选择，苹果用户选择 Mac 版本；大多数 Windows 用户选择 Windows 64 版本；少数 Windows XP 系统用户和 Windows 7 系统用户可以选择 Windows 32 版本。在选择了与自己的系统匹配的安装包后，下载、解压，并按照提示安装即可。

工欲善其事，必先利其器。在安装了微信开发者工具之后，为了方便开发，提升编码效率，最好对开发环境做一些简单、必要的配置。打开微信开发者工具，在菜单栏依次选择“设置”→“编辑器设置”命令，进行编辑器设置。如图 1-3 所示，在“文件保存”区域下选中除“修改文件时自动保存”之外的全部选项。这样在开发时，如果对文件进行了修改，就不需要频繁地手动保存了，文件会自动保存；当需要预览项目的运行效果时，直接单击工具栏区域的“编译”按钮就可以了。

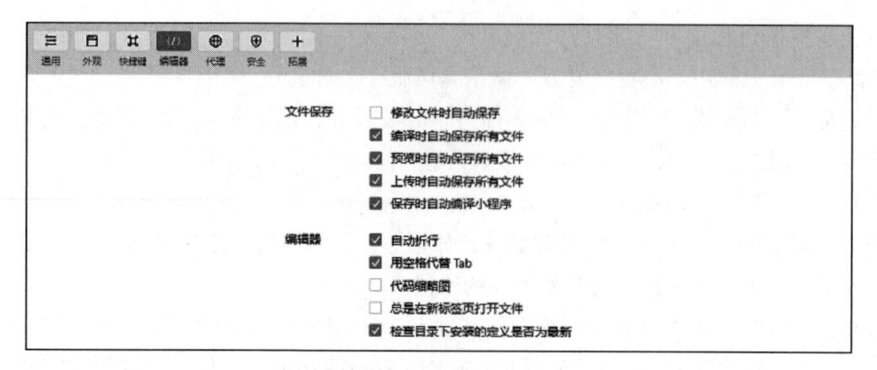

图 1-3 配置微信开发者工具的编辑器

注意：macOS 系统与 Windows 系统在菜单上略有不同。在 Windows 系统中，需要先打开一个项目，才可以找到“设置”菜单，这时候可以先随便创建一个小游戏或小程序项目，等创建完了再进行设置。微信开发者工具自发布以来，界面一直在重构，以后操作界面可能会与书中描述的不同，如果按上面提示找不到“设置”菜单或其他子项，可以在其他菜单下尝试寻找。另外，微信开发者工具及基础库版本以后也会有变化，笔者编写书中示例使用的基础库版本是 2.19.2，软件版本是 Stable 1.05.2108130，读者练习时最好选择与笔者一致的版本。

在微信开发者工具中还有很多其他配置，例如外观、快捷键的设定等，这些都可以根据自己的需求进行设置。

现在我们有了账号和开发者工具，也配置好了环境，准备工作做完了。接下来，我们基于项目模板快速创建一个小游戏项目，并让这个项目运行起来。

创建第一个小游戏项目

打开微信开发者工具，依次选择“小程序项目”→“小游戏”→“新建项目”选项，打开如图 1-4 所示的项目创建面板。

在图 1-4 中，项目名称可随意取，笔者填写的是“小游戏从 0 到 1”。目录这里选择一个空目录即可，笔者选择的是“ ~/work/disc/ 第 1 章 /1.1/minigame ”。AppID 填写本课之前注册账号时记录的 AppID。后端服务选择“微信云开发”或“不使用云服务”都可以，但如果像笔者一样，该 AppID 对应的小游戏账号已经开通了云开发环境，则工具默认会选择“微信云开发”。云开发是一种无服务器后端程序开发技术，在《微信小游戏开发：后端篇》一书中会有详细介绍。

若一个空目录作为项目目录被选用，并且 AppID 是小游戏账号的 AppID，那么此时单击“确定”按钮，微信开发者工具将自动基于默认模板创建一个“小飞机”游戏项目。

或许有读者会问，为什么我创建的不是小飞机项目？

这时候就要检查一下是否已输入 AppID，因为创建项目时是可以不填写 AppID 而使用测试号的。另外，你要检查输入的是不是小游戏的 AppID。如果确定不是 AppID 的问题，要检查一下选择的项目目录是不是空目录。

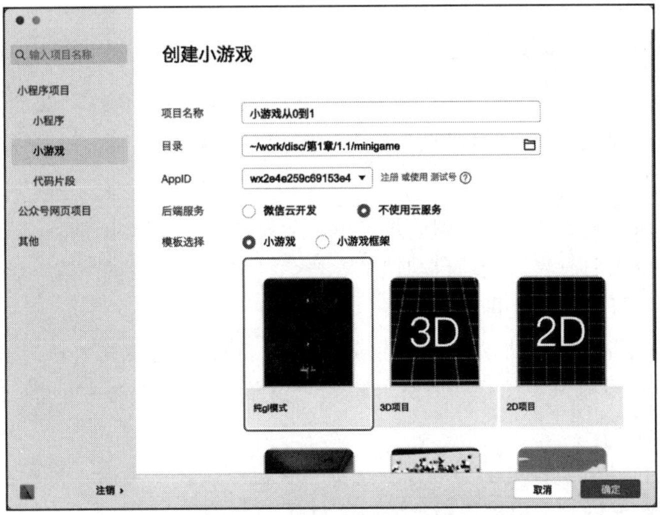

图 1-4　小游戏项目创建面板

如果没有注册小游戏账号，也可以单击使用“测试号”，进入免注册快速体验模式。但通过体验模式创建项目，部分功能会受到限制，例如上传、预览等功能就不能使用，一些平台开放接口（诸如登录、拉取用户信息等）也不能调用。如果要系统学习小游戏开发，注册账号是必不可少的。

项目创建之后，如何查看运行效果呢？小游戏怎么样才能在自己的手机上运行呢？这就需要用到预览功能了。

项目测试：本地预览与手机预览

预览有两种形式——本地预览和手机预览，本地预览又包括模拟器预览和 PC 微信预览。

1. 模拟器预览

单击工具栏上的“编译”按钮，即可在左侧的模拟器区域看到小游戏的运行效果，这就是模拟器预览的效果。模拟器预览可以快速查看代码效果，但并不是所有的功能都可以在微信开发者工具的模拟器中测试，部分功能只有在真机上才可以测试。

2. PC 微信预览

单击“编译”按钮旁边的“预览”按钮，选择“自动预览”选项，如图 1-5 所示，这里有两个单选项，“启动手机端自动预览”和“启动 PC 端自动预览”。以前只有第 1 个选项，后来 PC 版微信支持打开小程序或小游戏，就有了第 2 个选项。选择第 2 个选项，单击下方的“编译并预览”按钮，即可在 PC 版微信中预览小游戏效果了。

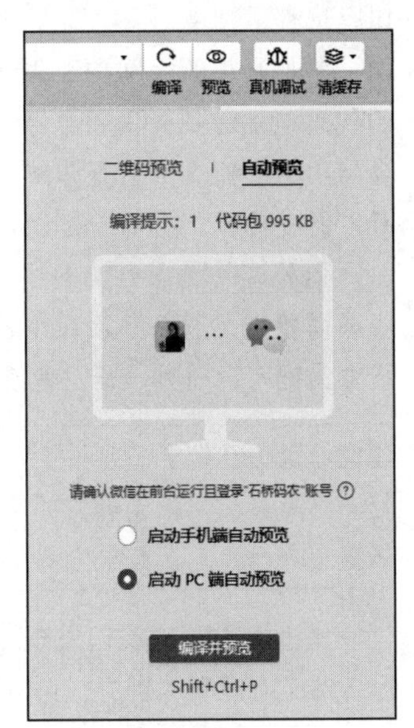

图 1-5　“自动预览”浮窗面板

3. 二维码预览

单击“编译”按钮旁边的“预览”按钮，选择“二维码预览”选项，使用开发者微信扫描二维码，即可在手机上预览代码效果。单击工具栏区域的“真机调试”按钮，选择“二维码真机调试”，微信扫描二维码后同样可以在手机上预览代码效果。

在手机上预览效果以后，可以单击右上角胶囊按钮区域内形似三个点的“更多菜单”图标，在屏幕底部弹出的面板中选择“打开调试”选项，即可打开 vConsole 面板查看调试输出。

选择“预览”选项后，再选择“自动预览”→“启动手机端自动预览”选项，然后单击“编译并预览”按钮，即可在手机上自动预览。

可能有读者会觉得这个自动预览的功能虽然不用扫码，但每次都要单击多次按钮也很枯燥，其实这可以通过设置快捷键来简化。打开“设置”菜单，并选择“快捷键”选项，即可查看和自定义快捷键。

另外一个启动自动真机预览的方法是，选择“真机调试”选项后，再选择“自动真机调试”选项，这样就可以在手机上远程自动预览代码效果。

从上述内容可知，微信开发者工具既有“预览”功能，又有“真机调试”功能，并且两个预览功能里面都各自有二维码预览和自动预览，那么这两个测试功能是雷同的吗？

显然不是，一个 IDE 一般不会在工具栏上放置完全一样的功能按钮。那么，是左边的“预览”功能限于本地测试，右边的“真机调试”用于远程调试吗？

也不是，在使用后读者就可以发现，预览功能并不要求手机与微信开发者工具必须处于同一种网络下，也就是说手机是 4G 网络，开发机是 Wifi，也不影响测试。预览中的手机其实也可以是远程手机，不一定要在身边。既然如此，那这两个测试按钮有什么区别呢？

它们真正的区别在于测试的重点不同。“预览”主要是预览代码改动后的效果，是将改动后的代码包上传到微信服务器，快速查看整体的运行效果；而“真机调试”侧重于调试，打开后会弹出一个独立于已有调试区的调试窗口，远程手机上的 vConsole 面板输出会传输到本地微信开发者工具中，便于开发者定位线上问题。

此外有一点需要特别注意，如果测试的代码是未发布的，也就是说版本属于开发版、测试版或体验版，那么必须在小游戏账号后台管理账号的成员管理页面中，将测试手机的微信账号设置为拥有管理员、开发者或体验者权限。

注意：微信开发者工具一直都在进化，关于项目创建、编译、预览等功能的界面设定，以后可能都会有变化，如果读者在阅读时遇到了软件界面与书上内容不完全一致的情况，以官方文档的最新描述为准，下面是官方的工具介绍地址：https://developers.weixin.qq.com/minigame/dev/guide/。

从上述讲解中我们发现，预览并不是完全自动的，无论采用哪种方式，都需要一些手动操作。那么有没有一种方式可以实现真正的自动预览呢？

基于文件监听实现自动预览

既然微信开发者工具可以通过 HTTP 服务或命令调用，或许我们可以通过监听文件的改动来自动触发微信开发者工具的预览功能。接下来我们尝试实现这个想法。注意，初学者只需了解即可，不需要动手实践。

下面先看一下 HTTP 服务是怎么使用的。打开微信开发者工具，依次选择菜单中的“设置”→“安全设置”→“安全”选项，开启服务端口，如图 1-6 所示。

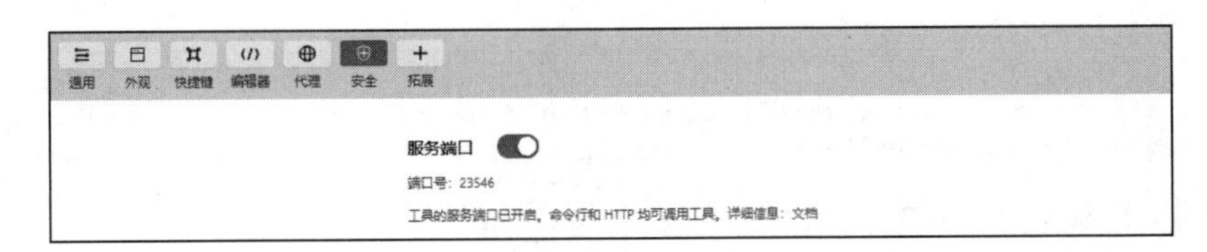

图 1-6　工具服务开启及端口设置界面

服务开启的端口号是 23546，这个端口号会变化，记录下这个端口号，然后在浏览器中输入以下代码：

```
1.  http://127.0.0.1:23546/open?projectpath=/Users/liyi/WeChatProjects/minigame
2.  http://127.0.0.1:23546/open?projectpath=D:\wegame01-manuscript\ 新整理 \disc\
    第 1 章 \minigame
```

上面输入的分别是两个系统下的启动示例。URL 后面的 projectpath 代表项目地址，等号右值是笔者创建的小游戏项目目录，读者在执行时需要换成自己的本地地址。

当尝试打开这个链接时，微信开发者工具将被唤起，并自动打开 projectpath 参数指定的小游戏项目。

这就是 HTTP 服务，URL 地址中的 open 代表打开。在微信官方文档上还有其他命令及使用说明，感兴趣的读者可以在以下地址中查看：https://developers.weixin.qq.com/miniprogram/dev/devtools/http.html# 自动预览。

这种方式有一个缺陷，即使用时微信开发者工具必须是已经启动的，但上面的那个服务端口号每次重启时都会变化。可见，使用 HTTP 服务实现真正的自动预览并不是最好的选择。

除了 HTTP 服务，还可以选择命令行。采用命令行的方式不需要预先启动微信开发者工具，也无须进行端口设置。以 macOS 系统为例，当我们在终端中执行下面这行命令时，微信开发者工具同样会被唤起并主动打开指定的小游戏项目。

```
/Applications/wechatwebdevtools.app/Contents/MacOS/cli open /Users/liyi/
    WeChatProjects/minigame
```

以上是 macOS 系统上的外部调用方式，在 Windows 系统下的路径会有所不同，这取决于软件在系统上安装的路径。两个系统上的命令行工具地址如下：

```
macOS: < 安装路径 >/Contents/MacOS/cli
Windows: < 安装路径 >/cli.bat
```

如果 Windows 系统中安装了 Git-SCM，则 Git Bash 窗口中微信开发者工具的安装地址如下：

```
/c/Program Files (x86)/Tencent/ 微信 web 开发者工具
```

那么对应的外部项目启动命令如下：

```
"/c/Program Files (x86)/Tencent/微信web开发者工具/cli.bat" open /Users/liyi/
    WeChatProjects/minigame
```

上面演示的是项目启动命令，如果是自动预览，则命令名称是 auto-preview。以 macOS 系统为例，需要执行的完整命令如下：

```
/Applications/wechatwebdevtools.app/Contents/MacOS/cli auto-preview --project /
    Users/liyi/WeChatProjects/minigame
```

Windows 版本的自动预览命令如下：

```
"/c/Program Files (x86)/Tencent/微信web开发者工具/cli.bat" auto-preview --project
    /d/wegame01-manuscript/新整理/disc/第1章/1.1/minigame
```

注意：因为是在 Git Bash 窗口中执行的，所以命令中的项目路径是类 Windows 风格的，以"斜杠+盘符"开头。

执行完上述命令后，Git Bash 窗口的输出如图 1-7 所示。

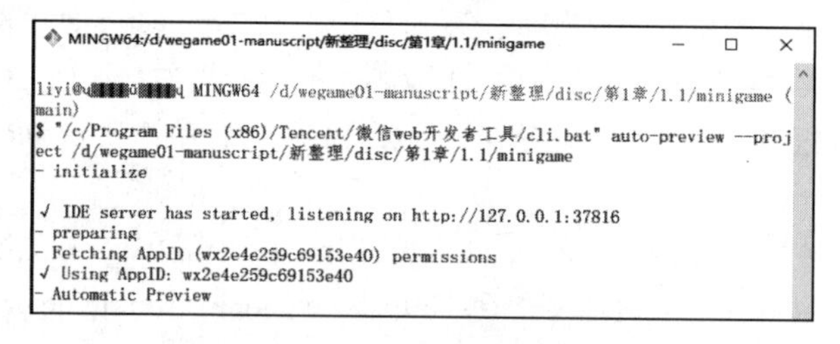

图 1-7 命令行自动预览小游戏项目

命令执行后，如果小游戏项目最近在手机或 PC 端微信上运行过，便会在宿主环境中自动打开。

我们知道，Node.js 有一个 fs 模块，其中 fs.watch 方法可以实现对本地目录的自动监控。当我们监控到项目文件有变动时，会自动执行预览命令，这样是不是就能实现真正的自动预览呢？

为了验证这个想法，我们在项目根目录下新建一个 watch.js 文件，内容如下：

```
1.  // JS: disc\第1章\1.1\minigame\watch.js
2.  const fs = require("fs")
3.  let { exec } = require("child_process")
4.  fs.watch(
5.    `.`,
6.    () => {
7.      exec(
8.        `/Applications/wechatwebdevtools.app/Contents/MacOS/cli auto-preview
            --project /Users/liyi/WeChatProjects/minigame`,
9.        {
10.         cwd: `/Applications/wechatwebdevtools.app/Contents/MacOS/`
11.       },
12.       (error, stdout, stderr) => {
13.         console.log(error, stdout, stderr)
```

```
14.          }
15.        )
16.    }
17.  )
```

上面是 macOS 系统的示例，如果是 Windows 系统，请注意替换脚本地址及项目地址。

在上面的代码中，我们使用了 child_process 模块，它的 exec 方法允许我们在 JS 中执行一条命令。调用语法如下：

```
child_process.exec (command [, options][, callback])
```

其中，exec 有如下 3 个参数。

- command：字符串，表示需要运行的命令，命令参数用空格分隔。
- options：键值对象，可以是一个对象字面量。其属性 cwd 表示子进程的工作目录，具体用法见 watch.js 文件第 10 行。上面的语法中不便给出，有兴趣的读者可以关注下。
- callback：回调函数，形式为 (error, stdout, stderr)=>{}。

至此，自动预览的代码写好了，现在我们只要在项目的根目录下执行 node watch_macos.js 或 node watch_windows.js 就可以开启监听了。（这是两个系统的测试示例，在随课源码中可以看到。）当项目文件有修改时，手机或 PC 端微信就会打开项目。如果微信开发者工具未登录，终端将会打印如下错误：

```
[error] { code: 10, message: \'Error: 错误 需要重新登录 (code 10)\' }
```

此时只需使用开发者微信账号扫码登录即可。登录以后，文件监听及自动预览功能即可正常工作。唯一美中不足的是，这个自动预览会让手机微信频繁打开项目，甚至在手机上累计打开十几层之多，这种现象在手动操作时是不会出现的。真正使用时，可以考虑使用防抖动函数（debounce）改善监测代码。

除了上面介绍的通过 HTTP URL 及命令调用微信开发者工具以外，微信还提供了一个自动化 SDK，供有自动化需求的开发者在外部操纵微信开发者工具。如果读者感兴趣，可以通过如下地址查看：https://developers.weixin.qq.com/miniprogram/dev/devtools/auto/。

现在我们已经成功创建了小游戏项目，也了解了小游戏项目如何测试，那么硬盘上已经默认创建的项目代码都有哪些功能呢？为什么默认项目要创建这些代码呢？

了解小游戏示例项目的项目结构

我们看一下已经创建的“小飞机”小游戏项目，它在微信开发者工具资源管理器中的截图如图 1-8 所示。

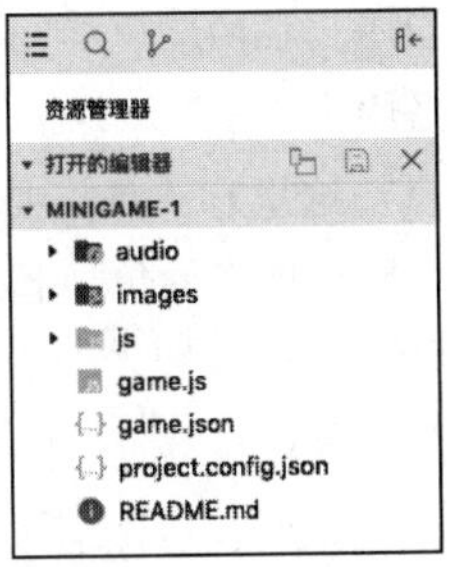

图 1-8 小游戏模板项目的结构预览

在图 1-8 中，game.js 是游戏主文件，game.json 是游戏配置文件，project.config.json 是项目配置文件，audio 目录存放的是音频文件，images 目录存放的是本地图片。js 目录文件较多，包括以下子目录及文件：

```
js 子目录
├──── base                        // 定义游戏开发的基础类
│    ├──── animatoin.js           // 帧动画的简易实现
│    ├──── pool.js                // 对象池的简易实现
│    └──── sprite.js              // 游戏基本元素精灵类
├──── libs
│    ├──── symbol.js              // ES6 Symbol（简易兼容）
│    └──── weapp-adapter.js       // 小游戏适配器
├──── npc
│    └──── enemy.js               // 敌机类
├──── player
│    ├──── bullet.js              // 子弹类
│    └──── index.js               // 玩家类
├──── runtime
│    ├──── background.js          // 背景类
│    ├──── gameinfo.js            // 用于展示分数和游戏结束的界面
│    └──── music.js               // 全局音效管理器
├──── databus.js                  // 管控游戏状态
└──── main.js                     // 游戏入口主函数
```

该项目下的所有文件，只有 game.js 与 game.json 对小游戏是必不可少的，js 目录下的 base、libs、npc 等子目录，属于项目自定义目录。

小游戏所有的配置都是在 game.json 文件中完成的。在 game.json 里最常用的配置字段是下面的 deviceOrientation 与 showStatusBar：

```
1. {
2.   "deviceOrientation": "portrait",
3.   "showStatusBar": false
4. }
```

其中，deviceOrientation 属性用于设定屏幕方向，有 portrait（竖屏）、landscape（横屏）两个选项，默认为 portrait。showStatusBar 设置是否显示系统状态栏，默认为 false，即显示全屏。系统状态栏是手机屏幕顶端的那一行窄区域，有 Wifi、电量等标志。

现在我们对项目结构有了初步的理解，接下来我们了解一下小游戏如何发布。在微信开发者工具的工具栏右上角有一个“上传”按钮，如图 1-9 所示。

单击这个按钮即可将本地所有源码打包并上传至微信服务器。当用户在微信里访问小游戏时，是微信服务器在向用户提供在线网络服务。

图 1-9 “上传”按钮

这里有一点需要注意，代码包有大小限制。目前每个小游戏的主包不能超过 4MB，如果要分包，所有的包加起来总大小不能超过 20MB，单个分包不限制大小。

可能有读者会觉得小游戏代码包限制太严格了，其实这已经比小程序好多了，目前微信小程序分包与主包的大小限制均为 2MB。随着手机性能的提高，相信代码包限制会逐步放宽。

代码包虽然有大小限制，但是在项目里面，大多数的静态资源文件，如图片、音频、视频等，都是可以以网络资源的形式在项目中使用的，并不占用代码包的配额。代码包中的主要内容是代码文本，压缩之后又能最大限度地减少体积（最高可达 70%），所以软件包大小并不值得过分关注。

在软件包上传后，开发者可以在小游戏账号后台（https:mp.weixin.qq.com/）看到待线上提交审核的版本。待审核通过后，小游戏就可以正式面向所有的微信用户发布了。

项目到了提交审核、发布这一步，操作就已经很简单了。在这之前，最重要的步骤还是开发与调试，尤其是在开发中遇到 Bug 时，需要尽快找到问题并解决，为此微信开发者工具也提供了全面的功能支持。

小游戏如何调试代码

Console 接口基本在每个 JS 宿主环境中都有实现，在小游戏环境中也不例外，前面已讲解过如何在本地及手机上进行项目测试，接下来我们从整体上看一下小游戏如何调试代码。

JS 是小游戏主要的开发语言，其调试方法依赖于宿主环境。在传统的网页开发中，可以这样调试代码：

- 使用 window.alert 弹窗展示，或使用 document.write 方法将内容写到 HTML 页面中，或使用 innerHTML 写入 HTML 元素，在页面上呈现；
- 使用 console.log 将调试信息写到浏览器控制台，这是最常见的一种显式调用方式；
- 使用谷歌浏览器或其他 IDE 提供的断点调试工具，例如微信开发者工具调试区的 Sources 面板，进行代码步进调试；
- 在 Network 面板中查看网络请求，在 Storage 面板中查看本地缓存数据。

小游戏底层嵌入了浏览器内核，上述调试方法除第 1 种外，其他 3 种都可以在微信开发者工具中使用。接下来我们分别看一下这 3 种调试方法。

1. 使用 Console 接口调试

在小游戏开发中，一般使用 Console 面板调试 JS 代码，使用 console.log、console.error 等方法在 Console 面板中主动输出内容。

由于小游戏宿主环境存在差异，因此部分 Bug 虽然在微信开发者工具中显示不出来，但是在手机上存在，这时就可以在手机上调试。

在手机上运行小游戏后，单击屏幕右上角胶囊状按钮组中的形如三个点的菜单按钮，选择“打开调试”命令。此时小游戏会退出重启，待重新打开后，屏幕右下角会有一个绿色的 vConsole 按钮。单击这个 vConsole 按钮，便可以看到手机上的 vConsole 面板以及代码中使用 console.log 打印的内容了。

还有部分 Bug 是在用户的手机上发现的，在开发工具中和在自己的手机上都复现不了。这时，可以使用工具栏中的“真机调试”功能排查问题。单击“真机调试”按钮，会生成一个二维码，将这个二维码发给用户。用户扫码打开游戏后，微信开发者工具会自动打开一个新的浮动调试窗口，用户手机上的 vConsole 输出会自动同步到这个窗口来。远程真机调试是一个可以很方便地排查用户 Bug 的方法。

有一点需要注意，在使用微信开发者工具中的“预览”和“真机调试”功能时，测试用户必须注册为测试账号，不然是无法运行开发者的本地代码的。登录微信公众号平台：https://mp.weixin.qq.com/，使用管理员身份可以将用户（微信）添加为体验者，添加之后就可以作为真机调试的用户了。

2. 在微信开发者工具中使用断点调试功能

使用 Console 接口打印，查看输出更简单；使用断点调试，查找问题更高效。如图 1-10 所示，在调试区打开 Sources 面板。

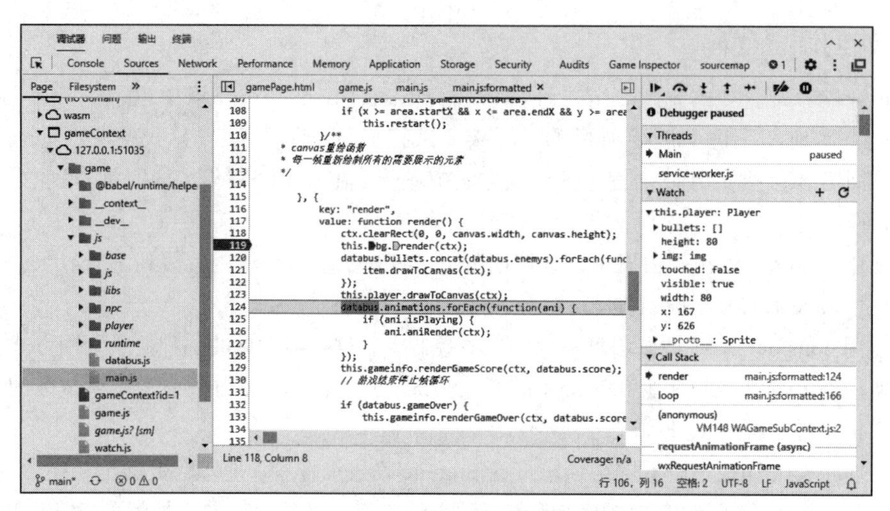

图 1-10 调试区断点使用示例

以小游戏项目为例，在 gameContext 分支下找到相关文件的源码，例如 js/runtime/main.js 的源码，我们在第 119 行的行号上单击一下，即可添加一个断点，在断点上再次单击即可取消断点。

这个断点位于 render 方法内，代码执行时它会被持续经过。在 Sources 面板的右边栏有断点控制按钮，从左到右依次包括暂停/恢复执行（快捷键为 F8）、步进（快捷键为 F10）、步入（快捷键为 F11）、步出（快捷键为 Shift+F11）和跳过（快捷键为 F9）等按钮。断点控制按钮下方是线程列表、观察列表和栈调用信息表。

当我们想观察某个变量在当前上下文执行环境中是否正常时，可以直接将鼠标移到该变量上。例如，想观察 this.bg，可采用如图 1-11 所示的方法。

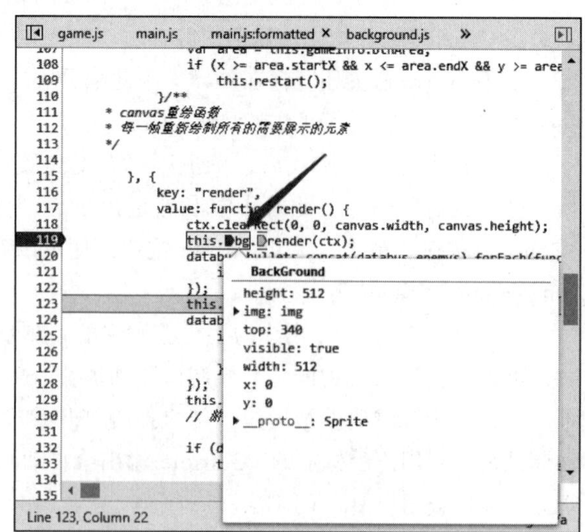

图 1-11 查看对象的值

当把鼠标放在目标变量之上时，调试

区会自动浮出一个小窗口，展示 this.bg 变量的内容。

我们还可以选中一个变量，如图 1-12 所示，打开右键菜单，在菜单中选择 Add selected text to watches 命令，这样这个变量便会出现在右边栏的观察列表中，便于我们在一定时间内多次观察该变量。

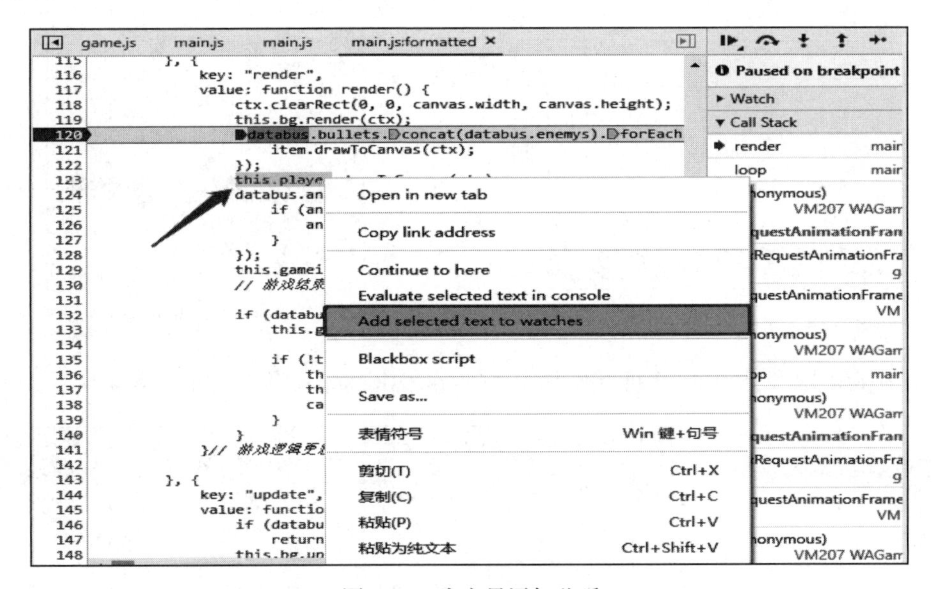

图 1-12　为变量添加监听

3. 使用 Network 面板和 Storage 面板

在调试区打开 Network 面板，如图 1-13 所示。

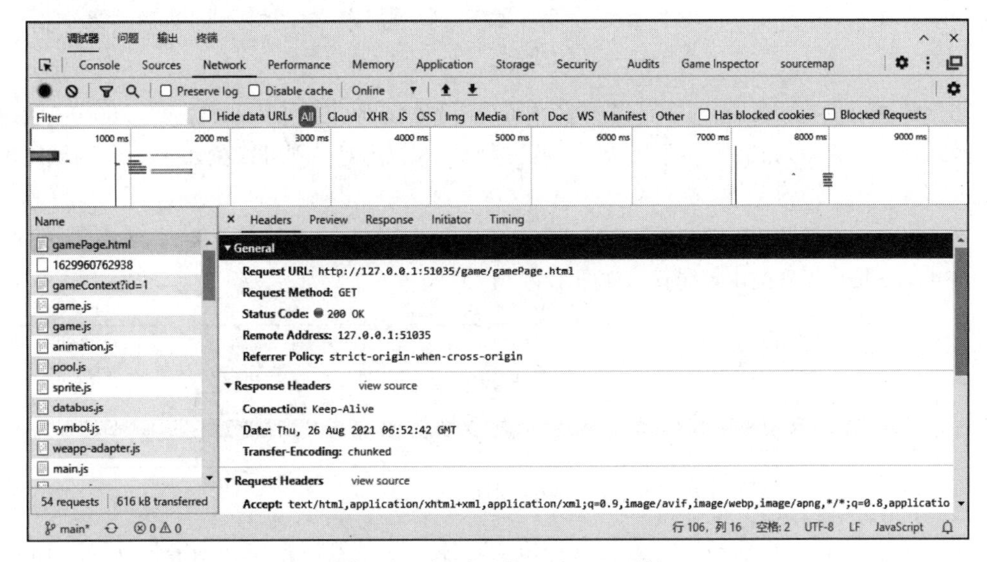

图 1-13　调试区的 Network 面板

在小游戏项目中，所有的网络请求，包括接口请求、静态资源请求、云函数都会出现在这个面板中。在这个面板中，既可以查看每个请求的请求时长，也可以在整体上查看所有请求的先后顺序。如图 1-14 所示，当我们选择靠左的时间段时，请求列表中只有一个 gamePage.html。

当向右滑动选择时间段时，网络访问就变多了，如图 1-15 所示。

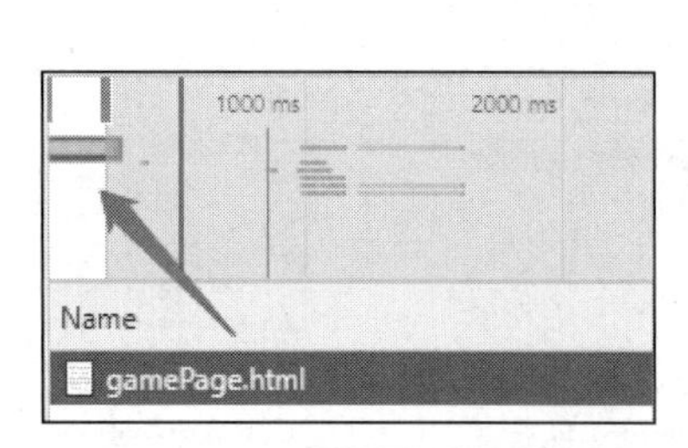

图 1-14 访问时间线初期对象

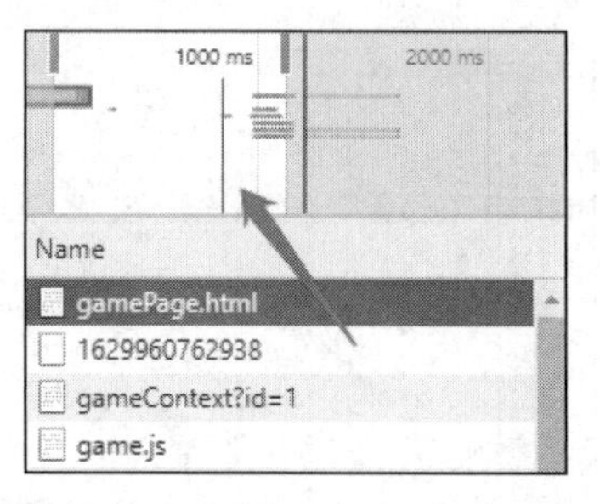

图 1-15 访问时间线中的后期对象

在选中每个网络请求时，还可以查看其 Headers 及 Response 信息，如图 1-16 所示。

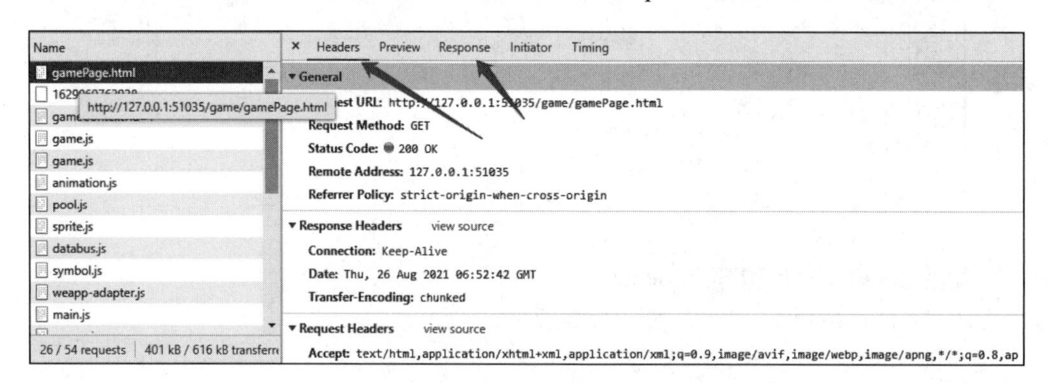

图 1-16 查看网络请求对象的详细信息

当网络请求发生错误时，在 Headers 区域可以看到状态码（status code）不为 200（该状态码代表网络请求正常）。如果状态码为 200，但是返回的内容不对，则可以在 Response 区域比对返回的内容。

在 Storage 面板中，可以看到通过 HTML5 的 localStorage.setItem 接口或小游戏中的 wx.setStorage 接口设置的本地缓存，如图 1-17 所示。

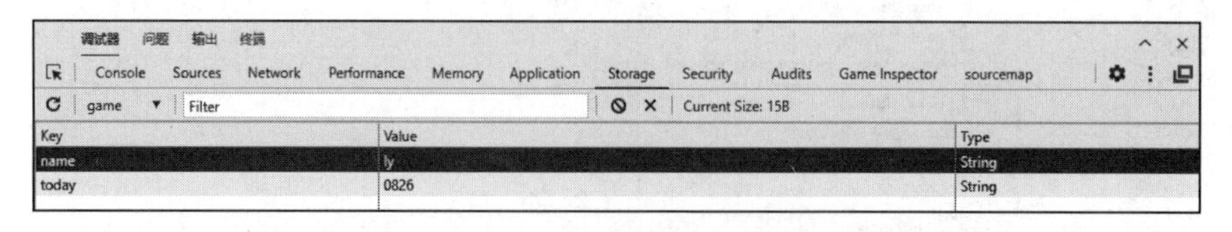

图 1-17 调试区的 Storage 面板

以上调试手段如何使用呢？在一般情况下，如果基本可以确定代码是正常的，可使用

Console 接口进行显式输出，输出以后在微信开发者工具或手机上即可查看输出结果，这种方法不会阻碍项目测试的正常进行；如果代码存在异常情况，可以通过查看 Network、Storage 等面板进一步尝试确定问题；如果操作后问题仍然没有确定，就打开 Sources 面板，设置断点，一步步查找可能出错的代码位置。

拓展：如何安装、配置 Node.js 和 babel-node

本节看一下如何配置 node 或 babel-node 来测试 JS 代码。

测试 JS 需要一个宿主环境，简短的 JS 代码可以直接在谷歌浏览器的 Console 面板中执行，稍微复杂一点的代码可以使用 Node.js 测试。

Node.js 的安装包下载链接为 https://nodejs.org/en/download/。

下载后，按照自己的系统选择适用的安装包，依据提示默认安装即可。笔者安装与使用的版本是 v10.22.0，推荐读者也使用这个版本，该版本在随书源码的 software 目录下也能找到。

安装后，可以用以下命令查看 Node.js 的版本：

```
$ node --version
v10.22.0
```

或

```
$ node -v
v10.22.0
```

Node.js 安装后，包管理模块 npm 也会默认安装，使用以下命令可以查看 npm 的版本：

```
$ npm -v
6.14.6
```

在安装 Node.js 后，一般的 JS 代码都可以使用 node 命令测试。如果读者使用的是 Windows 系统，可能还需要安装一个 Git SCM（网址为 https://git-scm.com/）。

用它模拟类 Linux 终端环境，软件包的具体安装与配置方法详见《微信小游戏开发：后端篇》一书。

在微信公众号“艺述论”上下载的所有随书源码都在 disc 目录下。假设我们要测试“第 1 章 /1.1/technology.js”这个文件，可以在终端中执行如下命令：

```
cd disc
node ./第 1 章 /1.1/technology.js
```

注意：这个文件是不能用 node 命令直接测试的，因为源码中包含了类的私有属性。截至笔者完稿时，私有属性还是一个实验功能，需要使用 Babel 先进行转化，之后才能测试。

一般的 JS 代码，直接使用 Node.js 测试就够了。但是 Node.js 在默认情况下是不支持 import 和 export 等 ES6 语法的，包括类的私有字段声明，如果我们在 JS 代码中想使用这些新的语法，需要使用 babel-node 代替 node 命令测试。

接下来开始安装与配置 babel-node。

1. 初始化目录

初始化目录的命令如下：

```
cd disc // 切换到源码根目录下
npm init // 初始化目录
```

2. 安装依赖包

安装依赖包的命令如下：

```
npm install -g @babel/node @babel/core
npm install @babel/core --save
npm install @babel/preset-env --save-dev
```

在使用 npm 或 yarn 安装模块时，最好指定版本号，避免版本不一致导致的异常情况。

3. 配置 .babelrc 文件

.babelrc 文件用于开启语法支持。在默认情况下，import 和 export 等 ES6 语法是不开启的，需要通过配置文件显式开启。

在项目根目录下新建 .babelrc 文件，内容如下：

```
1.  {
2.     "presets": [ "@babel/preset-env" ]
3.  }
```

4. 进行测试

测试命令示例如下：

```
1.  cd disc
2.  babel-node ./第1章/1.1/technology.js
```

注意，替换后面的文件路径为真实路径。

说明：Babel 是什么？

@babel/node、@babel/core、@babel/preset-env，还有我们没有安装的命令行工具 babel-cli 等，都属于 Babel 工具链。Babel 是一个 JS 版本兼容工具，由于 JS 标准在各个宿主环境中的支持情况不同，Babel 可以帮助我们将使用 ES6 语法的代码转化为向后兼容的普通代码，从而保证代码在不同宿主环境下都能安全运行。

了解面向对象编程有关的基本概念

在正式开始项目实战之前，初学者还需要了解一些编程基本概念。有经验的读者可以略过本节。

在技术文档中我们经常会看到这些词汇：对象、类、构造器、对象实例、对象类型、方法、函数、成员、实例成员、类成员、实例属性、实例方法、类属性、类方法、类变量、实例变量、存取器等。它们在概念上有什么区别呢？

正确理解这些概念有助于理解全书内容。接下来，我们用一个示例详细解释这些概念，示例如代码清单 1-1 所示。

代码清单 1-1　面向对象概念的综合示例

```
1.  // JS: disc\第1章\1.1\technology.js
2.  class Technology {
3.    static #instance
4.    static getInstance() { /*...*/ }
5.    constructor(name, age) { this.#name = name }
6.
7.    get name() {
8.      return this.#name
9.    }
10.    set name(val) {
11.      this.#name = val
12.    }
13.    age
14.    #name
15.
16.    print() { console.log(`name = ${this.#name}`) }
17.  }
18.  let t = new Technology("小游戏", 3)
19.  t.print() // name = 小游戏
20.  function Foo(name) {
21.    this.name = name
22.  }
23.  let f = new Foo("foo")
24.  t.name = "全栈开发"
25.  t.print() // name = 全栈开发
```

下面通过上述代码来说明相关概念。

- 什么是对象？对象是存在于开发者脑海中的一个抽象概念，开发者将现实世界中的事物进行分析，提取其本质特征，然后用一个名词称呼它。例如用 Human 代表人类，Human 就是一个抽象的对象概念。一个对象会具有开发者需要使用的一些特征信息，例如名称（name）、年龄（age）。不同开发者定义的对象不同，对象含有的信息也不同。
- 什么是类？类是由开发者落实在代码中的对象的实际形态，例如第 2 行中的 Technology，它就是一个类。
- 什么是构造器？构造器是类中的一个特殊方法，在 JS 中名称固定是 constructor，可以有参数（例如 name、age）。当一个类被放在 new 关键字后面（第 18 行）时，表示实例化，此时构造器中的代码将被执行，同时有一个实例对象（t）返回。
- 什么是对象实例？对象实例是类的一个具体形态，一个类可以有许多实例，每个实例都可以持有自己的数据，不受其他实例影响。在第 18 行中，t 就是一个对象实例；在第 23 行中，f 也是一个对象实例。t 与 f 各自独立，不会互相影响。
- 什么是对象类型？狭义地讲就是类。在 JS 中，有一些类型可以通过构造器函数定义，此时构造器函数也是类型。在第 1 行中，Technology 是使用 class 定义的一个类，它是对象类型；在第 20 行至第 22 行中，Foo 作为一个构造器函数，也是对象类型。

- 什么是方法？什么是函数？在 JS 中，函数是一个很大的概念，所有使用 function 关键字定义的函数、所有箭头函数都是函数。在第 16 行中，print 是一个方法，它也是函数的一种。一般我们认为，属于某个对象的函数称为方法，而不属于任何对象的函数才称为函数。全局函数不属于任何对象，通常情况下，我们会听到“全局函数”这种说法，但很少有人会说“全局方法”。
- 什么是成员？一个对象的内部组成部分就是成员。第 3 行至第 16 行中的内容都是 Technology 的成员。
- 什么是实例成员？什么是类成员（静态成员）？需要实例化才能访问的成员是实例成员；不需要实例化，直接通过类型名称就能访问的成员是类成员，或称为静态成员。例如在 Technology 中，存取器 name、age、#name 和 print 方法都是实例成员；而第 2 行和第 3 行中的 #instance 和 getInstance 则是静态成员。
- 什么是实例属性、实例方法？通过对象实例才能访问的属性或方法，便是实例属性、实例方法。例如第 7 行至第 14 行中的 name、age 和 #name 都是实例属性；第 16 行中的 print 是实例方法。属性和方法是成员的细分概念。
- 什么是类属性、类方法？通过对象类型直接就可以访问的属性或方法便是类属性、类方法。例如第 3 行中的 #instance 是类的静态属性，第 4 行中的 getInstance 是类的静态方法。
- 什么是类变量、实例变量？通过对象类型可以直接访问的变量是类变量，例如第 3 行中的 #instance ；通过对象实例才能访问的变量是实例变量，例如第 13 行和第 14 行中的 age 和 #name。
- 什么存取器？存取器是类中的一种特殊的属性，用于转发对指定实例成员的访问和设置。例如，第 7 行至第 9 行是 getter 属性，它返回私有变量 #name ；第 10 行至第 12 行是一个 setter 属性，用于设置私有变量 #name 的值。第 24 行则调用了名称为 name 的 setter 属性。

另外，一般我们在讨论技术时提到的属性，会同时包括外部可以访问的存取器和变量；但如果只说变量，便不包括存取器。

以上便是常见的、易混淆的面向对象相关的概念。这里是以 JS 语言讲解这些概念的，如果换作 Python 或者 C 语言，示例及具体描述方式会有所不同，但所彰显的内在概念是相通的。

本课小结

本课源码参见 disc/ 第 1 章 /1.1。

这节课我们主要安装与配置了本地开发环境，学习了如何创建并运行第一个小游戏项目，还学习了如何调试代码，如何在微信开发者工具中及手机上查验问题。

调试是每个程序员的基本功，在程序员的职业生涯中发挥着极其重要的作用。下一课我们将深入探究示例项目的源码。

第 2 课　微信小游戏是如何运行的

上节课我们安装了微信开发者工具，创建了第一个小游戏项目，并且可以在本地和手机上预览了示例项目。那么这个小游戏示例项目是怎么运行的呢？这节课我们看一下小游戏的内部运行机制。

JS 是官方指定的小游戏开发语言，微信内置了一个 JS VM，这是一个与浏览器、Node.js 类似的宿主环境。不同于浏览器，JS VM 没有 BOM API 和 DOM API，只有微信提供的 wx API。这些 wx API 是运行小游戏的关键，本课将在项目中介绍如何用 wx API 来完成创建画布、绘制图形、显示图片，以及如何响应用户交互等基础功能。通过对这些基础功能的学习，我们可以了解微信小游戏是如何运行的。

创建画布

在小游戏中，画布是使用 wx.createCanvas 接口创建的。第一个被创建的是上屏画布，尺寸默认与设备当前的屏幕尺寸相同。我们先看看如何创建并使用上屏画布。

将第 1 课创建的源码复制到 disc/ 第 1 章 /1.2/1.2.1 目录下，接下来关于 Canvas API 的实验将基于这份源码修改。调用 wx.createCanvas 接口，创建一个 Canvas 对象，代码如下：

```
1.  // JS: disc\第1章\1.1\1.2.1\game.js
2.  import './js/libs/weapp-adapter'
3.  import './js/libs/symbol'
4.
5.  // import Main from './js/main'
6.  // new Main()
7.
8.  let canvas = wx.createCanvas()//这里创建了画布
```

上面代码已将原来的第 5 行、第 6 行代码注释掉，并在第 8 行创建了画布。

在小游戏运行期间，首次调用 wx.createCanvas 接口创建的画布就是上屏画布，在这个画布上绘制的内容都将显示在屏幕上。第 2 次、第 3 次及后面第 *N* 次创建的画布则是离屏画布，离屏画布上绘制的内容默认不会显示在屏幕上。

在这个示例项目中，因为使用了官方提供的 Adapter（适配器类库），即 js/libs/weapp-adapter.js（第 2 行），并且在 weapp-adapter.js 内部已经调用了一次 wx.createCanvas，把创建的画布作为全局变量暴露了出来，此时我们在第 7 行再次创建的画布将会是一个离屏画布，又因为它与适配器中的全局变量 canvas 重名，所以将上屏画布覆盖了。

离屏画布不能显示，但属性仍然是可以获取的。下面第 10 行的代码尝试在调试窗口打印新画布的宽和高。

```
1.  // JS: disc\第1章\1.2\1.2.1\game.js
2.  import './js/libs/weapp-adapter'
3.  import './js/libs/symbol'
4.
5.  // import Main from './js/main'
```

```
6.  // new Main()
7.
8.  // 创建画布
9.  let canvas = wx.createCanvas()
10.  console.log(canvas.width, canvas.height) // 输出：414 736
```

这里打印出来的画布尺寸是 414×736，其大小与模拟器选择的机型有关。笔者选择的机型是 iPhone 6 Plus，屏幕大小也是 414×736，如图 1-18 所示。

从测试结果看，模拟器的机型尺寸与打印出来的画布尺寸一样，无论离屏画布，还是上屏画布，创建后的尺寸均与屏幕尺寸相同。

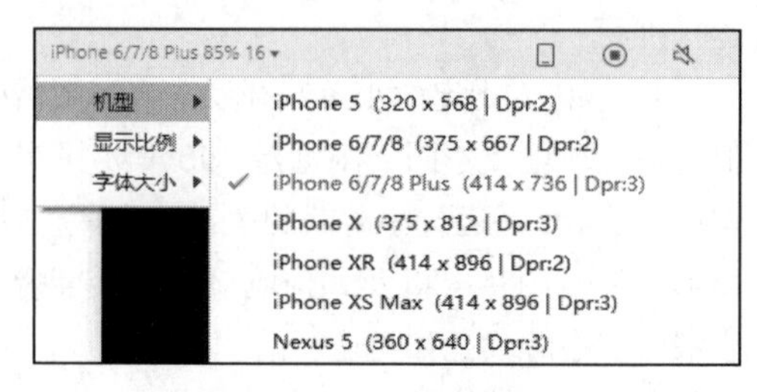

图 1-18 模拟器的机型尺寸

思考与练习 1-1： console.assert 是浏览器环境下的断言 API，在小游戏开发中仍然可以使用。请尝试使用 console.assert 断言屏幕尺寸，如果与预期不符，则抛出“屏幕尺寸断言有误”的异常。

拓展：如何给变量命名

在下面这行实战代码中：

```
let canvas = wx.createCanvas()
```

canvas 是一个自定义的变量，let 是声明变量的关键字。除了 let，另一个声明变量的关键字是 var。JS 的变量名称在声明时必须满足以下规则。

- 名称第一个字符只能使用字母或者下画线。
- 名称只能由英文字母、数字、下画线组成。
- 不能使用 JS 关键词、保留字。
- 不能使用与宿主环境重名的名称。

像 1canvas、$canvas、123、function、class 这些变量名都是非法的，不能使用，而 Canvas、GameGlobal、wx 这些名字又与小游戏平台使用的全局名称重名，也不能使用。

在使用 JS 变量时，需要注意以下几点。

- 变量名区分大小写，例如变量 mychar 与 myChar，它们是两个不同的变量。这一点与 HTML 不同，HTML 是不区分大小写的。
- JS 具有动态性，变量可以“不问而取”，一个变量从未声明过，也可以直接使用，但一般在开发中要避免这种行为。

JS 变量在命名时除了要遵守语法约束外，建议也遵循以下命名规范。

- 使用小驼峰命名法，首字母小写，后面每个单词的第一个字母大写，例如 myFirst-Canvas。
- 尽量使用有具体含义的英语单词，只使用常见的英文单词缩写，一般不使用单字母作为变量名称。

注意：关于 JS 的编码规范，“番外篇”中有更多讲解。

现在，我们已经在小游戏中创建了画布，那么如何在画布上进行内容绘制，并显示在屏幕上呢？

如何绘制矩形

接下来我们尝试在画布上绘制一个简单的矩形。

对于画布，我们可以使用 canvas.getContext("2d") 获取 2D 渲染上下文对象 RenderingContext，继而用 RenderingContext 对象的 fillRect 方法绘制几何矩形。我们使用 2D 渲染上下文对象绘制矩形，矩形尺寸为 100 × 100，颜色为红色，完成后的代码如下所示。

```
1.  // JS: disc\ 第 1 章 \1.2\1.2.3\game.js
2.  ...
3.  // 绘制矩形
4.  let context = canvas.getContext("2d")
5.  context.fillStyle = "red"
6.  context.fillRect(0, 0, 100, 100)
```

上述的代码是什么意思呢？

- 第 4 行，通过 canvas.getContext 方法，以 2d 为参数得到一个 2D 上下文绘制对象（RenderingContext）。另一个可以选择的参数是 webgl，可返回 3D 上下文绘制对象。
- 第 5 行，通过上下文绘制对象的 fillStyle 属性设置了填充颜色。在画布上改变绘制样式及调用绘制方法，这些都是在绘制上下文对象上进行的。
- 第 6 行，调用上下文绘制对象上的绘制方法 fillRect，在画布上绘制一个矩形。

小游戏支持 2D 和 WebGL 1.0 中几乎所有的属性和方法。绘制几何图形、图像等二维对象时使用 2d 参数创建上下文绘制对象即可。如果要绘制 3D 模型，需要使用 webgl。

在微信开发者工具的工具栏上单击“编译”按钮，即可进行测试。但操作后并没有测试结果，模拟器上是一片黑色，并没有呈现出一个红色矩形，这是为什么呢？

原因是当前的文件变量 canvas 是一个离屏画布，这一点在本课前面提到过。对此，有以下两个解决方法。

解决方法一，将引用适配器的代码注释掉（第 1 行），代码如下：

```
// import './js/libs/weapp-adapter'
// import'./js/libs/symbol' // 这一行是适配 ES6 新类型 symbol 的
```

解决方法二，保留适配器引入，将新创建的 canvas 更名为 otherCanvas（见以下代码中的第 5 行），并使用 2D 绘制上下文对象的 drawImage API 将离屏画布翻绘到主屏上（见以下代码中的第 14 行）：

```
1.  // JS: disc\ 第 1 章 \1.2\1.2.3_2\game.js
2.  import './js/libs/weapp-adapter'
3.
4.  // 创建画布，这是一个离屏 Canvas
```

```
5.  let otherCanvas = wx.createCanvas()
6.  let context = otherCanvas.getContext("2d")
7.
8.  // 绘制矩形
9.  context.fillStyle = "red"
10. context.fillRect(0, 0, 100, 100)
11.
12. // 将离屏内容翻绘到主屏上
13. let mainContext = canvas.getContext("2d")
14. mainContext.drawImage(otherCanvas,
    0, 0)
```

绘制效果如图 1-19 所示。

无论离屏画布还是上屏画布，其尺寸默认均与设备屏幕相同，无须设置画布的宽和高。如果设置了，相当于清空画布的内容并重置渲染上下文对象。

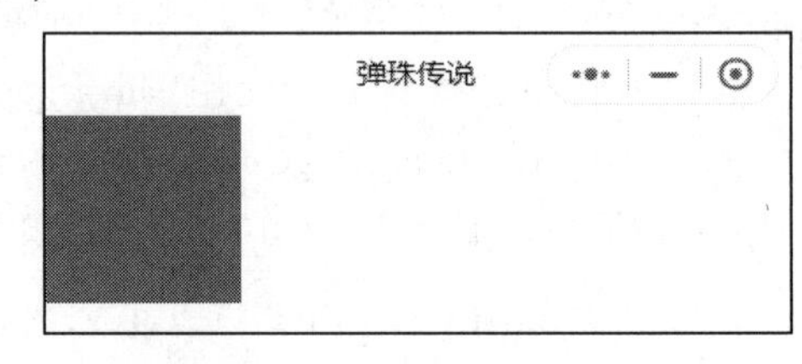

图 1-19 红色矩形绘制效果图

思考与练习 1-2：下面这行代码用于在屏幕左上角的（0, 0）点处绘制一个 100×100 的矩形：

```
context.fillRect(0, 0, 100, 100)
```

如何将上述代码改为在屏幕里居中绘制呢？

拓展：如何理解小游戏的全局变量及作用域

对于下面这两行实战代码：

```
1.  let otherCanvas = wx.createCanvas()
2.  let context = otherCanvas.getContext("2d")
```

otherCanvas 与 context 是两个变量，这两个变量在 game.js 文件中的任何位置均可访问，它们是当前文件作用域下的文件变量。

在小游戏中，包括文件作用域在内，共有 6 种作用域，具体如下。

- 区块作用域：在花括号 {} 内定义的作用域，相关变量称为区块变量。
- 函数 / 方法作用域：在一个函数之内皆可访问的作用域，相关变量称为函数变量。
- 类作用域：在一个类中使用，只要使用 this 修饰符皆可访问的作用域，相关变量称为类变量。
- 文件作用域：当前文件之内皆可访问的作用域，相关变量称为文件变量，例如上面的 otherCanvas 与 context。
- 全局作用域：在当前项目内的任何文件内皆可访问的作用域，相关变量称为全局变量。
- 开放数据域：只能在指定目录下的 JS 文件中才能访问的作用域。开放数据域是微信小游戏 / 小程序独有的，是一个封闭、独立的 JS 作用域。

其中，前 5 个作用域的可访问范围是按从小到大依次排列的，这是 HTML5 与小游戏都具有的作用域。最后一个开放数据域是小游戏 / 小程序专有的，微信为避免微信好友关系链数据被不法商家滥用，专门创造了一个开放数据域的概念，微信好友关系链数据只能在这个开放数据域下拉取和展示，无法传出及向第三方数据库转存。

在浏览器的宿主环境中，如果想声明一个全局变量，可以在全局对象 window 上定义，例如：

```
1.  window.canvas = wx.createCanvas()
2.  window.context = canvas.getContext("2d")
```

在上述代码中，canvas 与 context 皆是全局变量，即只要是在同一个 HTML5 页面中，即使是不同的 JS 文件，也都可以访问。

小游戏没有全局对象 window，微信创造了一个名为 GameGlobal 的全局对象。若要将前面定义的变量变为全局变量，可以这样做：

```
1.  GameGlobal.canvas = wx.createCanvas()
2.  GameGlobal.context = canvas.getContext("2d")
```

在上述代码中，canvas 与 context 皆为全局变量，在小游戏项目中的任何 JS 文件里均可访问这些变量。

如何清空画布

在绘制完矩形以后，接下来了解一下如何清空画布。

前面我们提到过，重新设置画布的宽和高可以清空画布，此外调用 RenderingContext.clearRect 方法也可以达到同样目的。

先看一下第一个方法。通过设置 width 和 height 属性可以改变 Canvas 对象的宽和高，同时这会导致 Canvas 内容清空和渲染上下文对象重置，代码如下：

```
1.  // JS: disc\第 1 章\1.2\1.2.5\game.js
2.  ...
3.  // 此处相当于清空画布，矩形看不到了
4.  canvas.width = canvas.width
5.  canvas.height = canvas.height
```

运行项目，红色矩形不再呈现。即使重设的画布尺寸与原来相同，也会发生重置。

接下来看一下第二种方法，即正规的画布清空方法 clearRect，它是绘制上下文对象的方法，示例如下：

```
1.  // JS: disc\第 1 章\1.2\1.2.5\game.js
2.  ...
3.  // 清空画布的正规方法，效果等同
4.  mainContext.clearRect(0, 0, canvas.width, canvas.height)
```

上述代码运行效果同方法一。

如何绘制网络图片

现在我们了解了如何绘制几何图形，但是游戏中需要绘制几何图形的情况很少，很多时候

需要绘制网络图片。接下来我们看一下如何将一张网络图片绘制到画布上。

我们可以使用接口 wx.createImage 创建图像对象，并用这个图像对象加载网络图片，然后使用 RenderingContext 的 drawImage 方法将图像转绘到画布上，示例如下：

```
1.  // JS: disc\第1章\1.2\1.2.6\game.js
2.  ...
3.  // 绘制网络图片
4.  let image = wx.createImage()
5.  image.src = "https://cdn.jsdelivr.net/gh/rixingyike/images/2021/
    20210829224044 小游戏从0到1.png"
6.  mainContext.drawImage(image, 0, 0)
```

在该示例中：

- 第 4 行通过 wx.createImage 接口创建了一个 image 对象，第 5 行通过设置 image 的 src 属性指定了一个网络图片地址；
- 第 6 行调用 mainContext.drawImage 方法转绘图片，其中 mainContext 是上屏画布的上下文绘制对象。

但是，当我们单击微信开发者工具的“编译”按钮进行预览时，屏幕上什么也没显示。这是为什么呢？

注意：在正常情况下，上述示例代码是什么也不会显示的，但如果读者先运行过后文的示例，再回头来查看这个示例，图片是有可能绘制出来的。这是因为网络图片已经被缓存至本地了。此时只需要依次单击工具栏区的“清缓存”→“全部清空”选项，缓存即会失效。

原因是图片加载需要时间，image 对象并不能直接绘制到画布上。在设置 src 属性后，需要等待图像异步加载完成，然后才可以绘制到画布上。我们可以通过给 image 对象设置一个 onload 回调监听，捕捉图像完成加载的时机，然后在回调函数中完成绘制，代码如下：

```
1.  // JS: disc\第1章\1.2\1.2.6_2\game.js
2.  ...
3.  // 绘制网络图片
4.  let image = wx.createImage()
5.  image.src = "https://cdn.jsdelivr.net/gh/rixingyike/images/2021/
    20210829224044 小游戏从0到1.png"
6.  // mainContext.drawImage(image, 0, 0)
7.  image.onload = function () {
8.    mainContext.drawImage(image, 0, 0)//
      在这里绘制
9.  }
```

图 1-20 网络图片绘制效果

这次图像就可以显示了，运行效果如图 1-20 所示。

注意：一般在小程序 / 小游戏中，对普通 HTTPS 请求（wx.request）、上传文件（wx.uploadFile）、下载文件（wx.downloadFile）和 WebSocket 通信（wx.connectSocket）都有域名检验，对于未在后台配置的域名则不允许访问，但使用图像组件（Image）加载网络图片不受域名校验限制。

通过Image对象的src属性可以加载网络图片，也可以加载本地图片，例如将src属性设置为images/hero.png也是可以的。虽然目前我们并未在本地项目详情面板中开启“不校验合法域名”，但小游戏中的Image对象加载网络素材不受域名校验影响，所以图片仍然可以正常显示。使用网络图片在一定程度上可以减轻代码包大小受限的压力。

思考与练习1-3：如何不使用onload回调，实现网络图片的绘制呢？

Image对象在完成加载之前，其width、height属性一直为0。假如我们设置了一个定时器，每200ms执行一次，让它不断检查Image对象的width属性，width属性值大于0代表图像加载已经完成了，然后立即进行绘制，这样的方案可行吗？示例代码如下：

```
1.  // JS: disc\第1章\1.2\1.2.6_练习3\game.js
2.  ...
3.  // 通过定时器检查
4.  let image = wx.createImage()
5.  image.src = "https://cdn.jsdelivr.net/gh/rixingyike/images/2021/
    20210829224044小游戏从0到1.png"
6.  // 使用定时器检测加载完成度
7.  let intervalId = setInterval(() => {
8.    if (image.width > 0) {
9.       console.log("image.width", image.width)
10.       clearInterval(intervalId) // 完成后清除定时器
11.       mainContext.drawImage(image, 0, 0)
12.    }
13.  }, 200)
```

在实际测试中，这种方式可以实现想要的效果。如果网速没问题，平均不到1s就能看到图像。

但如果不使用定时器，而使用for循环呢？让程序原地循环100 000次，等待图片加载完成，这样是不是也能实现相同的效果呢？示例代码如下：

```
1.  // JS: disc\第1章\1.2\1.2.6_练习3_2\game.js
2.  ...
3.  // 通过for循环检查
4.  let image = wx.createImage()
5.  image.src = "https://cdn.jsdelivr.net/gh/rixingyike/images/2021/
    20210829224044小游戏从0到1.png"
6.  // 使用for循环
7.  for (let j = 0; j < 100000; j++) {
8.    console.log(image.width) // 输出：0?
9.    if (image.width > 0) {
10.        console.log("image.width", image.width) // 输出：image.width 300？
11.        mainContext.drawImage(image, 0, 0)
12.        break
13.    }
14.  }
15.  console.log(image.width) // 输出：0？
```

想一想，上述代码的输出是什么？

图片可以绘制了，接下来考虑如何实现动画。所谓动画，就是不停地擦除与重绘。使用全局函数 requestAnimationFrame 可以执行帧重绘代码，接下来就来看看如何通过帧重绘实现动画。

如何在小游戏中实现动画

我们知道，所谓的动画就是静态图片的快速叠加和切换。那么如何在绘制图片的基础上实现动画呢？

在 HTML5 开发中，一般通过定时器和 requestAnimationFrame 方法实现动画效果。小游戏提供了与 HTML5 同名的相关函数，具体如下。

- setInterval：设置间隔定时器。
- setTimeout：设置延时定时器。
- requestAnimationFrame：开启帧重绘函数。
- clearInterval：清除间隔定时器。
- clearTimeout：清除延时定时器。
- cancelAnimationFrame：取消帧重绘。

其中，前 3 个函数是创建定时器和动画的，后 3 个是清除定时器和停止动画的，它们是一一对应的关系。使用 requestAnimationFrame 创建动画，在效率上优于 setInterval 和 setTimeout，此外，在小游戏中使用 wx.setPreferredFramesPerSecond 接口可以修改帧频。

既然小游戏中的动画就是重复的擦除与绘制，那么接下来的实验将使用 requestAnimationFrame 实现动画，示例如下：

```
1.  // JS: disc\第 1 章\1.2\1.2.7\game.js
2.  ...
3.  // 实现动画
4.  let image = wx.createImage()
5.  image.onload = function () {
6.    mainContext.drawImage(image, 0, 0)
7.  }
8.  image.src = "https://cdn.jsdelivr.net/gh/rixingyike/images/2021/
    20210829224044 小游戏从 0 到 1.png"
9.
10. let imagePositionY = 0
11. function moveDownImage() {
12.   // 清屏
13.   mainContext.clearRect(0, 0, canvas.width, canvas.height)
14.   // 重绘
15.   mainContext.drawImage(image, 0, imagePositionY++)
16.   // 循环
17.   requestAnimationFrame(moveDownImage)
18. }
19. moveDownImage()
```

在上述的代码中：

- 第 10 行，变量 imagePositionY 记录了图片的 y 坐标，它在第 15 行每执行一次递增一个数字，并传递给 drawImage 方法，动画便是这样实现的。

- 第 17 行中的 requestAnimationFrame 使 moveDownImage 在每帧重复执行，在回调函数 moveDownImage 中，每次执行都是先清屏（第 13 行），擦去已经绘制的旧图片，再将图片绘制在画布上（第 15 行）。
- 第 10 行的变量 imagePositionY 代表图片的 y 坐标，第 15 行的 imagePositionY++ 使图像的 y 坐标在每 1 帧中加 1，运行时看起来图片就像在向下移动了。

运行效果如图 1-21 所示。

在小游戏中，屏幕左上角的（0, 0）是原点坐标，X 轴的正方向向右，Y 轴的正方向向下，所以当 imagePositionY 变量增加时，图片是向下移动的。图 1-22 是手机屏幕的坐标示意图。

图 1-21　帧重绘动画效果

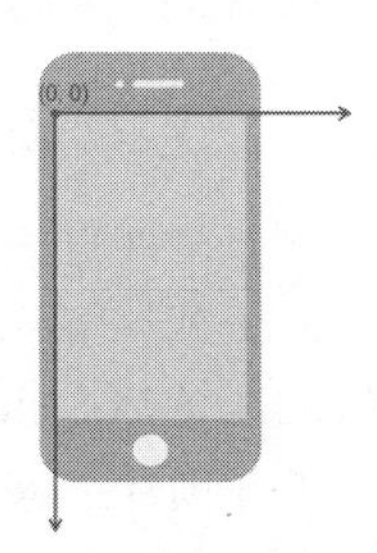

图 1-22　手机屏幕坐标系示意图

思考与练习 1-4：在本课前面实现动画的代码中，在图像未加载完成的情况下就开始执行 moveDownImage 命令了，这是不合理的。如何优化它？

如何实现人机交互

继完成网络图片的绘制之后，现在动画也实现了，接下来要考虑实现人机交互了。

一个游戏是不可能没有人机互动的，下面看一下如何在小游戏中接收并响应用户输入。

小游戏使用 wx.onTouchMove API 监听触摸移动事件，并通过 Touch 对象的 screenX、screenY 属性获知触摸点坐标的信息。那么我们通过监听触摸事件，并在回调事件中擦拭与重绘画布，是不是就可以实现界面交互呢？

下面尝试实现不让图片自动向下移动，而是当手指触摸屏幕时随着手指移动。

我们先看一下触摸事件，小游戏参照 HTML5 DOM 中 TouchEvent 的生命周期，提供了以下监听触摸事件的 API。

- wx.onTouchStart：监听触摸开始。
- wx.onTouchMove：监听触摸移动。
- wx.onTouchEnd：监听触摸结束。
- wx.onTouchCancel：监听触摸取消。

在下面的示例中，我们通过监听屏幕上的手指触摸事件，改变图片位置并进行重绘：

```
1.  // JS: disc\第 1 章\1.2\1.2.8\game.js
```

```
2.  ...
3.  // 实现人机交互
4.  let image = wx.createImage()
5.  image.onload = function () {
6.    mainContext.drawImage(image, 0, 0)
7.  }
8.  image.src = "https://cdn.jsdelivr.net/gh/rixingyike/images/2021/
    20210829224044小游戏从0到1.png"
9.
10.  wx.onTouchMove(function(e) {
11.    let touch = e.touches[0]
12.    mainContext.clearRect(0, 0, canvas.width, canvas.height)
13.    mainContext.drawImage(image, touch.clientX, touch.clientY)
14.  })
```

上面的代码发生了什么呢?

- 小游戏的触摸事件是多指触控，e.touches 返回的是一个 Touch 对象数组，第 11 行我们只取一个 Touch 就够用了;
- 每个 Touch 对象都有 clientX、clientY 属性，代表触摸点的本地坐标，使用该坐标重绘图片，便实现了图片跟随手指移动的效果。

运行效果如图 1-1 所示，在模拟器中使用鼠标即可控制图片的移动。

注意：在 2018 年 12 月及以前查看微信官方文档关于 Touch 对象的说明，会发现只有 screenX、screenY 属性，并无 clientX、clientY 属性。不过在笔者完稿时，clientX、clientY 属性已经存在了。小游戏的触摸对象是依照 HTML5 设计的，基本上 HTML5 有的，小游戏也有，有些属性虽然文档中没有，但并不代表一定不能使用。

思考与练习 1-5：上面实现的图片拖动效果稍显生硬，松开手指，第二次再拖动时图片还会发生跳跃。有一种拖动效果是延迟跟随，可通过不断设置新目标位置并减速移向目标来实现，读者可尝试实践。

拓展：如何理解局部变量

在函数内声明的变量就是局部变量，局部变量的作用域局限于函数之内，一般在函数退出后，函数的作用域也就销毁了，函数内的局部变量自然也就不能访问了。下面来看一个示例：

```
1.  let image = wx.createImage()
2.  ...
3.  wx.onTouchMove(function(e) {
4.    let touch = e.touches[0]
5.    mainContext.clearRect(0, 0, canvas.width, canvas.height)
6.    mainContext.drawImage(image, touch.clientX, touch.clientY)
7.  })
```

在上述代码中：

- 第 4 行中的 touch 是一个局部变量，第 3 行中的 e 也是一个局部变量。

- 第 6 行中的 image 是在函数外定义的，它是文件变量，此处访问 image 变量时会先查找最近的函数作用域。如果没找到，则会上升到上一层的文件作用域中查找。如果还没有找到，则会继续到全局作用域中查找。要是全局作用域中也找不到，则程序将会报出一个空对象运行时异常。

拓展：了解微信小游戏的 API 风格

wx.createImage 是小游戏创建 Image 对象的接口，几乎所有小游戏 / 小程序接口都是以 wx 开头的。小游戏 / 小程序的 API 设计是有规律可循的，它主要有以下 5 个方面的特点。

1. 同步接口以 Sync 结尾

一般 wx API 的同步方法与异步方法是成对出现的，两者的差别在于前者多一个 Sync 后缀，例如本地存储接口 getStorageSync 是同步接口，getStorage 则是异步接口。

注意： 虽然获取系统信息的接口 wx.getSystemInfoSync 和 wx.getSystemInfo 在名称上有差异，但由于历史原因二者都是同步接口，这种情况并不多见。大部分小游戏 / 小程序接口都是以 wx 开头的，自从有了云开发，开始有了以 cloud 开头的平台接口。

---

2. 异步调用都有 3 个相同的回调参数

3 个回调参数分别是 success、fail 和 complete。

对 API 的异步调用，除了参数之外，都有 success、fail、complete 这 3 个回调参数。

- success：设置接口调用成功的回调函数。
- fail：设置接口调用失败的回调函数。
- complete：设置接口调用结束的回调函数，无论调用成功与否都会执行。

以下是示例代码：

```
1.  wx.authorize({
2.    scope: "scope.userLocation",
3.    success: res => {
4.        this.#updateCity()
5.    },
6.    fail: err => {
7.        console.log(err)
8.    },
9.    complete: res = > {}
10.  })
```

wx.authorize 是小游戏 / 小程序主动授权的接口，接口参数是 object 类型。

3. 使用 onX 的形式添加事件监听

小游戏中的监听事件普遍使用 wx.onX(callback) 这种形式添加，X 代表首字母大写的具体事件英文单词，示例如下：

```
1.  wx.onTouchStart(function(){ ... })
```

```
2.  InnerAudioContext.onStop(function(){ ... })
```

个别事件监听则是使用 onX = function(){ ... } 这种形式添加的，示例如下：

```
image.onload = function(){ ... }
```

4. 兼容 HTML5 开发习惯

小游戏的 API 有全局 API，例如 requestAnimationFrame，也有 wx.login 这样的 wx API。前者一般是为了与旧的 HTML5 编写习惯契合，后者则是微信新定义的接口，它们以 wx 或以 cloud、openapi.* 等前缀开头。

5. 接口成对出现

许多 API 都是成对出现的，例如 requestAnimationFrame 与 cancelAnimationFrame 对应，它们都是全局 API；Canvas 对象的 onTouchStart 与 offTouchStart 对应；wx.onX 与 wx.offX 对应，这些都是最为常见的格式。

本课小结

本课源码参见：disc/ 第 1 章 /1.2。

这节课主要讲解了在小游戏项目中图片是如何绘制出来的，动画是如何产生的，人机交互是如何完成的。第 1 课创建的小飞机示例项目中有一个爆炸效果，现在读者能猜想出那个爆炸效果是怎么实现的吗？

本章内容已结束。通过对本章的学习，相信读者已经对如何创建和调试小游戏项目以及小游戏项目是如何运行的有了初步了解。这一章只是让读者对相关概念有一个整体上的理解。

从下一章开始，我们将进入实战环节，从最简单的 3 行代码编写入手，一步步开发一个近 2 万行代码的小游戏项目。

第二篇 Part 2

见龙在田

在对编程基础概念和小游戏开发有初步了解之后，进入第二篇、第三篇的学习：了解 JS 语言、模块化开发与面向对象开发技能。

本篇包括第 2 章、第 3 章、第 4 章和第 5 章。《易经》中的乾卦说：“见龙在田，利见大人。”意思是美好事物即将呈现，此时应抓住时机努力进取。本篇是项目实战的开始，因此以“见龙在田”作为篇名再合适不过了。

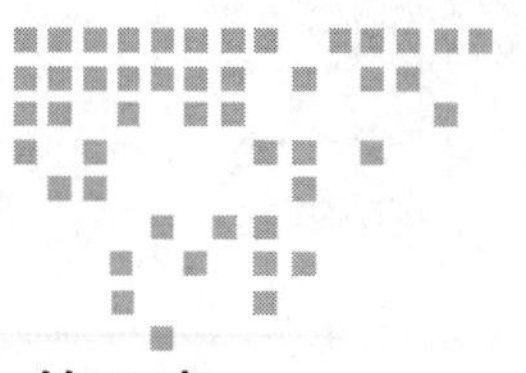

Chapter 2 第 2 章

编写一个简单的 HTML5 小游戏：打造游戏界面

从本章开始，我们将会介绍如何开发一个挡板小游戏，这个小游戏也是贯穿全书的项目，下面来看一下这个小游戏项目的基本逻辑。

- 左右各一个挡板，右挡板是系统挡板，自动上下移动；左挡板是用户挡板，在用户的触摸控制下上下移动。
- 有一个小球在屏幕内自动运动，与挡板或四壁碰撞后会反弹；左右任何一个挡板接住小球，即可得一分，任何一方先得 3 分则游戏结束。
- 游戏有 30s 的计时限制，游戏结束后可以单击屏幕重新开始。

在开发这个小游戏的过程中，我们也会同步介绍开发微信小游戏涉及的所有 JS 知识点，建议大家跟随笔者的步伐进行实践。

这个挡板小游戏的逻辑很简单，非常适合初学者学习。我们将从绘制一个游戏标题的文本开始，到绘制挡板、小球、分界线，再到为小球和挡板添加互动控制逻辑，最后为游戏添加重启功能及循环播放的背景音乐。在这个过程中，我们会渐进式地创建所有代码，实现所有游戏逻辑。待所有 HTML5 功能完成后，再移植到微信小游戏中。HTML5 游戏所用的 Canvas API 与微信小游戏是相同的，先从 HTML5 版本入手学习，初学者会更加容易入门。

在完成本章及下一章的学习后，游戏界面如图 2-1 所示。

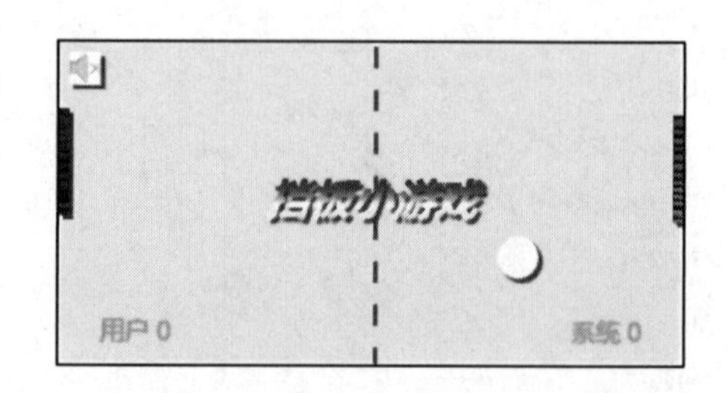

图 2-1　HTML5 挡板小游戏的完成效果

在正式开始本章学习之前，请看一下这段代码：

```
1.  let s = 0
2.  for(let i = 10; i < 20; i++ ) {
3.    s += i
4.  }
5.  console.log(s) // 输出：145
```

如果不能明白最终输出结果为什么是 145，请先学习一下 JS 基础知识。

第 3 课　绘制游戏标题

所谓“万丈高楼平地起”，本节课从绘制一个文本开始，最终实现将游戏标题“挡板小游戏”展示在屏幕的正中。

在 Canvas API 中，fillText 方法可以直接绘制文本，并且支持设置字体（font-family）、字号、颜色、文本样式（font-style）等，可想而知，实现标题绘制应该不难。

安装与配置 Visual Studio Code

这一章及第 3 章都在编写 JS 代码，暂时不需要使用微信开发者工具。Visual Studio Code（以下简称 VSCode）是编写 JS 最适合的工具，该开发工具可以从微软官网下载、安装：https://code.visualstudio.com/。

为了方便在浏览器中预览 HTML5 页面效果，可以在 VSCode 中安装一个 Live Server 插件。安装的方法是，在 VSCode 左侧的 Tab 导航栏中选择“扩展”页面，在搜索框中输入 Live Server 并检索，找到对应的插件并按提示安装，如图 2-2 所示。

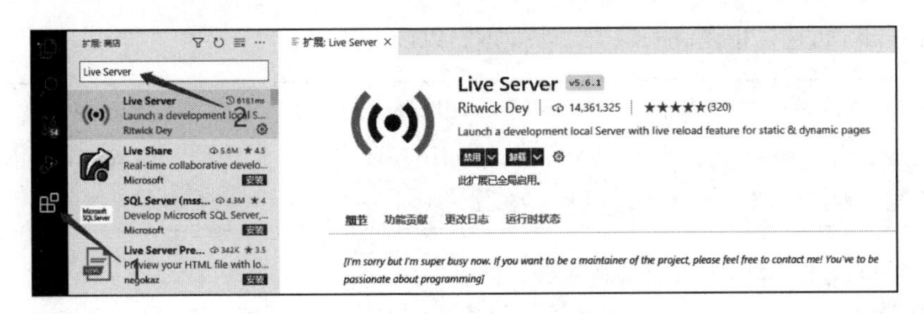

图 2-2　搜索与安装 VSCode 插件

安装以后在 Live Server 的任何页面单击右键，都可以从弹出的菜单中看到 Open with Live Server 项，如图 2-3 所示。

在 HTML5 页面上选择这个菜单，就可以快速在浏览器中查看该页面的效果。Live Server 插件可以自动刷新，在修改了页面源码后，回到浏览器，HTML 页面会自动更新。

编程初学者极易犯的一类错误是中英文标点不分。代码中只能使用英文标点，如果中文单引号、双引号混进代码中都将引发错误。为了方便区别中英文标点，需要对 VSCode 的编辑器字体进行额外设置，在菜单中依次选择“首选项”→“设置”命令，并在弹出的界面中搜索 Font Family，然后输入以下内容：

```
Consolas, "Times New Roman", SimSun
```

完成后保存，即完成了 VSCode 编辑区文本字体的设置。宋体可以清晰地显示中英文标点，前面 3 款英文字体可以清晰、美观地展示“0O 和 1lI”这些不易区别的字符，它们组合在一起是 VSCode 中文编程首选组合。

此外，为避免每次修改文件后都需要手动保存文件，可以在设置页搜索 Auto Save，并将选项设置为 afterDelay。注意，Tab Size 是 Tab 键缩进量，一般设置为 2。

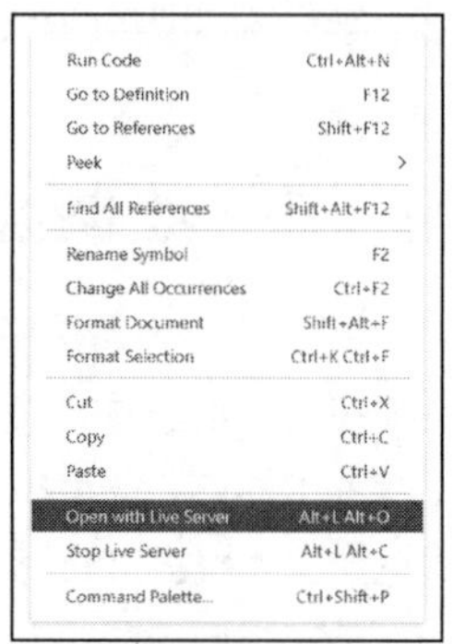

图 2-3 查看 Live Server 右键菜单

学习使用 HTML 标记，开始绘制游戏标题

工具准备好了，接下来在屏幕正中绘制文字。

在 HTML 页面中显示一个文本很容易，很多标签诸如 div、p、span 等都可以做到。但在游戏中绘制就必须用到画布，在画布的绘制上下文对象（RenderingContext）中有一个 fillText 方法，它可以用于绘制文本，语法如下：

```
void RenderingContext#fillText(text, x, y, [maxWidth])
```

fillText 方法最多有 4 个参数，具体如下：

- text 规定在画布上输出的文本；
- x 为开始绘制文本的 x 坐标位置；
- y 为开始绘制文本的 y 坐标位置；
- maxWidth 可选，指允许的最大文本宽度，以像素计。

注意：在语法描述中，方括号代表参数可选，fillText 方法的第 4 个参数 maxWidth 可以传递，也可以不传递。可选参数一般都有默认行为，当 fillText 方法传递的是 maxWidth 参数时，代表文本绘制的宽度受到限制，反之不受限制。在描述时，一般使用中括号括住可选参数。

接下来尝试使用 fillText 实现绘制需求。

首先，需要一个画布。在项目的目录下创建一个 simple.html 文件，然后在该文件内输入如下代码：

```
1.  <!-- HTML: disc\第2章\2.1\2.1.2\simple.html -->
2.  <canvas id="canvas">
3.    您的浏览器不支持 HTML5 canvas。
4.  </canvas>
```

该文件只有 4 行代码。第 1 行是 HTML 注释，第 2 行至第 4 行是一个 canvas 元素，用于在页面上显示一张画布。

simple.html 页面结构并不完整，一般 HTML 页面都具备 <html>、<body> 等结构标签，如代码清单 2-1 所示，index.html 页面是一个页面结构较为完整的示例：

代码清单 2-1　默认的 HTML5 页面模板

```
1.  <!-- HTML: disc\第 2 章\2.1\2.1.2\index.html -->
2.  <!DOCTYPE html>
3.  <html lang="zh-CN">
4.  <head>
5.    <meta charset="UTF-8">
6.    <meta http-equiv="X-UA-Compatible" content="IE=Edge">
7.    <title>挡板小游戏</title>
8.    <style>
9.      canvas {
10.         border: 1px solid;
11.         margin: 30px;
12.         width: 300px;
13.       }
14.     </style>
15.   </head>
16.   <body>
17.     <canvas id="canvas">
18.       您的浏览器不支持 HTML5 Canvas。
19.     </canvas>
20.   </body>
21.   </html>
```

上面代码做了什么呢？我们一起来看一下。

- 第 17 行至第 19 行，用 <canvas> 标签在页面中创建了一个 Canvas 对象，它的 id 属性为 canvas。HTML 中的每个标签组件都可以有一个 id，id 相当于组件的身份，JS 代码依赖 id 找到并操作对应的组件。
- 第 8 行至第 14 行代码，是通过 <style> 标签嵌入的自定义样式，主要是为了让画布有一个黑色边框，便于在页面中查看效果。
- HTML 是富文本标记语言，这门语言的主要作用是标记和构建页面结构。每个 HTML 标记都是成对出现的，它们都具有相同的格式：<tag>...</tag>，其中 tag 可以是任何已定义的标签名称，例如 html、body、head、canvas 等。每对标签又可分为前后两部分：开始标签和结束标签，像 <html>、<body>、<canvas> 这些都是开始标签，而 </html>、</body>、</canvas> 则是结束标签。HTML 标记允许嵌套，开始标签与结束标签之间可以嵌入其他 HTML 内容，例如第 17 行至第 19 行的 <canvas> 标签内嵌于 <body> 标签中；而第 16 行至第 20 行的 <body> 标签则内嵌于 <html> 标签中。
- 在 HTML 标记代码中，一个很重要的概念是属性，例如第 17 行的 id 是 <canvas> 标签的属性，第 3 行 lang 是 <html> 标签的属性。如果将 HTML 组件看作对象，那么属性就是描述对象的特征，不同属性代表不同含义。例如 id 代表身份标识，在同一个 HTML 页面中，id 一般是不重复的，而 lang 代表页面的语言。相同名称的属性在不同 HTML 标记中的含义是相同的。
- 第 9 行至第 13 行是 HTML 中内嵌的 CSS 代码。CSS 是一种样式描述语言，作用就是“装饰”HTML 组件。CSS 语法分为两部分：花括号外面是选择器，代表对谁应用样式描述，例如第 9 行中 canvas 是一个元素选择器，代表对所有 canvas 元素应用样式；花括号里面是样式描述代码，每组样式都是成对出现的，冒号（:）前面是样式名，后面是样式值，例如 margin 代表外边距，30px 表示 30 个像素，是 margin 的样式值。

画布有了，我们开始绘制。在 Canvas 对象上使用不了 <div>、<p> 等这些 HTML 文本标签，也没有办法将这些标签包含在 <canvas> 标签内部。在 HTML5 中操作画布，和第 1 章在小游戏中操作画布一样，首先要取得画布的渲染上下文对象（RenderingContext），然后在这个渲染上下文对象上调用相应的方法进行操作。以下是我们获取 2D 渲染上下文对象，并在该对象上调用 fillText 方法的示例代码：

```
1.  <!-- HTML: disc\第2章\2.1\2.1.2\index.html -->
2.  ...
3.  <body>
4.    <canvas id="canvas">
5.      ...
6.    </canvas>
7.    <script>
8.      // 获取画布及2D渲染上下文对象
9.      const canvas = document.getElementById("canvas")
10.      const context = canvas.getContext("2d")
11.      context.fillText("挡板小游戏", 10, 30)
12.    </script>
13.  </body>
14.  </html>
```

上面代码做了什么呢？我们一起看一下。

- 在 <body> 标签下创建了一个 <script> 标签，这个标签允许我们在页面中嵌入 JS 代码。在 HTML 中，所有 UI 组件都必须放在 <body> 标签内，<script> 标签可以放在 <head> 标签内，也可以放在 <body> 标签内，有的开发者还将其放在了 <html> 标签外（不提倡）。从第 7 行开始，我们将 <script> 标签放在 <body> 和 <canvas> 标签后面，方便操作。
- 第 9 行、第 10 行创建了两个页面常量 canvas 与 context。canvas 是画布对象，context 是画布的 2D 渲染上下文对象，后者的类型是 CanvasRenderingContext2D。
- 第 11 行调用 2D 渲染上下文对象的 fillText 方法，在屏幕坐标（10, 30）处绘制文本。这个坐标位置是相对于画布的位置，并不是相对于 HTML 页面的位置，但因为画布是放在（0, 0）处的，所以效果是等同的。
- 第 8 行至第 11 行都是内嵌的 JS 代码。JS 代码与 HTML 标签代码不同，不需要尖括号作为关键字开始与结束的标志。在 HTML 代码中，如果有嵌套，并且有忽略空白字符的要求，必须用特殊字符将结构标签与内容显式隔开；在 JS 代码中，空格与换行符是天然的分隔标记，这基本也是所有类 C 语言的分隔风格。
- 第 9 行，当我们调用 document 对象的 getElementById 方法时，只需要在对象后面加一个点（.），然后加上方法就可以了。在 JS 中，点（.）是访问对象成员（包括属性和方法）的符号，被称为点访问符。

- 第 9 行、第 10 行使用了等号（=），在 JS 代码中，等号代表赋值。等号既可以作为赋值符号，也可以充当分隔符号，例如第 10 行代码可以写成：const context=canvas.getContext("2d")，我们将等号两边的空格去掉也是没问题的，但 const 后面的空格不能去掉，因为这个空格是分隔字符，没有字符替代它的职责。

使用 Live Server 插件的 Open with Live Server 菜单即可查看页面的运行效果，如图 2-4 所示。

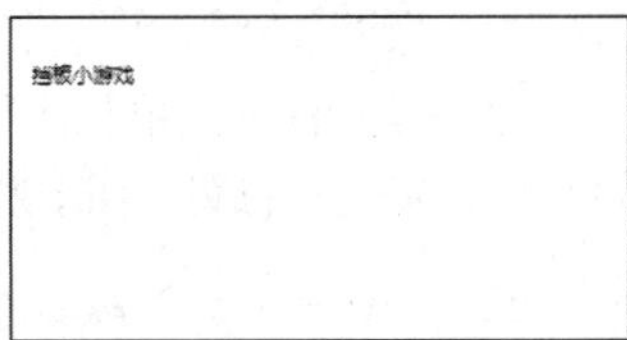

图 2-4　标题默认绘制效果

方便编写与查看效果，且实时预览，这是我们采用 VSCode+Live Server 编写 HTML5 页面代码的原因。

思考与练习 2-1：fillText 方法第 4 个参数 maxWidth 用于设置最大文本宽度，尝试添加此参数并设置为 20，查看其运行效果。

拓展：如何使用 const 关键字

下面这行代码使用 const 关键字声明了一个常量 canvas：

```
const canvas = document.getElementById("canvas")
```

const 与 let 是 ES6 新增的两个重要关键字。let 声明的变量只在 let 所在的代码区域内有效。const 声明的常量只有在声明时可以赋值，声明之后值就不能改变了。

在编程中有一个不成文的“吝啬原则”：如果成员可以不被访问，就不要允许它被外部访问；如果只允许“读”就可以，就不要允许它可以被“写”。尽量减少变量或常量的访问权限，可以有效降低软件开发的潜在风险，特别是在多人协作开发的大型复杂项目中，谁都不希望自己的代码因别人的无意修改而引发 Bug。

const 声明的常量有两种，以下是第一种：

```
const GameGlobal.PANEL_HEIGHT = 100 // 挡板高度
```

其中，PANEL_HEIGHT 是全局常量，命名方式是每个单词的字母全部大写并以下画线间隔。

第二种便是前面提到的 canvas：

```
const canvas = document.getElementById("canvas")
```

canvas 是作为一种不可更改的“变量”而存在的，命名方式与一般变量的命名方式相同，采用小驼峰命名法。在函数内，所有我们确定在声明后不会修改的临时变量，都可以改用 const 关键字声明为常量。

注意：有些教程或图书将 const 声明的常量称为变量，指的是一种不可修改或只能在声明时赋值一次的变量。本书采用 MDN（Mozilla Developer Network）的描述，即使用 let、var 声明的是变量，使用 const 声明的是常量，它们都可以称为标识符。

拓展：如何给代码添加注释

在下面这段实战代码中，第 1 行为注释：

```
1.  // 获取画布及画布的绘制上下文对象
2.  const canvas = document.getElementById("canvas")
```

这是单行注释，单行注释以两个斜杠（//）开头，放在代码行上方。如果注释内容不多，也可以把注释放在行尾，如下所示：

```
1.  let x = 5   // 声明 x，并把 5 赋值给它
2.  let y = x+2 // 声明 y，并把 x+2 赋值给它
```

还有一种多行注释，以 /* 开始，以 */ 结尾，示例如下：

```
1.  // JS: disc\ 第 1 章 \1.1\minigame\js\main.js
2.  ...
3.  /**
4.   * 随着帧数变化的敌机生成逻辑
5.   * 按帧数取模定义生成的频率
6.   */
7.  enemyGenerate() { ... }
```

这种注释一般放在文件首部。

删除注释虽然不会影响程序运行，但会影响阅读。

如何改变字体、字号和颜色

现在可以使用 fillText 绘制文本了，但是在本课前面的运行截图中，文本太小，颜色也很单调，下面尝试改变标题的文本大小和颜色。

在 Canvas API 中，可以使用 fillStyle 属性设置填充颜色，使用 font 属性指定文本的字体和字号。font 属性的调用语法如下：

```
RenderingContext#font = "font-style font-weight font-size font-family"
```

font 属性接收一个字符串，字符串的内容从前向后依次包含各文本样式的值，并以空格间隔。常用的文本样式如下。

- font-style：规定字体样式。可能的值有 normal、italic、oblique。
- font-weight：规定字体的粗细。可能的值有 normal、bold、bolder、lighter，或者 100、200、300、400、500、600、700、800、900。
- font-size/line-height：规定字号或行高，以像素计。
- font-family：规定字体系列。

下面用 fillStyle、font 这两个属性给游戏标题修改颜色及改变大小，具体如代码清单 2-2 所示。

代码清单 2-2 修改标题文本的颜色及字号

```
1.  <!-- HTML: disc\ 第 2 章 \2.1\2.1.5\index.html -->
2.  ...
```

```
3.  <script>
4.    // 获取画布及 2D 渲染上下文对象
5.    const canvas = document.getElementById("canvas")
6.    const context = canvas.getContext("2d")
7.    // context.fillText(" 挡板小游戏 ", 10, 30)
8.
9.    // 改变颜色和大小
10.    context.font = "STHeiti 20px"
11.    context.fillStyle = "#ff0000"
12.    context.fillText(" 挡板小游戏 ", 10, 30)
13.  </script>
```

在上面的代码中，有以下几处改动。

- 省略掉的 HTML 代码没有变化，与本课上一步练习的内容相同。
- 第 7 行代码注释掉了，注释掉的代码与注释效果是等同的，不会执行。
- 第 10 行至第 12 行是新增的代码，其中第 10 行设置了 font 属性的 font-family 和 font-size 样式，第 11 行通过 fillStyle 属性设置填充样式为用 "#ff0000"（十六进制）表示的红色。
- 第 5 行、第 6 行通过点访问符调用了对象的方法（分别是 getElementById、getContext）。第 10 行至第 12 行通过点访问符访问了对象成员的另一种形式：属性。点访问符既可以访问对象的属性，又可以调用对象的方法，区别在于名称后面有没有小括号，有括号是方法，反之是属性。当调用方法时，小括号内还可以填写调用方法所需的参数，参数有时有，有时无，依据实际需要而定。当点访问符访问属性时有两种情况：一种是读，另一种是写。像第 10 行至第 11 行，属性访问都位于赋值符号（=）的左边，代表这些属性要被设置为新值，所以这里表示写；如果位于赋值符号右边，及其他没有赋值符号的情况，则表示读。
- 第 12 行通过点访问符调用了 fillText 方法，并传递了 3 个参数，实参的次序是不能更改的，要与方法中定义的形参顺序一致。每个参数之间用逗号（,）分隔。

运行效果如图 2-5 所示。

颜色变了，字体与字号均没有变化，这是为什么呢？

在 font 属性中设置文本样式有先后次序，顺序不可以颠倒，必须按照 font-style、font-weight、font-size、font-family 这个顺序设置。如果前面的文本样式不需要，则可以略去不写。在上述代码中：

```
context.font = "STHeiti 20px"
```

代码清单 2-2 是将 font-family 放在了 font-size 样式的前面，其实它应该放在 font-size 样式的后面。我们再次修改代码：

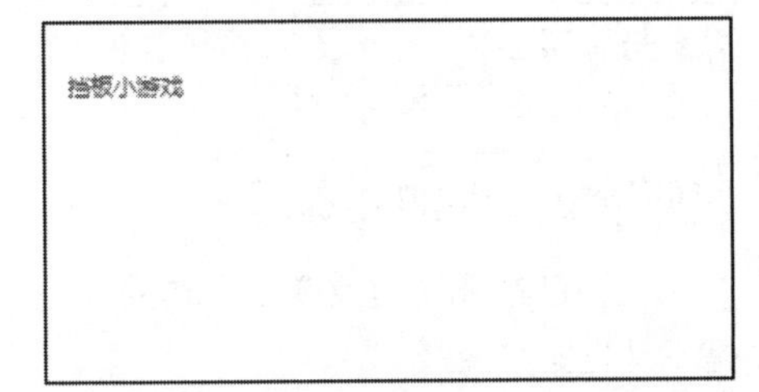

图 2-5 标题颜色、大小的默认修改效果

```
1.  <!-- HTML: disc\ 第 2 章 \2.1\2.1.5\index.html -->
2.  ...
```

```
3.  <script>
4.    ...
5.    // context.font = "STHeiti 20px"
6.    context.font = "20px STHeiti"
7.    context.fillStyle = "#ff0000"
8.    context.fillText(" 挡板小游戏 ", 10, 30)
9.  </script>
```

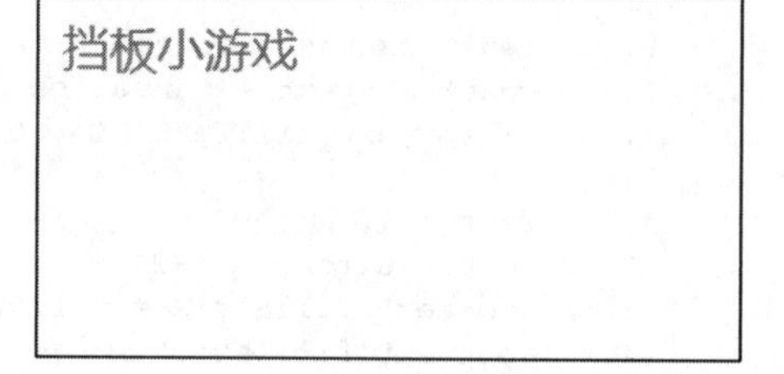

图 2-6 第二次修改标题字号的效果

这次可以了，运行效果如图 2-6 所示。

可以看到，字体、颜色、文本大小均有改变。

拓展：在 font-family 中要使用中文字体的英文名称

看一下以下这行实战中出现的代码：

```
context.font = "20px STHeiti"
```

其中，STHeiti 是黑体，此处为什么不用中文直接表示呢？

渲染上下文对象的 font 属性中的 font-family 与 CSS 中使用的 font-family，它们的值都必须是英文，这与我们平常在 Word 软件里看到的字体名称，例如宋体、黑体是不一样的。直接把中文名称写进 font 属性里将不会有效果；如果这样做，font-family 的值将被替换为宿主环境的默认字体。在谷歌浏览器中，这个默认字体一般为“宋体 – 简”，英文为 Songti SC。

当我们想使用中文字体时，必须知道中文字体的英文名称，下表是常用中文字体名称的英文对照表。

中文	英文	中文	英文
宋体	SimSun	新宋体	NSimSun
黑体	STHeiti	仿宋	FangSong
微软雅黑	Microsoft Yahei	苹方	PingFang SC
楷体	KaiTi		

从该表中可以看出，有的英文名是中文名称的拼音，有的不是。张鑫旭在其博客上总结了一份较为详细的中英文对照表：https://www.zhangxinxu.com/study/201703/font-family-chinese-english.html，大家可以参考。

思考与练习 2-2：尝试使用 font 属性，设置绘制文本的字体为微软雅黑，字号为 30px。

如何给文本添加文本样式

我们已经成功地改变了文本的大小、颜色和字体，那么常见的字体样式，例如斜体、粗体是不是也能实现？

答案是肯定的，我们可以通过 font 属性中的 font-style、font-weight 分别实现斜体、粗体效果。

font-style 有 3 个选项：normal、italic、oblique。italic 表示斜体，oblique 也表示斜体，两者有什么不同呢？使用 oblique，即使字体没有斜体字符库也能实现斜体效果，italic 则不然，但如果字体本身有斜体字符库，则优先采用 italic 效果。

font-weight 的选项共有 9 个级别（即 100 ～ 900）以及 4 个预定义名称（即 normal、bold、bolder 和 lighter）。这是两套字重表述体系，一般情况下 400 与 normal 相当，700 与 bold 相当，900 与 bolder 相当，300 与 lighter 相当。但是 normal、bold 这样的文字表述属于相对表述，使用这些值时还要考虑父元素的值，它们的值实际上是不确定的，在网页中有可能一个元素的 lighter 比另一个元素的 bolder 还要粗重。所以，一般建议使用 100 ～ 900 这样的数字表述。

现在我们使用 italic 的 font-style 和 600（加粗）的 font-weight，修改绘制文本的代码，具体如下：

```
1.  <!-- HTML: disc\ 第 2 章 \2.1\2.1.7\index.html -->
2.  ...
3.  <script>
4.    ...
5.    // 设置字体样式，斜体与粗体
6.    context.font = "italic 600 20px STHeiti"
7.    context.fillStyle = "#ff0000"
8.    context.fillText(" 挡板小游戏 ", 10, 30)
9.  </script>
```

运行效果如图 2-7 所示。

如果感觉字重不够，还可以改为 800：

```
context.font = "italic 800 20px STHeiti"
```

运行效果与图 2-7 是一样的。

我们分别将 font-weight 的值修改成 600 和 800，为什么两个值的效果是一样的呢？

这是因为字体对字重的实现并不是完全的。图 2-8 所示为一个字体对字重的实现效果，它只实现了 400、700 和 900 这 3 个字重。多数字体都仅实现了部分字重，如果代码中指定的字重不存在，比它小的字重将会被选用，这就造成有时候 800 与 600 的字重效果是一样的。

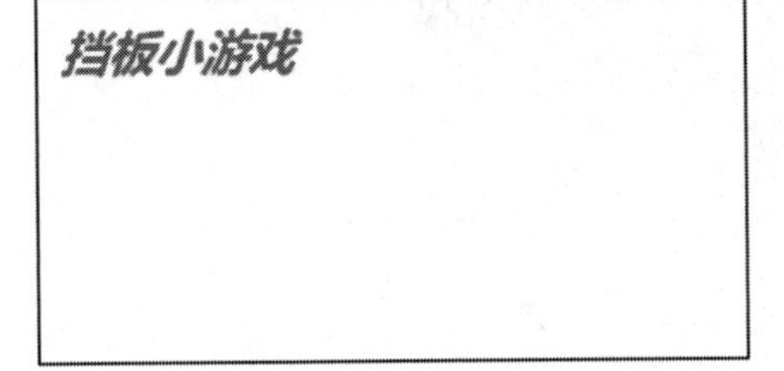

图 2-7　设置标题的粗体、斜体效果

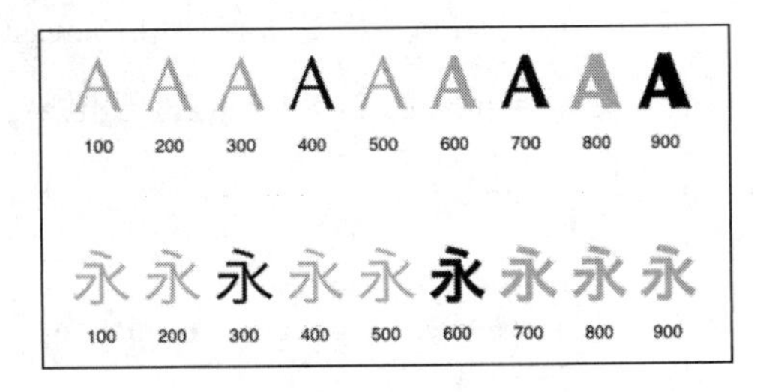

图 2-8　某字体的字重实现情况

思考与练习 2-3：修改本节代码，使用 oblique 尝试另一种斜体效果。

如何在绘制文本中使用渐变色

在设置了文本的字体、大小和颜色后，又设置了字体样式——斜体和粗体，但是颜色只是单色，有些单调。可以使用彩色进行绘制，实现如图 2-9 所示这样的渐变效果吗？

渲染上下文对象的 fillStyle 属性，中文意思是绘制样式，并不是绘制颜色，这表明它除了可以为颜色赋值之外，还可以为其他对象赋值。在 Canvas API 中，可以使用 createLinearGradient 创建线性渐变填充对象（CanvasGradient），这个对象也可以作为 fillStyle 的合法值。

渲染上下文对象的 fillStyle 属性可以接收的值有 3 类。

- 颜色（Color），指示绘图填充色的 CSS 颜色值，默认值是 #000000。
- 渐变填充对象（CanvasGradient），用于填充绘图的渐变颜色对象，有线性渐变（LinearGradient）或放射性渐变（RadialGradient）。
- 填充材质对象（CanvasPattern），用于填充绘图的图像材质对象。

挡板小游戏

图 2-9 标题颜色的渐变效果

fillStyle 的调用语法如下：

```
ctx.fillStyle = color | gradient | pattern
```

注意： fillStyle 是一个实例属性，是在对象实例上调用的成员；它并不是类的静态属性，不能在类上像静态方法一样调用它。在上述语法表述中，ctx 是一个实例变量，它是一个 RenderingContext 对象的实例（下同）。符号竖杠（|）代表这 3 个值是并列的，可选其一，这是语法描述中常用的一种符号。

得益于 JS 是弱类型动态语言，所以 fillStyle 属性既可以设置为字符串，又可以设置为对象。在上述语法表述中：第 1 个选项是一个字符串，默认值是 #000000，所以本课前面默认看到的文本是黑色的；第 2 个选项是线性填充对象 CanvasGradient，可以实现从一个方向到另一个方向的颜色渐变，该对象使用 RenderingContext#createLinearGradient 方法创建；第 3 个选项是材质填充对象 Pattern，使用图片作为填充介质，使用 ctx.createPattern 方法创建。

接下来在示例中看一看，如何使用 CanvasGradient 对象实现文本的彩色绘制：

```
1.  <!-- HTML: disc\ 第 2 章 \2.1\2.1.8\index.html -->
2.  ...
3.  <script>
4.    ...
5.    // 绘制颜色渐变字体
6.    context.font = "italic 800 20px STHeiti"
7.    // 设置渐变填充对象
8.    const grd = context.createLinearGradient(0, 0, context.measureText(" 挡板小
      游戏 ").width, 0)
9.    grd.addColorStop(0, "red") // 添加渐变颜色点
10.    grd.addColorStop(1, "white")
11.    context.fillStyle = grd
12.    context.fillText(" 挡板小游戏 ", 10, 30)
13. </script>
```

上面代码做了什么呢？

- 第 8 行通过 createLinearGradient 方法创建了一个颜色渐变对象，常量名称为 grd。因为接下来我们不需要改变这个常量，所以使用 const 关键字声明它。第 9 行、第 10 行是调用它的方法，并不改变它本身。
- createLinearGradient 方法的调用语法为 ctx.createLinearGradient(x0, y0 , x1, y1)。其中，（x0, y0）和（x1, y1）分别是渐变起始点、结束点的坐标。如果想横向渐变，那就保持 y 坐标不变；如果想纵向渐变，那就保持 x 坐标不变。也可以是任意角度的渐变，这取决于两点坐标的斜度。我们在代码中编写的是从左向右的横向渐变。
- addColorStop 方法的调用语法为：ctx.addColorStop(stop, color)，其中 stop 是介于 0.0 与 1.0 之间的值，表示渐变开始与结束之间的位置，color 是任意的 CSS 颜色值。第 9 行、第 10 行调用两次 addColorStop 方法，添加了两个渐变颜色点：第一个是红色，第二个是白色。渐变方向是自左向右，这个方向并不是一定的，是由第 8 行在调用 createLinearGradient 时传入的坐标点决定的。
- 第 8 行使用渲染上下文对象（RenderingContext）的 measureText 方法，这个方法可以返回一个文本在当前绘制环境中的理论尺寸对象，其中包括宽度。为什么要测量呢？因为即使是同一段文本，在不同的绘制样式设置下，所占的宽度等信息也是不同的。

图 2-10　文本的渐变填充效果

运行效果如图 2-10 所示。

颜色渐变点是可以根据需要任意设置的，如果我们想实现一个由红到白、再到黄的渐变效果，可以这样修改代码：

```
1.  <!-- HTML: disc\ 第 2 章 \2.1\2.1.8_2\index.html -->
2.  ...
3.  <script>
4.    ...
5.    grd.addColorStop(0, "red") // 添加渐变颜色点
6.    // grd.addColorStop(1, "white")
7.    grd.addColorStop(.5, "white")
8.    grd.addColorStop(1, "yellow")
9.    context.fillStyle = grd
10.   context.fillText(" 挡板小游戏 ", 10, 30)
11.  </script>
```

上面代码做了什么呢？

- 第 6 行代码被注释掉，在第 7 行将颜色渐变点的 stop 属性修改为 .5，.5 与 0.5 是等同的。
- 第 8 行代码添加了一个颜色渐变点，颜色渐变点的位置在最右边。

图 2-11　文本的双色渐变填充效果

上述代码的运行效果如图 2-11 所示。

思考与练习 2-4： 仔细观察本节的颜色渐变效果，感觉右边黄色占据了一多半，正常情况下应该是黄色、红色区域一样多，这是为什么呢？

如何让文本居中绘制

现在我们已经实现了文本的彩色渐变绘制，回到我们最初的需求：将文本绘制在画布的正中位置，这个需求怎么实现呢？

CSS 有一个 text-align 样式，一般设置其值为 center，可以将文本居中。但前面我们已经了解过了，Canvas 作为画布，是不能在其内使用 HTML 标记的。如果想让文本左右居中，则需要知道画布宽度和文本宽度，然后通过计算确定文本的绘制位置来实现。

画布宽度通过 canvas.width 获取，文本宽度的测量方法在本课前面使用过。以下是修改后的示例代码：

```
1.  <!-- HTML: disc\第2章\2.1\index.html -->
2.  ...
3.  <script>
4.    ...
5.    // 让文本居中
6.    context.font = "italic 800 20px STHeiti"
7.    const txtWidth = context.measureText("挡板小游戏").width
8.    const txtHeight = context.measureText("M").width
9.    const xpos = (canvas.width - txtWidth) / 2
10.    // 设置渐变填充对象
11.    const grd = context.createLinearGradient(xpos, 0, xpos + txtWidth, 0)
12.    grd.addColorStop(0, "red") // 添加渐变颜色点
13.    grd.addColorStop(.5, "white")
14.    grd.addColorStop(1, "yellow")
15.    context.fillStyle = grd
16.    context.fillText("挡板小游戏", xpos, (canvas.height - txtHeight) / 2)
17.  </script>
```

上面代码做了什么呢？

- 第 7 行通过 measureText 计算出了文本的宽度，因为这个数值接下来至少要在两个地方（第 9 行和第 11 行）用到，所以将它声明为一个常量，便于复用。这行代码，包括下面第 8 行代码必须放在第 6 行代码下面。
- 第 8 行通过 measureText 计算了一个大写字母 M 的宽度，那么算它干什么呢？因为 M 字符的宽度近似等于它的高度，这里是将这个宽度值作为游戏标题“挡板小游戏”的高度值使用的。measureText 方法返回的尺寸信息中并不包含高度信息，文本的高度信息的测量是一个较为复杂的问题，涉及许多内容，但大多数字体的字符 M 的宽度值近似等于其高度值，所以在这里我们可以这样使用。虽然常量 txtHeight 只在第 17 行用到一次，但为了代码整齐，我们将它与第 7 行的 txtWidth 放在了一起。
- 第 9 行通过 txtWidth 和 canvas.width 计算出了文本在 x 轴方向上的起始位置 xpos。

- 第 11 行，渐变填充对象的起始坐标 x 也设置为 xpos，结束坐标 x 是 xpos 加上文本宽度 txtWidth。
- 第 16 行使用 fillText 绘制文本时，起始坐标 x 值是 xpos，起始坐标 y 值是画布高度减去文本高度的一半，计算方法与 xpos 是相同的。
- 第 9 行、第 16 行中的斜杠（/）代表四则运算中的除；第 11 行的加号（+）代表四则运算中的加；第 9 行中的减号（-）代表四则运算中的减；四则运算中的乘在 JS 中是用星号（*）表示的，在这里没有用到。
- 在 JS 中，运算符是有优先级之分的，除法运算符的优先级高于减法运算符，所以第 9 行必须将 canvas.width - txtWidth 用小括号括住，否则 txtWidth 会先与后面的 2 进行除法运算。

运行效果如图 2-12 所示。

图 2-12　左右居中绘制的游戏标题

由图 2-12 可知，文本左右居中了，但上下并未居中，这是为什么呢？是我们的代码有问题吗？

原因与文本绘制基线有关系，渲染上下文对象有一个属性叫作 textBaseLine，它有 6 个有效值：top、hanging、middle、alphabetic、ideographic、bottom。

这 6 个值分别对应字符在上下垂直方向上的 6 个位置，如图 2-13 所示。

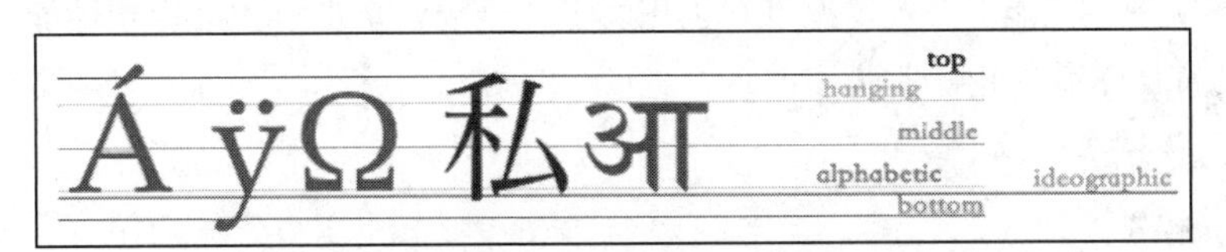

图 2-13　文本的基线位置

如果将 textBaseLine 设置为 top，那么 fillText 方法设置的起始坐标 y 值就在上方的 top 线上，文本是偏下绘制的；如果设置为 middle，y 值就在中间的 middle 线上，文本是居中绘制的；如果设置为 bottom，y 值就在底部的 bottom 上，文本是偏上绘制的。

现在，我们计算的起始绘制坐标 y 值（在 fillText 参数中使用），是画布高度减去文本高度的一半，只需要设置文本绘制基线为 top，便可以实现上下居中绘制的效果，修改后的代码如下：

```
1.  <!-- HTML: disc\第2章\2.1\2.1.9_2\index.html -->
2.  ...
3.  context.textBaseline = "top" // 设置文本绘制基线，让文本上下居中
4.  context.fillText("挡板小游戏", xpos, (canvas.height - txtHeight) / 2)
```

运行效果如图 2-14 所示。

从文本呈现效果来看，不仅左右居中，上下也是居中的。

如果使用 middle 作为 textBaseline 属性的值，起始绘制坐标 y 值只需填写 canvas.height/2 即可。textBaseline 的默认值是 alphabetic，因此在修改代码前，文本位置是偏上的。

图 2-14　上下左右居中的绘制效果

思考与练习 2-5：目前颜色渐变的方向是从左至右，依次是红、白、黄，尝试实现颜色从上向下平均渐变，次序仍然是红、白、黄。

拓展：为什么要在代码中使用常量

以下是在本课上一节的示例中出现的代码：

```
1.  <!-- HTML：disc\第2章\2.1\2.1.9\index.html -->
2.  ...
3.  const txtWidth = context.measureText("挡板小游戏").width
4.  const txtHeight = context.measureText("M").width
5.  const xpos = (canvas.width - txtWidth) / 2
```

其中，textWidth、txtHeight与xpos均是常量。这里使用常量有两个好处：

- 使程序代码解耦，在一个地方修改常量就可以变更多处。例如，xpos代表起始绘制坐标x值，如果我们要改变文本的绘制位置，只需要修改xpos这个常量就可以了。
- 常量不可更改，初始化之后，可以放心大胆使用。txtWidth表示文本宽度，在示例中有两处用到，我们不必担心这两个地方取到的值不一样。

变量可以更改，常量不可以更改。在能使用常量的地方就不要使用变量，这样就不用担心常量多了会影响程序性能。一般情况下，引用类型的全局常量多了才会影响性能，局部常量尤其是值类型的常量并不会影响性能。

本课小结

本课源码参见：disc/第2章/2.1。

这节课我们主要学习了如何绘制文本，以及如何控制文本的颜色、大小、斜体、粗细等样式。

下节课我们开始绘制挡板，在这个小游戏中挡板共有两个，它们可以反弹小球，是这个项目中最能体现游戏交互性的功能之一。

第4课 绘制挡板

第3课我们学习了如何通过改变font、fillStyle等渲染上下文对象属性来实现文本绘制。这节课我们开始练习几何绘制，完成一个基本的游戏元素——挡板的绘制。

怎么绘制挡板呢？挡板是一个矩形，如果有一个Canvas API能绘制直线，连续绘制4次，便可以完成矩形绘制，是不是？

如何在画布上绘制直线

挡板在游戏中将用于接挡运动中的小球，那么如何在画布上画一个挡板呢？

如果我们将挡板看作一个带颜色的几何图形，那么这个问题可以转化为如何绘制一个矩形。在Canvas绘制中，使用moveTo、lineTo可以绘制直线，我们可以沿矩形的四边依次调用

lineTo，达到绘制目的。为了简单起见，可以先自上而下绘制一条线作为挡板，只要线条足够宽，看起来也会像挡板。

moveTo 是把路径移动到画布中的指定点，不创建线条，lineTo 是同时创建线条，它们的调用语法为：

```
1.  ctx.moveTo(x, y) // 移到某点
2.  ctx.lineTo(x, y) // 绘制到某点
```

将第 3 课的源码复制到第 2 章 /2.2 目录下，删除不必要的注释及已经注释掉的代码，在其基础上修改，最终绘制右挡板的示例代码如下：

```
1.  <!-- HTML: disc\第 2 章\2.2\2.2.1\index.html -->
2.  ...
3.  // 绘制右挡板
4.  const panelHeight = 50
5.  context.strokeStyle = "black"
6.  context.moveTo(canvas.width, (canvas.height - panelHeight) / 2)
7.  context.lineTo(canvas.width, (canvas.height + panelHeight) / 2)
```

上面的代码发生了什么呢？

- 在绘制直线时，一般是一个 moveTo 操作后面跟着多个 lineTo 操作。第 6 行使用 moveTo 将笔触移到画布右边缘、中心向上 50px 的地方，第 7 行使用 lineTo 向下绘制到中心向下 50px 的地方。moveTo 与 lineTo 方法，以及其他 Canvas API 方法，默认单位都是 px。
- strokeStyle 是线条样式属性，类似我们在前面用过的 fillStyle 属性，它能够接收的值同样有 3 类：颜色（Color）、颜色渐变对象（CanvasGradient）和填充材质（CanvasPattern）。第 5 行使用的线条样式是 black，black 属于 CSS 定义的颜色名称，代表十六进制颜色值 #000。

运行一下，我们发现没有效果，在画布右边什么也没看到。这是为什么呢？

这是因为 moveTo 与 lineTo 并不发生真正的绘制，仅是在定义绘制路径，要想完成真正的绘制，必须要使用 beginPath 和 stroke 方法，示例如下：

```
1.  <!-- HTML: disc\第 2 章\2.2\2.2.1_2\index.html -->
2.    ...
3.    // 绘制右挡板
4.    const panelHeight = 50
5.    context.strokeStyle = "black"
6.    context.beginPath()
7.    context.moveTo(canvas.width, (canvas.height - panelHeight) / 2)
8.    context.lineTo(canvas.width, (canvas.height + panelHeight) / 2)
9.    context.stroke()
10.  </script>
11.  ...
```

在上面的代码中，要注意以下方面。

- 第 6 行，beginPath 方法开始或重置一条路径绘制，这个方法必须在路径绘制前调用，即在 moveTo 调用前调用。

- 第 9 行，stroke 方法会真正绘制出第 7 行、第 9 行定义的路径。beginPath 可以没有，但 stroke 方法不可以没有。

修改后的运行效果如图 2-15 所示。

在画布右边缘，贴着一条黑色细线（见图 2-15 中的箭头所指），这就是我们目前的右挡板。

图 2-15 直线绘制的右挡板

思考与练习 2-6：以整张画布作为矩形，尝试绘制它的两条红色对角线看看。

拓展：JS 的 8 个基本数据类型，如何进行类型判断

看一下下面这行在实战中出现过的代码：

```
const panelHeight = 100
```

JS 的数据类型是隐性的，赋值时是根据右边的值自动判断的，在声明变量或常量时并不需要显式描述。panelHeight 在声明时被赋值为 100，100 是数值，所以 panelHeight 是一个数值（number）类型常量。JS 不像其他高级语言（例如 Go 语言）一样，在声明变量时需要显式指定变量类型，示例如下：

```
var name string = "小游戏"
```

在 Go 语言中，var 是声明变量的关键字，string 是字符串类型。

注意：Go 语言的变量，如果声明时有字面量赋值，类型也可以省略，类型是由编译器自动推导的；但如果没有赋值，则不可以省略。详细情况参见《微信小游戏开发：后端篇》第 12 章第 28 课的相关内容。

包括前面已经提到的数值类型，JS 共有 8 种基本数据类型。

- null：对象空值，只有一个值 null。
- undefined：变量未定义值，只有一个 undefined，没有被赋值的变量会有这个默认值。
- boolean：布尔值，只有两个值，即 true 和 false。
- number：数值类值，panelHeight 就是一个数值常量。JS 没有整型类型，整型和浮点数都是 number 类型，以 64 位浮点数存储。NaN 是一个特殊的数值常量，表示非数值，与 NaN 相关的全局函数 isNaN 用于判断变量是不是非数值。
- bigint：数字类型，可以安全地存储和操作大整数，即使这个数已经超出了 number 能够表示的范围。
- string：字符串。
- symbol：独一无二的值，是 ES6 新引入的基本数据类型，用于解决属性名重复的问题。
- object：对象，在内存堆中存储的、可以被标识符引用的一块内存区域，在 JS 中一切皆为对象。

注意： 当我们谈论基本数据类型时，一般用小写字母开头的单词表示，例如 string、boolean、number 等；而大写字母开头的单词则代表全局构造函数，一般在 new 关键字后面使用，例如 new Number、new Boolean、new String 等。对于引用类型，例如 Object、Array、Map、Set 等，仍然使用大写字母开头。

思考与练习 2-7（面试题）： JS 有哪些数据类型，它们在内存存储上有什么区别？

如何判断一个变量或常量的数量类型是什么呢？有 4 种方法，下面具体来介绍。

1. 所有基本数据类型都可以用 typeof 判断

看一个示例：

```
1.  let obj = new Object()
2.  obj = null
3.  console.log(typeof obj) // 输出：object
4.  console.log(typeof undefined) // 输出：undefined
5.  console.log(typeof true) // 输出：boolean
6.  console.log(typeof 100) // 输出：number
7.  console.log(typeof Math.pow(2, 0.1)) // 输出：number
8.  console.log(typeof '') // 输出：string
9.  let s = Symbol()
10. console.log(typeof s) // 输出：symbol
11. console.log(typeof null) // 输出：object。注意，其实null是Null类型
```

在上述代码的最后一行中，null 的类型是 null，但是使用 typeof 检测，却返回 Object，这是为什么呢？此处误判是因为 JS 的基本数据类型在底层都是以二进制形式表示的。typeof 在进行判断时，如果二进制前 3 位数字都是 0，它就认为是 Object 类型，而 null 的二进制前 3 位恰好都是 0（事实上它的所有位都是 0），所以 null 被误判为 Object 类型，这是 JS 早期的设计缺陷造成的。以下是主要基本数据类型的二进制前缀列表：

```
1.  000: object    // 数据指向一个对象
2.  1: int         // 数据是一个 31 位的有符号整数
3.  010: double    // 数据指向一个双精度的浮点数
4.  100: string    // 数据指向一个字符串
5.  110: boolean   // 数据是布尔值
```

像 Array、Map、Set、RegExp、Date 等数据类型均是 Object 的子类，使用 typeof 检测时，它们均会返回 object；所有自定义类的实例变量，使用 typeof 检测时，也都是返回 object。

同是 Object 类型，那么如何判断一个 Object 类型具体是哪个对象呢？这就会涉及第 2 个方法。

2. 对于 Object 类型，可以使用 instanceof 关键字判断

instanceof 可以判断对象是否属于某个具体的 Object 类型，并返回布尔值。instanceof 是一个单词的组合，像一个全局函数，但是它在使用时更像一个操作符。一般情况下，方法在调用时后面要加一对小括号，而操作符是不需要的，所以 instanceof 是操作符。

来看一个示例：

```
1.  let arr = [1,2,3]
2.  console.log(arr instanceof Array) // 输出：true
```

arr 是一个数组变量，所以第 2 行用 instanceof 判断时会返回 true。

注意，instanceof 仅可以判断对象，不可以使用它代替 typeof 判断基本数据类型，例如：

```
1.  let n = 123
2.  console.log(n instanceof Number) // 输出：false
```

上述代码中，n 是一个数值类型的变量，但第 2 行判断结果是 false，这显然与实际不符。

有人可能会问，前面不是说“在 JS 中一切皆为对象”吗？既然一切皆为对象，那么作为数值类型的变量 n 也是对象，为什么这个变量不能用 instanceof 判断呢？

实际上，默认状态下基本数据类型的变量并不是对象，当把它们当作对象使用时（例如访问原型上定义的方法），JS 才会将其“装箱”为对象；当把“装箱”后的对象当作基本数据类型使用时，JS 又会将其“拆箱”为基本数据类型的变量。来看一个示例：

```
1.  let n = 123
2.  console.log(n instanceof Number) // 输出：false
3.  n = new Number(n)
4.  console.log(n instanceof Number) // 输出：true
5.  n++
6.  console.log(n instanceof Number) // 输出：false
```

第 3 行使用构造函数实现了“装箱”操作，n 变成了对象，第 4 行返回 true。第 5 行执行递增操作，n 又退化为基本类型的变量，第 6 行还是返回 false。可见，“在 JS 中一切皆为对象”这句话并没有错。

思考与练习 2-8（面试题）： instanceof 操作符的实现原理是什么？尝试实现一个具有同样功能的 instanceOf 函数（注意 Of 首字母是大写的）。

---

3. 使用 toString 方法判断

除了 typeof 关键字，使用 Object.toString 方法也可以判断数据的基本类型，例如：

```
1.  console.log(Object.prototype.toString.call(undefined)) // 输出：[object
    Undefined]
2.  console.log(Object.prototype.toString.call(null)) // 输出：[object Null]
3.  console.log(Object.prototype.toString.call(123)) // 输出：[object Number]
4.  console.log(Object.prototype.toString.call(123.00)) // 输出：[object Number]
5.  console.log(Object.prototype.toString.call("abc")) // 输出：[object String]
6.  console.log(Object.prototype.toString.call(true)) // 输出：[object Boolean]
7.  console.log(Object.prototype.toString.call({})) // 输出：[object Object]
8.  console.log(Object.prototype.toString.call(Symbol())) // 输出：[object
    Symbol]
```

将 toString 方法返回的内容与特定的字符串（例如 [object Number]）进行比较，便可以知道所测目标的类型了。

4. 使用构造函数判断

在 JS 中，每个类型都有一个构造函数，因此也可以通过构造函数判断变量的类型。例如：

```
1.  (1).constructor === Number // true
2.  "".constructor === String  // true
3.  [].constructor === Array   // true
4.  /[0-9]/.constructor === RegExp // true
```

以上这些表达式都返回了 true。基于构造函数可判断值类型、引用类型及非空类型。

思考与练习 2-9（面试题）：列出可判断 JS 变量数据类型的具体方法。

给画布添加一个浅色背景

现在的绘制效果，画布内与画布外都是白色，不便于区分。那能不能给画布添加一个浅色的背景呢？

答案肯定是可以的，既然现在我们已经学会了使用 moveTo 与 lineTo，那么完全可以使用绘制直线的方法画一个与画布大小相同的浅色矩形，示例代码如下：

```
1.  <!-- HTML: disc\第 2 章\2.2.3\index.html -->
2.  ...
3.  // 绘制不透明背景
4.  context.fillStyle = "whitesmoke"
5.  context.beginPath()
6.  context.moveTo(0, 0)
7.  context.lineTo(canvas.width, 0)
8.  context.lineTo(canvas.width, canvas.height)
9.  context.lineTo(0, canvas.height)
10. context.lineTo(0, 0)
11. context.stroke()
12. ...
```

在上面的代码中，要注意以下几点。

- 第 5 行，在绘制路径之前先调用 beginPath 方法，这是告诉画布的渲染上下文对象“我要开始绘制了”。第 4 行通过 fillStyle 属性设置填充颜色为 whitesmoke（浅灰色）。
- 第 6 行，先使用 moveTo 移动笔触到画布的左上角。画布的坐标系 x 轴是自左向右的，这点与数学坐标系相同，y 轴是自上向下的，这点与数学坐标系相反。
- 第 7 行至第 10 行，连续调用 4 次 lineTo，分别移动笔触并绘制到画布的右上角、右下角、左下角与左上角。

看一下运行效果，如图 2-16 所示。

奇怪，在图 2-16 中，除了边框好像被加深了，画布并没有出现浅灰色背景，这是为什么呢？是因为 whitesmoke 这个颜色太浅，无法显示吗？

答案是因为路径没有填充。使用渲染上下文对象的 fill 方法可用于填充当前绘制的路径，修改代码如下：

```
1. <!-- HTML: disc\第2章\2.2.3_2\index.html -->
2. ...
3. // 绘制不透明背景
4. ...
5. context.stroke()
6. context.fill() // 不显式调用 fill，则没有填充效果
7. ...
```

路径绘制以 stroke 结束，填充绘制以 fill 结束，两者都要以 beginPath 开始。在调用 fill 方法之前，如果不设置 fillStyle 为 whitesmoke，效果是黑色，默认的填充颜色是黑色。

最终运行效果如图 2-17 所示。

图 2-16 用画线法尝试绘制的背景

图 2-17 画线法 + 填充颜色绘制的背景

如何加厚挡板

渲染上下文对象的 lineWidth 属性可以设置线条宽度，下面尝试使用这个属性改变挡板宽度。

修改代码，使挡板有 10 个像素宽，如下所示：

```
1. <!-- HTML: disc\第2章\2.2.4\index.html -->
2. ...
3. // 绘制右挡板
4. const panelHeight = 50
5. context.lineWidth = 10 // 设置挡板宽度为 10px
6. ...
```

上面的代码只在原来代码的基础上添加了第 5 行代码，设置 lineWidth 为 10，单位默认是 px。

运行效果非常好，如图 2-18 所示。

图 2-18 增加了宽度的线绘右挡板

右挡板在画布右边界非常显眼，但其实它的宽度并不是 10px，而是只有 5px。

思考与练习 2-10：在本节示例中，为什么说右挡板的实际宽度只有 5px 呢？

拓展：JS 中的数值类型、布尔类型是如何进行类型转换的

在上一节示例中有这样一行实战代码：

```
context.lineWidth = 10
```

如果将这行代码修改为：

```
context.lineWidth = "10"
```

并不影响正确设置 lineWidth 属性。因为前者是一个数值，后者是一个字符串，后者在向 lineWidth 属性赋值之前，先进行了从字符串向数值的类型转化。

1. 字符串向数值转换

下面以字符串 10 为例，讲解将字符串转换为数值的 4 种转换方法。

- 使用全局的构造函数：Number("10")，这种方法很少使用。
- 使用转换方法 parseFloat 或 parseInt ：parseInt("10px")，这种方式可以将非数值字符 px 剔除并成功转换。
- 隐式自动转换：在期望是数值类型的地方，非数值类型会自动转换为数值类型。例如渲染上下文对象的 lineWidth 属性期望右值是一个数值，字符串 "10" 会自动向数值转换。
- 使用加号与一个数字拼接：0 + "10"，这种方式最简单直接，其实本质上也是隐式转换。

2. 数值向字符串转换

上面是将字符串转换为数值，反过来也可以将数值转换为字符串，并且会简单许多，字符串加任何数值（例如 "" + 10）都会直接返回字符串。

思考与练习 2-11（面试题）：其他类型转换为数值类型具体有哪些规则？如何让一个自定义对象与数字进行四则运算？

---

3. 其他类型转换为布尔值

在 JS 中，布尔类型转换是最常用的类型转换。以下 6 种类型将转换为布尔值，结果都是 false ：空字符串（" "）、整型数字（0）、浮点型（0.0）、特殊值（null）、非数字（NaN）、未定义值（undefined）。

未定义值是一个特殊空值，所有变量在声明而未赋值时，或者在未声明之前，其值都是 undefined。undefined 将转换为布尔值 false。

思考与练习 2-12（面试题）：undefined 作为一个全局的标识符，是可以被重写的吗？在开发中如何获取、使用安全的 undefined 值呢？

在 if 条件语句里经常会用到布尔值的自动转换。有时候我们会看到这样的代码：

```
if (!!options.user) {...}
```

一个感叹号（!）代表否定，两个感叹号（!!）代表否定的否定，这不等于白写吗？

其实这是一种更严谨的写法，尤其在期望值是布尔类型的地方。两个感叹号会强制转换右值为布尔类型，if (!!options.user) 比 if (options.user) 更加严谨。

在 JS 中，空值 null、未定义值 undefined、字符串空值 ""、0 和 NaN，在预期值为布尔类型的地方（例如 if 条件、while 条件、for 循环条件处），都会自动转换为布尔值 false。

思考与练习 2-13：除了隐式自动布尔转换，还可以使用 Boolean 方法强制转换，例如 Boolean(0) 将返回布尔假。那么，对于下面这段代码，将输出什么？

```
1.  let arr = []
2.  console.log(Boolean(arr)) // 输出：false？
```

空数组转换为布尔值时，会返回 false 吗？

如何给挡板添加圆角、阴影效果

目前挡板是方角的，太过生硬，能不能实现圆角效果呢？

1. 添加圆角效果

渲染上下文对象的 lineCap 属性可用于设置线条末端线帽的样式，它有如下 3 种选项。

- butt：向线条的每个末端添加平直的边缘。
- round：向线条的每个末端添加圆形线帽。
- square：向线条的每个末端添加正方形线帽。

其中第二个选项 round 可以实现圆角效果，我们尝试修改代码：

```
1.  <!-- HTML: disc\第 2 章\2.2.6\index.html -->
2.  ...
3.  // 绘制右挡板
4.  const panelHeight = 50
5.  context.lineWidth = 10         // 设置挡板宽为 10px
6.  context.lineCap = "round"      // 给挡板添加圆角
7.  ...
```

在上面的代码中，第 6 行代码将 lineCap 属性设置为了 round。

运行效果如图 2-19 所示。

为什么挡板的两端是半圆形？

这是因为有一半的线条绘制到了画布外，绘制时使用的 x 坐标点是 canvas.width，也就是说线条是“骑”在画布右边界线上绘制的。

当前挡板宽度为 10px，现在我们调整挡板位置，向左移动 5px，示例代码如下：

```
1.  <!-- HTML: disc\第 2 章\2.2.6_2\index.html -->
2.  ...
3.  // 绘制右挡板
4.  ...
5.  context.moveTo(canvas.width - 5, (canvas.height - panelHeight) / 2)
6.  context.lineTo(canvas.width - 5, (canvas.height + panelHeight) / 2)
```

```
7.  // context.moveTo(canvas.width, (canvas.height - panelHeight) / 2)
8.  // context.lineTo(canvas.width, (canvas.height + panelHeight) / 2)
9.  ...
```

注意，第 5 行、第 6 行的代码有变化。

运行效果如图 2-20 所示。

图 2-19 设置了圆角的线绘右挡板

图 2-20 修改了起绘位置的线绘右挡板

现在圆角全部显示了。但是二维图形效果稍显呆板，能不能给挡板添加阴影效果呢？

2. 添加阴影效果

RenderingContext 对象的 shadowBlur、shadowColor 等属性可以设置阴影效果。

RenderingContext 对象有如下 4 个属性可用于设置阴影。

- shadowBlur：描述模糊效果程度，是一个大于或等于 0 的数值，可以是小数，负数会被忽略。它既不对应像素值，也不受当前转换矩阵的影响。
- shadowColor：设置或返回阴影的颜色。创建阴影效果时，需将 shadowColor 属性与 shadowBlur 属性一起使用。
- shadowOffsetX：设置或返回阴影与形状的水平距离。shadowOffsetX=0 指示阴影正好位于目标下方（该方向看不到），shadowOffsetX=20 指示阴影位于目标右侧的 20 像素处，shadowOffsetX=−20 指示阴影位于目标左侧的 20 像素处。
- shadowOffsetY：设置或返回阴影与形状的垂直距离。shadowOffsetY=0 指示阴影正好位于目标下方（该方向看不到），shadowOffsetY=20 指示阴影位于目标上方 20 像素处。shadowOffsetY=−20 指示阴影位于目标下方的 20 像素处。

现使用上面 4 个属性给画布添加阴影效果，示例代码如下：

```
1.  <!-- HTML: disc\第 2 章\2.2.6_3\index.html -->
2.  ...
3.  // 添加阴影效果
4.  context.shadowBlur = 1
5.  context.shadowOffsetY = 2
6.  context.shadowOffsetX = 2
7.  context.shadowColor = "grey"
8.  ...
```

在上面的代码中，第 4 行至第 7 行是阴影的设置代码。阴影效果是对整张画布设置的，如果我们想让画布上绘制的所有图形都产生阴影效果，就必须把这些代码添加到绘制任何对象的代码之前。

运行效果如图 2-21 所示。

从图 2-21 中可以看出右挡板与游戏标题都是有阴影效果的，那么为什么画布的浅色背景没有阴影效果呢？因为阴影效果的呈现也需要空间，浅色背景是满画布绘制的，右下角已经没有地方显示阴影了。

图 2-21　阴影效果

使用路径填充和矩形绘制挡板

目前我们的右挡板是使用绘制直线的方法绘制的，而浅色背景是使用路径填充的，那么我们能不能也使用路径填充的方式绘制右挡板呢？答案是可以的。

1. 路径填充绘制

我们可以组合使用 moveTo 与 lineTo，在挡板的 4 个角坐标依次移动绘制，事实上可以用这种方式绘制任何二维图形，示例代码如下：

```
1.  <!-- HTML: disc\ 第 2 章 \2.2.7\index.html -->
2.    ...
3.    // 使用路径填充绘制右挡板
4.    const panelHeight = 50
5.    context.lineCap = "round"
6.    context.lineWidth = 1 // 设置线条宽为 1px
7.    context.strokeStyle = "brown"
8.    context.fillStyle = "brown"
9.    context.moveTo(canvas.width, (canvas.height - panelHeight) / 2)
10.   context.lineTo(canvas.width, (canvas.height + panelHeight) / 2)
11.   context.lineTo(canvas.width - 5, (canvas.height + panelHeight) / 2)
12.   context.lineTo(canvas.width - 5, (canvas.height - panelHeight) / 2)
13.   context.closePath()
14.   context.stroke()
15.   context.fill()
16. </script>
```

上面的代码发生了什么呢？我们一起来看一下：

- 第 5 行至第 8 行是设置绘制与填充的样式，这些属性前面已经接触过了。不同的是，我们将路径颜色与填充颜色都设置为了棕色（brown）。
- 第 9 行至第 12 行是路径绘制代码。

运行效果如图 2-22 所示。

画布全部变成棕色，为什么会这样呢？

在画布绘制中，路径是必须闭合的，但凡带填充的路径绘制，必须起始于 beginPath，不然 fill 方法可能发生填充错误，现在我们加上 beginPath 方法：

```
1.  <!-- HTML: disc\ 第 2 章 \2.2.7_1\index.html -->
2.  ...
3.  // 使用路径填充绘制右挡板
4.  ...
5.  context.beginPath()
```

```
6.  context.moveTo(canvas.width, (canvas.height - panelHeight) / 2)
7.  ...
```

其中，第 5 行是新增代码。

运行效果现在正常了，如图 2-23 所示。

图 2-22　填充绘制右挡板无效

图 2-23　正常的右挡板填充绘制

lineTo、moveTo 组合起来虽然适用于任何绘制场景，但使用起来较为麻烦。其实除了线条绘制、路径填充绘制外，还可以使用 rect、fillRect 直接进行矩形绘制。

2. 使用 rect 进行矩形绘制

调用渲染上下文对象的 rect 方法创建矩形，其调用语法为：

```
RenderingContext#rect(x, y, width, height)
```

参数说明如下。

- x：矩形左上角距离画布左上角的 x 坐标。
- y：矩形左上角距离画布左上角的 y 坐标。
- width：矩形宽度，以像素计。
- height：矩形高度，以像素计。

现在直接使用 rect 绘制，示例代码如下：

```
1.  <!-- HTML: disc\第 2 章\2.2.7_2\index.html -->
2.  ...
3.  // 以 fill 绘制右挡板
4.  const panelHeight = 50
5.  context.fillStyle = "brown"
6.  context.beginPath()
7.  context.rect(canvas.width - 5, (canvas.height - panelHeight) / 2, 5,
    panelHeight)
8.  context.fill()
```

第 7 行使用了 rect 方法，其绘制代码比路径填充的绘制代码简单多了，且绘制效果与图 2-23 是一样的。

有个问题，既然是使用 rect 直接绘制的，那么代码中对 beginPath、fill 方法的调用能不能去掉呢？

答案是不能。rect 默认是不填充的，使用 rect 绘制的是路径，如果需要填充效果，必须同时有 beginPath 和 fill 的配合。

3. 使用 fillRect 进行矩形绘制

fillRect 方法相当于 beginPath、rect 和 fill 三个方法的综合，使用 fillRect 绘制更简洁，示例代码如下：

```
1.  <!-- HTML: disc\第2章\2.2.7_3\index.html -->
2.  ...
3.  // 使用 fillRect 绘制挡板
4.  const panelHeight = 50
5.  context.fillStyle = "brown"
6.  context.fillRect(canvas.width - 5, (canvas.height - panelHeight) / 2, 5,
    panelHeight)
```

其中，第 6 行使用了 fillRect 方法，是不是比之前使用 fill 绘制还要简洁呢？

之前使用路径填充绘制的浅色不透明背景也可以使用 fillRect 改写，示例代码如下：

```
1.  <!-- HTML: disc\第2章\2.2.7_3\index.html -->
2.  ...
3.  // 绘制不透明背景
4.  // context.fillStyle = "whitesmoke"
5.  // context.beginPath()
6.  // context.moveTo(0, 0)
7.  // context.lineTo(canvas.width, 0)
8.  // context.lineTo(canvas.width, canvas.height)
9.  // context.lineTo(0, canvas.height)
10. // context.lineTo(0, 0)
11. // context.stroke()
12. // context.fill() // 不显式调用 fill，没有填充效果
13.
14. // 绘制不透明背景
15. context.fillStyle = "whitesmoke"
16. context.fillRect(0, 0, canvas.width, canvas.height)
17. ...
```

其中，第 4 行至第 12 行是注释掉的旧代码，第 15 行至第 16 行是新的背景绘制代码。

运行效果不变。

如何使用颜色渐变对象和图像填充材质绘制挡板

前面在绘制文本时使用过颜色渐变对象，绘制挡板也能使用这个对象吗？答案肯定是可以的。

1. 使用线性颜色渐变对象绘制

我们只需要再创建一个 LinearGradient 对象，赋值给渲染上下文对象的 fillStyle 属性即可实现线性颜色渐变绘制，示例代码如下：

```
1.  <!-- HTML: disc\第2章\2.2.8\index.html -->
2.  ...
3.  // 使用线性颜色渐变对象绘制挡板
4.  const panelHeight = 50
5.  const grd = context.createLinearGradient(canvas.width - 10, (canvas.height -
    panelHeight) / 2,
6.    canvas.width - 10, (canvas.height + panelHeight) / 2)
```

```
7.  grd.addColorStop(0, "red")
8.  grd.addColorStop(.5, "white") // .5 等同于 0.5
9.  grd.addColorStop(1, "yellow")
10. context.fillStyle = grd
11. context.fillRect(canvas.width - 5, (canvas.height - panelHeight) / 2, 5,
    panelHeight)
```

在上面的代码中：

- 第5行至第9行为挡板创建了一个自上而下的渐变填充对象，仍然有红、白、黄三个颜色渐变点。
- 第5行与第6行其实是一行代码，因为太长所以使用了回车，在格式化时折到下一行的代码会自动有一个小的缩进。

但是运行后，画布一片空白，没有任何效果，这是为什么呢？

打开谷歌浏览器的开发者工具，留意一下Console面板，上面有一个错误信息：

```
Uncaught SyntaxError: Identifier 'grd' has already been declared
```

因为grd在这里是作为常量使用的，这个常量名在前面已经声明过了，不能重复声明。我们可以换个名字，如果非要继续使用grd这个名称，可以将声明常量grd的关键字改为let（参见如下代码的第6行），第二次使用时重新赋值，这样就可以达到复用变量名的目的，示例代码如下：

```
1.  <!-- HTML：disc\第2章\2.2.8_1\index.html -->
2.  ...
3.  // 实现从上向下颜色渐变绘制
4.  ...
5.  // const grd = context.createLinearGradient(0, ypos, 0, ypos + txtHeight)
6.  let grd = context.createLinearGradient(0, ypos, 0, ypos + txtHeight)
7.  ...
8.  // 使用线性颜色渐变对象绘制挡板
9.  ...
10. grd = context.createLinearGradient(canvas.width - 10, (canvas.height -
    panelHeight) / 2,
11.    canvas.width - 10, (canvas.height + panelHeight) / 2)
```

但这样做需要修改前面的代码，保证代码不出问题的最好方式就是不要改动它。在继续使用grd这个常量名称的前提下，还有一种解决方法：在编写新代码时使用区块作用域：

```
1.  <!-- HTML：disc\第2章\2.2.8_2\index.html -->
2.  ...
3.  // 使用线性颜色渐变对象绘制挡板
4.  const panelHeight = 50
5.  {
6.    const grd = context.createLinearGradient(canvas.width - 10, (canvas.height
      - panelHeight) / 2,
7.      canvas.width - 10, (canvas.height + panelHeight) / 2)
8.    grd.addColorStop(0, "red")
9.    grd.addColorStop(.5, "white") // .5 等同于 0.5
10.   grd.addColorStop(1, "yellow")
11.   context.fillStyle = grd
12.  }
```

```
13.  context.fillRect(canvas.width - 5, (canvas.height - panelHeight) / 2, 5,
     panelHeight)
```

在上面的代码中，第 5 行与第 12 行的花括号创建了一个起隔离作用的区块作用域，在这个作用域内的常量名称与区块外的名称重复也没有关系，同时我们也可以完成对 fillStyle 属性的设置。

这次运行效果就正常了，如图 2-24 所示。

右挡板出现自上而下的红、白、黄的渐变效果。

图 2-24 使用 fillRect 绘制的右挡板

2. 使用放射状颜色渐变对象绘制

颜色渐变对象除了线性渐变之外，还有一种放射状渐变，这种方式还没有使用过。

我们可以使用 createRadialGradient 方法创建放射状渐变对象，返回的对象类型仍然是 CanvasGradient。createRadialGradient 的调用语法如下：

```
RenderingContext#createRadialGradient(x0, y0, r0, x1, y1, r1)
```

参数说明如下。

- ❑ x0：渐变开始圆的 x 坐标。
- ❑ y0：渐变开始圆的 y 坐标。
- ❑ r0：开始圆的半径。
- ❑ x1：渐变结束圆的 x 坐标。
- ❑ y1：渐变结束圆的 y 坐标。
- ❑ r1：结束圆的半径。

（x0, y0）是开始圆的圆心，（x1, y1）是结束圆的圆心。如何理解这种对象的表现呢？图 2-25 所示为放射状颜色渐变的效果，图中有两个圆，两个圆的圆心重合，小的是开始圆，大的是结束圆，渐变颜色点共 3 个，从内向外依次是红、绿、蓝，在小圆（开始圆）的内部是全红色，在大圆（结束圆）的外围是全蓝色。在线性渐变中，颜色点是从一个颜色方向到另一个颜色方向，在放射状渐变中，颜色点是从开始圆的圆心向结束圆的圆心呈辐射状渐变。

图 2-25 是两个同心圆正对屏幕的绘制效果，事实上如果我们换个角度，如图 2-26 所示，会有各种情况。但不管如何变化，两圆是否同心，是否相交或包含，都可以按照这种放射状颜色渐变在立体透视下的平面模型进行理解。

图 2-25 放射状颜色绘制

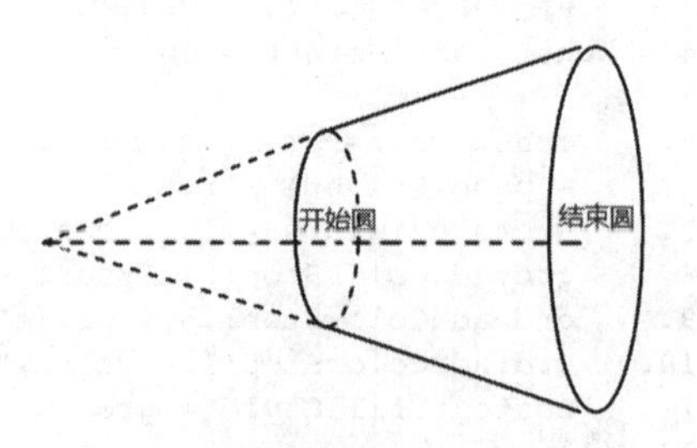

图 2-26 放射状颜色渐变投影模型

现在我们尝试绘制一个放射状渐变的右挡板，示例代码如下：

```
1.  <!-- HTML：disc\第2章\2.2.8_3\index.html -->
2.  ...
3.  // 绘制放射状渐变的右挡板
4.  const panelHeight = 50
5.  {
6.    const grd = context.createRadialGradient(canvas.width - 5, canvas.height / 
      2, 0,
7.      canvas.width - 5, canvas.height / 2, panelHeight / 2)
8.    grd.addColorStop(0, "red")
9.    grd.addColorStop(.5, "white")
10.   grd.addColorStop(1, "yellow")
11.   context.fillStyle = grd
12.  }
13.  context.fillRect(canvas.width - 5, (canvas.height - panelHeight) / 2, 5, 
     panelHeight)
```

在上面的代码中：

- 第6行、第7行，渐变开始圆与结束圆是同一个圆心，坐标均为（canvas.width-5, canvas.height/2），即右挡板的中心坐标。开始圆半径为0，结束圆半径为挡板高度的一半。
- 放射状渐变对象与线性渐变对象一样，都是使用addColorStop方法添加渐变颜色点。第8行至第10行添加了红、白、黄三个颜色渐变点，从起始圆圆心开始向外，至结束圆渐变色依次为红、白、黄。
- 开始圆内部是位置为0的颜色点的纯色，即红色，第6行将开始圆半径设置为0，内圆纯色就不存在了。
- 结束圆之外是位置为1的颜色点的纯色，即黄色，第7行将结束圆半径设置为半个挡板高度，这样挡板上就没有外圆之外的纯色区域了。

放射状渐变对象与线性渐变对象一样，规定了在颜色点（ColorStop）位置0与1之内的渐变区域，之外的区域以边缘纯色填充。

运行效果如图2-27所示。

图2-27 绘制放射状渐变的右挡板

3. 使用材质填充对象绘制

我们已经看到了，使用放射状颜色填充挡板，效果不是很好。挡板一般是木质的，我们能不能使用木质图片填充呢？

答案是可以的，createPattern方法即可创建一个在指定方向有重复特征的木质填充对象，其调用语法如下：

```
ctx.createPattern(image, "repeat | repeat-x | repeat-y | no-repeat")
```

其参数说明如下。

- image：是一个材质内容对象，规定要使用的模式的图片、画布或视频元素。

❑ repeatPattern：重复策略。它有 4 个并列的合法选项：repeat 是默认值，该模式在水平和垂直方向重复；repeat-x 表示该模式只在水平方向重复；repeat-y 表示该模式只在垂直方向重复；no-repeat 表示该模式只使用材质一遍，不重复。

为了创建材质填充对象，必须有一个图像，为此先修改 HTML 代码，使用 HTML 标签 <img> 加载一个木质图片：

```
1.  <!-- HTML: disc\第2章\2.2.8_4\index.html -->
2.  ...
3.  <canvas id="canvas">
4.    ...
5.  </canvas>
6.  <!-- 挡板材质图像 -->
7.  <img id="mood" style="width:100px;" src="https://cdn.jsdelivr.net/gh/
    rixingyike/images/2021/20210906174133202109061741 32.png" />
8.  ...
```

在上面的代码中，有以下几点要注意。

❑ 第 6 行是一个 HTML 注释。该注释以 <!--xxx--> 的形式出现，其中 xxx 是注释内容。

❑ 第 7 行添加了一个 < img> 标签，从外网拉取一张木质图片。id 设置为 mood，稍后这个 id 在 JS 代码中会用到；src 属性指定了图片的网络地址；style 属性设置了内嵌的 CSS 样式，限制 width 为 100px。在 style 属性中编写 CSS 样式，与在独立的 <style> 标签中编写样式稍有不同，在 style 属性中因为已经明确样式归属，所以没有必要再指明选择器，直接成对编写 CSS 样式即可。一个样式名 + 冒号 + 样式值 + 分号，这就是一组样式，在 style 属性中可以内嵌多组样式。

图片有了，接下来修改 JS 代码，创建材质填充对象（CanvasPattern）对象，示例代码如下：

```
1.  <!-- HTML: disc\第2章\2.2.8_4\index.html -->
2.  ...
3.  <!-- 挡板材质图像 -->
4.  <img id="mood" style="width:100px;" src="https://cdn.jsdelivr.net/gh/
    rixingyike/images/2021/20210906174133202109061741 32.png" />
5.  ...
6.  // 使用材质填充对象绘制右挡板
7.  const panelHeight = 50
8.  const img = document.getElementById("mood")
9.  const pat = context.createPattern(img, "no-repeat")
10. context.fillStyle = pat
11. context.fillRect(canvas.width - 5, (canvas.height - panelHeight) / 2, 5,
    panelHeight)
```

在上面的代码中，有以下几点需要注意。

❑ 第 8 行的 getElementById 是一个 BOM API，它是由浏览器实现的，用于通过 id 在页面上查找组件，此处它接收一个参数 "mood"，返回第 4 行使用 <img> 标签声明的图片对象（Image）。

❑ 第 9 行 createPattern 方法接收两个参数：一个图片对象和一个重复策略 no-repeat。这张图片足够大，所以第二个重复策略参数我们选择的是 no-repeat。

- 第 10 行将创建的材质填充对象赋值给 fillStyle 属性。JS 是一门动态语言，同样一个属性既可以赋值为字符串，又可以赋值为对象，这在其他编程语言中是难以想象的。这个特征给我们的感觉是，JS 像一个编程世界中的杂食动物。

运行效果如图 2-28 所示。

挡板的木质材料已经显现了，从效果上看，确实比渐变色好多了。

图 2-28　材质填充绘制的右挡板

思考与练习 2-14：在本节最后一个示例中，因为网络原因，有时挡板看起来仍然是颜色渐变绘制，如图 2-29 所示。也就是说，图片可以加载，右挡板颜色却变成了渐变色，为什么呢？在浏览器中按住 Ctrl 键，同时按 F5 键强刷页面可以复现这个问题。

原因是图片加载是异步的，如果在创建 CanvasPattern 对象时图片还没有完成加载，此时创建的 CanvasPattern 是无效的。因为 JS 是动态语言，fillStyle 属性不知道我们是想传一个错误的颜色字符串，还是想传一个企图正确的 CanvasPattern 对象，所以此时程序并不会报错，但这个 Bug 很难察觉。

Image 对象有一个 onload 属性，可以设置一个图片加载完成之后的回调函数，如果在这个回调函数之内创建 CanvasPattern，应该就没有问题了，请尝试实现。

图 2-29　材质未起作用的情况

拓展：什么是区块作用域

看一下下面这段实战中出现过的代码：

```
1.  <!-- HTML: disc\第 2 章\2.2\2.2.8_3\index.html -->
2.  ...
3.  const grd = context.createLinearGradient(0, ypos, 0, ypos + txtHeight)
4.  ...
5.  // 绘制放射状渐变的右挡板
6.  const panelHeight = 50
7.  {
8.    const grd = context.createRadialGradient(canvas.width - 5, canvas.height /
      2, 0,
9.      canvas.width - 5, canvas.height / 2, panelHeight / 2)
10.   grd.addColorStop(0, "red")
11.     ...
```

```
12. }
```

思考一下，第 8 行为什么可以重复声明 grd 常量呢？

在 ES6 标准出来之前，JS 声明变量只有通过关键字 var，在一对花括号内使用 var 声明的变量，在花括号外也能访问，因为内外都是一个作用域。例如下面这行代码：

```
1. for (var i = 0; i < 10; i++) { /* ... */ }
2. console.log(i) // 输出 10
```

最后 i 的输出是 10，而不是 undefined。

ES6 中引入了两个新关键字：let 与 const，并且规定花括号可以创建区块作用域。在区块作用域内，let、const 声明的变量、常量，只有在该区块内（即花括号内）有效，在区块外不能访问；同时在区块外已经声明的标识符，在区块内仍然可以再次声明。

自 ES6 开始，可以统一使用 let 关键字替换 var 关键字。凡声明变量，一律推荐使用 let；如果变量在声明之后不需要改变，就用 const 关键字声明为常量。放开的权限越小，潜在的软件风险越小。

只有一种情况不使用 let，而使用 var，那就是在旧的浏览器宿主环境中，ES6 语法不受支持。不过在这种情况下，在开发阶段借助 Babel 自动转化代码，仍然可以使用 ES6 新语法。

思考与练习 2-15：下面这段代码，会输出什么？

```
1. for (let i = 0; i < 10; i++) {/*...*/}
2. console.log(this.i)
```

拓展：了解数字类型，警惕 0.1 + 0.2 不等于 0.3

我们在开发中已多次使用数值类型，看下面这段在实战中出现的代码：

```
1. grd.addColorStop(0, "red")
2. grd.addColorStop(.5, "white")
3. grd.addColorStop(1, "yellow")
```

其中 0、.5、1 都是数字类型，.5 等同于 0.5。

为什么 0.1 + 0.2 不等于 0.3 呢？所有的编程语言，不仅 JS，在使用浮点型数据时都要小心。看一个示例：

```
1. let x = 0.1,
2.   y = 0.2,
3.   z = x + y              // z 应该等于 0.3，但是实际输出未必如此
4. console.log(z == 0.3)  // 输出：false
```

变量 z 应该等于 0.3，但是 z == 0.3 返回 false。这不是 JS 语言的 Bug，JS 中的数字类型是遵循 IEEE 754 浮点数标准实现的，这是标准本身存在的问题，所有遵照这个标准实现浮点数的语言都存在相似的问题。

有人可能会讲，为什么不将这个标准完善一下，让上面的奇怪问题消失呢？ IEEE 754 是 20

世纪 80 年代以来被广泛采纳和使用的浮点数运算标准，存在偏差本质上是因为电子计算机的底层数据是以二进制形式存储的，并不是标准设计本身存在问题。

思考与练习 2-16（面试题）： 既然直接比较两个小数会存在误判风险，那么开发中应该如何比较呢？

拓展：如何批量声明变量、常量

一般情况下，我们会将变量、常量在文件顶部或函数顶部统一声明，这样方便代码的阅读与维护。

下面这 5 行都是在实战中出现的代码：

```
1.  <!-- HTML: disc\第2章\2.2\2.2.8_练习14\index.html -->
2.  ...
3.  const txtWidth = context.measureText("挡板小游戏").width
4.  const txtHeight = context.measureText("M").width
5.  const xpos = (canvas.width - txtWidth) / 2
6.  const ypos = (canvas.height - txtHeight) / 2
7.  const grd = context.createLinearGradient(0, ypos, 0, ypos + txtHeight)
```

使用批量声明的方式，可以将其改写为如下形式：

```
1.  <!-- HTML: disc\第2章\2.2\2.2.11\index.html -->
2.  ...
3.  const txtWidth = context.measureText("挡板小游戏").width
4.    , txtHeight = context.measureText("M").width
5.    , xpos = (canvas.width - txtWidth) / 2
6.    , ypos = (canvas.height - txtHeight) / 2
7.    , grd = context.createLinearGradient(0, ypos, 0, ypos + txtHeight)
```

每行声明一个常量，行尾或行首以逗号分隔，行首注意一下缩进对齐。5 个常量用一个 const 关键字声明，是 5 行内容，但其实只是一句代码。理想情况下，在函数内部或文件顶部声明变量和常量时，至多使用两次 let 或 const 关键字。

本课小结

本课源码参见：disc/第 2 章 /2.2。

这节课主要实现了右挡板的绘制，学习了属性 strokeStyle、lineWidth、lineCap 及方法 fill、fillRect 的使用，练习了放射状颜色渐变对象和材质填充对象的使用，并在实践中了解了 JS 的基本数据类型及如何进行类型判断等语法，还有什么是区域作用域，以及如何批量声明变量、常量等。

为什么我们要尝试用这么多的方式实现一个简单的挡板呢？

这不仅是为了实现功能，学习使用 lineTo、moveTo、rect、fillRect 等绘制方法，根本上还是为了磨炼心性，修炼编程技能。当程序出错时，恰恰是提升编程能力的契机，此时应该沉下心来思考，而不是马上查看作者的源码。读者在学习过程中，切不可只完成某一节的实战，认为只要把这一课所讲的功能完成就可以了。功能不重要，练习才重要！

小球在游戏中是一个不断运动的物体，遇到画布四周墙壁或挡板会镜像反弹，它是运动的，不断变化的，结合第1章、第2课学习过的内容，想一想怎么实现它？

第5课 绘制小球

这节课我们将完成小球的绘制。

绘制直线时，如果绘制的段落足够短，同时在绘制时恰到好处地偏转方向，是不是就能绘制成圆形呢？除了这种绘制方法还有没有其他绘制方法呢？在 Canvas 2D 绘制 API 中，有没有直接绘制圆形的接口呢？

在完成本课学习后，我们将用代码绘制出一个碗形简笔画，如图 2-30 所示，读者能想象出这个图形是怎么绘制出来的吗？

图 2-30 碗形简笔画

如何使用弧线绘制圆形

绘制圆形不一定要使用画圆的方法完成，也可以使用绘制弧线的方法完成。arcTo 是绘制弧线的方法，下面尝试绘制四段弧线，组成一个圆。

arcTo 方法用于在画布上创建一段介于两个切线之间的弧线，其调用语法如下：

```
ctx.arcTo(x1, y1, x2, y2, r)
```

参数说明如下。

- x1：切线方向控制点的 x 坐标。
- y1：切线方向控制点的 y 坐标。
- x2：弧线终点的 x 坐标。
- y2：弧线终点的 y 坐标。
- r：弧线半径。

使用 arcTo 绘制圆，需要先确定圆上 4 段弧线的起点坐标，以画布中心为圆点，设圆的半径为 20，4 个点的坐标顺时针依次为：

```
1.  (canvas.width / 2 + 20, canvas.height / 2)
2.  (canvas.width / 2 + 20, canvas.height / 2 + 20)
3.  (canvas.width / 2 - 20, canvas.height / 2)
4.  (canvas.width / 2 - 20, canvas.height / 2 - 20)
```

坐标确定了，接下来开始编写代码。将第 4 课的最终源码复制到第 2 章 /2.3.1，删去不必要的注释及已经注释掉的代码，在此基础之上实现使用弧线绘制圆的代码，最终代码如下：

```
1.  <!-- HTML: disc\第2章\2.3\2.3.1\index.html -->
2.  ...
3.  // 使用弧线绘制圆
4.  const radius = 20
```

```
5.  const pos1 = { x: canvas.width / 2 + radius, y: canvas.height / 2 }
6.  const pos2 = { x: canvas.width / 2, y: canvas.height / 2 + radius }
7.  const pos3 = { x: canvas.width / 2 - radius, y: canvas.height / 2 }
8.  const pos4 = { x: canvas.width / 2, y: canvas.height / 2 - radius }
9.  context.fillStyle = "white"
10. context.beginPath()
11. context.moveTo(pos1.x, pos1.y)
12. context.arcTo(pos1.x, pos1.y, pos2.x, pos2.y, radius)
13. context.arcTo(pos2.x, pos2.y, pos3.x, pos3.y, radius)
14. context.arcTo(pos3.x, pos3.y, pos4.x, pos4.y, radius)
15. context.arcTo(pos4.x, pos4.y, pos1.x, pos1.y, radius)
16. context.fill()
```

上面的代码发生了什么呢？

- 从第 4 行开始至第 16 行，是本次新增代码。
- 为了便于复用，第 5 行至第 8 行，定义了 4 个弧线起点的坐标对象为常量。
- 绘制弧线属于路径绘制，所有路径绘制都需要先调用 beginPath，见第 10 行。
- 第 12 行至第 15 行，分别调用 4 次 arcTo 方法，尝试绘制 4 段圆弧组成一个圆。

但是，运行效果未达预期，如图 2-31 所示。

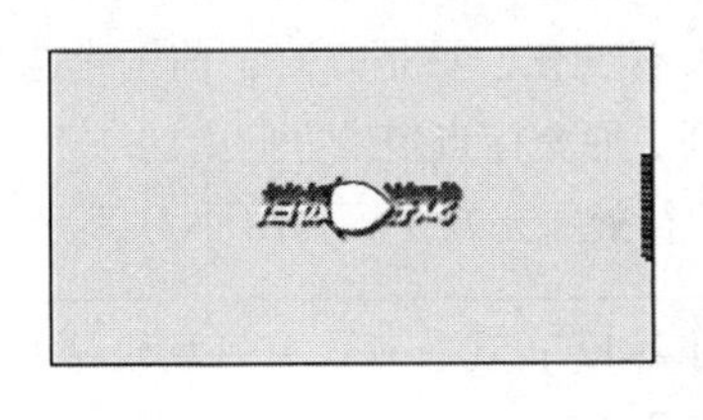

图 2-31　子弹头一样的绘制效果

中间应该是一个圆球，那为什么呈现的是子弹头效果呢？

按照定义，arcTo 方法用于绘制介于两条切线之间的弧线，moveTo 方法将绘制点移至 pos1 之后，再由 arcTo 方法从 pos1 绘制到 pos2，这是错误的。如果想从 pos1 到 pos2 画出正确的弧线，应该从 pos1' 处调用 arcTo 绘制到 pos2 处，如图 2-32 所示。

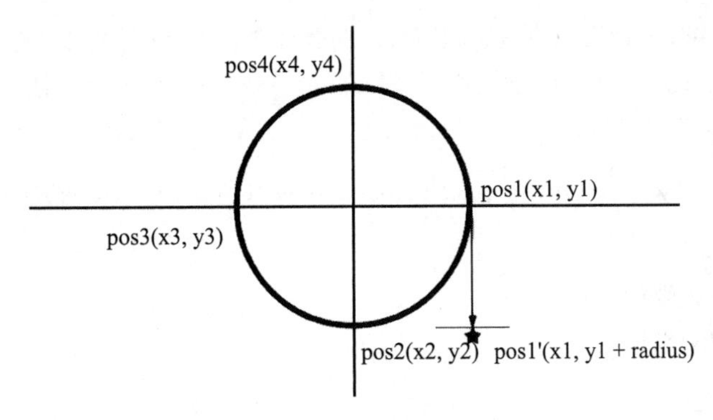

图 2-32　arcTo 一周的 4 个顶点

于是修改绘制代码如下：

```
1.  <!-- HTML: disc\第 2 章\2.3\2.3.1_2\index.html -->
2.  ...
3.  // 使用弧线绘制圆
4.  const radius = 10
```

```
5.  ...
6.  // context.arcTo(pos1.x, pos1.y, pos2.x, pos2.y, radius)
7.  // context.arcTo(pos2.x, pos2.y, pos3.x, pos3.y, radius)
8.  // context.arcTo(pos3.x, pos3.y, pos4.x, pos4.y, radius)
9.  // context.arcTo(pos4.x, pos4.y, pos1.x, pos1.y, radius)
10. context.arcTo(pos1.x, pos1.y + radius, pos2.x, pos2.y, radius)
11. context.arcTo(pos2.x - radius, pos2.y, pos3.x, pos3.y, radius)
12. context.arcTo(pos3.x, pos3.y - radius, pos4.x, pos4.y, radius)
13. context.arcTo(pos4.x + radius, pos4.y, pos1.x, pos1.y, radius)
14. context.stroke()
15. context.fill()
```

在上面的代码中：

- ❑ 第 4 行将 radius 半径常量修改为 10，一处修改影响多处，下面用到 radius 的地方都不需要修改了，这是常量的解耦作用。
- ❑ 第 10 行至第 13 行是对 arcTo 的调用，后 3 个参数均没有变化，只是修改了前两个参数，将起始坐标移到了原坐标点切线方向上的一个半径处。

这次运行效果正常了，如图 2-33 所示。

图 2-33 arcTo 绘制的小球

思考与练习 2-17：现在可以使用弧线绘制圆角效果了，尝试使用 arcTo 方法绘制一个圆角的矩形右挡板，宽度为 10，高度为 50，中间位置坐标为（canvas.width - 5，canvas.height / 2），圆角跨度为 4。

如何使用 arc 方法直接绘制圆形

Canvas API 中的 fillRect 可以直接绘制矩形，那么有没有一个方法可以直接绘制圆形呢？

答案是有的。arc 方法可以用于创建圆或圆的一部分，相比 arcTo，使用 arc 方法画圆更简单。arc 方法的调用语法如下：

```
void ctx.arc(x, y, radius, startAngle, endAngle [, anticlockwise])
```

参数说明如下。

- ❑ x：圆中心的 x 坐标。
- ❑ y：圆中心的 y 坐标。
- ❑ r：圆的半径。
- ❑ sAngle：起始角，以弧度计。
- ❑ eAngle：结束角，以弧度计。
- ❑ anticlockwise：可选参数，规定应该逆时针还是顺时针绘图，false 为顺时针，true 为逆时针。

起始角与结束角均是 PI 弧度，不是 0 ～ 360 之间的数字。如图 2-34 所示，圆上 3 点钟位置是 0*PI 度，6 点钟位置是 0.5*PI 度，其他以此类推。

通过 arc 创建圆，起始角需设置为 0*PI，结束角需设置为 2*PI，示例代码如下：

```
1.  <!-- HTML: disc\第2章\2.3\2.3.2\index.html -->
2.  ...
3.  // 通过arc绘制圆
4.  const radius = 10
5.  context.fillStyle = "white"
6.  context.beginPath()
7.  context.arc(canvas.width / 2, canvas.height /
    2, radius, 0, 2 * Math.PI)
8.  context.fill()
```

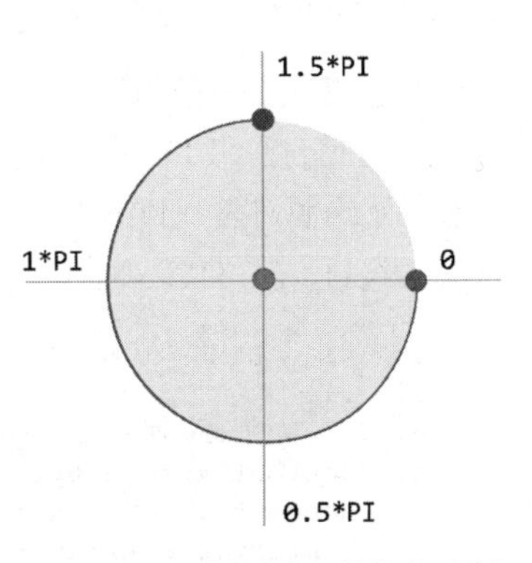

图 2-34　PI 在圆周上的分布示例

在上面的代码中，第 7 行通过 arc 创建圆：第 3 个参数是起始角，为 0；第 4 个参数是结束角，为 2*Math.PI。Math 是 JS 内置的全局数学对象，Math.PI 是内置的圆周率常量，约等于 3.1415926。在 JS 中使用 PI，即为 Math.PI。

运行效果与上一节相同。效果虽然一样，但是代码简洁许多。既然有 arc，为什么还要有 arcTo 方法呢，是不是 arcTo 方法就没有用了呢？不是，arcTo 与 arc 各有各的用处。arc 用来绘制圆弧或圆更方便，而 arcTo 还可以绘制非圆弧线，例如图 2-31 不小心绘制出来的子弹头效果，如果这个效果就是实现需要的效果，它只能用 arcTo 绘制。

思考与练习 2-18： 如何通过 arc 与 arcTo 方法，组合绘制出这样一个米碗形状（见图 2-30），请尝试绘制。

本课小结

本课源码参见：disc/第 2 章 /2.3。

这节课比较简单，主要练习了 arc、arcTo 这两个方法，使用它们绘制了曲线图形。不但普通的圆形可以用它们绘制，不规则的椭圆、弧形都可以使用它们绘制。

第 6 课　绘制分界线

这节课复习一下之前已经练习过的 lineTo、moveTo 方法，在实践中学习 JS 语言在逻辑控制语句、函数、作用域、闭包等方面的基础知识和技能。

本课将学习绘制一条虚线作为分界线。在第 3 课中，我们曾使用过渐变色，如果将渐变色应用在分界线的绘制中，能否绘制出虚线的效果呢？除了渐变色，还有哪些方法可以绘制出虚线效果呢？使用间隔绘制的方法可以吗？

分别通过 lineTo 和渐变色绘制分界线

游戏画布的左边是用户玩家，右边是系统玩家，虚线在中间将画布一分为二，现在我们尝试在画布中间绘制该分界线。

1. 直接绘制一条直线

之前我们使用 lineTo 绘制过直线，使用 lineTo 居中绘制一条垂直分界线是最简单的。将上节课的最终源码复制到第 2 章 /2.4，删去已经注释掉的代码和不必要的注释，在此基础上实现分界线的绘制，最终代码如下：

```
1.  <!-- HTML: disc\ 第 2 章 \2.4\2.4.1\index.html -->
2.  ...
3.  // 使用 moveTo、lineTo 绘制分界线
4.  context.strokeStyle = "white"
5.  context.lineWidth = 1
6.  context.beginPath()
7.  context.moveTo(canvas.width / 2, 0)
8.  context.lineTo(canvas.width / 2, canvas.height)
9.  context.stroke()
```

上面的代码发生了什么呢？

第 4 行至第 9 行是新增代码，其中第 7 行、第 8 行在画布中间从上向下绘制了一条白色直线。

运行效果如图 2-35 所示。

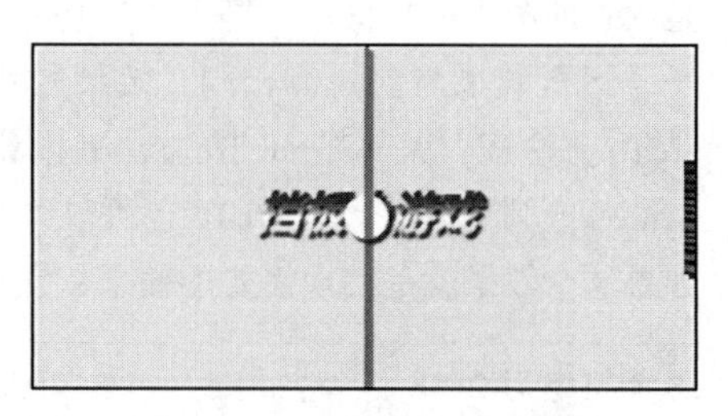

图 2-35　以直线绘制的分界线

效果还不错，但是分界线压住了球。这是因为我们先绘制了球，后绘制了分界线。现在修改一下代码，将绘制分界线的代码移到绘制浅色背景的后面，紧跟着进行背景绘制：

```
1.  <!-- HTML: disc\ 第 2 章 \2.4\2.4.1_2\index.html -->
2.  ...
3.  // 绘制不透明背景
4.  ...
5.  // 使用 moveTo、lineTo 绘制分界线
6.  ...
7.  // 实现从上向下以颜色渐变方式绘制游戏标题
8.  ...
```

绘制的先后顺序，决定了画布中对象的上下遮挡关系，效果如图 2-36 所示。

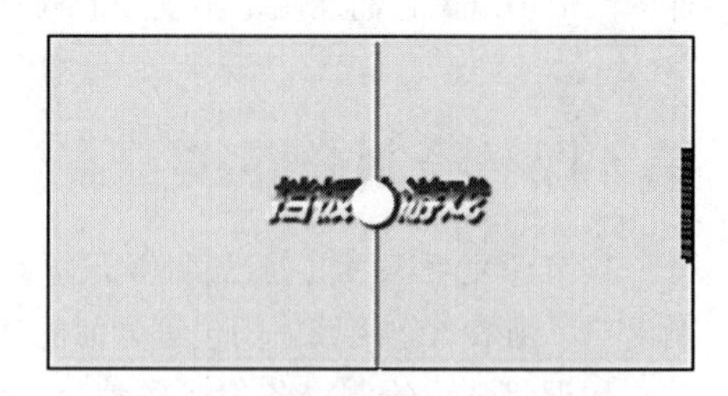

图 2-36　直线放到了小球下面

我们看到直线太实了，能不能绘制成虚线？或者使用渐变色，让线条的颜色有一点变化？

2. 通过渐变绘制间隔效果

前面曾经使用 CanvasGradient 对象绘制过线性渐变的文本，其实 CanvasGradient 对象不仅可以用于填充属性 fillStyle，还可以用于线条属性 strokeStyle。接下来我们就尝试使用线性颜色渐变对象改造分界线，使其有一些明暗间隔。修改代码为如下形式：

```
1.  <!-- HTML: disc\ 第 2 章 \2.4\2.4.1_3\index.html -->
```

```
2.  ...
3.  // 使用颜色渐变对象绘制分界线
4.  {
5.    const grd = context.createLinearGradient(canvas.width / 2, 0, canvas.width
      / 2, canvas.height)
6.    grd.addColorStop(0, "whitesmoke")
7.    grd.addColorStop(.25, "#ffffff00")
8.    grd.addColorStop(.5, "whitesmoke")
9.    grd.addColorStop(0.75, "#ffffff00")
10.   grd.addColorStop(1, "whitesmoke")
11.   context.strokeStyle = grd
12.   context.lineWidth = 2
13.   context.beginPath()
14.   context.moveTo(canvas.width / 2, 0)
15.   context.lineTo(canvas.width / 2, canvas.height)
16.   context.stroke()
17. }
18. ...
```

在上面的代码中：

- 第 4 行至第 17 行，因为当前文件中有 grd 变量，为避免重名，所以我们使用花括号建立了区块作用域。
- 画布已经绘制了烟白色背景，所以渐变对象只需在烟白色和透明色之间交替。第 6 行至第 10 行设置了 5 个颜色点，将分界线分为 4 段，渐变方向与分界线方向一致。第 7 行开始出现的 "#ffffff00" 是一个十六进制 rgba 颜色值，最后两个 00 表示透明。

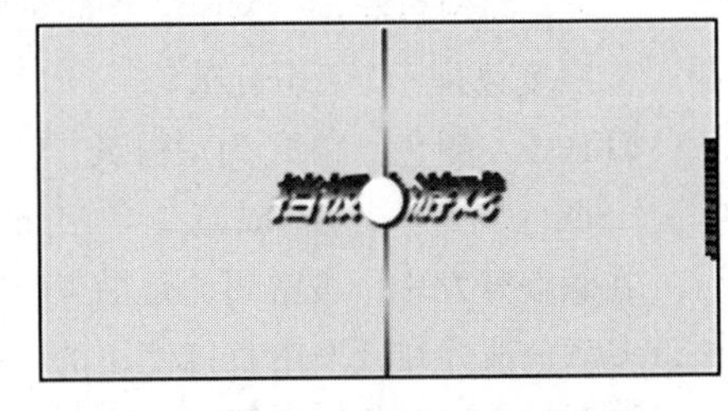

图 2-37 颜色渐变绘制的分界线

运行效果如图 2-37 所示。

我们已经达到了预期，但效果不太好，整体上不太像虚线。如果通过 addColorStop 方法多加几个颜色渐变点，效果可能会好一点。但这样做又太麻烦，有没有其他更好的绘制方法呢？

思考与练习 2-19： 结合本课与 2-18 的答案，尝试实现如图 2-38 所示的碗状填充效果。

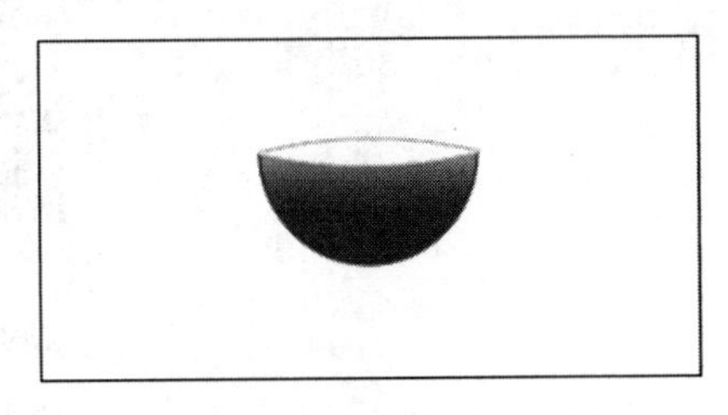

图 2-38 深色碗状填充效果

拓展：CSS 颜色值有哪些格式

看一下下面这行在实战中出现的代码：

```
grd.addColorStop(.25, "#ffffff00")
```

#ffffff00是一个十六进制的rgba颜色值，最后的00代表透明，它也可以写作rgba(255,255,255,0)，两者效果是一样的，示例代码如下：

```
grd.addColorStop(.25, "rgba(255,255,255,0)")
```

Canvas API能够接收的CSS颜色值主要包括以下6种。

- 十六进制颜色：格式为#RRGGBB，包括3部分，即RR（红色）、GG（绿色）和BB（蓝色），3个部分的值必须介于0和FF之间，例如#ff0000是红色。
- RGB颜色：格式为RGB（红，绿，蓝），每个颜色值在0～255之间，或0%～100%，例如RGB（0,0,255）或RGB（0,0,100%）。
- RGBA颜色：格式为RGBA（红，绿，蓝，Alpha），与RGB颜色类似，只是多了一个Alpha通道，Alpha的取值范围是0.0～1.0，例如rgba（255,0,0,0.5），是一个半透明红色。
- 预定义颜色名称：是宿主环境预先定义好的代表指定颜色值的单词，例如red、black、white、yellow、brown等。
- HSL颜色：格式为HSL（色调，饱和度，明度）。色调范围从0～360，0是红色起点，120是绿色起点，240是蓝色起点。饱和度是一个百分比值，0%是灰色，100%是全彩。亮度也是一个百分比值。
- HSLA颜色：格式为HSLA（色调，饱和度，亮度，Alpha），与HSL颜色类似，HSLA颜色多了一个Alpha通道。Alpha通道的作用与RGBA中的Alpha通道类似。

在编程开发中，最常用的是前4种颜色格式。除了预定义颜色名称之外，普通人是很难记住许多颜色值并在开发中直接使用的，一般情况下都是借助取色工具，依据所见即所得的取色工具取到对应的颜色值再用于代码中。谷歌浏览器开发者工具中的Elements面板，或微信开发者工具中的WXML面板，可以帮助我们取色。图2-39所示为通过前者获取颜色值的示例。

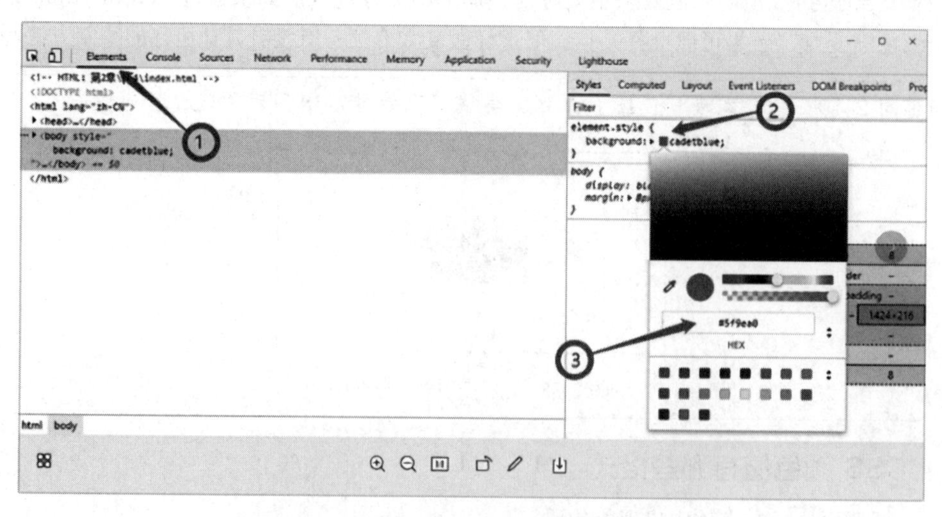

图2-39 使用Chrome浏览器的取色器

使用函数绘制间隔效果

接下来开始尝试间隔法绘制分界线，主要有两种方式。

1. 使用间隔法直接绘制

我们看到通过渐变颜色绘制分界线，效果并不逼真，那么能不能通过“绘制一段、停止一段”这样的间隔方法绘制一条虚线作为分界线呢？

答案是可以的，修改后如代码清单 2-3 所示。

代码清单 2-3　使用间隔法直接绘制分界线

```
1.  <!-- HTML: disc\ 第 2 章 \2.4\2.4.3\index.html -->
2.  ...
3.  // 使用间隔法绘制分界线
4.  context.strokeStyle = "whitesmoke"
5.  context.lineWidth = 1
6.  context.beginPath()
7.  context.moveTo(canvas.width / 2, 0)
8.  context.lineTo(canvas.width / 2, 10)
9.  context.moveTo(canvas.width / 2, 20)
10. context.lineTo(canvas.width / 2, 30)
11. context.moveTo(canvas.width / 2, 40)
12. context.lineTo(canvas.width / 2, 50)
13. context.moveTo(canvas.width / 2, 60)
14. context.lineTo(canvas.width / 2, 70)
15. context.moveTo(canvas.width / 2, 80)
16. context.lineTo(canvas.width / 2, 90)
17. context.moveTo(canvas.width / 2, 100)
18. context.lineTo(canvas.width / 2, 110)
19. context.moveTo(canvas.width / 2, 120)
20. context.lineTo(canvas.width / 2, 130)
21. context.moveTo(canvas.width / 2, 140)
22. context.lineTo(canvas.width / 2, 150)
23. context.stroke()
24. ...
```

运行效果如图 2-40 所示。

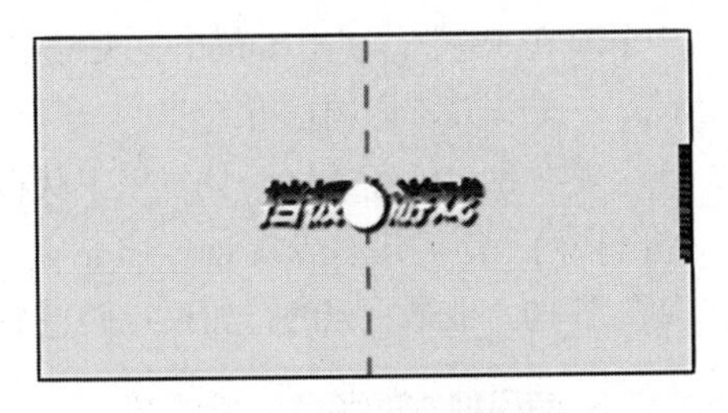

图 2-40　正常的虚线效果

效果比以前好多了！但是一遍遍交替使用 moveTo、lineTo，这样的代码太“弱智”了。有没有更好的绘制办法呢？

2. 使用函数复用代码

函数是程序中可以重复使用的代码块。我们可以将逻辑相同的代码封装成函数，以便在相似的场景调用。JS 函数的声明语法为：

```
1.  function funcName([arg1, [arg2...]]/* 参数列表 */) {
2.    // 函数体
3.    // return x // 返回值可以返回，也可以不返回
4.  }
```

函数以关键字 function 声明，每个函数可以有参数和返回值，也可以没有，参数和返回值的类型都不需要在函数体中声明。

现在我们尝试声明一个函数，使用它绘制一个线段，修改后的代码如代码清单 2-4 所示。

代码清单 2-4 复用函数绘制分界线

```
1.  <!-- HTML: disc\第2章\2.4\2.4.3_2\index.html -->
2.  ...
3.  // 基于函数间隔绘制分界线
4.  context.strokeStyle = "whitesmoke"
5.  context.lineWidth = 2
6.  context.beginPath()
7.  drawLine(0) // 调用函数，传递参数
8.  drawLine(20)
9.  drawLine(40)
10. drawLine(60)
11. drawLine(80)
12. drawLine(100)
13. drawLine(120)
14. drawLine(140)
15. context.stroke()
16. // 绘制分界线线段的函数
17. function drawLine(y) {
18.   context.moveTo(canvas.width / 2, y)
19.   context.lineTo(canvas.width / 2, y + 10)
20. }
21. ...
```

在上面的代码中，要注意以下变化。

- 第 17 行至第 20 行，drawLine 是我们自定义的线段绘制函数，它有一个参数 y，y 代表线段绘制的起点。
- 第 7 行至第 14 行是函数调用代码，实现对自定义函数 drawLine 的调用。第 7 行调用 drawLine 方法时的参数为 0，后续调用时的参数是依次在前面的基础上加 20，直到将画布画满为止。
- 在 JS 中，使用 function 关键字声明的函数会被自动提升，因此调用代码在自定义函数的上方并不影响执行。

现在我们已经通过函数复用了代码，但是这个绘制仍然有问题，绘制需要覆盖的高度是估计出来的，而调用多少次 drawLine 是写死的，如果画布高度改变了怎么办呢？还有线段的间隔现在是 10，也是写死的，如果我们想缩小间隔怎么办呢？

3. 使用独立的函数间接绘制

在调用函数时可以向其传值，这些值被称为实参。在下面这段代码中，y 是函数 drawLine 的参数：

```
1.  // 绘制分界线线段的函数
2.  function drawLine(y) {
3.    context.moveTo(canvas.width / 2, y)
```

```
4.    context.lineTo(canvas.width / 2, y + 10)
5.  }
```

实参 y 可以在函数中使用。除了 y 之外，drawLine 还调用了函数之外的常量 context、canvas，如果离开当前的代码上下文执行环境，drawLine 函数便不能运行了。

所以，函数要尽量保持独立性，函数的运行最好不依赖外部任何变量，所有函数执行时需要用到的数据全部通过参数传递进来。我们按照这个想法修改 drawLine 函数，示例代码如下：

```
1.  // 绘制分界线线段的独立函数
2.  function drawLine(context, x, y) {
3.    context.moveTo(x, y)
4.    context.lineTo(x, y + 10)
5.  }
```

在上面的代码中，渲染上下文对象 context 也需要从参数中传递进来，moveTo 与 lineTo 的参数也来自函数实参。

相应的调用代码也有修改：

```
1.  <!-- HTML: disc\第2章\2.4\2.4.3_3\index.html -->
2.  ...
3.  // 基于独立函数间接绘制分界线
4.  context.strokeStyle = "whitesmoke"
5.  context.lineWidth = 2
6.  const startX = canvas.width / 2
7.  context.beginPath()
8.  drawLine(context, startX, 0)
9.  drawLine(context, startX, 20)
10. drawLine(context, startX, 40)
11. drawLine(context, startX, 60)
12. drawLine(context, startX, 80)
13. drawLine(context, startX, 100)
14. drawLine(context, startX, 120)
15. drawLine(context, startX, 140)
16. context.stroke()
17. // 绘制分界线线段的独立函数
18. ...
```

在上面的代码中，要注意以下几点。

- 因为在许多行调用中都会用到分界线的 x 坐标，所以第 6 行定义了 startX 常量。
- 当前文件作用域有一个常量 context，drawLine 的函数作用域内也有一个形参 context，因为它们在不同的作用域，所以是允许重名的。在 drawLine 内部，会优先调用距离最近的函数作用域中的 context 变量。

目前我们已经解决了让函数保持独立的问题，但是绘制覆盖的高度写死的问题仍然没有解决。

拓展：如何定义和使用函数

来看一段在实战中出现的代码：

```
1.  // 绘制分界线线段的独立函数
2.  function drawLine(context, x, y) {
3.    context.moveTo(x, y)
4.    context.lineTo(x, y + 10)
5.  }
```

drawLine 是函数。函数对编程的重要性就如同细胞之于生物。函数是一段可被重复使用的代码，一般由参数列表、函数体和返回值三部分组成。在上面的代码中，第 2 行小括号内的内容是参数列表，第 3 行至第 4 行是函数体。这个函数没有返回值。

1. 函数表达式

JS 中有两种定义普通函数的方式：函数声明和函数表达式。前面的 drawLine 函数是通过声明的方式定义的，下面是另一种函数表达式的定义：

```
1.  // 绘制分界线线段的独立函数
2.  const drawLine = function(context, x, y) {
3.    context.moveTo(x, y)
4.    context.lineTo(x, y + 10)
5.  }
```

两者的主要区别在于，drawLine 是一个函数常量，等号右值是一个匿名函数。

有了函数以后，实现递归调用便很容易了，以下是计算自然数阶乘 n! 的示例代码：

```
1.  (function f(num) {
2.    if (num <= 1) {
3.      return 1;
4.    } else {
5.      return num * f(num - 1);
6.    }
7.  })(8) // 输出：40320
```

f 是实现阶乘的函数名字，在 f 内部第 5 行又递归调用了 f 自身。

2. 通过 arguments.callee 访问函数自身

在非箭头函数中，arguments 表示函数实参，arguments.callee 表示函数本身。因此上面实现阶乘的代码还可以写成如下形式：

```
1.  (function f(num) {
2.    if (num <= 1) {
3.      return 1;
4.    } else {
5.      return num * arguments.callee(num - 1);
6.    }
7.  })(8) // 输出：40320
```

虽然这两种实现效果是一样的，但第 5 行通过 arguments.callee 匿名调用函数自身，避免了函数名称的耦合，即使函数名称 f 发生了变化，函数体代码也不需要修改。

3. 充分理解函数的参数

函数在编程中至关重要，参数是函数产生变化的关键，正确、充分地理解参数显得尤为重要。特别在JS语言中，参数有一些“特殊”行为非常值得我们关注。

（1）重新认识arguments

我们来看一下以下代码：

```
1.  // 绘制分界线线段的独立函数
2.  function drawLine(context, x, y) {
3.    context.moveTo(x, y)
4.    context.lineTo(x, y + 10)
5.  }
```

第2行的context,x,y是显式参数。除显式参数外，每个函数还有一个隐式实参类数组对象，在函数内部可以通过arguments直接访问。例如：

```
1.  function drawLine(context, x, y) {
2.    console.log(arguments[2] === y) // 输出：true
3.    context.moveTo(x, y)
4.    context.lineTo(x, y + 10)
5.  }
```

在上面的代码中，第2行arguments是一个长度为3的类数组对象，arguments[2]是y。arguments的下标是从0开始计数的。

arguments作为一个实参类数组对象，也是object类型，它有一个callee属性，通过arguments.callee可以访问函数本身。arguments本质上是对象，它并不具备数组具有的方法。

（2）没有定义参数也可以传递

JS函数即使不声明形参，也可以向它传递参数，这时在函数内部要访问实参，就需要发挥arguments的作用了。例如上面的drawLine还可以更改为：

```
1.  function drawLine() {
2.    let context = arguments[0],
3.      x = arguments[1],
4.      y = arguments[2]
5.    context.moveTo(x, y)
6.    context.lineTo(x, y + 10)
7.  }
```

（3）undefined是未定义，但不等于无占位符

如果JS函数声明了参数，但是没有传递，这时候会发生什么状况呢？实参会被默认为undefined类型，我们看一个示例：

```
1.  <!-- HTML: disc\第2章\2.4\2.4.4\index.html -->
2.  ...
3.  const startX = canvas.width / 2
4.  context.strokeStyle = "whitesmoke"
5.  drawLine(startX, 0) // 调用函数，没有传递第三个参数
6.  drawLine(startX, 20)
7.  drawLine(startX, 40)
8.  drawLine(startX, 60)
9.  drawLine(startX, 80)
10. drawLine(startX, 100)
```

```
11. drawLine(startX, 120)
12. drawLine(startX, 140)
13. context.stroke()
14. // 另一个绘制分界线线段的独立函数
15. function drawLine(x, y, context) { // context 移到了后面
16.   context.moveTo(x, y)
17.   context.lineTo(x, y + 10)
18. }
19. ...
```

在上面的代码中，从第 5 行至第 12 行，我们没有向 drawLine 方法传递 context 作为第 3 个实参。第 15 行，在 drawLine 方法内部，如果在函数作用域内取不到 context，函数会向上一级作用域查找吗？如果可以向上查找，那么上面这段代码是不是就没有问题呢？

但是实际运行后代码会报出这样一个错误：

```
Uncaught TypeError: Cannot read property 'moveTo' of undefined
```

context 在 drawLine 方法内部是 undefined 类型，undefined 本来的意义是未定义，但未定义不等于在作用域内没有占位符，即使 context 在当前函数作用域内是“未定义”的，函数也不会继续向上一个作用域（即当前示例中 HTML 页面的文件作用域）查找。

（4）参数可以使用默认值

ES6 支持函数带有默认参数，对于上面不能运行的代码，这样修改便能使其运行：

```
1.  <!-- HTML: disc\第 2 章\2.4\2.4.4_2\index.html -->
2.  ...
3.  const startX = canvas.width / 2
4.  context.strokeStyle = "whitesmoke"
5.  drawLine(startX, 0) // 调用函数，仍然没有传递第三个参数
6.  drawLine(startX, 20)
7.  drawLine(startX, 40)
8.  drawLine(startX, 60)
9.  drawLine(startX, 80)
10. drawLine(startX, 100)
11. drawLine(startX, 120)
12. drawLine(startX, 140)
13. context.stroke()
14. // 另一个绘制分界线线段的独立函数（改进版本）
15. function drawLine(x, y, ctx = context) { // ctx 移到了后面，但有了默认值
16.   ctx.moveTo(x, y)
17.   ctx.lineTo(x, y + 10)
18. }
19. ...
```

在上面的代码中，第 15 行 ctx 作为第 3 个参数仍然没有传递，但它有一个默认值，即当前文件作用域下的 context 常量，所以代码可以正常运行。

（5）使用不定参数

如果开发者不确定参数个数，或者函数需要传递不确定数目的参数，则在 ES6 中可以声明 rest 参数。于是，drawLine 函数还可以改写为：

```
1. <!-- HTML: disc\第2章\2.4\2.4.4_3\index.html -->
2. ...
3. const startX = canvas.width / 2
4. context.strokeStyle = "whitesmoke"
5. drawLine(startX, 0) // 调用函数，仍然没有传递第三个参数
6. drawLine(startX, 20)
7. drawLine(startX, 40)
8. drawLine(startX, 60)
9. drawLine(startX, 80)
10. drawLine(startX, 100)
11. drawLine(startX, 120)
12. drawLine(startX, 140)
13. context.stroke()
14. // 使用不定参数绘制函数
15. function drawLine(...args) {
16.   let x = args[0],
17.       y = args[1],
18.       ctx = args[2] || context
19.   ctx.moveTo(x, y)
20.   ctx.lineTo(x, y + 10)
21. }
22. ...
```

在上面的代码中，要注意以下几点。

- 第15行使用3个点（...）加一个自定义的不定参数数组名字（一般叫args），就可以声明rest参数。在这里，args等价于arguments，但args没有callee属性。
- 第18行使用了短路评估赋值，如果args[2]是undefined，则取上一个作用域，即当前文件作用域下的context。

改写后，运行效果与之前是一样的。

接下来我们练习使用循环控制语句，使用循环控制语句时要注意循环的退出条件，避免产生死循环。

使用循环绘制分界线

现在我们已经实现了虚线绘制，但是线条绘制覆盖的高度仍然是写死的。如何让绘制代码智能一点呢，比如，当超过屏幕高度就自动停止绘制。

1. 使用while循环绘制

在JS语言内，while循环会在指定条件为真时循环执行代码块，调用语法如下：

```
1. while (条件) {
2.   // 需要循环执行的代码
3. }
```

在while循环中，一定要有诸如n++或n--之类的条件变化，循环赖以成立的条件必须在某个时刻失效，即变成假，否则会造成死循环。

现在尝试使用while循环，修改分界线的绘制代码，具体如下：

```
1.  <!-- HTML: disc\ 第 2 章 \2.4\2.4.5\index.html -->
2.  ...
3.  // 使用 while 循环绘制分界线
4.  context.strokeStyle = "whitesmoke"
5.  context.lineWidth = 1
6.  context.beginPath()
7.  const startX = canvas.width / 2
8.  let posY = 0
9.  while (posY < canvas.height) {
10.   context.moveTo(startX, posY)
11.   context.lineTo(startX, posY + 10)
12.   posY += 20
13. }
14. context.stroke()
15. ...
```

在上面的代码中：

- 第 7 行，x 坐标值 canvas.width/2，在绘制的过程中它一直没有变化，所以把它声明为一个常量 startX。
- y 坐标值是不断变化的，它在第 8 行被定义成一个变量 posY，随着绘制向下进行，posY 每次递增 20px，但第 11 行 lineTo 每次仅绘制 10 个 px。
- 第 9 行，while 循环条件写在小括号内，每次检查 posY< canvas.height 是否成立，如果到达画布的底边以外，则退出循环。

现在我们已经实现了不写死画布高度进行绘制的代码，仔细观察一下会发现：第 11 行与第 12 行这两个数字（10 与 20）决定了虚线的绘制效果，如果我们将这两行代码修改为以下形式：

```
1.  context.lineTo(startX, posY + 5) // 这里 10 变成了 5
2.  posY += 20
```

运行效果如图 2-41 所示。

如果我们将代码修改为以下形式：

```
1.  context.lineTo(startX, posY + 10)
2.  posY += 10 // 这里由 20 变成了 10
```

运行效果又变成了没有虚线效果的直线，如图 2-42 所示。

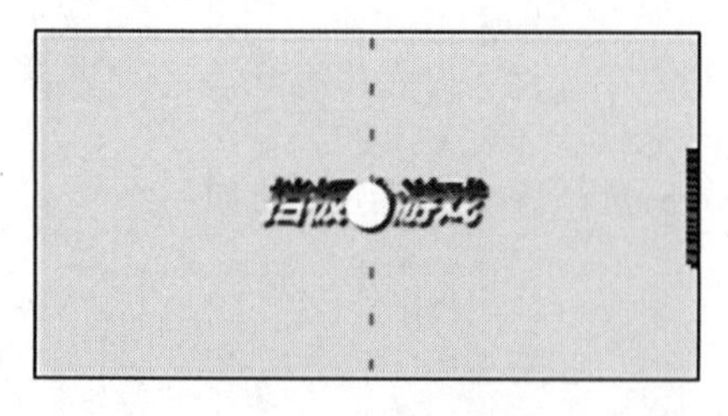

图 2-41 稀疏的虚线

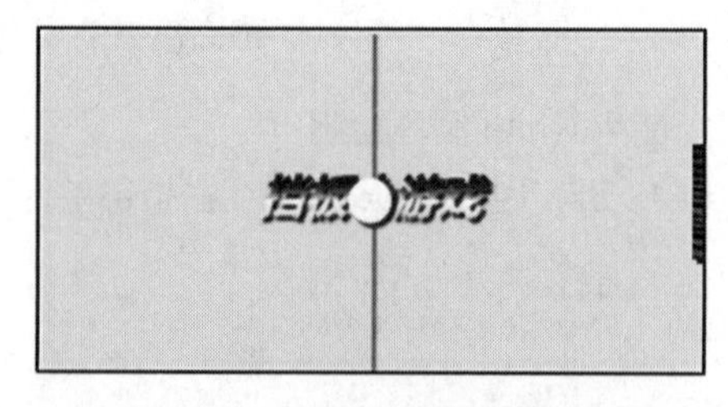

图 2-42 没有间隔的虚线

一些参数上的微小差异导致运行效果发生了根本变化，这些技巧需要我们在具体的编程实践中去体会和学习。开发者最终要实现的是产品效果，而产品效果都根源于细节之中。

思考与练习 2-20：除了 while 循环之外，还有一个 do while 循环，其语法如下：

```
1.  do {
2.    // 需要执行循环的代码
3.  } while ( 条件 )
```

第 3 行，如果给 do while 传递的条件一直为 true，循环将一直执行，这种情况会造成程序假死，使用 break 关键字可以在适当时机跳出循环。请尝试修改本节的示例代码，使用 do while 循环和 break 关键字实现同样的绘制效果。

2. 使用 for 循环绘制

for 循环是 JS 中最常使用的循环，下面是 for 循环的调用语法：

```
1.  for ( 变量定义语句 1; 条件语句 2; 变量变化语句 3) {
2.    // 被循环执行的代码块
3.  }
```

小括号中的三部分语句并不是必需的，但分号是必需有的。3 个语句均留空，即不写任何条件代码，相当于是一个 while(true) 循环。

现在，我们使用 for 循环绘制分界线，代码如下：

```
1.  <!-- HTML: disc\ 第 2 章 \2.4\2.4.5_2\index.html -->
2.  ...
3.  // 使用 for 循环绘制分界线
4.  context.strokeStyle = "whitesmoke"
5.  context.lineWidth = 1
6.  const startX = canvas.width / 2
7.  let posY = 0
8.  context.beginPath()
9.  for (let i = 0; ;) {
10.   posY = i * 10
11.   context.moveTo(startX, posY)
12.   context.lineTo(startX, posY + 10)
13.   i++, i++
14.   if (posY > canvas.height) break
15. }
16. context.stroke()
17. ...
```

在上面的代码中，我们要注意以下几点。

- 第 14 行，posY > canvas.height 是循环退出的条件，所以第 9 行 for 循环的条件语句可以为空。
- 第 13 行，每一步循环执行两次 i++，有一次是不绘制线段的，这样才产生了虚线效果。在第 9 行 for 循环语句中，第 3 个部分是空，这部分功能由第 13 行代替了。
- 在 if 语句中，如果花括号内的代码只有一行，可以将花括号省略，所以第 14 行直接将 break 放在了行尾，并没有用花括号括住。

上述代码运行效果与图 2-41 效果是相同的。

拓展：使用比较运算符、if控制语句和算术运算符

下面看一下这段实战代码：

```
1.  // 使用 for 循环绘制分界线
2.  ...
3.  for (let i = 0; ;) {
4.    posY = i * 10
5.    context.moveTo(startX, posY)
6.    context.lineTo(startX, posY + 10)
7.    i++, i++
8.    if (posY > canvas.height) break
9.  }
10. context.stroke()
```

上述代码包括了比较运算符（第8行）、if控制语句（第8行）和算术运算符（第7行）。

1. 比较运算符

“>”是比较运算符，代表大于。比较运算符用在逻辑语句中，以判断变量或值是否相等。JS主要有7种比较运算符：

- ==（等于）；
- ===（全等，值和类型均相等）；
- !=（不等于）；
- >（大于）；
- <（小于）；
- >=（大于或等于）；
- <=（小于或等于）。

其中，不等于运算符不分不全等于和不等于，只有一种情况、一种符号。

2 .if控制语句

if控制语句的语法是这样的：

```
1.  if (condition) {
2.    // 当 condition 条件为 true 时执行的代码
3.  }
```

对于下面的代码：

```
1.  if (posY > canvas.height) {
2.    break
3.  }
```

第1行括号内是条件，花括号内第2行是代码。如果花括号内代码只有一句，可以省略花括号：

```
if (posY > canvas.height) break
```

这条规则在JS中普遍适用，不仅在if语句中可以省略，在其他逻辑语句中，例如在for循

环、while 循环、do while 循环中都可以省略。

与 if 语句类似的逻辑控制语句还有 if else 语句。if else 语句在条件为 true 时执行第一部分代码，在条件为 false 时执行 else 部分的代码，其调用语法如下：

```
1.  if (condition) {
2.    // 当 condition 条件为 true 时执行
3.  } else {
4.    // 当 condition 条件为 false 时执行
5.  }
```

如果有多个逻辑分支，可以用 if ... else if ... else 语句：

```
1.  if (condition1) {
2.    // 当 condition1 为 true 时执行的代码
3.  } else if (condition2) {
4.    // 当 condition2 为 true 时执行的代码
5.  } else {
6.    // 当 condition1 和 condition2 都不为 true 时执行的代码
7.  }
```

但一般不提倡使用嵌套层次过多的 if 语句，如果遇到多个逻辑分支的情况，建议用 switch 语句代替。

3. 算术运算符

我们来看看下面这段代码：

```
1.  for (let i = 0; ;) {
2.    ...
3.    i++, i++
4.    ...
5.  }
```

第 3 行“++”是递增运算符，i++ 相当于 i = i + 1。两个递增不能写在一起，所以要用逗号隔开。

在 JS 中主要有以下 7 种算术运算符：

1）+ 加；

2）- 减；

3）* 乘；

4）/ 除；

5）% 求余数，保留整数，例如 x = 5 % 2，结果 x 为 1；

6）++ 累加；

7）-- 递减。

对于递增、递减操作，如果操作符在数值前面，是先运算后返回，反之是先返回后运算，例如：

```
1.  let i = 1
2.  console.log(i++) // 输出：1
```

```
3.  console.log(++i) // 输出：3
```

第3行将输出3，因为第2行变量i递增后已经是2，这一行再递增1次变成了3。

思考与练习 2-21： 递增、递减只是一种语法糖，完全可以由表达式代替，例如 i++ 可以写成 i=i+1，i-- 可以写成 i=i-1。在 for 循环的第3部分条件语句中，不一定使用 i++ 这样的形式。请尝试改写代码，将第6课示例 2.4.5_2[⊖]中的两个 i++ 合并。

拓展：JS 的 5 种循环控制语句

在 JS 中，包括 for、while、do while、for in 和 for of 共 5 种循环控制语句。for in 循环性能最差，for of 循环是 ES6 中新增的循环方式，性能优于 for in，但不支持直接遍历普通对象。

1. 使用常量优化循环性能

在使用 for 循环时，如果在条件语句中涉及计算，例如：

```
for (i=0; i<arr.length; i++) { ... }
```

这种情况通常将数组长度存储为常量，避免每次循环时重复计算，示例如下：

```
1.  const n = arr.length
2.  for (i = 0; i < n; i++) { ... }
```

2. 使用 continue

在 for 循环及 while 循环内，随时可以使用 break 关键字退出循环。如果想跳出本次循环，可以使用 continue 关键字，执行下一次循环。

举个例子，在本课前面绘制间隔的代码中，当变量是奇数时，可以使用 continue 跳过绘制操作，修改后的代码如下：

```
1.  <!-- HTML：disc\第2章\2.4\2.4.7\index.html -->
2.  ...
3.  // 使 for 循环绘制，使用 continue 跳过奇数
4.  context.strokeStyle = "whitesmoke"
5.  context.lineWidth = 1
6.  const startX = canvas.width / 2
7.  let posY = 0
8.  context.beginPath()
9.  for (let i = 0; ; i++) {
10.   if (i % 2) continue // 如果 i 是奇数，那么 i%2 转化成布尔值为真，则跳过绘制操作
11.   posY = i * 10
12.   context.moveTo(startX, posY)
13.   context.lineTo(startX, posY + 10)
14.   if (posY > canvas.height) break
15. }
16. context.stroke()
17. ...
```

⊖ 凡 x.x.x_n 这种形式的编号均指随书示例和源码位置，关注作者公众号“艺述论”，回复10000，即可下载。

3. 使用 for in 遍历普通对象

for in 循环一般用于遍历对象属性，例如：

```
1.  let person = {name: "小游戏", age: 3}
2.  for (let x in person) { // x是对象属性名
3.    console.log("%s\t%s", x, person[x])
4.  }
5.  // 输出：
6.  // name 小游戏
7.  // age 3
```

4. 使用 for of 遍历集合

for of 循环支持遍历 Array、Map、Set，但不支持普通对象，例如上面自定义的 person 对象，不能使用 for of 遍历，但可以使用 Object 内置的 Object.keys 方法先转化成集合再进行遍历：

```
1.  let person = {name: "小游戏", age: 3}
2.  for (let x of Object.keys(person)) { // Object.keys返回iterable 对象
3.    console.log("%s\t\t%s", x, person[x])
4.  }
5.  // 输出：
6.  // name 小游戏
7.  // age 3
```

将函数当作变量使用

现在我们已经基于函数复用，并且不依赖于固定的画布高度实现了分界线绘制，那能不能将绘制代码装进一个集合，然后遍历这个集合统一进行绘制呢？

下面分两步完成这个设想：先在 for 循环内复用函数，然后将绘制代码装进集合中。

第一步，在 for 循环内实现对函数的复用，修改后的代码如下所示：

```
1.  <!-- HTML：disc\第2章\2.4\2.4.8\index.html -->
2.  ...
3.  // 在for循环中调用函数
4.  context.strokeStyle = "whitesmoke"
5.  context.lineWidth = 2
6.  context.beginPath()
7.  const startX = canvas.width / 2
8.  let posY = 0
9.  for (let i = 0; ; i++) {
10.   if (i % 2) continue // 取模操作，逢奇数跳过
11.   posY = i * 10
12.   drawLine(context, startX, posY) // 调用函数drawLine
13.   if (posY > canvas.height) break
14. }
15. context.stroke()
16. // 独立的绘制直线函数
17. function drawLine(context, x, y) {
18.   context.moveTo(x, y)
19.   context.lineTo(x, y + 10)
20. }
21. ...
```

在上面代码中，第 12 行调用了自定义函数 drawLine。

运行后实现了虚线效果。

第三步，尝试将绘制代码直接装进集合 Set 中，修改代码如下：

```
1.  <!-- HTML: disc\第 2 章\2.4\2.4.8_2\index.html -->
2.  ...
3.  // 将函数当作数组元素使用
4.  context.strokeStyle = "whitesmoke"
5.  context.lineWidth = 2
6.  const startX = canvas.width / 2
7.  let posY = 0,
8.      set = new Set()
9.  for (let i = 0; ; i++) {
10.   if (i % 2) continue // 取模操作，逢奇数跳过
11.   posY = i * 10
12.   set.add(() => {
13.     console.log(`posY=${posY}`) // 输出：posY=160
14.     drawLine(context, startX, posY)
15.   })
16.   if (posY > canvas.height) break
17. }
18. context.beginPath()
19. for (let f of set) f() // 循环元素调用函数，这个位置仍然可以访问文件变量 posY
20. context.stroke()
21. // 独立的绘制直线函数
22. function drawLine(context, x, y) {
23.   context.moveTo(x, y)
24.   context.lineTo(x, y + 10)
25. }
26. ...
```

在上面的代码中，我们要关注以下几点。

- 第 8 行创建了一个 Set 集合。Set 类似于数组，但是成员不允许重复。
- 第 12 行使用 set.add 向集合内添加元素。第 12 行至第 15 行添加的是箭头函数，通过箭头函数将函数调用的代码装进 set 中。
- 第 19 行使用 了 for of 循环，它会循环执行 set 集合中的每个箭头函数。箭头函数作为 Function 类型在 set 中存在。

但是运行起来没有效果，Console 面板也没有报错。这是为什么呢？

通过调试，发现第 13 行代码：

```
console.log(`posY=${posY}`) // 输出：posY=160（多次输出）
```

输出了多次 posY=160，内容是重复的，为什么 posY 一直是 160，它不应该是从零递增的吗？

在 for 循环内，当第 12 行向 Set 集合添加箭头函数时，posY 的值确实是 0、10、20 等不同

的数字，但是在第 19 行 for of 循环执行时，每个箭头函数中的 posY 已经是这个变量的最终数值 160 了。

问题明确了，如何解决呢？Set 集合中的每个箭头函数都是一个闭包，在这些闭包生成时给它附加一个局部变量就可以解决该问题，修改后的代码如下：

```
1.  <!-- HTML: 第 2 章 \2.4\index.html -->
2.  ...
3.  // 将函数当作变量使用，开始用闭包解决
4.  context.strokeStyle = "whitesmoke"
5.  context.lineWidth = 2
6.  const startX = canvas.width / 2
7.  let posY = 0,
8.      set = new Set()
9.  for (let i = 0; ; i++) {
10.   if (i % 2) continue // 取模操作，逢奇数跳过
11.   posY = i * 10
12.   const y = posY
13.   set.add(() => {
14.     console.log(`posY=${y}`) // 输出：posY=160
15.     drawLine(context, startX, y)
16.   })
17.   if (posY > canvas.height) break
18. }
19. context.beginPath()
20. for (let f of set) f() // 循环元素调用函数，这个位置仍然可以访问文件变量 posY
21. context.stroke()
22. // 独立的绘制直线函数
23. function drawLine(context, x, y) {
24.   context.moveTo(x, y)
25.   context.lineTo(x, y + 10)
26. }
27. ...
```

在上面的代码中，我们要关注以下几点。

- 第 12 行，在 for 循环内部新建了一个局部常量 y，赋值为 posY，此时 y 充当了一个“二传手”角色。
- 第 15 行，将 posY 的值通过临时常量 y 传递给了箭头函数，箭头函数与局部常量 y 组成了一个闭包。
- 第 20 行，在我们没有添加临时常量 y 之前，在这一行访问的是 posY。因为此处 posY 确实可以访问，并且它的值已经恒为 160，这是造成结果异常的原因。而在添加临时常量 y 之后，程序将 y “藏” 进了 Set 集合的元素——箭头函数中，不再是 posY。第 20 行箭头函数执行时，不会再到父作用域访问 posY，每个箭头函数都有自己的闭包，每个闭包里面都有了一个不同的临时常量 y，所以效果就正常了。

运行效果正常，与本课前面正常效果相同。

感到神奇吗？仅是添加了一个看似无用的临时局部常量 y，就使原来没有效果的代码恢复正常了。

思考与练习 2-22：如果将本节的示例代码修改为以下形式：

```
1.  context.strokeStyle = "whitesmoke"
2.  context.lineWidth = 2
3.  const startX = canvas.width / 2
4.  let posY = 0,
5.  set = new Set()
6.  for (let i = 0; ; i++) {
7.  if (i % 2) continue // 取模操作，逢奇数跳过
8.   posY = i * 10
9.   // let y = posY
10.  set.add(() => {
11.    let y = posY
12.    console.log(`posY=${y}`) // 输出：posY=160
13.    drawLine(context, startX, y)
14.  })
15.  if (posY > canvas.height) break
16. }
17. context.beginPath()
18. for (let f of set) f() // 循环元素调用函数，这个位置仍然可以访问文件变量posY
19. context.stroke()
20. // 独立的绘制直线函数
21. function drawLine(context, x, y) {
22.  context.moveTo(x, y)
23.  context.lineTo(x, y + 10)
24. }
```

仅是调整一行代码，即将第 9 行的 let y = posY 移动到箭头函数内（第 11 行），运行效果还会正常吗？

拓展：如何理解 JS 的作用域链与闭包

JS 语言最重要的概念有 4 个，作用域和闭包是其中两种，接下来结合本课的实战代码重点看一下这两个概念。

1. 理解作用域链

JS 作用域是可以嵌套的，从而形成一个作用域链条。变量可以沿着作用域链向上追溯，即子作用域可以访问父作用域，继而向上还可以访问祖作用域，直到全局作用域为止。

看一看下面代码中有几层作用域：

```
1.  let posY = 0,
2.    set = new Set()
3.  for (let i = 0; ; i++) {
4.    if (i % 2) continue
5.    posY = i * 5
6.    let y = posY // y是一个局部变量
7.    set.add(() => {
8.      drawLine(context, startX, y)
9.    })
10.   if (posY > canvas.height) break
11. }
```

可以看出，从内向外共有 4 层作用域。

- 第 7 行至第 9 行，Set 集合的元素——箭头函数自成一个函数作用域。
- 第 3 行至第 9 行，局部变量 i、y 所在的作用域是 for 循环的区块作用域。
- 第 1 行至第 11 行，变量 posY、set 所在的作用域是文件作用域。
- 最后还有一个无处不在的全局作用域。

在箭头函数中，常量 context 会沿着作用域链经过 3 次查找：函数作用域→区块作用域→文件作用域。

2. 理解闭包

什么是闭包？闭包等于一个函数加上本来不属于这个函数，但这个函数又能调用的变量或常量。如果一个函数可以访问另一个作用域中的变量，那么它可能就是一个闭包。因为 JS 函数可以返回函数，所以创建闭包最常用的方式就是在一个函数内部创建并返回另一个函数。闭包是函数和相关变量延期执行的一种常用方式。来看一下示例：

```
1.  <!-- HTML: disc\第 2 章\2.4\2.4.8_3\index.html -->
2.  // 将函数当作变量使用
3.  context.strokeStyle = "whitesmoke"
4.  context.lineWidth = 2
5.  const startX = canvas.width / 2
6.  let posY = 0,
7.      set = new Set()
8.  for (let i = 0; ; i++) {
9.    if (i % 2) continue // 取模操作，逢奇数跳过
10.   posY = i * 10
11.   const y = posY
12.   set.add(() => {
13.     drawLine(context, startX, y)
14.   })
15.   if (posY > canvas.height) break
16. }
17. context.beginPath()
18. for (let f of set) f() // 在这里延后执行了
```

在上面的代码中，Set 集合的元素（第 12 行至第 14 行）就是闭包，它们携带了 for 循环区块作用域内的局部常量 y（第 11 行），稍后在 for 循环外，即第 18 行完成了延期执行。

使用闭包时要特别留意包外变量，对闭包来讲，要确定引用的变量在函数执行之前是不是唯一的。举个例子：

```
1.  function count() {
2.    let arr = [];
3.    for (var i = 1; i <= 3; i++) {
4.      arr.push(() => {
5.        return i * i
6.      })
7.    }
8.    return arr
9.  }
```

```
10. let funcs = count(),
11.   f1 = funcs[0],
12.   f2 = funcs[1],
13.   f3 = funcs[2]
14. console.log(f1()) // 输出: 16
15. console.log(f2()) // 输出: 16
16. console.log(f3()) // 输出: 16
```

第14行至第16行的输出全部是16，这是为什么呢？

- 第10行调用count方法返回的是一个数组，这个数组里面装了3个箭头函数。
- 第14行至第16行分别执行的3个函数，这3个函数对应的实际代码在第5行。
- 当箭头函数内的第5行代码被执行时，这时的变量i在箭头函数内是不存在的，必须向上找，在for循环作用域内找到了吗？找到了！但是i并不属于for循环作用域，因为它是由var关键字声明的，变量i与数组arr同属于count函数的函数作用域。在count函数内，对于数组arr中的每个元素，第5行相关的变量i只有一个，对每个元素来讲，该变量i并不是唯一的、不同的。

如果想让上面的代码正常运行，只需更改一个关键字：

```
1.  function count() {
2.    let arr = [];
3.    for (let i = 1; i <= 3; i++) {
4.      arr.push(() => {
5.        return i * i
6.      })
7.    }
8.    return arr
9.  }
10. let funcs = count(),
11.   f1 = funcs[0],
12.   f2 = funcs[1],
13.   f3 = funcs[2]
14. console.log(f1()) // 输出: 1
15. console.log(f2()) // 输出: 4
16. console.log(f3()) // 输出: 9
```

看出哪里修改了吗？只有第3行将原来的var改成了let。

为什么这次输出是1、4、9呢？因为这一次变量i仅存在于for循环内部，arr数组的每个闭包元素都匹配了唯一的i变量值。

初学者在使用闭包时，把握两条规则可以少犯错误。

- 能使用const的地方，就不要使用let。
- 任何情况下都可以使用let代替var。

拓展：如何使用集合对象Map与Set

看一下以下这段实战中出现过的代码：

```
1.  let posY = 0,
2.    set = new Set()
3.  for (let i = 0; ; i++) {
4.    ...
5.    set.add(() => {
6.      ...
7.    })
8.    ...
9.  }
```

其中Set是一个集合对象，第2行创建了一个Set变量，第5行添加了Set元素。除了Array之外，JS还有两个集合对象：Map与Set。

1. 如何使用Set

Set是一组key的集合，不存储value，只存储key，并且key不能重复。

要创建一个Set，可以提供一个Array参数，或者直接使用new关键字创建一个空Set：

```
1.  let s = new Set() // 空Set
2.  let s = new Set([1, 2, 3]) // 含1, 2, 3
```

重复元素在Set中会被自动过滤掉：

```
1.  let s = new Set([1, 2, 3, 3, '3'])
2.  console.log(s) // 输出：Set(4) {1, 2, 3, '3'}
```

数字3和字符串'3'是不同的元素，因为它们的类型不同。

通过add(key)方法可以添加元素到Set中，也可以重复添加，但重复添加没有效果：

```
1.  let s = new Set([1, 2, 3])
2.  s.add(4)
3.  console.log(s) // 输出：Set(4) {1, 2, 3, 4}
4.  s.add(4)
5.  console.log(s) // 输出：Set(4) {1, 2, 3, 4}
```

通过delete(key)方法可以删除元素：

```
1.  let s = new Set([1, 2, 3]);
2.  console.log(s) // 输出：Set(3) {1, 2, 3}
3.  s.delete(3)
4.  console.log(s) // 输出：Set {1, 2}
```

2. 如何使用Map

Map是ES6内置的一组键值对数据结构。Map优势在于具有相对较快的查询速度。

初始化Map需要一个二维数组，或者直接初始化一个空Map，例如：

```
1.  let m = new Map([['bj', 80], ['sh', 70], ['gz', 60]])
2.  let m = new Map() // 空Map
```

Map具有set（设置新值）、has（判断是否存在）、get（查询）、delete（删除）等操作方法：

```
1.  const m = new Map()
```

```
2.  m.set('za', 60) // 添加新的键值对
3.  m.set('za', 70) // 添加键值，60 被覆盖
4.  m.has('za') // 查询，输出 true
5.  m.get('za') // 读取，得到 60
6.  m.delete('za') // 删除 key 'za'
7.  m.get('za') // 再读取，得到 undefined
```

一个 key 只能对应一个 value，多次对一个 key 设置 value，后面的值会把前面的值覆盖掉。

3. 如何使用 for of 遍历 Set 和 Map

以下代码使用了 ES6 新增的 for of 循环：

```
for(let f of set) f()
```

遍历 Array 可以采用下标循环，遍历 Map 和 Set 就无法使用下标。为了统一遍历集合类型，ES6 引入了新的可迭代对象概念 iterable，Array、Map 和 Set 都属于 iterable 类型，所有 iterable 类型的集合都可以通过 for of 遍历。

在 Set 中应用 for of 循环时，循环元素是 key 本身，像上面代码中的 f，即 Set 集合中的 key。

在 Map 中应用 for of 循环时，循环元素是一个键值对数组，例如：

```
1.  const m = new Map([["bj", 80], ["sh", 70], ["gz", 60]])
2.  for (let arr of m) {
3.    console.log(arr)
4.  }
5.  // 输出：
6.  ["bj", 80]
7.  ["sh", 70]
8.  ["gz", 60]
```

如果想直接循环 Map 的键值对，可以同时使用 ES6 新语法析构赋值，例如：

```
1.  const m = new Map([["bj", 80], ["sh", 70], ["gz", 60]])
2.  for (let [k,v] of m) {
3.    console.log(k, v)
4.  }
5.  // 输出：
6.  bj 80
7.  sh 70
8.  gz 60
```

在上述的代码中，第 2 行的 k、v 是从 m 元素中析构出来的变量。在 ES6 中，允许等号左边以一组数组形式出现的变量，从数组中提取元素，这称之为数组的析构赋值。

如果不想取 k，只想取 v，还可以这样操作：

```
for (let [,v] of m) {...}
```

只取 v，不取 k，与此类似，不再赘述。

本课小结

本课源码参见：disc/ 第 2 章 /2.4。

这节课主要实现了对分界线的绘制，我们在绘制实践中练习了 JS 语言的逻辑控制语句，学习了函数、闭包和作用域链等相关概念，这些都是 JS 语言的基础概念，特别是闭包与作用域链，必须多加练习，将它们彻底搞明白。

这一章我们完成了小游戏 UI 界面的构建，并在构建过程中学习了 Canvas API 及 JS 语法。初学者如果对本章内容感到学习困难，可以将本章所涉及的代码多练习几遍。

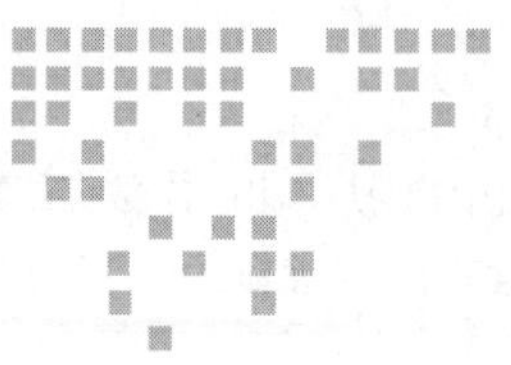

Chapter 3 第 3 章

编写一个简单的 HTML5 小游戏：完成交互功能

本章将为 HTML5 小游戏添加动画、事件监听、单击音效及背景音乐播放等功能，在实战中进一步学习 JS 语法和 Canvas API。

完成本章学习后，HTML5 小游戏的基本功能将全部完成。

第 7 课　实现动画：让小球动起来

第 6 课我们绘制了分界线，这节课将实现动画，让小球动起来。

在 JS 语言中，有两个定时器方法：一个是 setInterval，另一个是 setTimeout，下面来看看如何使用这两个定时器方法让小球动起来。

使用定时器实现动画

游戏中的小球需要在画布中不停地运动，并且它会在运动中与四周的墙壁碰撞反弹。

我们知道，所谓动画就是视图内容不停地擦除与重绘，这个过程可以在定时器函数中实现。下面先了解一下 JS 定时器的创建方法。

setInterval 以指定毫秒数为间隔，不停地执行回调函数，其调用语法为：

```
let timerId = setInterval(func, delay, [arg1, arg2, ...])
```

setInterval 返回一个定时器 ID（timerId），这个定时器 ID 可以用作 clearInterval 方法的参数，而 clearInterval 用于停止定时器。

setTimeout 在延时指定的毫秒数后执行回调函数，且仅执行一次，其调用语法为：

```
let timerId = scope.setTimeout(func[, delay, arg1, arg2, ...])
```

setTimeout 同样会返回一个定时器 ID（timerId），这个返回值可以用作 clearTimeout 方法的参数，用于停止定时器触发（如果尚未触发）。

两个定时器方法的参数是类似的，第 1 个参数（func）可以是匿名函数，也可以是命名函数；第 2 个参数（delay）是一个数字，单位是 ms；从第 3 个参数起，后面的参数是一个整体，在第一个参数作为函数被调用时，作为实参列表传递给该函数。

下面用一个表格对比一下这两个定时器，如表 3-1 所示。

表 3-1　定时器方法对比图

创建方法	执行次数	参数 / 返回值	清理方法
setInterval	按间隔执行 *N* 次	参数：函数、毫秒数 返回值：定时器 ID	clearInterval
setTimeout	执行一次	同上	clearTimeout

球的运动可以通过使用 setInterval 定时器来实现。所谓运行，仅是球的位置随着时间在变化，下面将以第 6 课的源码作为基础来进行修改，删除不必要的注释及已经注释掉的无用代码，将其复制到第 3 章 /3.1 目录下，修改后的代码如下：

```
1.  <!-- HTML: disc\第 3 章\3.1\3.1.1\index.html -->
2.  // 使用定时器让球动起来
3.  let ballPos = { x: canvas.width / 2, y: canvas.height / 2 } // 球的起始位置是画布中心
4.  setInterval(function () { // 此为匿名函数
5.    ballPos.x += 2 // 赋值运算符操作
6.    ballPos.y += 1
7.    context.fillStyle = "white"
8.    context.beginPath()
9.    context.arc(ballPos.x, ballPos.y, radius, 0, 2 * Math.PI)
10.   context.fill()
11. }, 500)
```

在上面的代码中：

- 第 4 行使用 setInterval 方法创建了一个定时器，第 11 行传递 500 作为参数，代表每 500ms JS 主线程将执行一遍第 5 行至第 10 行的回调代码。
- 第 5 行和第 6 行，每次定时器触发，更新一次小球的位置，然后在第 9 行重绘小球。

运行效果如图 3-1 所示。

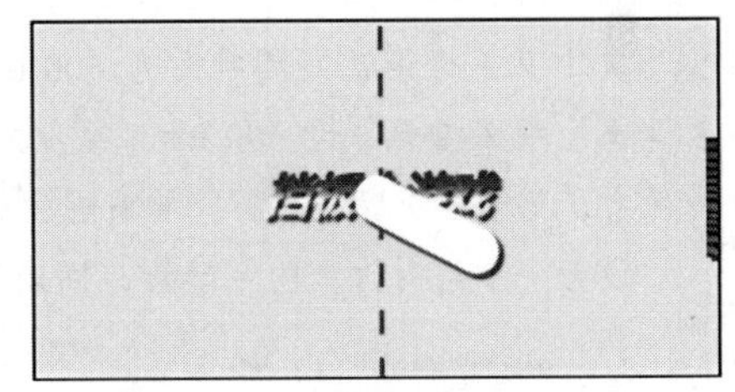

图 3-1　使用定时器绘制小球

可能有读者看到图 3-1 会疑惑，为什么是一条线？不应该是小球在运动吗？

这是因为没有清屏，从而绘出了小球的运动轨迹。

拓展：如何理解 JS 的异步执行机制

对于下面这段实战代码：

```
1.  setInterval(function () { // 此为匿名函数
2.    ballPos.x += 2
3.    ballPos.y += 1
4.    context.fillStyle = "white"
5.    context.beginPath()
6.    context.arc(ballPos.x, ballPos.y, radius, 0, 2 * Math.PI)
7.    context.fill()
8.  }, 500)
```

第 2 行至第 7 行，匿名函数的函数体都是异步代码。setInterval 是定时器方法。定时器是宿主环境定义和提供的，并不是 JS 语言本身定义的。

如何理解某个对象或方法是不是语言本身定义的呢？看它定义在哪里。像 setInterval、setTimeout 在浏览器环境中都是定义在全局对象 window 上的。

JS 是单线程的，同一时间只能执行一个任务，同步任务在主线程中会依次执行。在主线程上发起的异步操作会交给另外一个看不见的异步线程执行和管理，这样就不会阻塞主线程的执行。例如在本课上一个示例中，第 4 行代码执行后，主线程会立即向下执行第 11 行以后的代码，它不会执行第 5 行至第 10 行代码，这些代码是异步代码。

当主线程空闲的时候（例如每个帧渲染周期的空隙），它会去异步线程那里询问，有没有可被执行的异步代码。如果某个异步操作（例如 Ajax 网络请求的回调函数，或者某个定时器的回调函数）可以执行了，便会被放到主线程队列中排队执行。

定时器是一种异步任务。在浏览器宿主环境中有一个独立的定时器模块，定时器的延时时间是由定时器模块管理的，如果某个定时器时间到了，它的回调函数就会被加入主线程执行队列中。

思考与练习 3-1：定时器的时间是不能相信的，再看一下本课上一个示例中的代码：

```
1.  // 使用定时器让球动起来
2.  let ballPos = { x: canvas.width / 2, y: canvas.height / 2 } // 球的起始位置是画
    布中心
3.  setInterval(function () { // 此为匿名函数
4.    ...
5.  }, 500)
```

其中第 5 行设置间隔时间为 500 ms，JS 主线程并不能保证严格按照 500 ms 的间隔执行。该设置的意义在于每过 500 ms，异步线程会尝试将该定时器的回调函数代码推入主线程的执行队列中，至于什么时候执行，要看在主线程的列队中前面还有多少代码在排队。

设置一个延时为 0 的定时器，回调函数会立即执行吗？想一想以下代码的输出是什么：

```
1.  setTimeout(() => {
2.    console.log(1)
3.  }, 0)
4.  console.log(2)
```

这个定时器的间隔时间是 0，代码输出依次是 1、2，还是 2、1 呢？

拓展：了解 13 种复合赋值运算符

在本课开始的示例中有这样两行实战代码：

```
1.  ballPos.x += 2
2.  ballPos.y += 1
```

在上面的代码中，+= 是赋值运算符，ballPos.x += 2 相当于 ballPos.x = ballPos.x + 2。

JS 有 13 种复合赋值运算符，复合赋值运算符等于先运算，再以运算结果赋值，现在我们假设 let x=2，看一看下面各种复合赋值运算的结果。

- 乘法赋值（*=），例如 x *= 2，相当于 x = x * 2，则 x = 4。
- 除法赋值（/=），例如 x /= 2，相当于 x = x / 2，则 x = 1。
- 加法赋值（+=），例如 x += 2，相当于 x = x + 2，则 x = 4。
- 减法赋值（−=），例如 x −= 2，相当于 x = x − 2，则 x = 0。
- 取模赋值（%=），例如 x %= 2，相当于 x = x % 2，则 x = 0。
- 逻辑或赋值（||=），以 x ||= y 为例，仅在 x 为假时赋值为 y。
- 左移赋值（<<=），向左移动指定数量的位并将结果分配给变量，例如 x <<= 2，相当于 x = x << 2，则 x = 8。
- 有符号右移赋值（>>=），向右移动指定数量的位，保留符号不变，并将结果分配给变量，例如 x >>= 2，相当于 x = x >> 2，则 x = 0。
- 无符号右移赋值（>>>=），向右移动指定数量的位，不保留符号，并将结果分配给变量，例如 x >>>= 2，相当于 x = x >>> 2，则 x = 0。如果 x=−2，则经过 x = x >>> 2 操作后 x 等于 1 073 741 823，因为 2 的二进制中有许多 1。
- 按位与赋值（&=），以两个操作数的二进制形式，进行按位与运算并将结果赋值给变量，例如 x &= 2，相当于 x = x & 2，则 x = 2。
- 按位异或赋值（^=），将两个操作数进行按位异或操作并赋值，例如 x ^= 2，相当于 x = x ^ 2，则 x = 4。
- 按位或赋值（|=），以两个操作数的二进制形式，执行按位或运算并将结果赋值给变量，例如 x |= 2，相当于 x = x | 2，则 x =2。
- 幂赋值（**=），这是 ES7 的实验语法，等效于 Math.pow，例如 x **= 3，相当于 Math.pow(2, 3)，则 x = 8。

前 6 种是最常用的复合赋值操作符，即加减乘除赋值、取模赋值及逻辑或赋值。

完成动画的关键：清屏

本课开始的示例之所以绘制出了小球的运动轨迹，是因为在定时器的回调函数中只有绘制，没有擦除。接下来我们改造一下该示例，真正实现小球运动的动画。

在 Canvas API 中，clearRect 方法可以清空画布上给定矩形区域内的像素，其调用语法为：

```
RenderingContext#clearRect(x, y, width, height)
```

在参数中，x、y是清空矩形区域左上角的坐标，width是宽度，height是高度。

现在我们使用clearRect清除画布，修改后的示例代码如下：

```
1.  <!-- HTML: disc\第3章\3.1\3.1.4\index.html -->
2.  ...
3.  // 使用定时器让球动起来
    // 球的起始位置是画布中心
4.  let ballPos = { x: canvas.width / 2, y: canvas.height / 2 }
5.  setInterval(function () {
6.    // 清屏
7.    context.clearRect(0,0,canvas.width,canvas.height) // 清除整张画布
8.    ...
9.  }, 500)
```

上面的代码与之前的基本相同，只在第7行添加了清屏操作，用于清除画布上的所有内容。

运行效果如图3-2所示。

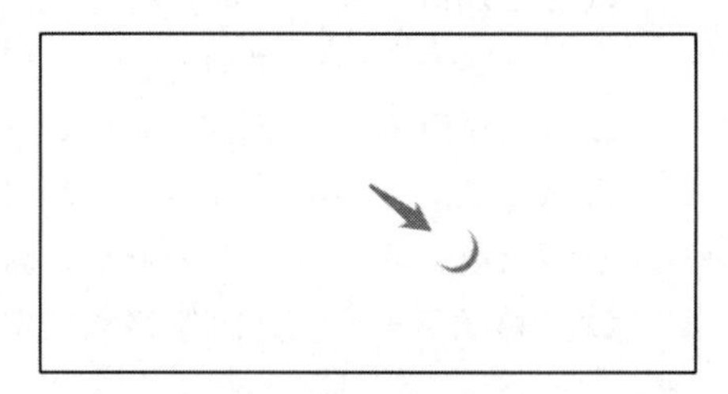

图3-2 只有小球被绘制了

从效果来看，除小球之外的其他内容，包括标题、挡板、分界线、浅色背景等都被清除了。

在实际的动画中，不仅变化的小球需要重绘，其他静止的对象也需要重绘。

我们可以将所有绘制代码（包括标题、挡板、分界线和小球的绘制代码）封装成一个render函数，每次清屏后在定时器的回调中重复执行这个render函数，修改后的代码如代码清单3-1所示。

代码清单3-1 添加render函数

```
1.  <!-- HTML: disc\第3章\3.1\3.1.4_2\index.html -->
2.  ...
3.  // 获取画布及2D渲染上下文对象
4.  const canvas = document.getElementById("canvas")
5.  const context = canvas.getContext("2d")
6.
7.  // 渲染
8.  function render() {
9.    ...
10.
11.   // 通过arc绘制圆
12.   // const radius = 10
13.   // context.fillStyle = "white"
14.   // context.beginPath()
15.   // context.arc(canvas.width / 2, canvas.height / 2, radius, 0, 2 * Math.
      PI)
16.   // context.fill()
17.
18.   // 依据位置绘制小球
19.   const radius = 10
20.   context.fillStyle = "white"
21.   context.beginPath()
22.   context.arc(ballPos.x, ballPos.y, radius, 0, 2 * Math.PI)
```

```
23.   context.fill()
24. }
25.
26. // 使用定时器让球动起来
    // 球的起始位置是画布中心
27. let ballPos = { x: canvas.width / 2, y: canvas.height / 2 }
28. setInterval(function () {
29.   // 清屏
30.   context.clearRect(0, 0, canvas.width, canvas.height) // 清除整张画布
31.   ballPos.x += 2 // 赋值运算符操作
32.   ballPos.y += 1
33.   // context.fillStyle = "white"
34.   // context.beginPath()
35.   // context.arc(ballPos.x, ballPos.y, radius, 0, 2 * Math.PI)
36.   // context.fill()
37.   render()
38. }, 500)
```

上面的代码发生了什么变化呢？我们一起来看一下。

- 第 8 行添加了一个 render 函数，直至第 23 行都是它的代码，这些代码基本都是以前我们实现的代码，执行次序都没有变，只是将它们用一个函数封装了起来。
- 第 19 行至第 23 行，这是绘制小球的代码，原第 33 行至第 36 行静态绘制代码已经不需要了。小球的位置是在第 31 行、第 32 行改变的，因此每次绘制的位置才会不同。
- 第 30 行，每帧都要清屏。第 37 行，每帧都要调用 render 函数。其他代码保持不变。

运行效果如图 3-3 所示。

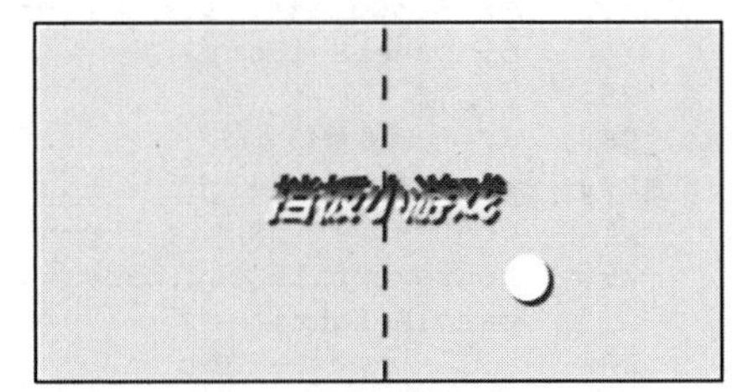

图 3-3　其他元素显示出来了

这次小球的动画轨迹正常了，小球已经开始从中间向右下角移动，不再有重影。

但有一个问题，小球会一直向右下角运动下去，直至出了边界。还有一个问题，右挡板不见了。

挡板为什么不见了呢？下面代码的第 7 行中明明有挡板的绘制代码，挡板的绘制代码也没有改变，为什么原来可以，现在不可以了呢？

```
1.  // 使用材质填充对象绘制右挡板
2.  const panelHeight = 50
3.  const img = document.getElementById("mood")
4.  img.onload = function () {
5.    const pat = context.createPattern(img, "no-repeat")
6.    context.fillStyle = pat
7.    context.fillRect(canvas.width - 5, (canvas.height - panelHeight) / 2, 5,
      panelHeight)
8.  }
```

查看一下浏览器的 Console 面板，此时也没有报错。问题出在哪里呢？

原因在于我们以 500ms 的间隔执行 render 函数，这个时间太短，不足以让 img 的 onload 回调函数（第 4 行）在每帧都得到执行。

怎么解决呢？事实上材质填充对象在第一次加载后就不需要重复加载了，我们只需要设置一次填充样式即可，可以尝试修改示例代码，如代码清单 3-2 所示。

代码清单 3-2 单独加载填充材质

```
1.  <!-- HTML: disc\第3章\3.1\3.1.4_3\index.html -->
2.  ...
3.  // 获取画布及2D渲染上下文对象
4.  const canvas = document.getElementById("canvas")
5.  const context = canvas.getContext("2d")
6.
7.  // 加载材质填充对象
8.  let panelPattern = "white" // 挡板材质填充对象，默认为白色
9.  const panelHeight = 50
10. const img = document.getElementById("mood")
11. img.onload = function () {
12.   panelPattern = context.createPattern(img, "no-repeat")
13. }
14.
15. // 渲染
16. function render() {
17.   ...
18.   // 使用材质填充对象绘制右挡板
19.   // const panelHeight = 50
20.   // const img = document.getElementById("mood")
21.   // img.onload = function () {
22.   //   const pat = context.createPattern(img, "no-repeat")
23.   //   context.fillStyle = pat
24.   //   context.fillRect(canvas.width - 5, (canvas.height - panelHeight) / 2,
      5, panelHeight)
25.   // }
26.   // 绘制右挡板
27.   const panelHeight = 50
28.   context.fillStyle = panelPattern
29.   context.fillRect(canvas.width - 5, (canvas.height - panelHeight) / 2, 5,
      panelHeight)
30.   ...
31. }
```

上面的代码发生了什么呢？

- 第 7 行至第 13 行是新增的代码，第 8 行定义了一个 panelPattern 变量，它代表挡板材质填充对象。得益于 JS 的动态性，我们可以在木质图像加载之前，让这个变量先有一个 white 的默认值。
- 第 18 行至第 25 行代码可以注释掉了，我们只需要在第 28 行将渲染上下文对象的填充样式设置为 panelPattern，并在第 29 行进行挡板绘制就可以了。

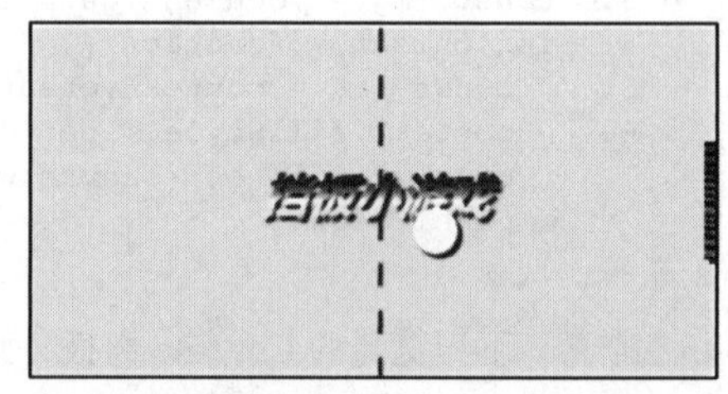

图 3-4 挡板也显示了

这次运行效果正常了，如图 3-4 所示。

如何实现小球与屏幕的碰撞检测

不绘制挡板的问题现在解决了。还有一个问题，如果小球跑到了画布外，看不到了，怎么办？

1. 实现碰撞检测

我们可以将画布四周边界看作墙壁，当小球触达四周边界时，让其反弹。反弹涉及的变化是速度方向。当球触及顶边或底边时，x 轴方向速度不变，y 轴方向速度取反；依此类推，当触及左右边界时，是在边界垂直的方向改变运动方向。

为了更好地处理小球的速度及方向，我们将两个方向的速度分别定义为变量 speedX、speedY，修改后的代码如代码清单 3-3 所示。

代码清单 3-3　为小球添加速度

```
1.  <!-- HTML: disc\第3章\3.1\3.1.5\index.html -->
2.  ...
3.  // 使用定时器让球动起来
4.  let ballPos = { x: canvas.width / 2, y: canvas.height / 2 } // 球的起始位置是画
    布中心
5.  let speedX = 8
6.  let speedY = 4
7.
8.  // 小球与墙壁四周的碰撞检查
9.  function testHitWall() {
10.   if (ballPos.x > canvas.width) {// 触达右边界
11.     speedX = -speedX
12.   } else if (ballPos.x < 0) {// 触达左边界
13.     speedX = -speedX
14.   }
15.   if (ballPos.y > canvas.height) {// 触达右边界
16.     speedY = -speedY
17.   } else if (ballPos.y < 0) {// 触达左边界
18.     speedY = -speedY
19.   }
20. }
21.
22. setInterval(function () {
23.   // 清屏
24.   context.clearRect(0, 0, canvas.width, canvas.height) // 清除整张画布
25.   // ballPos.x += 2 // 赋值运算符操作
26.   // ballPos.y += 1
27.   testHitWall()
28.   ballPos.x += speedX // 计算小球新位置
29.   ballPos.y += speedY
30.   render()
31. }, 500)
```

上面的代码发生了什么变化呢？

- 第 5 行、第 6 行是我们新声明的两个变量 speedX、speedY。
- 第 9 行至第 20 行是新增的 testHitWall 函数，这个函数用于实现小球与四周墙壁的碰撞检

测。在这个函数里，分别检测了小球的中心坐标与画布四周边界的位置关系，当越过边界时，速度变量切换正负号。

- 第 25 行、第 26 行是之前计算小球新位置的代码，注释掉了，替换为第 27 行至第 29 行。第 27 行调用 testHitWall 函数，在每次渲染前先检测一下小球与四周是否发生了碰撞，因为在 testHitWall 函数中有可能改变了小球的运动速度，所以这行代码一定要放在第 28 行、第 29 行代码的前面。
- 第 28 行、第 29 行是计算小球新位置的代码，这两行代码属于数据运算，要放在渲染之前，即第 30 行 render 函数调用之前。

运行效果如图 3-5 所示。

图 3-5 小球可以反弹了

小球将在画布内无休止地运动下去，不会再越出画布边界。

但是仔细看一下，小球的运动效果很不细腻：一是运动中显得有些卡顿不流畅；二是在触达边界时小球会短暂“陷入”墙壁中，这两个问题稍后会优化。

2. 优化碰撞检测效果

我们先看第二个问题，每次小球在碰到边界时，有半个球几乎都会“陷入”墙壁中。

这是由于碰撞检测的坐标是以小球的圆心为准的，如果以圆弧边界进行检测，或者将画布的四周边界值都减少一个小球半径的宽度，问题应该就会解决。我们尝试修改代码，具体如代码清单 3-4 所示。

代码清单 3-4 优化小球的碰撞检测

```
1.  <!-- HTML: disc\第 3 章\3.1\3.1.5_2\index.html -->
2.  ...
3.  // 获取画布及 2D 渲染上下文对象
4.  const canvas = document.getElementById("canvas")
5.  const context = canvas.getContext("2d")
6.  const radius = 10 // 小球半径，提升为文件常量
7.  ...
8.  // 渲染
9.  function render() {
10.   ...
11.   // 依据位置绘制小球
12.   // const radius = 10
13.   context.fillStyle = "white"
14.   context.beginPath()
15.   context.arc(ballPos.x, ballPos.y, radius, 0, 2 * Math.PI)
16.   context.fill()
17. }
18. ...
19. // 小球与墙壁的四周碰撞检查，优化版本
20. function testHitWall() {
21.   if (ballPos.x > canvas.width - radius) {// 触达右边界
22.     speedX = -speedX
```

```
23.   } else if (ballPos.x < radius) {// 触达左边界
24.     speedX = -speedX
25.   }
26.   if (ballPos.y > canvas.height - radius) {// 触达右边界
27.     speedY = -speedY
28.   } else if (ballPos.y < radius) {// 触达左边界
29.     speedY = -speedY
30.   }
31. }
32. ...
```

代码主要有两处变化。

- 第6行，将原小球半径常量radius移到了顶部，这个常量原来位于render函数内部第12行。移到顶部后，radius的作用域由函数作用域上升为文件作用域，这样在其他函数内（例如testHitWall）也可以访问了。
- 第21行、第23行、第26行和第28行，在testHitWall函数内部一共有这4行代码修改了用于碰撞检测的临界值，四周边界的临界值均减小了一个小球半径大小。

但是运行之后我们发现，这个效果仍然不是特别理想，小球仍然会有嵌入墙壁的现象，只是嵌入得没有原来那么多。

这是小球的运动步伐过大造成的，还没有检测到碰撞，就已经跨到墙外了。

思考与练习3-2：目前定时器间隔是500 ms，如果修改为3 ms，同时将运动速度改小，采用如下代码，小球的卡顿现象会不会有所改善呢？

```
1.  let speedX = 2
2.  let speedY = 1
3.  ...
4.  setInterval(function () {
5.    ...
6.  }, 3)
```

拓展：复习使用if else if语句

来看一下如下实战代码：

```
1.  if (ballPos.x > canvas.width - radius) { // 触达右边界
2.    speedX = -speedX
3.  } else if (ballPos.x < radius) { // 触达左边界
4.    speedX = -speedX
5.  }
```

这是一个if else if语句，在第5行后面没有else代码，这在语法上是允许的。

如果分支足够多，可以有许多个else if存在。一般将出现概率最高的条件分支放在最上面，这样可以减少条件检查的次数。示例如下：

```
1.  if (i < 10) {
```

```
2.    // 执行第 1 段代码
3.  } else if (i >= 10 && i < 30) {
4.    // 执行第 2 段代码
5.  } else {
6.    // 执行第 3 段代码，i >= 30 的情况
7.  }
```

只有在 i 值经常小于 10 的时候是最优的。如果 i 值经常大于或等于 30 的话，那么在进入正确的分支之前，就必须先经过两次条件判断，这就不划算了。if 语句在安排条件分支时，应该总是按照从最大概率到最小概率排列。

有时候在一个函数中会遇到多种非正常的情况，需要中止函数的执行，这时候可以考虑使用 if + return 语句，先判断最有可能出现的错误情况，如果有错误，立即通过 return 返回。

对于 3 种以上的 if 分支，一般建议使用 switch 语句改写。例如这段代码：

```
1.  let i = 20
2.  if (i < 10) {
3.    // 执行第 1 段代码
4.  } else if (i >= 10 && i < 30) {
5.    // 执行第 2 段代码
6.  } else {
7.    // 执行第 3 段代码
8.  }
```

可以使用 switch 语句改写为：

```
1.  let i = 20
2.  switch (true) {
3.    case (i < 10):
4.      // 第 1 段代码
5.      break
6.    case (i >= 10 && i < 30):
7.      // 第 2 段代码
8.      break
9.    default:
10.   // 第 3 段代码
11. }
```

使用 switch 语句处理多个条件分支，代码更加清晰。注意，在 JS 的 switch 语句中，每个 case 分支需要使用 break 关键字显式退出。这一点与 Go 语言不同，Go 语言的 switch 语句不需要显式使用 break 关键字退出分支。

使用 requestAnimationFrame 改进动画流畅度

目前小球的运动还存在两个问题。

- ❑ 运动过程中稍显卡顿，不流畅。
- ❑ 碰到四周墙壁时，有些许“陷入”现象。

那么有什么办法改进吗？

以前，在浏览器中的 HTML 页面动画中，通常会使用定时器实现动画，但动画效果不理

想。后来在 HTML5 页面开发中，浏览器提供了一个 requestAnimationFrame 函数，这个函数可以要求宿主环境在下一次重绘视图之前执行某个回调函数，它对改善动画卡顿有明显效果。其调用语法如下：

```
let requestId = window.requestAnimationFrame(callback)
```

callback 是指定的回调函数，返回的 requestId 是为调用 cancelAnimationFrame 函数准备的，cancelAnimationFrame 方法用于取消 requestAnimationFrame 开启的回调。

下面我们使用 requestAnimationFrame 代替 setInterval，修改后如代码清单 3-5 所示。

代码清单 3-5　改善动画性能

```
1.  <!-- HTML: disc\第3章\3.1\3.1.7\index.html -->
2.  ...
3.  // 用定时器实现重绘
4.  // setInterval(function () {
5.  //   context.clearRect(0, 0, canvas.width, canvas.height)
6.  //   testHitWall()
7.  //   ballPos.x += speedX
8.  //   ballPos.y += speedY
9.  //   render()
10. // }, 500)
11. // 运行
12. function run() {
13.   // 清屏
14.   context.clearRect(0, 0, canvas.width, canvas.height) // 清除整张画布
15.   testHitWall()
16.   ballPos.x += speedX
17.   ballPos.y += speedY
18.   render()
19.   requestAnimationFrame(run) // 循环执行
20. }
21. run()
```

本次代码改动了两个地方。

- 去掉了原 setInterval 定时器及其回调代码（第 4 行至第 10 行）。
- 将原定时器内的回调代码，以新函数 run 重新包装了（第 12 行至第 20 行）。

第一次 run 函数的启动是在第 21 行触发的，以后都是在第 19 行由 requestAnimationFrame 触发的。requestAnimationFrame 函数仅能触发一次回调，如果要实现帧动画，必须连接调用。

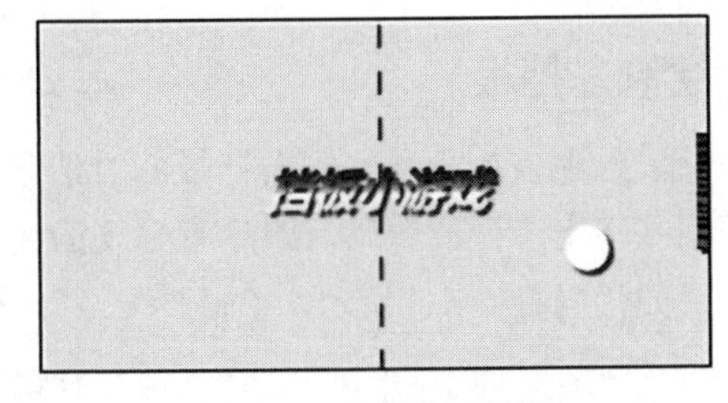

图 3-6　改善动画性能

运行效果如图 3-6 所示。

仍然是相同的运动速度（speedX 与 speedY），上述代码仅是修改了实现动画的实现机制，使绘制频率提高了，现在小球运动得非常快，动画也很流畅。为了测试方便，现在必须将小球的运动速度调低，按如下所示修改代码：

```
1.  <!-- HTML: disc\ 第 3 章 \3.1\3.1.7_2\index.html -->
2.    ...
3.  // let speedX = 8
4.  // let speedY = 4
5.  let speedX = 2
6.  let speedY = 1
```

原来 speedX、speedY 的值是 8、4，现在改成 2、1。根据观察，现在小球的运动已相当平滑了，原来陷入墙壁的问题也解决了。无论在 HTML5 开发中，还是在小游戏开发中，相比 setInterval、setTimeout，建议优先使用 requestAnimationFrame 实现动画或屏幕重绘。

思考与练习 3-3（面试题）：requestAnimationFrame 为什么能优化动画性能？

本课小结

本课源码参见：disc/ 第 3 章 /3.1。

这节课主要使用擦除重绘的方法让小球动了起来，并让小球与四壁之间实现了简单的碰撞检测，在实践过程中我们学习了 JS 的定时器、异步执行机制、复合赋值运算符、if else 逻辑控制语句及优化动画性能的 requestAnimationFrame 全局函数。下节课将使用类似的方法，让挡板动起来。

与小球不同，挡板只能在 Y 轴方向上移动，这要怎么实现呢？挡板会部分遮挡四周的墙壁，这时如何检测挡板与小球的碰撞呢？这两个问题留给读者朋友先思考一下。

第 8 课　监听用户事件：让挡板动起来

在第 7 课中，小球的运动是被动的，是由程序控制的，如果我们想让玩家控制游戏元素应该怎么做呢？

这节课我们尝试监听用户事件来实现对挡板的移动。在这个游戏中共有两个挡板：一个是系统自动控制的右挡板；另一个是由玩家控制的左挡板。我们目前只完成了右挡板的绘制，在控制挡板移动之前，先把左挡板绘制出来。

绘制左挡板

绘制左挡板与绘制右挡板的方法是一样的，填充材质也一样，只是一些位置数据不同。我们基于上节课的源码，删除不必要的注释及已经注释掉的代码，尝试绘制左挡板，修改后的代码如代码清单 3-6 所示。

代码清单 3-6　绘制左挡板

```
1.  <!-- HTML: disc\ 第 3 章 \3.2\3.2.1\index.html -->
2.  ...
3.  <body>
4.    <canvas id="canvas">
```

```
5.        您的浏览器不支持 HTML5 Canvas。
6.      </canvas>
7.      <!-- 挡板材质图像 -->
8.      <img id="mood" style="width:100px;visibility: hidden;"
9.        src="https://cdn.jsdelivr.net/gh/rixingyike/images/2021/
          2021090617413320210906174132.png" />
10.     <script src="./index.js" />
11.  </body>
12.
13.  // JS: disc\第3章\3.2\3.2.1\index.js
14.  ...
15.  // 渲染
16.  function render() {
17.    ...
18.    // 绘制右挡板
19.    ...
20.
21.    // 绘制左挡板
22.    context.fillRect(0, (canvas.height - panelHeight) / 2, 5, panelHeight)
23.    ...
24.  }
25.  ...
```

上面的代码发生了什么变化呢？

- 在代码清单中有两个文件，我们将原来位于 index.html 页面中的 script 内嵌代码提取到单独的 index.js 文件中，在 HTML5 页面的第 10 行使用 <script> 标签引入了外部 JS 文件。
- 在新的 index.js 文件中，仅在 render 函数内部绘制右挡板，即在第 22 行添加了一行绘制代码。左右两个挡板仅是 X 坐标的位置不同，绘制代码是类似的。

思考与练习 3-4（面试题）：有哪些技巧可以在 HTML 页面中延迟执行一个 script 文件？

由于 HTML 代码不再变化，变化的只有 JS 代码，因此将 JS 代码从 HTML 中拆离出来。这是开发中常用的一个技巧，将变化的内容与不变的内容分隔开，这样有助于保持代码的稳定。有人可能觉得这叫“动静分离”，因为将静态的 HTML 标记和控制 HTML 标记的动态代码分开了。事实上，这不叫动静分离，动静分离一般指的是服务器端将网站静态资源（HTML、JavaScript、CSS、Image 等文件）与包括动态数据渲染的动态内容分开部署，以提高网站用户访问静态页面的速度。

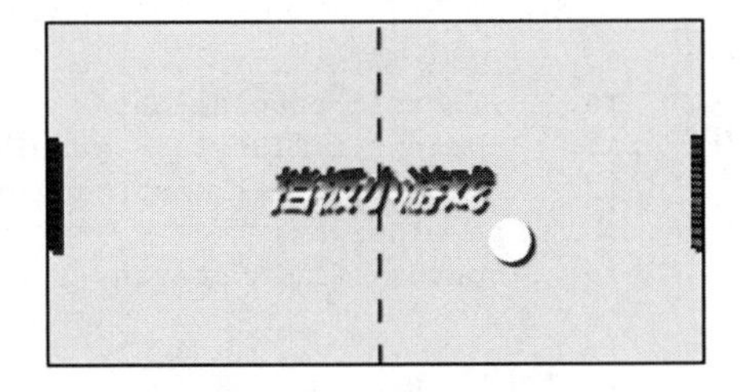

图 3-7　绘制了左挡板

运行效果如图 3-7 所示。

从效果来看，左挡板比右挡板颜色要深一些，这是因为填充材质是相对于整张画布设置的，如果材质图片换成一个 10px 宽的木质图片，并且设置材质填充对象在 X 轴方向重复，两个挡板的填充效果就一样了。

现在，左右挡板都有了，怎么让右挡板自由上下移动呢？

注意：现在有一个影响调试的问题摆在我们面前，我们一直依赖 Live Server 进行自动化测试，现在这个扩展突然不工作了。我们在 JS 文件（index.js）中修改代码后，浏览器中的 HTML 页面不会自动刷新。这是什么原因造成的？

这是因为这个扩展只能监听后缀为 html 的文件吗？还是因为我们的 JS 文件在 HTML 页面中是通过 script 引入的，不在监听的范围之内？

都不是，解决这个问题的方法很简单，只需要给 <script> 标签加上结束标签就可以了，即将 <script src="./index.js" /> 修改为以下形式：

```
1. <!-- HTML: disc\第3章\3.2\3.2.1_2\index.html -->
2. <script src="./index.js" ></script>
```

旧代码是一种自闭合的独立标签写法，这种写法用在诸如
、<img /> 这样的标签上都是合法的，但不可以用在 <script> 标签上。<script> 标签内部允许包含 CDATA 数据，这要求它必须有闭合标签。

使右挡板可以上下自主移动

右挡板是系统挡板，我们在游戏中给它的设计是：在一定范围内上下自主来回移动。

动画就是不断改变数据，然后不停重绘。右挡板上下移动，变化的数据是挡板的起始 Y 坐标。我们可以定义一个右挡板的初始速度，同时设定一个挡板移动范围，当超出这个范围时就让移动速度正负切换一下，即实现反向移动。修改后的代码如代码清单 3-7 所示。

代码清单 3-7 右挡板上下自主移动

```
1. // JS: disc\第3章\3.2\3.2.2\index.js
2. // 获取画布及2D渲染上下文对象
3. ...
4. const panelHeight = 50 // 挡板高度
5. ...
6. // 渲染
7. function render() {
8.   ...
9.   // 绘制右挡板
10.  // const panelHeight = 50
11.  context.fillStyle = panelPattern
12.  // context.fillRect(canvas.width - 5, (canvas.height - panelHeight) / 2, 5,
     panelHeight)
13.  context.fillRect(canvas.width - 5, rightPanelY, 5, panelHeight)
14.  ...
15. }
16. // 右挡板变化数据
17. const rightPanelMoveRange = 20 // 设置右挡板上下移动数值范围
18. let rightPanelY = (canvas.height - panelHeight) / 2 // 起始位置还是居中位置
19. let rightPanelSpeedY = 0.5 // 右挡板Y轴方向的移动速度
20.
21. // 运行
22. function run() {
23.   ...
```

```
24.   // 右挡板运动数据计算
25.   rightPanelY += rightPanelSpeedY
26.   const centerY = (canvas.height - panelHeight) / 2
27.   if (rightPanelY < centerY - rightPanelMoveRange || rightPanelY > centerY +
      rightPanelMoveRange) {
28.     rightPanelSpeedY = -rightPanelSpeedY
29.   }
30.   render()
31.   requestAnimationFrame(run) // 循环执行
32. }
33. run()
```

上面的代码改动共有 4 处。

- 第 4 行，将原来位于 render 函数内部的 panelHeight 常量与函数外部重复定义的 panelHeight 常量移到了文件顶部，便于在 run 函数中使用。
- 第 17 行至第 19 行，增加了 3 个关于右挡板的常量和变量：rightPanelMoveRange 是移动范围，以挡板的起点坐标 Y 为准，上下各允许移动 20px；rightPanelY 是右挡板的坐标 Y 的起始位置，它是动态变化的，新定义的其他数据都是为它服务的；rightPanelSpeedY 是挡板来回移动的速度，正数是向下移动，负数是向上移动。
- 第 13 行，在 render 函数进行右挡板的绘制时，起点 Y 坐标使用了动态变量 rightPanelY。虽然变量 rightPanelY 声明于 render 函数的下方，但在 render 函数中仍然可以使用它。
- 第 25 行至第 29 行，在 run 函数调用 render 函数之前，增加了关于右挡板运动数据的计算。

从现在开始，我们只关注 JS 文件即可，HTML 文件基本不再变化。

运行效果如图 3-8 所示。

右挡板已经开始上下自动移动。

现在对挡板的绘制是通过直接调用渲染上下文对象的 fillRect 方法实现的，这里调用了两次，两处的调用代码很相似，这不是一个好的现象。

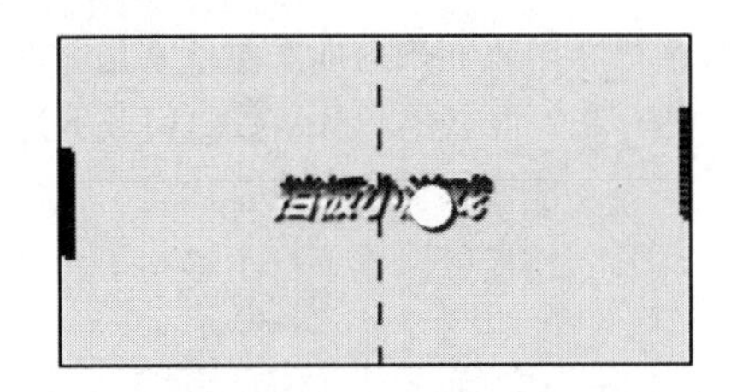

图 3-8　复用函数绘制挡板

改用函数绘制挡板

虽然目前两个挡板的行为不同，但在绘制过程中它们只有起始的坐标不同，其余的部分都是相同的。那么，能不能定义一个函数接收不同的坐标参数，以实现两个挡板的绘制呢？

答案肯定是可以的，修改后的代码如代码清单 3-8 所示。

代码清单 3-8　复用函数绘制左、右挡板

```
1.  // JS: disc\ 第 3 章 \3.2\3.2.3\index.js
2.  ...
3.  // 渲染
4.  function render() {
5.    ...
6.    // 绘制右挡板
```

```
7.     // context.fillStyle = panelPattern
8.     // context.fillRect(canvas.width - 5, rightPanelY, 5, panelHeight)
9.     drawPanel(context, canvas.width - 5, rightPanelY, panelPattern,
       panelHeight)
10.
11.    // 绘制左挡板
12.    // context.fillRect(0, (canvas.height - panelHeight) / 2, 5, panelHeight)
13.    drawPanel(context, 0, (canvas.height - panelHeight) / 2, panelPattern,
       panelHeight)
14.    ...
15. }
16.
17. // 绘制挡板的函数
18. function drawPanel(context, x, y, pat, height) {
19.   context.fillStyle = pat
20.   context.fillRect(x, y, 5, height)
21. }
22. ...
```

在上面的代码中，要注意以下几处变化。

- 第 18 行至第 21 行，我们在 render 函数下方增加了一个 drawPanel 函数。drawPanel 函数专用于绘制挡板，并且它的函数参数是足备的，它的代码也是相对独立的。
- 在 render 函数内部，注释掉了原左、右挡板的直接绘制代码（第 7 行、第 8 行和第 12 行），改为调用 drawPanel 函数完成绘制（第 9 行、第 13 行）。

如果函数作用域与上级的文件作用域或全局作用域有变量或常量重名，那么优先访问的是函数作用域下的局部变量或常量。drawPanel 有 5 个参数，其中 context 在当前文件作用域下虽然存在，但它仍是从函数作用域下访问的。

功能没有变化，只是优化了代码，运行效果与之前是一样的。

右挡板可以上下自主移动了，左挡板又如何实现由用户控制来移动呢？

监听用户输入，使用鼠标（或触摸）事件操控左挡板

用于操控左挡板的事件是鼠标事件或触摸事件取决于测试环境，在微信开发者环境中测试，是鼠标事件；在手机上测试，便是触摸事件。不过，我们并不会因此而需要撰写实现同一个需求的两套代码。

在 HTML5 中，addEventListener 方法用于向指定元素添加事件句柄[1]，新添加的事件句柄不会覆盖已存在的事件句柄，所以我们可以向一个元素添加多个事件句柄，其调用语法如下：

```
element.addEventListener(event, callback, useCapture)
```

参数说明如下。

- event：交互事件类型，如 click、mousedown、mouseover 等都是事件类型。
- callback：事件触发后调用的函数，即事件句柄。

[1] event handler，事件句柄是指事件发生时要进行的代码操作，又称事件处理函数。

- useCapture：一个布尔值，用于标识是否在事件的捕获阶段触发回调，可选，默认值为 false。

回调函数 callback 有一个 MouseEvent 类型的回调参数，具有以下属性。

- screenX：鼠标相对于屏幕的水平位置。
- screenY：鼠标相对于屏幕的垂直位置。
- clientX：鼠标相对于程序窗口的水平位置。
- clientY：鼠标相对于程序窗口的垂直位置。

综上，我们可以使用 addEventListener 监听玩家的鼠标移动事件，在回调函数中获取到 MouseEvent 对象，并利用该对象的 clientY 来实时控制左挡板的坐标 y，然后不断重绘，从而实现对左挡板的移动控制。修改后的代码如代码清单 3-9 所示。

代码清单 3-9　监听鼠标事件

```
1.  // JS: disc\第 3 章\3.2\3.2.4\index.js
2.  ...
3.  // 渲染
4.  function render() {
5.    ...
6.    // 绘制左挡板
7.    // drawPanel(context, 0, (canvas.height - panelHeight) / 2, panelPattern,
      panelHeight)
8.    drawPanel(context, 0, leftPanelY, panelPattern, panelHeight)
9.    ...
10. }
11.
12. // 左挡板变化数据
13. let leftPanelY = { x: canvas.width / 2, y: canvas.height / 2 } // 左挡板的起点
    Y 坐标
14. // 监听鼠标移动事件
15. canvas.addEventListener("mousemove", function (e) {
16.   let y = e.clientY - canvas.getBoundingClientRect().top - panelHeight / 2
17.   if (y > 0 && y < (canvas.height - panelHeight)) { // 溢出检测
18.     leftPanelY = y
19.   }
20. })
21. ...
```

上面的代码发生了什么？

- 左挡板不像右挡板，它没有上下移动范围的限制，即它可以在屏幕内上下划动。第 13 行新增了文件变量 leftPanelY，它是左挡板绘制起点的 Y 坐标。
- 第 15 行至第 20 行使用 addEventListener 方法添加了对 mousemove 事件的监听，在回调函数内，当鼠标移动时改变的是变量 leftPanelY。第 16 行，e 是 MouseEvent 对象，它的 clientY 属性是鼠标相对于浏览器左上角的距离，但我们所求的是到画布左上角的距离，所以直接使用这个 clientY 属性是不正确的。第 16 行，用 Canvas 对象的 getBoundingClientRect 方法返回画布 Canvas 的四边相对浏览器视窗的位置对象——BoundingClientRect 对象，该对象有 6 个属性：top、left、bottom、right、width 和 height。使用 MouseEvent 对

象 e 的 clientY 减去 BoundingClientRect 对象的 top，得到当前鼠标到画布左上角 Y 坐标的距离，这个距离减去挡板高度的 1/2，正是左挡板绘制起点 Y 坐标的值。

- 第 17 行至第 19 行，这是一个溢出检测，限制左挡板只能在画布内移动。
- 第 8 行，在 render 函数内部，最后在绘制左挡板中使用了变量 leftPanelY。

运行效果如图 3-9 所示。

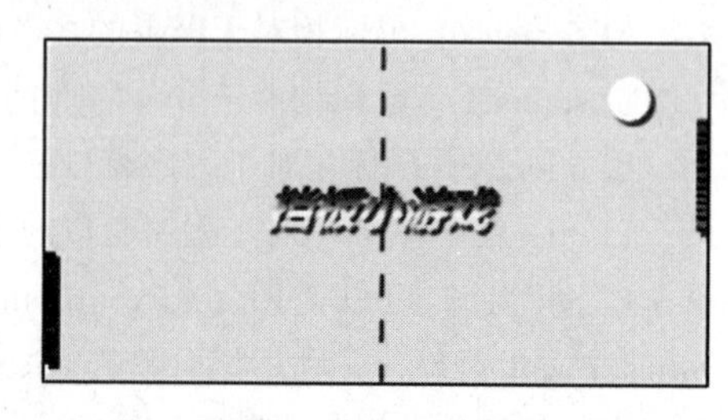

图 3-9 挡板与小球之间的碰撞检测一

左挡板已经可以随鼠标移动了，并且还十分流畅。由于做了溢出检测，因此左挡板并不能移出画布，但细心观察不难发现，小球可以嵌入挡板，挡板与小球目前没有实现碰撞检测。

思考与练习 3-5：在循环中，如果频繁使用的表达式值是定值，则应该把表达式值声明为常量，以减少 CPU 计算。对于以下代码：

```
1.  // JS: disc\ 第 3 章 \3.2\3.2.4\index.js
2.  ...
3.  // 监听鼠标移动事件
4.  canvas.addEventListener("mousemove", function (e) {
5.   let y = e.clientY - canvas.getBoundingClientRect().top - panelHeight / 2
6.   if (y > 0 && y < (canvas.height - panelHeight)) { // 溢出检测
7.     leftPanelY = y
8.   }
9.  })
```

当鼠标在画布上稍有移动时，上述代码就会执行，频率等同于循环。上述代码至少有两处可以使用常量优化，请尝试实践。

实现挡板与球的碰撞检测

挡板是用来挡球的，那么如何实现小球在碰到挡板后返回呢？

我们需要检测小球与挡板是否发生碰撞，以及是与哪个挡板发生碰撞。当小球的左侧或右侧距离挡板边界不足 5px 时（挡板宽度是 5px），检查它的 Y 坐标是否在挡板顶边和底边的 Y 坐标范围内，如果在，则说明发生了碰撞。修改后的代码如代码清单 3-10 所示。

代码清单 3-10 实现碰撞检测

```
1.  // JS: disc\ 第 3 章 \3.2\3.2.5\index.js
2.  ...
3.  // 运行
4.  function run() {
5.    // 清屏
6.    context.clearRect(0, 0, canvas.width, canvas.height) // 清除整张画布
7.    testHitPanel()
8.    ...
9.  }
10. // 挡板碰撞检测
```

```
11. function testHitPanel() {
12.   if (ballPos.x > (canvas.width - radius - 5)) {// 碰撞右挡板
13.     if (ballPos.y > rightPanelY && ballPos.y < (rightPanelY + panelHeight)) {
14.       speedX = -speedX
15.       console.log(" 当! 碰撞了右挡板 ")
16.     }
17.   } else if (ballPos.x < radius + 5) {// 触达左挡板
18.     if (ballPos.y > leftPanelY && ballPos.y < (leftPanelY + panelHeight)) {
19.       speedX = -speedX
20.       console.log(" 当! 碰撞了左挡板 ")
21.     }
22.   }
23. }
```

上面的代码做了什么事呢？

- 第 11 行至第 23 行，新添加了函数 testHitPanel，用于检测小球与挡板的碰撞情况。在该函数中，第 12 行与第 17 行先检测小球的边缘是否触达右、左挡板的边缘，然后检测触点是否位于挡板上下边缘区域内。
- 第 7 行，run 函数在内部调用了 testHitPanel 函数。因为挡板挡在墙壁之前，小球在触达墙壁之前必先触达挡板，所以将 testHitPanel 函数放在了 testHitWall 函数前面。

运行效果如图 3-10 所示。

在 Console 面板可以看到以下输出：

```
当! 碰撞了左挡板
```

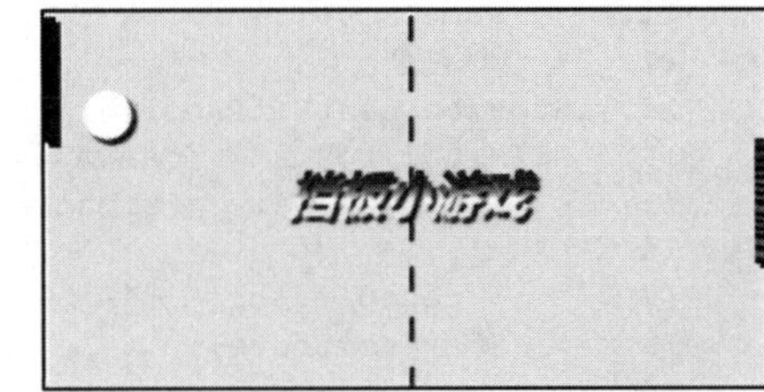

图 3-10　挡板与小球之间的碰撞检测二

拓展：如何使用逻辑运算符

我们来看下面这段实战代码：

```
1.  if (ballPos.y > leftPanelY && ballPos.y < (leftPanelY + panelHeight)) {
2.    ...
3.  }
```

其中第 1 行内的 && 是逻辑与运算符，用于判断左右两边的布尔值是否同时为真。

JS 有 3 种逻辑运算符，以 x = 3, y = 5 为条件举例，3 种逻辑运算符如下。

- && 为逻辑与，符号两边同时为 true 才返回 true，例如 x < 10 && y > 1 返回 true。
- || 为逻辑或，符号两边只要有一边返回 true 即返回 true，例如 x == 5 || y == 5 返回 true。
- ! 为逻辑非，真假转换，例如 !(x == y) 返回 true。

思考与练习 3-6：以下代码的输出是什么，是 true、true（两个 true）吗？

```
1.  let a = 1 && 2
2.  console.log(a)
3.  a = 1 || 2
4.  console.log(a)
```

统计分数

在这个小游戏中，共有两个角色：一个是系统角色，自动控制右挡板；一个是用户（玩家）角色，控制左挡板。不论是哪个角色的挡板接住了小球，都视为得 1 分。现在，我们需要在游戏中分别统计系统角色、用户角色的分数，然后根据分数判定胜负。

现在既然有了挡板碰撞检测，也清楚当前是哪个挡板接住了小球，那么就可以在碰撞发生时让对应角色得分。接下来在示例中给用户、系统分别计分，任何一方到达 3 分，则游戏停止，修改后的代码如代码清单 3-11 所示。

代码清单 3-11 绘制分数文本

```
1. // JS: disc\第3章\3.2\3.2.7\index.js
2. ...
3. // 运行
4. function run() {
5.   ...
6.   // requestAnimationFrame(run) // 循环执行
7.   if (!gameIsOver) requestAnimationFrame(run) // 循环执行
8. }
9. let userScore = 0 // 用户分数
10.   , systemScore = 0 // 系统分数
11.   , gameIsOver = false // 游戏是否结束
12. // 挡板碰撞检测
13. function testHitPanel() {
14.   if (ballPos.x > (canvas.width - radius - 5)) {// 碰撞右挡板
15.     if (ballPos.y > rightPanelY && ballPos.y < (rightPanelY + panelHeight)) {
16.       ...
17.       console.log("当! 碰撞了右挡板")
18.       systemScore++
19.       checkScore()
20.     }
21.   } else if (ballPos.x < radius + 5) {// 触达左挡板
22.     if (ballPos.y > leftPanelY && ballPos.y < (leftPanelY + panelHeight)) {
23.       ...
24.       console.log("当! 碰撞了左挡板")
25.       userScore++
26.       checkScore()
27.     }
28.   }
29. }
30. // 依据分数判断游戏状态是否结束
31. function checkScore() {
32.   if (systemScore >= 3 || userScore >= 1) {// 这是逻辑运算符或运算
33.     gameIsOver = true // 游戏结束
34.     console.log("游戏结束了")
35.   }
36. }
37. run()
```

在上面的代码中，变动有 5 处。

- 第 9 行、第 10 行，新增 userScore、systemScore 变量，数值类型（number），分别代表用户、系统角色的得分，默认为 0。

- 第 11 行，新增 gameIsOver 变量代表游戏结束的状态，布尔类型（Boolean），默认为 false。
- 在挡板碰撞检测函数 testHitPanel 中，分别在第 18 行和第 19 行，第 25 行和第 26 行递增了系统分数和用户分数，并调用了分数检查函数 checkScore。
- 第 31 行至第 36 行新增了函数 checkScore，任何一个角色的分数达到 3，游戏状态（gameIsOver）置为 true。第 32 行，为了测试方便，我们降低对用户角色的要求，用户得 1 分，游戏即结束。
- 第 7 行，在 run 函数中，只有当游戏未结束时，才使用 requestAnimationFrame 重复运行 run 函数，原第 6 行代码被注释掉。

如图 3-11 所示，在用户分数达到 1 分后，停止循环渲染。

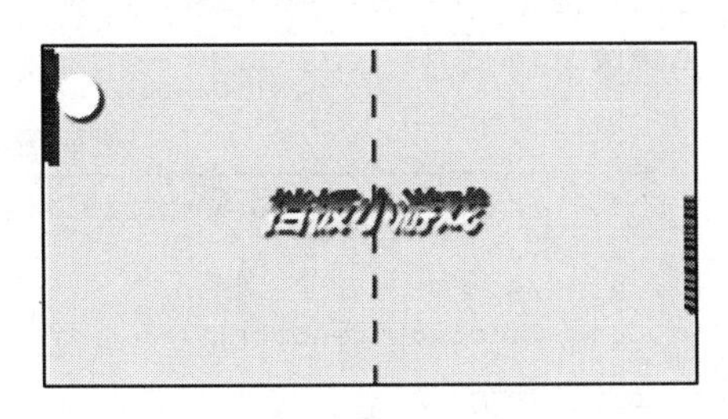

图 3-11 小球粘在挡板上

在游戏停止后，球会粘在挡板上不动，这是正常的状态。但下一步怎么办，用户不知道，这会给用户带来困扰，这也是接下来要优化的地方。

拓展：复习批量声明变量，可以将逗号放在前面

在多行代码中批量声明变量时，用作分隔符的逗号宜放在行首，看下面这段实战代码：

```
1.  let userScore = 0      // 用户分数
2.    , systemScore = 0    // 系统分数
3.    , gameIsOver = false // 游戏是否结束
```

上述代码等同于：

```
1.  let userScore = 0,    // 用户分数
2.    systemScore = 0,    // 系统分数
3.    gameIsOver = false  // 游戏是否结束
```

将逗号写在前面，有利于修改和维护代码。如果要注释第 2 行 systemScore 变量，则在 VSCode 中直接选中这一行并按组合键“Command+/”或“Ctrl+/”就可以了；如果要在第 4 行添加新变量的声明，按相同格式先添加一个逗号，再跟上一个变量即可。在添加和删除代码时，这样能做到尽量不影响或少影响原代码，便于代码维护。

声明键值对对象也是一样的，可以将逗号放在键值对前面，例如：

```
1.  let tech = {
2.    name: "小程序"
3.    // , arg: 4 // 注释掉这行不影响代码执行
4.    , birthday: "0109"
5.  }
6.  console.log(tech) // 输出：{name: "小程序", birthday: "0109"}
```

这样在自定义对象中使用逗号，添加与删除属性都十分方便。

在游戏结束时添加反馈

及时反馈在游戏设计中十分重要，可让用户随时了解当前的游戏状态。现在游戏结束时，球粘在了挡板上，此时能否给用户一条“游戏结束”的提示呢？这样用户至少知道发生了什么。

另外，当有角色得分时，能否在屏幕上有一个得分的展示呢？及时的用户操作反馈，不仅可以降低用户烦躁的可能性，还可以增加游戏的趣味性。

我们尝试在屏幕上及时展示角色得分，并在游戏结束时在屏幕上打印“游戏结束”4个字。之前在画布上绘制过游戏标题，这两个需求可以使用绘制文本的方法完成。修改后的代码如代码清单3-12所示。

代码清单 3-12　添加反馈文本

```
1.  // JS: disc\第3章\3.2\3.2.9\index.js
2.  ...
3.  // 渲染
4.  function render() {
5.    ...
6.    // 绘制角色分数
7.    context.font = "100 12px STHeiti"
8.    context.fillStyle = "lightgray"
9.    context.shadowOffsetX = context.shadowOffsetY = 0
10.   drawText(context, 10, canvas.height - 20, "用户 " + userScore)
11.   const sysScoreText = "系统 " + systemScore
12.   drawText(context, canvas.width - 20 - context.measureText(sysScoreText).
      width, canvas.height - 20, sysScoreText)
13. }
14.
15. // 在指定位置绘制文本
16. function drawText(context, x, y, text) {
17.   context.fillText(text, x, y)
18. }
19. ...
20. // 运行
21. function run() {
22.   ...
23.   // if (!gameIsOver) requestAnimationFrame(run) // 循环执行
24.   if (!gameIsOver) {
25.     requestAnimationFrame(run) // 循环执行
26.   } else {
27.     const txt = "游戏结束"
28.     context.font = "900 26px STHeiti"
29.     context.fillStyle = "black"
30.     context.textBaseline = "middle"
31.     context.clearRect(0, 0, canvas.width, canvas.height)
32.     drawText(context, canvas.width / 2 - context.measureText(txt).width / 2,
        canvas.height / 2, txt)
33.   }
34. }
```

上面的代码主要变动如下。

- 第16行至第18行，新增了文本绘制函数 drawText，以在画布的指定位置绘制文本。因为接下来几处新增的代码都会用到文本绘制，所以将绘制代码提取出来，虽然这个函数的函数体只有一行，看似提取出来变复杂了，但同时我们还增加了对文本绘制代码的控制，以后如果要修改这部分逻辑，只需修改这一个函数就可以了。

- 第 7 行至第 12 行，在 render 函数底部增加了用户、系统分数文本的绘制，并有两处对 drawText 函数的调用。
- 第 27 行至第 32 行，在 run 函数内部，当游戏结束不调用 requestAnimationFrame 时，在屏幕上绘制一个“游戏结束”的提示文本，这里有一处对 drawText 函数的调用。原第 23 行代码已经注释掉。
- 第 12 行和第 32 行，注意，这两行都使用了 measureText 方法测量了在目前字体样式下将要绘制的文本内容所占据的宽度，再根据所得宽度，计算文本绘制的起始坐标 Y 值。
- 第 7 行和第 8 行，第 28 行和第 29 行，因为颜色及填充样式是针对整个画布的渲染上下文对象设置的，而分数文本与“游戏结束”文本又各自需要不同的字体颜色、大小、粗细，所以在这两处进行了分别设置。
- 第 9 行，将阴影效果偏移量设置为 0，代表不需要阴影效果，但在分数文字之前绘制的内容仍然是有阴影效果的。
- 第 30 行，通过 textBaseline 将文本绘制基线设置为了 middle，再加上第 32 行值为 canvas.height/2 的起始绘制点 Y 坐标，这个“游戏结束”文本就能居中了。

运行效果如图 3-12 所示。

因为游戏结束时，在绘制“游戏结束”文本之前进行了清屏，所以现在看到的结束画面非常干净。

但是细心观察会发现，小球有时候会藏在分数文本的后面（或者说是下面），如图 3-13 所示。

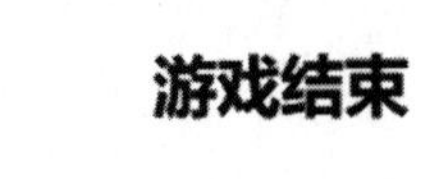

图 3-12　游戏结束文本

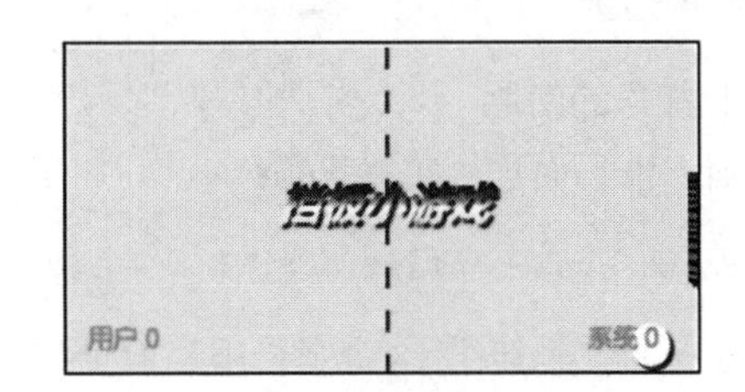

图 3-13　分数盖住了球

这是什么原因造成的呢？

因为在 render 函数内，小球的绘制代码（从第 6 行开始）在分数文本绘制代码（第 8 行）的前面：

```
1.  // JS: disc\ 第 3 章 \3.2\3.2.9\index.js
2.  ...
3.  // 渲染
4.  function render() {
5.    ...
6.    // 依据位置绘制小球
```

```
7.    ...
8.    // 绘制角色分数
9.  }
```

在 Canvas 画布上绘制时，谁的绘制代码在前面，谁就会被绘制在下面。解决这个问题也很简单，只需要将两者调换一下先后位置就可以了：

```
1.  // JS: disc\ 第 3 章 \3.2\3.2.9_2\index.js
2.  ...
3.  // 渲染
4.  function render() {
5.    ...
6.    // 绘制角色分数
7.    ...
8.    // 依据位置绘制小球
9.    context.shadowOffsetY = context.shadowOffsetX = 2
10. }
```

在上述代码中，为了使小球的绘制效果仍然带上阴影，在第 9 行又恢复了阴影偏移量的设置。将一个数值连续在一行代码内赋值给两个属性，这种写法在编程语言中是普遍允许的，之前也用过。

运行效果如图 3-14 所示。

图 3-14 小球在最上面的效果

拓展：加号与模板字符串

操作符加号（+）是开发中非常常见的一个操作符，它不仅可以用于四则运算，还可以用于字符串的连接。

1. 加号的使用

看一下下面这行实战代码：

```
const sysScoreText = " 系统 " + systemScore
```

这是将“系统 ”这个字符串字面量与 systemScore 这个数字变量通过加号组成了一个新字符串。

一个字符串加一个数值，数值会自动转换为字符串，反过来怎么转换呢？parseInt、parseFloat 这两个方法可以分别将字符串转换成整型、浮点型。

还有一种更简单的方法，就是使用加号，举个例子：

```
1.  let s = "100"
2.  console.log(typeof parseInt(s)) // 输出：number
3.  s = +"100"
4.  console.log(typeof +s) // 输出：number
```

总结一下，字符串 + 数值 = 字符串，数值 + 字符串 = 数值。

思考与练习 3-7：加号基本可以将所有基本类型转换为数值类型，看看以下代码的输出是什么？

```
1.  console.log(parseInt("1,000"))
2.  console.log(+null)
3.  console.log(+undefined)
4.  console.log(+true)
5.  console.log(+false)
6.  console.log(+"0xFF")
7.  console.log(+"1e-4")
8.  console.log(+{})
```

2. 使用模板字符串

将一个变量或多个变量与一个字符串组合成一个新字符串，除了使用加号，还可以使用模板字符串。例如下面这行实战代码：

```
const sysScoreText = " 系统 " + systemScore
```

可以改写为：

```
const sysScoreText = `系统 ${systemScore}`
```

使用键盘左上角的反引号键（`）将内容括起来，中间使用 ${xxxXxx} 这样的格式插入变量，这是 ES6 新增的模板字符串写法。

注意：模板字符串两边的符号，不是单引号，而是与波浪号（~）同键的反引号键。

目前项目中有两处可以使用模板字符串改写：

```
1.  // JS: disc\第3章\3.2\3.2.10\index.js
2.  ...
3.  // drawText(context, 10, canvas.height - 20, "用户 " + userScore)
4.  drawText(context, 10, canvas.height - 20, `用户 ${userScore}`)
5.  const sysScoreText = `系统 ${systemScore}` // "系统 " + systemScore
```

思考与练习 3-8（面试题）：其他类型在转换为字符串类型时有哪些具体的转换规则？

本课小结

本课源码参见：disc/第3章/3.2。

这节课实现了使用鼠标控制左挡板移动，还在屏幕上显示了游戏分数，并在游戏结束时显示了反馈文本。此外，在实践过程中学习了鼠标事件监听、逻辑运算符与模板字符串使用等相关知识。

现在，我们的游戏还没有重启机制，用户玩完一次以后，不能重新开始。怎么才能实现重启机制呢？如何让游戏周而复始，永远地运行下去呢？这个需求的实现过程有哪些地方值得我们注意呢？

第 9 课 实现游戏的重启功能

本节课将实现在游戏结束时，重启游戏功能。

绘制重新开始游戏的文本提示

若在游戏结束时提示用户单击屏幕，那么我们就可以监听用户的单击事件，继而重启游戏。

如何提示用户呢？可以绘制一个“单击屏幕重新开始”的文本，放在已经存在的“游戏结束”文本下方。基于上节课的源码删除所有不必要的注释和无用代码，添加新增代码，最终代码如代码清单 3-13 所示。

代码清单 3-13 绘制游戏重启文本

```
1.  // JS: disc\ 第 3 章 \3.3\3.3.1\index.js
2.  ...
3.  // 运行
4.  function run() {
5.    ...
6.    if (!gameIsOver) {
7.      ...
8.    } else {
9.      context.shadowOffsetX = context.shadowOffsetY = 0
10.     ...
11.     drawText(context, canvas.width / 2 - context.measureText(txt).width / 2,
        canvas.height / 2, txt)
12.     // 提示用户单击屏幕重启游戏
13.     const restartTip = " 单击屏幕重新开始 "
14.     context.font = "12px FangSong"
15.     context.fillStyle = "gray"
16.     drawText(context, canvas.width / 2 - context.measureText(restartTip).
        width / 2, canvas.height / 2 + 25, restartTip)
17.   }
18. }
19. ...
```

在上面的代码中：

- 第 9 行，为了不让提示文本有阴影，将阴影偏移量重置为 0；
- 第 13 行至第 16 行，使用 drawText 在“游戏结束”文本下方，绘制一个“单击屏幕重新开始”的文本，在这里我们设置了新的字号、字体和颜色。

运行效果如图 3-15 所示。

游戏结束

单击屏幕重新开始

图 3-15 清屏绘制重启文本

可以明显地看出小字的字体与大字不同。现在只是提示文本绘制出来了，单击屏幕还没有反应。

理解 HTML5 的事件模型，监听单击事件实现重启功能

监听事件前面已经用过了，使用的方法叫 addEventListener，上次监听的是鼠标移动（mousemove）事件，这次需要监听单击（click）事件。

1. 理解事件模型

鼠标事件的类型有许多，最常用的如下。

- click：鼠标单击目标对象。
- mousedown：鼠标左键按钮在目标对象上按下。
- mousemove：鼠标在目标对象上移动。
- mouseover：鼠标移到目标对象之上。
- mouseout：鼠标从目标对象上移开。
- mouseup：鼠标按键在目标对象上松开。

事件监听都是添加在某一个页面组件上的，所以每种类型的鼠标事件都会涉及一个目标对象。

HTML 标记不区分大小写，鼠标事件名称也不区别大小写。通过 addEventListener 方法设置的回调函数，在回调时有一个 Event 参数，这个参数便是鼠标事件对象。Event 对象有以下常规属性。

- bubbles：返回布尔值，指示当前事件是否为冒泡事件类型。
- cancelable：返回布尔值，为只读属性，指示当前事件是否拥有可取消的默认动作。若为 true，则可以调用事件对象的 preventDefault 方法取消目标对象关联的默认行为。
- currentTarget：返回事件触发时事件当前涉及的目标对象，该属性有利于在回调函数内访问事件当前经过的目标对象。
- eventPhase：返回事件传播的当前阶段的对应值，有 3 个值：捕捉阶段为 1，目标阶段为 2，冒泡阶段为 3。
- target：返回触发当前事件的页面元素。事件触发后，事件是在多个嵌套的页面元素内流动的，如果将事件比作包裹，那么 target 与 currentTarget 的区别是，前者是始发地，后者是中转地。
- timestamp：返回事件生成的日期和时间。
- type：返回当前 Event 对象的事件名称，例如 mousedown、click 等。

仅看上述属性介绍，我们很难理解 HTML5 的事件模型，图 3-16 是一张浏览器事件模型示意图。因为 HTML 页面中的 DOM 是一个树状的嵌套结构，所以当每个事件被触发时，都会经过 3 个阶段：捕获阶段、目标阶段和冒泡阶段。一般如果在添加事件监听时 useCapture 参数为 false，异步线程不会处理捕获阶段的元素，仅会处理目标及冒泡阶段的元素。在图 3-16 中，从 div1 节点开始，经过 div1 和 div2 节点（捕获阶段）到达 div3 节点（目标阶段），进而向上依次回到 div2 节点，最后到 div3 节点（冒泡阶段）。事件像一个包裹，无论是捕获阶段，还是冒泡阶段，途经的元素都是中转站，此时 target 与 currentTarget 不同，只有在目标阶段，包裹到达了目

的地，target 与 currentTarget 才相同。为了充分理解这个概念，接下来我们看一个示例，如代码清单 3-14 所示。

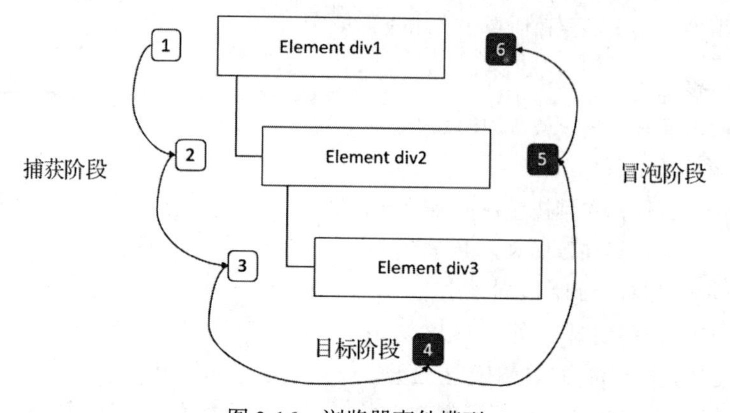

图 3-16 浏览器事件模型

代码清单 3-14 浏览器事件模型示例

```
1.  <!-- HTML: disc\第3章\3.3\3.3.2\event.html -->
2.  <!DOCTYPE html>
3.  <html>
4.  <body>
5.    <div id="btn3" class="btn">
6.      btn3
7.      <div id="btn2" class="btn">
8.        btn2
9.        <div id="btn1" class="btn">
10.         btn1
11.       </div>
12.     </div>
13.   </div>
14.   <script>
15.     let btns = document.querySelectorAll("div[id^=btn]")
16.     btns.forEach(btn => btn.onclick = function (e) {
17.       console.log(`btn: ${btn.id}, target: ${e.target.id}, currentTarget: ${
          e.currentTarget.id}, eventPhase: ${e.eventPhase}`)
18.     })
19.   </script>
20.   <style>
21.     ...
22.   </style>
23. </body>
24. </html>
```

上面的代码做了什么呢?

- 第 5 行至第 13 行，这是 3 个嵌套的 div，div 中的 id 从外向内分别为 btn3、btn2、btn1。
- 第 15 行至第 18 行，这是 JS 测试代码。第 15 行通过 querySelectorAll 查询到 3 个

div，前面我们在查询 Canvas 时用过 getElementById 方法，getElementById 方法（包括 getElementByName、getElementByTagName）属于旧方法，querySelectorAll 是 HTML5 新增的查询方法。querySelectorAll 方法支持批量查询，参数 div[id^=btn] 表示 id 属性以 btn 开头的 div。

- 第 16 行至第 18 行，第 15 行查询得到的 btns 是一个数组，在这里通过数组的原生方法 forEach 为查询到的每个 div 元素都添加了一个事件监听。这里添加事件监听的方法与前面使用过的 addEventListener 不同，addEventListener 是标准用法，onclick 是简便用法（以 on 开头，后面跟事件名称），它直接以事件句柄函数赋值，即表示添加了对这个事件的监听。
- 第 17 行是关键的测试代码，分别打印 target 目标对象及 currentTarget 目标对象的 id，接下来我们需要的调试信息都是从这里输出的。

事件模型示例运行效果如图 3-17 所示。

现在我们单击 btn3，Console 面板的输出如下：

```
btn : btn3, target : btn3,  currentTarget : btn3, eventPhase :
    2// 目标阶段
```

btn3

btn2

btn1

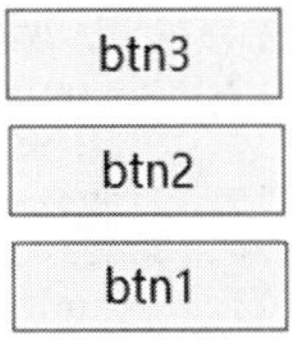

图 3-17　事件模型示例

这是前面示例中第 17 行代码的输出。当我们单击 btn3 时，只有目标阶段，所以 target 和 currentTarget 都是 btn3。

当我们单击 btn2 时，Console 面板的输出如下：

```
1.  btn: btn2, target: btn2, currentTarget: btn2, eventPhase: 2 // 目标阶段
2.  btn: btn3, target: btn2, currentTarget: btn3, eventPhase: 3 // 冒泡阶段
```

其中，第 1 行是目标阶段，输出 target 和 currentTarget 的 id 相同，第 2 行是冒泡阶段，target 不变，currentTarget 是 btn3。

当我们单击 btn1 时，Console 面板的输出如下：

```
1.  btn: btn1, target: btn1, currentTarget: btn1, eventPhase: 2 // 目标阶段
2.  btn: btn2, target: btn1, currentTarget: btn2, eventPhase: 3 // 冒泡阶段
3.  btn: btn3, target: btn1, currentTarget: btn3, eventPhase: 3
```

这里的 target 保持不变，currentTarget 依次是 btn1、btn2、btn3。

注意，上面的每行输出都代表一次回调函数的执行，它们并不是一个回调函数执行 3 次返回的，共执行了 9 次。经过观察可以发现，target 代表鼠标单击了哪里，而 currentTarget 代表当前事件“走”到了哪里。在编程时，想操纵哪个页面元素，就在哪个元素上添加事件监听，**如果想获取当前事件的目标对象，无论在哪个事件阶段，直接以 currentTarget 获取就可以了。**

2. 实现重启功能

在深入学习了事件模型之后，继续完成我们的需求：实现游戏的重启功能。我们需要在监听到单击事件后，先重设游戏里的基本变量，再调用 run 函数开启游戏。游戏里的 userScore、systemScore、gameIsOver 等变量在游戏运行之后已经变“脏”了，在新一轮游戏启动之前，需

要将它们重置为默认值。

游戏结束时，监听画布的鼠标单击事件（click），修改后的代码如下：

```
1.  // JS: disc\第3章\3.3\3.3.2_2\index.js
2.  ...
3.  // 运行
4.  function run() {
5.    ...
6.    if (!gameIsOver) {
7.      requestAnimationFrame(run) // 循环执行
8.    } else {
9.      ...
10.     // 监听单击事件
11.     canvas.addEventListener("click", onClickScreenWhileGameOver)
12.   }
13. }
14. // 重启游戏的事件句柄
15. function onClickScreenWhileGameOver(e) {
16.   // 移除监听
17.   canvas.removeEventListener("click", onClickScreenWhileGameOver)
18.   userScore = 0 // 重设游戏变量
19.   systemScore = 0
20.   gameIsOver = false
21.   run()
22. }
23. ...
```

上面的代码做了以下几项工作。

- 第15行至第22行，onClickScreenWhileGameOver是新增加的函数，在画布被单击时调用。
- 第17行，在onClickScreenWhileGameOver函数内，首先使用removeEventListener移除了对canvas的click事件监听，这样避免了事件句柄函数被重复执行。
- 第18行至第20行，把userScore、systemScore、gameIsOver这3个游戏变量重设为默认状态，第21行调用run方法重新开始游戏。

运行效果与本课上一步的示例相同，不同的是游戏结束后，单击屏幕可以重新开始。

现在这个游戏可以一直玩下去了。但是好像还缺点什么，一般游戏都是有音效的，这个游戏目前还没有。

另外，如果小球触碰左挡板导致游戏结束，游戏是正常的，但如果是小球触碰右挡板导致游戏结束，可能会出现这样一种怪现象：游戏刚刚开始就立即结束了。这是为什么呢？

这与小球的位置有关，当我们重设游戏状态时，小球的位置也需要重设，不然“陷入”右挡板的小球可能会在很短的时间内让系统角色的得分迅速达到最大值，导致游戏结束。修改代码：

```
1.  // JS: disc\第3章\3.3\3.3.2_3\index.js
2.  ...
3.  // 重启游戏的事件句柄
4.  function onClickScreenWhileGameOver(e) {
5.    ...
```

```
6.    ballPos = { x: canvas.width / 2, y: canvas.height / 2 } // 重设小球位置
7.    run()
8.  }
9.  ...
```

第 6 行是新增的代码。再次运行，运行效果正常，已经没问题了。

拓展：如何使用 removeEventListener

我们来看下面这行实战代码：

```
1.  // 移除监听
2.  canvas.removeEventListener("click", onClickScreenWhileGameOver)
```

上述代码移除了对 canvas 的 click 事件监听。

removeEventListener 方法用于移除由 addEventListener 方法添加的事件句柄。事件句柄是对进行事件处理的一类函数的惯称，事件句柄用作 addEventListener 方法的第二个参数，因为在英文中一般写作 EventHandler，所以得名。其调用语法为：

```
element.removeEventListener(event, eventHandler, useCapture)
```

参数说明如下。

- event：要移除的事件名称，例如 mousemove、click 等。
- eventHandler：要移除的事件句柄函数。
- useCapture：可选，默认值为 false，是布尔值，这个参数值需要与添加事件监听时的值一致，即在添加事件时如果这个参数值为 true，那么移除时此参数值也必须是 true。

在被移除的事件监听函数内，移除代码还可以这样改写：

```
e.currentTarget.removeEventListener(e.type, arguments.callee)
```

上述移除代码具有一定的通用性，即使在匿名函数内部，也可以用于移除事件句柄本身，以使事件句柄函数仅能执行一次。

思考与练习 3-9：观察下面 HTML 页面中的这段代码：

```
1.  <!-- HTML: disc\第 3 章\3.3\3.3.3\event.html -->
2.  window.addEventListener("click", function (e) {
3.  console.log("单击已发生")
4.  return false
5.  }, false)
6.  window.removeEventListener("click", function (e) {
7.  console.log("监听已移除")
8.  return false
9.  }, true)
```

运行后，单击页面，“单击已发生”会重复打印。明明已经移除了监听，为什么仍然有输出呢？

本课小结

本课源码参见：disc/ 第 3 章 /3.3。

这节课主要实现了游戏的重启功能，并在实践中深入理解了 HTML5 的事件模型，这个模型具有一定的通用性，不仅在 HTML5、小程序 / 小游戏开发中，甚至在 ActionScript 3.0 开发中也是如此。现在我们已经基本完成了游戏的基本逻辑，但在产品体验上还比较弱，如果我们能在小球与挡板碰撞时添加一些音效，体验或许会更好一些。将音效、背景音乐等音频添加到游戏中，可以瞬间让游戏增色，那么在 HTML5 开发中，如何才能添加和控制音频对象呢？

第 10 课　控制游戏音效：添加单击音效和背景音乐

到目前为止，我们已经完成了挡板小游戏基本的游戏逻辑。这节课是本章的最后一课，本课将给小游戏添加一点音效，以改善游戏视听体验。这节课除了练习添加音效，还会学习绘制普通按钮。学完这节课以后，我们也完成了 JS 语言的基本语法学习。

如何使用 <audio> 标签播放声音

在 HTML5 开发中，如何添加音效并控制音频对象的播放行为呢？

1. 使用 <audio> 标签

我们一般会在页面上添加一个 <audio> 标签来播放音频，下面的代码用 <audio> 标签定义了一个音频对象，由于 controls 属性未设置，因此播放控制 UI 是看不见的。

```
1.  <audio id="sound">
2.    <source src="click.mp3" type="audio/mp3">
3.    <source src="click.ogg" type="audio/ogg">
4.  </audio>
```

<audio> 标签允许有多个 source 元素，每个 source 元素可以链接不同格式的音频文件，浏览器将使用第一个能识别的格式。ogg、mp3、wav 是 3 种常见的音频格式，表 3-2 所示为当前主流浏览器对这 3 种音频格式的支持情况。

表 3-2　主流浏览器对音频格式的支持情况

浏览器 / 音频格式	IE 9+/Edge 12	Firefox 3.5	Opera 10.5	Chrome 3	Safari 3.1
ogg Vorbis		√	√	√	
mp3	√			√	√
wav		√	√		√

从表 3-2 中可以看出，没有一个浏览器是同时支持 3 种格式的，如果想让 <audio> 标签表现（音频播放）正常，至少需要定义两个 source 元素。（注意：在微信小游戏中，这种情况是不存在的。）

通过 audio 组件的 pause 和 play 方法，可以使音频暂停和继续播放，结合 currentTime 属性可以实现重新播放，音频操作示例如代码清单 3-15 所示。

代码清单 3-15　音频操作示例

```
1.  <!-- HTML: disc\ 第 3 章 \3.4\3.4.1\audio.html -->
2.  <!DOCTYPE html>
3.  <html>
4.  <body>
5.    <audio id="sound">
6.      <source src="click.mp3" type="audio/mp3">
7.      <source src="click.ogg" type="audio/ogg">
8.    </audio>
9.    <button onclick="play()">play</button>
10.   <button onclick="pause()">pause</button>
11.   <button onclick="stop()">stop</button>
12.   <button onclick="replay(event)">replay</button>
13.   <script>
14.     const audio = document.getElementById("sound")
15.     // 播放（继续播放）
16.     function play() {
17.       audio.play()
18.     }
19.     // 暂停
20.     function pause() {
21.       audio.pause()
22.     }
23.     // 停止
24.     function stop() {
25.       audio.pause()
26.       audio.currentTime = 0
27.     }
28.     // 重新播放
29.     function replay(e) {
30.       audio.currentTime = 0
31.       audio.play()
32.     }
33.   </script>
34. </body>
35. </html>
```

上面的代码做了以下几项工作。

- 第 5 行至第 8 行，通过 HTML5 的 <audio> 标签声明了一个 Audio 对象，id 为 sound。子标签 <source> 引用的资源在 audio.html 文件的同目录下。
- 第 9 行至第 12 行用 <button> 标签声明了 4 个按钮，这 4 个按钮分别用 onclick 属性设置了一个事件句柄函数。注意，在事件属性里设置事件句柄，其作用相当于在 JS 代码中调用函数，函数尾部需要加上小括号，如果有参数传递，则参数可以写在小括号里。
- 第 12 行，在事件属性（onclick）上传递事件对象时可以包含 event 参数，event 参数相当于是一个页面环境变量，event 这个名称是固定不变的。

- 第 16 行至第 32 行是我们自定义的 4 个事件句柄函数，第 4 个事件句柄函数中 replay 有形参 e，e 是一个 PointerEvent 事件对象，它是在 HTML 元素触发事件时传递过来的。

运行效果如图 3-18 所示。

单击 replay、play 按钮可以听到一个单击音效，至于 pause、stop 按钮，因为音频时长太短，并不容易测试到效果，但它们也是正常工作的。

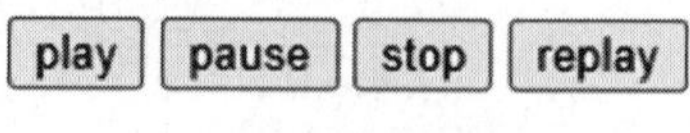

图 3-18 音频控制示例

调用音频对象的 pause 方法后，直接调用 play 方法，此时音频对象的行为是从暂停处恢复播放；如果想彻底停止，从头开始，需要将 currentTime 属性置为 0，currentTime 代表当前音频播放帧所在的位置。

2. 给游戏添加音效

接下来我们开始给游戏添加音效。在此之前，首先需要有一个音效文件，音效文件可以在下面这个使用 CC0 协议免费分享游戏素材的网站上查找：https://opengameart.org。

检索 click 找到单击音效，查看其 mp3、ogg 链接，下载并保存至源码目录下备用。使用 CC0 协议分享的素材没有版权，企业与个人均可以免费使用。

现在修改 index.html 文件的 HTML 代码，添加 audio 组件，示例代码如下：

```
1. <!-- HTML：disc\第3章\3.4\3.4.1_2\index.html -->
2. ...
3. <!-- 挡板材质图像 -->
4. ...
5. <!-- 音频对象 -->
6. <audio id="hit-sound">
7.   <source src="./click.ogg" type="audio/ogg">
8.   <source src="./click.mp3" type="audio/mp3">
9. </audio>
10. <script src="./index.js"></script>
11. ...
```

上面代码需要关注以下几点。

- 第 6 行至第 9 行是新增的 <audio> 标签，以设置 src 属性使用本地相对地址。除了本地地址，还可以直接使用网络地址。
- <source> 标签作为 <audio> 的子标签，用于指定媒体资源，它的 type 属性是 MIME 类型，这是一个斜杠分隔的类型名称。

常见的 MIME 类型如下：

- text/plain
- text/html
- image/jpeg
- image/png
- audio/mpeg
- audio/ogg

- audio/mp3
- video/mp4
- application/*
- application/json
- application/javascript
- application/ecmascript
- application/octet-stream

MIME 类型不区分大小写，但一般都以小写表示。

修改了 HTML 代码后，再修改 JS 代码以控制音频元素的播放行为，如代码清单 3-16 所示。

代码清单 3-16　为游戏添加单击音效

```
1.  // JS: disc\ 第 3 章 \3.4\3.4.1_2\index.js
2.  ...
3.  // 重启游戏的事件句柄
4.  function onClickScreenWhileGameOver(e) {
5.    playHitAudio()
6.    ...
7.  }
8.  ...
9.  // 挡板碰撞检测
10. function testHitPanel() {
11.   if (ballPos.x > (canvas.width - radius - 5)) { // 碰撞右挡板
12.     if (ballPos.y > rightPanelY && ballPos.y < (rightPanelY + panelHeight)) {
13.       ...
14.       playHitAudio()
15.     }
16.   } else if (ballPos.x < radius + 5) { // 触达左挡板
17.     if (ballPos.y > leftPanelY && ballPos.y < (leftPanelY + panelHeight)) {
18.       ...
19.       playHitAudio()
20.     }
21.   }
22. }
23. // 播放单击音效
24. function playHitAudio() {
25.   const audio = document.getElementById("hit-sound")
26.   audio.play()
27. }
28. ...
```

我们需要关注以下几点。

- 这段代码是基于第 9 课提供的源码修改而来的，有 3 处改动：第 24 行至第 27 行，定义了一个新函数 playHitAudio，用于播放音效。在该函数中，第 25 行通过 document.getElementById("hit-sound") 获取已经在 HTML 页面中声明的音频对象；第 26 行通过 play 方法让音频播放。

- 有 3 个地方都调用了 playHitAudio 函数：在 testHitPanel 函数内部有 2 处，即第 14 行和第 19 行，以及单击屏幕重启游戏的 onClickScreenWhileGameOver 函数内的一处，即第 5 行。
- 如果有其他地方需要，也可以调用 playHitAudio 方法。音频播放并不会阻塞 JS 代码的执行，当调用 playHitAudio 后，后续仍然可以继续执行。

经过测试，运行效果没有问题，音效播放可以被触发。

但现在我们的音频对象是通过 HTML 标记声明的，如果不方便使用 HTML 标记，只使用 JS 代码是否也能添加音效呢？

如何使用 JS 代码播放声音

除了使用 HTML 标记，还可以通过 new 关键字创建 Audio 对象。在 HTML 页面中，可通过给 <audio> 设置多个 <source> 元素实现多个浏览器的兼容，HTML5 媒体 API 有一个 canPlayType 方法，它返回浏览器是否能播放指定类型的音频 / 视频文件，用这个方法可以实现 <source> 标签的功能。canPlayType 方法的调用语法为：

```
let str = HTMLMediaElement.canPlayType(type)
```

HTMLMediaElement 可以是音频、视频。canPlayType 这个方法从名称上看，它应该返回布尔值，但实际上它返回的是字符串，有效值如下。

- "probably"：当前浏览器可能支持该音频 / 视频类型。
- "maybe"：当前浏览器也许支持该音频 / 视频类型。
- ""（空字符串）：浏览器不支持该音频 / 视频类型。

现在我们修改 JS 代码中的 playHitAudio 函数，示例代码如下：

```
1.  // JS: disc\第 3 章\3.4\3.4.2\index.js
2.  ...
3.  // 播放单击音效
4.  // function playHitAudio() {
5.  //   const audio = document.getElementById("hit-sound")
6.  //   audio.play()
7.  // }
8.  // 播放单击音效
9.  function playHitAudio() {
10.   const audio = new Audio("hit-sound")
11.   if (audio.canPlayType("audio/mp3")) {
12.     audio.src = "./click.mp3"
13.   } else if (audio.canPlayType("audio/ogg")) {
14.     audio.src = "./click.ogg"
15.   }
16.   audio.play()
17. }
18. ...
```

在上面的代码中：

- 第 11 行至第 15 行通过 canPlayType 判断兼容情况，以选用不同类型的音效文件，虽然这里只有两个分支，但已经能够兼容多个浏览器。
- canPlayType 方法的参数是一个 MIME-type，它的合法值与本课起始示例中 <source> 标签的 type 属性是一致的。

在刷新页面后，游戏开始，当左挡板挡住小球从而触发单击音频时，可能会看到这样一条错误消息：

```
1.  Uncaught DOMException: play() failed because the user didn't interact with
    the document first
2.  // 未捕捉的 DOM 异常：播放失败，因为用户没有首先与文档交互
```

这是因为用户尚未与页面发生交互而触发的，单击一次画布后，这个错误便不会出现了。这是浏览器的安全策略，在小程序 / 小游戏中也有类似的安全策略，目的是避免用户被无谓打扰。在设计游戏时，在屏幕正中放置一个“游戏开始”按钮，单击后才开始游戏，这样就可以避免这个问题。

思考与练习 3-10：canPlayType 方法并不直接返回布尔值，如果返回 "maybe"，也会转化为 true，但浏览器不一定支持。那我们能不能利用它返回空字符串这一点，从而改进代码呢？

给项目添加背景音乐

既然可以添加音频，那么长的背景音乐也可以添加。添加背景音乐与添加音效类似，我们可以创建 Audio 对象用以控制播放。首先在 https://opengameart.org/ 找好背景音乐素材，选好后下载保存，然后修改代码，具体如代码清单 3-17 所示。

代码清单 3-17 为游戏添加背景音乐

```
1.  // JS: disc\ 第 3 章 \3.4\3.4.3\index.js
2.  ...
3.  // 运行
4.  function run() {
5.    ...
6.    if (!gameIsOver) {
7.      ...
8.    } else {
9.      ...
10.     stopBackgroundSound()
11.   }
12. }
13. // 创建背景音乐对象
14. const bgAudio = new Audio("bg-sound")
15. if (bgAudio.canPlayType("audio/mp3")) {
16.   bgAudio.src = "./bg.mp3"
17. } else if (bgAudio.canPlayType("audio/ogg")) {
18.   bgAudio.src = "./bg.ogg"
19. }
```

```
20. // 播放背景音乐
21. function playBackgroundSound() {
22.   bgAudio.currentTime = 0
23.   bgAudio.play()
24. }
25. // 停止背景音乐
26. function stopBackgroundSound() {
27.   bgAudio.pause()
28. }
29. // 重启游戏的事件句柄
30. function onClickScreenWhileGameOver(e) {
31.   ...
32.   run()
33.   playBackgroundSound()
34. }
35. ...
36. run()
37. playBackgroundSound()
```

在上面的代码中，有以下几点需要关注。

- 第 14 行，新建了一个 bgAudio 常量，第 15 行至第 19 行根据浏览器支持的音频类型设置该对象的 src 属性。
- 第 20 行至第 28 行，新增 playBackgroundSound 与 stopBackgroundSound 函数，控制背景音乐的播放与暂停。
- 第 22 行，在 playBackgroundSound 函数中，先将 currentTime 置为 0，使音乐从头开始播放。
- 第 27 行，在 stopBackgroundSound 函数中，调用音频对象 bgAudio 的 pause 方法，暂停当前音频的播放。对象没有 stop 方法。
- 第 33 行，在添加了屏幕单击事件的监听后，当游戏结束时将会停止播放背景音乐。第 37 行，在 run 函数调用之后，游戏开始之时将调用 playBackgroundSound 方法。不能直接在 run 函数内调用 playBackgroundSound 方法，因为这里的 run 方法会被 requestAnimationFrame 重复调用。

经测试，游戏效果没有问题。但一直播放背景音乐感觉有些吵。一般游戏中都有一个静音按钮，如何实现这样一个按钮呢？

使用图片材质绘制背景音乐按钮

静音按钮需要有两个状态：一个为常态，单击后音乐停止；另一种是静音态，单击后音乐恢复播放。

一个状态需要一张图片，我们先从游戏资源网站上找到两个合适的小图片，网址为：http://www.flaticon.com/。

图 3-19 是常态图片，图 3-20 是静音态图片。

图 3-19　音乐按钮常态

图 3-20　音乐按钮静音态

将这两个图片保存至源码目录下，然后依据音乐的播放状态绘制音乐控制按钮的图片，可以默认先绘制按钮的一种状态，待音乐播放状态改变后，再绘制另一种状态。那么如何获得音乐的播放状态呢？下面先看一下 Audio 对象的属性。

- duration：返回音频的长度，以秒计。
- autoplay：设置是否在加载完成后立即播放音频，或返回已经设置的布尔值。
- currentTime：设置或返回音频的当前播放位置，以秒计。
- ended：布尔值，返回音频播放是否已结束。
- loop：设置或返回当音频结束时是否从头再次播放。
- paused：布尔值，设置或返回音频是否暂停。
- readyState：返回音频当前的就绪状态，是一个只读数值，1 表示音频已初始化；2 表示音频可以播放了，当前位置已加载，但没有能播放下一帧内容的数据；3 表示当前及至少下一帧的数据是可用的，换言之，至少有两帧的数据可用；4 表示可用数据足以开始播放，如果网速可以，可以一直播放下去。
- volume：设置或返回音频的音量，支持用小数表示。
- src：设置或返回音频的媒体资源地址。

Audio 对象并没有 playing 或 isPlaying 这样的属性，但我们可以通过另外两个属性组合判断，如果 currentTime 大于 0，并且 paused 为 false，则可以认为音频在播放。修改后的代码如代码清单 3-18 所示。

代码清单 3-18　绘制静音按钮 UI

```
1.  // JS：第 2 章\2.8\index.js
2.  ...
3.  // 渲染
4.  function render() {
5.    ...
6.    // 调用函数绘制背景音乐按钮
7.    drawBgMusicButton()
8.  }
9.  // 绘制背景音乐按钮
10. function drawBgMusicButton() {
11.   let bgMusicIsPlaying = bgAudio.currentTime > 0 && !bgAudio.paused
12.   if (bgMusicIsPlaying) {
13.     const musicBtnOnImg = new Image()
14.     musicBtnOnImg.src = "./sound_on.png"
15.     context.fillStyle = context.createPattern(musicBtnOnImg, "no-repeat")
16.   } else {
17.     const musicBtnOffImg = new Image()
18.     musicBtnOffImg.src = "./sound_off.png"
19.     context.fillStyle = context.createPattern(musicBtnOffImg, "no-repeat")
20.   }
```

```
21.     context.fillRect(0, 0, 28, 28)
22. }
```

在上面的代码中，改动有 2 处。

- 第 10 行至第 22 行，定义了一个 drawBgMusicButton 函数，用于绘制音乐按钮。在绘制之前，第 11 行先检查背景音乐是不是在播放，从而决定使用哪一张图片。当音乐的播放状态发生改变时，按钮状态会自动随之变化。
- 第 7 行，在 render 函数尾部调用 drawBgMusicButton 函数，按钮也是 UI，每一帧都需要重复绘制。

运行效果如图 3-21 所示。

图 3-21 大音乐按钮

注意：在测试时，由于浏览器安全策略的限制，第一次播放背景音乐可能是失败的，这时背景音乐按钮的状态是静音状态；待游戏重启后，按钮状态又变为正常状态。这个问题现在不用处理，这种表现恰恰说明背景音乐按钮已经绘制成功了。

目前仅实现了根据播放状态对音乐按钮进行绘制，单击这个按钮并无交互效果。如何实现监听按钮的单击事件控制背景音乐的播放呢？此外，音乐按钮的大小能不能改变？现在的背景音乐按钮看起来有点大。按钮的位置能不能改变呢？

使用离屏画布绘制背景音乐按钮

要改变按钮的位置，需要将音乐按钮绘制到另一张画布上，这时候需要再创建一个离屏画布，然后按钮转绘到主屏上去。而 createElement 方法可以通过指定名称创建一个 canvas 元素，同时 drawImage 方法可以将画布内容转绘到另一张画布上，这样应该就可以实现我们的设想。

在 HTML 开发中，createElement 方法通过指定元素名称创建一个元素，其调用语法为：

```
document.createElement(nodeName)
```

我们可以通过 createElement("canvas") 创建一张画布，而不需要先在 HTML 页面中添加 <canvas> 标签。

drawImage 方法可用于在画布上绘制画布，并且这个方法也支持绘制图像的某一部分，其调用语法如下：

```
RenderingContext#drawImage(media, sx, sy, swidth, sheight, x, y, width, height)
```

参数说明如下。

- media：指定要使用的媒体源，即图像、画布或视频。
- sx：可选，开始剪切的数据源 X 坐标位置。
- sy：可选，开始剪切的数据源 Y 坐标位置。

❑ swidth：可选，被剪切数据源的宽度。

❑ sheight：可选，被剪切数据源的高度。

❑ x：在画布上放置数据源的 X 坐标位置。

❑ y：在画布上放置数据源的 Y 坐标位置。

❑ width：可选，要绘制的目的地区域的宽度，可以伸展或缩小数据源。

❑ height：可选，要绘制的目的地区域的高度，可以伸展或缩小数据源。

利用 drawImage 方法，不仅可以转绘，还可以将按钮缩小到合适的尺度。综上，修改后的代码如代码清单 3-19 所示。

代码清单 3-19　缩小静音按钮 UI

```
1.  // JS: 第 2 章\2.8\index.js
2.  ...
3.  // 渲染
4.  function render() {
5.    ...
6.    // drawText(context, 10, canvas.height - 20, `用户 ${userScore}`)
7.    drawText(context, 20, canvas.height - 20, `用户 ${userScore}`)
8.    ...
9.    // 调用函数绘制背景音乐按钮
10.   drawBgMusicButton()
11. }
12. // 绘制背景音乐按钮
13. // function drawBgMusicButton() {
14. //    ...
15. // }
16. // 绘制背景音乐按钮
17. function drawBgMusicButton() {
18.   const btnCanvas = document.createElement("canvas")
19.   btnCanvas.height = 28
20.   btnCanvas.width = 28
21.   const btnContext = btnCanvas.getContext("2d")
22.   let bgMusicIsPlaying = bgAudio.currentTime > 0 && !bgAudio.paused
23.   if (bgMusicIsPlaying) {
24.     const musicBtnOnImg = new Image()
25.     musicBtnOnImg.src = "./sound_on.png"
26.     btnContext.fillStyle = context.createPattern(musicBtnOnImg, "no-repeat")
27.   } else {
28.     const musicBtnOffImg = new Image()
29.     musicBtnOffImg.src = "./sound_off.png"
30.     btnContext.fillStyle = context.createPattern(musicBtnOffImg, "no-
      repeat")
31.   }
32.   btnContext.fillRect(0, 0, 28, 28)
33.   context.drawImage(btnCanvas, 0, 0, 28, 28, 5, 5, 15, 15)
34. }
35. ...
```

在上面的代码中，有以下几处改动。

❑ 改动主要在 drawBgMusicButton 函数内部，第 18 行先通过 document.createElement("canvas")

创建一个离屏画布。

- 第 19 行、第 20 行，设置离屏画布的大小，这个大小与图像的原始大小一致。
- 第 21 行，获取离屏画布的渲染上下文对象；第 22 行，获取背景音乐的播放状态。
- 第 23 行至第 31 行，根据播放状态，分别加载不同的本地图片创建材质填充对象。除了用本地图片之外，也可以用网络图片。
- 第 32 行，绘制离屏画布；第 33 行，通过 drawImage 将离屏画布的内容转绘到主屏画布上。原按钮图标为 28 × 28px 大小，转绘后大小缩为 15 × 15px。
- 第 7 行，将用户得分文本的绘制起点 X 坐标由 10 改为 20，这是为了让左右分数文本在画布上对称。

运行效果如图 3-22 所示。

现在左上角的背景音乐按钮看起来好多了，但仍然不能单击交互。另外，用户分数文本在改动后与系统分数文本对称了。

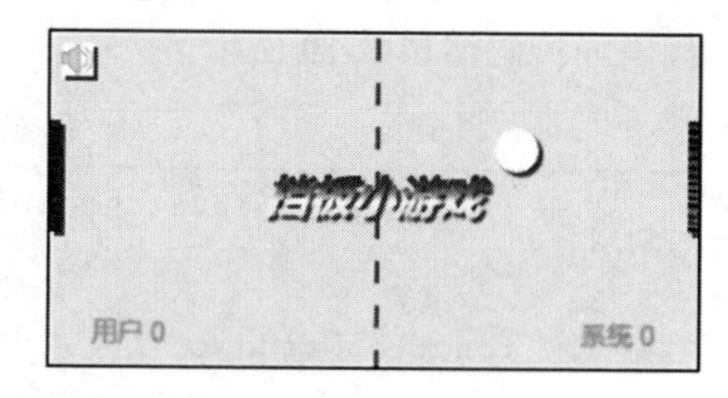

图 3-22 缩小的音乐按钮

注意：测试现在的源码时，会在 Console 面板中看到如下错误提示：

```
http://127.0.0.1:5500/favicon.ico 404 (Not Found)
```

这是由于 HTML 页面缺失 favicon 文件导致的。favicon 是 favorites icon 的缩写，成功设置后会看到一个显示在浏览器标签中左侧的图标，如图 3-23 所示。

图 3-23 浏览器标签页上的图标

图 3-23 左上角的 01 图标就是一个 favicon。这个图标是这样设置的，在 index.html 文件的 <head> 标签内添加一行代码（第 5 行）：

```
1.  <!-- HTML: disc\第3章\3.4\3.4.5_2\index.html -->
2.  <!DOCTYPE html>
3.  <html lang="zh-CN">
4.  <head>
5.  <link rel="shortcut icon" href="favicon.ico">
6.  ...
```

favicon.ico 文件需要先自行创建并保存至本地。待设置完成后，错误提示便会消失。

使用 drawImage 绘制背景音乐按钮

在上一节我们使用离屏画布绘制了背景音乐按钮，代码是有一些复杂的。事实上，当绘制对象只有一个时，也可以直接使用 drawImage 方法绘制一个图像，不需要创建离屏画布。接下来看看怎么实现：

```
1.  // JS: disc\ 第 3 章 \3.4\3.4.6\index.js
2.  ...
3.  // 绘制背景音乐按钮
4.  // function drawBgMusicButton() {
5.  //   ...
6.  // }
7.  // 绘制背景音乐按钮
8.  function drawBgMusicButton() {
9.    const img = new Image()
10.   let bgMusicIsPlaying = bgAudio.currentTime > 0 && !bgAudio.paused
11.   if (bgMusicIsPlaying) {
12.     img.src = "./sound_on.png"
13.   } else {
14.     img.src = "./sound_off.png"
15.   }
16.   context.drawImage(img, 0, 0, 28, 28, 5, 5, 15, 15)
17. }
18. ...
```

在上面的代码中，有以下两处变化。

- 第 4 行至第 6 行，原代码被注释掉。
- 第 8 行至第 17 行是新代码，同样是使用了 drawImage 方法，但代码更简洁。Image 和 Canvas 一样，都可以用作 drawImage 方法的数据源。单从名字上看，这个方法也能直接绘制 Image 图像。

运行效果与上一步的示例相同。

现在我们需要为左上角的背景音乐按钮添加单击事件，但画布是一个静态整体，如何监听用户单击了画布上的哪一个物体呢？

监听背景音乐按钮的单击事件

接下来实现对背景音乐按钮的单击监听。

在 Canvas API 中，有一个 isPointInPath 函数，如果指定的点位于当前路径中，isPointInPath 方法会返回 true，否则返回 false。但是这个函数仅能判断路径，并不能用于单击事件的判断。

在画布上只能监听整个画布的单击事件，无法直接监听画布上某一块区域或某个对象的单击事件，但可以在监听后依据单击点的位置判断单击的是哪一个对象，修改后的代码如下：

```
1.  // JS: disc\ 第 3 章 \3.4\3.4.7\index.js
2.  ...
3.  // 绘制背景音乐按钮
4.  function drawBgMusicButton() {
5.    ...
6.  }
7.  // 监听鼠标单击事件
8.  canvas.addEventListener("click", function (e) {
9.    const pos = { x: e.offsetX, y: e.offsetY }
10.   if (pos.x > 5 && pos.x < 20 && pos.y > 5 && pos.y < 20) {
```

```
11.      console.log("单击了背景音乐按钮")
12.      const bgMusicIsPlaying = bgAudio.currentTime > 0 && !bgAudio.paused
13.      bgMusicIsPlaying ? stopBackgroundSound() : playBackgroundSound()
14.    }
15. })
16. ...
```

上面的代码发生了什么变化呢？

- 第 8 行，使用 addEventListener 方法监听屏幕单击，第 10 行判断单击点在不在背景音乐按钮区域内，如果在，视为单击了按钮，然后切换音乐播放状态。
- 第 13 行是一个条件运算符语句，如果 bgMusicIsPlaying 为 true，则执行 stopBackground-Sound 方法，否则执行 playBackgroundSound 方法。
- 第 10 行，这里出现了 5、20 两个数字，这两个数字不是随便写的，（5, 5）是背景音乐按钮的左上角坐标，（20, 20）是其右下角坐标，单击判断是通过像素范围进行的。

运行效果如图 3-24 所示。

当单击背景音乐按钮时，音乐可以切换，按钮的状态也随之变化，在 Console 面板中也可以看到一行输出文字：

```
单击了背景音乐按钮
```

至此，HTML5 挡板小游戏的基本功能已经全部完成了。

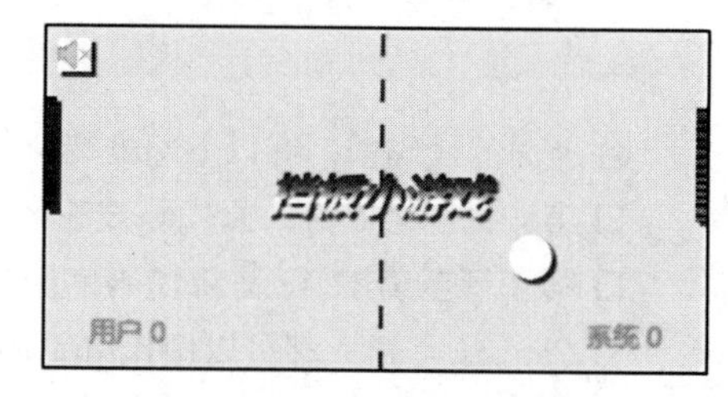

图 3-24　可以控制背景音乐了

注意：有时候使用像素判断的方法并不能准确判断单击了哪个对象。这时需要检查一下画布的样式：

```
1. <canvas id="canvas" style="width:100%">
2.     您的浏览器不支持 HTML5 Canvas。
3. </canvas>
```

如果画布的样式中有“width:100%”这样的样式设置，会影响对像素区域的判断。

拓展：如何使用条件运算符

来看下面这行实战代码：

```
bgMusicIsPlaying ? stopBackgroundSound() : playBackgroundSound()
```

该代码使用了条件运算符“? :”，有时也叫三元运算符或三目运算符，其标准语法为：

```
let result = expression ? sentence1 : sentence2
```

如果 expression 为 true，则执行 sentence1，否则执行 sentence2。条件运算符可以返回一个值，也可以不返回。

有了条件运算符，下面这样的 if 语句：

```
1.  let b
2.  if (a === true) {
3.    b = c
4.  } else {
5.    b = d
6.  }
```

可以简写为如下形式：

```
let b = a ? c : d
```

后者代码量更少、更简洁。

本课小结

本课源码参见：disc/ 第 3 章 /3.4。

这节课主要添加了单击音效和可以控制的背景音乐播放的按钮，并在实践中学习了交互按钮的实现方法、<audio> 标签的使用，以及使用 JS 代码创建并控制 Audio 对象的方法。

这节课是 HTML5 小游戏开发的最后一课，现在我们已经练习了使用 HTML5 开发小游戏的所有常用基本技巧，以及开发所需的 JS 知识和技能，这些内容随后在微信小游戏开发中都会用到。

本章内容结束。通过这章的学习，我们掌握了 JS 这门语言的基础技能，包括但不限于控制语句、函数、闭包、作用域等基本概念。除此之外，还完成了一个 HTML5 版本的挡板小游戏。为了降低读者的学习难度，这个 HTML5 小游戏的功能十分简单，全部完成后，JS 主文件不到 300 行代码。

从下一章开始，我们会把 HTML5 游戏改写成微信小游戏。因为两者的 Canvas API 几乎一致，又均是基于 JS 语言开发，所以这种改写只需要处理一些特别的、不兼容的点，以及学习一些微信小游戏平台特有的组件和 API，这并不困难。

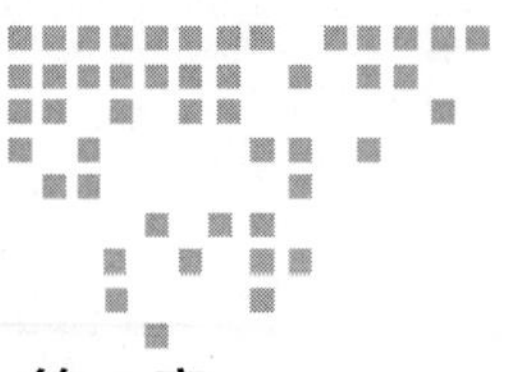

Chapter 4 第 4 章

移植及优化

上一章用 HTML5 技术实现了一个简单的小游戏，这个游戏有交互、有对抗、有动画和音效，功能虽然简单，但已经覆盖了基本的 HTML5 游戏开发技术。

HTML5 能实现的小游戏也能实现，本章将开始步入微信小游戏的开发学习。我们会将上一章开发的 HTML5 版本的挡板小游戏移植到微信小游戏中，以介绍移植的方法。在此过程中，我们还会针对微信小游戏环境进行一些功能优化。

在完成本章的学习后，最终游戏的运行效果如图 4-1 所示。在游戏结束时会有一个模态弹窗，如图 4-2 所示。

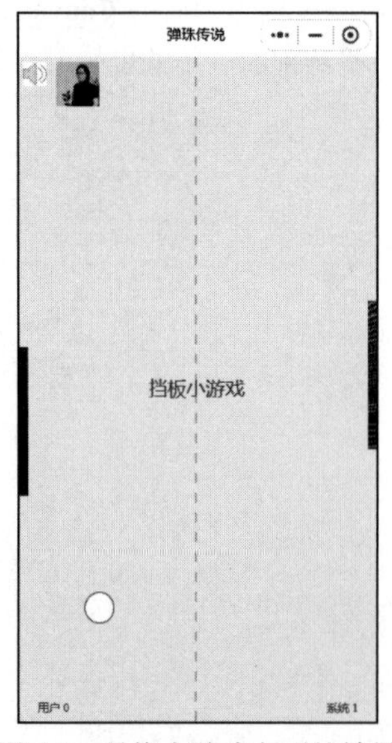

图 4-1　最终小游戏主页的效果

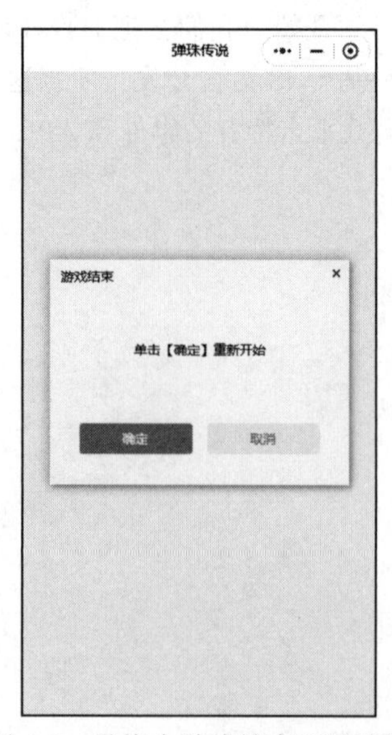

图 4-2　最终小游戏结束页的效果

如果单击“确定”按钮，游戏将重新开始。

感觉怎么样？是不是比 HTML5 好看多了？那就赶紧学起来吧。

第 11 课 移植准备工作

微信开发者工具为了方便开发者之间共享代码，提供了一个以链接分享项目代码片段的功能。在正式开始移植之前，我们先看看这个代码片段如何使用。

创建代码片段与改写项目

如果还没有安装微信开发者工具，可以查看前面第 1 课的内容。

打开微信开发者工具，选择“小程序项目”→“代码片段”选项，单击加号选项，打开新建代码片段面板，如图 4-3 所示。

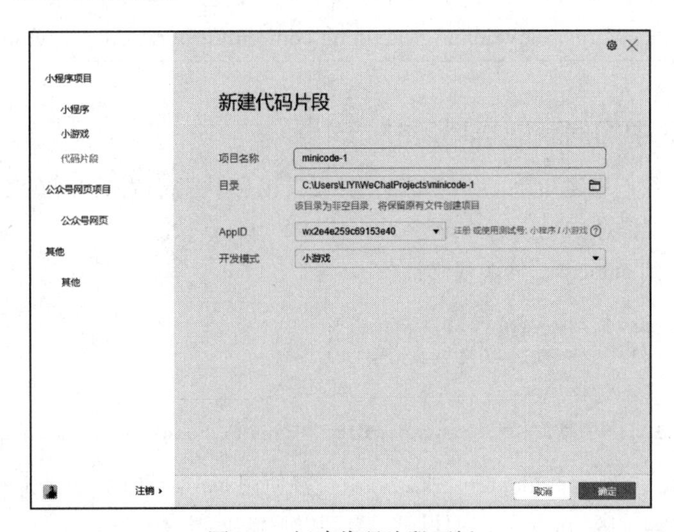

图 4-3 新建代码片段面板

在图 4-3 所示界面中，“目录”项这里可以设置本地目录，AppID 项可修改小游戏账号为自己的 AppID，“开发模式”项选择“小游戏”。

创建代码片段项目后，在工具栏右上角单击“分享”按钮，打开分享面板，按提示创建分享链接，将链接发给其他开发者，代码就完成分享了，如图 4-4 所示。

开发者收到链接后，在微信开发者工具菜单中选择“导入代码片段”，输入链接，代码即可保存到本地。

如果源码已经在小程序 / 小游戏项目中存在，不是代码片段项目，可以新建代码片段项目并将源码复制到代码片段的目录进行分享。

在小游戏项目中，或在开发模式为小游戏的代码片段中，都可以进行接下来的移植改写，两者没有区别。

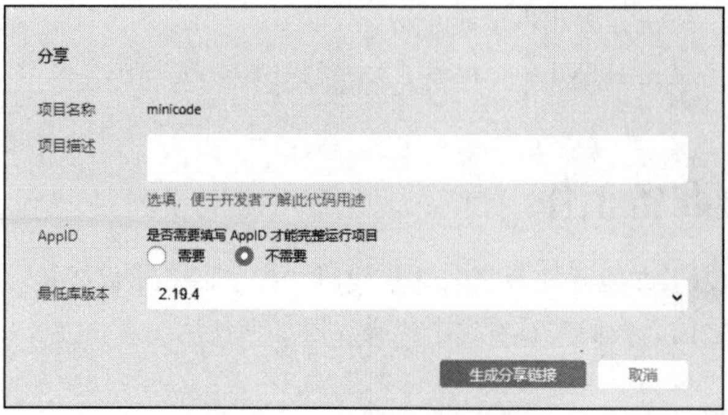

图 4-4 代码片段分享面板

注意：笔者是基于 1.05.2108310 版本进行的截图，微信开发者工具的界面可能会随着版本更新而有所变化，但大概操作路径及界面元素不会发生根本改变。如果有变化，以微信官方文档中关于工具的描述为准：https://developers.weixin.qq.com/miniprogram/dev/devtools/devtools.html。

拓展：在小游戏中如何获取屏幕尺寸

在第 1 章中，我们已经知道了如何在微信开发者工具中进行调试，现在尝试获取屏幕大小，并在调试区输出调试信息。

打开项目，找到 game.js，修改代码：

```
1.  // JS: disc\ 第 4 章 \4.1\4.1.2\game.js
2.  import './libs/weapp-adapter'
3.
4.  // 画布大小
5.  console.log(" 画布大小 ", canvas.width, canvas.height) // 输出: 375 667
```

因为这里引入了 /weapp-adapter，所以可以直接使用 canvas，canvas 此时是一个全局变量，代表主屏画布。在调试区的 Console 面板可以看到以下输出：

```
画布大小 375 667
```

那这个尺寸是不是屏幕的真实尺寸呢？

在开发者工具中可以查看模拟器的模拟机型，笔者当前选择的是 iPhone6，机型尺寸是 375 × 667。

除了通过模拟器查看尺寸之外，我们还可以通过微信小游戏提供的平台接口查看。

有一个 wx.getSystemInfo 接口能获取系统消息，返回的系统对象包括以下属性：

- brand：手机品牌。
- model：手机型号。
- pixelRatio：设备像素比。
- screenWidth：屏幕宽度。

- screenHeight：屏幕高度。
- windowWidth：可使用窗口宽度。
- windowHeight：可使用窗口高度，这个高度不包括系统状态栏的高度。
- statusBarHeight：系统状态栏的高度。
- language：微信设置的语言。
- version：微信版本号。
- system：操作系统版本。
- platform：客户端平台。
- fontSizeSetting：用户字体大小设置。
- SDKVersion：客户端基础库版本。
- benchmarkLevel：性能等级。

属性中有 screenWidth 和 screenHeight，即屏幕尺寸，我们可以通过 wx.getSystemInfo 接口查看屏幕尺寸。代码如下：

```
1.  // JS: disc\第4章\4.1\4.1.2\game.js
2.  ...
3.  wx.getSystemInfo({
4.    success: (res) => {
5.      console.log("屏幕尺寸", res.screenWidth, res.screenHeight)
6.    }
7.  })
```

Console 面板的输出如下：

```
1.  画布大小 375 667
2.  屏幕尺寸 375 667
```

通过画布得到的屏幕大小，与通过接口查询到的信息是一致的。

微信每一个接口基本都有两个版本：一个是异步版本，一个是同步版本。像上面用过的 wx.getSystemInfo 就是异步版本，结果是通过 success 回调句柄得到的。而 wx.getSystemInfoSync 是同步版本，一般同步版本的 API 在名称上比异步版本尾部多一个 Sync 后缀。

现在我们尝试使用同步版本的接口，再次获取屏幕尺寸信息，代码如下：

```
1.  // JS: disc\第4章\4.1\4.1.2\game.js
2.  ...
3.  const sysInfo = wx.getSystemInfoSync()
4.  console.log("同步接口获取屏幕尺寸", sysInfo.screenWidth, sysInfo.screenHeight)
```

调试区的输出如下：

```
1.  ...
2.  屏幕尺寸 375 667
3.  同步屏幕尺寸 375 667
```

两种方法获得的信息是一致的。

思考与练习 4-1：屏幕高度并不一定等于可用的窗口高度，非全屏状态下系统状态栏会占用一定的高度。在本节示例接口返回的信息对象中，包括以下 3 个属性。

- screenHeight：屏幕高度。
- windowWidth：可使用窗口宽度。
- statusBarHeight：状态栏的高度。

试打印这 3 个属性，验证窗口高度加上状态栏高度等于屏幕高度。

拓展：关于代码自动提示

微信开发者工具在代码自动提示方面做得很好，调用 wx API，微信会有提示，如图 4-5 所示，使用方向键选择，按回车键即可确认选取。

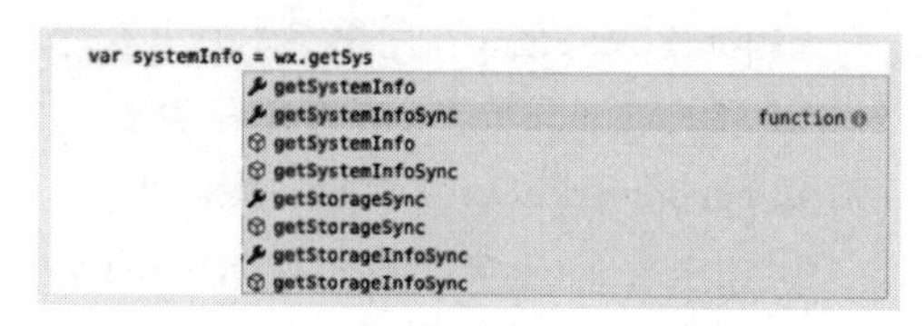

图 4-5 微信开发者工具的代码提示

本课小结

本课源码目录参见：disc/ 第 4 章 /4.1。

从本课开始，源码是代码片段项目格式，读者要记得将开发模式选为“小游戏”。

这节课主要创建了一个代码片段项目，下节课开始移植音频。

HTML5 小游戏的代码在微信小游戏运行环境中是不能直接运行的，在移植完音频后，我们会依次移植事件监听、文本、图像、动画等相关代码，待所有的 HTML5 代码全部移植完后，挡板小游戏就可以在微信小游戏中恢复运行了。

第 12 课 移植音频和事件

第 11 课完成了移植小游戏代码需要做的准备，这节课正式进行移植。HTML5 版本的挡板小游戏只用到了 HTML 页面中的 Canvas 对象，其他元素皆是用 JS 实现的，移植到小游戏中并不复杂。

在微信小游戏中是没有 DOM API 的，原来在 HTML5 中我们使用 getElementById 查询 Canvas 对象，现在 getElementById 接口不能使用了，但我们可以用 wx.createCanvas 代替，由查询画布元素改为创建画布。

处理 getElementById is not a function 错误

接下来将第 3 章最终的 JS 源码全部复制到 game.js 中，删除不必要的注释及已经注释掉的代码，覆盖 game.js 文件中的旧代码，代码如下：

```
1.  // JS: disc\第 4 章\4.2\4.2.1\game.js
2.  // 获取画布及 2D 渲染上下文对象
3.  ... // 具体代码见源码，略
```

```
4.   run()
5.   playBackgroundSound()
```

game.js 是小游戏的主文件，目前仅修改这一个文件就可以，其他文件先不管。

保存并运行该代码，可以发现 Console 面板中有不少错误，这是意料之中的。其中第一个错误如图 4-6 所示。

错误信息显示，game.js 代码的第 3 行出错了，document 的 getElementById 不是一个方法。调试信息中有链接，从这个链接单击进去，进入如图 4-7 所示界面。

```
▸TypeError: document.getElementById is not a function
    at game.js? [sm]:3
    at 1 (VM69 WAGameSubContext.js:2)
    at <anonymous>:1:1
    at doWhenAllScriptLoaded (game.js:36)
    at game.js:14
    at HTMLScriptElement.t.onload (<anonymous>:1:22411)
(env: Windows,mg,1.05.2108130; lib: 2.19.5)
```

图 4-6　DOM 接口错误

```
2  // 获取画布及2D渲染上下文对象
3  const canvas = document.getElementById("canvas")
4  const context = canvas.getContext("2d")
5  const radius = 10 // 小球半径，提升为文件常量
```

图 4-7　查看出错的代码行

从图 4-7 中可以看出，是在高亮的这一行——第 3 行代码产生了错误。

在小游戏中没有 DOM API，也不存在 document 对象，在我们目前的源码中，所有使用 getElementById 的地方都需要修改。

按快捷键 Ctrl+F 或 Command+F 打开搜索控件，检索 getElementById，这时会检索到两个记录，即原 HTML5 代码用到 getElementById 的地方有 2 处：

```
1.   // JS: disc\ 第 4 章 \4.2\4.2.1\game.js
2.   // 获取画布及 2D 渲染上下文对象
3.   const canvas = document.getElementById("canvas")
4.   ...
5.   // 加载材质填充对象
6.   let panelPattern = "white" // 挡板材质填充对象，默认为白色
7.   const img = document.getElementById("mood")
8.   ...
```

第 1 处，获取页面中预置的 canvas 对象，可以用 wx.createCanvas 代替；第 2 处，获取预置的 img 对象，可以改用 wx.createImage 创建。于是修改代码为如下形式：

```
1.   // JS: disc\ 第 4 章 \4.2\4.2.1\game.js
2.   // 获取画布及 2D 渲染上下文对象
3.   const canvas = wx.createCanvas() // document.getElementById("canvas")
4.   ...
5.   // 加载材质填充对象
6.   let panelPattern = "white" // 挡板材质填充对象，默认为白色
7.   const img = wx.createImage() // document.getElementById("mood")
8.   img.onload = function () {
9.     panelPattern = context.createPattern(img, "no-repeat")
10.  }
11.  img.src = "./static/images/mood.png"
12.  ...
```

在上面的代码中，我们需要关注以下几点。

- 第3行、第7行的尾，双斜杠后面是注释掉的旧代码。
- 第8行至第10行没有修改，Image对象在微信小游戏中创建后仍然有onload属性，这里设置图像加载完成时的事件句柄仍然是有效的。
- 第11行是新增的代码，原来在HTML页面中，通过<img>标签的src属性设置的图片地址，现在仍通过src属性设置。同时，我们需要将前面第10课源码index.html文件中的木质图片下载到本地，保存至static/images目录下。这个存放图片的目录原来不存在，需要我们手动创建。

完成上面的改写后，保存代码并编译，这时关于getElementById的错误已经不存在了，取而代之的是一个新错误：

```
1.  ReferenceError: Audio is not defined
2.  // 引用错误：Audio 没有定义
```

思考与练习 4-2（面试题）：什么是BOM和DOM？

播放音频：处理 Audio is not defined 错误

微信小游戏 / 小程序接口大多数都是以wx开头的，并且可以在任何一个JS文件中使用，无须事先引入。wx.createInnerAudioContext接口用于创建Audio对象相关的InnerAudioContext对象（内部音频上下文）。

InnerAudioContext对象的属性包括以下几个。

- src：音频资源的地址，用于直接播放。
- startTime：开始播放的位置，单位为s，默认为0。
- autoplay：是否自动开始播放，布尔值，默认为false。
- loop：是否循环播放，布尔值，默认为false。
- obeyMuteSwitch：是否遵循系统静音开关，默认为true。当此参数为false时，即使用户打开了静音开关，也能继续发出声音。
- volume：音量，范围0～1，小数，默认为1。
- duration：只读，当前音频的长度，单位为s，只有在当前有合法的src链接时才可能返回这个值。
- currentTime：当前音频的播放位置，单位秒。同上，只有在当前音频对象有合法的src链接时返回，时间保留小数点后6位。注意这是只读属性，下面会用到。
- paused：只读属性，当前是否处于暂停或停止状态。
- buffered：只读，音频已经缓冲的时间点，仅保证当前播放时间点到此时间点之间的内容已缓冲。

InnerAudioContext对象的方法如下。

- play：播放。
- pause：暂停，暂停后的音频再播放会从暂停处开始播放。
- stop：停止，停止后的音频再播放会从头开始。这个方法在 HTML5 中不存在，但是在小游戏中存在。
- seek：跳转到指定位置，下面会用到。
- destroy：销毁当前实例。

现在我们看一下上一节提到的错误：

```
ReferenceError: Audio is not defined
```

从调试区可以看到，这个错误发生在我们使用 new Audio 创建音频对象的地方：

```
1.  // 创建背景音乐对象
2.  const bgAudio = new Audio("bg-sound")
```

在小游戏中，Audio 无法通过 new 关键字实例化，但可以使用 wx.createInnerAudioContext 这个方法创建一个 InnerAudioContext 对象，用其代替 HTML5 中的 Audio 对象。从前面的属性列表及方法列表可以得知，InnerAudioContext 对象可以满足我们的需求。

在 game.js 中全文查找 new Audio() 并做替换，修改后的代码如下：

```
1.  // JS: disc\第 4 章 \4.2\4.2.2\game.js
2.  ...
3.  // 创建背景音乐对象
4.  // const bgAudio = new Audio("bg-sound")
5.  const bgAudio = wx.createInnerAudioContext()
6.  ...
7.  // 播放单击音效
8.  function playHitAudio() {
9.    // const audio = new Audio("hit-sound")
10.   const audio = wx.createInnerAudioContext()
11.   ...
12. }
13. ...
```

在原来的代码中，一共有两个地方使用了 new Audio()。一处是第 4 行，创建背景音乐对象时；另一处是第 9 行，创建单击音效对象时。这两处现在全部使用 wx.createInnerAudioContext() 代替。

注意：在小游戏中与音频有关的组件和接口有 4 个：第一个是 Audio 媒体组件，但这个组件功能弱，官方已经放弃维护，并建议使用 InnerAudioContext 对象；第二个便是上面讲到的 InnerAudioContext 对象；第三个是 WebAudioContext 对象，由 wx.createWebAudioContext 方法创建，但截至笔者撰稿时，这套接口仅在 iOS 平台上支持使用，Android 平台还在灰度测试中，所以不建议开发者在生产环境中使用；第四个是 MediaAudioPlayer，由 wx.createMediaAudioPlayer 创建，它用于播放视频解码器输出的音频。如果以在游戏中控制音频为目的，目前还是 InnerAudioContext 对象最为实用。

处理 Audio 错误：canPlayType is not a function

在修正了 Audio is not defined 错误之后，重新编译项目，出现了一个新错误：

```
1.  TypeError: bgAudio.canPlayType is not a function
2.  // 类型错误：bgAudio 的 canPlayType 成员不是一个方法
```

错误对应的代码如下：

```
1.  // 播放单击音效
2.  function playHitAudio() {
3.    ...
4.    if (audio.canPlayType("audio/mp3")) {
5.      audio.src = "./click.mp3"
6.    } else if (audio.canPlayType("audio/ogg")) {
7.      audio.src = "./click.ogg"
8.    }
9.    ...
10. }
```

调试信息提示 canPlayType 不存在，这段兼容代码需要换一种方法实现。

小游戏不需要像浏览器那样进行音频格式兼容，Android 与 iOS 支持的音频类型有 4 类：m4a、aac、mp3 和 wav，原 ogg 文件只有在 Android 机型内被支持，所以不必再使用，直接保留 mp3 一种类型即可，于是修改代码以移植音频，具体如代码清单 4-1 所示。

代码清单 4-1 移植音频

```
1.  // JS: disc\第 4 章\4.2\4.2.3\game.js
2.  ...
3.  // 创建背景音乐对象
4.  const bgAudio = wx.createInnerAudioContext()
5.  // if (bgAudio.canPlayType("audio/mp3")) {
6.  //   bgAudio.src = "./bg.mp3"
7.  // } else if (bgAudio.canPlayType("audio/ogg")) {
8.  //   bgAudio.src = "./bg.ogg"
9.  // }
10. bgAudio.src = "./static/audios/bg.mp3"
11. ...
12. // 播放单击音效
13. function playHitAudio() {
14.   const audio = wx.createInnerAudioContext()
15.   // if (audio.canPlayType("audio/mp3")) {
16.   //   audio.src = "./click.mp3"
17.   // } else if (audio.canPlayType("audio/ogg")) {
18.   //   audio.src = "./click.ogg"
19.   // }
20.   audio.src = "./static/audios/click.mp3"
21.   audio.play()
22. }
23. ...
```

在上面的代码中：

- 第 10 行、第 21 行是新增的代码，原第 5 行至第 9 行，以及第 15 行至第 19 行代码被注释掉了。

- bg.mp3、click.mp3 是原 HTML5 小游戏项目中的音频，需从第 3 章最终源码中复制到 /static/audios 目录下。

注意：书中示例会尽量将资源保存至本地，这是为了降低读者因网络原因访问不到资源的风险。我们将图片、音频文件保存至本地，在 HTML5 中或许不会有太大的问题，但在小游戏中因为有软件包大小的限制，如果背景图片或背景音乐过大，可能会造成无法在手机上预览的问题。解决方法是将背景音乐上传到可以公开访问的网络存储空间，使用网络链接，或者将内容压缩一下。

思考与练习 4-3：在本课 playHitAudio 函数中，每次调用该函数均会重复创建一个 InnerAudioContext 对象，这是一种浪费，试将相关的局部常量变成文件常量。

处理 currentTime 错误：currentTime 是只读属性

微信小游戏的 Canvas API 尽管与 HTML5 很像，但还是有差异的。在 HTML5 中，Audio 的 currentTime 是一个读写属性，我们使用这个属性重置过播放头的位置：

```
1.  // 播放背景音乐
2.  function playBackgroundSound() {
3.    bgAudio.currentTime = 0
4.    bgAudio.play()
5.  }
```

而在小程序中，这行代码将报出以下错误：

```
1.  Cannot set property currentTime of xx which has only a getter
2.  // 不能改变某对象的 currentTime 属性，因为它是只读的
```

在小游戏中，虽然 InnerAudioContext 对象的 currentTime 属性是只读的，但这个对象有一个 seek 方法，其调用语法为：

```
InnerAudioContext.seek(seconds)
```

我们可以通过 seek 方法移动播放头，达到同样的目的：

```
1.  // JS: disc\第 4 章\4.2\4.2.4\game.js
2.  ...
3.  // 播放背景音乐
4.  function playBackgroundSound() {
5.    // bgAudio.currentTime = 0
6.    bgAudio.seek(0)
7.    bgAudio.play()
8.  }
```

修改完音频错误后，模拟器已经不是黑屏状态，效果如图 4-8 所示。

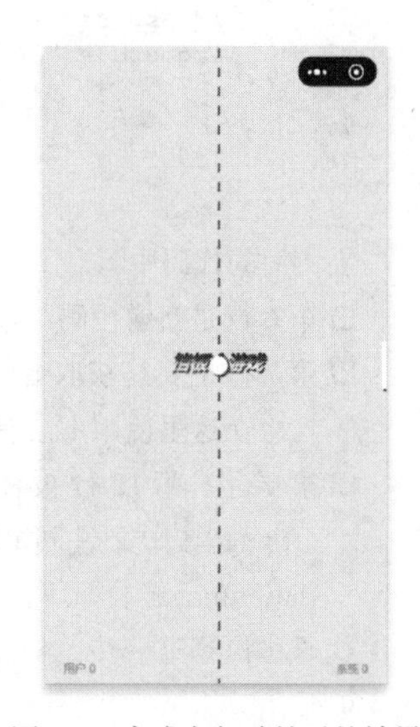

图 4-8　完成音频移植后的效果

右挡板的材质还没有显示，此时在调试区仍然有未解决的错误：

```
1.  ReferenceError: Image is not defined
2.  // 引用错误：Image 未定义
```

JS 基本上是单线程语言，在项目编译时不会一下子暴露所有错误，只有在解决完前面的错误以后，后面的错误才会暴露出来。

挡板绘制：处理 Image is not defined 错误

对于 Image is not defined 这个错误，它对应的代码是：

```
1.  // 绘制背景音乐按钮
2.  function drawBgMusicButton() {
3.    const img = new Image()
4.    ...
5.  }
```

与 Audio 对象一样，Image 也不能直接使用 new 关键字实例化，new Image() 可以由 wx.createImage() 方法代替，修改后的代码如下：

```
1.  // JS：disc\ 第 4 章 \4.2\4.2.5\game.js
2.  ...
3.  // 绘制背景音乐按钮
4.  function drawBgMusicButton() {
5.    // const img = new Image()
6.    const img = wx.createImage()
7.    let bgMusicIsPlaying = bgAudio.currentTime > 0 && !bgAudio.paused
8.    if (bgMusicIsPlaying) {
9.      // img.src = "./sound_on.png"
10.     img.src = "static/images/sound_on.png"
11.   } else {
12.     // img.src = "./sound_off.png"
13.     img.src = "static/images/sound_off.png"
14.   }
15.   ...
16. }
17. ...
```

在上面的代码中：

- 第 6 行是新增代码，代替第 5 行。
- 第 7 行主要是获取音频播放状态，currentTime 是只读属性，在这里使用不会有什么影响。
- 第 9 行、第 12 行被注释掉了，sound_on.png 与 sound_off.png 图片文件可以从第 3 章最后的源码中复制到 static/images 目录下。

代码移植到这一步，模拟器已经显示内容了，运行效果如图 4-9 所示。

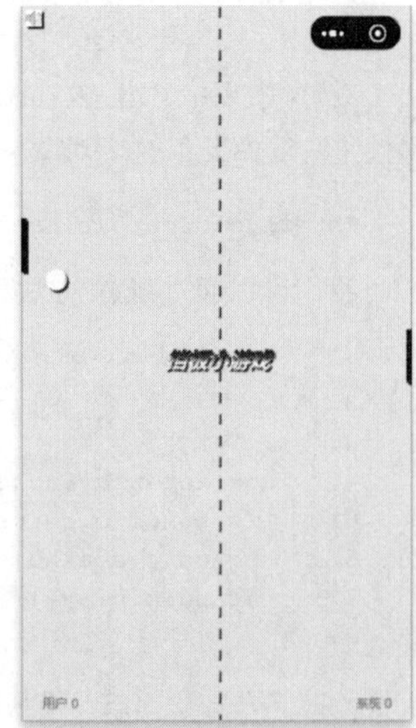

图 4-9　挡板材质可以显示了

所有的游戏元素都可以正常显示了，背景音乐按钮可以由单击操作控制，音频也可以正常播放，并且调试区也没有错误，但是移植还没有完成，还有以下问题需要解决。

- 左挡板只可以“单击”移动，并不能“滑动”移动。
- 挡板与背景音乐按钮显得太小。

拓展：复习条件运算符和短路评估表达式

条件运算符与短路评估表达式是 JS 代码中经常用到的。

1. 使用条件运算符

来看一下这段实战代码：

```
1.  let panelPattern = "white" // 挡板材质填充对象，默认为白色
2.  ...
3.  // 绘制左挡板
4.  drawPanel(context, 0, leftPanelY, panelPattern, panelHeight)
```

不管 panelPattern 是否已经加载完成，我们都可以使用它，因为它有一个默认的值 white。

假设我们不想让挡板默认填充为白色，想让挡板在材质图像完成加载之前以棕色绘制，则可以修改代码为如下形式：

```
1.  // 绘制左挡板
2.  let panelPattern = void 0 // 相当于undefined
3.  ...
4.  const pat = panelPattern ? panelPattern : "brown"
5.  drawPanel(context, 0, leftPanelY, pat, panelHeight)
```

第 4 行用到了条件运算符，这行代码也可以改写成下面这段代码的第 5 行至第 7 行：

```
1.  // 绘制左挡板
2.  let panelPattern = void 0
3.  ...
4.  let pat = "brown"
5.  if (!!panelPattern){
6.    pat = panelPattern
7.  }
```

其效果是等同的。两个感叹号表示强制转换为布尔值，undefined 会转换为布尔值 false。

思考与练习 4-4： void 是一个特殊的运算符，它可以对一个表达式求值，然后返回 undefined。尝试执行以下代码，查看其输出是什么。

```
1.  void 0
2.  void false
3.  void []
4.  void null
5.  void function fn() { }
6.  void (() => { }); // 这个分号不要去掉
7.  (() => { })()
```

---

2. 使用短路评估表达式

来看以下这行实战代码：

```
const pat = panelPattern ? panelPattern : "brown"
```

它也可以写成以下形式：

```
const pat = panelPattern || "brown"
```

改写后的代码使用了短路评估表达式。下面介绍在 JS 中常用的两种特殊的短路评估表达式。

（1）a && b

- a 如果为 true，则计算并返回 b。
- a 如果为 false，则返回 a。

用作条件语句时，若 a、b 有一个为 false，则表达式的值为 false。只有在两个都为 true 时，表达式的值才为 true。

（2）a || b

- a 能转换为 true 时，则返回 a。
- a 能转换为 false 时，则计算并返回 b。

用作条件语句时，若 a、b 有一个为 true，则表达式的值为 true。只有在两个都为 false 时，表达式的值才为 false。

准备移植事件监听，认识小游戏的触摸事件

下面继续进行代码移植。由于小游戏的运行效果在三端运行环境中存在差异，而在模拟器中运行良好，这并不代表在手机上运行没有问题，我们在移植操作中要特别注意这一点。

1. 在小游戏中不能使用 addEventListener 方法

前面我们在模拟器中看到还可以以单击的方式控制左挡板，但在手机上预览时出现了如图 4-10 所示的错误。

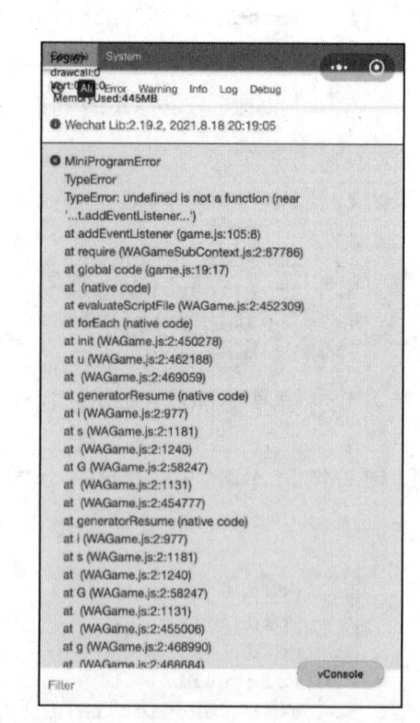

图 4-10 在手机设备上调用 DOM 事件监听方法的错误

图 4-10 所示的错误在手机上并不太容易察看，我们可以通过远程调试在本地查看错误代码。但要注意微信开发者工具对远程调试有版本方面的要求：如果是苹果手机，iOS 版本需在 6.7.2 ～ 7.0.0 之间；Android 相对自由一些，可以选择 6.7.3 及以上版本。

这个错误与 addEventListener 有关。小游戏有自己的事件体系，它不支持 HTML5 这种以 addEventListener 方法添加事件监听的方式。

经过检索，在当前代码中使用了 addEventListener 的代

码有 3 处，如代码清单 4-2 所示。

代码清单 4-2 查看添加事件监听的代码

```
1.  // JS: disc\第4章\4.2\4.2.7\game.js
2.  ...
3.  // 监听鼠标单击事件，控制背景音乐按钮
4.  canvas.addEventListener("click", function (e) {
5.    const pos = { x: e.offsetX, y: e.offsetY }
6.    ...
7.  })
8.  // 监听鼠标移动事件，控制左挡板
9.  canvas.addEventListener("mousemove", function (e) {
10.   let y = e.clientY - canvas.getBoundingClientRect().top - panelHeight / 2
11.   ...
12. })
13. // 运行
14. function run() {
15.   ...
16.   if (!gameIsOver) {
17.     requestAnimationFrame(run) // 循环执行
18.   } else {
19.     ...
20.     // 监听单击事件
21.     canvas.addEventListener("click", onClickScreenWhileGameOver)
22.     stopBackgroundSound()
23.   }
24. }
```

这 3 处代码分别负责实现的是：

- 第 4 行，监听单击事件，判断是否单击了背景音乐按钮。
- 第 9 行，监听鼠标移动事件，控制左挡板移动。
- 第 21 行，在游戏结束时，监听单击屏幕事件，以重启游戏。

涉及的事件包括 mousemove、click，在小游戏中对这两个事件的监听都有对应的替代方法。

2. 认识小游戏的触摸事件

在小游戏中，当用户手指触屏时，会产生 TouchStart、TouchMove、TouchEnd 和 TouchCancel 这 4 类事件，分别对应了触摸开始、触摸移动、触摸结束和触摸取消。具体的触发情况如下：

- 当按下手指时，触发 TouchStart。
- 当移动手指时，触发 TouchMove。
- 当移走手指时，触发 TouchEnd。
- 当更高级别的系统事件发生时，例如电话呼入、收到微信语音、收到视频聊天请求等，会取消当前的 Touch 操作，触发 TouchCancel 事件。

关于这 4 类触摸事件，小游戏提供了如下 4 组，共 8 个相关的 API。

- wx.onTouchStart、wx.offTouchStart：添加、移除触摸开始监听。
- wx.onTouchMove、wx.offTouchMove：添加、移除触摸移动监听。

- wx.onTouchEnd、wx.offTouchEnd：添加、移除触摸结束监听。
- wx.onTouchCancel、wx.onTouchCancel：添加、移除触摸取消监听。

前者是添加监听，后者是移除监听，分别对应 DOM API 中的 addEventListner 与 removeEventListener。目前代码中的 3 处事件监听，分别需要以 wx.onTouchEnd、wx.onTouchMove 和 wx.onTouchEnd 进行改写。

在 HTML5 中，事件名称是 mouseover、click 等，在小游戏中，上面 4 类触摸事件对应着如下事件类型。

- touchstart 事件：当手指触摸屏幕时触发，即使已经有一个手指放在屏幕上也会触发。
- touchmove 事件：当手指在屏幕上滑动时连续地触发。在这个事件发生期间，调用 preventDefault() 方法可以阻止滚动。
- touchend 事件：当手指从屏幕上离开的时候触发事件句柄函数执行。
- touchcancel 事件：当系统停止跟踪触摸时触发。这个事情极少发生，例如手指在触屏时，突然有电话进来，触屏被打断了，该事件就会产生。

目前代码中的 3 处事件监听，改写后事件类型分别为 touchend、touchmove 和 touchend。

拓展：targetTouches、touches 和 changedTouches 的区别

在 HTML5 中有 targetTouches，但在微信小游戏中，Touch 事件的监听与取消都是全局的，因此没有 targetTouches。

targetTouches、touches 和 changedTouches 都是触摸事件的触摸点列表，三者的区别如下。

- touches：当前屏幕上所有触摸点的集合。
- targetTouches：绑定事件的那个元素上的触摸点的集合。
- changedTouches：触发事件时发生改变的触摸点的集合。

假设页面上有两个 div：div1 与 div2，我们在 div2 上监听触摸事件，接下来做个实验。

- 第 1 步，先将手指 1 放在 div2 上，观察触摸点的变化。
- 第 2 步，将手指 2 放在 div1 上、将手指 3 放在 div2 上，再次观察触摸点的变化。

两次观察的结果如图 4-11 所示。

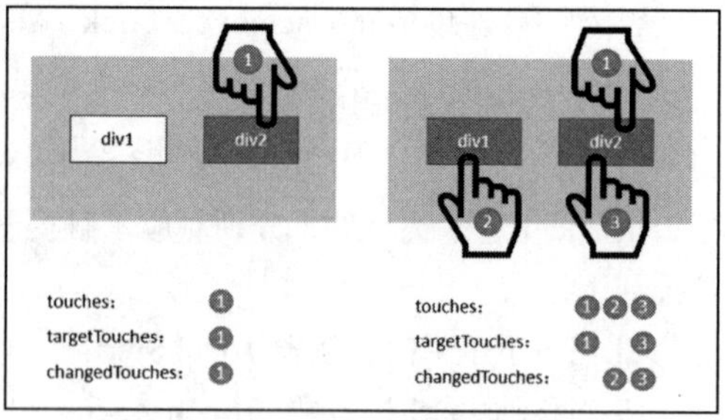

图 4-11 触摸点示例

我们结合图 4-11 来解释一下。

- 在左边的示意图中，只有手指 1 按在 div2 上，这时 targetTouches、touches 和 changedTouches 这 3 个集合只有一个手指 1 的 Touch 对象。
- 在右边的示意图中，保持手指 1 不变，先在 div1 上按下手指 2，再在 div2 上按下手指 3，这时 touches 集合有 3 个元素，包括 3 个手指的 Touch 对象；targetTouches 集合有两个元素，因为手指 2 没有按在 div2，而事件监听在 div2 元素上，所以 targetTouches 只有手指 1、手

指 3 的 Touch 对象；至于 changedTouches，它是变化的集合，手指 1 一直没动，手指 2、手指 3 是新增的，所以它只有两个元素。

- 至于为什么 3 个手指都是食指，不要纠结这个问题，可以理解为是 3 个人做的这个实验。

对于小游戏中的 TouchEnd 事件而言，因为事件已经结束了，屏幕上已经没有触摸点了，所以 touches 数组为空；而 changedTouches 不为空，因为它是发生改变的触摸点的集合。触摸点改变有两种模式：一种是新增，另一种是消失。这两种变化的触摸点都包括在 changedTouches 中。

改写 click 事件与 mousemove 事件

小游戏的事件监听是全局的，可以重复添加监听。

1. 改写 click 事件

在前面的代码中有两处对 touchend 事件的监听，这两处代码可以合并在一起。在了解了小游戏的事件监听方法之后，我们开始修改代码，修改后的代码如代码清单 4-3 所示。

代码清单 4-3 改写 click 事件监听

```
1.  // JS：disc\第 4 章\4.2\4.2.9\game.js
2.  ...
3.  // 监听鼠标单击事件
4.  // canvas.addEventListener("click", function (e) {
5.  //   const pos = { x: e.offsetX, y: e.offsetY }
6.  //   if (pos.x > 5 && pos.x < 20 && pos.y > 5 && pos.y < 20) {
7.  //     console.log("单击了背景音乐按钮")
8.  //     const bgMusicIsPlaying = bgAudio.currentTime > 0 && !bgAudio.paused
9.  //     bgMusicIsPlaying ? stopBackgroundSound() : playBackgroundSound()
10. //   }
11. // })
12. // 监听 touchEnd 事件，切换背景音乐按钮的状态并重启游戏
13. wx.onTouchEnd((res) => {
14.   // 切换背景音乐按钮的状态
15.   const touch = res.touches[0]
16.   const pos =  { x: touch.clientX, y: touch.clientY } // offsetX、offsetY 不复
    存在
17.   if (pos.x > 5 && pos.x < 20 && pos.y > 5 && pos.y < 20) {
18.     console.log("单击了背景音乐按钮")
19.     const bgMusicIsPlaying = bgAudio.currentTime > 0 && !bgAudio.paused
20.     bgMusicIsPlaying ? stopBackgroundSound() : playBackgroundSound()
21.   }
22.   // 重启游戏
23.   if (gameIsOver){
24.     playHitAudio()
        // 这里不需要了
25.     // canvas.removeEventListener("click", onClickScreenWhileGameOver)
26.     userScore = 0 // 重设游戏变量
27.     systemScore = 0
28.     gameIsOver = false
29.     ballPos = { x: canvas.width / 2, y: canvas.height / 2 } // 重设小球位置
30.     run()
31.     playBackgroundSound()
32.   }
```

```
33. })
34. ...
35. // 运行
36. function run() {
37.   ...
38.   if (!gameIsOver) {
39.     requestAnimationFrame(run) // 循环执行
40.   } else {
41.     ...
42.     // 监听单击事件
43.     // canvas.addEventListener("click", onClickScreenWhileGameOver)
44.     stopBackgroundSound()
45.   }
46. }
47. ...
48. // 重启游戏的事件句柄
49. // function onClickScreenWhileGameOver(e) {
50. //   playHitAudio()
51. //   // 移除监听
52. //   canvas.removeEventListener("click", onClickScreenWhileGameOver)
53. //   userScore = 0 // 重设游戏变量
54. //   systemScore = 0
55. //   gameIsOver = false
56. //   ballPos = { x: canvas.width / 2, y: canvas.height / 2 } // 重设小球位置
57. //   run()
58. //   playBackgroundSound()
59. // }
60. ...
```

上面的代码主要发生了什么呢？我们来看一下。

- 这里的改动主要是为解决两个问题：一是对背景音乐按钮状态切换的控制；二是游戏结束时对屏幕单击事件的监听。
- 第 49 行至第 59 行是原来重启游戏的代码，现在移到了第 24 行至第 31 行，新的监听是全局监听，不能在单击后移除监听，所以第 25 行被注释掉了。第 43 行的监听代码也不再需要了。
- 第 23 行至第 32 行加了一个 if 限制，只有游戏在结束状态下才会走到这里。
- 第 4 行至第 11 行是原来监听屏幕单击事件以切换背景音乐状态的代码，现在被第 15 行至第 21 行的代码所代替，但第 15 行与第 16 行的代码有修改。在小游戏的 TouchEvent 对象上，不再有 offsetX、offsetY，取而代之的是 clientX、clientY。

与 HTML5 中的鼠标事件不同的是，在小游戏中与触摸事件相关的对象是一个事件对象的数组。所以第 15 行从 res.touches 数组上先获取一个触摸点。除了 touches，wx.onTouchEnd 的回调实参还包括其他属性，具体如下。

- touches：当前所有触摸点的列表。
- changedTouches：触发此次事件的触摸点列表。
- timeStamp：事件触发时的时间戳。

第 15 行取到的 Touch 对象的常用属性如下。

- identifier：Touch 对象的唯一标识符，为只读属性。触摸动作在平面上移动的整个过程中，该标识符不变。
- clientX：触点相对于可视区左边沿的 X 坐标。
- clientY：触点相对于可视区上边沿的 Y 坐标。

一切看起来都没有问题，但是当我们尝试编译时，调试区出错了：

```
1.  TypeError: Cannot read property 'clientX' of undefined
2.  // 类型错误：不能在空对象上访问它的clientX属性
```

这个错误对应的代码是下面的第二行：

```
1.  const touch = res.touches[0]
2.  const pos =  { x: touch.clientX, y: touch.clientY }
```

不能访问 clientX 属性，说明 touch 是 undefined 类型，没有取到触摸事件对象。那么问题出在哪里呢？

如果我们尝试打印回调实参 res，会发现此时它的 changedTouches 非空，而 touches 是空的。

因为 touches 是当前触摸点列表，在触摸事件结束后，这个数组就清空了；而 changedTouches 是触发此次事件的触摸点列表，它不是空的，所以对 wx.onTouchEnd 的监听，我们可从回调参数对象的 changedTouches 属性中访问监听到的触摸点列表；对 wx.onTouchMove 的监听，我们才可以从 touches 属性中访问监听到的触摸点列表。

再次修改代码：

```
1.  // JS：disc\第4章\4.2\4.2.9_2\game.js
2.  ...
3.  // 监听touchEnd事件，切换背景音乐按钮的状态并重启游戏
4.  wx.onTouchEnd((res) => {
5.    // 切换背景音乐按钮的状态
6.    // const touch = res.touches[0]
7.    const touch = res.changedTouches[0] || {
      clientX: 0, clientY: 0 }
8.    ...
9.  }
10. ...
```

第 7 行是修改后的代码，使用短路评估表达式给 touch 设置一个备用的默认值，以免因为没有取到 Touch 对象而触发程序异常。

再次编译，触摸结束事件已经正常工作了，如图 4-12 所示。

图 4-12　触摸结束事件正常工作了

2. 改写 mousemove 事件

在改造了 click 事件之后，改造 mousemove 事件就相对轻松多了：

```
1.  // JS：disc\第4章\4.2\4.2.9_2\game.js
```

```
2.  ...
3.  // 监听触摸移动事件，控制左挡板
4.  // canvas.addEventListener("mousemove", function (e) {
5.  //   let y = e.clientY - canvas.getBoundingClientRect().top - panelHeight / 2
6.  //   if (y > 0 && y < (canvas.height - panelHeight)) { // 溢出检测
7.  //     leftPanelY = y
8.  //   }
9.  // })
10. // 监听触摸移动事件，控制左挡板
11. wx.onTouchMove((res) => {
12.   // let y = e.clientY - canvas.getBoundingClientRect().top - panelHeight / 2
13.   let touch = res.touches[0] || { clientY: 0 }
14.   let y = touch.clientY - panelHeight / 2
15.   if (y > 0 && y < (canvas.height - panelHeight)) { // 溢出检测
16.     leftPanelY = y
17.   }
18. })
```

在上面的代码中，我们要注意以下几点。

- 原第 12 行代码，即现在的第 14 行代码，它的作用是计算鼠标单击点相对于页面顶部的距离，是减去挡板一半高度后的一个数值。第 13 是修改后的代码，在小游戏中，因为 Touch 对象的 clientY 本身就是相对于可视区顶端的距离，所以不需要再计算了。
- 第 13 行仍然使用短路评估表达式给 touch 设置了一个默认值。在正常情况下，因为代码不会执行到双竖杠后面，所以这部分代码也不会成为程序执行的负担。

运行效果不变。现在，在模拟器中通过鼠标滑动可以控制左挡板上下移动了，但仍然存在一些问题：

- 从效果上看，左、右挡板与背景音乐按钮仍然比较小。
- 当左挡板移到屏幕底部的时候，靠近挡板底部的一部分消失不见了。

开发小游戏 / 小程序不能只在模拟器中测试。该游戏在手机上预览的效果如图 4-13 所示。

图 4-13　手机上的预览效果

从图 4-13 可以看出，手机上呈现的问题就多了。

- 左、右挡板都是白色的，挡板木质材质效果没有呈现。
- 游戏标题没有显示。
- 屏幕中间的分界线也没有显示。

但通过 vConsole 面板查看调试信息，程序并没有报错，说明这里对事件的移植是没有问题的。其他问题我们第 13 课继续处理。

拓展：关于小游戏的运行环境

为什么同一套代码，在微信开发者工具的模拟器中运行的效果与在手机上预览的效果不一样呢？

这是由小游戏 / 小程序的架构决定的。微信小游戏可运行在多端：iOS（iPhone/iPad）微信客户端、Android 微信客户端和微信开发者工具。

三端的脚本执行环境以及用于渲染的环境是各不相同的：

- 在 iOS 上，逻辑层 JS 代码运行在 JavaScriptCore 中，视图层是由 WKWebView 来渲染的。
- 在 Android 上，逻辑层 JS 代码运行在 V8 引擎中，视图层是基于 Mobile Chrome 内核来渲染的。
- 在微信开发者工具上，逻辑层 JS 代码运行在 NW.js 中，视图层是由 Chromium 60 Webview 渲染的。

因为三端执行 JS 及渲染视图的环境存在差异，所以在模拟器中运行正常的代码，在手机上不一定运行正常。

注意：除了以上三端之外，执行环境还包括 PC 微信客户端、Mac 微信客户端，这两端的具体实现在官方文档上未见披露，在技术实现上应该是与系统平台相关的，并且在实现方案上应该也与以上三端不同。

本课小结

本课源码目录参见：disc/ 第 4 章 /4.2。

在导出代码片段链接时，可能会遇到因代码包过大而不能导出的问题，这是 mp3 文件体积过大造成的，使用在线音频文件压缩工具（https://www.compresss.com/cn/compress-audio.html）可以解决这个问题。

这节课主要完成了音频的移植和事件的移植，在实践中了解了 HTML5 与小游戏在音频和事件上的开发差异，学习了 InnerAudioContext 对象、Touch 对象，以及 wx.onTouchEnd、wx.onTouchMove 方法。但移植还没有完成，在手机预览时还存在着游戏元素不显示等问题，第 13 课我们将移植文本与图像，看一下游戏标题和挡板木质材质效果在手机上为什么没有呈现。

第 13 课　移植文本与图像

第 12 课完成了对事件和音频的移植，但在手机上预览时，发现游戏标题和挡板材质的显示都不正常，这节课我们看一下在文本、图像上还有哪些移植问题需要注意。

这节课是有关 HTML5 移植的最后一节课，学完这节课的内容，在移植中经常遇到的有关文本、图像、画布、音频、动画等问题基本都能解决了。

处理标题文本不显示的问题

在当前的小游戏中，游戏标题与分数文本都是基于文本绘制展示的，为什么底部的分数文本可以显示，而中间的彩色标题不能显示呢？仔细看一下它们之间的绘制差异，如代码清单 4-4 所示。

代码清单 4-4 查看文本绘制代码的差异

```
1.  // JS: disc\第 4 章\4.2\4.2.9_2\game.js
2.  ...
3.  // 渲染
4.  function render() {
5.    ...
6.    // 游戏标题绘制：实现从上向下颜色渐变绘制游戏标题
7.    context.font = "italic normal 800 20px STHeiti"
8.    ...
9.    grd.addColorStop(0, "red") // 添加渐变颜色点
10.   grd.addColorStop(.5, "white")
11.   grd.addColorStop(1, "yellow")
12.   context.fillStyle = grd
13.   context.textBaseline = "top" // 设置文本绘制基线
14.   context.fillText("挡板小游戏", xpos, ypos)
15.   ...
16.   // 分数文本绘制：绘制角色分数
17.   context.font = "100 12px STHeiti"
18.   context.fillStyle = "lightgray"
19.   context.shadowOffsetX = context.shadowOffsetY = 0
20.   drawText(context, 20, canvas.height - 20, `用户 ${userScore}`)
21.   ...
22.   drawText(context, canvas.width - 20 - context.measureText(sysScoreText).
      width, canvas.height - 20, sysScoreText)
23.   ...
24. }
25. ...
26. // 在指定位置绘制文本
27. function drawText(context, x, y, text) {
28.   context.fillText(text, x, y)
29. }
30. ...
```

第 7 行至第 14 行是游戏标题的绘制代码；第 17 行至第 22 行是分数文本的绘制代码，两者最大的区别在于以下两点。

- 后者分数文本的阴影偏移量为 0。
- 后者分数文本使用的填充样式是单色，而游戏标题填充样式使用的是颜色渐变对象。

分界线同样在手机上也不显示，我们看一下分界线的绘制代码：

```
1.  // 将函数当作变量使用来绘制分界线，即用闭包解决
2.  context.strokeStyle = "whitesmoke"
3.  context.lineWidth = 2
4.  ...
5.  context.stroke()
```

```
6.  // 独立的绘制直线函数
7.  function drawLine(context, x, y) {
8.    context.moveTo(x, y)
9.    context.lineTo(x, y + 10)
10. }
```

这段代码没有使用渐变颜色，它仅是使用了阴影效果，在手机上也没有显示。

到这里基本有了结论：三端对阴影和颜色渐变的支持是不同的，在模拟器中支持阴影和渐变色绘制，但手机上不完全支持。于是，我们基于第 12 课最后给出的源码进行修改，删除所有不必要的注释和已经注释掉的代码，删除所有渐变样式及设置阴影样式的代码，如代码清单 4-5 所示。

代码清单 4-5　去除阴影设置代码

```
1.  // JS: disc\ 第 4 章 \4.3\4.3.1\game.js
2.  ...
3.  // 渲染
4.  function render() {
5.    // 添加阴影效果
6.    // context.shadowBlur = 1
7.    // context.shadowOffsetY = 2
8.    // context.shadowOffsetX = 2
9.    // context.shadowColor = "grey"
10.   ...
11.
12.   // 将函数当作变量使用来绘制分界线，即用闭包解决
13.   // context.strokeStyle = "whitesmoke"
14.   context.strokeStyle = "#00000011"
15.   ...
16.
17.   // 以从上向下的颜色渐变来绘制游戏标题
18.   ...
19.   // const grd = context.createLinearGradient(0, ypos, 0, ypos + txtHeight)
20.   // grd.addColorStop(0, "red") // 添加渐变颜色点
21.   // grd.addColorStop(.5, "white")
22.   // grd.addColorStop(1, "yellow")
23.   // context.fillStyle = grd
24.   context.fillStyle = "#00000033"
25.   ...
26.
27.   // 绘制角色分数
28.   ...
29.   // context.shadowOffsetX = context.shadowOffsetY = 0
30.   ...
31.
32.   // 依据位置绘制小球
33.   // context.shadowOffsetY = context.shadowOffsetX = 2
34.   context.fillStyle = "white"
35.   ...
36. }
37. ...
38.
39. // 运行
40. function run() {
```

```
41.     ...
42.     if (!gameIsOver) {
43.       ...
44.     } else {
45.       // context.shadowOffsetX = context.shadowOffsetY = 0
46.       ...
47.     }
48. }
49. ...
```

上面的代码发生了什么变化呢?

- 第 6 行至第 9 行，所有阴影样式的设置代码全部注释掉。
- 第 14 行将分界线的路径颜色修改为十六进制的 RGBA 颜色 "#00000011"，由于背景是烟白色，分界线如果继续使用这个颜色，因此分界线就与背景没有明显区别了。
- 第 19 行至第 23 行是原来创建用于设置渐变颜色对象的代码，全部注释掉，取而代之的是第 24 行，将文本的填充颜色设置为十六进制的颜色 "#00000033"。
- 第 29 行、第 33 行、第 45 行，这些关于阴影偏移量的代码会全部注释掉。

修改以后，模拟器预览效果如图 4-14 所示。

从图 4-14 中可以看到，模拟器中的预览是符合代码预期的。

微信开发者工具的自动预览方式有手机端自动预览和 PC 端自动预览，如图 4-15 所示。

图 4-14　游戏标题可以显示了

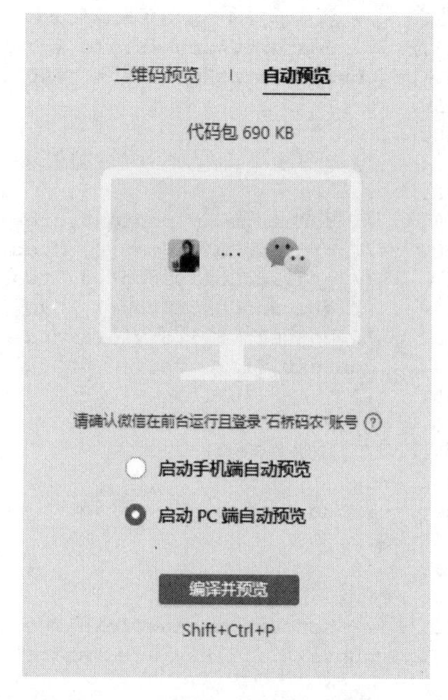

图 4-15　启动 PC 端自动预览

如果我们想快速检查代码在非模拟器环境中的表现，又嫌手机预览麻烦的话，可以选择在 PC 端上预览。当前代码在 PC 端上预览的效果如图 4-16 所示。

游戏标题的斜体、粗体效果没有了，预期的字体效果也没有了。我们选用的是华文黑体（STHeiti），这个字体在笔者的电脑中存在，在模拟器中可以使用，但在PC微信客户端中使用不了，这也间接证明PC微信客户端与微信开发工具中的模拟器是不同的执行环境。其他表现与预期一致。

在手机上的预览效果如图4-17所示。

图4-16　预览效果略有不同

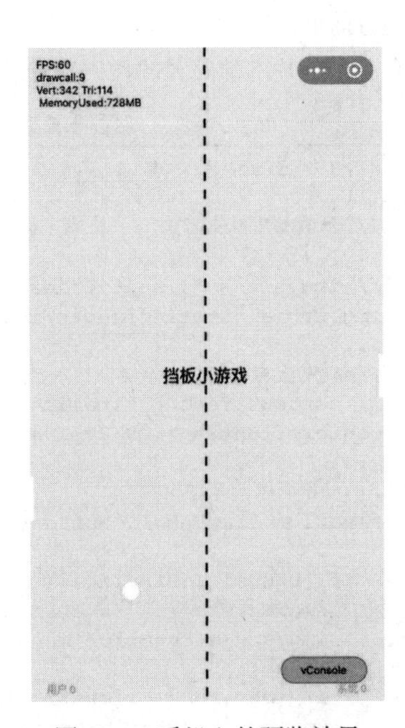

图4-17　手机上的预览效果

从效果上看也不一致，主要有两个问题。

- 不但游戏标题的粗体、斜体效果没有了，而且标题和分界线的浅色效果也没有了，而分数文本的浅色效果还在。标题使用的填充单色是"#00000033"，分数文本使用的是"lightgray"，可能是由于手机不支持十六进制的RGBA颜色写法导致。
- 挡板的木质材质没有显示。

手机上的预览效果与PC微信客户端也不一致，看来小游戏在五端（模拟器、PC微信客户端、Mac微信客户端、iOS手机端、Android手机端）的实现都是不同的，我们的产品最终是在手机端与微信客户端与用户见面的，除模拟器之外的四端都是上线前必须认真测试的环境。

在手机上，既然不支持十六进制的RGBA颜色，则将其修改为RGB颜色即可，但是挡板为什么又不显示呢？

这可能是由于路径问题造成的，加载挡板材质图片时使用的路径如下：

```
img.src = "./static/images/mood.png"
```

这种本地相对路径的写法在其他程序语言中是没有问题的，在HTML5、模拟器和PC微信客户端中也没有问题，但在手机上有问题了。这或许与微信小游戏/小程序源码最终要打包放在微信服务器上有关，许多不同开发者的程序源码在微信服务器上可能是混合放在一起的，这要求程序中的本地引用路径必须符合一定的规则。这个问题以后或许会随着小程序 / 小游戏的更新而消失，目前要解决这个问题，只需要将引用路径换成另外一种写法即可：

```
img.src = "static/images/mood.png"
```

我们将前面的“./”去掉就可以了。

所有涉及图片本地路径的代码都修改一下，最终如代码清单 4-6 所示。

代码清单 4-6 修改图片的路径格式

```
1.  // JS: disc\第 4 章\4.3\4.3.1_2\game.js
2.  ...
3.  // 加载材质填充对象
4.  ...
5.  // img.src = "./static/images/mood.png"
6.  img.src = "static/images/mood.png"
7.  ...
8.  // 以从上向下的颜色渐变来绘制游戏标题
9.  // context.font = "italic 800 20px STHeiti"
10. context.font = "800 20px STHeiti"
11. ...
12. // 绘制背景音乐按钮
13. function drawBgMusicButton() {
14.   ...
15.   if (bgMusicIsPlaying) {
16.     // img.src = "./static/images/sound_on.png"
17.     img.src = "static/images/sound_on.png"
18.   } else {
19.     // img.src = "./static/images/sound_off.png"
20.     img.src = "static/images/sound_off.png"
21.   }
22.   ...
23. }
24. ...
25. // 创建背景音乐对象
26. ...
27. // bgAudio.src = "./static/audios/bg.mp3"
28. bgAudio.src = "static/audios/bg.mp3"
29. ...
30. // 播放单击音效
31. function playHitAudio() {
32.   ...
33.   // audio.src = "./static/audios/click.mp3"
34.   audio.src = "static/audios/click.mp3"
35.   ...
36. }
37. ...
```

在上面的代码中：

- 将第 5 行、第 16 行、第 19 行、第 27 行、第 33 行的 src 属性全部改写，去掉相对路径前缀“./”。

❑ 既然手机不支持斜体，索性在第 9 行将斜体效果去掉。

完成修改后，再次在手机上预览，效果如图 4-18 所示。可以看到，现在挡板的材质已经正常了。

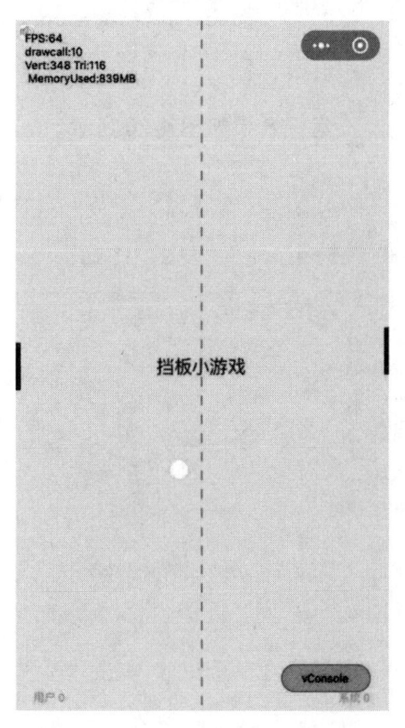

图 4-18　挡板材质可以显示了

拓展：实现渐变、阴影效果的替代方案

在小游戏开发中，不仅是渐变填充不能用于字体绘制，阴影在手机测试效果图中也是看不见的。笔者使用的基础类库是 2.19.5，在这个基础类库版本中，Shadow 和 Gradient 相关的功能都不好用，涉及的属性和方法包括：shadowBlur、shadowColor、shadowOffsetX、shadowOffsetY、createLinearGradient。

小游戏技术并不是 100% 完善的，如果在开发中遇到什么问题，不一定是开发者的问题，也可能是基础类库的问题。阴影、渐变这些效果在手机上不是不能实现，可能是实现它们的性价比太低，微信团队将这些功能屏蔽了。在流畅和易用性面前，微信团队选择了牺牲功能的全面性。

如果我们真的需要在游戏中绘制渐变文本，需要使用阴影效果怎么办呢？我们可以使用图片代替，在图片上设计好渐变、阴影效果，然后直接在项目中使用，使用图片是没有限制的。

解决左挡板移动到底部不显示的问题

经仔细测试发现，无论是在模拟器中还是在手机上，左挡板移动到屏幕底部时会部分或全部消失，如图 4-19 所示。挡板在底部无法向下移动，仿佛被挡住了一样，这是什么原因呢？

是因为材质的问题吗？当前的基础类库版本不允许材质填充？不是，如果不允许用，会一直都不显示，而不是到底部的时候不显示。

真正的原因在于将材质填充对象 panelPattern 设置为不重复填充，在纵向上材质被填充完就不再填充了，因此未被显示。材质图片的尺寸是 1020 × 596（选中图片，可以直接在微信开发者工具中的状态上看到），但是当前屏幕尺寸是 375 × 667。可见因为高度不够用，所以在底部的时候挡板不显示了。

createPattern 方法的第二个参数用于指定材质是否重复绘制，要解决上面的问题只需要将其修改为 repeat 即可，修改代码如下：

```
1.  // JS：第 3 章\3.3\game.js
2.  ...
3.  // 加载材质填充对象
4.  ...
```

```
5.  img.onload = function () {
6.    // panelPattern = context.createPattern(img, "no-repeat")
7.    panelPattern = context.createPattern(img, "repeat")
8.  }
9.  ...
```

运行效果如图 4-20 所示。

图 4-19 左挡板在屏幕底部不能显示

图 4-20 左挡板在底部也可以显示了

左挡板已经可以完全显示了。在接近底部时，挡板颜色有明显变化，这是因为又从顶部开始重复绘制挡板材质了。

思考与练习 4-5： 触摸移动事件发生在触摸开始之后、触摸结束之前，我们能否在触摸开始时监听触摸移动事件，在触摸结束时移除监听呢？请尝试实践一下。

使背景音乐循环播放

目前我们的小游戏是可以控制背景音乐的，也可以随时播放或停止，但有两个问题。

- 如果背景音乐播放结束了，如何让它重复、循环播放呢？
- 如果代码在一开始就直接播放了背景音乐，但此时背景音乐未必加载完成，有可能播放不了，这个问题又该怎么解决呢？

1. 让音频音乐自动播放

对于第 2 个问题，我们可以使用 onCanplay 监听音频是否加载完毕：

```
1.  // 创建背景音乐对象
2.  const bgAudio = wx.createInnerAudioContext()
```

```
3.  bgAudio.src = "static/audios/bg.mp3"
4.  bgAudio.onCanplay(function () {
5.    bgAudio.play() // 加载完成后播放
6.  })
```

我们也可以使用自动播放属性：

```
1.  // JS: disc\第4章\4.3\4.3.4\game.js
2.  ...
3.  // 创建背景音乐对象
4.  const bgAudio = wx.createInnerAudioContext()
5.  bgAudio.src = "static/audios/bg.mp3"
6.  bgAudio.autoplay = true
7.  ...
8.  // playBackgroundSound()
```

autoplay属性默认为false，将其设置为true才会自动播放。使用autoplay自动播放背景音乐，游戏开始时就不需要手动调用playBackgroundSound方法了。

2. 监听播放停止事件

再看第1个问题，如何监听背景音乐的播放停止事件，如何让背景音乐循环播放呢？

可以使用onStop方法吗？代码如下：

```
1.  // 创建背景音乐对象
2.  const bgAudio = wx.createInnerAudioContext()
3.  ...
4.  bgAudio.onStop(function () { // 监听停止事件
5.    console.log("音乐已停止")
6.    bgAudio.play()
7.  })
```

当我们单击背景音乐按钮来停止播放时，播放停止事件监听不到。

因为我们在这里是使用pause()停止背景音乐的，代码如下：

```
1.  // 停止背景音乐
2.  function stopBackgroundSound() {
3.    bgAudio.pause()
4.  }
```

若将pause()改为stop()，前面的播放停止事件监听就会有效果，代码如下：

```
1.  // 停止背景音乐
2.  function stopBackgroundSound() {
3.    // bgAudio.pause()
4.    bgAudio.stop()
5.  }
```

这样修改以后，问题是不是就解决了呢？

不是的，播放停止事件监听并不会监听音乐自然播放的停止事件。如果我们想同时监听两种类型的停止事件，那么应该用onEnded方法监听停止事件，代码如下：

```
1.  // 创建背景音乐对象
```

```
2.  const bgAudio = wx.createInnerAudioContext()
3.  ...
4.  // bgAudio.onStop(function () { // 监听停止事件
5.  //   console.log("音乐已停止")
6.  //   bgAudio.play()
7.  // })
8.  bgAudio.onEnded(function () { // 监听音乐停止事件
9.    console.log("背景音乐已停止")
10.   bgAudio.play()
11. })
```

如果不使用onEnded方法监听停止事件，还有一个loop属性也可以完成背景音乐循环播放：

```
1.  // JS: disc\第4章\4.3\4.3.4_2\game.js
2.  ...
3.  // 创建背景音乐对象
4.  const bgAudio = wx.createInnerAudioContext()
5.  bgAudio.src = "static/audios/bg.mp3"
6.  bgAudio.autoplay = true // 加载完成后自动播放
7.  bgAudio.loop = true // 循环播放
```

loop属性默认是false，必须设置为true才有效果。

优化分数文本、挡板、小球与背景音乐按钮的参数

现在文本与挡板材质不显示的问题已经解决了，从显示效果上看，还存在以下这些小问题。

- ❑ 分数文本颜色太浅。
- ❑ 挡板太小。
- ❑ 小球颜色不明显。
- ❑ 背景音乐按钮太小，不方便单击。
- ❑ 游戏结束时，文本显示不清晰，颜色与背景混淆。

根据以上问题修改代码，修改后具体如代码清单4-7所示。

代码清单4-7 优化文本绘制代码

```
1.  // JS: disc\第4章\4.3\4.3.5\game.js
2.  ...
3.  const radius = 15 // 小球半径
4.  const panelHeight = 150 // 挡板高度
5.  const panelWidth = 10 // 挡板宽度
6.  const bgMusicBtnRect = { x1: 5, y1: 5, x2: 25, y2: 25 } // 背景音乐按钮的边界
7.  ...
8.  // 渲染
9.  function render() {
10.   ...
11.   // 绘制右挡板
12.   // drawPanel(context, canvas.width - 5, rightPanelY, panelPattern,
        panelHeight)
13.   drawPanel(context, canvas.width - panelWidth, rightPanelY, panelPattern,
        panelHeight)
```

```
14.         ...
15.   // 绘制角色分数
16.   ...
17.   // context.fillStyle = "lightgray"
18.   context.fillStyle = "gray"
19.   ...
20.   // 依据位置绘制小球
21.   context.fillStyle = "white"
22.   context.strokeStyle = "gray"
23.   context.lineWidth = 2
24.   ...
25.   context.stroke()
26.   context.fill()
27.         ...
28. }
29. // 绘制背景音乐按钮
30. function drawBgMusicButton() {
31.   ...
32.   // context.drawImage(img, 0, 0, 28, 28, 5, 5, 15, 15)
33.   context.drawImage(img, 0, 0, 28, 28, bgMusicBtnRect.x1, bgMusicBtnRect.y1,
        bgMusicBtnRect.x2, bgMusicBtnRect.y2)
34. }
35. // 监听触摸结束事件，切换背景音乐按钮的状态并重启游戏
36. wx.onTouchEnd((res) => {
37.   ...
38.   // if (pos.x > 5 && pos.x < 20 && pos.y > 5 && pos.y < 20) {
39.   if (pos.x > bgMusicBtnRect.x1 && pos.x < bgMusicBtnRect.x2 && pos.y >
        bgMusicBtnRect.y1 && pos.y < bgMusicBtnRect.y2) {
40.     ...
41.   }
42.   ...
43. })
44. ...
45. // 绘制挡板的函数
46. // function drawPanel(context, x, y, pat, height) {
47. //   context.fillStyle = pat
48. //   context.fillRect(x, y, 5, height)
49. // }
50. function drawPanel(context, x, y, pat, height, width = panelWidth) {
51.   context.fillStyle = pat
52.   context.fillRect(x, y, width, height)
53. }
54. ...
55. // 运行
56. function run() {
57.   ...
58.   if (!gameIsOver) {
59.     ...
60.   } else {
61.     context.clearRect(0, 0, canvas.width, canvas.height) // 清屏
62.     context.fillStyle = "whitesmoke" // 绘制烟白色背景
63.     context.fillRect(0, 0, canvas.width, canvas.height)
64.     ...
65.     // context.clearRect(0, 0, canvas.width, canvas.height) // 清屏
66.     drawText(context, canvas.width / 2 - context.measureText(txt).width / 2,
```

```
            canvas.height / 2, txt)
67.       ...
68.     }
69. }
70. ...
71. // 挡板碰撞检测
72. function testHitPanel() {
73.   // if (ballPos.x > (canvas.width - radius - 5)) { // 碰撞右挡板
74.   if (ballPos.x > (canvas.width - radius - panelWidth)) { // 碰撞右挡板
75.     ...
76.   // } else if (ballPos.x < radius + 5) { // 触达左挡板
77.   } else if (ballPos.x < radius + panelWidth) { // 触达左挡板
78.     ...
79.   }
80. }
81. ...
```

上面的代码都修改了什么呢？

- 第 3 行，将小球半径加大为 15px。
- 第 4 行，将挡板高度由 50px 修改为 150px。
- 第 5 行，定义了一个新常量 panelWidth，其值为 10px，代表挡板宽度。
- 第 6 行，定义了一个新常量 bgMusicBtnRect，代表背景音乐按钮的边界。原来这个按钮的位置和大小是写死的，但程序中有两处用到了这个信息，所以现在将其提取出来，在一个地方定义。
- 第 13 行，原来挡板宽度写死了，现在用 panelWidth 将 5 替换掉。
- 第 18 行，将分数文本的绘制颜色修改为 "gray"。
- 第 22 行、第 23 行，小球的绘制颜色保持不变，将路径绘制颜色设置为 "gray"，路径绘制宽度设置为 1。第 25 行，在调用 fill 方法之前调用 stroke 方法，以绘制路径。
- 第 33 行，原背景音乐按钮的绘制坐标是写死的，现在用前面定义的 bgMusicBtnRect 对象重写。
- 第 39 行，背景音乐按钮的大小发生变化后，依据像素进行单击判断的代码也需要同步修改。完成第 33 行、第 39 行的修改后，背景音乐的大小及位置就完全由 bgMusicBtnRect 控制了。
- 第 50 行至第 53 行改写了 drawPanel 方法，为了最大化减少对原代码的影响，在形参尾部添加了一个默认值为 panelWidth 的参数 width，并在第 52 行使用了 width。
- 在游戏结束时，将第 65 行的清屏代码注释掉，先用第 61 行至第 63 行代码清屏，再绘制一个烟白色背景。在测试中发现，多端的默认背景表现不一致，在模拟器中是烟白色，在 PC 微信客户端中变成了黑色，为了避免差异，这里统一将背景绘制成烟白色。
- 第 74 行至第 77 行，在挡板宽度发生变化后，挡板与小球的碰撞检测代码也受到了影响，这里用 panelWidth 将 5 替换掉。

在游戏代码中，像挡板宽度、背景音乐的大小和位置这种在多个地方要用到的信息，都不宜写死，都应该声明为常量或变量。

修改后，PC 微信客户端的预览效果如图 4-1、图 4-2 所示。

效果已经得到了改善。在挡板尺寸扩大后，左挡板在底部时，中间明显有一个分界，这是材质重复造成的。

拓展：如何在测试时静音

背景音乐在测试时会非常吵，可以在微信开发者工具中单击模拟器上方的小喇叭按钮，将其静音，如图 4-21 所示。

将模拟器静音不会影响电脑上其他音乐软件的播放。

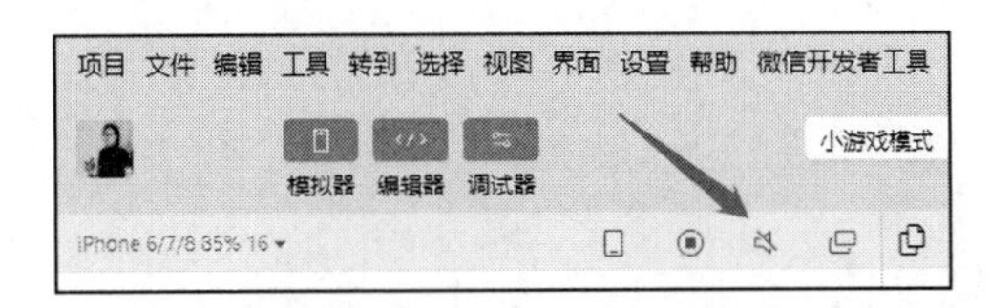

图 4-21　微信开发者工具中的静音按钮

本课小结

本课源码目录参见：disc/ 第 4 章 /4.3。

这节课我们完成了对文本、图像的移植，解决了左挡板在底部不显示的问题，还优化了文本、小球、按钮的 UI 效果。

本章内容结束。现在，我们对原 HTML5 小游戏的移植基本完成了，从第三方平台上移植游戏没有问题了。但微信小游戏平台还有很多 HTML5 不具备的特色功能，目前这个游戏还有一些功能点值得优化。从下一章开始，我们将获取当前微信用户的头像，并将头像绘制到小游戏界面中，这会涉及模态弹窗等平台接口的调用。

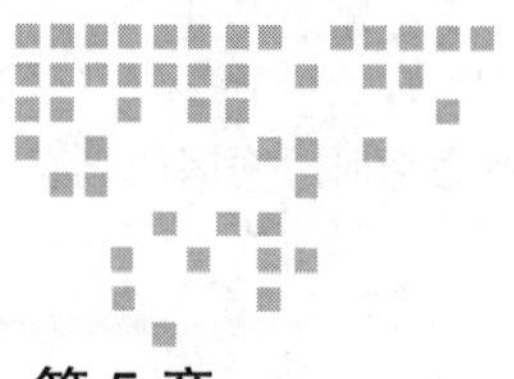

Chapter 5 第5章

移植后对小游戏进行平台功能优化

前面完成了HTML5小游戏的移植工作，本章将利用微信小游戏提供的平台接口，对项目进行初步的本地功能优化，以此来学习对微信小游戏接口的调用。本书实战相关的章节都有相应源码，建议读者边阅读边实践，按照书上步骤，亲自实现相应的功能，如果遇到问题，或者实现的结果与书中不同，再与笔者的源码对照。

第14课 绘制微信用户头像

第13课我们完成了HTML5版本的挡板小游戏到微信小游戏的基本移植，本节课将尝试拉取当前微信用户的头像，并将头像绘制到游戏中。拉取当前微信用户信息，这就涉及小游戏用户私密信息相关的接口调用了，在调用这类接口之前，我们必须先取得用户的授权。

小游戏有哪些授权范围

在小游戏中做什么事情需要先得到用户的授权呢？展示一张图片或绘制一个文本需要授权吗？不需要，因为这些都是被动的、对用户无侵扰的内容展示。当开发者需要获取用户的私隐信息时，例如获取用户的头像、昵称、地理位置、手机号、收货地址等，则必须先获得用户的授权。

在HTML5中，如果用户未与页面发生交互，声音是禁止播放的，那么在小游戏中，声音可以直接播放吗？答案是可以，播放声音不需要授权，或者至少目前是不需要授权的。在小游戏中打开程序后，即使没有任何交互，背景音乐也会直接播放。

在小游戏中需要授权才能拉取和展示的信息，一般都与用户的隐私有关，并且这些需要授权的权限在文档中都有明确的描述。小游戏的授权接口 wx.authorize，可用于向用户发起授权请求，成功调用这个接口后会立刻弹窗，询问用户是否同意授权程序使用某项功能或获取某些数据；如果用户在此之前已经授权，则不会出现弹窗，而是直接返回已有的授权结果。

在小游戏中，微信将需要授权的接口以 scope（范围）划分，多个接口处于同一个 scope 中。授权是针对 scope 进行的，scope 列表如下表所示。

权限	相关接口	操作说明
scope.userInfo	wx.getUserInfo	获取用户信息
scope.userLocation	wx.getLocation、wx.chooseLocation、wx.openLocation	获取地理位置
scope.address	wx.chooseAddress	获取通信地址
scope.invoiceTitle	wx.chooseInvoiceTitle	获取发票抬头
scope.werun	wx.getWeRunData	获取微信运动步数
scope.record	wx.startRecord	使用录音功能
scope.writePhotosAlbum	wx.saveImageToPhotosAlbum、wx.saveVideoToPhotosAlbum	保存文件到相册
scope.camera	wx.createCamera、Camera.takePhoto 等	使用摄像头功能

如果我们想绘制用户头像，首先需要获取用户图像，此时涉及的接口则是 wx.getUserInfo，这个接口对应的 scope 权限是 scope.userInfo。接下来我们就开始主动查询并请求授予 scope.userInfo 权限。

不能直接查询“用户信息”的授权情况

在小游戏中，未经用户允许直接弹窗对用户来说是一种冒犯。scope.userInfo 权限并不能直接通过 wx.authorize 接口查询获得，必须在用户与界面有交互行为之后才能请求获取该权限。

以请求 scope.userInfo 权限为例，将代码修改为如下所示：

```
1.  // JS: disc\第5章\5.1\5.1.2\game.js
2.  ...
3.  // 直接拉取用户信息授权，这种方式已被生产环境禁用
4.  wx.authorize({
5.    scope: "scope.userInfo",
6.    success: function (res) {
7.      console.log("授权结果", res)
8.    }
9.  })
```

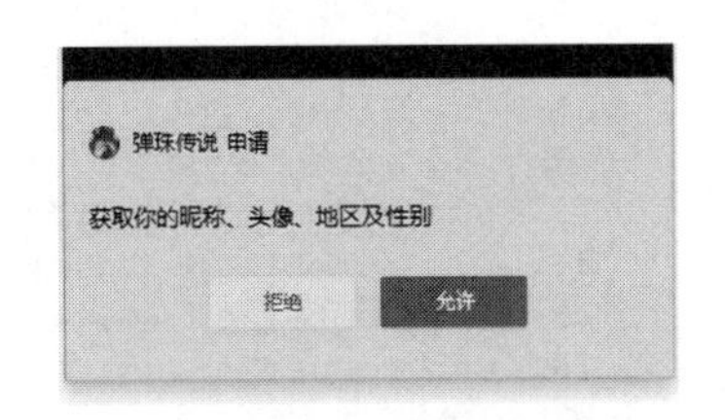

图 5-1 模拟器中的授权提示弹窗

运行代码之后，就会在模拟器中出现授权弹窗提示，效果如图 5-1 所示。

以前在调试区还能收到一个错误提示（见图 5-2），这个提示的大意是 scope.userInfo 权限较为特殊，wx.authorize 接口在用户未授权的情况下，无法继续弹出授权窗口，必须使用 open-type 为 getUserInfo 的 Button 组件，并在组件与用户有交互动作以后再拉取。这个弹窗只能在模拟器中看到，在 PC 微信客户端和手机端微信中看不到。不过，现在新版本的模拟器中已经收不到这个提示了。

使用wx.authorize({scope: "scope.userInfo"})，不会弹出授权窗口，请使用 <button open-type="getUserInfo">授权按钮</button>

图 5-2 未经授权使用接口的提示

那么，在小游戏中如何使用 getUserInfo 类型的 Button 组件呢？

使用 UserInfoButton

不同于小程序有标签代码（WXML），小游戏是没有标签代码的，小游戏中的所有组件都是通过接口创建的。并且创建以后，也不需要开发者像在小程序中那样显式地添加到 WXML 页面中，一般小游戏中的官方 UI 组件都有一个 show 方法，或名称类似 show 的方法，可以直接将组件显示在屏幕上。

wx.createUserInfoButton 接口可以用于创建用户信息按钮，下面我们基于第 13 节课最后的源码开始修改示例，删除所有不必要的注释及已经注释掉的代码后，最终代码如代码清单 5-1 所示。

代码清单 5-1 绘制拉取用户信息的原生按钮

```
1.  // JS: disc\第5章\5.1\5.1.3\game.js
2.  ...
3.  // 直接拉取用户信息授权，这种方式已被生产环境禁用
4.  // wx.authorize({
5.  //   scope: "scope.userInfo",
6.  //   success: function (res) {
7.  //     console.log("授权结果", res)
8.  //   }
9.  // })
10.
11. // 拉取用户头像并绘制
12. let userAvatarImg // 创建代表用户头像的 Image 对象
13. const userInfoButton = wx.createUserInfoButton({
14.   type: "text",
15.   text: "拉取用户信息",
16.   style: {
17.     left: 40,
18.     top: 5,
19.     width: 100,
20.     height: 25,
21.     lineHeight: 25,
22.     backgroundColor: "#ff0000",
23.     color: "#ffffff",
24.     textAlign: "center",
25.     fontSize: 14,
26.     borderRadius: 4
27.   }
28. })
29. userInfoButton.onTap((res) => {
30.   const userInfo = res.userInfo
31.     , avatarUrl = userInfo.avatarUrl
32.   console.log("用户头像", avatarUrl)
33. })
```

上面的代码修改了什么呢？

- 第 13 行至第 28 行，使用 wx.createUserInfoButton 接口创建一个 UserInfoButton 组件，这个接口的参数是一个对象，在参数对象中又有一个 style 样式对象。在这个 style 对象

中，我们设置了坐标位置（第 17 行与第 18 行）、大小（第 19 行与第 20 行）、文本行高（第 21 行）、背景色（红色，第 22 行）、前景文本色（白色，第 23 行）、文本对齐样式（居中对齐，第 24 行）、字体大小（14px，第 25 行）、按钮四角的圆角半径（第 26 行）等。这些样式设置参数是通用的，所有小游戏中以 wx.createXxx 接口创建的组件都具有这些样式。以对象作为参数，当参数特别多时特别有用，因为它有足够的灵活性，其缺点是参数清晰性较弱。

- 第 29 行至第 33 行，为新创建的 UserInfoButton 按钮添加一个 Tap 事件监听，在回调句柄中先从结果对象中获得用户信息对象（userInfo），再从用户信息对象中获取用户头像的地址。

注意，使用 wx.createUserInfoButton 接口创建的 Button 并没有调用 show 或其他方法，但稍后我们会看到，这并不影响这个按钮被绘制在屏幕上，并且这种绘制不会受到画布清屏的影响。

第 29 行在回调函数中返回的 res 对象的每个接口都是不同的，这是 JS 以动态对象作为返回类型的优势。单击 UserInfoButton 组件返回的对象，与以前直接调用 wx.getUserInfo 接口返回的对象是相同的。在小程序刚上线时，wx.getUserInfo 接口是充许直接调用的。当单击 UserInfoButton 按钮时，该操作的含义可以理解为小游戏 / 小程序环境帮助我们调用了 wx.getUserInfo 接口，然后将调用结果通过 Tap 事件的回调函数返回给我们。返回的参数对象包括以下属性。

- userInfo：用户信息对象，不包含 openid、unionid 等平台敏感信息。
- rawData：是一个加密的字符串，用于后端计算签名，不包括原始数据格式的敏感信息。
- signature：用于鉴权验证的签名字符串，是一个使用 SHA1（rawData + session_key）得到的字符串，目的是防止有人在信息传输中偷窥数据。
- encryptedData：加密数据，包括敏感数据在内的完整用户信息的加密字符串，用于在后端解密。
- iv：加密算法的初始向量，用于在后端解密数据。

在上述属性中，只有第 1 个属性对象是明文的，也就是给人读的，后 4 个都是加密的，是给机器看的。小游戏 / 小程序平台的加密 / 解密机制具有共同的特点是，它们基本都是基于 SHA1（Secure Hash Algorithm 1，安全散列算法 1）算法实现的，只要学会了一种解密操作，则所有解密操作就都学会了。SHA1 算法单向不可逆，通过加密后的结果不能直接推导出原文，其解密基本步骤如下。

- 微信服务器针对当前程序中的每个登录用户生成一个 session_key，以此 session_key 使用 SHA1（rawData + session_key）得到 signature（密文串），并将 signature 与其他加密数据一起传给开发者。
- 开发者在后端拿到加密数据以后，需要先获得 session_key。获取方法是在小程序 / 小游戏前端以 wx.login 接口先取得 code，再将 code 传到后端，加上 AppID 与 AppSecret，再通过调用平台的 auth.code2Session 接口拿到 session_key。AppID 与 AppSecret 是机密消息，只能放在服务器端。

- 取得 session_key 以后，先以 SHA1（rawData + session_key）计算出 signature1，然后判断 signature1 是否等于微信服务器传来的 signature，这一步是为防止有人在数据传输过程中恶意篡改数据。
- 如果 signature1 与 signature 相等，视为签名验证通过，然后以名称为 AES-128-CBC 的解密算法，并以 session_key 和微信服务器传来的初始向量 iv 为条件，将加密的 encryptedData 最终解密，拿到所有信息。这个解密算法稍微复杂一点，不过没有关系，微信针对各种主要的编程语言已经提供了解密示例。

具体如何解密，将在编写后端程序时详细介绍。

接下来我们继续看 userInfo 这个对象，它的类型是 UserInfo，包含如下属性。

- nickName：用户昵称。
- avatarUrl ：用户头像图片的 URL。URL 最后一个数值，代表正方形头像大小，可选数值为 0、46、64、96、132，0 代表 640 × 640 的正方形头像，46 表示 46 × 46 的正方形头像，剩余数值以此类推，默认 为 132。用户没有头像时该项为空。若用户更换头像，原有头像 URL 将失效。
- gender：用户性别，0 代表未知（用户未选择）、1 代表男性、2 代表女性。
- country：用户所在的国家。
- province：用户所在的省份。
- city：用户所在的城市，与 country、province 类似，都是自己选择的地区，可能会有“阿尔巴尼亚”这样的名称，城市名并不是基于用户实际所处的地理位置而计算出的结果。
- language：显示的语言，zh_CN 代表简体中文、zh_TW 代表繁体中文。

在当前的示例代码中，我们只用了 avatarUrl 属性。

修改以后，在 PC 微信客户端中的运行效果如图 5-3 所示。

在示例中，使用 wx.createUserInfoButton 接口创建的 UserInfoButton 组件是一个文本按钮，它是基于文本绘制和带圆角效果的矩形绘制，按下此按钮时，按钮状态会有些许变化。参数 type 有两个合法值：一个是 text，此时是文本按钮；另一个是 image，在使用 image 时，可以用一张图片来绘制复杂的按钮，此时它与我们的背景音乐按钮很像，区别是它只有一张图片，而我们的背景音乐按钮有 on、off 两种状态的图片。

在弹出的授权窗口中，可以单击“同意”或“取消”按钮。但是，在单击了“取消”按钮后，调试面板报错了：

```
1.  TypeError: Cannot read property 'avatarUrl' of undefined
2.  // 类型错误：不能访问未定义对象的 avatarUrl 属性
```

这是因为在回调函数中没有进行容错判断，于是我们修改代码，具体如下所示：

```
1.  // JS: disc\第 5 章\5.1\5.1.3_2\game.js
2.  ...
3.  userInfoButton.onTap((res) => {
4.    if (res.errMsg === "getUserInfo:ok") {
```

```
5.       const userInfo = res.userInfo
6.         , avatarUrl = userInfo.avatarUrl
7.       console.log("用户头像", avatarUrl)
8.     } else {
9.       console.log("接口调用失败", res.errMsg)
10.    }
11. })
```

上述代码只有在接口调用成功时，才会返回 UserInfo 对象，因此我们在第 4 行将 res.errMsg 与 "getUserInfo:ok" 进行判断，如果相等，代表接口调用成功。wx API 返回的都是对象，errMsg 是包含在所有接口的返回对象中的属性。如果接口调用成功，接口返回的 errMsg 为 “接口名 + 冒号 +ok”，这里的接口名指的是方法名，例如 getUserInfo、login 等，这些方法名不带 wx 这个前缀。

再次运行，即可看到调试区输出了正确的用户头像的地址：

```
用户头像 https://thirdwx.qlogo.cn/mmopen/vi_32/.../132
```

运行效果与前次一样。

第一次单击 “拉取用户信息” 按钮，会弹出授权提示窗口；第二次单击便不会提示，因为已经授权过了。UserInfoButton 这一类使用 wx.createXxx API 创建的 UI 组件，是微信小游戏环境负责渲染的，不用开发者往画布上绘制，并且在显示层次上，它是位于画布上方的。此外，从运行效果中我们可以看出，小球是位于拉取用户信息底部的。

图 5-4 所示为游戏结束时的画面。

图 5-3 授权提示弹窗

图 5-4 游戏结束画面

清屏操作对 “拉取用户信息” 按钮是无效的，这也说明该按钮不属于画布，它位于由小游戏运行环境管理的一个画布之上的 UI 层中。

思考与练习 5-1：在本节示例的运行效果中，从垂直于屏幕的上下层关系看，为什么小球会位于背景音乐按钮的下方呢？

拓展：为什么要使用全等运算符而不是等号运算符

对于上一节中出现的下列实战代码：

```
1.  // 拉取用户头像并绘制
2.  ...
3.  userInfoButton.onTap((res) => {
4.    if (res.errMsg === "getUserInfo:ok") {
5.      ...
6.    } else {
7.      ...
8.    }
9.  })
```

第 4 行中的 3 个等号（===）是全等运算符，有时也叫恒等运算符。

与恒等运算符相关的是相等运算符，写法是两个等号（==），上面代码的另一个写法是：

```
1.  // 拉取用户头像并绘制
2.  ...
3.  userInfoButton.onTap((res) => {
4.    if (res.errMsg == "getUserInfo:ok") {
5.      ...
6.    } else {
7.      ...
8.    }
9.  })
```

两种等号的区别如下。

- 全等运算符会同时检查两边表达式的值与类型，只有两项都相同时才返回 true，而等于运算符不要求类型相同，只要求值相同。
- 等于运算符可能会伴随着类型的隐式转换，这可能是一个隐患。

等于运算符可能会带来什么隐患？来看一个示例：

```
1.  let a = []
2.  console.log(a == 0)  // 输出：true
3.  console.log(!a == 0) // 输出：true
```

你是不是对输出结果感到奇怪？感叹号代表取反，加或不加感叹号竟然返回的结果都是 true，怎么理解这个结果？

由于第 2 行代码存在隐式类型转换，这相当于依次执行了以下操作。

```
1.  Number(a.toString()) == 0
2.  Number('') == 0
3.  0 == 0
```

第 3 行代码则相当于依次执行了以下操作。

```
1.  Number(!a) == 0
2.  Number(false) == 0
3.  0 == 0
```

虽然两者隐式转换的路径不同，但结果是相同的。

思考与练习 5-2：在 switch 语句中，当比较 case 条件时采用的是全等比较，来看一个示例：

```
1.  let x = 10
2.  switch (x) {
3.  case "10":
4.    console.log(0)
5.    break
6.  default:
7.    console.log(1)
8.  }
```

这段代码会输出什么呢，0 还是 1？

绘制用户头像

现在我们已经获取了用户的头像地址，有地址就能拉取图像，接下来我们开始尝试将微信头像绘制到屏幕上。

可以考虑使用 Image 对象拉取图像，然后在画布上绘制，这招在背景音乐按钮的绘制中已经用过了，下面我们看看怎么实现，具体代码如下：

```
1.  // JS: disc\第5章\5.1\5.1.5\game.js
2.  ...
3.  // 拉取用户头像并绘制
4.  ...
5.  userInfoButton.onTap((res) => {
6.    if (res.errMsg === "getUserInfo:ok") {
7.      ...
8.      // 绘制用户头像
9.      const img = wx.createImage()
10.     img.src = avatarUrl
11.     img.onload = (res) => {
12.       context.drawImage(img, 40, 5)
13.     }
14.   } else {
15.     ...
16.   }
17. })
```

在上面的代码中：

- 第 11 行至第 13 行使用了箭头函数，可以在箭头函数内部使用 this 对象，但箭头函数中的 this 并不等于箭头函数对象本身，它是由箭头函数所在的函数作用域决定的。
- 第 12 行是真正的图像绘制代码，绘制起点坐标是（40, 5）。

重新编译后，单击“拉取用户信息”，头像却不显示，这是为什么呢？这是因为图像没有加载完成吗？

肯定不是，我们是在 onload 回调函数中绘制的头像。

真正的原因是头像在绘制过后，马上被擦除了。我们必须将图像绘制操作放在 render 函数内部，且每次渲染都要让 render 函数参与绘制，于是修改代码，具体如代码清单 5-2 所示。

代码清单 5-2 在 render 函数内部绘制头像

```
1.  // JS: disc\第5章\5.1\5.1.5_2\game.js
2.  ...
3.  // 渲染
4.  function render() {
5.    ...
6.    // 将用户头像绘制到画布上
7.    if (userAvatarImg) context.drawImage(userAvatarImg, 40, 5)
8.  }
9.  ...
10. // 拉取用户头像并绘制
11. let userAvatarImg // 用户头像(Image对象)
12. ...
13. userInfoButton.onTap((res) => {
14.   if (res.errMsg === "getUserInfo:ok") {
15.     ...
16.     img.onload = (res) => {
17.       // context.drawImage(img, 40, 5)
18.       userAvatarImg = img // 加载完成后赋值给用户头像变量
19.     }
20.   } else {
21.     ...
22.   }
23. })
```

在上面的代码中：

- ❑ 第 7 行，在 render 函数中添加了对 userAvatarImg 的持续绘制。
- ❑ 第 18 行，用户头像完成加载后，将其赋值给 userAvatarImg，这个文件变量在第 11 行就声明过了，到现在才发挥作用。

运行效果如图 5-5 所示。

图 5-5 微信头像的第一次绘制效果

在微信开发者工具中，使用哪个微信账号扫码登录的，拉取的便是哪个微信账号的信息。现在用户头像已经绘制出来了，但存在两个问题。

- ❑ 头像尺寸太大。
- ❑ “拉取用户信息”这个红色按钮未及时消失，遮住了头像。可能有读者会问，将头像向下绘制一点，不就挡不住了吗？不，红色按钮应该及时消失，因为此时它已经完成了使命；头像绘制位置的左上角应该在（40, 5）点。

拓展：学习使用箭头函数及判定 this 对象

箭头函数是 ES6 新增的语法，是为了解决 this 关键字陷阱，同时让函数编写更加简洁而设计的一种语法糖。

1. 什么是箭头函数

箭头函数由 3 部分组成：参数、箭头符号（=>）和函数体，它没有原型（prototype），没有自己的 this，也没有 arguments 参数。

在以下代码中，给 onload 属性赋值的是一个匿名函数，匿名函数没有函数名字。

```
1.  img.onload = (res) => {
2.    userAvatarImg = img // 加载完成后赋值给用户头像变量
3.  }
```

以下 4 种定义方式都是匿名函数：

```
1.  let a = function () {... }
2.  (function (x, y) {...}) (2, 3)
3.  function() {... }
4.  let b = () => {... }
```

其中，前 3 种都使用了 function 关键字，第 4 种没有使用 function，但在函数参数与函数体之间使用了箭头符号（=>），这就是箭头函数。包括为 img.onload 赋值的箭头函数，现在已经有 5 处使用了箭头函数，如代码清单 5-3 所示。

代码清单 5-3　使用箭头函数的 5 处代码

```
1.  // JS: disc\ 第 5 章 \5.1\5.1.5_2\game.js
2.  ...
3.  // 渲染
4.  function render() {
5.    ...
6.    for (var i = 0; ; i++) {
7.      ...
8.      set.add(() => {
9.        drawLine(context, startX, y)
10.     })
11.     ...
12.   }
13.   ...
14. }
15. // 监听触摸结束事件，切换背景音乐按钮的状态并重启游戏
16. wx.onTouchEnd((res) => {
17.   ...
18. })
19. ...
20. // 监听触摸移动事件，控制左挡板
21. wx.onTouchMove((res) => {
22.   ...
23. })
24. ...
25. // 拉取用户头像并绘制
26. ...
27. userInfoButton.onTap((res) => {
28.   if (res.errMsg === "getUserInfo:ok") {
29.     ...
```

```
30.     img.onload = (res) => {
31.       ...
32.     }
33.   } else {
34.     ...
35.   }
36. })
```

这5处分别在第8行、第16行、第21行、第27行和第30行。第27行与第30行的箭头函数是包含与被包含的关系，省略的第31行代码访问的res是第30行的实参，不是第27行的res。

思考与练习5-3（面试题）： 能否将new关键字用在箭头函数上？

2. 箭头函数有哪些简写技巧

先来看一下箭头函数函数体的简写技巧。

下面是用function声明的普通函数：

```
1.  function f(x) {
2.    return x * x
3.  }
```

写成箭头函数是：

```
1.  x => x * x
```

一般函数使用return语句来返回函数的最终结果，一个以单独语句作为函数体的箭头函数，可以隐式返回其结果，此时return关键字可以省略，花括号（{}）也可以省略，并且必须省略。

如果要返回一个对象，此时就要注意了，若是单行表达式，仍然这么写的话会报错：

```
1.  x => { foo: x }
```

因为对象的边界符号（{}）和函数体的花括号有语法冲突，所以要改为在外围加一个小括号：

```
1.  x => ({ foo: x })
```

箭头函数也是匿名函数，它简化了函数定义，如果从函数体的行数来划分，箭头函数有两种格式，一种像上面一样，只包含一个单行表达式，连花括号和return关键字都省略掉了，即单行箭头函数；还有一种可以包含多行语句，是多行箭头函数，这时就不能省略花括号和return了，示例代码如下：

```
1.  x => {
2.    if (x < 0) {
3.      return x
4.    } else {
5.      return -x
6.    }
7.  }
```

了解了函数体的简写技巧，接下来我们看一下，对于箭头函数的参数，都有哪些简写技巧。

如果参数不是只有一个，就需要用小括号 () 括起来，例如，对于两个参数的情况，示例代码如下：

```
1.  (x, y) => x * x + y * y
```

对于无参数的情况，示例代码如下：

```
1.  () => Math.PI
```

还可以声明可变参数：

```
1.  (x, y, ...rest) => {
2.    let i, sum = x + y
3.    for (i = 0; i < rest.length; i++) {
4.      sum += rest[i]
5.    }
6.    return sum
7.  }
```

思考与练习 5-4：以下代码的输出会是 [1, 2, 3] 吗？

```
1.  const fn = (...args) => arguments
2.  console.log(fn(1, 2, 3)) // Output: [1, 2, 3]？
```

---

3. 用一张示意图讲明白如何判定 this 对象指向哪里

箭头函数看上去是匿名函数的一种简写，但实际上箭头函数和匿名函数有一个明显的区别：箭头函数内部的 this 关键字所指向的对象是由箭头函数所在的父作用域决定的，并不是箭头函数本身，这是箭头函数除了格式简洁之外最大的用途之一。

我们看看以下代码：

```
1.  const obj = {
2.    name: "LY",
3.    run: function (n) {
4.      const fn = function (n) {
5.        // 这里的this指向全局对象window或GameGlobal，并不指向obj
6.        return `${this.name}${n}`
7.      }
8.      return fn
9.    }
10. }
11. obj.run()(1) // 输出：1
```

在上述代码的第 6 行中，我们想让 this.name 获取到第 2 行的属性值，然而实际情况是，this 并不能如愿以偿地获取到 name 的值 LY。this 在这个示例中具体指向什么，取决于所在的宿主环境，在浏览器中是 window，在小游戏中是 GameGlobal。由于全局对象上并不存在一个名为 name 的值，因此 this.name 未定义，所以最终输出为 1。

注意：第6行中的this为什么返回全局对象呢？因为在JS中，普通函数中的this是一个特殊的动态变量，它在函数定义的时候是确定不了的，只有函数执行的时候才能确定。关于如何确定this，下面有详细的规则讲解。

如果我们想取到obj.name，怎么办呢？在没有箭头函数之前，我们可以这样修改：

```
1.  const obj = {
2.    name: "LY",
3.    run: function (n) {
4.      const that = this
5.      const fn = function (n) {
6.        // 这里的 that 指向 obj
7.        return `${that.name}${n}`
8.      }
9.      return fn
10.   }
11. }
12. obj.run()(2) // 输出: LY2
```

在上面的代码中，第4行声明了一个临时常量that，使其等于this，这时第9行返回的fn实际上是一个裹挟了临时常量that的闭包。that等于obj，第7行that.name等于LY，所以最终输出LY2。

在有了箭头函数以后，可以这样改写：

```
1.  const obj = {
2.    name: "LY",
3.    run: function (n) {
4.      const fn = n => {
5.        // 这里的 this 指向 obj
6.        return `${this.name}${n}`
7.      }
8.      return fn
9.    }
10. }
11. obj.run()(3) // 输出: LY3
```

与上一个示例相比，上述代码没有声明临时常量that，且第4行的fn是用箭头函数声明的。为什么在这里的箭头函数可以帮助我们找到obj这个对象呢？

因为箭头函数没有自己的this，箭头函数中的this指向运行时父级作用域下的this对象。我们可以将箭头函数看作一个Lambda表达式，一个表达式是没有自己的作用域的。而实际上箭头函数有花括号，它是有自己的作用域的，箭头函数内部函数体中的this是它所在的父级作用域中的this。

在上面的代码中，第6行中的this，其实是第3行至第9行run函数所在的作用域里的this。这个作用域里的this，本节上一示例第4行中的that指向相同。

这一个示例和上一个示例都使用了this，但这一个示例中的this是从run函数所在的作用域绑定的，上一个示例中的this是run函数的执行者。

考察代码中的 this 具体指向哪个对象，我们要看 3 个问题，而这其中又涉及 3 条规则。

- 是不是顶级函数？这要看函数是不是全局作用域下的顶级函数，如果是，this 等于全局对象。
- 是不是箭头函数？这要看是不是箭头函数，如果是，将箭头函数看成 Lamda 表达式，以其父函数重新作为考察对象，回到第 1 条规则继续。
- 有没有执行者？如果不是箭头函数，要看被执行的函数有没有执行者：如果有，this 等于执行者；如果没有执行者，this 等于全局对象。

为了更好地理解这 3 条规则，下面用一张示意图来展示，如图 5-6 所示。

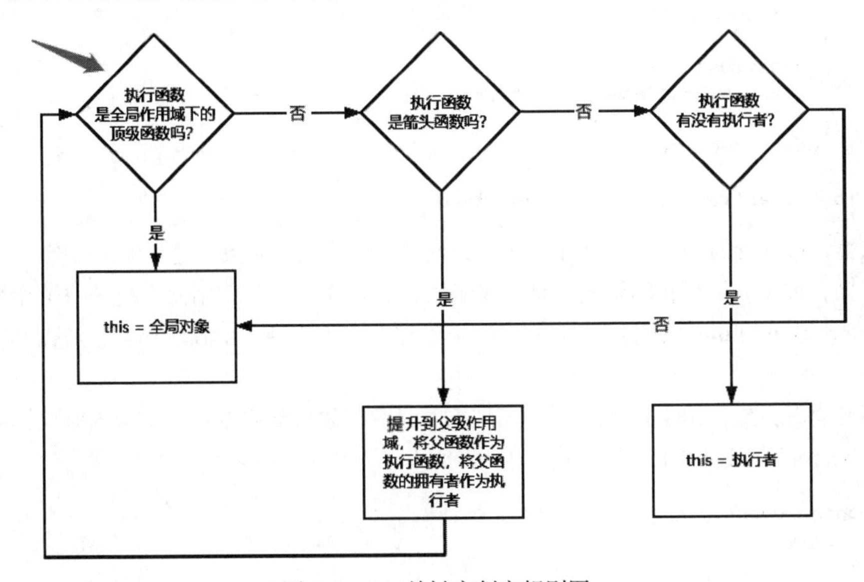

图 5-6　this 关键字判定规则图

针对上述判定规则，我们再看一些具体示例。先来看示例 1。

```
1.  function foo(){
2.    this.name = "LY1"
3.    return () => {
4.      console.log("name", this.name)
5.    }
6.  }
7.  foo()() // 输出: name LY1
8.  console.log(name)  // 输出: LY1
```

在上面的代码中，第 4 行通过 this.name 获取到第 2 行赋值的 LY1。此时 this 指向全局对象，this.name 随时可能被其他代码污染，这个写法是不安全的。这个示例代码的初衷可能是想将 name 限定在 foo 函数之内，但这是行不通的。第 8 行打印 name 值，发现 name 仍然有输出值，这个值便是在第 2 行写入的。

为什么第 4 行的 this 会指向全局对象呢？我们用上面的 3 条规则判定发现：this 所在的函数不是顶级函数，而是箭头函数，函数向上提升一个作用域，相当于取 foo 函数下的 this。因为

foo 函数是一个处在全局作用域下的顶级函数，所以 this 等于全局对象。

注意：示例 1 及以下各示例，都可以在 Chrome 浏览器的 Console 面板中执行，在这个环境中全局对象是 window。每次执行后一定要换一个或刷新 Tab 页面，避免受上一次测试代码的影响。

我们换个写法，在 foo 函数内创建一个内部对象，并在这个对象上声明属性 name，下面来看看示例 2。

```
1.  function foo(){
2.    const country = {
3.        name: "LY2"
4.    }
5.    country.bar = () => {
6.      console.log("name", this.name)
7.    }
8.    return country
9.  }
10. foo().bar() // 输出: name undefined
```

很遗憾，第 6 行的 this 并未指向 country，而是指向了全局对象，这是为什么呢？

按规则，如果 this 所在的函数不是顶级函数，而是箭头函数，则向上提升一个作用域，相当于取 foo 函数下的 this。因为 foo 函数是一个处在全局作用域下的顶级函数，所以 this 等于全局对象。

可能有读者会想，country 是函数作用域下的对象，如果将它变成一个全局对象，情况会不会改变？我们可以通过示例 3 试一下。

```
1.  const country = {
2.    name: "LY3"
3.  }
4.  function foo() {
5.    country.bar = () => {
6.      console.log("name", this.name)
7.    }
8.    return country
9.  }
10. foo().bar() // 输出: name undefined
```

现在 country 已经是一个 foo 函数外部的全局对象了，但第 6 行中的 this 仍然指向全局对象，这是为什么呢？

按判断规则，如果 this 所在的函数不是顶级函数，而是箭头函数，则向上提升一个作用域，因为 foo 函数是一个处在全局作用域下的顶级函数，所以 this 等于全局对象。

可能有读者会想，我不仅将 country 提升到全局作用域，还将包含 this 的箭头函数（示例 3 中的第 5 行至第 7 行）也提升到全局作用域，又会怎样呢？下面来看看示例 4。

```
1.  const country = {
2.    name: "LY4"
3.  }
4.  country.bar = () => {
```

```
5.     console.log("name", this.name)
6.   }
7.   function foo() {
8.     return country
9.   }
10. foo().bar() //   输出: name undefined
11. country.bar() // 输出: name undefined
```

其中第 10 行、第 11 行，无论是通过 foo() 返回的 country 调用，还是通过全局常量 country 直接调用 bar 函数，结果都是一样的，第 5 行中的 this 仍然指向全局对象，这是为什么呢？

按规则，如果 this 所在的函数是顶级函数，那么 this 等于全局对象。

如果我们不用箭头函数，而是将 this 所在的函数改为普通函数呢？下面来看看示例 5。

```
1.  function foo() {
2.    const country = {
3.      name: "LY5"
4.    }
5.    country.bar = function () {
6.      console.log("name", this.name)
7.    }
8.    return country
9.  }
10. foo().bar() // 输出: name LY5
```

从打印结果看，第 6 行中的 this 指向第 2 行声明的对象 country，this.name 成功获取到了值 LY5，这是为什么呢？

按规则，如果 this 所在的函数不是顶级函数，而是普通函数，且它有执行者，其执行者是第 10 行调用 foo() 函数（第一个小括号调用）返回的 country，那么 this 对象等于 country。

示例 5 的第 5 行是通过赋值的方法声明了普通函数，如果将函数直接写在对象的键值对属性里又会怎样呢？下面来看看示例 6。

```
1.  function foo() {
2.    const country = {
3.      name: "LY6",
4.      bar: function () {
5.        console.log("name", this.name)
6.      }
7.    }
8.    return country
9.  }
10. foo().bar() // 输出: name LY6
```

与上一个示例类似，只是 bar 函数声明的方式不同，测试结果是一样的。

这一次我们不让 foo 函数返回对象，而让它返回一个函数，下面来看看示例 7。

```
1.  function foo() {
2.    const country = {
3.      name: "LY7",
4.      bar: function () {
5.        console.log("name", this.name)
```

```
6.       }
7.     }
8.     return country.bar
9.   }
10. foo()() // 输出: name undefined
```

这里第 5 行中的 this.name 获取不到 LY7，this 指向全局对象，这是为什么呢？

按规则，如果 this 所在的函数不是顶级函数，而是普通函数，但它没有执行者，且第 10 行调用 foo() 返回的是函数 bar，函数 bar 不是一个执行者，那么 this 等于全局对象。

再来看示例 8，这次我们将 foo 也放在一个对象里面。

```
1.  const obj = {
2.    name: "LY8-1",
3.    foo: function () {
4.      const country = {
5.        name: "LY8-2",
6.        bar: function () {
7.          console.log("name", this.name)
8.        }
9.      }
10.     return country
11.   }
12. }
13. obj.foo().bar() // 输出: name LY8-2
```

这一次，第 7 行中的 this.name 指向第 5 行定义的 name，this 指向 country，这是为什么呢？

按规则，如果 this 所在的函数不是顶级函数，而是普通函数，且它有执行者，其执行者是第 10 行调用 obj.foo() 返回的 country，那么 this 对象等于 country。

我们将 this 关键字所在的普通函数改为箭头函数试一下，具体如示例 9 所示。

```
1.  const obj = {
2.    name: "LY9-1",
3.    foo: function () {
4.      const country = {
5.        name: "LY9-2",
6.        bar: () => {
7.          console.log("name", this.name)
8.        }
9.      }
10.     return country
11.   }
12. }
13. obj.foo().bar() // 输出: name LY9-1
```

这次第 7 行中的 this 指向了第 1 行的 obj，而非第 4 行的 country，这是为什么呢？

按规则，如果 this 所在的函数不是顶级函数，而是箭头函数，向上提升一个作用域，相当于获取函数 foo 作用域下的 this，以函数 foo 的拥有者 obj 作为执行者，函数 foo 是普通函数，它有执行者 obj，那么 this 对象等于 obj。

示例9的函数foo返回的是一个对象，我们让它返回一个函数再试一下，具体如示例10所示。

```
1.  const obj = {
2.    name: "LY10-1",
3.    foo: function () {
4.      const country = {
5.        name: "LY10-2",
6.        bar: () => {
7.          console.log("name", this.name)
8.        }
9.      }
10.     return country.bar
11.   }
12. }
13. obj.foo()() // 输出: name LY10-1
```

在这个示例中，我们很期望第7行中的this.name返回第5行写下的LY10-2，但事实上它返回了第2行写下的LY10-1，这是为什么呢？

按规则，this所在的函数不是顶级函数，是箭头函数，向上提升一个作用域，相当于获取函数foo作用域下的this，以函数foo的拥有者obj作为执行者。因为函数foo是普通函数，它有执行者obj，所以this对象等于obj。判断方法与示例9是一样的。

示例10与示例7有点像，第一步调用同样是返回一个函数，而不是一个对象。为什么示例7中的this指向全局对象，这次示例中的this就等于obj了呢？根本原因在于示例10发生了作用域提升，在父级作用域中找到了执行者。

假设作用域不提升，我们再看一个示例，具体如示例11所示。

```
1.  const obj = {
2.    name: "LY11-1",
3.    foo: function () {
4.      const country = {
5.        name: "LY11-2",
6.        bar: function () {
7.          console.log("name", this.name)
8.        }
9.      }
10.     return country.bar
11.   }
12. }
13. obj.foo()() // 输出: name undefined
```

示例11与示例10很像，只是第6行声明函数的方式不同，示例10的bar函数是箭头函数，示例11的bar函数是普通函数。

如何判断呢？按规则，this所在的函数不是顶级函数，而是普通函数，且第13行调用obj.foo()函数（第一个小括号调用）返回的是一个函数，因为它没有执行者，所以this等于全局对象。

以上示例都没有涉及类，接下来看一个在对象上调用对象方法的示例，具体如示例12所示。

```
1.  class User {
2.    name = "LY12"
3.    foo() {
4.      console.log("name", this.name)
5.    }
6.  }
7.  const u = new User()
8.  u.foo() // 输出: name LY12
9.  const f = u.foo
10. f()  // 会报出错误，即 TypeError: Cannot read properties of undefined (reading
      'name')
```

第 8 行输出 name LY12，说明第 4 行中的 this 指向了 User 类的实例。第 10 行报错了，错误大意是“类型错误：无法读取未定义的属性 name”，说明此时第 4 行中的 this 又不指向 User 类的实例了。

注意：为什么第 10 行调用 f() 会报错，却不会打印 name undefined 呢？这是因为类是 ES6 语法，在 class 内部，默认开启了 JS 的 use strict，即开启了严格模式。在严格模式下，未定义的属性不能访问，否则报错。

同样一份类代码，调用方法不一样，this 的指向就不同，这也从侧面说明了 **this 纯粹是一个动态关键字，它具体指向谁，完全取决于运行时。**

那么，现在我们想一下，为什么第 10 行调用 f()，却获取不到正确的 this 呢？

按规则，this 所在的函数不是顶级函数，是普通函数（第 3 行的 foo 函数只是简写，它并不是箭头函数），第 9 行返回的 f 是一个函数，而不是一个对象，因为它没有执行者，所以 this 等于全局对象。

再想一下，为什么第 8 行调用 u.foo()，this 又获取到了正确的对象呢？

按规则，如果 this 所在的函数不是顶级函数，而是普通函数，第 9 行调用 u.foo() 时 foo 有执行者，执行者是 u，那么 this 等于类 User 的实例。

调用对象方法返回一个函数，就一定获取不到正确的 this 对象吗？也不一定，下面来看看示例 13。

```
1.  class User {
2.    name = "LY13"
3.    foo() {
4.      return () => {
5.        console.log("name", this.name)
6.      }
7.    }
8.  }
9.  const u = new User()
10. const f = u.foo()
11. f() // 输出: name LY13
```

示例 13 是在示例 12 的基础上修改的，在 foo 函数内，使用箭头函数将代码“包裹”了一下。第 10 行仍返回了一个函数，不是对象，但 this 所在的函数是箭头函数，发生了作用域提升，相当于是在获取函数 foo 作用域下的 this 对象，foo 的拥有者（User 的实例 u）是执行者，所以 this 指向了类 User 的实例 u。

程序员很容易被 JS 的这个动态关键字 this 搞得晕头转向，一不小心写出有 Bug 的代码，通常程序员使用 this 都需要经过本地测试，在发现苗头不对时，马上修改。有一个简单的方法可以避免在普通函数中使用 this 关键字时产生错误，这个方法就是使用 Function.bind 或 Function.call。

bind 允许开发者在运行时动态改变代码执行上下文环境中的 this，call 则是既改变又执行，下面来看看示例 14。

```
1.  class User {
2.    name = "LY14"
3.    foo() {
4.      console.log("name", this.name)
5.    }
6.  }
7.  const u = new User()
8.  u.foo() // 输出: name LY14
9.  const f = u.foo
10. f.call(u) // 输出: name LY14
11. f.bind(u)() // 输出: name LY14
```

示例 14 是从示例 12 修改过来的，类 User 的代码没有修改，只是修改了调用方式。第 10 行使用 call 将 u 绑定为函数的执行者并执行函数，this 等于实例 u；第 11 行，用 bind 绑定 u 为函数的执行者后执行，则 this 也等于实例 u。

以上就是如何在普通函数和箭头函数中判定 this 关键字所指向的具体对象，如仍有疑问，对照示意图多分析几遍示例代码就明白了。

注意：本节在讲解 this 关键字时，没有特意区分函数和方法。一般情况下，属于某个对象的是方法，不属于任何对象的是函数，但从根本上讲它们都是 Function，要么是普通函数，要么是箭头函数。

思考与练习 5-5（面试题）：箭头函数中的 this 指向哪里？

---

4. 箭头函数与普通函数的两个区别

除了 this 对象以外，箭头函数在以下方面与普遍函数存在差异。

（1）箭头函数中没有 arguments 对象

在箭头函数中使用类数组对象 arguments 会报出异常，错误大意是“引用异常：数组 arguments 未定义”。示例代码如下：

```
1.  const f = () => {
2.    console.log(arguments)
3.  }
4.  f() // 报出异常信息，即 ReferenceError: arguments is not defined
```

（2）箭头函数不能用作构造器，不能使用 new 关键字实例化

以下是一个普通函数的示例代码：

```
1.  function Foo(){
2.      this.name = "LY"
3.      this.bar = ()=> console.log("name", this.name)
4.  }
5.  Foo() // 输出：name undefined
6.  const f = new Foo()
7.  f.bar() // 输出：name LY
```

其中：Foo（将其首字母大写是为了接下来把它当作类型使用）是一个普通函数，第 5 行会直接调用它；第 3 行中的 this 指向全局对象；我们将 Foo 用作类型，在第 6 行将其实例化以后，第 3 行中的 this 反而可以取到 Foo 的实例 f 了。

注意：在有了 ES6 的 class 以后，不建议将普通函数当作类型使用。

普通函数可以作为一个类型的构造器用 new 关键字实例化，但是箭头函数不可以。下面来看一个示例：

```
1.  const Foo = () => {
2.    this.name = "LY"
3.    this.bar = () => console.log("name", this.name)
4.  }
5.  const f = new Foo() // 提示 "TypeError: Foo is not a constructor" 错误
```

将箭头函数用作构造器，程序将抛出一个异常，其大意是“类型错误：Foo 不是构造器”。

（3）使用 call 或 apply 方法时，对 this 没有影响

例如：

```
1.  const Foo = () => {
2.    this.name = "LY"
3.    console.log("name", this.name)
4.  }
5.  Foo.call({name: "LY2"}) // 输出：name LY
```

在上面的代码中，Foo 是一个箭头函数，第 5 行试图通过 call 改变 this 对象，但是失败了，this 仍然指向全局对象。

（4）没有 prototype 原型

下面的示例代码试图打印箭头函数的 prototype，输出结果却返回了 undefined：

```
1.  const Foo = () => {
2.    ...
3.  }
4.  console.log(Foo.prototype) // 输出：undefined
```

主动销毁按钮

现在我们在屏幕上已经绘制了用户的微信头像，但绘制完成后，“拉取用户信息”按钮仍然

留在屏幕上。这个按钮在完成使命以后应该移除。所有资源在使用完成后都应该销毁，不仅节约屏幕，也节约内存。

要实现上述功能，可以使用 wx.createUserInfoButton 创建的 UserInfoButton 对象，它有如下方法。

- show：显示按钮。
- hide：隐藏按钮。
- destroy：销毁按钮。
- onTap(callback)：监听按钮的单击事件。
- offTap(callback)：取消监听按钮的单击事件。

其中有一个方法 destroy，可用于销毁按钮，于是我们修改代码：

```
1.  // JS: disc\第5章\5.1\5.1.7\game.js
2.  ...
3.  // 拉取用户头像并绘制
4.  ...
5.  userInfoButton.onTap((res) => {
6.    if (res.errMsg === "getUserInfo:ok") {
7.      ...
8.      userInfoButton.destroy()
9.    } else {
10.     ...
11.   }
12. })
```

第 8 行在获取用户的头像信息后，会调用销毁方法，即从屏幕上移除按钮。运行效果如图 5-7 所示。

这时，用户的微信头像绘制出来后，“拉取用户信息”按钮就消失了。但现在绘制的用户头像，尺寸有点大。

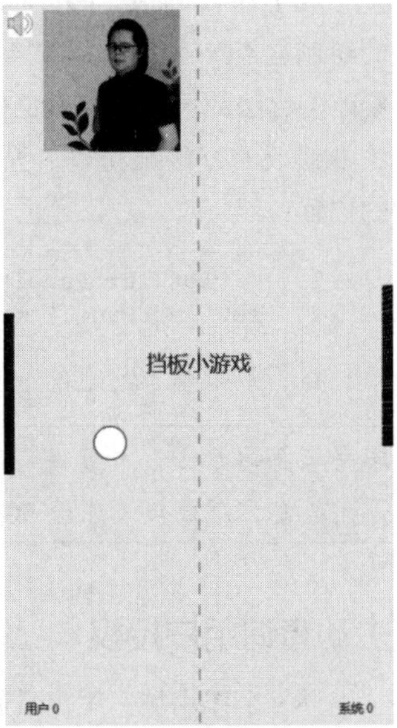

图 5-7 原生按钮销毁了

控制头像大小，让左挡板默认展示

怎么样让头像在绘制时缩小呢？我们可以使用指向小尺寸头像文件的地址，除了这个方法，还有一个更靠谱的方法。

在绘制背景音乐按钮图片时，我们用过 drawImage，因此知道通过调整参数可以控制绘制源图像的大小，于是修改代码：

```
1.  // JS: disc\第5章\5.1\5.1.8\game.js
2.  ...
3.  // 渲染
4.  function render() {
5.    ...
6.    // 在画布上绘制用户头像
7.    // if (userAvatarImg) context.drawImage (userAvatarImg, 40, 5)
8.    if (userAvatarImg) context.drawImage (userAvatarImg, 40, 5, 45, 45)
9.  }
10. ...
```

第 8 行在调用 drawImage 方法时，在尾部添加了两个参数，代表目标绘制区域的占用大小。运行效果如图 5-8 所示。

用户头像大小已经基本正常了，但还有一个关于左挡板的问题，如果游戏开始后，我们没有滑动鼠标，左挡板是不显示的，这个问题应该怎么解决呢？

要查找问题出现的原因，我们看一下以下代码：

```
1.  // JS: disc\ 第 5 章 \5.1\5.1.8\game.js
2.  ...
3.  // 使左挡板发生变化的数据
    // 左挡板的起点 Y 坐标
4.  let leftPanelY = { x: canvas.width / 2, y:
    canvas.height / 2 }
5.  // 监听触摸移动事件，控制左挡板
6.  wx.onTouchMove((res) => {
7.    ...
8.    if (y > 0 && y < (canvas.height - panelHeight))
      { // 溢出检测
9.      leftPanelY = y
10.   }
11. })
12. ...
```

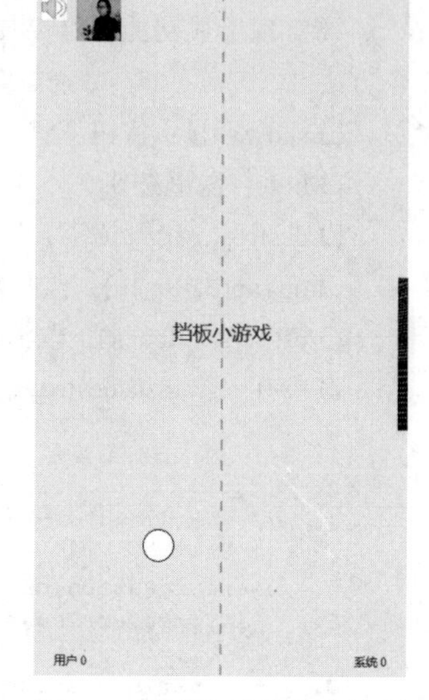

图 5-8 缩小之后的头像绘制效果

在上述代码中，leftPanelY 本应该是一个变量，代表左挡板的绘制起点 Y 坐标，但第 4 行将它声明为一个对象，直到有鼠标移动事件后，才在第 9 行将它修改为合法的值，左挡板也得以展现在画布上。

修改的方法很简单，只需要给 leftPanelY 赋予合法的值就可以了，例如放在屏幕上下中间的位置：

```
1.  // let leftPanelY = { x: canvas.width / 2, y: canvas.height / 2 }
2.  let leftPanelY =  canvas.height / 2 - panelHeight / 2 // 左挡板的起点 Y 坐标
```

运行效果基本与之前一样，默认左挡板是会显示的，截图略。

思考与练习 5-6：本节将头像绘制在屏幕（45, 5）坐标处，大小为 45×45px，请尝试在屏幕右下角绘制，距离屏幕底边 30px，距离右边为 20px，大小仍为 45×45px。

主动查询用户授权

同一个作用域，用户只需要授权一次，这是不是意味着在用户第一次授权以后，我们不需要再展示 UserInfoButton 按钮，而是直接通过 wx.getUserInfo 接口静默拉取用户信息呢？

正是如此。在小游戏中，wx.getSetting 接口可以用于获取用户的当前设置，它的调用示例如下：

```
1.  wx.getSetting({
2.    success(res) {
```

```
3.      if (res.authSetting["scope.userInfo"]) console.log(" 已获得授权 ")
4.    }
5.  })
```

在返回的对象中，会出现用户已经授权过的作用域权限。如果我们主动查询，会看到程序已经拿到了 scope.userInfo 权限，这时候不需要展示“拉取用户信息”按钮了，按此设想修改后的代码如下：

```
1.  // JS: disc\ 第 5 章 \5.1\5.1.9\game.js
2.  ...
3.  // 检查用户授权情况
4.  wx.getSetting({
5.    success: (res) => {
6.      const authSetting = res.authSetting
7.      if (authSetting["scope.userInfo"]) { // 已有授权
8.        wx.getUserInfo({
9.          success: (res) => {
10.           const userInfo = res.userInfo
11.             , avatarUrl = userInfo.avatarUrl
12.           console.log(" 用户头像 ", avatarUrl)
13.         }
14.       })
15.     } else { // 如果首次进入小游戏或拒绝过授权，则需重新授权
16.       //
17.     }
18.   }
19. })
```

因为之前已经授权过，所以第 8 行可以直接通过 wx.getUserInfo 接口拉取到用户信息。

保存代码并运行，在调试面板中可能会出现如图 5-9 所示的一条警告信息。

图 5-9 wx.getUserInfo 接口的使用警告信息

注意：这条警告信息在新版本的微信开发者工具中已经不再出现了，但限制依然存在。

对这条警告信息，官方文档有如下说明：

为优化用户体验，将逐步不再支持使用 wx.getUserInfo 接口直接弹出授权框的开发方式。从 2018 年 4 月 30 日开始，小程序与小游戏的体验版、开发版调用 wx.getUserInfo 接口，将无法弹出授权询问框，默认调用失败。

现在我们增加了已获得授权情况下的代码，对于原来未授权的情况仍然需要支持。于是整合之前的旧代码，如果查询到已获得授权，直接通过 wx.getUserInfo 接口获取用户头像地址；如果未获得授权，则展示 UserInfoButton 按钮。我们按这个思路修改代码，具体如代码清单 5-4 所示。

代码清单 5-4 优化用户信息拉取代码

```
1.  // JS: disc\第5章\5.1\5.1.9\game.js
2.  ...
3.  // 拉取用户头像并绘制
4.  let userAvatarImg // 用户头像(Image对象)
5.
6.  // const userInfoButton = wx.createUserInfoButton({
7.  //   ...
8.  // })
9.  // userInfoButton.onTap((res) => {
10. //   ...
11. // })
12.
13. // 检查用户授权情况
14. wx.getSetting({
15.   success: (res) => {
16.     const authSetting = res.authSetting
17.     if (authSetting["scope.userInfo"]) { // 已有授权
18.       wx.getUserInfo({
19.         success: (res) => {
20.           const userInfo = res.userInfo
21.             , avatarUrl = userInfo.avatarUrl
22.           console.log("用户头像", avatarUrl)
23.           downloadUserAvatarImage(avatarUrl) // 加载用户头像
24.         }
25.       })
26.     } else { // 如果首次进入小游戏或拒绝过授权，则需重新授权
27.       getUserAvatarUrlByUserInfoButton()
28.     }
29.   }
30. })
31.
32. // 从头像地址加载用户头像
33. function downloadUserAvatarImage(avatarUrl) {
34.   const img = wx.createImage()
35.   img.src = avatarUrl
36.   img.onload = (res) => {
37.     userAvatarImg = img // 为用户头像图像变量赋值
38.   }
39. }
40.
41. // 通过 UserInfoButton 拉取用户头像地址
42. function getUserAvatarUrlByUserInfoButton() {
43.   const userInfoButton = wx.createUserInfoButton({
44.     type: "text",
45.     text: "拉取用户信息",
46.     style: {
47.       left: 40,
48.       top: 5,
49.       width: 100,
50.       height: 25,
51.       lineHeight: 25,
52.       backgroundColor: "#ff0000",
53.       color: "#ffffff",
54.       textAlign: "center",
```

```
55.         fontSize: 14,
56.         borderRadius: 4
57.       }
58.     })
59.     userInfoButton.onTap((res) => {
60.       if (res.errMsg === "getUserInfo:ok") {
61.         const userInfo = res.userInfo
62.           , avatarUrl = userInfo.avatarUrl
63.         console.log("用户头像", avatarUrl)
64.         downloadUserAvatarImage(avatarUrl) // 加载用户头像
65.         userInfoButton.destroy()
66.       } else {
67.         console.log("接口调用失败", res.errMsg)
68.       }
69.     })
70. }
```

上面的代码发生了什么呢?

- 第6行至第11行是直接用按钮获取用户信息的旧代码，要全部注释掉，同样的代码在修改后移到第43行至第69行，并将其作为新函数 getUserAvatarUrlByUserInfoButton 的函数体。这个新函数仅被调用一次，我们也可以将它的函数体代码复制到第27行的位置，但将其独立出来，可以让代码结构更清晰。
- 第33行至第39行是新定义的 downloadUserAvatarImage 函数，这个函数在两个地方被调用：一处是第64行，即在通过单击按钮获取到用户头像的地址后；另一处是23行，即通过 wx.getUserInfo 接口直接拉取到用户头像的地址后。
- 第14行至第30行是逻辑入口，先检查授权情况，如果已经授权了，则直接通过 wx.getUserInfo 接口静默拉取；如果还未授权，或用户取消过授权，则执行原来通过单击按钮获取授权信息的老代码。

代码修改完了，准备测试。由于只需要授权一次，因此在测试前需要单击工具栏区的“清缓存”下拉菜单，选择“清除授权数据”或“全部清除”命令，均有效，如图5-10所示。

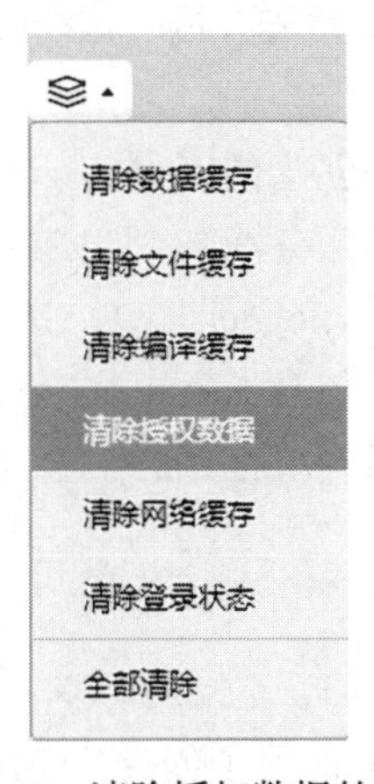

图 5-10　清除授权数据的操作

在这个下拉菜单中还包括其他清除选项，可以满足我们不同的清除缓存数据的需求。

清除授权数据后，在 PC 微信客户端预览，效果如图 5-11 所示。

我们又看到了授权窗口，单击“允许”按钮后运行程序，效果与之前一样。

图 5-11 清除授权缓存后的效果

拓展：如何在测试中清理缓存

如果我们是在手机上测试的，或者是在 PC 微信客户端中测试的，如何清除授权数据呢？此外，在这个下拉菜单中，每一项清除功能在手机端、PC 微信客户端又是怎么对应的呢？

提到清除功能，一共包含 6 种，下面来分别看一下。

- 清除数据缓存：这个清除功能仅限于在微信开发者工具中使用，相当于在调试区的 Storage 面板中清除缓存，在其他端可以通过 wx.clearStorage 接口清除，效果等同。
- 清除文件缓存：这个功能在手机端、PC 微信客户端都没有，仅限于在微信开发者工具中使用。
- 清除编译缓存：项目仅限于在微信开发者工具中编译，所以这个功能也仅限于在该工具中使用。
- 清除授权数据：这个清除授权的功能是影响所有端的，因为授权数据是存储在微信服务器上的，在一端清除后，其他端自动清除。在手机端和 PC 微信客户端有 3 个方法清除：第一个方法是通过单击右上角胶囊状按钮区域的“…”菜单，选择“设置”命令，打开小程序 / 小游戏设置界面，将对应权限关闭；第二个方法是通过 wx.openSetting 接口打开小程序 / 小游戏设置界面，再手动进行关闭；第三个方法是将小程序 / 小游戏删除，删除后授权数据就会自动清除。无论采用哪个端的哪种关闭功能，只要在一处进行操作，所有端都会受影响。
- 清除网络缓存：网络是与宿主环境相关的，该清除功能也仅限于在微信开发者工具内发生效用。
- 清除登录状态：这里的登录状态是指使用 wx.login 接口从微信服务器上取得的登录凭证，是与服务器相关的，存储在微信服务器上。即使在手机或 PC 微信客户端上没有对应的清除功能，在代码上也没有一个 wx.logout 接口，只要登录状态在某一端清除，那么其他端也会自动清除。登录状态的有效值是 5 分钟，5 分钟后会自动失效，缓存也会自动清除。

在这些清除功能中，最常用也是最有用的功能当数“清除授权数据”功能。

本课小结

本课源码目录参见：disc/ 第 5 章 /5.1。

这一节我们成功绘制了用户头像，练习了创建及使用 UserInfoButton 组件的技巧，在实践过程中我们学习了全等运算符、箭头函数，以及如何判定函数中 this 对象的含义、如何调用平台接口主动查询用户的授权情况等内容。下节课将进一步优化游戏体验，添加一些信息弹窗提示，以优化游戏的交互性和及时反馈性。

第 15 课　添加游戏反馈

第 14 课主要完成了对微信用户头像的拉取和绘制，这节课我们尝试在小游戏特定的时间节点添加一些互动提示，例如在用户得分时添加一个得分弹窗提示，并且这个提示会自动消失；再如在游戏结束时弹出一个弹窗，当用户单击“确定”按钮时让游戏重启，等等。

我们要想办法在用户得分时给用户一个界面提示。

添加 Toast 提示

使用 wx.showToast 接口可以展现一个延迟自动关闭的弹窗，我们可以用它展示一个得分窗口。wx.showToast 的调用语法为：

```
1.  promiseResult wx.showToast(Object args)
```

和所有小游戏接口一样，这里的参数是一个对象，在参数对象内支持如下属性。

- title：在窗口中显示的提示文本内容。
- icon：图标。
- image：自定义图标的本地路径，优先级高于 icon。
- duration：展示时间，默认 1500 ms，时间结束后自动消失。
- mask：是否显示透明蒙层，防止触摸穿透，默认为 false。

我们下面开始应用这个接口。基于第 14 课的最终源码，删除所有不必要的注释和已经注释掉的代码，修改后的代码如代码清单 5-5 所示。

代码清单 5-5　添加得分提示

```
1.  // JS: disc\第 5 章\5.2\5.2.1\game.js
2.  ...
3.  let speedX = 4 // 2
4.  let speedY = 2 // 1
5.  ...
6.  // 挡板碰撞检测
7.  function testHitPanel() {
8.    if (ballPos.x > (canvas.width - radius - panelWidth)) { // 碰撞右挡板
9.      ...
10.   } else if (ballPos.x < radius + panelWidth) { // 触达左挡板
11.     if (ballPos.y > leftPanelY && ballPos.y < (leftPanelY + panelHeight)) {
12.       ...
13.       // 玩家得分提示
14.       wx.showToast({
15.         title: "1 分",
16.         duration: 1000,
17.         mask: true
```

```
18.         })
19.       }
20.     }
21. }
22. ...
23. // 依据分数判断游戏状态是否结束
24. function checkScore() {
25.   if (systemScore >= 3 || userScore >= 2) { // 逻辑或运算
26.     gameIsOver = true // 游戏结束
27.     console.log("游戏结束了")
28.   }
29. }
30. ...
```

上面的代码发生了什么呢？

- 第 14 行至第 18 行是新增的弹窗代码。这里的提示文本是写死的“1 分”，如果得分是动态的，还可以使用模板字符串将动态得分文本嵌入提示文本中。
- 第 25 行将原检查条件 userScore >= 1 修改为了 userScore >= 2，这是为了让用户得到 1 分后，游戏仍然可以继续。为了方便以后的测试，在完成本节测试后，可以将限定分数再修改回去。
- 第 3 行和第 4 行，将 speedX、speedY 的速度加倍，这是为了在测试时节省时间。

运行效果如图 5-12 所示。

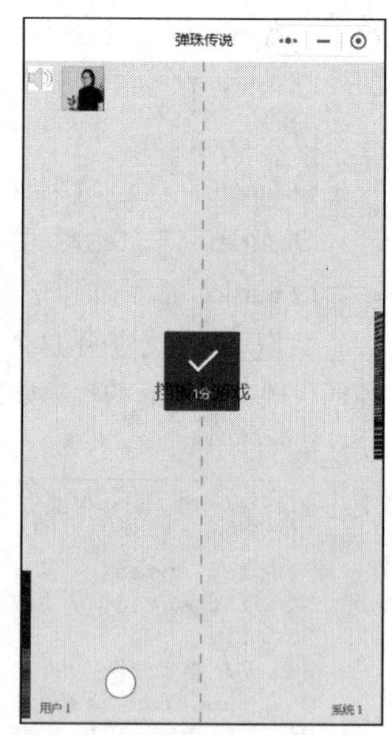

图 5-12 得分提示

如果我们不修改游戏结束的分数判定条件，仍然可以看到弹窗，只是背景是游戏结束的背景。使用 wx.showToast 创建的弹窗和使用 wx.createUserInfoButton 创建的按钮一样是位于画布之上的。

现在通过 Toast 弹窗可以显示得分提示了，接下来我们尝试给它添加一个图标。

在提示窗口中自定义 icon

在 wx.showToast 接口的参数对象中，使用 image 属性可以自定义一个 icon，这个属性的合法值是字符串，它支持的选项为 success、error、loading 和 none。各个图标对应的效果依次如图 5-13 所示。

图 5-13 icon 图标效果

这些 icon 选项的 UI 效果都不错。假设这些 icon 选项都不合适，我们还可以使用 image 自定义 icon 图标。

在图标网站（例如 www.flaticon.com 或 www.iconfont.cn）上下载一个“+”形图标，大小选择 32 × 32，颜色设置为 #EE5830，并将其添加至项目本地 static/images 目录下，命名为 add.png。

如果创建代码片段时没有选择自定义目录，或者不清楚具体项目的目录在哪里，那么如何快速找到项目的目录呢？

在微信开发者工具的“资源管理器”面板中选中 images 目录，并右击打开快捷菜单，如图 5-14 所示。

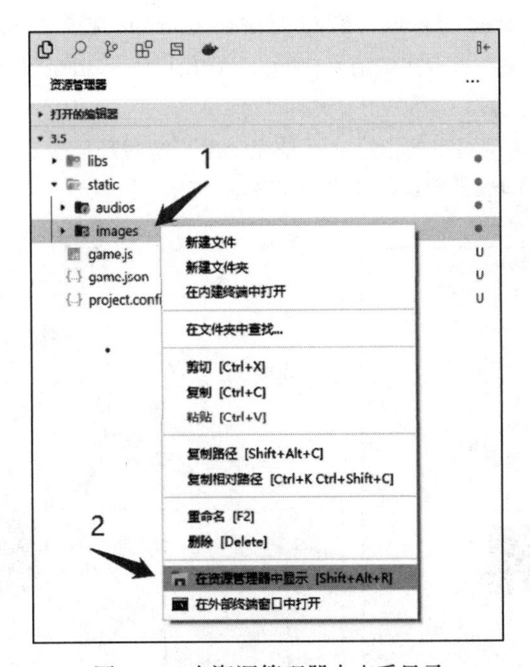

图 5-14　在资源管理器中查看目录

选择“在资源管理器中显示”命令，即可打开 images 所在的本地系统目录。

注意：在微信开发者工具的旧版本中，选择 images 目录后，面板上会有一个“…”按钮，单击后可以打开本地目录。随着版本的更新，这个功能可能还会变化，请读者以官方的文档描述为准。

下面我们开始修改代码：

```
1.  // JS：disc\第 5 章\5.2\5.2.2\game.js
2.  // 挡板碰撞检测
3.  function testHitPanel() {
4.    if (ballPos.x > (canvas.width - radius - panelWidth)) { // 碰撞右挡板
5.      ...
6.    } else if (ballPos.x < radius + panelWidth) { // 触达左挡板
```

```
7.      if (ballPos.y > leftPanelY && ballPos.y < (leftPanelY + panelHeight)) {
8.        ...
9.        // 玩家得分提示
10.       wx.showToast({
11.         title: "1分",
12.         duration: 1000,
13.         mask: true,
14.         icon: "none",
15.         image: "static/images/add.png"
16.       })
17.     }
18.   }
19. }
```

其中，第 14 行设置 icon 为 none，第 15 行添加了 image 选项。image 优先级高于 icon，即使不设置 icon 为 none，也不影响测试结果。image 路径仍然从 static 开始，没有“./”前缀。效果如图 5-15 所示。

图标显示的大小并不是固定的，尺寸不是完全由小游戏环境决定的，上面使用的图片大小是 32px，如果我们换成 64px，则运行效果如图 5-16 所示。

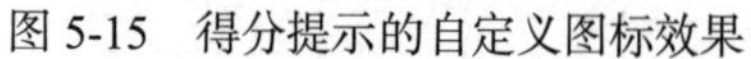
图 5-15　得分提示的自定义图标效果

图 5-16　64px 的自定义图标效果

从测试效果上看，在模拟器中选用 iPhone6 机型时，64px 大小的图片更为合适。

使用模态弹窗

之前在游戏结束时，我们是在屏幕上绘制了一个“游戏结束”的提示文本，现在能否加一个有交互性的模态弹窗呢？在这个模态弹窗上有“确定”和“取消”按钮，当选择“确定”按钮时游戏重启。

wx.showToast 接口显示的窗口只有 Toast 提示，不能进行交互，而 wx.showModal 接口可用于显示模态弹窗，这个接口的参数对象有如下属性。

- title：提示窗口的标题。
- content：提示窗口中间显示的内容。
- showCancel：是否显示取消按钮，默认为 true。
- cancelText：取消按钮的文字，默认为“取消”，最多 4 个字符。
- cancelColor：取消按钮的文字颜色，并接收一个格式为十六进制的颜色字符串，默认为 #000000，黑色。
- confirmText：确认按钮的文字，默认为“确定”，最多 4 个字符。
- confirmColor：确认按钮的文字颜色，默认为 #3cc51f，是一个格式为十六进制的颜色字符串。在小游戏的接口参数中，只要涉及颜色，都默认使用十六进制的颜色字符串。

接下来我们在游戏结束时添加一个模态弹窗提示，模态弹窗上有“确定”和“取消”按钮。单击“确定”按钮，游戏重新开始，修改后的代码如代码清单 5-6 所示。

代码清单 5-6　使用模态弹窗

```
1.  // JS: disc\第 5 章\5.2\5.2.3\game.js
2.  ...
3.  // 监听触摸结束事件，切换背景音乐按钮的状态并重启游戏
4.  wx.onTouchEnd((res) => {
5.    ...
6.    // 重启游戏
7.    if (gameIsOver) {
8.      // playHitAudio()
9.      // userScore = 0 // 重设游戏变量
10.     // systemScore = 0
11.     // gameIsOver = false
12.     // ballPos = { x: canvas.width / 2, y: canvas.height / 2 } // 重设小球位置
13.     // run()
14.     // playBackgroundSound()
15.     restart()
16.   }
17. })
18. ...
19. // 运行
20. function run() {
21.   ...
22.   if (!gameIsOver) {
23.     ...
24.   } else {
25.     ...
26.     // 游戏结束的模态弹窗提示
27.     wx.showModal({
28.       title: "游戏结束",
29.       content: "单击【确定】重新开始",
30.       success(res) {
31.         if (res.confirm) {
```

```
32.             restart()
33.           }
34.         }
35.       })
36.     }
37. }
38. // 重新开始游戏
39. function restart() {
40.   playHitAudio()
41.   userScore = 0 // 重设游戏变量
42.   systemScore = 0
43.   gameIsOver = false
44.   ballPos = { x: canvas.width / 2, y: canvas.height / 2 } // 重设小球位置
45.   run()
46.   playBackgroundSound()
47. }
48. ...
```

上面的代码发生了什么呢？我们来看一下。

- 第 39 行至第 47 行是一个新增的函数 restart，这个函数的所有函数体代码原来位于第 8 行至第 14 行。
- 第 8 行至第 14 行代码被注释掉，改为调用 restart 函数。
- 第 27 行至第 35 行新增了对 wx.showModal 接口的调用，第 32 行调用了 restart 函数。

为什么在本节要将游戏重启的代码抽离出来，放在新函数 restart 中呢？因为现在有两个地方要调用重启代码。代码重构是伴随着需求增长、变化而进行的，并不是软件设计之初就已经决定好的。运行效果如图 5-17 所示。

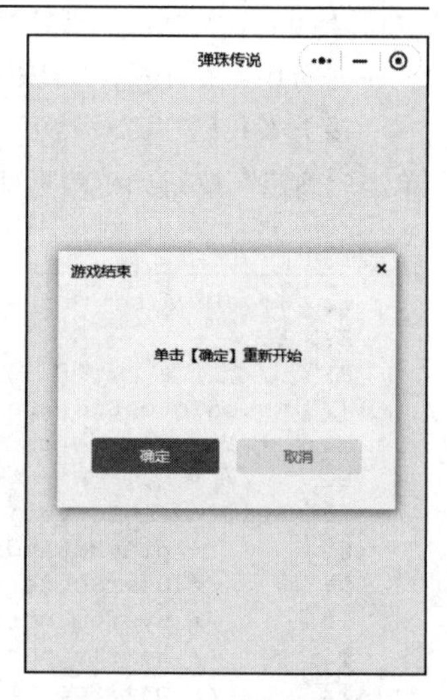

图 5-17 模态弹窗效果

模态弹窗不仅可以显示在画布之上，还可以显示在 Toast 弹窗之上，模态弹窗在由小游戏环境管理的 UI 层中也处于顶层位置。

思考与练习 5-7：尝试修改游戏结束时的模态弹窗提示，修改确认按钮的文本为“是”、取消按钮的文本为“否”、确认文本颜色为红色、取消文本颜色为灰色。

拓展：游戏渲染的帧率可以修改吗

小游戏的最大帧率是 60 帧 /s，这个帧率我们可以修改吗？

小游戏设计了一个接口 wx.setPreferredFramesPerSecond(Number fps)，我们通过该接口可以修改渲染帧率。帧率修改后，requestAnimationFrame 函数的回调频率也会发生改变。requestAnimationFrame 函数表示在下次重绘时执行某个函数。在我们的小游戏项目代码中已经用过这个函数，它是一个全局 API，但并不是以 wx 开头的，这么设计可能是为了与 HTML5 保持一致的风格。在 HTML5 中，这个方法也是全局的。与 requestAnimationFrame 配套的 API 是

cancelAnimationFrame(number requestID)，用于取消一个之前通过调用 requestAnimationFrame 函数启动的帧回调请求。

但是 wx.setPreferredFramesPerSecond(Number fps) 接口的参数 fps 的有效范围是 1 ～ 60，默认频率是 60 帧 /s，参数的最大值也是 60，这意味着帧率不能改大，只能改小。

如果我们强制给它一个不能接受的数字会怎样呢？例如 120：

```
1.  // 修改渲染频率
2.  wx.setPreferredFramesPerSecond(120)
```

修改后的代码不会报错，但也不能达到 120 帧 /s，如图 5-18 所示。

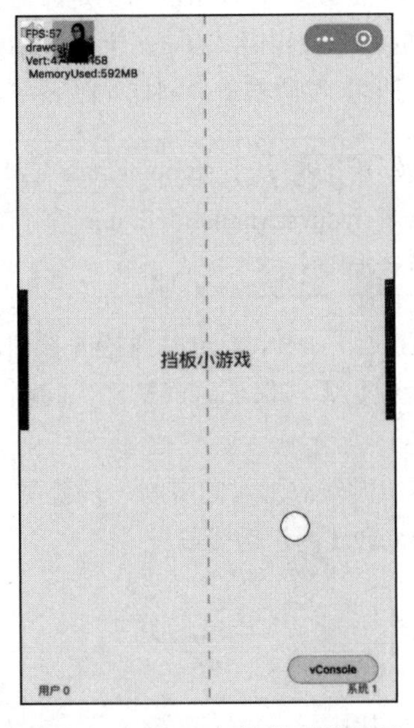

图 5-18　手机上的性能预览效果

实时帧率有时是 60 帧 /s，有时略小于 60 帧 /s。

注意：在旧版本的调试信息中还包括 MinFPS、RT-FPS、RT、EX-FPS 等信息，现在这些信息在新版本中看不到了。其中 MinFPS 代表最小帧率，RT-FPS 是实时帧率，RT 是实时时间，EX-FPS 是理论上的最大帧率。

本课小结

本课源码目录参见：disc/ 第 5 章 /5.2。

这节课主要给小游戏添加了 Toast 提示和模态弹窗，下节课我们把时间限制加上，如果 30s 的游戏时间到了，即使双方都没有拿到足够的分数，游戏依然会结束。时间限制是游戏中的一个常见设定，加上时间限制可以让游戏逻辑更加完整。

第 16 课 添加超时限制

第 15 课主要在游戏中添加了一些交互提示，这节课我们尝试给游戏添加一个时间限制，例如 30s。

那么如何在 30s 后让游戏停止呢？之前在创建动画时曾经使用过定时器，我们可以使用 setTimeout 延时执行一个回调函数，在这个回调函数中让游戏结束。

限制游戏 30s 结束

在本书前面的课程中，我们已经了解过 JS 中的两个定时器。

- setTimeout：设定一个定时器，在定时（以 ms 计）到期以后执行注册的回调函数。
- setInterval：设定一个定时器，按照指定的周期（以 ms 计）来执行注册的回调函数。

注意： 除了以上两个定时器以外，还有一个 setImmediate 定时器，它相当于一个延时为 0 的 setTimeout 定时器。有些教程还会将 requestAnimationFrame 看作定时器，这也并无不可，毕竟它像 setTimeout 一样，也是在一定时间之后执行某个回调函数，只是延时的时间不需要开发者操心。

---

setTimeout 是在一定时间后执行，setInterval 是每隔一段时间执行一次，这两个定时器虽然都明确指定了时间，但是在执行中仍无法保证时间精确，间隔与延时的实际时间均受限于视图渲染的帧率。

接下来我们尝试使用定时器给游戏添加时间限制，只需要在时间结束时将 gameIsOver 的值置为 true 即可，下面是使用 setInterval 的示例代码：

```
1.  setInterval(function () {
2.    gameIsOver = true
3.  }, 1000 * 30)
```

但这个 setInterval 是每过 30s 就执行一次，幸好 wx.showModel 每次同时仅能显示一个，否则会产生很多重叠的窗口。

clearInterval 可取消由 setInterval 方法设置的定时器，修改后的代码如下：

```
1.  let gameOverId = setInterval(function () {
2.    clearInterval(gameOverId)
3.    gameIsOver = true
4.  }, 1000 * 30)
```

还有更简单的方法，既然确定代码只需要执行一次，可以使用 setTimeout 定时器。我们基于第 15 课的最终源码，删除其中所有不必要的注释及已经注释掉的代码，修改后的最终代码如下：

```
1.  // JS: disc\第 5 章\5.3\5.3.1\game.js
2.  ...
3.  let userScore = 0 // 用户分数
4.    , systemScore = 0 // 系统分数
5.    , gameIsOver = false // 游戏是否结束
6.  ...
```

```
7.  run()
8.  // 限制游戏时间
9.  setTimeout(function () {
10.   gameIsOver = true
11. }, 1000 * 30)
12. ...
```

上面的代码发生了什么呢？第 9 行至第 11 行是新增的定时器代码，30s 后将 gameIsOver 设置为 true。一旦 gameIsOver 为 true，意味着游戏结束。

游戏运行效果如图 5-19 所示。

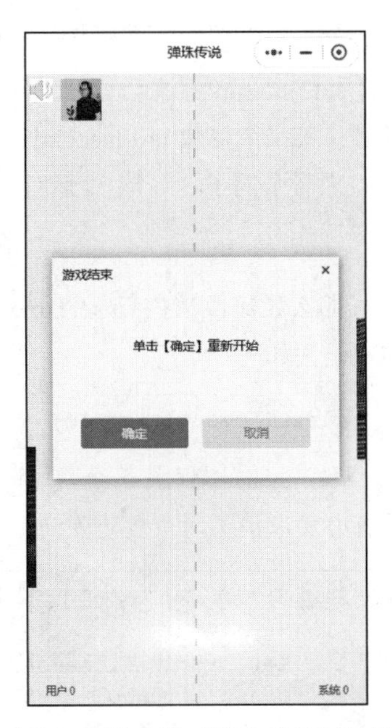

图 5-19　游戏限时结束的运行效果

可以看到，游戏角色的分数都为 0，但游戏还是因超时结束了。但当我们单击“确定”按钮重新开始游戏时，游戏又没有时间限制了，这说明我们的限时代码还有瑕疵。

拓展：复习定时器的使用

定时器是 JS 中主动执行异步代码的主要方式之一。在下面这段实战代码中，setTimeout 便是延迟定时器函数。

```
1.  setTimeout(function () {
2.    gameIsOver = true
3.  }, 1000 * 30)
```

1. 如何使用定时器

在设定的时间间隔之后执行代码的事件称为定时器事件。

在 JS 中使用定时器事件是很容易的，主要有如下两个方法。

- setInterval：以间隔指定的毫秒数重复执行指定的代码；
- setTimeout：在规定的毫秒数后执行指定代码一次。

setInterval 方法调用语法为：

```
let timerId = setInterval(callback, milliseconds)
```

第一个参数 callback 是函数（Function），第二个参数 milliseconds 是间隔的毫秒数。注意，1000ms 是 1s。

来看个例子，每 3s 打印 "LY" 的示例代码如下：

```
setInterval(() => console.log("LY"), 3000)
```

定时器的回调函数并不限制使用普通函数或箭头函数。一般情况下，如果我们没有在函数内使用 this，就可以使用箭头函数。

如何停止执行定时器事件呢？

clearInterval 方法用于停止 setInterval 方法执行的回调函数，其调用语法为：

```
clearInterval(timerId)
```

要使用 clearInterval 方法，则在创建定时器时必须保存 setInterval 返回的定时器编号。

如果我们只想让定时器事件发生一次，怎么办呢？

可以使用 setTimeout 方法，其调用语法为：

```
let timerId = setTimeout(callback, milliseconds)
```

setTimeout 方法会返回一个定时器编号 timerId。setTimeout 的第一个参数 callback 是回调函数，第二个参数 milliseconds 指示从当前时间起，多少毫秒后执行回调函数。

来看个例子，等待 3s 后打印 "LY" 的示例代码如下：

```
setTimeout(() => console.log("LY"), 3000)
```

那么如何取消执行 setTimeout 方法设置的定时器事件呢？可以使用 clearTimeout 方法，其调用语法如下：

```
clearTimeout(timerId)
```

取消定时器仅限于回调代码被触发之前，如果回调函数已经被送往主线程排队执行了，就没有办法取消了。重复清除同一个定时器，代码并不会报错。

思考与练习 5-8：我们来看以下代码。

```
1.  let startMilliseconds  = new Date().getTime(), n = 0
2.  const timerId = setInterval(function () {
3.    let now = new Date().getTime()
4.    console.log(now - startMilliseconds) // 打印与上次执行的时间差
5.    startTime = now
6.    if (++n >= 5) clearInterval(timerId) // 打印 5 次后清除定时器
7.  }, 100) // 每 100ms 执行 1 次
```

new Date() 的结果是一个对象，它会返回当前时间，它的 getTime() 方法会返回当前的毫秒数。定时器间隔是 100ms，那么第 4 行的打印结果会是 5 个 100 吗？

---

2. 定时器编号是连续的且以线程分隔

setTimeout 和 setInterval 都会返回一个定时器编号，它们在一个线程内共用一个编号池，且都是从小到大递增的。也就是说，如果 setTimeout 返回的一个定时器编号是 5，那么后面 setInterval 返回的定时器编号绝不会小于或等于 5。

clearTimeout 与 clearInterval 是用于清除定时器的，既然两类定时器的编号池是共享的，那么这两个清除定时器的方法也是可以共用的。也就是说，**clearTimeout 可以清除 setInterval 设定的定时器，同理 clearInterval 也可以清除 setTimeout 设定的定时器。**

在下面的示例代码中，第 1 行与第 4 行开启的两个定时器不会触发，也不会有任何打印输出：

```
1.  let timerId1 = setInterval(() => {
2.    console.log("100")
3.  }, 500)
4.  let timerId2 = setTimeout(() => {
```

```
5.     console.log("200")
6.   }, 500)
7.   clearTimeout(timerId1)
8.   clearInterval(timerId2)
```

3. 如何理解定时器的执行时机

定时器中的回调函数是从异步线程推向主线程的，回调函数先进行排队，待主线程有资源再执行。

下面来看一个定时器示例，通过这个示例可以理解定时器的执行时机：

```
1.  const obj = {
2.    name: "LY",
3.    foo: function () {
4.      console.log("name", this.name)
5.    }
6.  }
7.  setTimeout(obj.foo, 50) // 输出：name
```

在上述的代码中，主线程先执行除第 4 行代码外的其他代码，第 7 行代码创建了一个延时定时器，在 50ms 后，异步线程将回调函数 obj.foo 推给主线程，主线程开始执行第 4 行代码。如果将此过程画一个时序图，大概如图 5-20 所示。

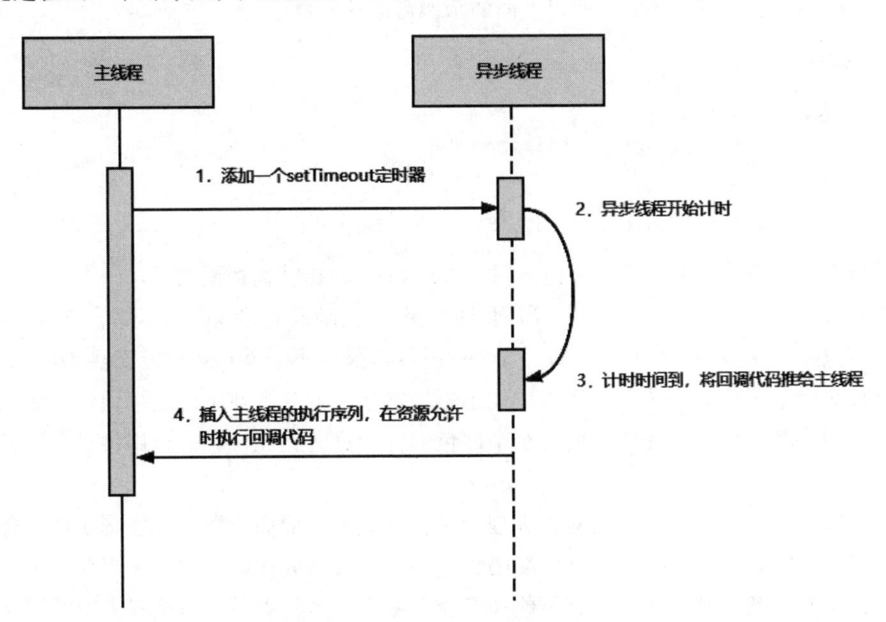

图 5-20 主线程与异步线程时序图

JS 在宿主环境中基本是一门单线程语言，通过脚本处理用户交互，因为用户是“单线程”的，所以处理脚本也必须是单线程的。但是 JS 是有多线程能力的，异步线程就是一个专门用于处理定时器、网络请求等异步操作的线程。除了异步线程之外，在小游戏与 HTML5 中，开发者还可以通过 Worker 来开启和控制新线程。

4. 如何在定时器中使用 this

我们继续看这个示例：

```
1.  const obj = {
2.    name: "LY",
3.    foo: function () {
4.      console.log("name", this.name)
5.    }
6.  }
7.  setTimeout(obj.foo, 50) // 输出：name
```

输出为什么是 name，而不是 name LY 呢？第 4 行中的 this.name 为什么没有输出呢？

因为按第 14 课对 this 对象的判定规则，如果 this 所在的函数为全局作用域下的顶级函数，那么 this 等于全局对象，所以第 4 行的 this.name 不会指向第 2 行的 LY。在实际编程中，定时器的回调函数、事件的回调句柄函数、requestAnimationFrame 的回调函数等，凡是涉及异步线程的地方，只要在函数内部使用了 this，那这些 this 在大多数情况下都面临着找不到“家”的情况。

如何快速解决这个问题呢？

可以使用 bind，bind 可以快速将 this 对象绑定到回调函数上，同时它返回的函数又可以继续作为回调函数存在，毫不违和。所以上面的示例可以这样修改：

```
1.  const obj = {
2.    name: "LY",
3.    foo: function () {
4.      console.log("name", this.name)
5.    }
6.  }
7.  setTimeout(obj.foo.bind(obj), 50) // 输出：name LY
```

只需要在第 7 行的 obj.foo 后面加上一个 bind(obj)，输出就达到预期了。

有人说 this 是“万恶的”，因为它“多面且善变”，在函数式编程中也不提倡使用 this。有的开发者甚至只要在函数中需要用到 this，就先在函数顶部声明一个 that 常量代替 this，这招虽然笨、不够优雅，但足够好用。有时候用户在不停地抱怨，业务方在不停地催促，整个团队都在深夜加班查找、解决问题，程序员们一个个面色憔悴，这时相比优雅，程序员更需要的是精确和效率。

现代编程有两大类思想：面向对象编程和函数式编程。面向对象编程在第 1 章已经介绍过了。顾名思义，函数式编程就是以函数编码为主，将函数作为代码中的第一类公民，不使用对象，避免使用对象状态和易变结构。函数式编程有两个基本特点：一是编写纯净的无副作用的函数；二是不改变数据，让数据具有不可改变性。

两种编程思想都有优劣之处，并不存在谁比谁高级，具体用哪种编程思想，既与个人喜好有关，又与程序开发的具体场景有关。对于数据的逻辑变化比较复杂，抽象的数理关系多于具象的对象关系的场景，更合适使用函数式编程，例如数学运算、数据统计等；反之，对于对象比较多，对象之间存在复杂且不确定的交互关系，具象的对象关系多于抽象的数理关系的场景，更合适使用面向对象编程，例如游戏开发、网站设计、动画设计等。本书介绍的是小游戏开发，并以此作为学习全栈编程的实战案例，在编程思想上更适合选择面向对象编程。

5. 在 Worker 中使用定时器

前面在讲定时器的执行时机时，提到在小游戏中可以使用 Worker 开启新的线程，接下来我们看一下在一个 Workcr 新线程中如何使用定时器，它与主线程中的定时器有何不同。

下面先看一下位于 game.js 文件中的主线程代码：

```
1.  // JS: disc\ 第 5 章 \5.3\5.3.2\game.js
2.  ...
3.  // 在主线程与 Worker 线程中使用定时器
4.  const obj = {
5.    name: "LY",
6.    foo: function () {
7.      console.log("name", this.name) // 输出: name LY
8.    }
9.  }
10. const timerId = setTimeout(obj.foo.bind(obj), 500)
11. const worker = wx.createWorker("workers_dir/worker.js")
12. worker.onMessage(res => {
13.   console.log("Main received: ", res.msg) // 输出: Main received: Hi main
14.   clearTimeout(res.timerId)
15. })
16. worker.postMessage({
17.   msg: "Hi worker!",
18.   timerId
19. })
```

上面的代码做了什么呢？我们来看一下。

- 第 4 行至第 10 行是已经出现过的示例代码，唯一的不同在于第 10 行，我们取得了返回的定时器编号。
- 第 11 行通过 wx.createWorker 接口引入并开启了一个 Worker 线程，引入即代表着开启，不过这个过程是异步的，不会阻碍主线程的步伐。
- 第 12 行通过 Worker 实例的 onMessage 方法监听来自 Worker 线程的消息，回调函数内的代码是异步执行的。第 14 行通过回传的消息对象取到一个定时器编号 timerId，注意这个编号是从 Worker 线程传来的，然后试图移除该编号对应的定时器。
- 第 16 行通过 Worker 实例的 postMessage 方法，向 Worker 线程发送一个消息对象，这个消息对象的属性是任由开发者定义的。在主线程中，Worker 实例的名称不一定非要叫 worker，也可以是其他名称。
- 第 18 行只有一个 timerId，并不是“ timerId: timerId”，这是一种属性名称简写，适用于属性名称与值变量同名的情况。

了解了主线程中的代码，现在我们在主线程中引用的 workers_dir/worker.js 文件尚不存在，怎么创建它呢？直接在项目根目录下创建一个 workers_dir 目录，再放入一个 worker.js 文件，这样就可以了吗？

这还不够。我们还需要修改小游戏项目的配置文件 game.json，这个文件位于项目的根目录下，修改后内容是这样的：

```
1.  {
2.      "deviceOrientation": "portrait",
3.      "workers": "workers_dir"
4.  }
```

第 3 行是我们新增的配置，在小游戏中必须指定一个目录来存放 Worker 代码，否则主线程中的 wx.createWorker 引入便是无效的。

现在我们看一下 workers_dir/worker.js 文件的代码：

```
1.  // JS：disc\第5章\5.3\5.3.2\workers_dir\worker.js
2.  worker.onMessage(res => {
3.    console.log("Worker received: ", res.msg) // 输出：Worker received: Hi worker!
4.    clearTimeout(res.timerId)
5.
6.    const timerId = setTimeout(() => {
7.      console.log("This's in worker") // 输出：This's in worker
8.    }, 600)
9.
10.   worker.postMessage({
11.     msg: "Hi main!",
12.     timerId
13.   })
14. })
```

这段代码都写了什么呢？

- 第 2 行使用 onMessage 监听来自主线程的消息。在主线程中，Worker 实例的名称不一定要写作 worker，但在 Worker 文件中，实例名称一定是 worker。因为名为 worker 的实例是小游戏环境帮助我们注入的，这也是在配置文件中设置 workers 目录的原因。
- 第 4 行与主线程中的做法一样，试图移除定时器，参数定时器 ID（res.timerId）取自主线程的消息对象 res。
- 第 6 行至第 8 行在 Worker 线程内开启了一个定时器，延时时间是 600ms，比主线程中的定时器延时稍微大一点，这样做便于测试。
- 第 10 行至第 13 行用 postMessage 向主线程发送一个消息对象。到这里我们看出，主线程和 Worker 线程收发消息都是通过 onMessage、postMessage 方法实现的，消息对象都是自定义对象。

接下来我们看一下程序的输出是什么。

```
1.  Worker received: Hi worker!
2.  Main received: Hi main!
3.  name LY
4.  This's in worker
```

- 第 1 行的输出是因为我们先在主线程内通过 postMessage 发送了 msg 为“Hi worker!”的消息对象。

- 第 2 行的输出是因为我们在 Worker 线程内通过 postMessage 发送了 msg 为“ Hi main!”的消息对象。
- 第 3 行是主线程中定时器回调函数的输出。
- 第 4 行是 Worker 线程内定时器回调函数的输出。

我们从上述的结果中可以看出以下两点。

- 在小游戏中，Worker 线程和主线程一样，都是可以使用定时器的，支持 setTimeout、setInterval、clearTimeout、clearInterval 方法。
- Worker 线程和主线程各使用一个自己的定时器编号池，**主线程不能清除 Worker 线程中的定时器，反之 Worker 线程也不能清除主线程中的定时器**。如果我们将两个线程内的定时器编号打印出来，会发现它们会按照各自的序列次递增长。

思考与练习 5-9：我们来看如下代码。

```
1.  for (var i = 1; i <= 5; i++) {
2.    setTimeout(function () {
3.     console.log(i)
4.    }, i * 1000)
5.  }
```

定时器间隔是 1000ms，即 1s 的倍数，我们期待每隔 1s 打印一次数字，数字分别是 1 至 5。但事实上 5 次打印的都是 6。为什么？如何修改才能达到期许呢？

让游戏支持重启

游戏重启后便没有时间限制了，这个问题应该如何修改呢？

重启游戏与新开始游戏应该执行相同的逻辑，重启之时游戏应该是零状态，在游戏第一次启动时，也可以使用之前已经定义的 restart 函数，修改后的代码如下：

```
1.  // JS: disc\第 5 章\5.3\5.3.3\game.js
2.  ...
3.  // 重新开始游戏
4.  function restart() {
5.    ...
6.    // 限制游戏时间
7.    setTimeout(function () {
8.      gameIsOver = true
9.    }, 1000 * 30)
10. }
11. ...
12. // run()
13. // 限制游戏时间
14. // setTimeout(function () {
15. //    gameIsOver = true
16. // }, 1000 * 30)
17. restart()
18. ...
```

在上面的代码中，主要有 2 处改动。

- 第 12 行至第 16 行代码被注释掉，取而代之的是第 17 行，第一次游戏启动也可以调用 restart 函数。
- 将第 14 行至第 16 行的定时器代码移至 restart 函数底部，这样每次启动游戏时都会有定时限制。

运行效果从 UI 上看是一样的。

但有一个问题，如果在 30s 之内，游戏的用户或系统角色先获得了足够的分数而让游戏结束了呢？这时候定时器还没有停止，如果此时又开始游戏，过一会儿游戏将面临两个定时器的限时检查。对于这种情况，我们应该在添加新定时器之前，先移除旧定时器。

及时清除定时器

我们可以使用 clearTimeout 或 clearInterval 取消使用 setTimeout 创建的单次定时器，修改后的代码如代码清单 5-7 所示。

代码清单 5-7　清除定时器

```
1.  // JS: disc\第5章\5.3\5.3.4\game.js
2.  ...
3.  let gameOverTimerId // 游戏限时定时器 ID
4.  // 重新开始游戏
5.  function restart() {
6.    ...
7.    // 限制游戏时间
8.    gameOverTimerId = setTimeout(function () {
9.      gameIsOver = true
10.   }, 1000 * 30)
11. }
12. ...
13. // 依据分数判断游戏状态是否结束
14. function checkScore() {
15.   if (systemScore >= 3 || userScore >= 1) { // 这是逻辑运算符或运算
16.     gameIsOver = true // 游戏结束
17.     clearTimeout(gameOverTimerId) // 清除定时器 ID
18.     console.log("游戏结束了")
19.   }
20. }
21. ...
```

在上面的代码中：

- 第 3 行新增了一个文件变量 gameOverTimerId，该变量用于存储定时器编号，并在第 8 行被赋值。
- 凡是将 gameIsOver 设置为 true 的地方，则意味着游戏结束，这些地方都值得考虑调用 clearTimeout，在上述代码中只有第 17 行这一处需要调用 clearTimeout，因为第 9 行定时器是一次性的，所以触发后不需要再显式移除。

主页运行效果及游戏限时结束后的效果与之前是一样的。

这次重启游戏后就没有定时器重复检查的问题了。

本课小结

本课源码目录参见：disc/ 第 5 章 /5.3。

这节课我们主要给游戏添加了超时限制，并在实践过程中学习了如何使用 JS 的定时器。这是本章的最后一课，但是我们的学习只能算刚刚展开，下一课我们将步入每个程序员都避不开的内功修炼：重构。

本章完成了将 HTML5 小游戏向微信小游戏移植的任务，相关开发技巧不仅适用于从零独立开发，还适用于将成名已久的 HTML5 小游戏向微信小游戏生态移植。

从表面上看，我们已经完成了一个小游戏的开发，但其实我们的全栈编程学习才刚刚开始。从下一章开始，进入小游戏的细节打磨和项目代码的优化阶段。在此过程中，我们会一边学习微信小游戏的组件和接口，一边学习面向对象的软件设计思想和设计模式，这是软件开发中通用的基础内容，基本在所有编程语言中都会涉及，这些内容可谓是程序员的入门必修课。

第三篇 *Part 3*

龙战于野

前两篇我们了解了如何使用HTML5技术开发一款小游戏，还学习了如何将HTML5游戏移植到微信小游戏中，相信读者现在已经对如何进行微信小程序开发有了基本的认知，但这还远远不够，万里长征刚刚走完第一步。重构，是每个程序员的必修课，是任何初学者成为高手的必经阶段。

这一篇（第6～11章）将带领读者进行模块化重构，并给出面向对象重构的实践示例，帮助读者在实践中练习重构技巧，掌握模块化设计、用设计模式组织代码的基础知识。

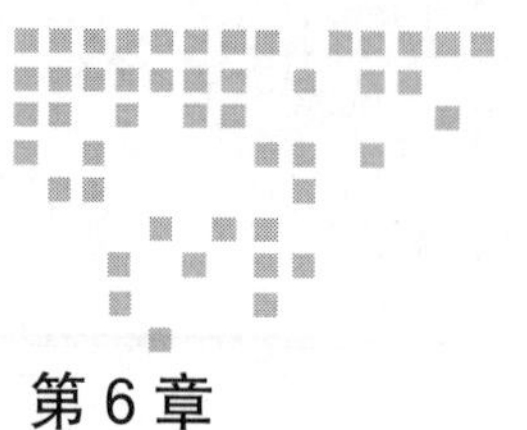

Chapter 6 第6章

模块化重构一：准备重构

计算机的世界里包括哪些内容呢？我们来看一张计算机基础概念关系图，如图6-1所示。

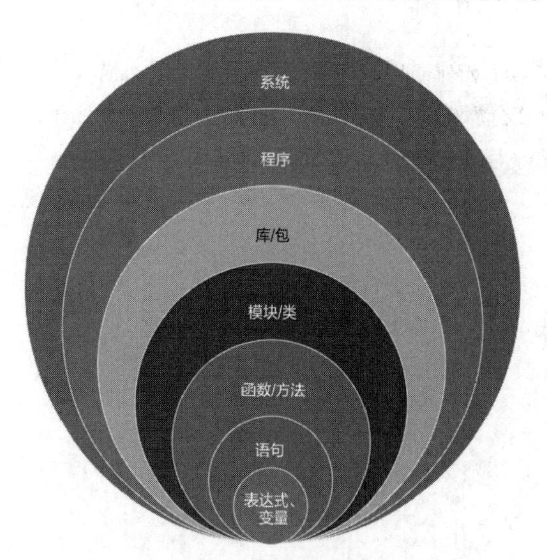

图6-1　计算机基础概念关系图

- 系统：计算机的世界里有许多系统，系统有大有小，每个系统分属不同的组织，一个系统用于完成一件复杂的事情或提供一套完整的功能，例如Oracle系统、Windows系统、Mac系统、Android系统、DNS域名解析系统等。
- 程序：一个系统中往往包含着许多程序，例如在Windows系统中有记事本程序、Word程序、Excel程序等，每个程序分担一部分相对独立的职责功能。

- 库 / 包：包是一系列相关的对象，在 Java、.Net 语言中，包具有 java.io、System.IO 这样的包路径名称，在 Python 语言、Golang 语言中有 sys、html/template 这样的包路径名称。库一般包括多个包，有时也仅包括一个包，库对应着 GitHub 上的一个独立仓库，例如 https://github.com/koajs/koa。
- 模块 / 类：模块对应的英文是 module，一个模块一般对应着一个文件，模块在一个文件中导出，在其他文件中导入。一个模块可能包含一个或多个类，也可能一个类都不包含，只是包含函数或基础的表达式和变量。类对应的关键字是 class，类是用来描述具有相同的属性和方法的对象的集合。
- 函数 / 方法：**属于某个对象的是方法，不属于任何对象的是函数**。函数在任何高级编程语言中都是不可或缺的成员，它是实现代码利用的基本单位。一个类中可以有多个方法，一个模块中也可以有许多个函数。**如果说面向对象编程主要是在模块 / 类这个层面上思考，那么函数式编程主要是在函数这个层面上思考**。
- 语句：无论是函数还是方法，都是由语句组成的，例如 if 语句、for 循环语句、while 循环语句等，这些内容我们在第 2 章中已经学过了。
- 表达式、变量：它们是编程世界里的最小基本成员，相当于生物世界的细胞。相关内容在前 3 章中也已经有所介绍了。

可以看到，软件世界包含许多层次，每个层次都有已经成熟的思想和规范。本章首先进行游戏逻辑的梳理，随后学习如何进行模块化开发。

在第 5 章结束时，主文件（game.js）代码达到了 350 多行，完成所有重构后，这个文件将只有 100 多行，代码是怎么演化的呢？赶快开始学习吧。

第 17 课　梳理游戏逻辑

目前的小游戏代码虽然可以运行，但是结构性偏差，甚至有一些代码的功能是部分重合的。好的代码里，每个函数只做一件事；如果两个函数负责的事情相同，或者它们有部分职责是重合的，那么这样的代码便具有了“坏味道”，需要重构。

从重构的时机来看，只有在游戏能够完全运行起来之后，才能全面理清游戏的逻辑结构，此时才具备第一次重构的条件。本课将通过梳理这个小游戏项目的整体逻辑，使其代码脉络更加清晰。

在小游戏中如何使用全局变量

在 BOM API 中，window 是全局对象，小程序没有 window 对象，但它提供了一个名为 GameGlobal 的全局对象。在小游戏中，所有微信官方全局定义的变量或方法都是 GameGlobal 的属性或方法，示例代码如下：

```
1.  // 全局对象
```

```
2.  console.log(GameGlobal.setTimeout === setTimeout) // 输出：true
3.  console.log(GameGlobal.requestAnimationFrame === requestAnimationFrame) //
    输出：true
4.  console.log(GameGlobal.wx === wx) // 输出：true
```

被挂载到全局对象 GameGlobal 上的变量或方法可以在小游戏的任何地方直接使用，并且前面无须写 GameGlobal 前缀。在小游戏中，所有在 GameGlobal 上声明的变量皆为全局变量。

在下面的代码中，canvas 与 context 并不是全局变量，所以当第 3 行将 context 与 GameGlobal.context 进行全等判断时，返回了 false。

```
1.  const canvas = wx.createCanvas()
2.  const context = canvas.getContext("2d")
3.  console.log(GameGlobal.context === context) // false
```

canvas 与 context 是文件变量。文件中声明的变量和函数只在该文件中有效；不同的文件中可以声明相同名字的变量和函数，不会互相影响。

如果想将文件变量甚至局部变量升级为全局变量，可以将变量挂载到全局对象 GameGlobal 上：

```
1.  GameGlobal.canvas = canvas
2.  GameGlobal.context = context
```

在目前的挡板游戏中，所有的逻辑代码都在 game.js 文件中，所以不需要任何全局变量。**好的代码应该尽可能地缩小变量的作用范围，能使用局部变量的，就不使用文件变量与全局变量。**

拓展：作用域与使用 let 关键字实现批量变量声明

作用域是 JS 开发中绝不能避而不谈的一个重要概念，很多编程问题都与作用域有关。

1.JS 的作用域

在 JS 中，一切变量都是对象。对象和函数同样是变量。作用域是可访问变量、对象和函数的集合，小游戏共有 6 种作用域：函数局部作用域、区域作用域、模块作用域、文件作用域、全局作用域及使用配置字段及目录控制的开放数据域。

如果变量在函数内声明，那么变量就处于函数局部作用域中，局部变量只能在函数内部访问。例如下面这段实战代码：

```
1.  // 监听触点移动事件
2.    wx.onTouchMove((res) => {
3.    let touch = res.touches[0] || { clientY: 0 }
4.    let y = touch.clientY - panelHeight / 2
5.    if (y > 0 && y < (canvas.height - panelHeight)) {
6.      leftPanelY = y
7.    }
8.  })
```

其中，touch 是局部变量，仅限在匿名函数内部访问。

因为局部变量只作用于函数内，所以不同的函数可以使用相同名称的变量。局部变量在函数开始执行时创建，函数执行完后自动销毁。

2. 使用 let 在函数顶部批量声明局部变量

我们在第 4 课讲过使用 let 在函数顶部批量声明局部变量的技巧，示例代码如下：

```
1.  <!-- HTML: disc\第 2 章\2.2\2.2.11\index.html -->
2.  ...
3.  const txtWidth = context.measureText("挡板小游戏").width
4.    , txtHeight = context.measureText("M").width
5.    , xpos = (canvas.width - txtWidth) / 2
6.    , ypos = (canvas.height - txtHeight) / 2
7.    , grd = context.createLinearGradient(0, ypos, 0, ypos + txtHeight)
```

在编程时，一个函数内的所有局部变量最好全部放在函数顶部，并用一个关键字一次性声明，例如：

```
1.  let a = 0
2.    , b = 0
3.    , c = 0
4.    , d = 0
```

逗号放在变量前面或后面都可以，优先放在变量前面，这样做的好处如下。

- 方便切换注释。
- 代理整洁、便于阅读。
- 代码量少。
- 集中声明，以防声明多次出错。

整理代码，将变量与常量放在文件顶部

虽然 JS 自身具有变量提升机制，即使在文件底部定义的变量，在文件上面也可以使用，但这不利于代码管理与维护。

接下来，基于第 16 课的最终源码，删除所有不必要的注释和已经注释掉的代码，首先将所有文件中声明的变量、常量依次提升到文件顶部，并将所有非函数代码（即默认执行的代码）也移到文件顶部，紧挨着放到变量与常量下方，整理后的代码如代码清单 6-1 所示。

代码清单 6-1　整理变量、常量

```
1.  // JS: disc\第 6 章\6.1\6.1.3\game.js
2.  // 获取画布及 2D 渲染上下文对象
3.  const canvas = wx.createCanvas()
4.  const context = canvas.getContext("2d")
5.  const radius = 15 // 小球半径
6.  const panelHeight = 150 // 挡板高度
7.  const panelWidth = 10 // 挡板宽度
8.  const bgMusicBtnRect = { x1: 5, y1: 5, x2: 25, y2: 25 } // 背景音乐按钮的边界
9.  // 左挡板变化数据
10. let leftPanelY = canvas.height / 2 - panelHeight / 2 // 左挡板的起点 Y 坐标
11. // 使用定时器让球动起来
    // 球的起始位置是画布中心
```

```
12. let ballPos = { x: canvas.width / 2, y: canvas.height / 2 }
13. let speedX = 4 // 2
14. let speedY = 2 // 1
15. // 右挡板变化数据
16. const rightPanelMoveRange = 20 // 右挡板上下移动的数值范围
17. let rightPanelY = (canvas.height - panelHeight) / 2 // 起始位置还是居中的
18. let rightPanelSpeedY = 0.5 // 右挡板 Y 轴方向的移动速度
19. let gameOverTimerId // 游戏限时定时器 ID
20. let userScore = 0 // 用户分数
21.   , systemScore = 0 // 系统分数
22.   , gameIsOver = false // 游戏是否结束
23.
24. // 拉取用户头像并绘制
25. let userAvatarImg // 用户头像（Image 对象）
26.
27. // 创建背景音乐对象
28. const bgAudio = wx.createInnerAudioContext()
29. bgAudio.src = "static/audios/bg.mp3"
30. bgAudio.autoplay = true // 加载完成后自动播放
31. bgAudio.loop = true // 循环播放
32.
33. // 加载材质填充对象
34. let panelPattern = "white" // 挡板材质填充对象，默认为白色
35. const img = wx.createImage()
36. img.onload = function () {
37.   panelPattern = context.createPattern(img, "repeat")
38. }
39. img.src = "static/images/mood.png"
40.
41. // 监听触摸结束事件，切换背景音乐按钮的状态与重启游戏
42. wx.onTouchEnd((res) => {
43.   // 切换背景音乐按钮的状态
44.   const touch = res.changedTouches[0] || { clientX: 0, clientY: 0 }
45.   const pos = { x: touch.clientX, y: touch.clientY } // offsetX、offsetY 不复存在
46.   if (pos.x > bgMusicBtnRect.x1 && pos.x < bgMusicBtnRect.x2 && pos.y >
    bgMusicBtnRect.y1 && pos.y < bgMusicBtnRect.y2) {
47.     console.log("单击了背景音乐按钮")
48.     const bgMusicIsPlaying = bgAudio.currentTime > 0 && !bgAudio.paused
49.     bgMusicIsPlaying ? stopBackgroundSound() : playBackgroundSound()
50.   }
51.   // 重启游戏
52.   if (gameIsOver) {
53.     restart()
54.   }
55. })
56.
57. // 监听触摸移动事件，控制左挡板
58. wx.onTouchMove((res) => {
59.   let touch = res.touches[0] || { clientY: 0 }
60.   let y = touch.clientY - panelHeight / 2
61.   if (y > 0 && y < (canvas.height - panelHeight)) { // 溢出检测
62.     leftPanelY = y
63.   }
64. })
65.
66. // 检查用户授权情况
```

```
67. wx.getSetting({
68.   success: (res) => {
69.     const authSetting = res.authSetting
70.     if (authSetting["scope.userInfo"]) { // 已有授权
71.       wx.getUserInfo({
72.         success: (res) => {
73.           const userInfo = res.userInfo
74.             , avatarUrl = userInfo.avatarUrl
75.           console.log("用户头像", avatarUrl)
76.           downloadUserAvatarImage(avatarUrl) // 加载用户头像
77.         }
78.       })
79.     } else { // 如果首次进入小游戏或拒绝过授权，则需重新授权
80.       getUserAvatarUrlByUserInfoButton()
81.     }
82.   }
83. })
84.
85. restart()
86. ...
```

上面代码发生了什么变化呢？

- 所有变量、常量都在第 35 行及以上部分。
- 第 86 行以下全是函数。所有常量、变量，以及默认被执行的代码都按次序移到了文件顶部。

注意：微信开发者工具具有代码折叠功能，可以将函数折叠起来，便于查找变量与常量，如图 6-2 所示。

```
17
18   // 渲染
19 > function render() {…
85   }
86   // 绘制背景音乐按钮
87 ˅ function drawBgMusicButton() {
```

图 6-2　函数折叠效果

保存并测试运行，运行效果与之前没有差异。不过现在还只是进行了初步整理，我们还可以进一步将 35 行及之前的代码再整理一下，比如将所有常量放在一起，所有变量放在一起，常量与变量都可以批量声明，最后将所有初始化代码放在一起，整理后的代码如代码清单 6-2 所示。

代码清单 6-2　批量声明变量、常量

```
1.  // JS: disc\第 6 章\6.1\6.1.3_2\game.js
2.  // 获取画布及 2D 渲染上下文对象
3.  const canvas = wx.createCanvas()
4.    , context = canvas.getContext("2d")
5.    , radius = 15 // 小球半径
6.    , panelHeight = 150 // 挡板高度
7.    , panelWidth = 10 // 挡板宽度
8.    , rightPanelMoveRange = 20 // 右挡板上下移动的数值范围
```

```
9.    , bgMusicBtnRect = { x1: 5, y1: 5, x2: 25, y2: 25 } // 背景音乐按钮的边界
10.   , bgAudio = wx.createInnerAudioContext() // 背景音乐对象
11.
12. let leftPanelY = canvas.height / 2 - panelHeight / 2 // 左挡板变化数据，左挡板的
  起点Y坐标
    // 球的起始位置是画布中心
13.   , ballPos = { x: canvas.width / 2, y: canvas.height / 2 }
14.   , speedX = 4 // 2
15.   , speedY = 2 // 1
16.   , rightPanelY = (canvas.height - panelHeight) / 2 // 右挡板起始位置是居中
17.   , rightPanelSpeedY = 0.5 // 右挡板Y轴方向的移动速度
18.   , gameOverTimerId // 游戏限时定时器ID
19.   , userScore = 0 // 用户分数
20.   , systemScore = 0 // 系统分数
21.   , gameIsOver = false // 游戏是否结束
22.   , userAvatarImg // 用户头像（Image对象）
23.   , panelPattern = "white" // 挡板材质填充对象，默认为白色
24.
25. // 背景音乐对象初始化
26. {
27.   bgAudio.src = "static/audios/bg.mp3"
28.   bgAudio.autoplay = true // 加载完成后自动播放
29.   bgAudio.loop = true     // 循环播放
30. }
31. // 加载材质填充对象
32. {
33.   const img = wx.createImage()
34.   img.onload = function () {
35.     panelPattern = context.createPattern(img, "repeat")
36.   }
37.   img.src = "static/images/mood.png"
38. }
39. // 监听触摸结束事件，切换背景音乐按钮的状态与重启游戏
40. wx.onTouchEnd((res) => {
41.   ...
42. })
43. // 监听触摸移动事件，控制左挡板
44. wx.onTouchMove((res) => {
45.   ...
46. })
47. // 检查用户授权情况，拉取用户头像并绘制
48. wx.getSetting({
49.   ...
50. })
51. restart()
52. ...
```

在上面的代码中：

- 第3行至第10行，使用const关键字统一声明了常量。
- 第12行至第23行，使用let关键字统一声明了变量。
- 第26行至第50行是初始化代码，这些代码在游戏中只需要执行一次，最后第51行调用restart开始游戏。

以 const 关键字声明的变量即为常量。常量的用途有两种。一种是作为恒定不变的数据值定义的，它们是“真正的常量”，例如在上面的代码示例中，第 5 行至第 8 行都是这类常量。一般情况下，这种常量使用单词字母全大写 + 下画线间隔这样的形式（大写下画线命名法）命名。

另一种属于“变量式常量”，从语法角度讲，它们是使用 const 关键字声明的，所以应该算作常量，但这么做仅仅是为了避免被无意修改，实际上，在程序中它们是当作变量使用的，例如在上面代码示例中的第 3 行、第 4 行、第 9 行、第 10 行的 canvas、context、bgMusicBtnRect、bgAudio 均属于“变量式常量”，这些常量采用与变量相同的小驼峰命名法。

编程有一种“小气”原则，如果开放小的权限就可以满足需求，那么就不开放更多的权限。const 关键字声明的常量，仅允许在声明时被初始化一次，这可以避免声明以后在其他地方又被修改；相比 var，因为 let 拥有更小的作用域范围，所以**在声明变量时，能用 const 就用 const，能用 let 就用 let，最后才选择 var**。

接下来我们统一修改第 5 行至第 8 行的常量名称，这里为了提高效率可以使用全文查找、替换功能，修改后的示例代码如下：

```
1.  // JS: disc\第6章\6.1\6.1.3_3\game.js
2.  // 获取画布及2D渲染上下文对象
3.  const canvas = wx.createCanvas()
4.    , context = canvas.getContext("2d")
5.    // , radius = 15 // 小球半径
6.    // , panelHeight = 150 // 挡板高度
7.    // , panelWidth = 10 // 挡板宽度
8.    // , rightPanelMoveRange = 20 // 右挡板上下移动的数值范围
9.    , RADIUS = 15 // 小球半径
10.   , PANEL_HEIGHT = 150 // 挡板高度
11.   , PANEL_WIDTH = 10 // 挡板宽度
12.   , RIGHT_PANEL_MOVE_RANGE = 20 // 右挡板上下移动的数值范围
13.   ...
```

第 5 行至第 8 行中的小写常量全部修改为大写下画线常量（见第 9 行至第 12 行），当然，在 game.js 页面下的代码中，这些常量也都被替换了。在使用全文替换时，记得设定“大小写一致”等限制，且在替换后，要单击“编译”按钮，快速做一轮回归测试，避免全文替换影响正常运行。

修改后的运行效果与之前相同。

梳理游戏逻辑，明确 6 个周期函数

对一个简单的小游戏来说，它的主要游戏逻辑一般包括以下 6 个周期函数。

- ❑ init：初始化函数，包括那些仅执行一次的代码，例如背景音乐对象的初始化代码和挡板材质样式的初始化代码，以及对触摸事件的监听开启代码等。
- ❑ render：渲染函数，它负责重复的渲染工作，负责改变界面外观，项目中已包含这个函数。
- ❑ run：运行函数，负责一切数据的计算及变更，包括挡板运动计算、小球的运动计算、挡板与小球的碰撞检测、墙壁与小球的碰撞检测等，项目中已包含这个函数。

- loop：循环函数，重复调用 run 与 render，是需要被 requestAnimationFrame 重复调用的，项目中尚无这个函数。
- start：开始函数，负责游戏开始的逻辑，项目中已包含这个函数，只是名称为 restart。
- end：结束函数，负责游戏结束的逻辑，游戏结束时需要做什么以及后续做什么，都由这个函数负责，项目中尚无这个函数。

图 6-3 是给这 6 个周期函数画的一个流程示意图。

所有小游戏的逻辑都可以基于这 6 个周期函数进行设计，下面我们依据上面所列的周期函数，对小游戏项目进行调整。

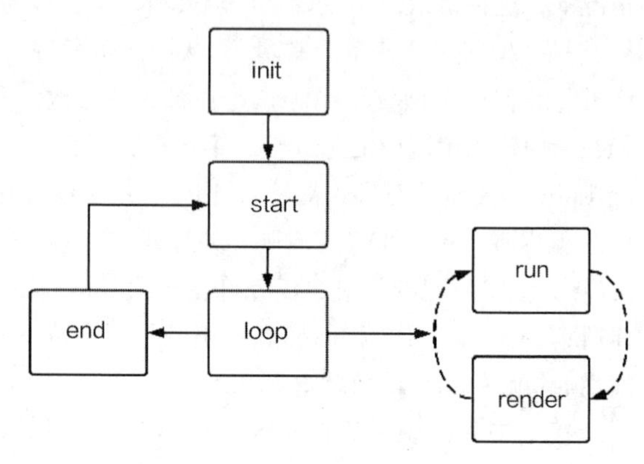

图 6-3 游戏周期函数关系图

添加 start 函数

start 函数的函数体代码实际上已经有了，我们只需要全文搜索，将 restart 重命名为 start 就可以了，如图 6-4 所示。

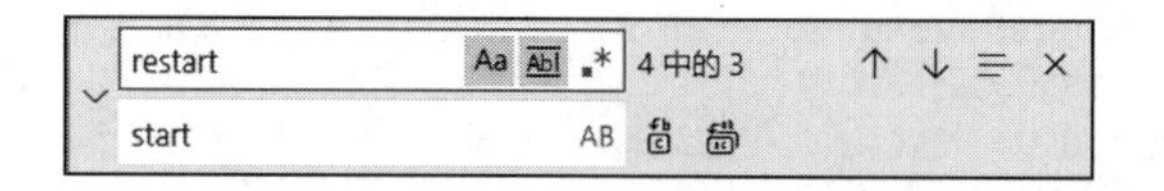

图 6-4 搜索与替换

添加 end 函数

每个函数只做一件事情，end 函数应该负责游戏结束时的逻辑，目前这部分代码位于 run 函数内的第 9 行至第 32 行，如代码清单 6-3 所示。

代码清单 6-3 end 函数应该负责的代码

```
1.  // JS: disc\第6章\6.1\6.1.5\game.js
2.  ...
3.  // 运行
4.  function run() {
5.    ...
6.    if (!gameIsOver) {
7.      ...
8.    } else {
9.      context.clearRect(0, 0, canvas.width, canvas.height) // 清屏
10.     context.fillStyle = "whitesmoke" // 绘制背景色
11.     context.fillRect(0, 0, canvas.width, canvas.height)
12.     const txt = "游戏结束"
```

```
13.     context.font = "900 26px STHeiti"
14.     context.fillStyle = "black"
15.     context.textBaseline = "middle"
16.     drawText(context, canvas.width / 2 - context.measureText(txt).width / 2,
        canvas.height / 2, txt)
17.     // 提示用户单击屏幕重启游戏
18.     const restartTip = "单击屏幕重新开始"
19.     context.font = "12px FangSong"
20.     context.fillStyle = "gray"
21.     drawText(context, canvas.width / 2 - context.measureText(restartTip).
        width / 2, canvas.height / 2 + 25, restartTip)
22.     stopBackgroundSound()
23.     // 游戏结束的模态弹窗提示
24.     wx.showModal({
25.       title: "游戏结束",
26.       content: "单击【确定】重新开始",
27.       success(res) {
28.         if (res.confirm) {
29.           start()
30.         }
31.       }
32.     })
33.   }
34. }
35. ...
```

我们可以将这部分代码抽离出来，以 end 函数重新封装，如代码清单 6-4 所示。

代码清单 6-4　整理后的 end 函数

```
1.  // JS: disc\第 6 章\6.1\6.1.6\game.js
2.  ...
3.  // 运行
4.  function run() {
5.    ...
6.    if (!gameIsOver) {
7.      ...
8.    } else {
9.      end()
10.   }
11. }
12. // 游戏结束
13. function end() {
14.   context.clearRect(0, 0, canvas.width, canvas.height) // 清屏
15.   context.fillStyle = "whitesmoke" // 绘制背景色
16.   context.fillRect(0, 0, canvas.width, canvas.height)
17.   const txt = "游戏结束"
18.   context.font = "900 26px STHeiti"
19.   context.fillStyle = "black"
20.   context.textBaseline = "middle"
21.   drawText(context, canvas.width / 2 - context.measureText(txt).width / 2,
      canvas.height / 2, txt)
22.   // 提示用户单击屏幕重启游戏
```

```
23.     const restartTip = "单击屏幕重新开始"
24.     context.font = "12px FangSong"
25.     context.fillStyle = "gray"
26.     drawText(context, canvas.width / 2 - context.measureText(restartTip).width
        / 2, canvas.height / 2 + 25, restartTip)
27.     stopBackgroundSound()
28.     // 游戏结束的模态弹窗提示
29.     wx.showModal({
30.       title: "游戏结束",
31.       content: "单击【确定】重新开始",
32.       success(res) {
33.         if (res.confirm) {
34.           start()
35.         }
36.       }
37.     })
38. }
39. ...
```

其他代码保持不变，运行效果不变，截图略。

添加 init 函数

一般程序中都有一个 init 函数，用于执行初始化代码。如果我们确定初始化代码仅会执行一次，还可以将其写成自执行形式：

```
1.  // 自执行函数
2.  (function init(){
3.    //...
4.  })()
```

函数定义后，紧接着在尾部加上小括号调用这个函数。这样做的好处是：将作用域隔离，初始化代码不会污染其他同一文件作用域下的代码。

但上面的自执行函数的写法是有问题的，运行时会报出异常，应该改写为：

```
1.  // 自执行函数
2.  ;(function init(){
3.    //...
4.  })();
```

为什么在自执行函数代码的前后加上分号就不会报错了呢？因为加上分号以后，代表这是一行代码，是对一个函数的调用。

强迫加上分号会破坏我们一贯无分号结尾的编码风格。接下来使用传统写法声明一个新函数 init，如代码清单 6-5 所示，然后在 start 函数前面调用它。

代码清单 6-5 改造后的 init 函数

```
1.  // JS：第 4 章\4.1\game.js
2.  ...
3.  // 背景音乐对象初始化
```

```
4.  // {
5.  //    ...
6.  // }
7.
8.  // 加载材质填充对象
9.  // {
10. //    ...
11. // }
12.
13. // 监听触摸结束事件，切换背景音乐按钮的状态并重启游戏
14. // wx.onTouchEnd((res) => {
15. //    ...
16. // })
17.
18. // 监听触摸移动事件，控制左挡板
19. // wx.onTouchMove((res) => {
20. //    ...
21. // })
22.
23. // 检查用户授权情况
24. // wx.getSetting({
25. //    ...
26. // })
27. // 初始化
28. function init() {
29.   // 背景音乐对象初始化
30.   {
31.     bgAudio.src = "static/audios/bg.mp3"
32.     bgAudio.autoplay = true // 加载完成后自动播放
33.     bgAudio.loop = true // 循环播放
34.   }
35.   // 加载材质填充对象
36.   {
37.     const img = wx.createImage()
38.     img.onload = function () {
39.       panelPattern = context.createPattern(img, "repeat")
40.     }
41.     img.src = "static/images/mood.png"
42.   }
43.   // 监听触摸结束事件，切换背景音乐按钮的状态并重启游戏
44.   wx.onTouchEnd((res) => {
45.     // 切换背景音乐按钮的状态
46.     const touch = res.changedTouches[0] || { clientX: 0, clientY: 0 }
        // offsetX、offsetY不复存在
47.     const pos = { x: touch.clientX, y: touch.clientY }
48.     if (pos.x > bgMusicBtnRect.x1 && pos.x < bgMusicBtnRect.x2 && pos.y >
        bgMusicBtnRect.y1 && pos.y < bgMusicBtnRect.y2) {
49.       console.log("单击了背景音乐按钮")
50.       const bgMusicIsPlaying = bgAudio.currentTime > 0 && !bgAudio.paused
51.       bgMusicIsPlaying ? stopBackgroundSound() : playBackgroundSound()
52.     }
53.     // 重启游戏
54.     if (gameIsOver) {
55.       start()
56.     }
57.   })
```

```
58.    // 监听触摸移动事件，控制左挡板
59.    wx.onTouchMove((res) => {
60.      let touch = res.touches[0] || { clientY: 0 }
61.      let y = touch.clientY - PANEL_HEIGHT / 2
62.      if (y > 0 && y < (canvas.height - PANEL_HEIGHT)) { // 溢出检测
63.        leftPanelY = y
64.      }
65.    })
66.    // 检查用户授权情况，拉取用户头像并绘制
67.    wx.getSetting({
68.      success: (res) => {
69.        const authSetting = res.authSetting
70.        if (authSetting["scope.userInfo"]) { // 已有授权
71.          wx.getUserInfo({
72.            success: (res) => {
73.              const userInfo = res.userInfo
74.                , avatarUrl = userInfo.avatarUrl
75.              console.log("用户头像", avatarUrl)
76.              downloadUserAvatarImage(avatarUrl) // 加载用户头像
77.            }
78.          })
79.        } else { // 如果首次进入小游戏或拒绝过授权，则需重新授权
80.          getUserAvatarUrlByUserInfoButton()
81.        }
82.      }
83.    })
84.  }
85.  init()
86.  start()
87.  ...
```

第28行至第84行是原来的初始化代码，现在将它们集合在一起，放在init函数内。第85行手动调用了init函数。调整后的测试效果不变。

添加loop函数

接下来我们添加loop函数，loop函数的代码目前在run函数内，如代码清单6-6所示。

代码清单6-6 loop准备负责的代码

```
1.  // JS: disc\第6章\6.1\6.1.7\game.js
2.  ...
3.  // 运行
4.  function run() {
5.    // 清屏
6.    context.clearRect(0, 0, canvas.width, canvas.height) // 清除整张画布
7.    testHitPanel()
8.    testHitWall()
9.    // 小球运动数据计算
10.   ballPos.x += speedX
11.   ballPos.y += speedY
12.   // 右挡板运动数据计算
13.   rightPanelY += rightPanelSpeedY
```

```
14.   const centerY = (canvas.height - PANEL_HEIGHT) / 2
15.   if (rightPanelY < centerY - RIGHT_PANEL_MOVE_RANGE || rightPanelY >
      centerY + RIGHT_PANEL_MOVE_RANGE) {
16.     rightPanelSpeedY = -rightPanelSpeedY
17.   }
18.   render()
19.   if (!gameIsOver) {
20.     requestAnimationFrame(run) // 循环执行
21.   } else {
22.     end()
23.   }
24. }
25. ...
```

在上面的代码中：

- 第6行，清屏代码应该放在render函数中。
- 第7行至第17行，是真正的run函数应该包含的代码。
- 第18行至第23行，是属于loop函数的代码。

接下来新建一个loop函数，开始改造代码，具体如代码清单6-7所示。

代码清单6-7 添加loop函数

```
1.  // JS: disc\第6章\6.1\6.1.8\game.js
2.  ...
3.  // 渲染
4.  function render() {
5.    // 清屏
6.    context.clearRect(0, 0, canvas.width, canvas.height) // 清除整张画布
7.    ...
8.  }
9.  ...
10. // 运行
11. function run() {
12.   // 清屏
13.   // context.clearRect(0, 0, canvas.width, canvas.height) // 清除整张画布
14.   testHitPanel()
15.   testHitWall()
16.   // 小球运动数据计算
17.   ballPos.x += speedX
18.   ballPos.y += speedY
19.   // 右挡板运动数据计算
20.   rightPanelY += rightPanelSpeedY
21.   const centerY = (canvas.height - PANEL_HEIGHT) / 2
22.   if (rightPanelY < centerY - RIGHT_PANEL_MOVE_RANGE || rightPanelY >
      centerY + RIGHT_PANEL_MOVE_RANGE) {
23.     rightPanelSpeedY = -rightPanelSpeedY
24.   }
25.   // render()
26.   // if (!gameIsOver) {
27.   //   requestAnimationFrame(run) // 循环执行
28.   // } else {
29.   //   end()
```

```
30.   // }
31. }
32. // 循环
33. function loop() {
34.   run() // 运行
35.   render() // 渲染
36.   if (!gameIsOver) {
37.     // requestAnimationFrame(run) // 循环执行
38.     requestAnimationFrame(loop) // 循环执行
39.   } else {
40.     end()
41.   }
42. }
43. ...
44. // 开始游戏
45. function start() {
46.   ...
47.   // run()
48.   loop()
49.   ...
50. }
51. ...
```

上面的代码发生了什么呢?

- 第 6 行，在 render 函数内，绘制任何内容之前，先清屏，这行代码是由第 13 行移过来的。
- 在 run 函数内，第 25 行至第 30 行的代码被注释掉。
- 第 33 行至第 42 行，是新增的 loop 代码。
- 修改后，在 start 函数内调用 loop（第 48 行），包括第 38 行的回调函数也要改为 loop。

loop 函数的结构非常清晰，先运行（run）、再渲染（render）、最后循环自己（loop），游戏逻辑再怎么扩展，loop 的逻辑都不需要变化，这个框架是稳定的。

及时移除事件监听

在游戏结束之后，一些交互功能，例如背景音乐按钮的单击、左挡板的控制移动，应该是不能使用的。

一般的做法是，在游戏开始时添加交互事件监听；在游戏结束后移除监听，及时移除监听还可以避免对用户设备资源的过度使用。

目前游戏涉及的交互事件有 touchMove、touchEnd 两类，我们可以分别创建两个函数 onTouchMove 和 onTouchEnd 将原回调函数接管过来，然后以这两个函数作为事件句柄，找个适当的时机完成事件监听的添加和移除操作，修改后的代码如代码清单 6-8 所示。

代码清单 6-8　移除事件监听

```
1.  // JS: disc\第 6 章\6.1\6.1.9\game.js
2.  ...
3.  // 初始化
4.  function init() {
5.    ...
```

```
6.     // 监听触摸结束事件重启游戏
7.     wx.onTouchEnd((res) => {
8.       // ...
9.       // 重启游戏
10.      if (gameIsOver) {
11.        start()
12.      }
13.    })
14.    // wx.onTouchMove((res) => {
15.    //   ...
16.    // })
17.    ...
18. }
19. // 触摸移动事件中的回调函数
20. function onTouchMove(res) {
21.   let touch = res.touches[0] || { clientY: 0 }
22.   let y = touch.clientY - PANEL_HEIGHT / 2
23.   if (y > 0 && y < (canvas.height - PANEL_HEIGHT)) { // 溢出检测
24.     leftPanelY = y
25.   }
26. }
27. // 触摸事件结束时的回调函数
28. function onTouchEnd(res) {
29.   // 切换背景音乐按钮的状态
30.   const touch = res.changedTouches[0] || { clientX: 0, clientY: 0 }
    // offsetX、offsetY 不复存在
31.   const pos = { x: touch.clientX, y: touch.clientY }
32.   if (pos.x > bgMusicBtnRect.x1 && pos.x < bgMusicBtnRect.x2 && pos.y >
    bgMusicBtnRect.y1 && pos.y < bgMusicBtnRect.y2) {
33.     console.log("单击了背景音乐按钮")
34.     const bgMusicIsPlaying = bgAudio.currentTime > 0 && !bgAudio.paused
35.     bgMusicIsPlaying ? stopBackgroundSound() : playBackgroundSound()
36.   }
37. }
38. ...
39. // 游戏结束
40. function end() {
41.   ...
42.   wx.offTouchEnd(onTouchEnd)
43.   wx.offTouchMove(onTouchMove)
44. }
45. ...
46. // 开始游戏
47. function start() {
48.   ...
49.   // 监听触摸结束事件，切换背景音乐按钮的状态等
50.   wx.onTouchEnd(onTouchEnd)
51.   // 监听触摸移动事件，控制左挡板
52.   wx.onTouchMove(onTouchMove)
53. }
54. ...
```

上面的代码发生了什么呢?

- ❑ 第 20 行至第 26 行是新增的 onTouchMove 事件句柄函数，它的函数体代码复制自第 15 行。
- ❑ 第 28 行至第 37 行是新增的 onTouchEnd 事件句柄函数，它的函数体代码复制自第 8 行。
- ❑ 因为要重复使用 onTouchMove、onTouchEnd 这两个事件句柄函数，所以继续将监听的代码放在 init 函数内就不合适了。修改后，在 start 函数内（第 50 行、第 52 行）添加监听代码；在 end 函数内（第 42 行、第 43 行）移除监听。
- ❑ 在 init 函数内（第 10 行至第 12 行）保留了游戏结束后单击屏幕重启游戏的事件监听。这段代码我们不能放在 onTouchEnd 函数内，否则游戏结束时，触摸结束的监听将被移除，屏幕单击事件就检测不到了。

当然我们也可以再新建一个 onTapEndWhileGameOver 的事件句柄函数，示例代码如下：

```
1.  function onTapEndWhileGameOver(res) {
2.    // 重启游戏
3.    if (gameIsOver) {
4.      start()
5.    }
6.  }
```

然后分别在 end 函数内添加监听，在 start 函数内移除监听（添加的时机与 onTouchEnd 是相反的），虽然这样也是可以的，但比较麻烦。

修改以后，我们可以在 onTouchMove、onTouchEnd 中分别放置专门用于处理游戏启动期间的触摸移动、触摸结束事件的代码。修改后的运行效果没有变化。

本课小结

本课源码目录参见：disc/ 第 6 章 /6.1。

这节课我们主要基于一般的小游戏逻辑，将原来散乱的代码进行了规整和梳理，使代码更易阅读和维护，但现在的代码仍然是不完善的。删除不必要的注释和已经注释掉的旧代码后，最终 game.js 文件的代码如本课最后一个示例所示。

现在的代码结构比原来的更加清晰易懂了。

我们不妨通过最终代码猜想一下它们演变的逻辑，这样可以快速回顾与巩固所学。

下一课我们开始将游戏中的游戏元素进行模块化，即实现真正的模块化重构，每个模块固定负责一件或一类事件。模块化重构以后，代码结构将会更加清晰。

第 18 课　JS 如何创建对象及如何实现模块化

第 17 课主要完成了对小游戏项目代码的梳理，接下来我们开始进行模块化重构。在重构之前，首先学习一下 JS 如何定义对象，以及如何实现对象的模块化。定义对象与对象模块化是一体的，一般情况下，先在一个独立的文件中定义一个对象，然后以模块化的手法将其导出，并在其他文件中使用。

与JS相关的模块化规范有CommonJS、ES Module、AMD、CMD等，它们实现的功能相同，只是导入、导出的语法和使用方式有所不同。CommonJS是微信小程序/小游戏官方默认的模块化规范，ES Module是JS默认的模块化标准规范，本课将重点了解这两个规范。

使用原型继承对象

JS作为一门弱类型原型脚本语言，在如何创建对象这件事上有多种方法。其中，原型是一种比较传统的方法。原型对象的构造函数可以在内部定义，也可以在外部定义好以后再赋值给原型对象的constructor属性，接下来我们看一个先定义再赋值的示例，如代码清单6-9所示。

代码清单6-9　先定义再赋值示例

```
1.  // JS: disc\第6章\6.2\6.2.1\prototype.js
2.  // 构造函数
3.  function Person(name, age, job) {
4.    this.name = name
5.    this.age = age
6.    this.job = job
7.    this.friends = ["小王", "小李"]
8.  }
9.  // 原型
10. Person.prototype = {
11.   constructor: Person,
12.   say: function () {
13.     return `我的名字是${this.name}，我是一名${this.job}。`
14.   }
15. }
16. // 实例化
17. let person1 = new Person("LY", 18, "程序员")
18. let person2 = new Person("MN", 20, "篆刻爱好者")
19. person1.friends.push("花木兰")
20. console.log(person1.friends) // 输出: [ '小王', '小李', '花木兰' ]
21. console.log(person2.friends) // 输出: [ '小王', '小李' ]
22. console.log(person1.friends === person2.friends) // Output: false
23. console.log(person1.say === person2.say) // Output: true
24. console.log(person1.say()) // 输出: 我的名字是LY，我是一名程序员。
25. console.log(person2.say()) // 输出: 我的名字是MN，我是一名篆刻爱好者。
```

上面的代码有以下几点值得关注。

- 第3行至第8行定义了一个构造函数，构造函数与普通函数的区别有两点：一是函数名首字母一般是大写，二是其内部使用this。构造器在实例化以后会有一个对象实例，this便指向这个对象实例，如果不是构造函数，是不能这样使用this的。
- 第10行通过prototype属性指定Person类型的原型对象，原型对象在这里是一个自定义对象。第11行通过constructor指定构造器，第12行至第14行是新增的方法，在这个方法中可以使用this关键字。

- 第17行及以下便是测试代码了，第17行、第18行通过new Person创建两个实例，在这里Person是当作class使用的。
- 第19行通过数组的push方法改变了一下Person对象实例内部成员的数据，**这种在对象外部直接改变内部数据的方法是不被推荐的**，这里仅为了进行测试。
- 第22行，两个数组并不是同一个引用，它们属于不同实例。但第23行比较两个实例的方法返回了true，因为方法并不是数据，方法say都指向原型对象中的第12行至第14行，是同一块内存区域。

在这个示例中，我们通过原型属性实现了对象的继承。

测试指令如下：

```
node index.js
```

测试输出如下：

```
1. [ '小王', '小李', '花木兰' ]
2. [ '小王', '小李' ]
3. false
4. true
5. 我的名字是LY，我是一名程序员。
6. 我的名字是MN，我是一名篆刻爱好者。
```

使用构造函数创建对象

除了通过原型对象上的constructor这个特殊的属性指定构造函数以外，还有一个更简单的创建对象的方法：直接在一个普通函数前面加上一个new关键字，以此将普通函数升级为构造函数，示例代码如下：

```
1. // JS: disc\第6章\6.2\6.2.2\constructor.js
2. // 构造函数
3. function PersonConstructorFunction(name, age, job) {
4.   this.name = name
5.   this.age = age
6.   this.job = job
7.   this.friends = ["小王", "小李"]
8.   this.say = function () {
9.     return `我的名字是${this.name}，我是${this.job}。`
10.  }
11. }
12. let p = new PersonConstructorFunction("石桥码农", 18, "程序员")
13. console.log(p.say()) // 输出：我的名字是石桥码农，我是程序员。
```

在构造函数内部，不仅可以定义属性（第4行至第7行），还可以定义方法（第8行至第10行）。

上一节定义的构造函数Person，它与这里的PersonConstructorFunction相似，只不过这里的构造函数没有被赋值给一个原型对象的constructor属性。

完成代码编写后，开始执行测试，测试指令如下所示：

```
node constructor.js
```

测试输出如下：

```
我的名字是LY，我是一名程序员。
```

要区分一个函数是普通函数还是构造函数，并不是通过函数名称的首字母是否大写来确定的。事实上，任何一个函数，凡是在前面加了 new 关键字，便成为构造函数；如果没加则是普通函数。这有些像薛定谔的猫，直到开箱的那一刻才能确定猫是死的还是活的。

被当作构造函数使用的函数，还有一个别名：模仿类，即它是一个模仿类对象的存在。多年以来，业界一直认为模仿类被滥用得太多了，直到 ES6 的 class 出现以后，这一滥用行为才被彻底遏制。

思考与练习（面试题）：试尝试实现一个函数，代替 new 关键字，实现基于构造函数创建对象的逻辑。

拓展：理解 __proto__ 与 prototype 属性

JS 中的一切皆为对象，每个对象都有一个原型（prototype），**原型是对象实例在创建时默认会继承的属性和方法的集合**，原型对象中的属性、方法在对象实例中皆可访问。示例代码如下：

```
1.  let obj = {}
2.  obj.toString() // 输出: '[object Object]'
```

obj 是一个使用对象字面量创建的对象实例，从字面上看，obj 中并没有名为 toString 的方法，但第 2 行可以调用，这是为什么呢？就是因为 toString 是原型对象上的方法。

在谈论原型这个概念时，涉及两个属性，即 __proto__ 与 prototype，这两个属性都表示原型，它们有什么区别呢？我们应当如何区分和理解它们呢？

在区分这两个概念之前，我们先厘清另外两个概念：类型和实例。

什么是类型？例如 Object、Function、Array、RegExp 等，这些以大写字母开头的都是类型，包括我们在代码中自定义的 class 也是类型，类型不是对象实例，是对象实例的模板。举个例子：

```
1.  class Ball { ... }
2.  let ball = new Ball()
```

其中，Ball 便是类型，而 ball 是实例。

任何类型都有一个 prototype 属性，例如 Object.prototype、Function.prototype、Array.prototype 等，prototype 属性指向类型模板，在模板中预定义了一些属性和方法，当实例产生时，它所继承的属性和方法便是从类型的 prototype 上复制的。JS 作为一门原型语言，靠的便是这种机制实现了原型继承。

对于如下代码：

```
1.  let arr = [1, 2, 3]
2.  arr.length // Output: 3
3.  arr.push(4)
4.  arr.pop()
5.  arr.toString() // Output: '1,2,3'
```

变量arr的类型是Array，arr在创建时从Array.prototype上复制了一些属性和方法（例如length、push、pop等），但toString方法并不是Array.prototype上的。toString方法在Object.prototype上，Array.prototype继承Object.prototype。继承关系是这样的：

```
arr → Array.prototype → Object.prototype → null
```

JS中一切皆为对象，所有对象的原型最终都指向Object.prototype，这样一来，Object上面就没有对象了，所以Object.prototype的父级原型指向了null。

prototype是作为继承对象实例中的原型对象类型而存在的。了解了prototype，再来看__proto__属性。

我们仍以数组实例arr为例，看一下它的结构：

```
1.  arr: (3) [1, 2, 3]
2.    0: 1
3.    1: 2
4.    2: 3
5.    length: 3
6.  [[Prototype]]: Array(0) // 以Array.prototype为模板复制
7.      constructor: ƒ Array()
8.      length: 0
9.      pop: ƒ pop()
10.     push: ƒ push()
11.          ...
12.     [[Prototype]]: Object // 以Object.prototype为模板复制
13.       constructor: ƒ Object()
14.       toString: ƒ toString()
15.       get __proto__: ƒ __proto__()
16.       set __proto__: ƒ __proto__()
17.            ...
```

注意：这个结构列表可以在浏览器或微信开发者工具的调试区查看。

在对象arr上，有一个[[Prototype]]属性（第6行），这个属性是一个对象，是以Array.prototype为模板复制的。在[[Prototype]]属性上，还有一个[[Prototype]]属性（第12行），这也是一个对象，它是以Object.prototype为模板进行复制的。第7行、第13行，每个[[Prototype]]属性上都有一个constructor成员，constructor是构造函数，是使用new关键字创建实例时被调用的函数，这个constructor成员是在类型模板（类型的prototype）上定义的。

在最后这一级[[Prototype]]对象上，有一个名为__proto__的getter和setter。__proto__是定义在Object.prototype上的存取器，既然JS中的一切皆为对象，那么一切实例都有__proto__这个存取器属性。__proto__作为对象存取器属性，在对象内部指向[[Prototype]]，不

过 [[Prototype]] 是不能在代码中直接访问的，只能通过 __proto__ 访问。

综上所述，__proto__ **是对私有属性 [[Prototype]] 的封装，它返回实例从原型模板（类型的 prototype）上复制的实例属性**。如果基于 __proto__ 描述继承关系，那么链条是这样的：

```
arr.__proto__ → Array.prototype.__proto__ → Object.prototype.__proto__ → null
```

总结一下：

- __proto__ 封装了内部对实例属性 [[Prototype]] 的访问，本质是存取器属性。
- prototype 是作为对象实例在创建时继承的原型类型而存在的，本质是类型。

改变原型的指向便可以改变继承关系。接下来看一个示例，进一步理解 __proto__ 与 prototype 的区别，如代码清单 6-10 所示。

代码清单 6-10　通过改变原型改变继承

```
1.  // JS: disc\第 6 章\6.2\6.2.3\change_prototype.js
2.  class Being {
3.    run(i) {
4.      console.log(`${i} running..`)
5.    }
6.  }
7.  // const Being = function () {
8.  //   this.run = (i) => {
9.  //     console.log(`${i} running..`)
10. //   }
11. // }
12. class Person {
13.   title = "微信小游戏"
14. }
15. // const Person = function () {
16. //   this.title = "微信小游戏"
17. // }
18.
19. const person1 = {
20.   print: function () {
21.     console.log(`title: ${this?.title}`)
22.   }
23. }
24. person1.print() // 输出: title: undefined
25. person1.__proto__ = new Person()
26. // Object.setPrototypeOf(person1, new Person())
27. person1.print() // 输出: title: 微信小游戏
28.
29. person1.run?.(1)
30. person1.__proto__.__proto__ = new Being()
31. person1.run?.(2) // 输出: 2 running..
32. new Person().run?.(3)
33.
34. Person.prototype.__proto__ = new Being()
35. person1.run?.(4) // 输出: 4 running..
36. new Person().run?.(5) // 输出: 5 running..
```

这个文件做了什么事呢？

- 第 2 行至第 6 行声明了一个类型 Being，声明效果与第 7 行至第 11 行相同。
- 第 12 行至第 14 行声明了另一个类型 Person，声明效果与第 15 行至第 17 行相同。
- 第 19 行至第 23 行，person1 是一个对象实例，包含一个 print 方法成员。
- 第 24 行，person1 默认是没有 title 属性的，所以这一行打印结果是“title：undefined”。
- 第 25 行，使用 __proto__ 存取器将 person1 的原型设置为一个 Person 实例，必须是实例，不能是类型。第 26 行，使用静态方法 setPrototypeOf 与使用 __proto__ 存取器的效果是一样的。在改变原型后，执行第 27 行的 print 打印，便能取到 title 属性了。
- 第 29 行，此时 person1 实例上并没有 run 方法，这一行不会打印任何内容。
- 第 30 行，person1.__proto__ 指向 Person 实例，将它的 __proto__ 设置为 Being，相当于让 Person 继承 Being，如此一来，person1 便拥有了 run 方法，所以第 31 行的 run 方法有输出。但第 32 行的 run 方法没有输出，因为第 30 行只是实例 person1 的原型改变了，新实例的原型没有改变。
- 第 34 行，Person.prototype 是一个类型模板，它的 __proto__ 本来是 undefined，将其设置为 Being 实例，也相当于让 Person 继承 Being。改变后，第 35 行、第 36 行，无论是旧实例，还是新实例，都有 run 方法了。

最后总结一下，**prototype 作用在类型上，__proto__ 作用在实例上，两者的赋值对象都必须是实例**。无论使用这两个属性中的哪一个改变原型，继承关系都不是很清晰明朗，最简单明了的继承方法还是使用 extends 关键字，在类型声明时就确定好继承关系。

拓展：如何理解原型及原型链

我们来看一个示例代码：

```
1.  // JS: disc\ 第 6 章 \6.2\6.2.2\constructor.js
2.  // 构造函数
3.  function PersonConstructorFunction(name, age, job) {
4.    this.name = name
5.    this.age = age
6.    this.job = job
7.    this.friends = [" 小王 ", " 小李 "]
8.    this.say = function () {
9.      return ` 我的名字是 ${this.name}，我是一名 ${this.job}。`
10.   }
11. }
12. let p = new PersonConstructorFunction("LY", 18, " 程序员 ")
```

在这个示例中，第 12 行如果不使用 new 关键字，PersonConstructorFunction 就是一个普通函数，它会返回 undefined；但是如果用了 new，它就变成了一个构造函数，this 将指向创建后的实例。

对新创建的实例 p，它的继承关系如下：

```
p.__proto__ → PersonConstructorFunction.prototype → Object.prototype → null
```

prototype 属性是类型属性，没有办法进行链式访问，但 __proto__ 是实例属性，支持链式访问，对于上面的继承关系链，有如下链条：

```
p.__proto__.__proto__.__proto__ // null
```

这个链条便是原型链，最后一个 __proto__ 节点指向 Object.prototype 的原型，即 null。

如果我们再实例化出 p2、p3，那么这些对象的原型继承关系如图 6-5 所示。

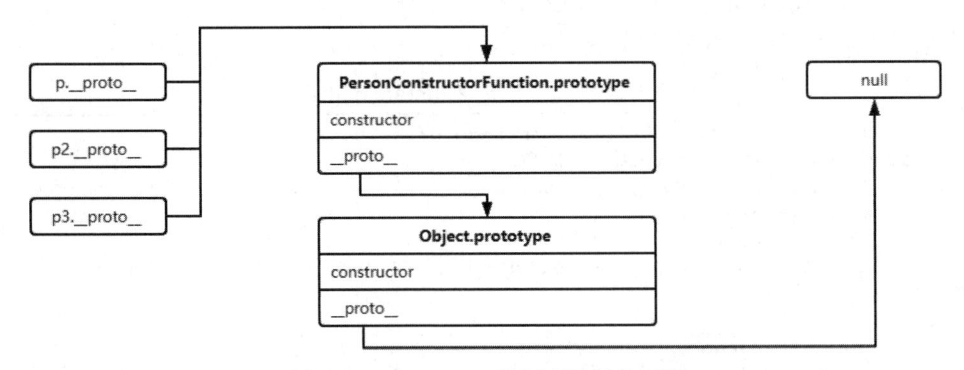

图 6-5 p 与 p2、p3 的原型继承关系图

用 new PersonConstructorFunction() 创建的对象还从原型上获得了一个 constructor 属性，它指向函数 PersonConstructorFunction 本身，示例代码如下，这些关系判断结果都会返回 true：

```
1.  // JS: disc\ 第 6 章 \6.2\6.2.4\constructor.js
2.  ...
3.  console.log(p.constructor === PersonConstructorFunction.prototype.
    constructor) // 输出: true
4.  console.log(PersonConstructorFunction.prototype.constructor ===
    PersonConstructorFunction) // 输出: true
5.  console.log(Object.getPrototypeOf(p) === PersonConstructorFunction.
    prototype) // 输出: true
6.  console.log(p instanceof PersonConstructorFunction) // 输出: true
```

第 5 行，getPrototypeOf 方法用于返回一个实例的原型。第 6 行，instanceof 操作符用于判断左值是否为右值的一个实例。

执行如下指令对上面修改后的代码进行测试：

```
1.  cd disc
2.  node ./ 第 4 章 /4.2/constructor.js
```

测试输出如下：

```
1.  true
2.  true
3.  true
4.  true
```

从测试结果可以看出，**一个对象类型无论有多少实例，其原型均指向一处，原型是多个实例共享的一块内存区域**。原型是类型，一个程序中会有许多实例，虽然每个实例都有原型，但因为原型是共享的，所以并不会因为原型链长而影响程序性能。

基于原型链实现万能的类型检测方法 instanceOf

在了解了原型及原型链的概念后，我们做一个练习：我们知道原生的 instanceof 操作符可以判断一个对象是否为某类型的实例，那么能否根据原型及原型链的概念自己实现一个 instanceOf 函数，用其代替 instanceof 进行实例类型的判断呢？

答案是肯定的，示例代码如代码清单 6-11 所示。

代码清单 6-11 自定义 instanceOf 函数

```
1.  // JS: disc\第 6 章\6.2\6.2.5\instance_of.js
2.  function instanceOf(target, kind) {
3.    // basicTypes: "number", "boolean", "string", "undefined", "object"
4.    switch (typeof target) {
5.      case "number": {
6.        return Object.prototype.toString.call(new kind) === "[object Number]"
7.        break
8.      }
9.      case "boolean": {
10.       return Object.prototype.toString.call(new kind) === "[object Boolean]"
11.       break
12.     }
13.     case "string": {
14.       return Object.prototype.toString.call(new kind) === "[object String]"
15.       break
16.     }
17.     case "undefined": {
18.       return Object.prototype.toString.call(kind) === "[object Undefined]"
19.       break
20.     }
21.     case "object":
22.     default: {
23.       // 有 typeof 为 null 的情况，toString 结果为 [object Null]
24.       if (!!!target && Object.prototype.toString.call(kind) === "[object
          Null]") return true
25.       const left = target.__proto__
26.         , right = kind.prototype
27.       if (left === null) {
28.         return false
29.       } else if (left === right) {
30.         return true
31.       } else {
32.         return instanceOf(left, kind)
33.       }
34.     }
35.   }
36. }
37. // 测试代码
38. console.log(instanceOf(0, Number))       // 输出：true
39. console.log(instanceOf("0", String))     // 输出：true
40. console.log(instanceOf(true, Boolean))   // 输出：true
41. console.log(instanceOf(null, null))      // 输出：true
```

```
42. console.log(instanceOf(undefined, undefined)) // 输出: true
43. console.log(instanceOf(Symbol("s"), Symbol)) // 输出: true
44. console.log(instanceOf({}, Object)) // 输出: true
45. console.log(instanceOf(/.{2}/, RegExp)) // 输出: true
46. class Class1 { }
47. class Class2 extends Class1 { }
48. class Class3 extends Class2 { }
49. console.log(instanceOf(new Class2, Class1)) // 输出: true
50. console.log(instanceOf(new Class3, Class1)) // 输出: true
51. console.log(instanceOf(new Class3, RegExp)) // 输出: false
```

这个 instanceOf 函数是怎么实现的?

- 第 25 行至第 33 行是关键代码。第 25 行取出实例原型，第 26 行取出类型原型，如果它们全等，则在第 30 行返回 true；如果不相等，则将 left 作为检测目标，在第 32 行递归调用 instanceOf，这是沿着原型链向上走；如果走到了 Object.prototype，此时 left 为 null，代表原型链走到了尽头仍然没有匹配到任何对象，则在第 28 行返回 false。
- 第 5 行至第 20 行处理的是基本类型检测的特殊情况。加上这些代码，我们自定义的 instanceOf 方法不仅可以检测对象，还可以检测基本数据类型的变量，包括 null、undefined 等。
- 第 24 行，当 typeof target 为 object 时，target 有可能是 null，这是特殊情况。
- 第 38 行至第 51 行是测试代码。

从测试结果来看，instanceOf 满足要求，支持对象及所有基本类型的测试。

使用 class 关键字创建类对象

ES6 引入了 class 关键字，先直接以 class 定义一个类对象，再以 new 关键字实例化该类对象，即可通过 class 实现继承，示例代码如代码清单 6-12 所示。

代码清单 6-12　通过 class 实现继承

```
1.  // JS: disc\第6章\6.2\6.2.6\person.js
2.  // 基类对象
3.  class PersonBase {
4.    constructor(name, age, job){
5.      this.name = name
6.      this.age = age
7.      this.job  = job
8.      this.friends = ["小王", "小李"]
9.    }
10. }
11. // 类对象
12. class Person extends PersonBase {
13.   constructor(name, age, job){
14.     super(name, age, job)
15.     this.say = function() {
16.       return `我的名字是${this.name}，我是一名${this.job}。`
17.     }
```

```
18.    }
19. }
20. let p = new Person("LY", 18, "程序员")
21. console.log(p.say()) // Output: 我的名字是LY，我是一名程序员。
```

在上面代码中：

- 第3行使用class关键字定义了类PersonBase，第4行至第9行是一个有着特殊名称的类成员constructor，代表类的构造器，构造器内的代码是使用new关键字实例化类的实例时执行的代码。
- 第12行定义了新类Person，并使用extends关键字让Person继承另一个类PersonBase，被继承的类称为基类或父类，继承类称为派生类或子类。子类默认继承父类的所有属性和方法，例如第16行，子类可以通过this关键字访问父类中的name、job属性。**在class中使用this时，this代表类的当前实例**。

第15行至第17行是传统的声明方法的方式，事实上，在class中一般通过如下方式声明：

```
1.  class Person extends PersonBase {
2.    ...
3.    say() {
4.      return `我的名字是${this.name}，我是一名${this.job}。`
5.    }
6.  }
```

这种方式不需要写function关键字，直接写方法名即可，后面跟上参数列表（小括号内）及函数体（大括号内）就可以了，格式更简洁清晰。

针对上述代码，执行如下指令进行测试：

```
1.  cd disc
2.  node ./第6章/6.2/6.2.6/person.js
```

测试输出如下：

```
我的名字是LY，我是一名程序员。
```

通过class创建类对象，通过extends关键字实现继承，这是ES6的新语法，在开发中优先考虑使用。

使用CommonJS规范

了解了如何创建对象，接下来学习一下如何将对象模块化，以便在不同文件间共享、复用代码。

Node应用程序由各种模块组成，一般采用的是CommonJS规范，该规范是在Node.js出现之后，随同Node.js一起进化和发展起来的。在CommonJS规范产生以后，前端开发开始工程化，开始引入和使用模块化规范。

在开发中，一般我们将公共的功能抽离成一个单独的JS文件，并将其作为一个模块，默认情况下，外部是无法访问这个模块内部的方法和属性的。如果想让外部代码访问模块内的成员，可以在模块中通过 exports 或者 module.exports 将成员显式暴露出来，并在使用这些模块的文件中通过 require 函数引入该模块，这就是 CommonJS 规范。

接下来，我们具体看一下 CommonJS 规范如何定义模块、暴露属性和方法，示例代码如下：

```
1.  // JS: disc\第6章\6.2\6.2.7\tools.js
2.  const tools = {
3.    name: "Node.js",
4.    say: function () {
5.      return `Hi,${this.name}`
6.    }
7.  }
8.  // 暴露属性和方法
9.  module.exports = tools
10. // 另一种暴露方式
11. // exports.name = tools.name
12. // exports.say = tools.say
```

在上述代码中，模块使用 CommonJS 规范暴露属性与方法，具体来说有两种方法。

- 给 exports 直接赋值一个对象（第 9 行），直接导出这个对象。
- 分别给 exports 动态增加属性与方法（第 11 行、第 12 行），导出这个属性和方法。

在其他 JS 文件里，通过如下方式导入模块并使用：

```
1.  // JS: disc\第6章\6.2\6.2.7\index.js
2.  const tools = require("./tools.js") // 导入自定义模块
3.  // 使用该模块的属性和方法
4.  console.log(tools.name) // 输出: Node.js
5.  console.log(tools.say()) // 输出: Hi,Node.js
```

第 2 行在导入模块时，引入路径里可以写完整的文件名，例如 tools.js，也可以省略后缀，例如 tools，但是前面的相对路径的前缀“./”不可省略。这与小游戏不一样，在小游戏中是加了这个前缀会报错。

示例代码涉及两个文件，在浏览器的 Console 面板中就不方便测试了，可以在 VSCode 的集成终端中测试，执行如下测试指令：

```
node index.js
```

测试输出如下：

```
1.  Node.js
2.  Hi,Node.js
```

使用 ES Module 规范

CommonJS 是微信小游戏官方推荐的，也是其默认支持的模块化规范，但 ES6 原生的模块化规范（ES Module）是一种静态化模块方案，更值得推荐。

上一节的模块化示例如果用 ES Module 规范改写，tools.js 是这样的：

```
1.  // JS: disc\第6章\6.2\6.2.8\tools.js
2.  const tools = {
3.    name: "Node.js",
4.    say: function () {
5.      return `Hi,${this.name}`
6.    }
7.  }
8.  // 导出
9.  export default tools
```

ES Module 规范可使用 export 关键字导出模块内容（第 9 行），也允许同时导出多项，但在导出时必须有一个带 default 关键字的导出项作为默认导出项。

在 index.js 文件中引入并使用 tools 模块，代码如下：

```
1.  // JS: disc\第6章\6.2\6.2.8\index.js
2.  import tools from "./tools.js" // 导入自定义模块
3.  // 使用该模块的属性和方法
4.  console.log(tools.name) // 输出: Node.js
5.  console.log(tools.say()) // 输出: Hi,Node.js
```

这里的 ES Module 规范使用 import 关键字导入（第 2 行）。

测试代码如下：

```
babel-node index.js
```

测试输出如下：

```
1.  Node.js
2.  Hi,Node.js
```

前后示例的代码是相似的，输出结果是一样的，只是模块导出 / 导入的语法不同。

微信开发者工具本身具有 ES6 转 ES5 的功能，也支持使用 ES Module 规范，本书后面涉及模块化的代码时默认使用 ES Module 规范。

注意：本课代码不需要使用微信开发者工具，可以直接在 VSCode 中完成编写并测试。在使用 VSCode 的集成终端环境测试 ES Module 代码时，由于 Babel 默认是不开启 import、export 等语法支持的，因此需要我们在源码目录下放置一个 .babelrc 配置文件。如果使用的是笔者的源码，测试可能没有问题（因为相关配置文件已经有了）；如果是读者自己编写的代码，或者把本节示例中的 ES6 目录复制到其他地方，则可能遇到一个“tools 不是有效模块”的异常，解决办法参见本书第 1 课。在本书的其他章节中，如果在非微信开发者工具环境中遇到同类问题，也可以用相同的方法处理。

拓展：对比 CommonJS 规范和 ES Module 规范的差异

CommonJS 规范与 ES Module 规范在使用时有什么差异？当相同的代码分别用两种规范导出时，表现有什么不同吗？

我们先看一个使用了 CommonJS 规范的示例：

```
1.  // JS: // JS: disc\第6章\6.2\6.2.9\a.js
2.  console.log("a started")
3.  exports.done = false
4.  const b = require("./b.js") // 导入了b.js
5.  console.log("in a, b.done =", b.done)
6.  exports.done = true
7.  console.log("a done")
8.
9.  // JS: // JS: disc\第6章\6.2\6.2.9\b.js
10. console.log("b started")
11. exports.done = false
12. const a = require("./a.js") // b又导入了a.js
13. console.log("in b, a.done =", a.done)
14. exports.done = true
15. console.log("b done")
```

该示例涉及两个文件，我们可以关注以下几点。

- 第 3 行、第 6 行重复导出了布尔值 done；第 11 行、第 14 行重复导出了布尔值 done，之所以这么设计，是为了测试数据在导出前后的变化。
- 第 4 行在 a.js 文件中导入了 b.js；第 12 行在 b.js 中又导入了 a.js。

两个文件相互引用，这不会造成死循环吗？不会，因为 CommonJS 是动态的值复制规范，两个文件导入的都是对方已经导出的代码。换言之，第 4 行，a.js 导入的是整个 b.js 的代码，但第 12 行，b.js 导入的只是 a.js 中第 1 行至第 3 行的代码。（注意，这是在 a.js 作为启动文件的情况下。）

稍后我们会启动关于 a.js 文件的测试，相当于在执行 a.js 的代码时，在第 4 行动态插入整个 b.js 文件的代码，并继续向下执行直至第 7 行。而在 b.js 文件中，被导入的代码会按顺序执行，第 12 行的代码相当于插入并执行了 a.js 中第 1 行至第 3 行的代码，然后继续执行到第 15 行。

执行如下测试指令：

```
1.  cd disc/第6章/6.2/6.2.9
2.  node a.js
```

测试输出如下：

```
1.  a started
2.  // 第4行代码执行，在a中导入b.js
3.  b started // 第10行，CommonJS规范没有提升，所以这一行在a started后面
4.  // 第12行，在b中导入了a.js
5.  in b, a.done = false // 第13行，此时第6行的exports.done = true还未执行，所以
    a.done为false
6.  b done // 第15行
7.  in a, b.done = true // 第5行，b已经执行完，此时b.done = true
8.  a done // a.js文件的第7行输出
```

以上是 CommonJS 规范的示例，接下来看看改用 ES Module 规范的示例：

```
1.  // JS: disc\第6章\6.2\6.2.9_2\a.js
```

```
2.  console.log("a started")
3.  import { foo } from "./b.js"
4.  console.log("in a, b.foo = ", foo)
5.  export const bar = 2
6.  console.log("a done")
7.
8.  // JS: disc\ 第 6 章 \6.2\6.2.9_2\b.js
9.  console.log("b started")
10. import { bar } from "./a.js"
11. export const foo = "foo"
12. console.log("in b, a.bar = ", bar)
13. setTimeout(() => {
14.   console.log("in b, next generation a.bar = ", bar)
15. })
16. console.log("b done")
```

在该示例中：

- 第 3 行在 a.js 中引用了 b.js；第 10 行在 b.js 中也引用了 a.js。
- 第 13 行至第 15 行，为了最后查看 a.bar 的值，这里设置了一个延时定时器，虽然它没有指定时间，但会在下一个 JS 执行周期里执行，即在第 16 行后面执行。

该示例仍然会以 a.js 文件作为启动文件，不过既然第 12 行的 a.bar 为 undefined，为什么第 14 行的 a.bar 为 2 呢？**因为 ES Module 是静态的、带提升效果的引用规范导出的是模块的引用，虽然 b.js 没有重复导入 a.js，但在第 14 行被导入的模块对象已经发生了变化。**

执行如下测试指令：

```
1.  cd disc/ 第 6 章 /6.2/6.2.9_2
2.  bnode a.js
```

测试输出如下：

```
1.  // 第 3 行，a.js 尝试导入 b.js
2.  b started // 第 9 行，b.js 在导入时被提升了，所以会先输出本结果
3.  in b, a.bar = undefined // 第 12 行，ES Module 是静态关联的，此时 a.js 未得执行，a.bar
    尚未定义
4.  b done // 第 16 行的输出
5.  a started // 第 2 行，b.js 执行完了，轮到 a.js 执行了
6.  in a, b.foo = foo // 第 4 行，已经取到了 b.js 的导出，b.js 已执行完
7.  a done // 第 6 行，a.js 执行完了
8.  in b, next generation a.bar =  2 // 第 14 行，这里 a.bar 等于 2，这是在下一个执行周期
    执行的，此时 a.js 文件中的第 5 行代码已经执行了
```

对比执行结果可以看出：

- ESModule 是静态规范，默认仅会导出一次，即使存在循环引用，也不会像 CommonJS 规范那样导出。
- CommonJS 规范是运行时动态导出和导入的，即当前代码执行到哪里，就在哪里导入并执行被导入模块的代码。

- CommonJS 规范导出的是值的备份，且允许重复导出，如果重复导出同一个值，则会进行覆盖。
- ES Module 规范是编译时静态导入的，import 语句会被提升，它会优先于当前模块内的其他代码执行。
- 与 CommonJS 规范不同的是，ES Module 规范导出的是模块的引用，当对象变化时，在其他模块内被引用的对象会自动变化。

本课小结

本课源码目录参见：disc/ 第 6 章 /6.2。

这节课主要介绍了 JS 如何创建类对象以及如何实现模块化，定义对象推荐使用 class 关键字，模块化推荐使用 ES Module 规范。下一章通过实践介绍如何将背景音乐对象模块化。

这一章主要完成了对项目逻辑的基本梳理，并且学习了如何编写模块化代码，这些都是为第 7 章、第 8 章进行模块化重构而做的准备。

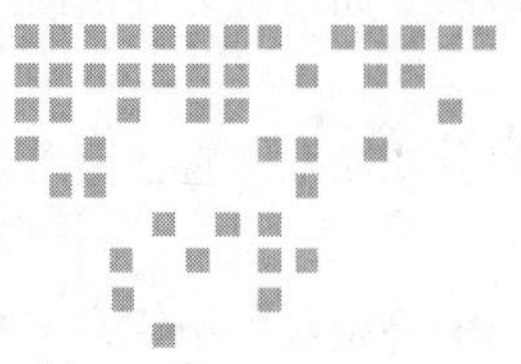

Chapter 7 第7章

模块化重构二：重构背景音乐、小球和挡板

第6章梳理了游戏逻辑，并介绍了如何进行模块化开发。这一章基于之前已经完成的微信小游戏项目代码，开始对背景音乐、小球、挡板进行模块化重构。

第19课　创建背景音乐模块

第18课主要学习了在JS中如何定义对象和实现对象的模块化，这节课我们正式开始进行模块化重构，将背景音乐、小球、挡板、分数、背景等游戏元素全部模块化。首先从背景音乐对象开始。

开始创建背景音乐模块

基于第18课最后给出的game.js文件将背景音乐对象的初始化代码、播放代码及背景音乐按钮的绘制代码都抽离出来，观察一下目前与背景音乐有关的代码有哪些，如代码清单7-1所示。

代码清单7-1　与背景音乐有关的代码

```
1.  // JS: disc\第5章\5.3\5.3.4\game.js
2.  ...
3.  // 初始化
4.  function init() {
5.    // 背景音乐对象初始化
6.    {
7.      bgAudio.src = "static/audios/bg.mp3"
8.      bgAudio.autoplay = true // 加载完成后自动播放
9.      bgAudio.loop = true // 循环播放
10.   }
```

```
11.   ...
12. }
13. ...
14. // 触摸事件结束时的回调函数
15. function onTouchEnd(res) {
16.   // 切换背景音乐按钮的状态
17.   const touch = res.changedTouches[0] || { clientX: 0, clientY: 0 }
18.   const pos = { x: touch.clientX, y: touch.clientY }
19.   if (pos.x > bgMusicBtnRect.x1 && pos.x < bgMusicBtnRect.x2 && pos.y >
      bgMusicBtnRect.y1 && pos.y < bgMusicBtnRect.y2) {
20.     console.log("单击了背景音乐按钮")
21.     const bgMusicIsPlaying = bgAudio.currentTime > 0 && !bgAudio.paused
22.     bgMusicIsPlaying ? stopBackgroundSound() : playBackgroundSound()
23.   }
24. }
25. ...
26. // 绘制背景音乐按钮
27. function drawBgMusicButton() {
28.   const img = wx.createImage()
29.   let bgMusicIsPlaying = bgAudio.currentTime > 0 && !bgAudio.paused
30.   if (bgMusicIsPlaying) {
31.     img.src = "static/images/sound_on.png"
32.   } else {
33.     img.src = "static/images/sound_off.png"
34.   }
35.   context.drawImage(img, 0, 0, 28, 28, bgMusicBtnRect.x1, bgMusicBtnRect.y1,
      bgMusicBtnRect.x2, bgMusicBtnRect.y2)
36. }
37. ...
38. // 播放背景音乐
39. function playBackgroundSound() {
40.   bgAudio.seek(0)
41.   bgAudio.play()
42. }
43. // 停止背景音乐
44. function stopBackgroundSound() {
45.   bgAudio.stop()
46. }
47. ...
```

从上面可以看到，主要有如下 4 处与背景音乐有关的代码。

- 第 39 行至第 46 行的 playBackgroundSound、stopBackgroundSound 函数。
- 第 6 行至第 10 行中与 bgAudio 有关的背景音乐对象初始化代码。
- 第 27 行至第 36 行中与绘制背景音乐按钮相关的 drawBgMusicButton 函数，这里需要访问绘制上下文常量 context。
- 第 19 行至第 23 行，在触摸事件结束时的回调函数 onTouchEnd 中，对背景音乐按钮进行了单击判断。

接下来开始改造，新建一个 src\managers\audio_manager.js 文件，将上面这 4 处代码全部移到这个新文件中，具体音频管理器代码如代码清单 7-2 所示。

代码清单 7-2 音频管理器代码

```
1.  // JS: disc\第7章\7.1\7.1.1\src\managers\audio_manager.js
2.  const bgMusicBtnRect = { x1: 5, y1: 5, x2: 25, y2: 25 } // 背景音乐按钮的边界
3.
4.  /** 音频管理者，负责管理背景音乐及控制按钮 */
5.  class AudioManager {
6.    /** 单例 */
7.    static getInstance() {
8.      if (!this.instance) {
9.        this.instance = new AudioManager()
10.     }
11.     return this.instance
12.   }
13.
14.   constructor() { }
15.
16.   /** 背景音乐对象 */
17.   bgAudio = wx.createInnerAudioContext()
18.
19.   /** 初始化 */
20.   init(options) {
21.     // 背景音乐对象初始化
22.     this.bgAudio.src = options.bjAudioSrc || "static/audios/bg.mp3"
23.     this.bgAudio.autoplay = true // 加载完成后自动播放
24.     this.bgAudio.loop = true // 循环播放
25.   }
26.
27.   /** 渲染 */
28.   render(context) {
29.     this.drawBgMusicButton(context)
30.   }
31.
32.   /** 触摸结束事件回调函数 */
33.   onTouchEnd(res) {
34.     // 切换背景音乐按钮的状态
35.     const touch = res.changedTouches[0] || { clientX: 0, clientY: 0 }
        // offsetX、offsetY 不复存在
36.     const pos = { x: touch.clientX, y: touch.clientY }
37.     if (pos.x > bgMusicBtnRect.x1 && pos.x < bgMusicBtnRect.x2 && pos.y >
        bgMusicBtnRect.y1 && pos.y < bgMusicBtnRect.y2) {
38.       console.log("单击了背景音乐按钮")
39.       const bgMusicIsPlaying = this.bgAudio.currentTime > 0 && !this.
          bgAudio.paused
40.       bgMusicIsPlaying ? this.stopBackgroundSound() : this.playBackgroundSound()
41.     }
42.   }
43.
44.   /** 播放背景音乐 */
45.   playBackgroundSound() {
46.     this.bgAudio.seek(0)
47.     this.bgAudio.play()
48.   }
49.
50.   /** 停止背景音乐 */
51.   stopBackgroundSound() {
```

```
52.       this.bgAudio.stop()
53.     }
54.
55.     /** 依据播放状态绘制背景音乐按钮 */
56.     drawBgMusicButton(context) {
57.       const img = wx.createImage()
58.       const bgMusicIsPlaying = this.bgAudio.currentTime > 0 && !this.
          bgAudio.paused
59.       if (bgMusicIsPlaying) {
60.         img.src = "static/images/sound_on.png"
61.       } else {
62.         img.src = "static/images/sound_off.png"
63.       }
64.       context.drawImage(img, 0, 0, 28, 28, bgMusicBtnRect.x1,
          bgMusicBtnRect.y1, bgMusicBtnRect.x2, bgMusicBtnRect.y2)
65.     }
66. }
67.
68. export default AudioManager.getInstance()
```

这个模块是怎么设计的呢？

- 整个项目的代码都是从第 5 章复制过来的，删除了所有不必要的注释以及已经注释掉的代码。
- 第 17 行是从 game.js 移过来的一个类变量 bgAudio，原来在 game.js 中是常量。
- 第 22 行至第 24 行，将原来位于 game.js 中 init 方法内的背景音乐对象初始化代码移到了这里，作为 init 函数。参数 options 是一个自定义对象，方便添加扩展参数。由于在 JS 的类方法中，访问类变量是需要添加 this 的，因此这里每一行前面都加了 this，这是与原来代码不同的地方。
- 第 22 行，在 init 方法中，从参数对象中取出 bjAudioSrc，设置 bgAudio 的 src 属性。将模块内对象的一些数据参数化，可以增加对象的灵活性。但这里也有一个取舍的度（像 bgMusicBtnRect 这样的数据就是在模块中写死的），这也意味着复杂性的增加。一些可能会变化的数据，像背景音乐地址（如 bjAudioSrc），可选择参数化，而一些不太可能变化或者模块自己管理的数据（如 bgMusicBtnRect），则不选择参数化。
- 第 45 行至第 65 行，playBackgroundSound、stopBackgroundSound 和 drawBgMusicButton 这三个方法都是从 game.js 中复制过来的，除了在 bgAudio、stopBackgroundSound、playBackgroundSound（第 40 行）前面添加了 this 访问修饰符以外，其他没有改变。
- 第 33 行，onTouchEnd 方法取自 game.js 中的 onTouchEnd 函数，这部分代码用于判断背景音乐按钮是否被单击了，除了添加必要的 this 访问修饰符之外，其他没有改变。
- 第 28 行至第 30 行定义了一个 render 函数，用于完成与本模块相关的渲染工作。所有与 UI 有关的，或者说需要在界面上渲染一些内容的模块，都可以实现一个 render 函数。这个函数有一个参数 context，代表渲染上下文对象，将渲染上下文对象通过该参数传递进来，而不是通过全局常量或其他方式取得这个对象，这可以最大程度地保证模块的独立性。

- ❑ 第 7 行至第 12 行，getInstance 是一个静态函数，用于返回 AudioManager 类的单例。单例是一种常见的设计模式。
- ❑ 第 68 行，使用 export 关键字导出模块实例，使用的是 ES Module 规范。

总体来讲，这个文件虽然代码不少，但 95% 都不是新代码。

在 game.js 中，原代码中有许多地方在渲染游戏元素时用到了 context 与 canvas 常量，这两个常量可以用下面的方法提升为全局常量：

```
1.  GameGlobal.canvas = canvas
2.  GameGlobal.context = context
```

这样可以让代码重构变得简单一些，像 AudioManager 中的 render 方法就不需要 context 参数了。但这样处理破坏了模块的独立性，并不是好的选择。**一个设计优良的模块，尤其像 Manager（管理器）角色这样的模块，如果可以直接复制到另一个项目中使用，不需要进行任何修改，才能算是好模块。**

模块创建完了，接下来开始改造 game.js 文件——在主文件使用音频管理器，如代码清单 7-3 所示。

代码清单 7-3 主文件使用音频管理器

```
1.  // JS: disc\第 7 章\7.1\7.1.1\game.js
2.  import audioManager from "src/managers/audio_manager.js" // 音频管理者单例
3.  // 获取画布及 2D 渲染上下文对象
4.  const ...
5.    // , bgMusicBtnRect = { x1: 5, y1: 5, x2: 25, y2: 25 } // 背景音乐按钮的边界
6.    // , bgAudio = wx.createInnerAudioContext() // 背景音乐对象
7.  ...
8.  // 初始化
9.  function init() {
10.   // 背景音乐对象初始化
11.   // {
12.   //   bgAudio.src = "static/audios/bg.mp3"
13.   //   bgAudio.autoplay = true // 加载完成后自动播放
14.   //   bgAudio.loop = true // 循环播放
15.   // }
16.   audioManager.init({ bgAudioSrc: "static/audios/bg.mp3" })
17.   ...
18. }
19. ...
20. // 触摸事件结束时的回调函数
21. function onTouchEnd(res) {
22.   // 切换背景音乐按钮的状态
23.   audioManager.onTouchEnd(res)
24.   // const touch = res.changedTouches[0] || { clientX: 0, clientY: 0 }
      // offsetX、offsetY 不复存在
25.   // const pos = { x: touch.clientX, y: touch.clientY }
26.   // if (pos.x > bgMusicBtnRect.x1 && pos.x < bgMusicBtnRect.x2 && pos.y >
    bgMusicBtnRect.y1 && pos.y < bgMusicBtnRect.y2) {
27.   //   console.log("单击了背景音乐按钮")
28.   //   const bgMusicIsPlaying = bgAudio.currentTime > 0 && !bgAudio.paused
29.   //   bgMusicIsPlaying ? stopBackgroundSound() : playBackgroundSound()
```

```
30.   // }
31. }
32. // 渲染
33. function render() {
34.   ...
35.   // 调用函数绘制背景音乐按钮
36.   // drawBgMusicButton()
37.   audioManager.render(context)
38.       ...
39. }
40. // 绘制背景音乐按钮
41. // function drawBgMusicButton() {
42. //   const img = wx.createImage()
43. //   let bgMusicIsPlaying = bgAudio.currentTime > 0 && !bgAudio.paused
44. //   if (bgMusicIsPlaying) {
45. //     img.src = "static/images/sound_on.png"
46. //   } else {
47. //     img.src = "static/images/sound_off.png"
48. //   }
49. //   context.drawImage(img, 0, 0, 28, 28, bgMusicBtnRect.x1,
    bgMusicBtnRect.y1, bgMusicBtnRect.x2, bgMusicBtnRect.y2)
50. // }
51. ...
52. // 播放背景音乐
53. // function playBackgroundSound() {
54. //   bgAudio.seek(0)
55. //   bgAudio.play()
56. // }
57. // 停止背景音乐
58. // function stopBackgroundSound() {
59. //   bgAudio.stop()
60. // }
61. ...
62. // 游戏结束
63. function end() {
64.   ...
65.   // stopBackgroundSound()
66.   audioManager.stopBackgroundSound()
67.   ...
68. }
69. // 开始游戏
70. function start() {
71.   ...
72.   // playBackgroundSound()
73.   audioManager.playBackgroundSound()
74.   ...
75. }
76. ...
```

在上面的代码中，被修改的代码有以下几处。

- 第2行，使用import关键字导入ES Module规范导出的模块。ES Module是静态引用型规范，import导入的仅是引用，在运行时才会到模块中获取真正的对象，所以即使AudioManager导出的是一个单例，即使在多个文件中导入，它们导入的也是同一个对象。

- 第16行，调用AudioManager实例audioManager的init方法，传入背景音乐地址，将其实例化。
- 第23行，由于判断背景音乐按钮是否被单击的代码移到了AudioManager模块内，因此在这里只需要调用audioManager的onTouchEnd方法将res参数传进去即可。touchEnd事件是在game.js中被监听的，如果这个文件引入了多个模块，只需要在每个模块中都定义一个onTouchEnd方法，就可以用同样的方法处理多个模块的touchEnd事件。
- 第37行，直接调用audioManager的render方法，完成AudioManager模块的渲染，而在AudioManager模块的render方法内，又间接调用了drawBgMusicButton方法。直接在game.js中调用audioManager的drawBgMusicButton方法也是可以的，但如果在AudioManager模块内还有游戏元素需要渲染，那就没法处理了。最好的办法是统一调用模块的render方法，在模块的render方法内再调用各个具体游戏元素的渲染方法。

代码修改后，重新编译测试，效果与之前没有差异。

注意：在播放音频时如果遇到如下错误：

```
Uncaught (in promise) DOMException: The play() request was interrupted by a call
    to pause().
```

这可能是因为音频文件没有加载完或无法加载引起的，需要检查音频文件是否存在、路径是否正确。

拓展：重新认识class和函数调用中的this

JS中的this是一个动态关键字，它所指代的对象是在运行时动态绑定的，稍不留神就可能因为它写出错误的代码。我们在一个类或函数中使用this时，有哪些实用技巧呢？下面一起看一下。

1. 如何使用this访问类的静态成员

看一下这段代码：

```
1.  // JS: disc\第7章\7.1\7.1.1\src\managers\audio_manager.js
2.  ...
3.  /** 单例 */
4.  static getInstance() {
5.    if (!this.instance) {
6.      this.instance = new AudioManager()
7.    }
8.    return this.instance
9.  }
```

第5行至第8行，在静态方法（以static修饰的方法）内访问同一个类中的其他静态属性，可以使用this关键字。

在非静态方法中，可以用this关键字访问实例属性或其他非静态方法，示例代码如下：

```
1.  // JS: disc\第7章\7.1\7.1.1\src\managers\audio_manager.js
2.  ...
3.  /** 触摸结束事件的回调函数 */
4.  onTouchEnd(res) {
5.    ...
6.    if (pos.x > bgMusicBtnRect.x1 && pos.x < bgMusicBtnRect.x2 && pos.y >
      bgMusicBtnRect.y1 && pos.y < bgMusicBtnRect.y2) {
7.      ...
8.      const bgMusicIsPlaying = this.bgAudio.currentTime > 0 && !this.
        bgAudio.paused
9.      bgMusicIsPlaying ? this.stopBackgroundSound() : this.
        playBackgroundSound()
10.   }
11. }
```

第8行，this.bgAudio 表示访问当前实例的实例属性 bgAudio；第9行，this.stopBackground-Sound 表示访问当前实例的实例方法 stopBackgroundSound，this.playBackgroundSound 同理。

但是在实例方法中，不能直接通过 this 关键字访问静态属性或静态方法，例如在上面的 onTouchEnd 方法中，不能直接通过 this.instance 访问 AudioManager 的单例对象。正确的访问方式是通过类名访问，或通过构造器间接访问，例如：

```
1.  AudioManager.instance
2.  this.constructor.instance
```

2. 了解 this 在 4 种函数调用里的绑定行为

一般而言，JS 中的 this 指向函数执行时的当前对象，当函数没有执行者时，this 可能指向全局对象，具体判断方法参见第 14 课。如果将 JS 中的函数调用按照对 this 关键字的处理情况进行细分，则可分为 4 类：方法调用、函数调用 、构造函数调用和 apply/call/bind 调用。下面分别看一下。

（1）方法调用

方法调用很好理解，方法属于一个对象，例如：

```
1.  const a = {
2.    v: 0,
3.    f: function (x) {
4.      this.v = x
5.    }
6.  }
7.  a.f(5) // a.v = 5
```

在上面的代码中，this 被自动绑定为对象 a，所以第 4 行的 this.v 可以取到对象 a 的属性 v。

（2）函数调用

当函数不属于任何对象时，this 会指向谁呢？来看一段代码。

```
1.  function f(x) {
2.    this.x = x
3.  }
4.  f(5)
```

在上面的代码中，函数 f 中的 this 指向全局对象。如果是在浏览器中运行的，则全局对象是 window，this.x 等于 window.x。第 2 行，由于 window.x 不存在，因此相当于给 window 对象动态添加了一个 x 属性（值为 5）。

（3）构造函数调用

在一个普通函数前面使用 new 关键字，让其变成构造函数，则 this 会指向谁呢？来看一段代码。

```
1.  function a(x) {
2.    this.m = x
3.  }
4.  const b = new a(5)
```

在上述代码中，该函数 a 会返回一个对象实例，并将这个实例绑定到函数体内的 this 上。我们发现，在第 2 行，this 将指向第 4 行的 b。

（4）apply/call/bind 调用

在 JS 中，每个函数都有一个原型指向 Function，Function 自带的 apply、call 和 bind 这三个方法可以改变内部 this 的绑定。在 apply 方法中，我们可以构造一个参数数组作为第二个参数传递给函数，第一个参数要传递 this 对象；在 call 方法中，第一个参数仍然传递 this 对象，第二个参数及后面所有的参数是不定参数。看一个代码示例：

```
1.  function a(x, y) {
2.    console.log(x, y)
3.    console.log(this)
4.    console.log(arguments)
5.  }
6.  a.apply(null, [5, 55])
7.  a.call(null, 5, 55)
```

无论是 apply，还是 call，如果第一个参数传递 null，那么在函数 a 内部 this 将指向全局对象。apply 与 call 的不同仅限于参数传递的形式，apply 更适合在类库中使用，call 更适合让开发者直接使用。

bind 函数的参数形式和 call 一致，第一个参数也是绑定 this，后面跟着不定参数。不同的是，bind 仅绑定 this 并返回绑定后的函数，并不调用。看一个示例代码：

```
1.  const obj = {
2.    x: 1
3.  }
4.  function foo(y) {
5.    console.log(this.x + y)
6.  }
7.  const f = foo.bind(obj, 5)
8.  f() // 输出：6
```

第 7 行，foo.bind 返回绑定了 this 的函数 f，f 在第 8 行执行。如果不绑定，第 5 行中的 this 将指向全局对象，而不会是 obj。

拓展：认清 JS 的内存管理

认识 JS 的内存管理需要了解 3 个概念：垃圾内存回收、值类型与引用类型。

1. 垃圾内存回收

有人认为，既然 JS 引擎具有自动的垃圾回收机制，那么开发者不需要关心内存分配和垃圾回收问题。其实对于有引用对象和全局变量的垃圾内存回收，还是要注意一下的。

JS 的自动垃圾回收机制很简单，每隔一段固定的时间执行一次，找出那些不再使用的对象，然后释放其内存。

在局部作用域中，当函数执行完毕时，局部变量也就没有存在的必要了，因此垃圾回收器很容易就做出判断并回收它们。但是全局变量什么时候需要自动释放内存就很难判断了，因此在实际开发中，我们需要尽量避免使用全局变量，尤其要避免将引用对象作为全局变量或常量使用，建议只将简单基本类型的数据用作全局常量。

在 JS 中，垃圾回收器最常用的回收算法是标记清除法，即通过标记找到那些不再继续使用的对象并将其清除。因此对于不再使用的对象，例如 a，我们可以将 a 及其引用属性通过设置为 null 的方式进行释放。这样的操作或许不会立即释放内存，但可以让对象失去引用，这个引用可能会在下一次的垃圾内存回收中被回收掉。

2. 值类型与引用类型的区别

在 JS 中，每一个变量或常量都需要一个内存空间，内存空间分为栈内存（stack）与堆内存（heap）两种。

栈内存是线程私有的，堆内存是进程公共拥有的。栈是为执行线程留出的一块内存空间。一个程序可以有许多线程，每一个线程都有一个独立的栈，但是每一个应用程序通常都只有一个堆。栈附属在线程之上，因此当线程结束时，栈被回收。堆通常在应用程序启动时被分配，当应用程序退出时被回收。

在 JS 中，一般在栈上的数据都是值类型，在堆上的数据都是引用类型。接下来我们看一个示例，了解值类型与引用类型的区别。

```
1.  // 值
2.  let a = 20
3.  let b = a
4.  b = 30 // 此时 a 等于多少，20?
5.  // 引用
6.  let m = { a: 10, b: 20 }
7.  let n = m
8.  n.a = 15 // 此时 m.a 是多少，15?
```

在上面的代码中，我们要关注以下几点。

- 第 2 行，a 是一个值类型；第 3 行使 b 等于 a；第 4 行，改变 b 的值时，a 仍然等于 20，因为 a 是一个值类型。
- 第 6 行，对象 m 是一个引用类型；第 7 行，使 n 等于 m，n 相当于 m 的别名；当第 8 行改变对象 n 的属性 a 时，对象 m 的 a 值也被改变了，因为 m 是一个引用类型。

JS 中基础数据类型的值都有固定大小，且都是值类型数据，它们保存在栈内存中，我们可以直接操作这些值。而 JS 中的引用数据类型，比如数组 Array，它们的值的大小不是固定的且保存在堆内存中，堆内存的数据开发者不能直接对其进行操作。由于它们的引用地址保存在栈中，栈内存中的引用地址和堆内存中的真实地址是一一对应的，我们只能通过栈内存的内存地址间接操作堆内存的实际数据。举个例子，如图 7-1 所示，图中的变量 e 在栈内存中有一个内存地址，该内存地址实际指向堆内存中的一块内存区域。

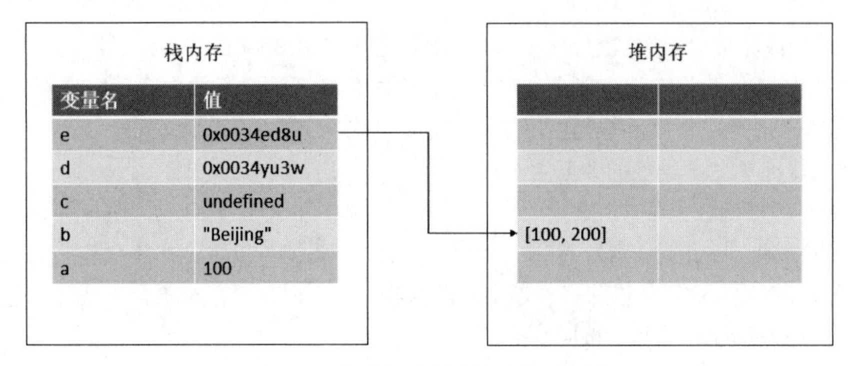

图 7-1　引用类型变量的内存示意图

我们看一段代码：

```
1.  let a = 100            // 栈变量
2.  let b = "Beijing"      // 栈变量
3.  let c = undefined      // 栈变量
4.  let d = {num: 100}     // 变量 b 存储在栈中，{m: 20} 作为对象存储在堆内存中
5.  let e = [100, 200]     // 变量 c 存储在栈中，[1, 2, 3] 作为对象存储在堆内存中
```

这 5 个变量在内存中的分布如图 7-2 所示。

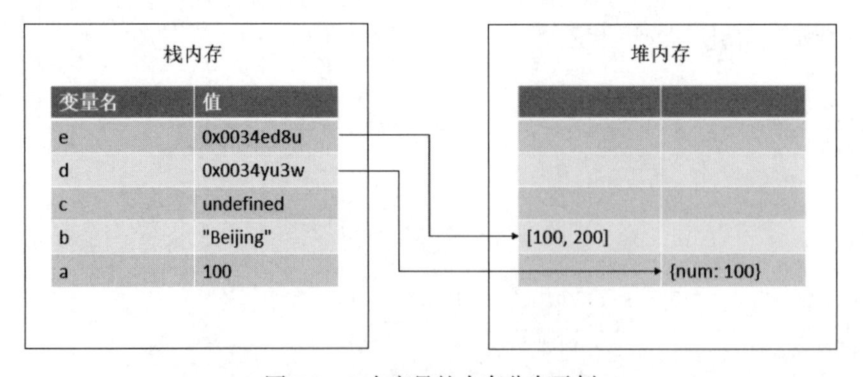

图 7-2　5 个变量的内存分布示例

其中 a1、a2、a3 位于栈内存，我们是直接操作的；而 b、c 保存的是引用地址，实际上每次对它们进行操作时，我们都是先从栈中获取了其引用地址，然后从堆内存中取得真正对应的数据。

拓展：了解代码的优化评判标准

在进一步重构代码之前，我们了解一下衡量面向对象代码质量的评判标准，主要有6个指标，分别如下。

- **扩展性**。在game.js的init方法中，代码audioManager.init({bgAudioSrc:"..."})传递的是一个参数对象，而不仅是一个字符串字面量，这是为了方便以后传递其他参数，保证代码良好的可扩展性。
- **独立性**。在game.js的render方法中，audioManager.render(context)是为了实现模块的UI渲染，如果不传递context常量进去，而是把context通过GameGlobal设置为全局常量，在任何文件中都可以访问，这样也可以实现同样的效果。但是这样一来，独立性就差了，**一个好的类应该只负责一件事或一类事，并且可以独立负责，不依赖其他任何常量、变量**。如果要将音效管理者类AudioManager复制到其他小游戏项目中，独立性可以保证它能被无缝地使用。
- **可读性**。在AudioManager类内部，统一将所有实例变量（例如bgAudio）都放到constructor下方并且紧挨着它，这样有利于维护者查看、理解代码。其他类成员也都分类放在相对固定的位置，便于阅读和维护。将bgAudio等成员显式声明为类变量还有一个好处，即在开发者工具中输入this后，代码有自动提示。
- **复用性**。现在AudioManager类并没有将背景音乐的地址写死在代码里，我们不一定必须选择当前这个背景音乐地址，也可以选择其他音乐地址，这是合理的。代表背景音乐地址的bjAudioSrc在初始化时就传递进去了，这是复用性做得好的地方。
- **封装性**。在AudioManager中，类变量bgAudio与类方法drawBgMusicButton等都是暴露的。在game.js的render函数中，可以直接调用audioManager.render，也可以直接使用audioManager.drawBgMusicButton，它们实现的效果是一样的。**好的面向对象代码，应该不允许消费者访问不该被访问的代码，被访问的权限要尽可能地缩小**。这是AudioManager封装性做得不好的地方。
- **易用性**。易用性指一个类被调用时的方便程度。AudioManager有默认导出，并且使用了单例模式，它每次在被消费时可以直接用require关键字引用，可见其易用性还可以。

有时这几个评判指标之间会出现矛盾，例如增加封装性、独立性，有时候会损害易用性、可读性等。有经验的开发者需要在几个评判指标中加上项目开发的时间因素，寻求一种动态上的平衡。此外，**在设计软件时，还要避免在某一方面的过度设计，软件设计是一门艺术，需要程序员根据具体的项目情况灵活安排**。

改进复用性和易用性：将数据参数化，设置参数的默认值

在audio_manager.js文件中，目前只有背景音乐地址参数化了，背景音乐按钮的两种状态的图片地址及背景音乐按钮的边界对象还没有参数化。接下来，我们增加3个初始化参数，将它们参数化。

- #musicBtnOnImageUrl：音乐按钮按下状态的图像 url 地址。
- #musicBtnOffImageUrl：音乐按钮弹起状态的图像 url 地址。
- #bgMusicBtnRect：背景音乐按钮的边界。

修改后的代码如代码清单 7-4 所示。

代码清单 7-4　将音频管理器参数化

```
1.  // JS：disc\第7章\7.1\7.1.5\src\managers\audio_manager.js
2.  // const bgMusicBtnRect = { x1: 5, y1: 5, x2: 25, y2: 25 } // 背景音乐按钮的边界
3.
4.  /** 音频管理者，负责管理背景音乐及控制按钮 */
5.  class AudioManager {
6.    ...
7.    /** 按钮按下状态的图像url */
8.    #musicBtnOnImageUrl
9.    /** 按钮弹起状态的图像url */
10.   #musicBtnOffImageUrl
11.   /** 背景音乐按钮的边界 */
12.   #bgMusicBtnRect
13.
14.   /** 初始化 */
15.   init(options) {
16.     // 初始化背景音乐按钮的边界
17.     this.#bgMusicBtnRect = options?.bgMusicBtnRect ?? { x1: 5, y1: 5, x2:
        25, y2: 25 }
18.     // 初始化背景音乐按钮的二态图片地址
19.     this.#musicBtnOnImageUrl = options.musicBtnOnImageUrl || "static/images/
        sound_on.png"
20.     this.#musicBtnOffImageUrl = options.musicBtnOffImageUrl || "static/
        images/sound_off.png"
21.     ...
22.   }
23.   ...
24.   /** 触摸结束事件的回调函数 */
25.   onTouchEnd(res) {
26.     ...
27.     // if (pos.x > bgMusicBtnRect.x1 && pos.x < bgMusicBtnRect.x2 && pos.y >
        bgMusicBtnRect.y1 && pos.y < bgMusicBtnRect.y2) {
28.     if (pos.x > this.#bgMusicBtnRect.x1 && pos.x < this.#bgMusicBtnRect.x2
        && pos.y > this.#bgMusicBtnRect.y1 && pos.y < this.#bgMusicBtnRect.y2) {
29.       ...
30.     }
31.   }
32.   ...
33.   /** 依据播放状态绘制背景音乐按钮 */
34.   drawBgMusicButton(context) {
35.     ...
36.     if (bgMusicIsPlaying) {
37.       // img.src = "static/images/sound_on.png"
38.       img.src = this.#musicBtnOnImageUrl
39.     } else {
40.       // img.src = "static/images/sound_off.png"
41.       img.src = this.#musicBtnOffImageUrl
42.     }
```

```
43.     // context.drawImage(img, 0, 0, 28, 28, bgMusicBtnRect.x1,
        bgMusicBtnRect.y1, bgMusicBtnRect.x2, bgMusicBtnRect.y2)
44.     context.drawImage(img, 0, 0, 28, 28, this.#bgMusicBtnRect.x1,
        this.#bgMusicBtnRect.y1, this.#bgMusicBtnRect.x2, this.#bgMusicBtnRect.
        y2)
45.   }
46. }
47. ...
```

在上面的代码中，有以下几点值得关注。

- 第8行至第12行，声明了3个类变量，使用“#”作为前缀，代表这3个变量是私有的。
- 第17行至第20行，是新增类变量的初始化代码，第19行与第20行使用了短路评估赋值，如果参数对象中存在musicBtnOnImageUrl和musicBtnOffImageUrl，则取出来赋值，否则使用双竖号后面的默认值。
- 第17行，options后面第一个单问号“?”是可选链操作符，用于判断options对象中是否存在bgMusicBtnRect，如果存在，则取该赋值；如果不存在，后面的双问号“??”是空值合并操作符，是可选链操作符判断属性不存在时要执行的表达式，在这里要给#bgMusicBtnRect设置一个默认对象。#bgMusicBtnRect与#musicBtnOnImageUrl的参数初始化逻辑是相似的，只是方式不一样，#musicBtnOnImageUrl同样可以使用可选链操作符赋值，反之，#bgMusicBtnRect也可以使用短路评估赋值。
- 第27行与第44行，将bgMusicBtnRect修改为this.#bgMusicBtnRect，为了方便，可以使用全文搜索替换功能。
- 第38行与第41行，使用新声明的#musicBtnOnImageUrl和#musicBtnOffImageUrl。

因为新增的实例变量都有默认值，所以game.js的代码不修改也可以正常工作。在新增实例变量时，我们要注意新增成员的封装性，添加了“#”前缀的实例成员在外部是不能被访问的。

前面针对代码进行了不少修改，为了避免因重构出现未知问题，我们至少需要在三端（模拟器、PC微信客户端、手机端）执行一遍关于背景音乐播放及背景音乐按钮控制的测试。相关功能在模拟器、PC微信客户端上都没有问题，但是在苹果手机端出现了不能播放的问题。

背景音乐在苹果手机上不能播放，这是为什么呢？这是因为苹果手机不支持mp3格式的背景音乐吗？不是的，Android和iOS均支持mp3格式。那是代码报错了吗？也不是的，在手机上打开vConsole面板调试，没有出现任何异常。那是因为在手机上不支持本地音频地址吗？或者背景音乐文件太大了？

为了验证我们的猜测，在game.js文件中修改初始化代码，并换一个云文件ID试一试：

```
1.  // JS: disc\第7章\7.1\7.1.5\game.js
2.  ...
3.  function init() {
4.    ...
5.    // audioManager.init({ bjAudioSrc: "static/audios/bg.mp3" })
6.    audioManager.init({ bjAudioSrc: "cloud://dev-df2a97.6465-dev-
      df2a97-1257768123/audios/bj2.mp3" })
7.    ...
```

```
8.  }
9.  ...
```

在第 6 行中，bjAudioSrc 的值是一个云文件 ID，这个 ID 是在云存储系统中上传文件后得到的。小游戏从基础库 2.2.3 开始支持云文件 ID，可见这里使用的文件是没有问题的。

修改后，在苹果手机上测试，仍然没有声音。单击音效也听不到。但是，当我们戴上耳机测试时，听到了背景音乐，单击音效也有了。背景音乐和单击音效是使用同一类对象播放的，选择的都是 mp3 格式，如果一个好使，另一个按理也应该好使。

我们将第 6 行代码注释掉，继续使用第 5 行代码，这时你会发现戴上耳机后也能听到了。

问题清楚了，代码没有问题。笔者在开发者社区发现，其他开发者也遇到过类似问题，在苹果手机上有时候听不到 InnerAudioContext 播放的音频，但戴上耳机可以听到。笔者选用的小游戏基础库版本是 2.19.5，这个问题或许会随着版本的更新而得到解决，目前我们可以暂时不管它，继续我们的代码实践。

注意：使用苹果手机测试时，如果碰到只有手机上不能播放音频的情况，还可以检查一下手机是否静音了，以及是否设置了月牙静默模式。当音频源引用了云文件 ID 时，还要检查一下网络是否通畅，因为云文件是需要网络才能加载的。

此外，在 PC 微信客户端中进行测试时，如果音频引用了云文件 ID，会报告一个这样的错误：

```
Failed to load resource: net::ERR_UNKNOWN_URL_SCHEME
```

在 PC 微信客户端中，云开发环境中的音频在基础库 2.19.5 中是不能使用的，在以后的版本中该问题可能会被修复。

改进封装性：将内部成员私有化

一般我们会约定，在 JS 类中不想让外界访问的实例变量、方法均以“#”开头。以前是使用下画线，现在遵照 JS 新标准开始使用“#”。例如，我们可以将 bgAudio 修改为 #bgAudio。

接下来我们用全文查找替换功能，在 audio_manager.js 文件中完成以下实例成员的修改：

- 将 bgAudio 替换为 #bgAudio。
- 将 drawBgMusicButton 修改为 #drawBgMusicButton。

修改后的代码如代码清单 7-5 所示。

代码清单 7-5　改进封装性

```
1.  // JS: disc\第7章\7.1\7.1.6\src\managers\audio_manager.js
2.  /** 音频管理者，负责管理背景音乐及控制按钮 */
3.  class AudioManager {
4.    ...
5.    constructor() { }
6.
7.    /** 背景音乐对象 */
8.    #bgAudio = wx.createInnerAudioContext()
9.    ...
```

```
10.
11.   /** 初始化 */
12.   init(options) {
13.     ...
14.     // 背景音乐对象初始化
15.     this.#bgAudio.src = options.bjAudioSrc || "static/audios/bg.mp3"
16.     this.#bgAudio.autoplay = true // 加载完成后自动播放
17.     this.#bgAudio.loop = true // 循环播放
18.     this.#bgAudio.obeyMuteSwitch = false
19.   }
20.
21.   /** 渲染 */
22.   render(context) {
23.     this.#drawBgMusicButton(context)
24.   }
25.
26.   /** 触摸结束事件的回调函数 */
27.   onTouchEnd(res) {
28.     ...
29.     if (pos.x > this.#bgMusicBtnRect.x1 && pos.x < this.#bgMusicBtnRect.x2
        && pos.y > this.#bgMusicBtnRect.y1 && pos.y < this.#bgMusicBtnRect.y2) {
30.       console.log("单击了背景音乐按钮")
31.       const bgMusicIsPlaying = this.#bgAudio.currentTime > 0 && !this.
          #bgAudio.paused
32.       bgMusicIsPlaying ? this.stopBackgroundSound() : this.
          playBackgroundSound()
33.     }
34.   }
35.
36.   /** 播放背景音乐 */
37.   playBackgroundSound() {
38.     this.#bgAudio.seek(0)
39.     this.#bgAudio.play()
40.   }
41.
42.   /** 停止背景音乐 */
43.   stopBackgroundSound() {
44.     this.#bgAudio.stop()
45.   }
46.
47.   /** 依据播放状态绘制背景音乐按钮 */
48.   #drawBgMusicButton(context) {
49.     const img = wx.createImage()
50.     const bgMusicIsPlaying = this.#bgAudio.currentTime > 0 && !this.
        #bgAudio.paused
51.     ...
52.   }
53. }
54. ...
```

playBackgroundSound 和 stopBackgroundSound 方法是不能私有化的，这两个方法不仅在内部有用，在外部也需要用到。

修改后进行测试，效果与之前相同。

优化图片渲染：由多次加载改为加载一次

目前，在 audio_manager.js 文件的 #drawBgMusicButton 方法中有以下代码：

```
1.  // JS: disc\ 第 7 章 \7.1\7.1.6\src\managers\audio_manager.js
2.  /** 依据播放状态绘制背景音乐按钮 */
3.  #drawBgMusicButton(context) {
4.    const img = wx.createImage()
5.    const bgMusicIsPlaying = this.#bgAudio.currentTime > 0 && !this.
      #bgAudio.paused
6.    if (bgMusicIsPlaying) {
7.      img.src = this.#musicBtnOnImageUrl
8.    } else {
9.      img.src = this.#musicBtnOffImageUrl
10.   }
11.   context.drawImage(img, 0, 0, 28, 28, this.#bgMusicBtnRect.x1,
      this.#bgMusicBtnRect.y1, this.#bgMusicBtnRect.x2, this.#bgMusicBtnRect.y2)
12. }
```

每次渲染都加载一次图像是一种浪费，合理的做法是第一次加载，以后每次复用。修改后的代码如代码清单 7-6 所示。

代码清单 7-6　优化背景音乐按钮的绘制

```
1.  // JS: disc\ 第 7 章 \7.1\7.1.7\src\managers\audio_manager.js
2.  /** 音频管理者，负责管理背景音乐及控制按钮 */
3.  class AudioManager {
4.    ...
5.    /** 按钮按下状态的图像 */
6.    #musicBtnOnImage
7.    /** 按钮弹起状态的图像 */
8.    #musicBtnOffImage
9.    ...
10.   /** 依据播放状态绘制背景音乐按钮 */
11.   // #drawBgMusicButton(context) {
12.   //   ...
13.   // }
14.   /** 依据播放状态绘制背景音乐按钮 */
15.   #drawBgMusicButton(context) {
16.     const bgMusicIsPlaying = this.#bgAudio.currentTime > 0 && !this.#bgAudio.
        paused
17.     const img = bgMusicIsPlaying ? this.#musicBtnOnImage : this.
        #musicBtnOffImage
18.     const draw = img => context.drawImage(img, 0, 0, 28, 28, this.
        #bgMusicBtnRect.x1, this.#bgMusicBtnRect.y1, this.#bgMusicBtnRect.x2,
        this. #bgMusicBtnRect.y2)
19.     if (img) {
20.       draw(img)
21.     } else {
22.       const img = wx.createImage()
23.       bgMusicIsPlaying ? this.#musicBtnOnImage = img : this.
          #musicBtnOffImage = img
24.       img.src = bgMusicIsPlaying ? this.#musicBtnOnImageUrl : this.
          #musicBtnOffImageUrl
25.       img.onload = () => draw(img)
```

```
26.       }
27.     }
28. }
29. export default AudioManager.getInstance()
```

- 第 6 行、第 8 行添加了两个私有实例成员，分别代表背景音乐按钮二态的图像对象。
- 第 15 行至第 27 行是重写后的私有方法 #drawBgMusicButton。
- 第 16 行取得当前背景音乐的播放状态，第 17 行由播放状态判断应该使用哪个状态的图像（一共有两个状态，一个状态对应一个图像）。
- 第 18 行，这是一个使用箭头函数声明的局部函数常量，因为在下面这个箭头的函数体代码会被调用两次，所以相关代码享受了被抽离为函数的优待。
- 第 19 行至第 26 行，处理图像绘制逻辑，如果没有 img 图像对象 ，则先创建图像对象；如果是第二次使用，则直接绘制。因为图像都在本地，加载很快，很难看到图像因加载不完而绘制不出的状况。
- 第 23 行，这是一个条件运算符表达式，条件运算符不仅可以用于赋值，还可以用于执行一段 if else 逻辑代码。

修改后重新测试，运行效果与之前相同。

改进封装性：添加 getter

在 AudioManager 的 onTouchEnd 方法与 #drawBgMusicButton 方法内，存在着两条逻辑相同的语句，如代码清单 7-7 所示。

代码清单 7-7　相似的背景音乐播放代码

```
1.  // JS：disc\第 7 章\7.1\7.1.7\src\managers\audio_manager.js
2.  /** 音频管理者，负责管理背景音乐及控制按钮 */
3.  class AudioManager {
4.    ...
5.    /** 触摸结束事件的回调函数 */
6.    onTouchEnd(res) {
7.      ...
8.      if (pos.x > this.#bgMusicBtnRect.x1 && pos.x < this.#bgMusicBtnRect.x2
        && pos.y > this.#bgMusicBtnRect.y1 && pos.y < this.#bgMusicBtnRect.y2) {
9.        const bgMusicIsPlaying = this.#bgAudio.currentTime > 0 && !this.
          #bgAudio.paused
10.       ...
11.     }
12.   }
13.   ...
14.   /** 依据播放状态绘制背景音乐按钮 */
15.   #drawBgMusicButton(context) {
16.     const bgMusicIsPlaying = this.#bgAudio.currentTime > 0 && !this.
        #bgAudio.paused
17.   ...
18.   }
19. }
20. export default AudioManager.getInstance()
```

第9行与第16行，在获得当前背景音乐的播放状态时，逻辑是相同的。

对于这两条获取当前背景音乐播放状态的语句，我们完全可以增加一个名为bgMusicIs-Playing的getter属性，用于返回当前背景音乐的播放状态。修改后的代码如代码清单7-8所示。

代码清单7-8 添加背景音乐是否播放的getter

```
1.  // JS: disc\第7章\7.1\7.1.8\src\managers\audio_manager.js
2.  /** 音频管理者，负责管理背景音乐及控制按钮 */
3.  class AudioManager {
4.    ...
5.    constructor() { }
6.
7.    /** 背景音乐是否在播放（只读）*/
8.    get bgMusicIsPlaying() {
9.      return this.#bgAudio.duration > 0 && !this.#bgAudio.paused
10.   }
11.   ...
12.   /** 触摸结束事件的回调函数 */
13.   onTouchEnd(res) {
14.     ...
15.     if (pos.x > this.#bgMusicBtnRect.x1 && pos.x < this.#bgMusicBtnRect.x2
        && pos.y > this.#bgMusicBtnRect.y1 && pos.y < this.#bgMusicBtnRect.y2) {
16.       // const bgMusicIsPlaying = this.#bgAudio.currentTime > 0 && !this.
          #bgAudio.paused
17.       // bgMusicIsPlaying ? this.stopBackgroundSound() : this.
          playBackgroundSound()
18.       this.bgMusicIsPlaying ? this.stopBackgroundSound() : this.
          playBackgroundSound()
19.     }
20.   }
21.   ...
22.   /** 依据播放状态绘制背景音乐按钮 */
23.   #drawBgMusicButton(context) {
24.     // const bgMusicIsPlaying = this.#bgAudio.currentTime > 0 &&
        !this.#bgAudio.paused
25.     // const img = bgMusicIsPlaying ? this.#musicBtnOnImage : this.
        #musicBtnOffImage
26.     const img = this.bgMusicIsPlaying ? this.#musicBtnOnImage : this.
        #musicBtnOffImage
27.       ...
28.     if (img) {
29.       ...
30.     } else {
31.       ...
32.       // bgMusicIsPlaying ? this.#musicBtnOnImage = img : this.
          #musicBtnOffImage = img
33.       // img.src = bgMusicIsPlaying ? this.#musicBtnOnImageUrl : this.
          #musicBtnOffImageUrl
34.       this.bgMusicIsPlaying ? this.#musicBtnOnImage = img : this.
          #musicBtnOffImage = img
35.       img.src = this.bgMusicIsPlaying ? this.#musicBtnOnImageUrl : this.
          #musicBtnOffImageUrl
```

```
36.         ...
37.       }
38.     }
39. }
40. export default AudioManager.getInstance()
```

在上面的代码中，我们要关注以下几点。

- 第 8 行至第 10 行，声明了一个 getter 访问器，名称为 bgMusicIsPlaying，getter 是只读权限，只能返回一个布尔值。在编码风格规范上，我们将 getter 放在构造器下方、私有类成员上方。getter 在外部是可以被访问的。
- 第 18 行、第 26 行、第 34 行、第 35 行，在内部使用了 bgMusicIsPlaying 这个 getter 属性，使用方法很简单，和访问所有实例成员一样，在前面加上 this 关键字即可。

代码修改后，重新测试，效果与之前一致。说明的是，**在重构过程中的每一步都要做测试，确保不会产生错误**。

思考与练习 7-1：对于如下实现单例的静态方法，有可以改进封装性的地方吗？

```
1.  /** 单例 */
2.  static getInstance() {
3.    if (!this.instance) {
4.      this.instance = new AudioManager()
5.    }
6.    return this.instance
7.  }
```

对易用性的改进：直接导出单例

如果 AudioManager 类的导出代码是这样的：

```
1.  export default AudioManager
```

那么它导出的是一个类，而不是类的实例，所以在导入时，导入代码便会变成这样：

```
1.  import AudioManager from "src/managers/audio_manager.js"
2.  const audioManager = AudioManager.getInstance()
```

先导入类，再通过类获得其单例，这样做有些麻烦了。

ES Module 采用的是静态引用导入方式，也就是说无论全局导入多少次，其实都指向同一块内存地址。既然如此，不如直接导出类的单例，示例代码如下：

```
export default AudioManager.getInstance()
```

这样，导入代码也更加简单：

```
import audioManager from "src/managers/audio_manager.js"
```

AudioManager 模块的导出设计是站在易用性角度考虑的，包括给 AudioManager 应用单例模式，也提升了其易用性，单例只需要初始化一次，在初始化以后直接使用就可以了。

注意：如果没有多个显示器，或者笔记本显示器宽度有限，随着代码越来越多，在微信开发者工具中编辑代码可能不太方便。笔者使用的改进方案是将微信开发者工具与 VSCode 都开着，在后者中编写代码，在前者中编译项目。

本课小结

本课源码目录参见 disc/ 第 7 章 /7.1。

这节课主要创建了背景音乐模块，并根据面向对象的代码评判标准对该模块进行了多方面的重构优化。在实践过程中，我们还学习了 JS 的内存管理策略、值类型与引用类型的差异等内容。本课涉及修改的文件有两个：src/managers/audio_manager.js 和 game.js。最终源码如示例 7.1.8 所示。

你可以从结果倒推，想一想它们是怎么演变过来的。

下面我们创建小球模块，并将小球对象模块化。

第 20 课　创建小球模块

第 19 课主要创建了背景音乐模块，这节课我们将小球对象模块化。

开始创建小球模块

在第 19 课给出的源码中，game.js 文件里有一些与小球对象有关的代码，如代码清单 7-9 所示。

代码清单 7-9　主文件中与小球对象有关的代码

```
1.  // JS: disc\ 第 7 章 \7.1\7.1.8\game.js
2.  ...
3.  // 获取画布及 2D 渲染上下文对象
4.  const ...
5.    , RADIUS = 15 // 小球半径
6.    , ...
7.  let ...
8.    , ballPos = { x: canvas.width / 2, y: canvas.height / 2 } // 球的起始位置是画
      布中心
9.    , speedX = 4 // 2
10.   , speedY = 2 // 1
11.   , ...
12. ...
13. // 渲染
14. function render() {
15.   ...
16.   // 依据位置绘制小球
17.   context.fillStyle = "white"
18.   context.strokeStyle = "gray"
```

```
19.    context.lineWidth = 2
20.    context.beginPath()
21.    context.arc(ballPos.x, ballPos.y, RADIUS, 0, 2 * Math.PI)
22.    context.stroke()
23.    context.fill()
24.    ...
25. }
26. ...
27. // 小球与墙壁的四周碰撞检查，优化版本
28. function testHitWall() {
29.   if (ballPos.x > canvas.width - RADIUS) { // 触达右边界
30.     speedX = -speedX
31.   } else if (ballPos.x < RADIUS) { // 触达左边界
32.     speedX = -speedX
33.   }
34.   if (ballPos.y > canvas.height - RADIUS) { // 触达右边界
35.     speedY = -speedY
36.   } else if (ballPos.y < RADIUS) { // 触达左边界
37.     speedY = -speedY
38.   }
39. }
40.
41. // 运行
42. function run() {
43.   testHitPanel()
44.   testHitWall()
45.   // 小球运动数据计算
46.   ballPos.x += speedX
47.   ballPos.y += speedY
48.   ...
49. }
50. ...
51. // 挡板碰撞检测
52. function testHitPanel() {
53.   if (ballPos.x > (canvas.width - RADIUS - PANEL_WIDTH)) { // 碰撞右挡板
54.     if (ballPos.y > rightPanelY && ballPos.y < (rightPanelY + PANEL_HEIGHT)) {
55.       speedX = -speedX
56.       console.log(" 当！碰撞了右挡板 ")
57.       systemScore++
58.       checkScore()
59.       playHitAudio()
60.     }
61.   } else if (ballPos.x < RADIUS + PANEL_WIDTH) { // 触达左挡板
62.     if (ballPos.y > leftPanelY && ballPos.y < (leftPanelY + PANEL_HEIGHT)) {
63.       speedX = -speedX
64.       console.log(" 当！碰撞了左挡板 ")
65.       userScore++
66.       checkScore()
67.       playHitAudio()
68.       ...
69.     }
70.   }
71. }
72. ...
```

在上面的代码中，与小球有关的代码一共有5处。

- ❑ 第5行至第10行，有一个常量RADIUS，3个变量：ballPos、speedX和speedY。
- ❑ 第17行至第23行，这是小球的渲染代码，重构后需要在小球对象中创建一个render方法来接管这些代码。
- ❑ 第28行至第39行，整个testHitWall函数负责小球与4个边界的碰撞测试，代码只与小球自身和画布的尺寸有关，这个函数可以移至重构后的小球对象内。
- ❑ 第46行和第47行是计算小球位置的代码，这部分代码只与小球本身有关，在重构后可以作为新函数run的代码存放于小球对象内。
- ❑ 第52行至第71行是检测挡板与小球碰撞情况的代码，这部分代码不仅与挡板有关，还涉及对分数的修改，以及对checkScore、playHitAudio函数的调用，目前是无法移到小球对象内的。

我们可以建立一个ball.js文件，在这个文件中创建一个Ball类，并作为模块导出。这个Ball类要怎么设计呢？

- ❑ 关于小球渲染的代码，可以移至Ball类的render方法中。
- ❑ 关于小球位置计算的代码，可以移至Ball类的run方法中。
- ❑ testHitWall函数既与Canvas的尺寸有关，又与小球的速度、位置、半径有关，可以将这个函数平移至Ball类内。
- ❑ testHitPanel函数涉及多个checkScore、playHitAudio的调用，不方便移至Ball内，可以保留在game.js文件内。

与小球有关的一个常量（RADIUS）、3个变量（ballPos、speedX、speedY）都应该移至Ball类内，但是RADIUS这个常量，不仅要在ball.js中用，在game.js中的testHitPanel函数中也有用到，难道要在两个文件中同时定义相同的文件常量吗？

在不同的地方定义相同的常量，虽然是常量，但也会给代码维护带来额外的负担。最重要的是，我们可能会在修改其中一个常量时忘记修改另外一个常量，从而导致程序出现难以察觉的Bug，所以一般不这么做。

使用跨文件常量

像RADIUS这样的常量，在多个文件中会用到，又是简单的数据类型，可以通过全局对象GameGlobal在多个文件中实现共享。

在项目根目录下新建一个src/consts.js文件，代码如下：

```
1.  // JS: disc\第7章\7.2\7.2.2\src\consts.js
2.  GameGlobal.RADIUS = 15 // 小球半径
3.  GameGlobal.CANVAS_WIDTH // 画布宽度
4.  GameGlobal.CANVAS_HEIGHT // 画布高度
```

这个文件没有使用export导出，但不影响在其他文件中使用。第3行、第4行的全局变量在声明后没有初始化，它们稍后是在game.js中设置的。

在 game.js 中这样导入和使用常量：

```
1.  // JS: disc\第7章\7.2\7.2.2\game.js
2.  import "src/consts.js" // 导入常量
3.  ...
4.  // 初始化
5.  function init() {
6.    Object.defineProperty(GameGlobal, "CANVAS_WIDTH", { value: canvas.width,
      writable: false }) // 设置画布宽度
7.    Object.defineProperty(GameGlobal, "CANVAS_HEIGHT", { value: canvas.height,
      writable: false }) // 设置画布高度
8.    ...
9.  }
10. ...
```

在 game.js 导入 consts.js 后，相当于设置的全局变量的代码已经执行了，在其他 JS 文件（例如 ball.js）中就可以直接使用 consts.js 文件声明的全局变量（例如 GameGlobal.RADIUS）了。但是，CANVAS_WIDTH 与 CANVAS_HEIGHT 这两个全局变量仅是声明，并没有赋值，所以要在 game.js 的 init 函数内（第 6 行和第 7 行）使用 defineProperty 给它们赋值，并将它们设置为只读属性。为什么在 init 函数顶部初始化全局变量呢？因为在这个地方游戏还没有运行，所有游戏元素尚未初始化。

在一个文件中统一声明全局常量，然后在多个文件中复用，这样有利于保证数据的一致性和易维护性。

拓展：使用 defineProperty 将变量改为常量

我们可以在 class 中通过 getter 定义只读属性。在 JS 中，开发者也可以通过 defineProperty 方法直接将一个对象的某个属性定义为只读属性，如下所示：

```
1.  const obj = { y: 0 }
2.  Object.defineProperty(obj, "x", { value: 1, writable: false })
3.  Object.defineProperty(obj, "y", { value: 1, writable: false })
4.  obj.x = 2
5.  obj.y = 2
6.  console.log(obj) // 输出：{y: 1, x: 1}
```

在上面的代码中：

- 第 2 行，通过 Object 的原生方法 defineProperty 给 obj 定义了一个只读属性 x，第 4 行重设 x 值无效；
- 第 3 行，通过同样的方式设置只读属性 y，虽然 y 已经在 obj 中存在了，但这并不影响将它改造为只读属性，第 5 行重设 y 值无效。

由上述示例可以看出，在使用 defineProperty 方法时，第一个参数是目标对象，第二个参数是属性名称，第三个参数是选项。在该对象中，value 是只读属性的默认值，writable 代表是否只读。如果不小心将一个属性设置为只读，那它的值是没有办法改变的，不过，我们可以通过

defineProperty 将只读属性先关闭，待修改值以后再还原。

在实际开发中，一般不使用 Object.defineProperty 方法动态定义属性，这会让属性不清晰。但当变量已经存在时，可以使用这个方法将变量改成不能修改的成员，以下是实战中出现过的代码：

```
1.  // JS: disc\ 第 7 章 \7.2\7.2.2\game.js
2.  Object.defineProperty(GameGlobal, "CANVAS_WIDTH", { value: canvas.width,
    writable: false })
3.  Object.defineProperty(GameGlobal, "CANVAS_HEIGHT", { value: canvas.height,
    writable: false })
```

创建 Ball 类

多个文件共用一个常量的问题解决了，接下来新建一个 src/views/ball.js 文件，代码如代码清单 7-10 所示。

代码清单 7-10 创建小球模块

```
1.  // JS: disc\ 第 7 章 \7.2\7.2.4\src\views\ball.js
2.  /** 小球 */
3.  class Ball {
4.    static #instance
5.    /** 单例 */
6.    static getInstance() {
7.      if (!this.#instance) {
8.        this.#instance = new Ball()
9.      }
10.     return this.#instance
11.   }
12.
13.   constructor() { }
14.
15.   get x() {
16.     return this.#pos.x
17.   }
18.   get y() {
19.     return this.#pos.y
20.   }
21.   #pos // 球的起始位置
22.   #speedX = 4 // X 方向分速度
23.   #speedY = 2 // Y 方向分速度
24.
25.   /** 初始化 */
26.   init(options) {
27.     this.#pos = options?.ballPos ?? { x: GameGlobal.CANVAS_WIDTH / 2, y:
      GameGlobal.CANVAS_HEIGHT / 2 }
28.     const defaultPos = this.#pos
29.     this.reset = () => {
30.       this.#pos = defaultPos
31.     }
32.   }
33.
34.   /** 重设 */
```

```
35.   reset() { }
36.
37.   /** 渲染 */
38.   render(context) {
39.     // 依据位置绘制小球
40.     context.fillStyle = "white"
41.     context.strokeStyle = "gray"
42.     context.lineWidth = 2
43.     context.beginPath()
44.     context.arc(this.#pos.x, this.#pos.y, GameGlobal.RADIUS, 0, 2 * Math.PI)
45.     context.stroke()
46.     context.fill()
47.   }
48.
49.   /** 运行 */
50.   run() {
51.     // 小球运动数据计算
52.     this.#pos.x += this.#speedX
53.     this.#pos.y += this.#speedY
54.   }
55.
56.   /** 小球与墙壁四周的碰撞检查 */
57.   testHitWall() {
58.     if (this.#pos.x > GameGlobal.CANVAS_WIDTH - GameGlobal.RADIUS) { // 触达
        右边界
59.       this.#speedX = -this.#speedX
60.     } else if (this.#pos.x < GameGlobal.RADIUS) { // 触达左边界
61.       this.#speedX = -this.#speedX
62.     }
63.     if (this.#pos.y > GameGlobal.CANVAS_HEIGHT - GameGlobal.RADIUS) { // 触达
        右边界
64.       this.#speedY = -this.#speedY
65.     } else if (this.#pos.y < GameGlobal.RADIUS) { // 触达左边界
66.       this.#speedY = -this.#speedY
67.     }
68.   }
69.
70.   /** 转变X方向速度的正负值 */
71.   switchSpeedX(){
72.     this.#speedX = -this.#speedX
73.   }
74. }
75.
76. export default Ball.getInstance()
```

这个文件都做了什么事呢？

- 第 4 行至第 11 行，这部分代码实现的是单例模式，为了让实例在模块外不可以被访问，我们将 instance 改为了静态私有属性。
- 第 21 行至第 23 行是 3 个私有类变量，#pos 代替的是原来 game.js 文件中的 ballPos。
- 第 15 行至第 20 行是两个 getter，对外暴露只读的 x、y，而不是直接暴露 #pos 对象，这样会具有更好的封装性。

- 第26行至第32行是初始化代码。但真正的初始化代码只有第27行，第28行至第31行是为了准备重设对象状态的代码，也就是在这里，reset方法被调用了。为什么要在这里部署reset方法的代码呢？为什么不直接把重设代码写在第35行的reset方法内呢？因为重设涉及初始化数据，而初始化数据在init方法内，所以如果我们不这样做，就需要定义一个类变量专门存储初始化数据（在这里是小球的默认位置）。数据简单还好说，如果数据复杂，就需要存储多条初始化数据，为了执行一次的代码而存储如此多条初始化数据，这会让类代码看起来不简洁，这是不划算的。在init函数内，编写重设方法reset的代码，这体现了函数式编程的思想，没有数据，只有函数。在实际执行时，第28行和第29行的箭头函数实际上组成了一个闭包，第35行的reset方法被重写了，实际上执行的也是这个闭包。
- 第38行至第47行是渲染代码，是直接从game.js文件中复制过来的，只有第44行的RADIUS改为了GameGlobal.RADIUS。这个render方法与AudioManager的render方法的定义是一致的，**保持相同的设计风格，也可以提升代码的易用性和易读性**。
- 第50行至第54行是运算代码。AudioManager没有动画，所以它没有run方法；小球有动画，所有涉及动画的对象都会涉及数据计算，都适合定义一个run方法。
- 第57行至第68行是testHitWall方法，负责小球与四周墙壁的碰撞检测。代码是从game.js中复制过来的，这个方法只需要重写逻辑，并将相关的变量、常量更改为新的名称就可以了。
- 第71行至第73行是新增的switchSpeedX方法，用于切换小球在X方向的速度的正负，它是公开的，因为稍后需要使用它。

小球模块定义完了，接下来看看在game.js如何使用它，如代码清单7-11所示。

代码清单7-11 在主文件中使用小球模块

```
1.  // JS: disc\第7章\7.2\7.2.4\game.js
2.  ... // 导入常量
3.  ... // 音频管理者单例
4.  import ball from "src/views/ball.js" // 导入小球单例
5.
6.  // 获取画布及2D渲染上下文对象
7.  const ...
8.    // , RADIUS = 15 // 小球半径
9.    , ...
10.
11. let ...
      // 球的起始位置是画布中心
12.   // , ballPos = { x: canvas.width / 2, y: canvas.height / 2 }
13.   // , speedX = 4 // 2
14.   // , speedY = 2 // 1
15.   , ...
16.
17. ...
18.
19. // 初始化
20. function init() {
```

```
21.   ...
22.   // 初始化音频管理者
23.   ...
24.   // 初始化小球
25.   ball.init()
26.   ...
27. }
28.
29. ...
30.
31. // 渲染
32. function render() {
33.   ...
34.   // 依据位置绘制小球
35.   ball.render(context)
36.   // context.fillStyle = "white"
37.   // context.strokeStyle = "gray"
38.   // context.lineWidth = 2
39.   // context.beginPath()
40.   // context.arc(ballPos.x, ballPos.y, RADIUS, 0, 2 * Math.PI)
41.   // context.stroke()
42.   // context.fill()
43.   ...
44. }
45.
46. ...
47.
48. // 小球与墙壁四周的碰撞检查，优化版本
49. // function testHitWall() {
50. //   if (ballPos.x > canvas.width - RADIUS) {// 触达右边界
51. //     speedX = -speedX
52. //   } else if (ballPos.x < RADIUS) {// 触达左边界
53. //     speedX = -speedX
54. //   }
55. //   if (ballPos.y > canvas.height - RADIUS) {// 触达右边界
56. //     speedY = -speedY
57. //   } else if (ballPos.y < RADIUS) {// 触达左边界
58. //     speedY = -speedY
59. //   }
60. // }
61.
62. // 运行
63. function run() {
64.   testHitPanel()
65.   // testHitWall()
66.   ball.testHitWall()
67.   // 小球运动数据计算
68.   ball.run()
69.   // ballPos.x += speedX
70.   // ballPos.y += speedY
71.   ...
72. }
73.
74. ...
75.
```

```
76. // 开始游戏
77. function start() {
78.   ...
79.   // ballPos = { x: canvas.width / 2, y: canvas.height / 2 } // 重设小球位置
80.   ball.reset() // 重设小球状态
81.   ...
82. }
83.
84. // 挡板碰撞检测
85. function testHitPanel() {
86.   // if (ballPos.x > (canvas.width - RADIUS - PANEL_WIDTH)) { // 碰撞右挡板
87.   if (ball.x > (canvas.width - GameGlobal.RADIUS - PANEL_WIDTH)) { // 碰撞右
      挡板
88.     // if (ballPos.y > rightPanelY && ballPos.y < (rightPanelY + PANEL_
        HEIGHT)) {
89.     if (ball.y > rightPanelY && ball.y < (rightPanelY + PANEL_HEIGHT)) {
90.       // speedX = -speedX
91.       ball.switchSpeedX()
92.       ...
93.     }
94.   // } else if (ballPos.x < RADIUS + PANEL_WIDTH) { // 触达左挡板
95.   } else if (ball.x < GameGlobal.RADIUS + PANEL_WIDTH) { // 触达左挡板
96.     // if (ballPos.y > leftPanelY && ballPos.y < (leftPanelY + PANEL_
        HEIGHT)) {
97.     if (ball.y > leftPanelY && ball.y < (leftPanelY + PANEL_HEIGHT)) {
98.       // speedX = -speedX
99.       ball.switchSpeedX()
100.        ...
101.      }
102.    }
103.  }
104.  ...
```

上面的代码都发生了什么变化呢？

- 第 4 行，通过 import 关键字导入 ball 单例。因为整个游戏只有一个小球，所以小球模块也适合使用单例。
- 第 8 行至第 14 行的一个常量（RADIUS）和 3 个变量（ballPos、speedX 和 speedY）都被注释掉了。在重构代码的过程中怎么防止遗漏代码呢？一个简单的方法就是使用全文查找，比如在这个文件中 RADIUS 被注释掉了，那么就全文查找哪里还有用到这个常量，ballPos 等变量的查找也是类似的。
- 第 25 行将小球实例初始化。ball 的 init 方法是有一个参数对象 options 的，但在 JS 这门动态语言中，不传递这个参数也没有关系。在我们的代码中使用了可选链操作符和空值合并操作符，即使没有提供 options，对象实例中的相应变量也会被设置为默认参数。
- 第 35 行是小球的渲染代码，原第 36 行至第 42 行代码已经注释掉了。随着模块化的推进，game.js 文件的代码会越来越少。
- 第 49 行至第 60 行是原 testHitWall 函数，已经不需要了，这个函数的职责由小球模块的同名方法接管。

- 第 66 行，调用小球对象的 testHitWall 方法完成小球四壁碰撞检测。第 64 行的挡板碰撞检测保持不变。
- 第 68 行，调用小球实例的 run 方法，在渲染前完成小球位置的计算工作。
- 第 80 行，在 start 函数内，当重设游戏状态时就调用小球单例的 reset 方法，以重设小球的状态。等所有游戏元素都模块化并实现了 reset 方法后，重设游戏就是调用各个游戏元素的 reset 方法。
- 第 85 行至第 103 行改造了 testHitWall 方法，在 Ball 类中添加的 x、y 两个 getter 属性及 switchSpeedX 方法，都是在这里使用的。

修改并保存后重新编译，最终呈现的 UI 效果与之前一样。但是测试发现，在游戏重启时有一个问题：游戏中有小球的重设代码，游戏重启后小球应该位于屏幕中心位置，但是在重启时小球位于上次游戏停止的位置。这是为什么呢？

我们看一下相关的重设代码：

```
1.  // JS: disc\第7章\7.2\7.2.4\src\views\ball.js
2.  ...
3.  /** 初始化 */
4.  init(options) {
5.    this.#pos = options?.ballPos ?? { x: GameGlobal.CANVAS_WIDTH / 2, y:
      GameGlobal.CANVAS_HEIGHT / 2 }
6.    const defaultPos = this.#pos
7.    this.reset = () => {
8.      this.#pos = defaultPos
9.    }
10. }
```

第 6 行的 defaultPos 确实可以与第 7 行的箭头函数组成一个闭包，并在 reset 方法被调用时执行，但是 this.#pos 是一个对象，defaultPos 指向 this.#pos，而它们都是引用类型，并且它们实际上在内存中指向的是同一块内存区块，所以第 8 行代码并没有发挥真正的作用。（关于值类型与引用类型的区别，可以参见本书第 19 课。）

那怎么解决呢？我们可以这样修改代码：

```
1.  // JS: disc\第7章\7.2\7.2.4\src\views\ball.js
2.  ...
3.  /** 初始化 */
4.  init(options) {
5.    ...
6.    // const defaultPos = this.#pos
7.    const defaultPos = { x: this.#pos.x, y: this.#pos.y }
8.    this.reset = () => {
9.      // this.#pos = defaultPos
10.     this.#pos.x = defaultPos.x
11.     this.#pos.y = defaultPos.y
12.   }
13. }
```

第 7 行，初始化 defaultPos 时，只取 #pos 的 x、y 值重建一个对象。第 10 行、第 11 行将

defaultPos 的 x、y 值分别再赋值回 #pos 对象。

再次测试，重设代码正常运行了。

本课小结

本课源码目录参见：disc/ 第 7 章 /7.2。

这节课主要将小球进行了模块化，并在实践中学习了定义类成员的技巧以及使用跨文件常量等内容，在重构完成后进行回归测试时，我们发现了一个问题，重设代码没有如期执行，这给了我们一个警示：在编程中要时刻厘清代码操作的对象是值类型，还是引用类型。

本课修改主要涉及两个文件：ball.js 和 game.js。将所有注释掉的代码及不必要的注释删除，ball.js 文件的最终代码和整理后的 game.js 文件见示例 7.2.3。建议读者也倒推一下它们是怎么演变过来的。下节课继续进行模块化重构，开始创建挡板模块。

第 21 课 创建挡板模块

第 20 课我们主要实现了小球模块化，这节课尝试将挡板模块化。游戏中共有两块挡板（左挡板与右挡板），两块挡板的行为不同，一块由系统控制自动移动，一块由玩家控制，但它们的渲染逻辑是一致的。

像这种既有共性，又有个性的对象，适合使用继承，在基类中保持共性，在派生类中定义差异。

开始创建 Panel 类

下面先从 game.js 文件中抽离挡板代码，再实现左右挡板代码的派生分化。首先，看一下第 20 课给出的 game.js 文件，确认与挡板有关的代码，具体如代码清单 7-12 所示。

代码清单 7-12 主文件中与挡板有关的代码

```
1.  // JS: disc\ 第 7 章 \7.2\7.2.3\game.js
2.  ...
3.  // 获取画布及 2D 渲染上下文对象
4.  const ...
5.    , PANEL_HEIGHT = 150 // 挡板高度
6.    , PANEL_WIDTH = 10 // 挡板宽度
7.    , RIGHT_PANEL_MOVE_RANGE = 20 // 右挡板上下移动的数值范围
8.
9.  let leftPanelY = canvas.height / 2 - PANEL_HEIGHT / 2 // 左挡板变化数据，左挡板
                                                         // 的起点 Y 坐标
10.   , rightPanelY = (canvas.height - PANEL_HEIGHT) / 2 // 右挡板起始位置是居中的
11.   , rightPanelSpeedY = 0.5 // 右挡板 Y 轴方向的移动速度
12.   , ...
13.   , panelPattern = "white" // 挡板材质填充对象，默认为白色
14. ...
15. // 初始化
16. function init() {
```

```
17.     ...
18.     // 加载材质填充对象
19.     {
20.       const img = wx.createImage()
21.       img.onload = function () {
22.         panelPattern = context.createPattern(img, "repeat")
23.       }
24.       img.src = "static/images/mood.png"
25.     }
26.     ...
27. }
28.
29. // 触摸移动事件中的回调函数
30. function onTouchMove(res) {
31.   let touch = res.touches[0] || { clientY: 0 }
32.   let y = touch.clientY - PANEL_HEIGHT / 2
33.   if (y > 0 && y < (canvas.height - PANEL_HEIGHT)) { // 溢出检测
34.     leftPanelY = y
35.   }
36. }
37. ...
38. // 渲染
39. function render() {
40.   ...
41.   // 绘制右挡板
42.   drawPanel(context, canvas.width - PANEL_WIDTH, rightPanelY, panelPattern,
      PANEL_HEIGHT)
43.
44.   // 绘制左挡板
45.   drawPanel(context, 0, leftPanelY, panelPattern, PANEL_HEIGHT)
46.   ...
47. }
48. ...
49. // 绘制挡板的函数
50. function drawPanel(context, x, y, pat, height, width = PANEL_WIDTH) {
51.   context.fillStyle = pat
52.   context.fillRect(x, y, width, height)
53. }
54.
55. // 运行
56. function run() {
57.   testHitPanel()
58.   ...
59.   // 右挡板运动数据计算
60.   rightPanelY += rightPanelSpeedY
61.   const centerY = (canvas.height - PANEL_HEIGHT) / 2
62.   if (rightPanelY < centerY - RIGHT_PANEL_MOVE_RANGE || rightPanelY >
      centerY + RIGHT_PANEL_MOVE_RANGE) {
63.     rightPanelSpeedY = -rightPanelSpeedY
64.   }
65. }
66. ...
67. // 挡板碰撞检测
```

```
68. function testHitPanel() {
69.   if (ball.x > (canvas.width - GameGlobal.RADIUS - PANEL_WIDTH)) { // 碰撞右
    挡板
70.     if (ball.y > rightPanelY && ball.y < (rightPanelY + PANEL_HEIGHT)) {
71.       ball.switchSpeedX()
72.       console.log(" 当! 碰撞了右挡板 ")
73.       systemScore++
74.       checkScore()
75.       playHitAudio()
76.     }
77.   } else if (ball.x < GameGlobal.RADIUS + PANEL_WIDTH) { // 触达左挡板
78.     if (ball.y > leftPanelY && ball.y < (leftPanelY + PANEL_HEIGHT)) {
79.       ball.switchSpeedX()
80.       console.log(" 当! 碰撞了左挡板 ")
81.       userScore++
82.       checkScore()
83.       playHitAudio()
84.       // 玩家得分提示
85.       wx.showToast({
86.         title: "1 分 ",
87.         duration: 1000,
88.         mask: true,
89.         icon: "none",
90.         image: "static/images/add64.png"
91.       })
92.     }
93.   }
94. }
95. ...
```

在上面的代码中，与挡板有关的代码一共有 5 处。

- 第 5 行至第 13 行，这里有与挡板有关的 3 个常量和 4 个变量，这些常量与变量都可以移到将要创建的 Panel 类中。
- 第 19 行至第 25 行，在 init 函数内，这是加载挡板填充材质的代码。挡板材质填充对象只需要初始化一次，可以放在 Panel 类的 init 方法内。
- 第 30 行至第 36 行，onTouchMove 是用于控制左挡板的移动的，这部分代码只与挡板有关。我们可以在 Panel 类中创建一个 onTouchMove 方法，采用和 AudioManager 中的 onTouchEnd 相同的处理手法，将在 game.js 中监听到的 touchMove 事件传递进去。
- 第 42 行和第 45 行是挡板的绘制代码，宜放在 Panel 类的 render 方法内。
- 第 50 行至第 53 行，drawPanel 函数只与挡板绘制相关，可以移至 Panel 类内，作为私有方法存在。
- 第 57 行，待 testHitPanel 移到 Panel 类后，这里改为对挡板实例方法的调用。
- 第 60 行至第 64 行是右挡板的计算代码，宜放在 Panel 类的 run 方法内。
- 第 68 行至第 94 行，testHitPanel 函数可以全部移至 Panel 类中。

按照上面的梳理对策，先将 3 个常量放在 src/consts.js 文件中：

```
1.  // JS：src/consts.js
2.  ...
3.  GameGlobal.PANEL_HEIGHT = 150 // 挡板高度
4.  GameGlobal.PANEL_WIDTH = 10 // 挡板宽度
5.  GameGlobal.RIGHT_PANEL_MOVE_RANGE = 20 // 右挡板上下移动的数值范围
```

第 3 行至第 5 行是新增的 3 个全局变量。

接着创建 src/views/panel.js 文件，具体如代码清单 7-13 所示。

代码清单 7-13　创建挡板模块

```
1.  // JS：disc\第 7 章\7.3\7.3.1\src\views\panel.js
2.  /** 挡板基类 */
3.  class Panel {
4.    constructor() { }
5.  
6.    #leftPanelY // 左挡板变化数据，左挡板的起点 Y 坐标
7.    #rightPanelY // 右挡板起始位置是居中的
8.    #rightPanelSpeedY = 0.5 // 右挡板 Y 轴方向的移动速度
9.    #panelPattern = "white" // 挡板材质填充对象，默认为白色
10. 
11.   /** 初始化 */
12.   init(options) {
13.     if (!!this.initialized) return; this.initialized = true // 避免重复初始化
14. 
15.     const defaulLeftPanelY = this.#leftPanelY = options?.leftPanelY ??
        GameGlobal.CANVAS_HEIGHT / 2 - GameGlobal.PANEL_HEIGHT / 2 // 左挡板变化数
        据，左挡板的起点 Y 坐标
16.     const defaultRightPanelY = this.#rightPanelY = options?.rightPanelY ??
        (GameGlobal.CANVAS_HEIGHT - GameGlobal.PANEL_HEIGHT) / 2 // 右挡板起始位置
        是居中的
17.     this.reset = ()=>{
18.       this.#leftPanelY = defaulLeftPanelY
19.       this.#rightPanelY = defaultRightPanelY
20.       this.#rightPanelSpeedY = 0.5
21.     }
22. 
23.     // 加载材质填充对象
24.     const context = options.context
25.     const img = wx.createImage()
26.     img.onload = function() {
27.       this.#panelPattern = context.createPattern(img, "repeat")
28.     }
29.     img.src = "static/images/mood.png"
30.   }
31. 
32.   /** 重设 */
33.   reset(){}
34. 
35.   /** 渲染 */
36.   render(context) {
37.     // 绘制右挡板
38.     this.#drawPanel(context, GameGlobal.CANVAS_WIDTH  - GameGlobal.PANEL_
        WIDTH, this.#rightPanelY, this.#panelPattern, GameGlobal.PANEL_HEIGHT)
```

```
39.
40.     // 绘制左挡板
41.     this.#drawPanel(context, 0, this.#leftPanelY, this.#panelPattern,
        GameGlobal.PANEL_HEIGHT)
42.   }
43.
44.   /** 运算 */
45.   run() {
46.     // 右挡板运动数据计算
47.     this.#rightPanelY += this.#rightPanelSpeedY
48.     const centerY = (GameGlobal.CANVAS_HEIGHT - GameGlobal.PANEL_HEIGHT) / 2
49.     if (this.#rightPanelY < centerY - GameGlobal.RIGHT_PANEL_MOVE_RANGE ||
        this.#rightPanelY > centerY + GameGlobal.RIGHT_PANEL_MOVE_RANGE) {
50.       this.#rightPanelSpeedY = -this.#rightPanelSpeedY
51.     }
52.   }
53.
54.   /**
55.    * 挡板碰撞检测
56.    * @param {Ball} ball
57.    * @return {number} 0: 未碰撞; 1: 碰撞了左挡板; 2: 碰撞了右挡板
58.    */
59.   testHitBall(ball) {
60.     if (ball.x > (GameGlobal.CANVAS_WIDTH  - GameGlobal.RADIUS - GameGlobal.
        PANEL_WIDTH)) { // 碰撞右挡板
61.       if (ball.y > this.#rightPanelY && ball.y < (this.#rightPanelY +
          GameGlobal.PANEL_HEIGHT)) {
62.         return 2
63.       }
64.     } else if (ball.x < GameGlobal.RADIUS + GameGlobal.PANEL_WIDTH) { // 触达
        左挡板
65.       if (ball.y > this.#leftPanelY && ball.y < (this.#leftPanelY +
          GameGlobal.PANEL_HEIGHT)) {
66.         return 1
67.       }
68.     }
69.     return 0
70.   }
71.
72.   /** 处理触摸移动事件 */
73.   onTouchMove(res) {
74.     let touch = res.touches[0] || { clientY: 0 }
75.     let y = touch.clientY - GameGlobal.PANEL_HEIGHT / 2
76.     if (y > 0 && y < (GameGlobal.CANVAS_HEIGHT - GameGlobal.PANEL_HEIGHT)) {
        // 溢出检测
77.       this.#leftPanelY = y
78.     }
79.   }
80.
81.   /** 绘制挡板的函数 */
82.   #drawPanel(context, x, y, pat, height, width = GameGlobal.PANEL_WIDTH) {
83.     context.fillStyle = pat
84.     context.fillRect(x, y, width, height)
85.   }
86. }
```

```
87.
88. export default Panel
```

这个文件都做了什么事呢？

- 第 6 行至第 9 行是私有的类变量，其中 leftPanelY 和 rightPanelY 不适合在声明时直接初始化，如果它们初始化时用到了全局变量 GameGlobal.CANVAS_HEIGHT，这时该变量还没有初始化，还不可以使用。
- 第 12 行至第 30 行，这是初始化代码。第 13 行是用一行代码阻止对象被重复初始化，这行代码可以直接复制到其他类的 init 方法中复用。
- 第 15 行至第 21 行完成了两个变量（#leftPanelY 和 #rightPanelY）的初始化，以及 reset 方法的设置。
- 第 24 行至第 29 行完成了挡板填充材质的加载与设置。
- 第 38 行和第 41 行实现了左右两个挡板的绘制，调用的私有方法 #drawPanel 是原 game.js 中的 drawPanel 函数移植过来的。
- 第 48 行至第 51 行，位于 run 方法中，这里主要实现了右挡板的自动移动位置计算。左挡板是由触摸事件控制的，不需要在这里计算。
- 第 59 行至第 70 行，testHitBall 方法是由原 game.js 中的 testHitPanel 函数改写的，这个方法接收一个参数 ball，返回挡板与小球的碰撞检测结果：0 表示没有碰撞；1 表示碰撞了左挡板；2 表示碰撞了右挡板。因为在 Panel 类中，我们不能再访问 userScore、systemScore 变量，也不能调用 checkScore、playHitAudio 方法，所以在这里仅进行判断，并将判断结果返回，剩下的逻辑将在 game.js 中完成。
- 第 56 行在注释中使用 @param 表示参数，第 57 行使用 @return 描述方法返回的结果，这些都属于 JSDoc 的注释规范。
- 第 73 行至第 79 行的 onTouchMove 方法的代码是从 game.js 中移植过来的。
- 第 88 行使用 export 将类 Panel 导出，这里导出的是类型，不再是实例。

注意：在重构的过程中，如果代码比较复杂，如何将 game.js 中的旧代码重构到 Panel 类中呢？我们可以先将变量、方法依次复制过来，接着使用全文查找替换功能给变量添加必要的 this 前缀，将常量替换为全局变量，并修改 game.js 文件中的调用代码，先让代码运行，再检查实例成员的可见性，使可以私有化的成员私有化。

挡板模块完成了，接下来看看在 game.js 中如何使用它，以及涉及了哪些代码，如代码清单 7-14 所示。

代码清单 7-14　在主文件中使用挡板模块

```
1.  // JS: disc\第 7 章\7.3\7.3.1\game.js
2.  ...
3.  import Panel from "src/views/panel.js" // 导入挡板类
4.
5.  // 获取画布及 2D 渲染上下文对象
```

```
6.  const ...
7.  // , PANEL_HEIGHT = 150 // 挡板高度
8.  // , PANEL_WIDTH = 10 // 挡板宽度
9.  // , RIGHT_PANEL_MOVE_RANGE = 20 // 右挡板上下移动数值范围
10. // 左挡板变化数据，左挡板的起点 Y 坐标
11. // let leftPanelY = canvas.height / 2 - PANEL_HEIGHT / 2
    // 右挡板起始位置是居中的
12. //    , rightPanelY = (canvas.height - PANEL_HEIGHT) / 2
13. //    , rightPanelSpeedY = 0.5 // 右挡板 Y 轴方向的移动速度
14. let ...
15.   // , panelPattern = "white" // 挡板材质填充对象，默认为白色
16.   , leftPanel = new Panel()
17.   , rightPanel = new Panel()
18. ...
19. // 初始化
20. function init() {
21.   ...
22.   // 初始化挡板
23.   leftPanel.init({context})
24.   rightPanel.init({context})
25.
26.   // 加载材质填充对象
27.   // {
28.   //    ...
29.   // }
30.   ...
31. }
32.
33. // 触摸移动事件中的回调函数
34. function onTouchMove(res) {
35.   // let touch = res.touches[0] || { clientY: 0 }
36.   // ...
37.   leftPanel.onTouchMove(res) // 控制左挡板移动
38. }
39. ...
40. // 渲染
41. function render() {
42.   ...
43.   // 绘制右挡板
44.   // drawPanel(context, canvas.width - PANEL_WIDTH, rightPanelY,
    panelPattern, PANEL_HEIGHT)
45.   rightPanel.render(context)
46.   // 绘制左挡板
47.   // drawPanel(context, 0, leftPanelY, panelPattern, PANEL_HEIGHT)
48.   leftPanel.render(context)
49.   ...
50. }
51. ...
52. // 绘制挡板的函数
53. // function drawPanel(context, x, y, pat, height, width = PANEL_WIDTH) {
54. //    ...
```

```
55. // }
56.
57. // 运行
58. function run() {
59.   // 挡板碰撞检测
60.   testHitPanel()
61.   ...
62.   // 右挡板运动数据计算
63.   // ...
64.   rightPanel.run()
65. }
66.
67. ...
68.
69. // 开始游戏
70. function start() {
71.   leftPanel.reset()
72.   rightPanel.reset()
73.   ...
74. }
75.
76. // 挡板碰撞检测
77. // function testHitPanel() {
78. //   ...
79. // }
80.
81. // 挡板碰撞检测
82. function testHitPanel() {
83.   switch (leftPanel.testHitBall(ball) || rightPanel.testHitBall(ball)) {
84.     case 1: { // 碰撞了左挡板
85.       ball.switchSpeedX()
86.       console.log(" 当! 碰撞了左挡板 ")
87.       userScore++
88.       checkScore()
89.       playHitAudio()
90.       // 玩家得分提示
91.       wx.showToast({
92.         title: "1 分 ",
93.         duration: 1000,
94.         mask: true,
95.         icon: "none",
96.         image: "static/images/add64.png"
97.       })
98.       break
99.     }
100.    case 2: { // 碰撞了右挡板
101.      ball.switchSpeedX()
102.      console.log(" 当! 碰撞了右挡板 ")
103.      systemScore++
104.      checkScore()
105.      playHitAudio()
```

```
106.        break
107.      }
108.      default:
109.      //
110.  }
111.}
112....
```

上面的代码都发生了什么变化呢？

- 第 3 行，通过 import 关键字将 Panel 类导入，注意这里导入的是类型，不是实例。
- 第 7 行至第 13 行、第 15 行，这 7 个常量和变量都不再需要了，全部注释掉。
- 第 16 行、第 17 行，通过 new 关键字实例化两个实例，leftPanel 是左挡板，rightPanel 是右挡板。
- 第 23 行、第 24 行，分别将左、右挡板实例进行初始化。第 26 行至第 29 行的代码已经移到了 Panel 类的 init 方法中。
- 第 23 行至第 24 行的代码已经移植到了 Panel 类的同名方法中，第 37 行将触摸事件对象传递给左挡板。右挡板不需要传递事件对象。
- 第 44 行、第 47 行，挡板渲染代码已经移到了 Panel 类中，分别调用左、右挡板的 render 方法。这里左、右挡板是同一个类型，这是有问题的，稍后便会看到。
- 第 53 行至第 55 行，drawPanel 函数已经移植到 Panel 类中。
- 第 60 行，对 testHitPanel 函数的调用不变，这个函数现在仍然需要留在 game.js 文件中。
- 第 63 行关于右挡板位置计算的代码已经移植到 Panel 类的 run 方法中；第 64 行，调用右挡板 rightPanel 的 run 方法，左挡板不需要调用。
- 第 71 行、第 72 行，调用了挡板的重设方法，使挡板恢复到默认状态。
- 第 82 行至第 111 行，对 testHitPanel 函数进行了改造。第 83 行，逻辑或运算符会让左、右挡板的 testHitBall 方法先后执行，事实上，先执行哪个都可以。由于 testHitBall 方法在默认没有碰撞时会返回 0，而小球同一时间只会与其中一个挡板发生碰撞，因此两个挡板都会被检测到碰撞情况。
- 第 84 行是碰撞了左挡板的分支逻辑，第 100 行是碰撞了右挡板的分支逻辑，分支处理逻辑与原来是相同的。第 85 行、第 101 行的代码 ball.switchSpeedX() 在 Panel 类的 testHitBall 方法中也可以调用，但是这行代码更适合放在外面，以保持 testHitBall 方法的“纯净”。

注意：在调试区遇到这个错误：

```
TypeError: _panel.default is not a constructor
```

是因为没有找到合适的构造器，要检查一下 Panel 类是否已经正确导出。**凡是提示类型不对，基本都是模块忘记导出了。**

代码改写完了，重新编译测试，效果如图 7-3 所示。

图 7-3　修改后挡板材质不显示了

从图 7-3 可以看到，挡板的材质不显示了，这是为什么呢？

使用继承实现左、右挡板

挡板材质不显示，是因为材质图片没有被加载吗？

不是的，原来可以加载，现在也应该能加载。真实的原因在于 Panel 类的 init 方法，如代码清单 7-15 所示。

代码清单 7-15　挡板材质不显示

```
1.  /** 初始化 */
2.  init(options) {
3.    ...
4.    // 加载材质填充对象
5.    const context = options.context
6.    const img = wx.createImage()
7.    img.onload = function () {
8.      this.#panelPattern = context.createPattern(img, "repeat")
9.    }
10.   img.src = "static/images/mood.png"
11. }
```

在第 7 行代码中，onload 回调句柄使用的是普通函数。在第 8 行代码中，当回调代码执行时，this.#panelPattern 没有被正确找到。解决方法也很简单，修改后的示例代码如下：

```
1.  // JS: disc\ 第 7 章 \7.3\7.3.2\src\views\panel.js
2.  /** 初始化 */
3.  init(options) {
4.    ...
5.    // 加载材质填充对象
6.    ...
7.    // img.onload = function () {
8.    img.onload = ()=> {
9.      this.#panelPattern = context.createPattern(img, "repeat")
10.   }
11.   ...
12. }
```

只需要在第 8 行将回调句柄修改为箭头函数就可以了。**箭头函数中的 this 相当于取它的父函数（非箭头函数）中的 this，这是箭头函数被默认推荐使用的原因之一**。

再次编译测试，挡板材质已经显示了，如图 7-4 所示。

那么为什么左挡板显示了两个呢？

这是由重复渲染造成的，在 game.js 中涉及的挡板渲染代码是下面这样的：

```
1.  // 绘制右挡板
2.  rightPanel.render(context)
3.  // 绘制左挡板
4.  leftPanel.render(context)
```

而 Panel 类的 render 方法，本身已经渲染了左、右挡板：

```
1.  /** 渲染 */
2.  render(context) {
3.    // 绘制右挡板
4.    this.#drawPanel(context, GameGlobal.
      CANVAS_WIDTH - GameGlobal.PANEL_WIDTH,
      this.#rightPanelY, this.#panelPattern,
      GameGlobal.PANEL_HEIGHT)
5.
6.    // 绘制左挡板
7.    this.#drawPanel(context, 0, this.#leftPanelY,
      this.#panelPattern, GameGlobal.PANEL_HEIGHT)
8.  }
```

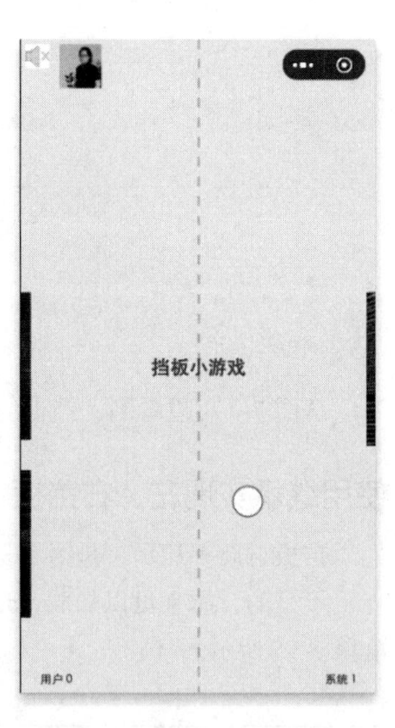

图 7-4　显示了两个左挡板

在 game.js 中的 render 函数内，我们是不是应该去掉一个对挡板实例方法（render）的调用呢？或者应该将 rightPanel 和 leftPanel 合并为一个实例？

不是的，将挡板分为左、右两个实例是应该的，因为左、右挡板的逻辑是不同的，它们仅有部分共性。这就是按照面向对象的思想设计软件的好处，**我们可以直接参考现实事物之间的逻辑关系，从而自然地决定在软件中应该如何定义和安排对象**。

左侧存在两个挡板的真正原因在于：我们没有给 Panel 类定义派生类，如果分别定义一个 LeftPanel 和一个 RightPanel，并让它们继承 Panel 类，然后让它们分别实现自己的个性代码，那么就可以解决此问题，至于两个挡板共性的部分，则留在 Panel 类中。

接下来我们按照这个思想改造，修改 src/views/panel.js 文件以创建挡板基类，修改后的代码如代码清单 7-16 所示。

代码清单 7-16　创建挡板基类

```
1.  // JS: disc\第7章\7.3\7.3.2_2\src\views\panel.js
2.  /** 挡板基类 */
3.  class Panel {
4.    constructor() { }
5.
6.    x // 挡板的起点 X 坐标
7.    y // 挡板的起点 Y 坐标
8.    // #leftPanelY // 左挡板变化数据，左挡板的起点 Y 坐标
9.    // #rightPanelY // 右挡板起始位置是居中的
10.   // #rightPanelSpeedY = 0.5 // 右挡板 Y 轴方向的移动速度
11.   panelPattern = "white" // 挡板材质填充对象，默认为白色
12.
13.   /** 初始化 */
14.   init(options) {
15.     // if (!!this.initialized) return; this.initialized = true // 避免重复初始化
16.
17.     // const defaulLeftPanelY = this.#leftPanelY = options?.leftPanelY ??
        GameGlobal.CANVAS_HEIGHT / 2 - GameGlobal.PANEL_HEIGHT / 2 // 左挡板变化数
        据，左挡板的起点 Y 坐标
18.     // const defaultRightPanelY = this.#rightPanelY = options?.rightPanelY ??
        (GameGlobal.CANVAS_HEIGHT - GameGlobal.PANEL_HEIGHT) / 2 // 右挡板起始位置
        是居中的
19.     // this.reset = () => {
20.     //   this.#leftPanelY = defaulLeftPanelY
21.     //   this.#rightPanelY = defaultRightPanelY
22.     //   this.#rightPanelSpeedY = 0.5
23.     // }
24.
25.     // 加载材质填充对象
26.     const context = options.context
27.     const img = wx.createImage()
28.     // img.onload = function() {
29.     img.onload = () => {
30.       this.panelPattern = context.createPattern(img, "repeat")
31.     }
32.     img.src = options.patternImageSrc || "static/images/mood.png"
33.   }
34.
35.   /** 渲染 */
36.   render(context) {
37.     // 绘制挡板
38.     this.drawPanel(context, this.x, this.y, this.panelPattern, GameGlobal.
        PANEL_HEIGHT)
39.   }
40.
41.   /** 重设 */
42.   reset() { }
43.
44.   /** 运算 */
45.   run() { }
```

```
46.
47.   /**
48.    * 挡板碰撞检测
49.    * @param {Ball} ball
50.    * @return {number} 0: 未碰撞, 1: 碰撞了左挡板, 2: 碰撞了右挡板
51.    */
52.   testHitBall(ball) { }
53.
54.   /** 绘制挡板的函数 */
55.   drawPanel(context, x, y, pat, height, width = GameGlobal.PANEL_WIDTH) {
56.     context.fillStyle = pat
57.     context.fillRect(x, y, width, height)
58.   }
59. }
60.
61. export default Panel
```

这个文件发生了什么呢？我们看一下。

- 第6行、第7行，实例变量x代表挡板中心的X坐标，y取代原来的#leftPanelY和#rightPanelY，因为要放在子类中访问，所以去掉了私有符号前缀“#”。原#rightPanel-SpeedY将移到子类RightPanel中。
- 第15行，避免重复初始化的逻辑将分别移到RightPanel和LeftPanel两个子类中。父函数中的return并不能阻止子函数的执行。
- 第17行至第23行的初始化逻辑及reset重设逻辑，将分别拆分至两个子类中。
- 第36行至第39行是挡板的渲染代码，因为左、右挡板的渲染逻辑是一样的，所以没必要拆分到子类中。
- 第42行至第58行，run、testHitBall方法的逻辑根据需要移至子类中，只保留drawPanel方法。因为drawPanel方法要在子类中使用，所以也必须去掉私有标识。JS的私有属性在子类中也不能访问。

重整后，Panel类的代码所剩无几，主要保留了一个对象框架。

接下来创建src/views/left_panel.js文件，即左挡板模块，具体如代码清单7-17所示。

代码清单7-17 创建左挡板模块

```
1.  // JS: src/views/left_panel.js
2.  import Panel from "panel.js"
3.
4.  /** 左挡板 */
5.  class LeftPanel extends Panel {
6.    constructor() {
7.      super()
8.    }
9.
10.   /** 初始化 */
11.   init(options) {
12.     super.init(options)
13.     if (!!this.initialized) return; this.initialized = true // 避免重复初始化
14.
```

```
15.     this.x = 0 // X 坐标是固定的
16.     const defaultY = this.y = options?.y ?? GameGlobal.CANVAS_HEIGHT / 2 -
        GameGlobal.PANEL_HEIGHT / 2 // 左挡板变化数据，左挡板的起点 Y 坐标
17.     this.reset = () => {
18.       super.reset()
19.       this.y = defaultY
20.     }
21.   }
22.
23.   /** 处理触摸移动事件 */
24.   onTouchMove(res) {
25.     let touch = res.touches[0] || { clientY: 0 }
26.     let y = touch.clientY - GameGlobal.PANEL_HEIGHT / 2
27.     if (y > 0 && y < (GameGlobal.CANVAS_HEIGHT - GameGlobal.PANEL_HEIGHT)) {
        // 溢出检测
28.       this.y = y
29.     }
30.   }
31.
32.   /** 小球碰撞到左挡板返回 1 */
33.   testHitBall(ball) {
34.     if (ball.x < GameGlobal.RADIUS + GameGlobal.PANEL_WIDTH) { // 触达左挡板
35.       if (ball.y > this.y && ball.y < (this.y + GameGlobal.PANEL_HEIGHT)) {
36.         return 1
37.       }
38.     }
39.     return 0
40.   }
41. }
42.
43. export default new LeftPanel()
```

这个类都做了什么事呢？

- 第 2 行通过 import 关键字导入 Panel 基类，第 5 行通过 extends 关键字继承这个基类。
- 第 6 行至第 8 行是构造器，子类的构造器要么不声明，要么声明后必须加上 super() 关键字。
- 第 11 行至第 21 行重写了父类的 init 方法，JS 重写方法不需要添加 override 关键字。第 12 行使用 super 关键字调用了父类中的 init 方法。
- 第 15 行至第 20 行是原来的初始化逻辑，只是变量名称有所修改。**在面向对象开发中，对象本身即代表了对象的类型**，所以这里的变量 y 不再区别左右，它取代了原来的 leftPanelY 和 rightPanelY。
- 第 17 行至第 20 行，虽然 reset 是一个箭头函数，但是在它的内部仍然可以调用 super.reset()，这是合法的。**super 关键字可以将父函数的代码与子函数连在一起，在调用子函数时，父函数的代码也会被执行**。
- 第 24 行至第 30 行，onTouchMove 方法的代码没有变化，这个方法不需要添加进 RightPanel 中，只需将它放在 LeftPanel 中就可以。

❑ 第 33 行至第 40 行，testHitBall 方法的逻辑被精简了，只保留了关于左挡板碰撞的判断代码。

❑ 第 43 行，注意最后导出的不是类，也不是单例，而是一个普通的实例。

LeftPanel 修改完了，接着创建 src/views/right_panel.js 文件，即右挡板模块，具体如代码清单 7-18 所示。

代码清单 7-18 创建右挡板模块

```
1.  // JS: src/views/right_panel.js
2.  import Panel from "panel.js"
3.
4.  /** 右挡板 */
5.  class RightPanel extends Panel {
6.    constructor() {
7.      super()
8.    }
9.
10.   #speedY = 0.5 // 右挡板 Y 轴方向的移动速度
11.
12.   /** 初始化 */
13.   init(options) {
14.     super.init(options)
15.     if (!!this.initialized) return; this.initialized = true // 避免重复初始化
16.
17.     this.x = GameGlobal.CANVAS_WIDTH - GameGlobal.PANEL_WIDTH // X 坐标是固定的
18.     const defaultY = this.y = options?.y ?? (GameGlobal.CANVAS_HEIGHT -
        GameGlobal.PANEL_HEIGHT) / 2 // 右挡板起始位置是居中的
19.     this.reset = () => {
20.       super.reset()
21.       this.y = defaultY
22.       this.#speedY = 0.5
23.     }
24.   }
25.
26.   /** 运算 */
27.   run() {
28.     // 右挡板运动数据计算
29.     this.y += this.#speedY
30.     const centerY = (GameGlobal.CANVAS_HEIGHT - GameGlobal.PANEL_HEIGHT) / 2
31.     if (this.y < centerY - GameGlobal.RIGHT_PANEL_MOVE_RANGE || this.y >
        centerY + GameGlobal.RIGHT_PANEL_MOVE_RANGE) {
32.       this.#speedY = -this.#speedY
33.     }
34.   }
35.
36.   /** 小球碰撞到左挡板返回 2 */
37.   testHitBall(ball) {
38.     if (ball.x > (GameGlobal.CANVAS_WIDTH - GameGlobal.RADIUS - GameGlobal.
        PANEL_WIDTH)) { // 碰撞右挡板
39.       if (ball.y > this.y && ball.y < (this.y + GameGlobal.PANEL_HEIGHT)) {
40.         return 2
41.       }
42.     }
43.     return 0
```

```
44.    }
45. }
46.
47. export default new RightPanel()
```

这个文件有什么不一样的地方呢？

- 第 10 行，#speedY 取代了原来的 #rightPanelSpeedY，代表右挡板的上下移动速度。只有右挡板需要这个变量，左挡板不需要。
- 第 27 行至第 34 行，run 方法负责右挡板位置信息的计算，代码仍是原来的逻辑，只是变量、常量的名称改变了。
- 第 37 行至第 44 行，testHitBall 方法只保留了与右挡板相关的碰撞检测逻辑，精简方式与 LeftPanel 相同。

从整体上来看，RightPanel 与 LeftPanel 的代码是相似的，两个类的差异在于控制方式：左挡板通过 onTouchMove 方法实现触摸事件控制；右挡板通过 run 方法实现挡板的自动上下移动。

最后，修改 game.js 文件中的调用代码：

```
1.  // JS：disc\第 7 章\7.3\7.3.2_2\game.js
2.  ...
3.  // import Panel from "src/views/panel.js" // 导入挡板类
4.  import leftPanel from "src/views/left_panel.js" // 导入左挡板
5.  import rightPanel from "src/views/right_panel.js" // 导入右挡板
6.  ...
7.  let ...
8.  // , leftPanel = new Panel()
9.  // , rightPanel = new Panel()
10. ...
```

在上述代码中，第 4 行、第 5 行的导入代码有变化，第 8 行、第 9 行的实例化代码被注释掉了。

虽然 LeftPanel 和 RightPanel 没有实现单例模式，但它们导出的是实例，而且 ES Module 是静态引用导入机制，所以实际上在 game.js 中导入的是单例。我们看一下下面这两行代码：

```
1.  import leftPanel from "src/views/left_panel.js"
2.  import leftPanellOther from "src/views/left_panel.js"
```

leftPanel 与 leftPanellOther 指向堆内存中的同一块内存，它们在 game.js 中是可以相互替换的。

修改完成后，重新编译，运行效果与图 5-19 是一样的，不仅挡板材质显示了，显示两个左挡板的问题也消失了。

拓展：复习 JS 实现继承的方式

如何让一个对象类型继承另一个对象类型的所有属性和方法呢？复习一下下面这两个方法的用法。

1. 原型继承

通过改变一个对象类型的 prototype 属性，可以让一个对象继承另一个对象。在构建原型关系之后，子类就可以访问父类的所有属性和方法了，看一个示例，如代码清单 7-19 所示。

代码清单 7-19 使用原型继承创建对象

```
1. // JS: disc\ 第 7 章 \7.3\7.3.3\prototype.js
2. // 父类
3. function SuperType() {
4.   this.property = true
5. }
6. SuperType.prototype.getSuperValue = function () {
7.   return this.property
8. }
9.
10. // 子类
11. function SubType() {
12.   this.subProperty = false
13. }
14. // 子类继承父类
15. SubType.prototype = new SuperType()
16.
17. // 给子类添加新方法
18. SubType.prototype.getSubValue = function () {
19.   return this.subProperty
20. }
21. // 重写父类中的方法
22. SubType.prototype.getSuperValue = function () {
23.   return this.property
24. }
25. SubType.prototype.callSuperMethod = function () {
26.   return this.getSuperValue()
27. }
28.
29. // 实例化
30. const instance = new SubType()
31. console.log("getSubValue", instance.getSubValue()) // 输出: false
32. console.log("getSuperValue", instance.getSuperValue()) // 输出: true
33. console.log("callSuperMethod", instance.callSuperMethod()) // 输出: true
```

上面的代码发生了什么呢？

- 第 6 行，一个对象类型的 prototype 无论是否已经显式指定，都是存在的，这一行代码直接在原型对象上定义了一个 getSuperValue 方法。在原型对象上定义的方法，在所有对象实例中都会出现。
- 第 15 行通过改写 SubType 的 prototype 属性，使 SubType 继承了 SuperType。
- 第 18 行在原型对象上添加了新方法 getSubValue，当方法名与原型对象中的方法重名时（第 22 行），相当于覆盖并重写。
- 第 23 行，在子类中可以直接通过 this 关键字访问父类中的属性。
- 第 26 行通过 this 关键字在子类中直接访问父类的方法。

当子类和父类作为一个对象实例存在时，**所有对子类成员（属性和方法）的访问都会先在子类中查找，如果在子类中找不到，则会继续沿着原型链到父类中查找，直到找到或到达顶级的原型链终点 Object 为止。**

使用原型链继承的缺点是，其继承关系不清晰，并且原型继承不支持使用 super 关键字。

2.class 继承

用 class 定义类、用 extends 实现继承，相比原型方式更加方便，我们将使用 class、extends 关键字改写上述示例，具体如代码清单 7-20 所示。

代码清单 7-20　使用 class 关键字实现继承

```
1.  // JS: disc\第 7 章\7.3\7.3.3\extends.js
2.  // 父类
3.  class SuperType {
4.    constructor() { }
5.    property = true
6.    getSuperValue() {
7.      return this.property
8.    }
9.  }
10.
11. // 子类
12. class SubType extends SuperType {
13.   constructor() {
14.     super()
15.   }
16.   subProperty = false
17.   getSubValue() {
18.     return this.subProperty
19.   }
20.   getSuperValue() {
21.     return this.property
22.   }
23.   callSuperMethod() {
24.     return this.getSuperValue()
25.   }
26. }
27.
28. // 实例化
29. const instance = new SubType()
30. console.log("getSubValue", instance.getSubValue()) // 输出: false
31. console.log("getSuperValue", instance.getSuperValue()) // 输出: true
32. console.log("callSuperMethod", instance.callSuperMethod()) // 输出: true
```

上面的代码发生了什么变化呢？

- 第 29 行至第 32 行的测试代码没有变化，输出结果也是一样的，改变的是被测试的代码。
- 第 3 行至第 9 行定义了父类 SuperType。
- 第 12 行至第 26 行定义了子类 SubType，并继承了父类 SuperType。

- ❑ 第 14 行，当在子类中声明构造器 constructor 时，需要先在构造器顶部调用 super()，这样实例化子类时，父类构造器中的代码也会得到执行。
- ❑ 第 20 行，使用与父类方法重名的方式重写了父类方法 getSuperValue，如果需要，在子函数中仍然可以通过 super.getSubValue() 访问父类方法。
- ❑ 第 24 行，在子类中，我们可以通过 this 关键字直接访问父类的属性或方法，就像访问自己的属性和方法一样。

从以上两个示例可以看出，class 继承的方式更为简单方便，代码也更为清晰，在实际开发中理应优先采用。了解原型继承的意义，可帮助我们读懂开源项目中还存在的旧方式编写的代码。关键字 class、extends 是在 ES6 中提供的，主流浏览器都支持，如果遇到不支持的老旧浏览器环境，可以使用 Babel 进行转化。

拓展：复习类型检测操作符 typeof 与 instanceof 的不同

在第 19 课我们了解过，JS 中的变量或常量有两种类型：值类型、引用类型。一般简单的类型都是值类型，像字符串、数值、布尔值等；复杂的类型，例如数组、自定义对象都是引用类型。值类型存储在栈内存中，引用类型存储在堆内存中。

对于值类型、引用类型的变量，我们如何检测它们属于什么具体的类型呢？概括来讲，简单的值类型变量，可使用 typeof 操作符检测；复杂的引用类型，可使用 instanceof 操作符检测。一般情况下，操作符都是符号，但是 typeof、instanceof 也是操作符，它们是 JS 中两个特殊的操作符。

1. 使用 typeof 判断简单类型

我们先来看一个示例：

```
1.  const str = "10"
2.  typeof(str) // 输出：'string'
3.  typeof str // 输出：'string'
```

两行测试代码都返回 'string'，typeof 作为一个操作符，既可以像全局函数一样调用（第 2 行），也可以像操作符一样使用（第 3 行）。

使用 typeof 可判断的简单类型包括以下 5 类。

- ❑ string：字符串。
- ❑ number：包含整型、浮点型、NaN。
- ❑ boolean：布尔型。
- ❑ object：包含数组、对象、JSON、null 等。
- ❑ underfined：underfined 类型。

typeof 的返回值是一个字符串，string、number 等是可能返回的字符串文本，后面是适用的具体检测目标类型。不是说 Object 是对象类型吗，为什么也可以用 typeof 检测呢？在 JS 中一切皆为对象，String 与 Number 也是对象，非简单类型的对象被 typeof 检测时，只会返回 'object'，不会返回具体的类型。

如果我们想探测一下 Object 类型是哪一个对象的具体实例，应该怎么做呢？下面来看这个问题。

思考与练习 7-2（面试题）：typeof NaN 的结果是什么？ Number.isNaN 和全局函数 isNaN 有什么区别？

---

2. 使用 instanceof 检测对象

instanceof 是一个操作符，使用方式与 typeof 相同，在操作符后面跟一个类型。来看一个示例：

```
1.  const arr = [1,2,3]
2.  arr instanceof Array // 输出：true
```

对于上面的代码，如果被检测对象属于目标类型，则返回 true，否则返回 false。

本课中讲解过的 leftPanel、rightPanel 是自定义对象实例，它们也可以使用 instanceof 检测，例如：

```
1.  leftPanel instanceof LeftPanel // 输出：true
2.  rightPanel instanceof Panel // 输出：true
```

leftPanel 是 LeftPanel 的实例，所以第 1 行检测返回 true。rightPanel 是 RightPanel 的实例，RightPanel 继承了 Panel，所以第 2 行仍然返回 true。**对象在继承与被继承之间有一个原型链，instanceof 在检测时沿着原型链向上走，直到找到目标类型，找到则返回 true，否则返回 false。**所有对象的原型链顶端都是 Object，因此对于所有对象实例，如果想测试其是否为 Object 的实例，都可以这样做：

```
1.  leftPanel instanceof Object // 输出：true
2.  rightPanel instanceof Object // 输出：true
```

两行代码都会返回 true。

3. 什么是对象类型、类和对象实例

在 ES6 之后，JS 就有了类和实例。类是一个类别，一个类可以有许多实例，每个实例都保持着与类一样的属性和方法，每个实例属性的值也可以不同。有时候，类也称为类对象。

在 ES6 之前，没有类的概念，一般称对象，有时指的是对象类型（相当于类），有时则指的是对象实例（相当于类的实例），具体要根据上下文环境理解。

本课小结

本课源码目录参见：disc/ 第 7 章 /7.3。

这节课主要将挡板进行了模块化，定义了一个模板基类（Panel）及两个子类（LeftPanel 和 RightPanel），在实践过程中练习了创建类及实现类继承的技巧，并学习了如何使用操作符判断值类型和引用类型变量等，最终源码涉及以下 4 个文件：

- src/views/panel.js
- src/views/left_panel.js
- src/views/right_panel.js
- game.js

删除不必要的注释及注释掉的代码，这些文件的最终源码参见示例 7.3.2_2。

随着模块化的进行，game.js 文件的代码越来越少了。请想一想它们是怎么演变过来的，建议从结果倒推。

这一章主要对背景音乐模块、小球模块、挡板模块进行了模块化重构，下一章继续对记分板模块、游戏背景对象、页面对象和游戏对象进行模块化重构。

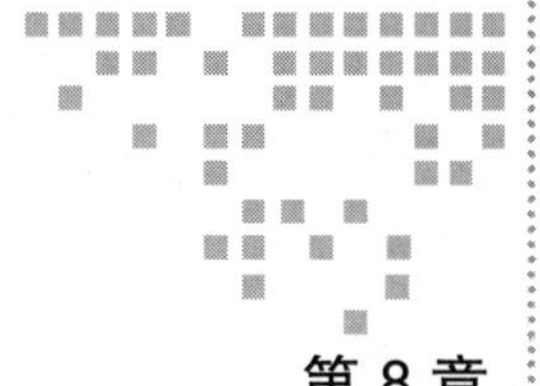

第 8 章 Chapter 8

模块化重构三：重构记分板、背景、页面和游戏对象

继第 7 章对背景音乐、小球、挡板进行模块化重构以后，本章将针对记分板、游戏背景对象、页面对象和游戏对象进行模块化重构。学完这一章，模块化重构的实战就算全部完成了。

第 22 课　创建记分板模块

第 21 课主要完成了挡板对象的模块化重构，这节课我们将实现记分板对象的模块化。目前，游戏中还没有记分板对象，在屏幕下方只有两个分数：一个是用户的，另一个是系统的。这节课将仿照挡板的设计方法创建一个记分板基类，然后派生出两个子类，即用户记分板类与系统记分板类。

实现两个记分板类

为了让用户记分板丰富一点，这里将用户的头像与分数整合在一起，都放在用户记分板类中，再创建一个系统记分板类。这两个记分板类可以同时继承同一个记分板基类。

下面新建 3 个文件，具体如下所示。

- src\views\board.js：定义 Board 基类。
- src\views\user_board.js：定义 UserBoard 类（即用户记分板类），继承 Board。
- src\views\system_board.js：定义 SystemBoard 类（即系统记分板类），继承 Board。

接着检查 game.js 中有哪些代码与记分板类有关，主要涉及 3 个变量：

```
1.  // JS：disc\ 第 7 章 \7.3\7.3.2_2\game.js
```

```
2.  ...
3.  let ...
4.    , userScore = 0 // 用户分数
5.    , systemScore = 0 // 系统分数
6.    , ...
7.    , userAvatarImg // 用户头像（Image 对象）
```

这 3 个变量可以移至用户记分板类、系统记分板类中。其中，userScore、userAvatarImg 放在 UserBoard 中，systemScore 放在 SystemBoard 中。

先在 game.js 文件中检查一下所有与记分和头像有关的代码，发现主要有 5 处，下面分别看一下。第 1 处在 init 函数中，是关于检查用户头像等信息授权的代码，如代码清单 8-1 所示。

代码清单 8-1 记分板相关代码 1

```
1.  // 初始化
2.  function init() {
3.    ...
4.    // 检查用户授权情况，拉取用户头像并绘制
5.    wx.getSetting({
6.      success: (res) => {
7.        const authSetting = res.authSetting
8.        if (authSetting["scope.userInfo"]) { // 已有授权
9.          wx.getUserInfo({
10.           success: (res) => {
11.             const userInfo = res.userInfo
12.               , avatarUrl = userInfo.avatarUrl
13.             console.log(" 用户头像 ", avatarUrl)
14.             downloadUserAvatarImage(avatarUrl) // 加载用户头像
15.           }
16.         })
17.       } else { // 如果首次进入小游戏或拒绝过授权，则需重新授权
18.         getUserAvatarUrlByUserInfoButton()
19.       }
20.     }
21.   })
22. }
23. ...
24. // 从头像地址加载用户头像
25. function downloadUserAvatarImage(avatarUrl) {
26.   const img = wx.createImage()
27.   img.src = avatarUrl
28.   img.onload = (res) => {
29.     userAvatarImg = img // 为用户头像图像变量赋值
30.   }
31. }
32.
33. // 通过 UserInfoButton 拉取用户头像地址
34. function getUserAvatarUrlByUserInfoButton() {
35.   const userInfoButton = wx.createUserInfoButton({
36.     type: "text",
37.     text: " 拉取用户信息 ",
38.     style: {
39.       left: 40,
40.       top: 5,
```

```
41.         width: 100,
42.         height: 25,
43.         lineHeight: 25,
44.         backgroundColor: "#ff0000",
45.         color: "#ffffff",
46.         textAlign: "center",
47.         fontSize: 14,
48.         borderRADIUS: 4
49.       }
50.     })
51.
52.     userInfoButton.onTap((res) => {
53.       if (res.errMsg === "getUserInfo:ok") {
54.         const userInfo = res.userInfo
55.           , avatarUrl = userInfo.avatarUrl
56.         console.log("用户头像", avatarUrl)
57.         downloadUserAvatarImage(avatarUrl) // 加载用户头像
58.         userInfoButton.destroy()
59.       } else {
60.         console.log("接口调用失败", res.errMsg)
61.       }
62.     })
63. }
```

第5行至第21行调用downloadUserAvatarImage的代码和第25行至第31行的downloadUserAvatarImage函数，都与用户有关，可以放在UserBoard类中。

第2处在render函数中，是关于分数文本与用户头像的渲染代码，如代码清单8-2所示。

代码清单8-2 记分板相关代码2

```
1.  // 渲染
2.  function render() {
3.    ...
4.
5.    // 绘制角色分数
6.    context.font = "100 12px STHeiti"
7.    context.fillStyle = "gray"
8.    drawText(context, 20, canvas.height - 20, `用户 ${userScore}`)
9.    const sysScoreText = `系统 ${systemScore}` // 使用模板字符串
10.   drawText(context, canvas.width - 20 - context.measureText(sysScoreText).
      width, canvas.height - 20, sysScoreText)
11.   ...
12.
13.   // 绘制用户头像到画布上
14.   if (userAvatarImg) context.drawImage(userAvatarImg, 40, 5, 45, 45)
15. }
16.
17. // 在指定位置绘制文本
18. function drawText(context, x, y, text) {
19.   context.fillText(text, x, y)
20. }
```

第6行至第10行给出的分数绘制代码适合分散在两个记分板子类中。第18行至第20行的

drawText 函数在两个记分板类中都有用到，可以放在基类 Board 中。第 14 行的用户头像绘制代码适合放在 UserBoard 的 render 方法中。

第 3 处在挡板碰撞检测代码中，有加分操作，具体代码如下：

```
1.  // 挡板碰撞检测
2.  function testHitPanel() {
3.    switch (leftPanel.testHitBall(ball) || rightPanel.testHitBall(ball)) {
4.      case 1: { // 碰撞了左挡板
5.        ...
6.        userScore++
7.        checkScore()
8.        ...
9.      }
10.     case 2: { // 碰撞了右挡板
11.      ...
12.       systemScore++
13.       checkScore()
14.       ...
15.     }
16.     default:
17.     //
18.   }
19. }
```

第 6 行和第 12 行是涉及分数操作的代码，因为涉及其他对象（例如挡板和小球），所以不宜移动到记分板类中。可以简单一点，将分数变量（userScore 和 systemScore）放在记分板类中，直接操作记分板实例中的实例变量。

第 4 处在 checkScore 函数中，该函数中还有根据分数检测游戏是否结束的代码，如下所示：

```
1.  // 依据分数判断游戏是否结束
2.  function checkScore() {
3.    if (systemScore >= 3 || userScore >= 1) { // 逻辑或运算
4.      gameIsOver = true // 游戏结束
5.      clearTimeout(gameOverTimerId) // 清除定时器 ID
6.      console.log(" 游戏结束了 ")
7.    }
8.  }
```

这部分代码使用了分数变量（systemScore 和 userScore），但有对 gameIsOver 变量的操作，以及对 gameOverTimerId 定时器 ID 的清除，所以这部分代码也不宜移至记分板类内。

第 5 处是在将分数置零的代码中，通常包含在游戏开始或重新开始时的代码实现中：

```
1.  // 开始游戏
2.  function start() {
3.    ...
4.    userScore = 0 // 重设游戏变量
5.    systemScore = 0
6.    ...
7.  }
```

现在开始重构这 5 处代码。我们先来创建 src\views\board.js 文件，即创建记分板基类，这个文件定义了基类 Board，具体如代码清单 8-3 所示。

代码清单 8-3 创建记分板基类

```
1.  // JS: src\views\board.js
2.  /** 记分板基类 */
3.  class Board {
4.    constructor() { }
5.
6.    /** 分数 */
7.    score = 0
8.
9.    /** 重设 */
10.   reset() {
11.     this.score = 0
12.   }
13.
14.   /** 在指定位置绘制文本 */
15.   drawText(context, x, y, text) {
16.     context.fillText(text, x, y)
17.   }
18. }
19.
20. export default Board
```

这个文件十分简单，score 表示分数，取代原来的 systemScore 和 userScore 变量。drawText 方法将在子类（SystemBoard 和 UserBoard）中调用，用于绘制文本。

接着创建 src\views\system_board.js 文件，这个文件定义了 SystemBoard 类，代码如下：

```
1.  // JS: src\views\system_board.js
2.  import Board from "board.js"
3.  class SystemBoard extends Board {
4.    constructor() {
5.      super()
6.    }
7.
8.    /** 渲染 */
9.    render(context) {
10.     // 绘制角色分数
11.     context.font = "100 12px STHeiti"
12.     context.fillStyle = "gray"
13.     const sysScoreText = `系统 ${this.score}` // 使用模板字符串
14.     this.drawText(context, GameGlobal.CANVAS_WIDTH - 20 - context.measureText
        (sysScoreText).width, GameGlobal.CANVAS_HEIGHT - 20, sysScoreText)
15.   }
16. }
17.
18. export default new SystemBoard()
```

这个文件的代码也不复杂，只有一个 render 方法（第 9 行），负责渲染系统角色的得分文本。第 18 行将 SystemBoard 模块采用实例导出，因此在 game.js 文件中引入时仍然是单例。

最后创建 src\views\user_board.js 文件，即创建用户记分板模块，具体如代码清单 8-4 所示。

代码清单 8-4 创建用户记分板模块

```
1.  // JS: src\views\user_board.js
2.  import Board from "board.js"
3.  class UserBoard extends Board {
4.    constructor() {
5.      super()
6.    }
7.  
8.    /** 用户头像 (Image 对象)*/
9.    #userAvatarImg
10. 
11.   /** 初始化 */
12.   init(options) {
13.     // 检查用户授权情况，拉取用户头像并绘制
14.     wx.getSetting({
15.       success: (res) => {
16.         const authSetting = res.authSetting
17.         if (authSetting["scope.userInfo"]) { // 已有授权
18.           wx.getUserInfo({
19.             success: (res) => {
20.               const userInfo = res.userInfo
21.                 , avatarUrl = userInfo.avatarUrl
22.               console.log("用户头像", avatarUrl)
23.               this.#downloadUserAvatarImage(avatarUrl) // 加载用户头像
24.             }
25.           })
26.         } else { // 如果首次进入小游戏或拒绝过授权，则需重新授权
27.           this.#getUserAvatarUrlByUserInfoButton()
28.         }
29.       }
30.     })
31.   }
32. 
33.   /** 初始化 */
34.   render(context) {
35.     // 绘制角色分数
36.     context.font = "100 12px STHeiti"
37.     context.fillStyle = "gray"
38.     this.drawText(context, 20, GameGlobal.CANVAS_HEIGHT - 20, `用户 ${this.
      score}`)
39. 
40.     // 将用户头像绘制到画布上
41.     if (this.#userAvatarImg) context.drawImage(this.#userAvatarImg, 40, 5,
      45, 45)
42.   }
43. 
44.   /** 从头像地址加载用户头像 */
45.   #downloadUserAvatarImage(avatarUrl) {
46.     const img = wx.createImage()
47.     img.src = avatarUrl
48.     img.onload = (res) => {
49.       this.#userAvatarImg = img // 为用户头像图像变量赋值
50.     }
51.   }
52. 
```

```
53.    /** 通过 UserInfoButton 拉取用户头像地址 */
54.    #getUserAvatarUrlByUserInfoButton() {
55.      const userInfoButton = wx.createUserInfoButton({
56.        type: "text",
57.        text: "拉取用户信息",
58.        style: {
59.          left: 40,
60.          top: 5,
61.          width: 100,
62.          height: 25,
63.          lineHeight: 25,
64.          backgroundColor: "#ff0000",
65.          color: "#ffffff",
66.          textAlign: "center",
67.          fontSize: 14,
68.          borderRADIUS: 4
69.        }
70.      })
71.
72.      userInfoButton.onTap((res) => {
73.        if (res.errMsg === "getUserInfo:ok") {
74.          const userInfo = res.userInfo
75.            , avatarUrl = userInfo.avatarUrl
76.          console.log("用户头像", avatarUrl)
77.          this.#downloadUserAvatarImage(avatarUrl) // 加载用户头像
78.          userInfoButton.destroy()
79.        } else {
80.          console.log("接口调用失败", res.errMsg)
81.        }
82.      })
83.    }
84. }
85.
86. export default new UserBoard()
```

这个文件稍微复杂一点，不过没有新代码，都是将旧代码从 game.js 中移植过来的，其中 UserBoard 类仍然使用实例导出。

最后看一下在 game.js 中如何使用两个新创建的记分板对象类型，game.js 文件都有哪些变动，如代码清单 8-5 所示。

代码清单 8-5　使用记分板模块

```
1.  // JS: disc\第 8 章\8.1\8.1.1\game.js
2.  ...
3.  import userBoard from "src/views/user_board.js" // 导入用户记分板
4.  import systemBoard from "src/views/system_board.js" // 导入系统记分板
5.  ...
6.
7.  let ...
8.    // , userScore = 0 // 用户分数
9.    // , systemScore = 0 // 系统分数
10.   ,...
11.   // , userAvatarImg // 用户头像(Image 对象)
12. ...
```

```
13.
14. // 初始化
15. function init() {
16.   ...
17.   // 初始化用户记分板
18.   userBoard.init()
19.
20.   // 检查用户授权情况，拉取用户头像并绘制
21.   // wx.getSetting({
22.   //   ...
23.   // })
24. }
25. ...
26.
27. // 渲染
28. function render() {
29.   ...
30.
31.   // 绘制角色分数
32.   // context.font = "100 12px STHeiti"
33.   // ...
34.   userBoard.render(context)
35.   systemBoard.render(context)
36.   ...
37.
38.   // 绘制用户头像到画布上
39.   // if (userAvatarImg) context.drawImage(userAvatarImg, 40, 5, 45, 45)
40. }
41.
42. // 在指定位置绘制文本
43. function drawText(context, x, y, text) {
44.   context.fillText(text, x, y)
45. }
46. ...
47.
48. // 开始游戏
49. function start() {
50.   ...
51.   // userScore = 0 // 重设游戏变量
52.   // systemScore = 0
53.   userBoard.reset()
54.   systemBoard.reset()
55.   ...
56. }
57.
58. // 挡板碰撞检测
59. function testHitPanel() {
60.   switch (leftPanel.testHitBall(ball) || rightPanel.testHitBall(ball)) {
61.     case 1: { // 碰撞了左挡板
62.       ...
63.       // userScore++
64.       userBoard.score++
65.       ...
66.     }
67.     case 2: { // 碰撞了右挡板
```

```
68.         ...
69.         // systemScore++
70.         systemBoard.score++
71.         ...
72.       }
73.     default:
74.       // ...
75.   }
76. }
77. ...
78.
79. // 依据分数判断游戏是否结束
80. function checkScore() {
81.   // if (systemScore >= 3 || userScore >= 1) { // 逻辑或运算
82.   if (systemBoard.score >= 3 || userBoard.score >= 1) { // 逻辑或运算
83.     ...
84.   }
85. }
86.
87. // 从头像地址加载用户头像
88. // function downloadUserAvatarImage(avatarUrl) {
89. //   ...
90. // }
91.
92. // 通过 UserInfoButton 拉取用户头像地址
93. // function getUserAvatarUrlByUserInfoButton() {
94. //   const userInfoButton = wx.createUserInfoButton({
95. //     ...
96. //   })
97. //   userInfoButton.onTap((res) => {
98. //     ...
99. //   })
100.// }
```

在上面的代码中，我们要关注以下几个地方。

- 第 3 行、第 4 行，导入用户记分板实例（userBoard）、系统记分板实例（systemBoard）。
- 第 8 行至第 11 行中的 3 个变量不再需要了，前两个变量合并成一个变量，以 score 的名称在基类 Board 中存在，userAvatarImg 则移至 UserBoard 类中，作为私有变量存在。
- 第 18 行只有用户记分板对象的初始化，因为系统记分板不需要。
- 第 21 行至第 23 行的授权检查代码，以及第 87 行至第 100 行的两个函数（downloadUserAvatarImage 和 getUserAvatarUrlByUserInfoButton），都移到了 UserBoard 类中。
- 第 32 行至第 33 行及第 39 行的渲染代码分别由两个记分板实例的 render 函数承担。
- 第 43 行至第 45 行，往 Board 基类中移植了一份 drawText 函数，但在 game.js 文件中仍有其他代码使用它，所以它还不能被注释掉。
- 第 53 行、第 54 行，将记分板对象的状态重设一下。
- 第 64 行、第 70 行，是在记分板对象外部直接操作两个记分板的分数加 1。当然，为了加强封装性，我们也可以在 Board 基类中添加一个 increaseScore 方法专门用于增加分数。目前先不考虑这么远。

❑ 第 82 行直接访问了两个记分板类的 score 属性。

代码阶段性重构完成了，重新编译，效果如图 8-1 所示。

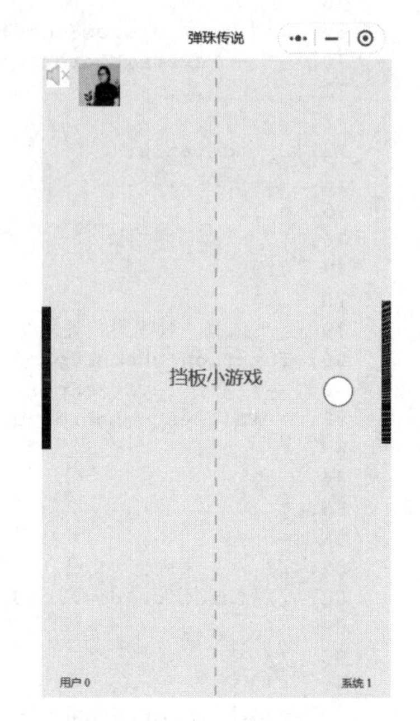

图 8-1 重构记分板模块后的效果

重构代码时有一个基本的思想，就是优先保证代码重构后可运行，以及重构后程序的表现与重构前一致。定义 UserBoard 类时有两个地方就很好地体现了这一思想。

❑ 事实上，调用 wx.getSetting 接口的授权查询代码，不仅可以查询 scope.userInfo 的权限，还可以查询当前用户授权的所有权限。如果从逻辑上考虑，这段代码似乎更应该放在游戏的入口处，即放在游戏启动处执行，而不是放在一个 UserBoard 中。但这样的设计会增加重构的复杂度，当我们试图完成这一项工作时，甚至还会牵涉出更多的工作，因此我们必须在这里果断地掐断，禁止过度重构。

❑ 试想一下，如果将 drawText 函数放到 Board 基类中，而 game.js 文件中的其他代码仍在用此函数，那么这个函数就必须同时在 game.js 文件中保留，这时我们必须做出妥协，让代码产生一点冗余。game.js 是待重构的代码，**重构不是一蹴而就的，在新代码达到“可运行，效果一样”的标准时，可以允许旧代码暂时不完美。**

拓展：复习 ES Module 的导出与导入

在实战代码中已多次出现模块的导出和导入，来看下面这段实战代码：

```
1.  // JS: disc\第 8 章\8.1\8.1.1\src\views\ball.js
2.  export default Ball.getInstance()
3.
4.  // JS: disc\第 8 章\8.1\8.1.1\src\views\board.js
5.  export default Board
6.
7.  // JS: disc\第 7 章\7.3\7.3.2\game.js
8.  import "src/consts.js" // 引入常量
9.  import ball from "src/views/ball.js" // 引入小球单例
10. import Panel from "src/views/panel.js" // 引入挡板类
```

既有对实例的导出（第 2 行），也有对类的导出（第 5 行）；既有对代码的导入（第 8 行），也有对实例的导入（第 9 行）和对类型的导入（第 10 行），所用皆属于 ES Module 规范。

ES Module 是本书推荐的模块化规范，我们系统看一下 export 关键字在导出模块内容时的用法：

```
1.  export var foo1 = 1 // 声明、初始化一个变量并导出
2.  export let foo2 = 2
3.  export var bar1 // 声明一个变量并导出
```

```
4.  export let bar2
5.  export const foo3 = 3 // 声明一个常量并导出
6.  export var foo4 = function () { } // 声明一个函数变量并导出
7.  export function foo5() { return 100 } // 导出一个函数
8.  export default new class foo6 { // 导出一个类
9.    kind = "class"
10. }
```

使用export关键字在一个模块内可以导出变量、常量、函数、类等一切内容。在一个模块内，只能有一个默认导出的元素，default只能使用一次。

在模块导出后，可使用import关键字在其他文件中导入该模块：

```
import foo6 from "my_module.js"
```

这时导入的就是模块内默认导出的class。

如果想导入默认项以外的其他成员，可以使用花括号，例如想导入foo1，可以这样写：

```
import {foo1} from "my_module.js"
```

如果想导入多项，可以在花括号内写入多项：

```
import {foo1, foo3} from "my_module.js"
```

被导入的项原则上要与导出时的名称相同，如果想改名，可以使用别名：

```
import {foo1 as foo} from "my_module.js"
```

使用工具方法 drawText

board.js中的drawText方法与game.js中的drawText函数的代码完全一样，**相同的代码在项目中不应该重复出现两次**。现在我们尝试优化一下，创建一个src\utils.js文件，代码如下：

```
1.  // JS: disc\第8章\8.1\8.1.3\src\utils.js
2.  /** 在指定位置绘制文本 */
3.  export function drawText(context, x, y, text) {
4.    context.fillText(text, x, y)
5.  }
```

将drawText函数放在独立的文件中，作为一个独立的函数导出。utils.js文件一般作为工具方法模块存在，若以后有新的工具方法，也可以添加到这个文件里。**工具方法一般是独立的、干净的（pure），不依赖其他条件存在，只要传入足够的参数就可以运行。**

在game.js文件中修改代码如下：

```
1.  // JS: disc\第8章\8.1\8.1.3\game.js
2.  ...
3.  import { drawText } from "src/utils.js"
4.  ...
5.  // 在指定位置绘制文本
6.  // function drawText(context, x, y, text) {
7.  //   context.fillText(text, x, y)
```

```
8.  // }
9.  ...
```

第3行将独立定义的工具方法导入，第6行至第8行中的原方法可以注释掉，该文件中的其他代码不用修改。

src\views\board.js 文件中的变动如下：

```
1.  // JS: disc\第8章\8.1\8.1.3\src\views\board.js
2.  import { drawText } from "../utils.js"
3.  /** 记分板基类 */
4.  class Board {
5.    ...
6.
7.    /** 在指定位置绘制文本 */
8.    // drawText(context, x, y, text) {
9.    //   context.fillText(text, x, y)
10.   // }
11.   drawText = drawText
12. }
13. ...
```

第2行将工具方法导入，第8行至第10行的代码被注释掉，第11行作为一个引用连接。第11行代码直接省略等号及后面的部分是不行的，必须像代码中这样连接。这样处理以后，在Board基类中仍然有一个名为drawText的方法，但实际上这是一个引用，在子类中执行的drawText代码仍在utils.js文件中。

注意： 通过在Board类中声明一个同名成员来去除原来的drawText成员，这并不是标准的做法，事实上这种做法也不被提倡，但它作为一种阶段性渐进的重构手段，就像暂时给施工中的楼层加一个支撑柱一样，是可以被接受的。

通过定义工具方法，去除项目中重复且独立的代码，进一步消除了代码的“坏味道”。

隐藏分数变量

在Board类中有一个score变量，在game.js文件中可以直接修改这个变量：

```
1.  // JS: disc\第8章\8.1\8.1.3\game.js
2.  // 挡板碰撞检测
3.  function testHitPanel() {
4.    switch (leftPanel.testHitBall(ball) || rightPanel.testHitBall(ball)) {
5.      case 1: { // 碰撞了左挡板
6.        ...
7.        userBoard.score++
8.        ...
9.      }
10.     case 2: { // 碰撞了右挡板
11.       ...
12.       systemBoard.score++
13.       ...
14.     }
```

```
15.     default:
16.     //
17.   }
18. }
```

第 7 行、第 12 行直接修改了两个记分板实例的变量 score。

在类外改变实例变量是一件危险的事，应该只允许在实例内部更改类变量。

现在修改 src\views\board.js 文件，具体如代码清单 8-6 所示。

代码清单 8-6　修改记分板基类

```
1.  // JS: disc\ 第 8 章 \8.1\8.1.4\src\views\board.js
2.  ...
3.  /** 记分板基类 */
4.  class Board {
5.    ...
6.    /** 分数 */
7.    get score() {
8.      return this.$score
9.    }
10.   // score = 0
11.   $score = 0
12.
13.   /** 增加分数 */
14.   increaseScore() {
15.     this.$score++
16.   }
17.
18.   /** 重设 */
19.   reset() {
20.     // this.score = 0
21.     this.$score = 0
22.   }
23.   ...
24. }
```

上面的代码发生了什么变化呢？

- 将公开的 score 变量注释掉，添加一个受保护的 $score 变量（第 11 行）及一个公开的 getter（score，第 7 行至第 9 行）。"$"符号并不能保证这个变量只能在自己和子类中被访问，事实上它仍然是公开的，这只是一种约定。
- 第 21 行，由于 this.score 已经是只读的了，因此改为重设 this.$score 变量。
- 第 14 行至第 16 行，increaseScore 是新增分数的方法，稍后在 game.js 中会用到。

board.js 修改完了，现在开始修改 game.js 文件，以在主文件中使用修改后的记分板模块，具体如代码清单 8-7 所示。

代码清单 8-7　在主文件中使用修改后的记分板模块

```
1.  // JS: disc\ 第 8 章 \8.1\8.1.4\game.js
2.  ...
3.  // 挡板碰撞检测
4.  function testHitPanel() {
```

```
5.     switch (leftPanel.testHitBall(ball) || rightPanel.testHitBall(ball)) {
6.       case 1: { // 碰撞了左挡板
7.         ...
8.         // userBoard.score++
9.         userBoard.increaseScore()
10.        ...
11.      }
12.      case 2: { // 碰撞了右挡板
13.        ...
14.        // systemBoard.score++
15.        systemBoard.increaseScore()
16.        ...
17.      }
18.      default:
19.      //
20.    }
21. }
22. ...
```

第 9 行、第 15 行，以方法调用代替对变量的直接操作，虽然效果上是相同的，但这样做有如下两个好处。

- 方法调用的代码比属性递增操作的代码更直观，我们更加明确这是对实例产生了某种影响。
- 未来如果想在这里派发一个事件，可以直接在方法里添加，这样控制就更强了。

修改后，重新编译，运行效果与之前是一样的。

本课小结

本课源码目录参见：disc/ 第 8 章 /8.1。

本课主要实现了记分板对象的模块化，练习了 ES Module 规范的导出、导入等技巧，实践主要涉及如下 4 个文件：src\views\board.js、src\views\system_board.js、src\views\user_board.js、game.js。

在删除了不必要的注释及注释掉的代码后，这些文件的最终源码见示例 8.1.5。

读者可从结果倒推这些文件是怎么演变过来的。在第 21 课中，game.js 还有 308 行代码，重构后现在就剩下 239 行代码了，随着重构的继续，它的代码会越来越少。

第 23 课　创建游戏背景对象和游戏对象

目前，我们的小游戏中没有背景，或者说只有一个灰白的纯色背景，这节课我们创建一个背景对象，将一张图片作为游戏背景渲染。游戏对象则是将整个游戏作为一个对象，这个对象将接管 game.js 中剩余的大部分代码，它负责将其他游戏元素对象导入并完成初始化，从而指挥整个游戏有条不紊地运行。

创建背景对象

游戏在 UI 上一般包括以下 3 层内容。

- 前景：自定义弹窗、用户头像、分数文本可以放在此层。
- 中层游戏内容：小球、左挡板和右挡板可以放在此层。
- 背景：分界线、背景色绘制、游戏标题可以放在此层。

背景也可以单独作为一个对象放在游戏 UI 的最底层。在 game.js 文件中，与背景有关的代码非常少，仅存在于 render 函数中，如代码清单 8-8 所示。

代码清单 8-8　与背景绘制有关的代码

```
1.  // JS：disc\第 8 章\8.1\8.1.5\game.js
2.  ...
3.  // 渲染
4.  function render() {
5.    ...
6.
7.    // 绘制不透明背景
8.    context.fillStyle = "whitesmoke"
9.    context.fillRect(0, 0, canvas.width, canvas.height)
10.
11.   // 将函数当作变量使用来绘制分界线，即用闭包解决
12.   context.strokeStyle = "lightgray"
13.   context.lineWidth = 2
14.   const startX = canvas.width / 2
15.   let posY = 0,
16.     set = new Set()
17.   for (var i = 0; ; i++) {
18.     if (i % 2) continue // 取模操作，逢奇数跳过
19.     posY = i * 10
20.     let y = posY
21.     set.add(() => {
22.       drawLine(context, startX, y)
23.     })
24.     if (posY > canvas.height) break
25.   }
26.   context.beginPath()
27.   for (let f of set) f() // 利用循环元素来调用函数，这个位置仍然可以访问文件变量 posY
28.   context.stroke()
29.   // 独立的绘制直线的函数
30.   function drawLine(context, x, y) {
31.     context.moveTo(x, y)
32.     context.lineTo(x, y + 10)
33.   }
34.
35.   // 实现从上向下颜色渐变绘制游戏标题
36.   context.font = "800 20px STHeiti"
37.   const txtWidth = context.measureText(" 挡板小游戏 ").width
38.   const txtHeight = context.measureText("M").width
39.   const xpos = (canvas.width - txtWidth) / 2
40.   const ypos = (canvas.height - txtHeight) / 2
41.   context.fillStyle = "gray"
42.   context.textBaseline = "top" // 设置文本绘制基线
```

```
43.    context.fillText(" 挡板小游戏 ", xpos, ypos)
44.    ...
45. }
46. ...
```

上述代码段一共包括3部分代码，绘制不透明背景色、绘制分界线和绘制游戏标题。在第30行至第33行中，drawLine是一个临时的内嵌函数，虽然它在这里才被定义，但可以在第22行被调用，**function函数与var关键字声明的变量都有在当前作用域内提升的机制**。

不透明背景、分界线、标题文本等静态对象的绘制代码都可以放在背景对象中。新建一个src\views\background.js文件以创建背景对象模块，具体如代码清单8-9所示。

代码清单8-9 创建背景对象模块

```
1.  // JS: src\views\background.js
2.  /** 背景对象 */
3.  class Background {
4.    constructor() { }
5.
6.    /** 渲染 */
7.    render(context) {
8.      // 绘制不透明背景
9.      context.fillStyle = "whitesmoke"
10.     context.fillRect(0, 0, GameGlobal.CANVAS_WIDTH, GameGlobal.CANVAS_
        HEIGHT)
11.
12.     // 将函数当作变量以使用绘制分界线，开始用闭包解决
13.     context.strokeStyle = "lightgray"
14.     context.lineWidth = 2
15.     const startX = GameGlobal.CANVAS_WIDTH / 2
16.     let posY = 0,
17.       set = new Set()
18.     for (var i = 0; ; i++) {
19.       if (i % 2) continue // 取模操作，逢奇数跳过
20.       posY = i * 10
21.       let y = posY
22.       set.add(() => {
23.         this.#drawLine(context, startX, y)
24.       })
25.       if (posY > GameGlobal.CANVAS_HEIGHT) break
26.     }
27.     context.beginPath()
28.     for (let f of set) f() // 利用循环元素调用函数，这个位置仍然可以访问文件变量 posY
29.     context.stroke()
30.
31.     // 实现从上向下颜色渐变绘制游戏标题
32.     context.font = "800 20px STHeiti"
33.     const txtWidth = context.measureText(" 挡板小游戏 ").width
34.     const txtHeight = context.measureText("M").width
35.     const xpos = (GameGlobal.CANVAS_WIDTH - txtWidth) / 2
36.     const ypos = (GameGlobal.CANVAS_HEIGHT - txtHeight) / 2
37.     context.fillStyle = "gray"
38.     context.textBaseline = "top" // 设置文本绘制基线
39.     context.fillText(" 挡板小游戏 ", xpos, ypos)
```

```
40.   }
41.
42.   /** 独立的绘制直线的函数 */
43.   #drawLine(context, x, y) {
44.     context.moveTo(x, y)
45.     context.lineTo(x, y + 10)
46.   }
47. }
48.
49. export default new Background()
```

这个文件的代码基本都是复制过来的，只修改了表示画布宽度、高度的变量，#drawLine 方法原来在 render 函数内，是一个内嵌函数，现在将它拎出来，作为私有方法存在。这样处理 #drawLine 方法，可以减少 render 函数内临时函数的重复创建开销。

在 game.js 中使用背景对象，具体如代码清单 8-10 所示。

代码清单 8-10　在 game.js 中使用背景对象

```
1.  // JS: disc\ 第 8 章 \8.2\8.2.1\game.js
2.  ...
3.  import bg from "src/views/background.js" // 导入背景对象
4.  ...
5.
6.  // 渲染
7.  function render() {
8.    ...
9.    // 绘制不透明背景
10.   // ...
11.
12.   // 将函数当作变量使用来绘制分界线
13.   // context.strokeStyle = "lightgray"
14.   // ...
15.   // context.stroke()
16.   // 独立的绘制直线的函数
17.   // function drawLine(context, x, y) {
18.   //   ...
19.   // }
20.
21.   // 实现从上向下颜色渐变来绘制游戏标题
22.   // context.font = "800 20px STHeiti"
23.   // ...
24.   // 绘制背景
25.   bg.render(context)
26.   ...
27. }
28. ...
```

第 3 行将背景对象实例导入，在第 25 行调用 bg 的 render 方法进行渲染，当前 render 函数内有关背景绘制、分界线绘制、游戏标题的其他代码均不再需要。

代码修改后，重新编译，运行效果与之前一致。

为创建游戏对象做准备

现在，在 game.js 文件中只剩下 2 个常量、2 个变量和 11 个函数没有对象化，2 个常量和 2 个变量具体如下：

```
1.  // JS：disc\第 8 章\8.2\8.2.1\game.js
2.  ...
3.  // 获取画布及 2D 渲染上下文对象
4.  const canvas = wx.createCanvas()
5.    , context = canvas.getContext("2d")
6.
7.  let gameOverTimerId // 游戏限时定时器 ID
8.    , gameIsOver = false // 游戏是否结束
9.  ...
```

为了对这些代码进行模块化优化，我们可以创建一个 Game 类，这 2 个常量和 2 个变量都可以放在 Game 类中。

另外，在主文件中没有对象化的 11 个函数如代码清单 8-11 所示。

代码清单 8-11　在主文件中没有对象化的函数

```
1.  // JS：disc\第 8 章\8.2\8.2.1\game.js
2.  ...
3.
4.  // 初始化
5.  function init() {
6.    ...
7.  }
8.
9.  // 触摸移动事件中的回调函数
10. function onTouchMove(res) {
11.   ...
12. }
13.
14. // 触摸事件结束时的回调函数
15. function onTouchEnd(res) {
16.   ...
17. }
18.
19. // 渲染
20. function render() {
21.   ...
22. }
23.
24. // 运行
25. function run() {
26.   ...
27. }
28.
29. // 循环
30. function loop() {
31.   ...
32. }
33.
```

```
34. // 游戏结束
35. function end() {
36.   ...
37. }
38.
39. // 开始游戏
40. function start() {
41.   ...
42. }
43.
44. // 挡板碰撞检测
45. function testHitPanel() {
46.   ...
47. }
48.
49. // 播放单击音效
50. function playHitAudio() {
51.   ...
52. }
53.
54. // 依据分数判断游戏状态是否结束
55. function checkScore() {
56.   ...
57. }
```

在这 11 个方法中，playHitAudio 函数是播放音效的，应该移到 AudioManager 类中，其余的函数都属于游戏对象，可以保留在 Game 类中。

让音频管理者接管单击音效

在重构代码的过程中，难免会漏掉一些代码，playHitAudio 函数便是漏网之鱼。

现在尝试将这个函数放在 AudioManager 类中。修改 audio_manager.js 文件的代码，具体如代码清单 8-12 所示。

代码清单 8-12　让音频管理者播放单击音效

```
1.  // JS: src\managers\audio_manager.js
2.  /** 音频管理者，负责管理背景音乐及控制按钮 */
3.  class AudioManager {
4.    ...
5.    constructor() { }
6.        ...
7.
8.    /** 停止背景音乐 */
9.    stopBackgroundSound() {
10.     ...
11.   }
12.
13.   /** 播放单击音效 */
14.   playHitAudio() {
15.     const audio = wx.createInnerAudioContext()
16.     audio.src = "static/audios/click.mp3"
17.     audio.play()
```

```
18.   }
19.
20.   /** 依据播放状态绘制背景音乐按钮 */
21.   #drawBgMusicButton(context) {
22.     ...
23.   }
24. }
25. ...
```

playHitAudio 是一个公开方法，要将它放在私有方法上方。在 constructor 构造器下方，依次放入公开属性、访问器（getter）/ 设置器（setter）、私有属性、公开方法、私有方法。将类成员分段放置，这有助于增加代码清晰度。

game.js 文件涉及的修改如代码清单 8-13 所示。

代码清单 8-13　在主文件中消费音频播放方法

```
1.  // JS: disc\第 8 章\8.2\8.2.3\game.js
2.  ...
3.
4.  // 开始游戏
5.  function start() {
6.    ...
7.    // playHitAudio()
8.    audioManager.playHitAudio()
9.    ...
10. }
11.
12. // 挡板碰撞检测
13. function testHitPanel() {
14.   switch (leftPanel.testHitBall(ball) || rightPanel.testHitBall(ball)) {
15.     case 1: { // 碰撞了左挡板
16.       ...
17.       // playHitAudio()
18.       audioManager.playHitAudio()
19.       ...
20.     }
21.     case 2: { // 碰撞了右挡板
22.       ...
23.       // playHitAudio()
24.       audioManager.playHitAudio()
25.       break
26.     }
27.     default:
28.     //
29.   }
30. }
31.
32. // 播放单击音效
33. // function playHitAudio() {
34. //   const audio = wx.createInnerAudioContext()
35. //   audio.src = "static/audios/click.mp3"
36. //   audio.play()
37. // }
38. ...
```

第8行、第18行、第24行，由直接调用playHitAudio函数改为调用音频管理者的playHitAudio方法。第33行至第37行，不再需要playHitAudio函数，需注释掉。

代码修改后，重新编译测试，游戏运行效果与之前一致。

实现游戏对象 Game 类

被遗漏的playHitAudio函数已处理，接下来创建游戏对象。

在game.js文件中新建Game类，具体如代码清单8-14所示。

代码清单 8-14　实现游戏对象类

```
1.  // JS: disc\第8章\8.2\8.2.4\game.js
2.  import "src/consts.js" // 导入常量
3.  import audioManager from "src/managers/audio_manager.js" // 音频管理者单例
4.  import ball from "src/views/ball.js" // 导入小球单例
5.  import leftPanel from "src/views/left_panel.js" // 导入左挡板
6.  import rightPanel from "src/views/right_panel.js" // 导入右挡板
7.  import userBoard from "src/views/user_board.js" // 导入用户记分板
8.  import systemBoard from "src/views/system_board.js" // 导入系统记分板
9.  import { drawText } from "src/utils.js" // 导入工具方法
10. import bg from "src/views/background.js" // 导入背景对象
11.
12. // 获取画布及2D渲染上下文对象
13. // const canvas = wx.createCanvas()
14. //   , context = canvas.getContext("2d")
15.
16. // let gameOverTimerId // 游戏限时定时器ID
17. //   , gameIsOver = false // 游戏是否结束
18.
19. // ...旧函数代码
20.
21. // init()
22. // start()
23.
24. /** 游戏对象 */
25. class Game {
26.   constructor() { }
27.
28.   /** 主屏画布 */
29.   canvas
30.   /** 2D渲染上下文对象 */
31.   context
32.
33.   /** 游戏限时定时器ID */
34.   gameOverTimerId
35.   /** 游戏是否结束 */
36.   gameIsOver = false
37.
38.   /** 初始化 */
39.   init() {
40.     // 初始化画布和2D渲染上下文对象
41.     this.canvas = wx.createCanvas()
42.     this.context = this.canvas.getContext("2d")
```

```
43.
44.     Object.defineProperty(GameGlobal, "CANVAS_WIDTH", { value: this.canvas.
        width, writable: false }) // 设置画布宽度
45.     Object.defineProperty(GameGlobal, "CANVAS_HEIGHT", { value: this.canvas.
        height, writable: false }) // 设置画布高度
46.     // 初始化音频管理者
47.     audioManager.init({ bjAudioSrc: "static/audios/bg.mp3" })
48.     // 初始化小球
49.     ball.init()
50.     // 初始化挡板
51.     leftPanel.init({ context: this.context })
52.     rightPanel.init({ context: this.context })
53.     // 初始化用户记分板
54.     userBoard.init()
55.
56.     // 监听触摸结束事件重启游戏
57.     wx.onTouchEnd((res) => {
58.       // 重启游戏
59.       if (this.gameIsOver) {
60.         this.start()
61.       }
62.     })
63.   }
64.
65.   /** 触摸移动事件中的回调函数 */
66.   onTouchMove(res) {
67.     leftPanel.onTouchMove(res) // 控制左挡板移动
68.   }
69.
70.   /** 触摸事件结束时的回调函数 */
71.   onTouchEnd(res) {
72.     // 切换背景音乐按钮的状态
73.     audioManager.onTouchEnd(res)
74.   }
75.
76.   /** 渲染 */
77.   render() {
78.     // 清屏
79.     this.context.clearRect(0, 0, GameGlobal.CANVAS_WIDTH, GameGlobal.CANVAS_
        HEIGHT) // 清除整张画布
80.
81.     // 绘制背景
82.     bg.render(this.context)
83.
84.     // 绘制右挡板
85.     rightPanel.render(this.context)
86.     // 绘制左挡板
87.     leftPanel.render(this.context)
88.
89.     // 绘制角色分数
90.     userBoard.render(this.context)
91.     systemBoard.render(this.context)
92.
93.     // 依据位置绘制小球
94.     ball.render(this.context)
```

```
95.
96.      // 调用函数绘制背景音乐按钮
97.      audioManager.render(this.context)
98.    }
99.
100.   /** 运行 */
101.   run() {
102.     // 挡板碰撞检测
103.     this.testHitPanel()
104.
105.     // 小球碰撞检测
106.     ball.testHitWall()
107.
108.     // 小球运动数据计算
109.     ball.run()
110.
111.     // 右挡板运动数据计算
112.     rightPanel.run()
113.   }
114.
115.   /** 循环 */
116.   loop() {
117.     this.run() // 运行
118.     this.render() // 渲染
119.     if (!this.gameIsOver) {
120.       requestAnimationFrame(this.loop) // 循环执行
121.     } else {
122.       this.end()
123.     }
124.   }
125.
126.   /** 游戏结束 */
127.   end() {
128.     this.context.clearRect(0, 0, GameGlobal.CANVAS_WIDTH, GameGlobal.CANVAS_
         HEIGHT) // 清屏
129.     this.context.fillStyle = "whitesmoke" // 绘制背景色
130.     this.context.fillRect(0, 0, GameGlobal.CANVAS_WIDTH, GameGlobal.CANVAS_
         HEIGHT)
131.     const txt = " 游戏结束 "
132.     this.context.font = "900 26px STHeiti"
133.     this.context.fillStyle = "black"
134.     this.context.textBaseline = "middle"
135.     drawText(this.context, GameGlobal.CANVAS_WIDTH / 2 - this.context.
         measureText(txt).width / 2, GameGlobal.CANVAS_HEIGHT / 2, txt)
136.
137.     // 提示用户单击屏幕重启游戏
138.     const restartTip = " 单击屏幕重新开始 "
139.     this.context.font = "12px FangSong"
140.     this.context.fillStyle = "gray"
141.     drawText(this.context, GameGlobal.CANVAS_WIDTH / 2 - this.context.
         measureText(restartTip).width / 2, GameGlobal.CANVAS_HEIGHT / 2 + 25,
         restartTip)
142.     audioManager.stopBackgroundSound()
143.
144.     // 游戏结束的模态弹窗提示
```

```
145.     wx.showModal({
146.       title: "游戏结束",
147.       content: "单击【确定】重新开始",
148.       success(res) {
149.         if (res.confirm) {
150.           this.start()
151.         }
152.       }
153.     })
154.     wx.offTouchEnd(this.onTouchEnd)
155.     wx.offTouchMove(this.onTouchMove)
156.   }
157. 
158.   /** 重新开始游戏 */
159.   start() {
160.     leftPanel.reset()
161.     rightPanel.reset()
162.     // playHitAudio()
163.     audioManager.playHitAudio()
164.     userBoard.reset()
165.     systemBoard.reset()
166.     this.gameIsOver = false
167.     ball.reset() // 重设小球状态
168.     this.loop()
169.     audioManager.playBackgroundSound()
170.     // 限制游戏时间
171.     this.gameOverTimerId = setTimeout(function () {
172.       this.gameIsOver = true
173.     }, 1000 * 30)
174.     // 监听触摸结束事件，切换背景音乐按钮的状态等
175.     wx.onTouchEnd(this.onTouchEnd)
176.     // 监听触摸移动事件，控制左挡板
177.     wx.onTouchMove(this.onTouchMove)
178.   }
179. 
180.   /** 挡板碰撞检测 */
181.   testHitPanel() {
182.     switch (leftPanel.testHitBall(ball) || rightPanel.testHitBall(ball)) {
183.       case 1: { // 碰撞了左挡板
184.         ball.switchSpeedX()
185.         console.log("当！碰撞了左挡板")
186.         userBoard.increaseScore()
187.         this.checkScore()
188.         audioManager.playHitAudio()
189.         // 玩家得分提示
190.         wx.showToast({
191.           title: "1分",
192.           duration: 1000,
193.           mask: true,
194.           icon: "none",
195.           image: "static/images/add64.png"
196.         })
197.         break
198.       }
199.       case 2: { // 碰撞了右挡板
```

```
200.          ball.switchSpeedX()
201.          console.log(" 当! 碰撞了右挡板 ")
202.          systemBoard.increaseScore()
203.          this.checkScore()
204.          audioManager.playHitAudio()
205.          break
206.        }
207.        default:
208.        //
209.      }
210.    }
211.
212.    /** 依据分数判断游戏状态是否结束 */
213.    checkScore() {
214.      if (systemBoard.score >= 3 || userBoard.score >= 1) { // 逻辑或运算
215.        this.gameIsOver = true // 游戏结束
216.        clearTimeout(this.gameOverTimerId) // 清除定时器 ID
217.        console.log(" 游戏结束了 ")
218.      }
219.    }
220.}
221.
222.const game = new Game()
223.game.init()
224.game.start()
```

上面的代码发生了什么变化？

- 第 13 行至第 17 行的 2 个常量、2 个变量全部移至第 29 行至第 36 行，作为 Game 的实例变量。第 41 行、第 42 行，将 canvas、context 首先初始化。
- 第 21 行、第 22 行对 init、start 这两个方法的调用已经转至文件底部的第 223 行、第 224 行。
- 第 25 行是使用 class 关键字定义的游戏对象 Game 类。将原来 11 个未对象化的函数全部移到 Game 类中，删除 function 关键字，在访问实例成员的时候添加必要的 this 关键字。

在代码修改完成后，重新编译测试。要注意的是，大规模地修改代码后，必须进行全面的回归测试，尽量覆盖到每个功能点。

在此次测试中，可能会出现如下错误：

```
1.  TypeError: this.run is not a function
2.  // 类型错误：this.run 不是一个方法
```

错误链接指向下面代码中的第 3 行：

```
1.  // JS: disc\ 第 8 章 \8.2\8.2.4\game.js
2.  /** 循环 */
3.  loop() {
4.    this.run() // 运行
5.    this.render() // 渲染
6.    if (!this.gameIsOver) {
7.      requestAnimationFrame(this.loop) // 循环执行
```

```
8.     } else {
9.       this.end()
10.    }
11. }
```

为什么这里提示 this.run 不是一个方法？

可能因为 this 等于 undefined，this 在这里丢失了，所以 run 这个方法找不到了。其实不只 this.run 找不到了，下面的 this.render、this.gameIsOver、this.end 都有同样的问题，只不过前面的 JS 代码报错了，后面的代码便中断执行了。

为什么会在这里丢失呢？原因是在第 7 行调用全局函数 requestAnimationFrame 时，loop 方法找不到 this 对象了。

我们可以像下面这样修改代码：

```
1.  // JS: disc\第 8 章\8.2\8.2.4_2\game.js
2.  /** 循环 */
3.  loop() {
4.   ...
5.    if (!this.gameIsOver) {
6.      // requestAnimationFrame(this.loop) // 循环执行
7.      requestAnimationFrame(this.loop.bind(this)) // 循环执行
8.    } else {
9.      this.end()
10.   }
11. }
```

第 7 行，在将 this.loop 传递给 requestAnimationFrame 函数时，使用 bind 方法手动绑定 this。

loop.bind(this) 用于将当前 this 对象绑定到方法 loop 上，如果不这样做，下一次 loop 运行时，它的内部会取不到 this 对象，即 this 对象为 undefined 类型，这会导致 run、render 等方法都无法被正常调用。

重新编译，loop 方法内的异常消失了，但又出现了一个新的问题：

```
1.  TypeError: this.start is not a function
2.  // 类型错误：this.start 不是一个方法
```

此错误指向下面代码中的第 9 行：

```
1.  // JS: disc\第 8 章\8.2\8.2.4\game.js
2.  /** 游戏结束 */
3.  end() {
4.    ...
5.    // 游戏结束的模态弹窗提示
6.    wx.showModal({
7.      ...
8.      success(res) {
9.        if (res.confirm) {
10.         this.start()
11.       }
12.     }
13.   })
```

```
14.    ...
15. }
```

为什么这里会报错呢？

第 8 行 success(res){ ... } 这样的写法，相当于对下面这个普通函数 function 的缩写：

```
success: function(res) { ... }
```

当回调函数执行时，this 在这个 function 函数中就丢失了。

解决方法是将函数的定义方式由普通函数修改为箭头函数：

```
1.  // JS: disc\第8章\8.2\8.2.4_2\game.js
2.  /** 游戏结束 */
3.  end() {
4.    ...
5.    // 游戏结束的模态弹窗提示
6.    wx.showModal({
7.      ...
8.      // success(res) {
9.      success: (res) => {
10.       if (res.confirm) {
11.         this.start()
12.       }
13.     }
14.   })
15.   ...
16. }
```

保存代码，重新编译，这次效果就正常了。

思考与练习：这里其实还有一个异常，游戏原来有 30s 的超时限制，在重构进行到这一步时，这个功能不好用了。想一想是什么原因造成的呢？

在 Game 类中，只有 init 和 start 方法需要在外部调用，其他实例属性及方法都可以改为私有成员，下面来改造 Game 类的封装性，如代码清单 8-15 所示。

代码清单 8-15　改造 Game 类的封装性

```
1.  // JS: disc\第8章\8.2\8.2.4_3\game.js
2.  ...
3.
4.  /** 游戏对象 */
5.  class Game {
6.    constructor() { }
7.
8.    /** 主屏画布 */
9.    #canvas
10.   /** 2D渲染上下文对象 */
11.   #context
12.
13.   /** 游戏限时定时器ID */
14.   #gameOverTimerId
15.   /** 游戏是否结束 */
```

```
16.   #gameIsOver = false
17.
18.   /** 初始化 */
19.   init() {
20.     ...
21.   }
22.
23.   /** 重新开始游戏 */
24.   start() {
25.     ...
26.   }
27.
28.   /** 触摸移动事件中的回调函数 */
29.   #onTouchMove(res) {
30.     ...
31.   }
32.
33.   /** 触摸事件结束时的回调函数 */
34.   #onTouchEnd(res) {
35.     ...
36.   }
37.
38.   /** 渲染 */
39.   #render() {
40.     ...
41.   }
42.
43.   /** 运行 */
44.   #run() {
45.     ...
46.   }
47.
48.   /** 循环 */
49.   #loop() {
50.     ...
51.   }
52.
53.   /** 游戏结束 */
54.   #end() {
55.     ...
56.   }
57.
58.   /** 挡板碰撞检测 */
59.   #testHitPanel() {
60.     ...
61.   }
62.
63.   /** 依据分数判断游戏状态是否结束 */
64.   #checkScore() {
65.     ...
66.   }
67. }
68.
69. const game = new Game()
```

```
70. game.init()
71. game.start()
```

以 # 开头的成员是私有成员，这是 ES2020 的新语法。在修改时，可以使用全文搜索替换的方法，例如搜索 this.context，并替换为 this.#context。实例成员的公开范围发生变化后，将 start 方法移到 init 方法的下方。公开方法始终放在私有方法（以 # 开头的方法）的上方。

在 VSCode 的资源管理器中，大纲视图如图 8-2 所示。

通过大纲视图可以快速检查类成员，以确定哪些成员已修改，哪些成员没有修改。

图 8-2 资源管理器中的大纲视图

拓展：复习使用 bind 改变 this 对象

假设现在我们想给 Game 类添加一个 restart 方法，来看一段代码：

```
1.  const game = new Game()
2.  game.restart = function () {
3.    this.timerId = setTimeout(function () {
4.      this.start()
5.    }, 0)
6.  }
7.  game.restart()
```

在小游戏中运行上面的代码，调试区将会出现如下错误：

```
TypeError: this.start is not a function
```

这是为什么呢？

this 的指向和它所在的环境密切相关。之所以会出现上面的错误，是因为当我们在调用 setTimeout 函数的时候，实际调用的是 GameGlobal.setTimeout，这时 this 等于全局对象，而全局对象上是没有 start 方法的。下面提供两种解决该问题的方案。

1. 使用临时变量 self

第一种比较简单、直接的解决方法是定义一个临时变量 self，让其等于 this，代码如下：

```
1.  const game = new Game()
2.  game.restart = function () {
3.    let self = this
4.    this.timerId = setTimeout(function () {
5.      self.start()
6.    }, 0)
7.  }
8.  game.restart()
```

第 5 行，通过 self 调用 start 方法，self 是附属在闭包（setTimeout 的回调句柄）上的一个临时变量。

2. 使用 bind 方法

第二种方法是使用 bind 方法，代码如下：

```
1.  const game = new Game()
2.  game.restart = function () {
3.    this.timerId = setTimeout(this.start.bind(this), 0)
4.  }
5.  game.restart()
```

第 3 行，start.bind(this) 将 restart 函数中的 this 对象绑定到了 start 方法上。

3. 使用箭头函数

第三种方法是实战代码使用过的箭头函数，代码如下：

```
1.  // JS: disc\第 8 章\8.2\8.2.5\game.js
2.  ...
3.  const game = new Game()
4.  game.restart = function () {
5.    this.timerId = setTimeout(() => this.start(), 0)
6.  }
7.  game.restart()
```

第 5 行，定时器的回调函数是一个箭头函数，这种方法最简单。

本课小结

本课源码目录参见：disc/ 第 8 章 /8.2。

这节课主要对背景对象实现了模块化，根据旧代码创建了游戏对象，让音频管理者接管了单击音效，在实践过程中练习了聚沙成塔的重构技巧。这节课涉及的文件主要有如下两个。

- src\views\background.js。
- game.js。

在删除不必要的注释及注释掉的代码后，最终代码见随书示例代码 8.2.6。

读者可从结果倒推一下它们是怎么演变过来的。上节课结束时，game.js 文件的代码有 239 行，这节课已经精简到了 216 行。现在 game.js 里面主要是一个 Game 类，Game 类调用了游戏实例的 init 方法进行初始化，调用 start 方法开始游戏，除此之外已经不涉及其他代码了。

第 24 课 创建页面对象

第 23 课主要创建了游戏对象和游戏背景对象，这节课开始创建游戏页面。每个游戏都有一个以上的场景，一个场景对应一个页面，现在我们的小游戏有两个场景（主游戏场景和游戏结束场景），相应地可以创建两个页面：一个是 GameIndexPage，另一个是 GameOverPage。下面先创建 GameOverPage。

创建游戏结束页面

GameOverPage 要负责渲染游戏结束的界面 UI，还要提供在游戏结束时的重启功能。下面先看一下在 game.js 文件中与游戏结束有关的渲染代码，如代码清单 8-16 所示。

代码清单 8-16　与游戏结束有关的代码

```
1.  // JS: disc\ 第 8 章 \8.2\8.2.6\game.js
2.  import "src/consts.js" // 导入常量
3.  import audioManager from "src/managers/audio_manager.js" // 音频管理者单例
4.  import ball from "src/views/ball.js" // 导入小球单例
5.  import leftPanel from "src/views/left_panel.js" // 导入左挡板
6.  import rightPanel from "src/views/right_panel.js" // 导入右挡板
7.  import userBoard from "src/views/user_board.js" // 导入用户记分板
8.  import systemBoard from "src/views/system_board.js" // 导入系统记分板
9.  import { drawText } from "src/utils.js" // 导入工具方法
10. import bg from "src/views/background.js" // 导入背景对象
11.
12. /** 游戏对象 */
13. class Game {
14.   constructor() { }
15.   ...
16.
17.   /** 初始化 */
18.   init() {
19.     ...
20.
21.     // 监听触摸结束事件并重启游戏
22.     wx.onTouchEnd((res) => {
23.       // 重启游戏
24.       if (this.#gameIsOver) {
25.         this.start()
26.       }
27.     })
28.   }
29.   ...
30.
31.   /** 游戏结束 */
32.   #end() {
33.     this.#context.clearRect(0, 0, GameGlobal.CANVAS_WIDTH, GameGlobal.
        CANVAS_HEIGHT) // 清屏
34.     this.#context.fillStyle = "whitesmoke" // 绘制背景色
35.     this.#context.fillRect(0, 0, GameGlobal.CANVAS_WIDTH, GameGlobal.CANVAS_
        HEIGHT)
36.     const txt = " 游戏结束 "
37.     this.#context.font = "900 26px STHeiti"
38.     this.#context.fillStyle = "black"
39.     this.#context.textBaseline = "middle"
40.     drawText(this.#context, GameGlobal.CANVAS_WIDTH / 2 - this.#context.
        measureText(txt).width / 2, GameGlobal.CANVAS_HEIGHT / 2, txt)
41.
42.     // 提示用户单击屏幕重启游戏
43.     const restartTip = " 单击屏幕重新开始 "
44.     this.#context.font = "12px FangSong"
45.     this.#context.fillStyle = "gray"
```

```
46.     drawText(this.#context, GameGlobal.CANVAS_WIDTH / 2 - this.#context.
        measureText(restartTip).width / 2, GameGlobal.CANVAS_HEIGHT / 2 + 25,
        restartTip)
47.     audioManager.stopBackgroundSound()
48.
49.     // 游戏结束的模态弹窗提示
50.     wx.showModal({
51.       title: "游戏结束",
52.       content: "单击【确定】重新开始",
53.       success: (res) => {
54.         if (res.confirm) {
55.           this.start()
56.         }
57.       }
58.     })
59.     ...
60.   }
61.   ...
62. }
63. ...
```

上述代码一共有 3 处需要处理的地方。

- 第 24 行至第 26 行，这是游戏结束时响应屏幕单击以重启游戏的代码。
- 第 33 行至第 47 行，这主要是游戏结束时在屏幕上渲染提示文本的代码。
- 第 50 行至第 58 行，这是一个模态弹窗，用户单击“确定”按钮后重启游戏。

那么这 3 处代码如何处理呢？

- 第 1 处，游戏结束页面可以不监听 touchEnd 事件，而定义一个 onTouchEnd(res) 方法，参数（touchEnd 事件对象）由游戏对象传递进来。
- 第 2 处的代码最好处理，可以放在 render 方法内，游戏结束页面的 render 方法可由游戏对象调用。
- 第 3 处，因为弹窗只需要弹出一次，所以可以放在 end 方法内。那么在“确定”按钮被单击后，如何调用游戏对象的 start 方法呢？我们可以让页面对象持有一个对游戏对象的引用。

为了暂时降低重构复杂度，接下来在 Game 类的下方定义 GameOverPage 类，如代码清单 8-17 所示。

代码清单 8-17　创建游戏结束页面

```
1.  // JS: disc\第 8 章\8.3\8.3.1\game.js
2.  ...
3.  /** 游戏结束页面 */
4.  class GameOverPage {
5.    constructor(game) {
6.      this.#game = game
7.    }
8.
9.    #game
10.
```

```
11.     /** 处理触摸结束事件 */
12.     onTouchEnd(res) {
13.       this.#game.start()
14.     }
15.
16.     /** 页面结束 */
17.     end() {
18.       // 游戏结束的模态弹窗提示
19.       wx.showModal({
20.         title: "游戏结束",
21.         content: "单击【确定】重新开始",
22.         success: (res) => {
23.           if (res.confirm) {
24.             this.#game.start()
25.           }
26.         }
27.       })
28.       audioManager.stopBackgroundSound()
29.     }
30.
31.     /** 渲染 */
32.     render(context) {
33.       context.clearRect(0, 0, GameGlobal.CANVAS_WIDTH, GameGlobal.CANVAS_
          HEIGHT) // 清屏
34.       context.fillStyle = "whitesmoke" // 绘制背景色
35.       context.fillRect(0, 0, GameGlobal.CANVAS_WIDTH, GameGlobal.CANVAS_
          HEIGHT)
36.       const txt = "游戏结束"
37.       context.font = "900 26px STHeiti"
38.       context.fillStyle = "black"
39.       context.textBaseline = "middle"
40.       drawText(context, GameGlobal.CANVAS_WIDTH / 2 - context.measureText(txt).
          width / 2, GameGlobal.CANVAS_HEIGHT / 2, txt)
41.
42.       // 提示用户单击屏幕以重启游戏
43.       const restartTip = "单击屏幕重新开始"
44.       context.font = "12px FangSong"
45.       context.fillStyle = "gray"
46.       drawText(context, GameGlobal.CANVAS_WIDTH / 2 - context.
          measureText(restartTip).width / 2, GameGlobal.CANVAS_HEIGHT / 2 + 25,
          restartTip)
47.     }
48. }
49. ...
```

这个类已经包括了前面我们需要处理的 3 处代码逻辑。

- 第 5 行至第 7 行，在构造器上添加一个参数 game，在实例化 GameOverPage 时将游戏对象的引用传递进来。
- 第 12 行至第 14 行，页面对象的 onTouchEnd 方法，和 AudioManager 类中的 onTouchEnd 方法一样，仅作为对触摸事件的处理方法存在，触摸事件实参由游戏对象传递进来。

❑ 第17行至第29行，end方法将在页面对象活动结束时调用。第32行的render方法用于渲染提示文本。

在Game类中，涉及的修改如代码清单8-18所示。

代码清单 8-18 在主文件中应用游戏结束页面

```
1.  // JS: disc\第8章\8.3\8.3.1\game.js
2.  /** 游戏对象 */
3.  class Game {
4.    ...
5.    /** 游戏结束页面 */
6.    #gameOverPage = new GameOverPage(this)
7.
8.    /** 初始化 */
9.    init() {
10.     ...
11.
12.     // 监听触摸结束事件并重启游戏
13.     // wx.onTouchEnd((res) => {
14.     //   ...
15.     // })
16.     // 监听触摸结束事件，切换背景音乐按钮的状态等
17.     wx.onTouchEnd(this.#onTouchEnd)
18.     // 监听触摸移动事件，控制左挡板
19.     wx.onTouchMove(this.#onTouchMove)
20.   }
21.
22.   /** 开始游戏 */
23.   start() {
24.     ...
25.     // 监听触摸结束事件，切换背景音乐按钮的状态等
26.     // wx.onTouchEnd(this.#onTouchEnd)
27.     // 监听触摸移动事件，控制左挡板
28.     // wx.onTouchMove(this.#onTouchMove)
29.   }
30.   ...
31.
32.   /** 触摸事件结束时的回调函数 */
33.   #onTouchEnd(res) {
34.     // 切换背景音乐按钮的状态
35.     // audioManager.onTouchEnd(res)
36.     if (this.#gameIsOver) {
37.       // 重启游戏
38.       this.#gameOverPage.onTouchEnd(res)
39.     } else {
40.       // 切换背景音乐按钮的状态
41.       audioManager.onTouchEnd(res)
42.     }
43.   }
44.   ...
45.
46.   /** 游戏结束 */
47.   #end() {
48.     // this.#context.clearRect(0, 0, GameGlobal.CANVAS_WIDTH, GameGlobal.
        CANVAS_HEIGHT) // 清屏
```

```
49.     // ...
50.
51.     // 提示用户单击屏幕以重启游戏
52.     // const restartTip = "单击屏幕重新开始"
53.     // ...
54.     this.#gameOverPage.render(this.#context)
55.
56.     // 游戏结束的模态弹窗提示
57.     // wx.showModal({
58.     //   ...
59.     // })
60.     this.#gameOverPage.end()
61.
62.     // wx.offTouchEnd(this.#onTouchEnd)
63.     // wx.offTouchMove(this.#onTouchMove)
64.   }
65.   ...
66. }
67.
68. /** 游戏结束页面 */
69. class GameOverPage {
70.   ...
71. }
```

上面的代码有哪些修改呢？

- 游戏对象将一直监听 touchMove、touchEnd 事件，并将监听到的触摸事件传递给页面对象，所以第 62 行、第 63 行，将注释掉移除监听的代码。第 26 行、第 28 行添加监听的代码移到第 17 行、第 19 行的 init 方法内，添加监听的代码只需要执行一次。
- 第 13 行至第 15 行的代码，原来用于在游戏结束时重启游戏，现在统一监听触摸事件后，这部分代码移到第 33 行至第 43 行的 #onTouchEnd 方法内。这个方法的逻辑现在分两种情况处理：①游戏结束状态会调用 GameOverPage 页面实例的 onTouchEnd 方法（第 38 行）；②非结束状态则执行第 41 行代码。第 41 行的代码在另一个页面 GameIndexPage 创建后，也会被封装起来。
- 第 48 行至第 53 行的代码改为第 54 行的代码。游戏结束页面的 render 方法本应该在 render 方法内调用，但现在我们的页面重构还没有完成，暂时可以在这里调用。
- 第 57 行至第 59 行的代码改为第 60 行。第 60 行代码应该在这里调用，它不像第 54 行是临时之举。

修改代码后，重新编译测试，调试区出现一个错误：

```
1.  TypeError: attempted to use private field on non-instance
2.  // 类型错误：试图在非实例对象上使用私有字段
```

错误代码指向下面代码中的第 3 行：

```
1.  /** 触摸事件结束时的回调函数 */
2.  #onTouchEnd(res) {
3.    if (this.#gameIsOver) {
4.      ...
```

```
5.     }
6.     ...
7.   }
```

为什么宿主环境提示“不能在非实例对象上使用私有字段”呢，私有字段 #gameIsOver 的使用不合理吗？需要将这个字段改为公有吗？

真实原因是，this 对象在事件句柄回调时丢失了。我们可通过修改 init 函数找回 this 对象，代码如下：

```
1.  // JS: disc\ 第 8 章 \8.3\8.3.1_2\game.js
2.  /** 初始化 */
3.  init() {
4.    ...
5.    // 监听触摸结束事件，切换背景音乐按钮的状态等
6.    // wx.onTouchEnd(this.#onTouchEnd)
7.    wx.onTouchEnd(this.#onTouchEnd.bind(this))
8.    // 监听触摸移动事件，控制左挡板
9.    // wx.onTouchMove(this.#onTouchMove)
10.   wx.onTouchMove(this.#onTouchMove.bind(this))
11. }
```

第 7 行与第 10 行，只需要使用 bind 方法为回调句柄手动绑定 this 即可。

再次运行，异常消失了，效果没有变化。

注意：目前对 GameOverPage 的重构并不完美，仅能在当前状态下保证小游戏可以正常运行，且仅能够重构 game.js 中 3 处与游戏结束有关的代码。这里采用的是一种持续重构的思想，就像城市改造，在改造过程中是不可能让居民都搬出去、让交通系统都停止运营的。**保持系统可用，以达到阶段性的小目标为目的，不求完美，只求更好，是可持续重构的思想的核心**，这样可以有效避免过度重构，使重构的投入产出比在单位时间内达到最优。

创建游戏主页对象

GameOverPage 已经抽离完成了，现在 Game 类中剩下的代码大部分是与 GameIndexPage 相关的，而所有与游戏操作相关的代码，都应该属于 GameIndexPage 类。

先检视一下 Game 类，看看哪些与游戏主页有关，如代码清单 8-19 所示。

代码清单 8-19　与游戏主页有关的代码

```
1.  // JS: disc\ 第 8 章 \8.3\8.3.1_2\game.js
2.  ...
3.  /** 游戏对象 */
4.  class Game {
5.    constructor() { }
6.
7.    /** 主屏画布 */
8.    #canvas
9.    /** 2D 渲染上下文对象 */
10.   #context
11.   /** 游戏限时定时器 ID */
```

```
12.   #gameOverTimerId
13.   /** 游戏是否结束 */
14.   #gameIsOver = false
15.   /** 游戏结束页面 */
16.   #gameOverPage = new GameOverPage(this)
17.
18.   /** 初始化 */
19.   init() {
20.     // 初始化画布和2D渲染上下文对象
21.     this.#canvas = wx.createCanvas()
22.     this.#context = this.#canvas.getContext("2d")
23.
24.     Object.defineProperty(GameGlobal, "CANVAS_WIDTH", { value: this.#canvas.
        width, writable: false }) // 设置画布宽度
25.     Object.defineProperty(GameGlobal, "CANVAS_HEIGHT", { value: this.#canvas.
        height, writable: false }) // 设置画布高度
26.     // 初始化音频管理者
27.     audioManager.init({ bjAudioSrc: "static/audios/bg2.mp3" })
28.     // 初始化小球
29.     ball.init()
30.     // 初始化挡板
31.     leftPanel.init({ context: this.#context })
32.     rightPanel.init({ context: this.#context })
33.     // 初始化用户记分板
34.     userBoard.init()
35.
36.     // 监听触摸结束事件，切换背景音乐按钮的状态等
37.     wx.onTouchEnd(this.#onTouchEnd.bind(this))
38.     // 监听触摸移动事件，控制左挡板
39.     wx.onTouchMove(this.#onTouchMove.bind(this))
40.   }
41.
42.   /** 开始游戏 */
43.   start() {
44.     leftPanel.reset()
45.     rightPanel.reset()
46.     audioManager.playHitAudio()
47.     userBoard.reset()
48.     systemBoard.reset()
49.     this.#gameIsOver = false
50.     ball.reset() // 重设小球状态
51.     this.#loop()
52.     audioManager.playBackgroundSound()
53.     // 限制游戏时间
54.     this.#gameOverTimerId = setTimeout(function () {
55.       this.#gameIsOver = true
56.     }, 1000 * 30)
57.   }
58.
59.   /** 触摸移动事件中的回调函数 */
60.   #onTouchMove(res) {
61.     leftPanel.onTouchMove(res) // 控制左挡板移动
62.   }
63.
64.   /** 触摸事件结束时的回调函数 */
```

```
65.  #onTouchEnd(res) {
66.    if (this.#gameIsOver) {
67.      // 重启游戏
68.      this.#gameOverPage.onTouchEnd(res)
69.    } else {
70.      // 切换背景音乐按钮的状态
71.      audioManager.onTouchEnd(res)
72.    }
73.  }
74.
75.  /** 渲染 */
76.  #render() {
77.    // 清屏
78.    this.#context.clearRect(0, 0, GameGlobal.CANVAS_WIDTH, GameGlobal.
       CANVAS_HEIGHT) // 清除整张画布
79.
80.    // 绘制背景
81.    bg.render(this.#context)
82.
83.    // 绘制右挡板
84.    rightPanel.render(this.#context)
85.    // 绘制左挡板
86.    leftPanel.render(this.#context)
87.
88.    // 绘制角色分数
89.    userBoard.render(this.#context)
90.    systemBoard.render(this.#context)
91.
92.    // 依据位置绘制小球
93.    ball.render(this.#context)
94.
95.    // 调用函数绘制背景音乐按钮
96.    audioManager.render(this.#context)
97.  }
98.
99.  /** 运行 */
100. #run() {
101.   // 挡板碰撞检测
102.   this.#testHitPanel()
103.
104.   // 小球碰撞检测
105.   ball.testHitWall()
106.
107.   // 小球运动数据计算
108.   ball.run()
109.
110.   // 右挡板运动数据计算
111.   rightPanel.run()
112. }
113.
114. /** 循环 */
115. #loop() {
116.   this.#run() // 运行
117.   this.#render() // 渲染
118.   if (!this.#gameIsOver) {
```

```
119.        requestAnimationFrame(this.#loop.bind(this)) // 循环执行
120.      } else {
121.        this.#end()
122.      }
123.    }
124.
125.    /** 游戏结束 */
126.    #end() {
127.      this.#gameOverPage.render(this.#context)
128.      this.#gameOverPage.end()
129.    }
130.
131.    /** 挡板碰撞检测 */
132.    #testHitPanel() {
133.      switch (leftPanel.testHitBall(ball) || rightPanel.testHitBall(ball)) {
134.        case 1: { // 碰撞了左挡板
135.          ball.switchSpeedX()
136.          console.log(" 当！碰撞了左挡板 ")
137.          userBoard.increaseScore()
138.          this.#checkScore()
139.          audioManager.playHitAudio()
140.          // 玩家得分提示
141.          wx.showToast({
142.            title: "1分",
143.            duration: 1000,
144.            mask: true,
145.            icon: "none",
146.            image: "static/images/add64.png"
147.          })
148.          break
149.        }
150.        case 2: { // 碰撞了右挡板
151.          ball.switchSpeedX()
152.          console.log(" 当！碰撞了右挡板 ")
153.          systemBoard.increaseScore()
154.          this.#checkScore()
155.          audioManager.playHitAudio()
156.          break
157.        }
158.        default:
159.        //
160.      }
161.    }
162.
163.    /** 依据分数判断游戏状态是否结束 */
164.    #checkScore() {
165.      if (systemBoard.score >= 3 || userBoard.score >= 1) { // 逻辑或运算
166.        this.#gameIsOver = true // 游戏结束
167.        clearTimeout(this.#gameOverTimerId) // 清除定时器 ID
168.        console.log(" 游戏结束了 ")
169.      }
170.    }
171.}
172....
```

哪些代码需要移到 GameIndexPage 内呢？

- 第 29 行至第 34 行，这 4 个对象只在游戏操作时需要，可以放在 GameIndexPage 的 init 方法内。
- 第 44 行至第 48 行、第 50 行、第 52 行的代码适合放在 GameIndexPage 类的 run 方法内。
- 第 61 行要放在 GameIndexPage 类的 onTouchMove 方法内。
- 第 71 行要放在 GameIndexPage 类的 onTouchEnd 方法内。
- 第 81 行至第 96 行，这些渲染代码都可以放在 GameIndexPage 类的 render 方法内。
- 第 102 行至第 111 行，所有计算代码都可以放在 GameIndexPage 类的 run 方法内。
- 第 132 行至第 170 行，#testHitPanel 和 #checkScore 这两个方法都可以移至 GameIndex-Page 类内。

按照以上重构思想，在 game.js 中新建 GameIndexPage 类进行改造，具体如代码清单 8-20 所示。

代码清单 8-20 创建游戏主页对象

```
1.  // JS: disc\第 8 章\8.3\8.3.2\game.js
2.  ...
3.  /** 游戏主页页面 */
4.  class GameIndexPage {
5.    constructor(game) {
6.      this.#game = game
7.    }
8.
9.    #game
10.
11.   init(options) {
12.     // 初始化小球
13.     ball.init()
14.     // 初始化挡板
15.     leftPanel.init({ context: options.context })
16.     rightPanel.init({ context: options.context })
17.     // 初始化用户记分板
18.     userBoard.init()
19.   }
20.
21.   /** 渲染 */
22.   render(context) {
23.     // 绘制背景
24.     bg.render(context)
25.     // 绘制右挡板
26.     rightPanel.render(context)
27.     // 绘制左挡板
28.     leftPanel.render(context)
29.     // 绘制角色分数
30.     userBoard.render(context)
31.     systemBoard.render(context)
32.     // 依据位置绘制小球
33.     ball.render(context)
34.     // 调用函数绘制背景音乐按钮
35.     audioManager.render(context)
```

```
36.   }
37.
38.   /** 运行 */
39.   run() {
40.     // 挡板碰撞检测
41.     this.#testHitPanel()
42.     // 小球碰撞检测
43.     ball.testHitWall()
44.     // 小球运动数据计算
45.     ball.run()
46.     // 右挡板运动数据计算
47.     rightPanel.run()
48.   }
49.
50.   start() {
51.     leftPanel.reset()
52.     rightPanel.reset()
53.     audioManager.playHitAudio()
54.     userBoard.reset()
55.     systemBoard.reset()
56.     ball.reset() // 重设小球状态
57.     audioManager.playBackgroundSound()
58.   }
59.
60.   onTouchMove(res) {
61.     leftPanel.onTouchMove(res) // 控制左挡板移动
62.   }
63.
64.   onTouchEnd(res) {
65.     // 切换背景音乐按钮的状态
66.     audioManager.onTouchEnd(res)
67.   }
68.
69.   /** 挡板碰撞检测 */
70.   #testHitPanel() {
71.     switch (leftPanel.testHitBall(ball) || rightPanel.testHitBall(ball)) {
72.       case 1: { // 碰撞了左挡板
73.         ball.switchSpeedX()
74.         console.log(" 当! 碰撞了左挡板 ")
75.         userBoard.increaseScore()
76.         this.#checkScore()
77.         audioManager.playHitAudio()
78.         // 玩家得分提示
79.         wx.showToast({
80.           title: "1 分 ",
81.           duration: 1000,
82.           mask: true,
83.           icon: "none",
84.           image: "static/images/add64.png"
85.         })
86.         break
87.       }
88.       case 2: { // 碰撞了右挡板
89.         ball.switchSpeedX()
90.         console.log(" 当! 碰撞了右挡板 ")
```

```
91.          systemBoard.increaseScore()
92.          this.#checkScore()
93.          audioManager.playHitAudio()
94.          break
95.        }
96.        default:
97.        //
98.      }
99.    }
100.
101.   /** 依据分数判断游戏状态是否结束 */
102.   #checkScore() {
103.     if (systemBoard.score >= 3 || userBoard.score >= 1) { // 逻辑或运算
104.       console.log(" 游戏结束了 ")
105.       this.#game.endGame()
106.     }
107.   }
108.}
109....
```

上述大部分代码都是从 Game 类中直接复制过来的，主要有如下两处修改。

- 第 105 行，此处调用了游戏对象的 endGame 方法，被替换掉的代码将出现在 Game 类的 endGame 方法内。
- 第 24 行至第 35 行，渲染上下文对象由原来的 this.#context 修改为 context，这个对象从 options 参数中获取。初始化时需要的条件一般都可以从上一级函数传递进来的初始化参数中获取。

因为 GameIndexPage 类也在 game.js 文件内，所以该类中使用的 ball、systemBoard、userBoard 等模块实例现在还不需要导入，直接就可以使用。接下来修改 Game 类，如代码清单 8-21 所示。

代码清单 8-21　在主文件中使用游戏主页对象

```
1.  // JS: disc\第 8 章\8.3\8.3.2\game.js
2.  ...
3.  /** 游戏对象 */
4.  class Game {
5.    ...
6.    /** 游戏主页页面 */
7.    #gameIndexPage = new GameIndexPage(this)
8.
9.    /** 初始化 */
10.   init() {
11.     ...
12.     // 初始化小球
13.     // ball.init()
14.     // 初始化挡板
15.     // leftPanel.init({ context: this.#context })
16.     // rightPanel.init({ context: this.#context })
17.     // 初始化用户记分板
18.     // userBoard.init()
19.     this.#gameIndexPage.init({ context: this.#context })
```

```
20.     ...
21.   }
22.
23.   /** 开始游戏 */
24.   start() {
25.     this.#gameIndexPage.start()
26.     // leftPanel.reset()
27.     // rightPanel.reset()
28.     // audioManager.playHitAudio()
29.     // userBoard.reset()
30.     // systemBoard.reset()
31.     ...
32.     // ball.reset() // 重设小球状态
33.     ...
34.     // audioManager.playBackgroundSound()
35.     // 限制游戏时间
36.     ...
37.   }
38.
39.   /** 触摸移动事件中的回调函数 */
40.   #onTouchMove(res) {
41.     // leftPanel.onTouchMove(res) // 控制左挡板移动
42.     this.#gameIndexPage.onTouchMove(res)
43.   }
44.
45.   /** 触摸事件结束时的回调函数 */
46.   #onTouchEnd(res) {
47.     if (this.#gameIsOver) {
48.       ...
49.     } else {
50.       // 切换背景音乐按钮的状态
51.       // audioManager.onTouchEnd(res)
52.       this.#gameIndexPage.onTouchEnd(res)
53.     }
54.   }
55.
56.   /** 渲染 */
57.   #render() {
58.     // 清屏
59.     this.#context.clearRect(0, 0, GameGlobal.CANVAS_WIDTH, GameGlobal.
        CANVAS_HEIGHT) // 清除整张画布
60.
61.     // 绘制背景
62.     // bg.render(this.#context)
63.
64.     // 绘制右挡板
65.     // rightPanel.render(this.#context)
66.     // 绘制左挡板
67.     // leftPanel.render(this.#context)
68.
69.     // 绘制角色分数
70.     // userBoard.render(this.#context)
71.     // systemBoard.render(this.#context)
72.
73.     // 依据位置绘制小球
```

```
74.     // ball.render(this.#context)
75.
76.     // 调用函数绘制背景音乐按钮
77.     // audioManager.render(this.#context)
78.     this.#gameIndexPage.render(this.#context)
79.   }
80.
81.   /** 运行 */
82.   #run() {
83.     // 挡板碰撞检测
84.     // this.#testHitPanel()
85.
86.     // 小球碰撞检测
87.     // ball.testHitWall()
88.
89.     // 小球运动数据计算
90.     // ball.run()
91.
92.     // 右挡板运动数据计算
93.     // rightPanel.run()
94.     this.#gameIndexPage.run()
95.   }
96.
97.   /** 循环 */
98.   #loop() {
99.     ...
100.    if (!this.#gameIsOver) {
101.      ...
102.    } else {
103.      this.#end()
104.    }
105.  }
106.
107.  /** 结束游戏 */
108.  endGame(){
109.    this.#gameIsOver = true // 游戏结束
110.    clearTimeout(this.#gameOverTimerId) // 清除定时器 ID
111.  }
112.
113.  ...
114.
115.  /** 挡板碰撞检测 */
116.  // #testHitPanel() {
117.  //   ...
118.  // }
119.
120.  /** 依据分数判断游戏状态（是否结束）*/
121.  // #checkScore() {
122.  //   ...
123.  // }
124.}
125....
```

上面的代码发生了什么呢？

- 第 7 行，添加了一个 GameIndexPage 实例作为私有实例变量。

- 第 19 行，初始化了游戏主页实例 #gameIndexPage。
- 第 25 行，当游戏开始时，其实调用的是游戏主页对象的 start 方法。
- 第 42 行、第 52 行，将触摸事件传递给游戏主页对象的实例。
- 第 78 行，从调用游戏对象的 render 方法，变成了调用游戏主页对象的 render 方法。
- 第 94 行，调用游戏主页对象的 run 方法。
- 第 108 行至第 111 行是新增的方法，函数内的代码原来是在游戏结束页单击模态弹窗的“确定”按钮时执行的，因为涉及的 #gameIsOver 和 #gameOverTimerId 都在游戏对象内，所以放在这里执行。

重新编译，小游戏可以运行了，效果与预期的一致。

现在，在 Game 类中有了两个类似的方法，即 end、endGame，这里有“坏味道”，稍后会继续重构它们。

本课小结

本课源码目录参见：disc/ 第 8 章 /8.3。

这节课主要创建了两个页面对象，这两个页面对象具有基本一致的结构，但还不够完善，并且两个类都还在 game.js 文件中。

在删除了不必要的注释及已经注释掉的代码后，最终源码见随书示例代码 8.3.3。

读者同样可从结果倒推它们是怎么演变过来的。

第 25 课　重构游戏对象

这节课我们继续模块化重构，将页面类拆分到单独的文件中，清除一些不再需要的变量等，让游戏代码的结构更加合理。

现在梳理一下小游戏最终要完成的逻辑。

- Game 类负责监听触摸事件，并把事件对象传递给当前的页面对象。
- 页面对象一共有两个，即游戏结束页面和游戏主页，不论是哪个页面，都具有一些基本的方法，比如 init 负责初始化、render 负责渲染、run 负责计算、onTouchEnd 负责处理触摸结束事件、onTouchMove 负责处理触摸移动事件、start 负责页面开始事件、end 负责页面结束事件等。
- 不论有多少个游戏页面，在当前时刻只有一个页面对象是活跃的，这个页面对象将与游戏对象的 init、render、run、start、end、onTouchEnd、onTouchMove 等息息相关。

按照这个逻辑，需要给两个游戏页面对象创建一个基类 Page，然后改造 Game 类，添加一个私有变量 #currentPage，并改造相关代码。首先看一下如何添加基类 Page。

一个文件只定义一个类

在创建页面基类的同时，我们完成类的拆分，将 GameOverPage 和 GameIndexPage 类从

game.js 中拿出来。首先创建 src\views\page.js 文件，即页面基类，具体如代码清单 8-22 所示。

代码清单 8-22 创建页面基类

```
1. // JS: src\views\page.js
2. /** 页面基类 */
3. class Page {
4.   constructor(game) {
5.     this.game = game
6.   }
7.
8.   game // 游戏对象引用
9.
10.   /** 负责初始化 */
11.   init(options) { }
12.
13.   /** 负责渲染 */
14.   render(context) { }
15.
16.   /** 负责计算 */
17.   run() { }
18.
19.   /** 负责处理触摸结束事件 */
20.   onTouchEnd(res) { }
21.
22.   /** 负责处理触摸移动事件 */
23.   onTouchMove(res) { }
24.
25.   /** 负责页面开始事件 */
26.   start() { }
27.
28.   /** 负责页面结束事件 */
29.   end() { }
30. }
31.
32. export default Page
```

接着让 GameOverPage 和 GameIndexPage 继承这个基类，创建 src\views\game_over_page.js 文件，具体如代码清单 8-23 所示。

代码清单 8-23 重建游戏结束页面

```
1. // JS: src\views\game_over_page.js
2. import Page from "page.js"
3. import audioManager from "../managers/audio_manager.js" // 音频管理者单例
4. import { drawText } from "../utils.js" // 导入工具方法
5.
6. /** 游戏结束页面 */
7. class GameOverPage extends Page {
8.   constructor(game) {
9.     super(game)
10.   }
11.
12.   /** 处理触摸结束事件 */
13.   onTouchEnd(res) {
```

```
14.     this.game.start()
15.   }
16.
17.   /** 页面结束 */
18.   end() {
19.     // 游戏结束的模态弹窗提示
20.     wx.showModal({
21.       title: "游戏结束",
22.       content: "单击【确定】重新开始",
23.       success: (res) => {
24.         if (res.confirm) {
25.           this.game.start()
26.         }
27.       }
28.     })
29.     audioManager.stopBackgroundSound()
30.   }
31.
32.   /** 渲染 */
33.   render(context) {
34.     context.clearRect(0, 0, GameGlobal.CANVAS_WIDTH, GameGlobal.CANVAS_
        HEIGHT) // 清屏
35.     context.fillStyle = "whitesmoke" // 绘制背景色
36.     context.fillRect(0, 0, GameGlobal.CANVAS_WIDTH, GameGlobal.CANVAS_
        HEIGHT)
37.     const txt = "游戏结束"
38.     context.font = "900 26px STHeiti"
39.     context.fillStyle = "black"
40.     context.textBaseline = "middle"
41.     drawText(context, GameGlobal.CANVAS_WIDTH / 2 - context.measureText(txt).
        width / 2, GameGlobal.CANVAS_HEIGHT / 2, txt)
42.
43.     // 提示用户单击屏幕重启游戏
44.     const restartTip = "单击屏幕重新开始"
45.     context.font = "12px FangSong"
46.     context.fillStyle = "gray"
47.     drawText(context, GameGlobal.CANVAS_WIDTH / 2 - context.measureText
        (restartTip).width / 2, GameGlobal.CANVAS_HEIGHT / 2 + 25, restartTip)
48.   }
49. }
50.
51. export default GameOverPage
```

相比旧代码，这里主要是去掉了私有变量 #game，改为从基类继承。

我们接着创建 src\views\game_index_page.js 文件，具体如代码清单 8-24 所示。

代码清单 8-24 重建游戏主页对象

```
1.  // JS: src\views\game_index_page.js
2.  import Page from "page.js"
3.  import audioManager from "../managers/audio_manager.js" // 音频管理者单例
4.  import ball from "ball.js" // 导入小球单例
5.  import leftPanel from "left_panel.js" // 导入左挡板
6.  import rightPanel from "right_panel.js" // 导入右挡板
7.  import userBoard from "user_board.js" // 导入用户记分板
```

```
8.  import systemBoard from "system_board.js" // 导入系统记分板
9.  import bg from "background.js" // 导入背景对象
10.
11. /** 游戏主页页面 */
12. class GameIndexPage extends Page {
13.   constructor(game) {
14.     super(game)
15.   }
16.
17.   /** 初始化 */
18.   init(options) {
19.     // 初始化小球
20.     ball.init()
21.     // 初始化挡板
22.     leftPanel.init({ context: options.context })
23.     rightPanel.init({ context: options.context })
24.     // 初始化用户记分板
25.     userBoard.init()
26.   }
27.
28.   /** 渲染 */
29.   render(context) {
30.     // 绘制背景
31.     bg.render(context)
32.     // 绘制右挡板
33.     rightPanel.render(context)
34.     // 绘制左挡板
35.     leftPanel.render(context)
36.     // 绘制角色分数
37.     userBoard.render(context)
38.     systemBoard.render(context)
39.     // 依据位置绘制小球
40.     ball.render(context)
41.     // 调用函数绘制背景音乐按钮
42.     audioManager.render(context)
43.   }
44.
45.   /** 运行 */
46.   run() {
47.     // 挡板碰撞检测
48.     this.#testHitPanel()
49.     // 小球碰撞检测
50.     ball.testHitWall()
51.     // 小球运动数据计算
52.     ball.run()
53.     // 右挡板运动数据计算
54.     rightPanel.run()
55.   }
56.
57.   /** 开始 */
58.   start() {
59.     leftPanel.reset()
60.     rightPanel.reset()
61.     audioManager.playHitAudio()
62.     userBoard.reset()
```

```
63.       systemBoard.reset()
64.       ball.reset() // 重设小球状态
65.       audioManager.playBackgroundSound()
66.     }
67.
68.     /** 处理触摸移动事件 */
69.     onTouchMove(res) {
70.       leftPanel.onTouchMove(res) // 控制左挡板移动
71.     }
72.
73.     /** 处理触摸结束事件 */
74.     onTouchEnd(res) {
75.       // 切换背景音乐按钮的状态
76.       audioManager.onTouchEnd(res)
77.     }
78.
79.     /** 挡板碰撞检测 */
80.     #testHitPanel() {
81.       switch (leftPanel.testHitBall(ball) || rightPanel.testHitBall(ball)) {
82.         case 1: { // 碰撞了左挡板
83.           ball.switchSpeedX()
84.           console.log(" 当！碰撞了左挡板 ")
85.           userBoard.increaseScore()
86.           this.#checkScore()
87.           audioManager.playHitAudio()
88.           // 玩家得分提示
89.           wx.showToast({
90.             title: "1 分 ",
91.             duration: 1000,
92.             mask: true,
93.             icon: "none",
94.             image: "static/images/add64.png"
95.           })
96.           break
97.         }
98.         case 2: { // 碰撞了右挡板
99.           ball.switchSpeedX()
100.          console.log(" 当！碰撞了右挡板 ")
101.          systemBoard.increaseScore()
102.          this.#checkScore()
103.          audioManager.playHitAudio()
104.          break
105.        }
106.        default:
107.        //
108.      }
109.    }
110.
111.    /** 依据分数判断游戏状态（是否结束）*/
112.    #checkScore() {
113.      if (systemBoard.score >= 3 || userBoard.score >= 1) { // 逻辑或运算
114.        console.log(" 游戏结束了 ")
115.        this.game.endGame()
116.      }
117.    }
```

```
118.}
119.
120.export default GameIndexPage
```

这个文件的修改方法与 game_over_page.js 文件类似。我们可以将 game.js 中所有的导入代码（import 部分）全部复制过来，对于实际运行中不需要的模块，VSCode 会将其以浅色呈现，浅色部分直接去掉就可以了。

最后修改 game.js 文件，具体如代码清单 8-25 所示。

代码清单 8-25 在主文件中应用改造后的页面对象

```
1.  // JS: disc\第 8 章\8.4\8.4.1\game.js
2.  import "src/consts.js" // 导入常量
3.  import audioManager from "src/managers/audio_manager.js" // 音频管理者单例
4.  // import ball from "src/views/ball.js" // 导入小球单例
5.  // import leftPanel from "src/views/left_panel.js" // 导入左挡板
6.  // import rightPanel from "src/views/right_panel.js" // 导入右挡板
7.  // import userBoard from "src/views/user_board.js" // 导入用户记分板
8.  // import systemBoard from "src/views/system_board.js" // 导入系统记分板
9.  // import { drawText } from "src/utils.js" // 导入工具方法
10. // import bg from "src/views/background.js" // 导入背景对象
11. import GameOverPage from "src/views/game_over_page.js"
12. import GameIndexPage from "src/views/game_index_page.js"
13.
14. /** 游戏对象 */
15. class Game {
16.   ...
17. }
18.
19. /** 游戏主页页面 */
20. // class GameIndexPage extends Page { ... }
21.
22. /** 游戏结束页面 */
23. // class GameOverPage extends Page { ... }
24.
25. const game = new Game()
26. game.init()
27. game.start()
```

game.js 文件的修改比想象中容易，只添加了第 11 行、第 12 行的导入代码，第 20 行、第 23 行处的 GameIndexPage 和 GameOverPage 已经不再需要了。

重新编译测试，效果与之前一样。

为 Game 类添加 #currentPage 变量

接下来开始改造 Game 类，让游戏永远只有一个页面是活动的，这个活动的页面用 #currentPage 表示。修改 game.js 中的 Game 类，如代码清单 8-26 所示。

代码清单 8-26 在 Game 类中添加当前页面

```
1.  // JS: 第 4 章\4.9\game.js
2.  ...
```

```
3.  /** 游戏对象 */
4.  class Game {
5.    ...
6.    /** 当前页面 */
7.    #currentPage
8.    #frameId
9.
10.   ...
11.
12.   /** 开始游戏 */
13.   start() {
14.     this.turnToPage("index")
15.     // this.#gameIndexPage.start()
16.     ...
17.     // 限制游戏时间
18.     this.#gameOverTimerId = setTimeout(function () {
19.       this.#gameIsOver = true
20.       this.turnToPage("gameOver")
21.     }, 1000 * 30)
22.   }
23.
24.   /** 游戏换页 */
25.   turnToPage(pageName) {
26.     this.#currentPage?.end()
27.     switch (pageName) {
28.       case "gameOver": {
29.         this.#currentPage = this.#gameOverPage
30.         this.#currentPage.start()
31.         break;
32.       }
33.       case "index":
34.       default: {
35.         this.#currentPage = this.#gameIndexPage
36.         this.#currentPage.start()
37.         break;
38.       }
39.     }
40.   }
41.
42.   /** 结束游戏，进入游戏结束页面 */
43.   // endGame() {
44.   //   this.#gameIsOver = true // 游戏结束
45.   //   clearTimeout(this.#gameOverTimerId) // 清除定时器 ID
46.   // }
47.
48.   /** 触摸移动事件中的回调函数 */
49.   #onTouchMove(res) {
50.     // this.#gameIndexPage.onTouchMove(res)
51.     this.#currentPage.onTouchMove(res)
52.   }
53.
54.   /** 触摸事件结束时的回调函数 */
55.   #onTouchEnd(res) {
56.     // if (this.#gameIsOver) {
57.     //   this.#gameOverPage.onTouchEnd(res)
```

```
58.     // } else {
59.     //   this.#gameIndexPage.onTouchEnd(res)
60.     // }
61.     this.#currentPage.onTouchEnd(res)
62.   }
63.
64.   /** 渲染 */
65.   #render() {
66.     // 清屏
67.     this.#context.clearRect(0, 0, GameGlobal.CANVAS_WIDTH, GameGlobal.
        CANVAS_HEIGHT) // 清除整张画布
68.     // this.#gameIndexPage.render(this.#context)
69.     this.#currentPage.render(this.#context)
70.   }
71.
72.   /** 运行 */
73.   #run() {
74.     // this.#gameIndexPage.run()
75.     this.#currentPage.run()
76.   }
77.
78.   /** 循环 */
79.   #loop() {
80.     this.#run() // 运行
81.     this.#render() // 渲染
82.     this.#frameId = requestAnimationFrame(this.#loop.bind(this)) // 循环执行
83.     // if (!this.#gameIsOver) {
84.     //   requestAnimationFrame(this.#loop.bind(this)) // 循环执行
85.     // } else {
86.     //   this.#end()
87.     // }
88.   }
89.
90.   /** 游戏结束 */
91.   end() {
92.     // this.#gameOverPage.render(this.#context)
93.     // this.#gameOverPage.end()
94.     this.#currentPage?.end()
95.     cancelAnimationFrame(this.#frameId)
96.     audioManager.stopBackgroundSound()
97.   }
98. }
```

上面的代码发生了什么呢?

- 第7行、第8行添加了两个私有变量，#currentPage代表当前活动的游戏页面对象，#frameId代表帧回调编号，在end方法中会用到。
- 第14行，游戏开始的时候，调用turnToPage方法以跳转到主页上。第20行，当游戏时间截止时，转到游戏结束页。
- 第25行至第40行，turnToPage是新增的公开方法，用于向指定页面跳转。在跳转时，先调用当前页面（如果有）的end方法，该方法代表停止和结束一切与该页有关的活动。接着调用新页面对象的start方法，以开始和启动一切与新页面有关的活动。

- 第 43 行至第 46 行，不再需要临时的 endGame 方法，它的职责被 turnToPage 代替了。
- 第 49 行至第 76 行的 4 个方法 #onTouchMove、#onTouchEnd、#render 和 #run 不再执行实际代码，只是向当前页面对象进行调用传递。
- 第 79 行至第 88 行，loop 方法变得更加纯粹了，它只是循环调用 #run 与 #render，不再区别游戏是否结束，因为即使游戏结束了，也需要执行游戏结束页面。第 82 行，私有变量 #frameId 是在这里赋值的。
- 第 91 行至第 97 行，end 方法与 start 方法是相对的，代表停止游戏，第 95 行用到了存储的私有变量 #frameId。

因为 Game 类有修改，在 GameIndexPage 类中涉及场景跳转的代码也有修改，具体如下：

```
1.  // JS: disc\ 第 8 章 \8.4\8.4.2\src\views\game_index_page.js
2.  ...
3.  /** 游戏主页页面 */
4.  class GameIndexPage extends Page {
5.    ...
6.    /** 依据分数判断游戏状态是否结束 */
7.    #checkScore() {
8.      if (systemBoard.score >= 3 || userBoard.score >= 1) { // 这是逻辑运算符或运算
9.        ...
10.       // this.game.endGame()
11.       this.game.turnToPage("gameOver")
12.     }
13.   }
14. }
15. ...
```

第 10 行，游戏对象的 endGame 方法不复存在，改用 turnToPage 方法跳转至游戏结束页（第 11 行）。因为要在类外使用，所以 turnToPage 方法必须是公开方法。

在 GameOverPage 类中还有 3 处修改，如代码清单 8-27 所示。

代码清单 8-27　游戏结束页面修改之处

```
1.  // JS: disc\ 第 8 章 \8.4\8.4.2\src\views\game_over_page.js
2.  ...
3.  /** 游戏结束页面 */
4.  class GameOverPage extends Page {
5.    ...
6.    /** 处理触摸结束事件 */
7.    onTouchEnd(res) {
8.      // this.game.start()
9.      this.game.turnToPage("index")
10.   }
11.
12.   /** 进入页面时要执行的代码 */
13.   start(){
14.     // 游戏结束的模态弹窗提示
15.     wx.showModal({
16.       ...
17.       success: (res) => {
18.         if (res.confirm) {
```

```
19.        // this.game.start()
20.          this.game.turnToPage("index")
21.        }
22.      }
23.    })
24.    audioManager.stopBackgroundSound()
25.  }
26.
27.  /** 页面结束 */
28.  // end() {
29.  //   游戏结束的模态弹窗提示
30.  //   wx.showModal({
31.  //     title: "游戏结束",
32.  //     content: "单击【确定】重新开始",
33.  //     success: (res) => {
34.  //       if (res.confirm) {
35.  //         this.game.start()
36.  //       }
37.  //     }
38.  //   })
39.  // }
40.  ...
41. }
42. ...
```

第9行、第20行，原来调用游戏对象的start方法的地方改为调用turnToPage方法，跳到游戏主页。第13行至第25行，原end方法修改为start方法，模态弹窗是游戏结束页面的起始事件，并不是结束事件，理应放在start方法中，页面的start方法是在Game类的turnToPage方法中调用的。

所有修改完成后，重新编译，30s后在调试区出现这样一个错误：

```
1. TypeError: attempted to use private field on non-instance
2. // 类型错误：尝试在非实例对象上使用私有变量
```

这个错误如何处理，请看下一节内容。

解决30s超时限制不起作用的问题

这个错误如果单看错误信息，根本不知道错在哪里，错误链接指向下方代码中的第13行：

```
1.  // JS: disc\第8章\8.4\8.4.2\game.js
2.  ...
3.  /** 游戏对象 */
4.  class Game {
5.    ...
6.    /** 开始游戏 */
7.    start() {
8.      ...
9.      // 限制游戏时间
10.     this.#gameOverTimerId = setTimeout(function () {
11.       this.#gameIsOver = true
12.       this.turnToPage("gameOver")
```

```
13.      }, 1000 * 30)
14.    }
15.    ...
16. }
```

产生错误的原因是 this 对象在定时器回调句柄中丢失了，将回调句柄修改为箭头函数（第 8 行）就可以解决：

```
1.  // JS: disc\第 8 章\8.4\8.4.3\game.js
2.  ...
3.  /** 开始游戏 */
4.  start() {
5.    ...
6.    // 限制游戏时间
7.    // this.#gameOverTimerId = setTimeout(function () {
8.    this.#gameOverTimerId = setTimeout(() => {
9.      ...
10.   }, 1000 * 30)
11. }
```

再次保存代码，编译测试，初步运行效果已经正常了。

注意：30s 过长，在测试时可以临时将 30s 改为 3s 进行测试。

但是目前超时限制只对第一次启动游戏是有效的，定时器位于 Game 类的 start 方法内，具体代码如下：

```
1.  /** 开始游戏 */
2.  start() {
3.    ...
4.    // 限制游戏时间
5.    this.#gameOverTimerId = setTimeout(() => {
6.      this.turnToPage("gameOver")
7.    }, 1000 * 30)
8.  }
```

在一轮游戏结束时，没有及时移除这个定时器，在下一轮游戏重启时，也没有重新设定定时器，这是有问题的，因为定时器形同虚设了。

30s 的超时限制是用来限制游戏主页面的，并不是限制所有游戏页面的，相关代码可以移到 GameIndexPage 类中。按照这个设想，修改 src\views\game_index_page.js 文件，具体如代码清单 8-28 所示。

代码清单 8-28　在游戏主页中重新实现 30s 限制

```
1.  // JS: disc\第 8 章\8.4\8.4.3_2\src\views\game_index_page.js
2.  ...
3.  /** 游戏主页页面 */
4.  class GameIndexPage extends Page {
5.    ...
6.    /** 游戏限时定时器 ID */
7.    #gameOverTimerId
8.    ...
```

```
9.
10.   /** 处理开始事务 */
11.   start() {
12.     ...
13.     this.#gameOverTimerId = setTimeout(() => {
14.       this.game.turnToPage("gameOver")
15.     }, 1000 * 30)
16.   }
17.
18.   /** 处理结束事务 */
19.   end() {
20.     clearInterval(this.#gameOverTimerId)
21.   }
22.   ...
23. }
```

上面的代码发生了什么变化呢？

- 第 7 行，新增了一个 #gameOverTimerId 私有变量，代表用于游戏限时的定时器编号。
- 第 11 行至第 16 行，在 start 方法内添加了一个 30s 的定时器。在刚进入页面时会调用 start 方法。
- 第 19 行至第 21 行是新增的 end 方法，这个方法会在页面离开时被调用。原来没有声明这个方法，那为什么程序没有报错呢？这是因为在基类 Page 中有默认的空方法。

Game 类中的定时器代码已经不再需要了，要注释掉，修改后的代码如代码清单 8-29 所示。

代码清单 8-29　移除 Game 类的定时器代码

```
1.  // JS: disc\第8章\8.4\8.4.3_2\game.js
2.  ...
3.  /** 游戏对象 */
4.  class Game {
5.    ...
6.    /** 游戏限时定时器 ID */
7.    // #gameOverTimerId
8.    ...
9.    /** 开始游戏 */
10.   start() {
11.     ...
12.     this.#loop()
13.     // 限制游戏时间
14.     // this.#gameOverTimerId = setTimeout(() => {
15.     //   this.#gameIsOver = true
16.     //   this.turnToPage("gameOver")
17.     // }, 1000 * 30)
18.   }
19.   ...
20. }
```

代码修改完成后，重新编译，效果已经正常了。

这里只修改了 GameIndexPage 中的方法 start、end，超时限制就可以正常工作了，这是因为之前已经设计好了架构，Game 和 GameIndexPage、GameOverPage 已经是一个有机的整体了。

移除 #gameIsOver 变量

在重构过程中，由于架构调整，难免会产生一些过时代码。Game 类原来有一个变量 gameIsOver，程序靠它循环运行，但是现在分页之后，这个变量就不再需要了：

```
1.  // JS：disc\第 8 章\8.4\8.4.4\game.js
2.  ...
3.  /** 游戏对象 */
4.  class Game {
5.    ...
6.    /** 游戏是否结束 */
7.    // #gameIsOver = false
8.    ...
9.    /** 开始游戏 */
10.   start() {
11.     ...
12.     // this.#gameIsOver = false
13.     ...
14.   }
15.   ...
16. }
```

在第 12 行，#gameIsOver 这个私有变量只剩下生产代码，没有消费代码，可见这个变量是可以去除的。避免删除变量出错的办法就是使用全文检索功能，确保没有代码继续使用这个变量。

本课小结

本课源码目录参见：disc/ 第 8 章 /8.4。

这节课从整体上完成了对游戏对象的重构，使一个游戏对象、两个游戏页面成为了一个有机的整体。修改的文件主要有如下 3 个：

- src\views\game_index_page.js
- src\views\game_over_page.js
- game.js

在删除不必要的注释和注释掉的代码后，最终源码见随书示例代码 8.4.5。

到这里，Game 类已十分精简，game.js 文件由本章开始时的 358 行精简到了 105 行，关键是项目的整体结构已经具有模块化特征了。

本章内容结束。至此，模块化重构告一段落了。

可能有读者发现，**我们的重构自始至终都是以项目可以继续运行、不破坏或减少既有功能为前提的，这种重构方式就像在城市中盖楼一样，是一种可持续、渐进式的重构**。重构不是重写，对于已经面向用户公开发行的软件，每一步重构都需要向前兼容。为了重构优化项目，而不顾项目进度与软件声誉的行为是不足取的。**高明的程序员总是能在完美、进度、稳定之间求得一个平衡，重构只是其中一个技术手段而已，且并非是最重要的一个手段**。

通过渐进式、可持续重构，现在的项目代码基本符合预期了。但是代码中仍然有“坏味道”，例如在 src\managers\audio_manager.js 文件中，playHitAudio 方法播放音效时是每次都创建一个音频对象，具体如下所示：

```
1.  /** 播放单击音效 */
2.  playHitAudio() {
3.    const audio = wx.createInnerAudioContext()
4.    audio.src = "static/audios/click.mp3"
5.    audio.play()
6.  }
```

每次都创建一个对象，音频源还是相同的，这是一种浪费。对这段代码，你有什么优化想法吗?

除了这段代码，项目中也存在其他可以优化和重构的地方。

重构就像反比例函数，可以无限接近坐标轴，但永远不可能相交，重构质量与耗时关系图如图 8-3 所示。

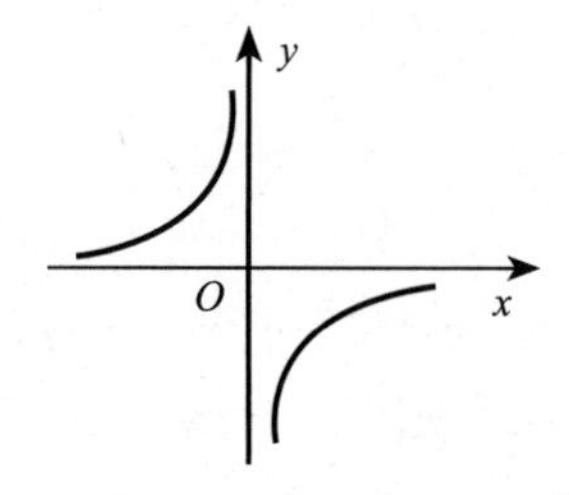

图 8-3　重构质量与耗时关系图

技术是为产品服务的，产品要以用户为中心，要时刻注意避免过度设计。

从下一章开始将进入面向对象软件设计思想的学习，看一看经典的 25 个设计模式如何在我们目前的这个小游戏项目中发挥它们的作用。

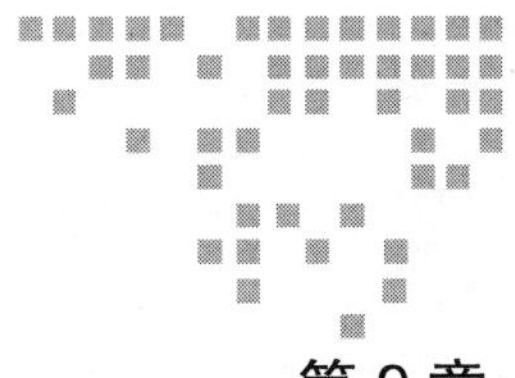

第 9 章 Chapter 9

面向对象重构一：重构游戏对象等

本章至第 11 章将开始应用设计模式，对项目进行面向对象重构。本章主要对游戏对象、记分板、页面对象和单击音效的实现代码进行重构。在完成第 25 课的实战练习后，我们的项目中共有 15 个 JS 文件，如图 9-1 所示。

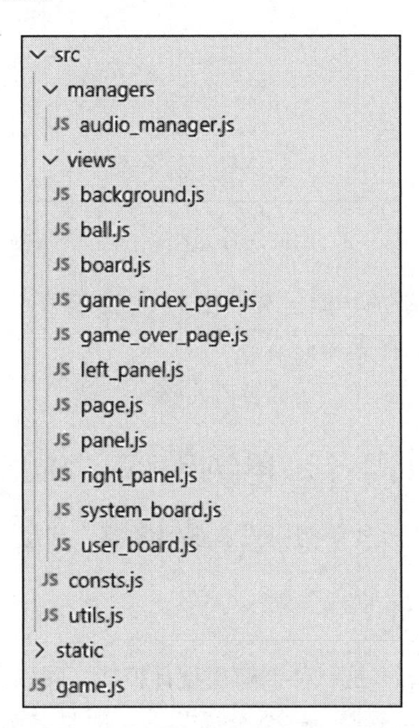

图 9-1　模块化重构后的项目结构

图 9-2 则是完成接下来 3 章的面向对象重构后的项目结构。

图 9-2 面向对象重构后的项目结构

可以看到，虽然功能没有添加，但是文件由 15 个变成了 60 个。伴随着文件结构复杂度的提升，软件整体设计的合理性也在逐步提高。

第 26 课 设计模式重构一：单例模式、观察者模式和组合模式

这一课主要针对 3 个设计模式（单例模式、观察者模式和组合模式）展开重构。

将 Game 类改写为单例模式

单例模式（Singleton Pattern）是一种创建型设计模式，可以保证一个类只有一个实例，并且它会提供一个访问该实例的全局节点。这个全局节点一般是名为 getInstance 的静态方法。如何在项目中应用这个设计模式呢？

在小游戏项目的运行过程中，同时应该只有一个 Game 实例，现在我们尝试将 Game 类改造

为一个单例类，Game.js 文件的代码改造后如下所示：

```
1.  // JS: disc\ 第 9 章 \9.1\9.1.1\game.js
2.  ...
3.  /** 游戏对象 */
4.  class Game {
5.    /** 单例 */
6.    static getInstance() {
7.      if (!this.instance) {
8.        this.instance = new Game()
9.      }
10.     return this.instance;
11.   }
12.   ...
13. }
```

第 6 行至第 11 行是新增的静态方法 getInstance，它用于返回静态属性 instance，如果这个属性尚不存在，则先进行实例化（第 8 行）。

但是目前这个实例单例的代码是有问题的，因为我们在 Game.js 文件通过 new 关键字实例化过这个类，具体如下：

```
1.  const game = new Game()
2.  game.init()
3.  game.start()
```

只应存在一个实例的游戏对象被实例化了两次，我们有两种方法解决这个问题。

第一种方法是修改单例方法 getInstance 代码的实现，具体如下：

```
1.  class Game {
2.    // 单例
3.    static getInstance() {
4.      // if (!this.instance) {
5.      //   this.instance = new Game()
6.      // }
7.      return this.instance;
8.    }
9.    ...
10.   constructor() {
11.     if (!Game.instance) {
12.       Game.instance = this
13.     }
14.   }
15.   ...
```

在上述代码中，将第 4 行至第 6 行代码注释掉了，将全局单例的赋值代码放在了结构器（第 12 行）中进行。

第二种方法是修改 Game.js 文件的底部代码，不再使用 new 关键字实例化 Game 类，具体如下：

```
1.  // const game = new Game()
2.  const game = Game.getInstance()
```

```
3.  game.init()
4.  game.start()
```

示例源码采用的是第二种方法，这种方法更为普遍。

注意：单例的实现方式不止一种，在使用了 ES Module 规范以后，在 JS 中最简单的实现方式其实是在模块中使用 export 关键字直接导出一个实例，参见 src\views\background.js 文件的实现。在多线程程序中，还要注意如何在多个线程中共享一个实例，好在 JS 是一门单线程语言，不需要考虑这个问题。

本节源码目录参见：disc/ 第 9 章 /9.1/9.1.1。

在 Game 类上应用观察者模式

观察者模式（Observer Pattern）是一种行为模式，实现了一种订阅机制，当指定事件发生时，通知多个“观察”该对象或该事件的其他对象。应用该模式实现的对象有多个别名，例如 EventSubscriber、EventDispatcher、Listener、Observer 等。

观察者模式一般在一个类中实现，主要有如下 3 个方法。

- 添加监听：建立事件与回调函数的映射关系，准备在事件发生时执行对应的回调函数。
- 取消监听：取消监听后将不再收到通知。
- 派发事件：通知所有观察者监听的事件发生了。

接下来我们实现一个 EventDispatcher 类，在这个类中实现观察者模式，具体如代码清单 9-1 所示。

代码清单 9-1　创建事件派发者对象

```
1.  // JS: src\libs\event_dispatcher.js
2.  /** 事件派发者对象 */
3.  class EventDispatcher {
4.    constructor() { }
5.
6.    // 监听映射对象
7.    events = {}
8.
9.    /** 开始监听事件 */
10.   on(eventType, func) {
11.     (this.events[eventType] || (this.events[eventType] = [])).push(func)
12.   }
13.
14.   /** 移除事件监听 */
15.   off(eventType, func = undefined) {
16.     if (func) {
17.       let stack = this.events[eventType]
18.       if (stack && stack.length > 0) {
19.         for (let j = 0; j < stack.length; j++) {
20.           if (Object.is(stack[j], func)) {
```

```
21.             stack.splice(j, 1)
22.             break
23.           }
24.         }
25.       }
26.     } else {
27.       delete this.events[eventType]
28.     }
29.   }
30.
31.   /** 只监听事件一次 */
32.   once(eventType, func) {
33.     function on() {
34.       this.off(eventType, on)
35.       func.apply(this, arguments)
36.     }
37.     this.on(eventType, on)
38.   }
39.
40.   /** 发布订阅通知 */
41.   emit(eventType, ...args) {
42.     const stack = this.events[eventType]
43.     if (stack && stack.length > 0) {
44.       stack.forEach(item => item.apply(this, args))
45.     }
46.   }
47. }
48.
49. export default EventDispatcher
```

这个 EventDispatcher 类，它是如何实现观察者模式的呢？

- 第 10 行，方法 on 是添加一个事件监听。#events 是一个哈希对象，将监听同一个事件（名称相同）的回调函数以数组形式放在一起。
- 第 15 行，off 是移除监听的方法。存在两种移除方法：一种是针对事件类型移除，所有添加在这个事件类型上的监听都会被移除；另一种是针对某个事件类型下的特定监听进行移除，这时会比较 func 参数与注册在具体事件类型下的回调函数，判断是否为同一个回调函数（第 20 行）引用。这里使用 Object.is 判断两个变量是否全等，判断时可以不区分值类型或引用类型，当判断对象为引用类型时，比较的是它们是否指向同一块内存。Object.is 在这里相当于使用了全等于操作符（===）。
- 第 32 行，once 是一个便利方法，用于添加只被通知一次的监听。在消费代码时，先添加一个监听，在回调函数中再把监听移除，这就是 once 方法的逻辑，这里将这个逻辑固定下来，方便在消费代码时直接使用。
- 第 41 行至第 46 行，emit 是发射事件的方法，以广播形式通知监听者监听的事件发生了，通知的内容是回调函数需要的实参。

EventDispatcher 类将观察者模式中的订阅和通知行为在一个类中实现了。发出通知的内容形式为“eventType，不定参数”，eventType是字符串类型，在程序中是唯一、不重名的。

思考与练习（面试题）：Object.is与全等（===）、相等（==）运算符有什么不同呢？

在HTML5开发中，我们接触过addEventListener方法，这个方法类似于EventDispatcher类的on方法，还有小游戏中的wx.onTouchEnd、wx.onTouchMove方法，也类似于EventDispatcher的on方法。它们的不同点如下。

- 在HTML5中实现事件派发传递的是事件对象，而在EventDispatcher类中，传递的是回调函数执行时需要的实参。
- 在HTML5中，事件监听的回调函数的执行是由异步线程控制的，异步线程在监听到事件发生后，会主动将回调代码推进主线程，但我们自定义的EventDispatcher不存在这种机制，所有代码都是在主线程中执行的，如果通过emit方法广播一个事件，就是循环调用一系列事先映射好的回调函数。

如何使用EventDispatcher类呢？接下来看一个示例：

```
1.  // JS: src\libs\event_dispatcher_test.js
2.  import EventDispatcher from "./event_dispatcher.js"
3.
4.  const dispatcher = new EventDispatcher()
5.
6.  dispatcher.on("event1", (...args) => {
7.    console.log("event1 dispatched", args)
8.  })
9.  dispatcher.once("event2", (...args) => {
10.   console.log("event2 dispatched", args)
11. })
12.
13. dispatcher.emit("event1", 1, 2, 3) // 输出：event1 dispatched [ 1, 2, 3 ]
14. dispatcher.emit("event2", 4, 5, 6) // 输出：event2 dispatched [ 4, 5, 6 ]
15. dispatcher.off("event1")
16. dispatcher.emit("event1", 1, 2, 3) // 没有输出
17. dispatcher.emit("event2", 4, 5, 6) // 没有输出
```

在上面的代码中：

- 第6行添加了对event1事件的监听。事件名称是可以自定义的，只要保证在当前程序中不重复即可。一般情况下为了保证不重名，会统一在一个地方将事件名称声明为常量。
- 第9行，通过once添加一次对event2事件的监听。
- 第13行会有输出，第15行移除对event1事件的监听后，第16行就没有输出了。
- 第14行会有输出，但第17行就没有输出了，因为我们只对event2监听了一次，这是once的用法。

测试上面这个示例，测试指令为：

```
1.  babel-node event_dispatcher_test.js
```

测试输出如下：

```
1.  event1 dispatched [ 1, 2, 3 ]
2.  event2 dispatched [ 4, 5, 6 ]
```

接下来看看如何在小游戏项目中应用这个设计模式。

在 Game.js 文件中，目前与触摸事件有关的代码如代码清单 9-2 所示。

代码清单 9-2　与触摸事件有关的代码

```
1.  // JS: disc\第9章\9.1\9.1.2\game.js
2.  ...
3.  /** 初始化 */
4.  init() {
5.    ...
6.    // 监听触摸结束事件
7.    wx.onTouchEnd(this.#onTouchEnd.bind(this))
8.    // 监听鼠标移动事件
9.    wx.onTouchMove(this.#onTouchMove.bind(this))
10. }
11.
12. /** 触摸移动事件中的回调函数 */
13. #onTouchMove(res) {
14.   this.#currentPage.onTouchMove(res)
15. }
16.
17. /** 触摸事件结束时的回调函数 */
18. #onTouchEnd(res) {
19.   this.#currentPage.onTouchEnd(res)
20. }
```

在上述代码中，我们对触点移动事件（第 7 行）和触点结束事件（第 9 行）的监听是在 init 方法中，通过调用平台接口 wx.onTouchMove 和 wx.onTouchEnd 完成的。事件的传递是通过调用 #currentPage 对象的 onTouchMove 方法和 onTouchEnd 方法实现的（第 14 行和第 19 行）。

这种方式耦合太强了，像铁链中的铁环，一环扣住一环。好的模块依赖应该像火车车厢之间的挂钩，牢靠且是松耦合的。

那么如何修改呢？我们可以在 Game.js 文件中监听全局触摸事件，监听到以后主动去通知页面。**就像邮差在一个村镇里送报纸一样，如果挨家挨户送，很麻烦也很低效，如果使用大喇叭广播：取报了，取报了，订报纸的人会主动到村镇传达室领取，这种方式比前一种更加高效。**

接下来我们让 Game 类继承 EventDispatcher 类，让 Game 在监听到触摸移动事件和触摸结束事件时，使用 emit 方法分别派发 touchMove 事件和 touchEnd 事件，然后让两个游戏页面（GameIndexPage 和 GameOverPage）自己监听这两个事件并处理。**当然，这种监听只发生在它们需要的时候，如果它们不需要关心某个事件，完全可以不监听。就像没有订报纸的人不用理会村镇取报纸的广播一样。**

按照上述想法修改 Game 类，具体如代码清单 9-3 所示。

代码清单 9-3　使用观察者模式改造 Game 类

```
1.  // JS: disc\第9章\9.1\9.1.2\game.js
2.  ...
```

```
3.  import EventDispatcher from "src/libs/event_dispatcher.js"
4.
5.  /** 游戏对象 */
6.  // class Game {
7.  class Game extends EventDispatcher {
8.    ...
9.
10.   /** 触摸移动事件中的回调函数 */
11.   #onTouchMove(res) {
12.     // this.#currentPage.onTouchMove(res)
13.     this.emit("touchMove", res)
14.   }
15.
16.   /** 触摸事件结束时的回调函数 */
17.   #onTouchEnd(res) {
18.     // this.#currentPage.onTouchEnd(res)
19.     this.emit("touchEnd", res)
20.   }
21.   ...
22. }
23. ...
```

上面的代码发生了什么呢？

- 第 7 行，Game 类继承了 EventDispatcher。
- 第 13 行、第 19 行分别派发了一个事件。在这里 touchMove 与小游戏中的触摸移动事件重名了，它并非必须叫 touchMove，也可以叫其他名称。

接下来我们需要在页面对象中监听这两个事件。因为 GameIndexPage 和 GameOverPage 这两个页面拥有同一个 Page 基类，因此可以在它们的基类中监听我们派发的 touchMove、touchEnd 事件，代码如下：

```
1.  // JS: src\views\page.js
2.  /** 页面基类 */
3.  class Page {
4.    ...
5.
6.    /** 负责页面开始事件 */
7.    start() {
8.      this.game.on("touchMove", res => this.onTouchMove.call(this, res))
9.      this.game.on("touchEnd", res => this.onTouchEnd.call(this, res))
10.   }
11.
12.   /** 负责页面结束事件 */
13.   end() {
14.     this.game.off("touchMove")
15.     this.game.off("touchEnd")
16.   }
17. }
18.
19. export default Page
```

在上面的代码中：

- 第 8 行、第 9 行在原来的 start 方法中是空的，现在添加对两个自定义事件的监听。
- 第 14 行、第 15 行，当页面退出时及时移除了监听。game 是全局实例，start 方法对它造成的副作用由 end 方法消除。

基类修改以后，子类也相应要有所变化，先看 src\views\game_index_page.js 文件（即游戏主页对象），如代码清单 9-4 所示。

代码清单 9-4　游戏主页对象应做的修改

```
1.  // JS: src\views\game_index_page.js
2.  ...
3.
4.  /** 游戏主页页面 */
5.  class GameIndexPage extends Page {
6.    ...
7.
8.    /** 处理开始事务 */
9.    start() {
10.     super.start()
11.     ...
12.   }
13.
14.   /** 处理结束事务 */
15.   end() {
16.     super.end()
17.     ...
18.   }
19.   ...
20. }
21. ...
```

第 10 行、第 16 行，只需要在 GameIndexPage 类中 start、end 方法的顶部添加同名 super 方法的调用就可以了。

同理，src\views\game_over_page.js 文件（即游戏结束页面）的修改如下：

```
1.  // JS: src\views\game_over_page.js
2.  ...
3.
4.  /** 游戏结束页面 */
5.  class GameOverPage extends Page {
6.    ...
7.
8.    /** 进入页面时要执行的代码 */
9.    start(){
10.     super.start()
11.     ...
12.   }
13.
14.   ...
15. }
16. ...
```

第 10 行，只需要在 start 方法的函数体中添加对基类 start 方法的 super 调用就可以了。

为什么没有同时添加对 super.end() 的调用呢？因为 GameOverPage 类在页面退出时不准备做任何事，它没有重写 end 方法，GameOverPage 类的 end 方法即 Page 类的 end 方法。

现在我们已经在 Game 对象上应用了观察者模式，重新编译测试，游戏的运行效果与之前是一样的。

本节源码目录参见：disc/ 第 9 章 /9.1/9.1.2。

使用组合模式改写用户记分板模块

组合模式（Composite Pattern）是将对象组合成树形结构，以表示“部分 – 整体”的层次结构，组合模式使开发者对单个对象和组合对象的使用具有了一致性。可以将组合对象当作单个对象使用，这是该模式的魅力所在。

在组合模式中，一般涉及两个类：一个是树叶节点，另一个是树枝节点，树枝节点往往继承自树叶节点，这是它能够被当作树叶节点使用的原因。同时树枝节点一般还具有如下两个方法。

- 添加树叶节点。
- 移除树叶节点。

由于树枝节点可以当作树叶结点使用，因此上述两个方法也可以拿树枝节点作为参数，如果开发者这么做，就相当于构建了一个树形结构。组合模式一般用于实现树形菜单、文件系统等具有树形结构特点的功能模块。

接下来我们看一看在当前项目中如何应用组合模式。

在目前的游戏中，我们在屏幕上渲染了用户分数、用户头像等界面元素，现在这些 UI 元素的定位是靠绝对定位完成的。有没有可能实现自动横向对齐或纵向对齐的容器，从而让这些 UI 元素自动完成排列呢？

答案是有的。在诸如 Flex 等的开发框架中就实现了 VBox、HBox 这样的辅助布局容器。以 VBox 为例，添加到 VBox 中的子元素将自动保持左边对齐并自上向下排列；同理，添加到 HBox 中的子元素，将自动保持顶部对齐并自左向右排列。接下来我们就尝试在项目中实现这两种辅助布局容器——VBox 和 HBox。

那么如何实现呢？我们可以新建一个 Component 组件基类，让它具有处理触摸事件、在画布上渲染 UI 的功能。再创建一个 Box 组件，继承 Component 组件，同时它还有添加其他 Component 组件作为子元素的方法。Box 和 Component 在作为 UI 元素使用时具有一致性，体现了整体与部分的关系，依此设想实现的便是组合模式了。

接下来看一下具体的实现代码，我们先来创建组件基类，如代码清单 9-5 所示。

代码清单 9-5 创建组件基类

```
1.  // JS: src\views\component.js
2.  import EventDispatcher from "../libs/event_dispatcher.js"
3.
4.  /** UI 组件基类 */
5.  class Component extends EventDispatcher {
6.    constructor() { super() }
```

```
7.
8.     x = 0
9.     y = 0
10.    width = 100
11.    height = 100
12.    /** 父节点 */
13.    parentElement
14.
15.    /** 初始化 */
16.    init(options) { }
17.
18.    /** 渲染 */
19.    render(context) { }
20.
21.    /** 处理触摸结束事件 */
22.    onTouchEnd(res) { }
23.
24.    /** 处理触摸移动事件 */
25.    onTouchMove(res) { }
26.
27.    /** 页面开始事件 */
28.    start() {
29.      this.game.on("touchMove", res => this.onTouchMove.call(this, res))
30.      this.game.on("touchEnd", res => this.onTouchEnd.call(this, res))
31.    }
32.
33.    /** 页面结束事件 */
34.    end() {
35.      this.game.off("touchMove")
36.      this.game.off("touchEnd")
37.    }
38.
39.    /** 获得组件相对窗口的 X 偏移量 */
40.    getOffsetXToWindow() {
         // 这里必须有小括号
41.      return this.x + (this.parentElement?.getOffsetXToWindow() ?? 0)
42.    }
43.
44.    /** 获得组件相对窗口的 Y 偏移量 */
45.    getOffsetYToWindow() {
46.      return this.y + (this.parentElement?.getOffsetYToWindow() ?? 0)
47.    }
48. }
49.
50. export default Component
```

上述代码是不是觉得有点熟悉？它其实与已经存在的 Page 类很相似。不过，这个类具体都包含了什么内容呢？

- Component 是组合模式中的树叶节点，第 5 行，Component 通过 extends 关键字继承了

EventDispatcher，已经默认实现了观察者模式。**设计模式很多时候也是并用的，即一个对象会参与多个设计模式的实现。**

- 第 8 行、第 9 行，x、y 是该 UI 组件在屏幕左上角的注册点，它们决定了组件在画布上的起始绘制位置。
- 第 10 行、第 11 行，变量 width、height 是该 UI 组件的尺寸。在布局容器中尺寸信息非常重要，它们会影响相邻元素的排列。
- 第 13 行，parentElement 代表父节点，当一个树叶节点被添加到另一个树枝节点中时，父节点就产生了。
- 第 19 行，render 方法是负责渲染的。凡是 UI 组件必有视图内容，render 方法便负责呈现这些视图内容。每个组件的视图呈现是不同的，render 方法需要在子类中各自重写实现。
- 第 28 行至第 31 行，在 start 方法中监听了触摸事件，可以在 onTouchEnd、onTouchMove 方法中实现基于触摸移动、触摸结束的交互逻辑。
- 第 40 行，getOffsetXToWindow 方法用于计算当前组件相对窗口的 X 偏移量，如果组件有父节点，会把父节点带来的偏移量算进去。第 45 行的 getOffsetYToWindow 方法同理。

再来看一下组合模式中的树枝节点 Box 是如何实现的，如代码清单 9-6 所示。

代码清单 9-6　创建 Box 模块

```
1.  // JS: src\views\box.js
2.  import Component from "component.js"
3.
4.  /** UI 盒子 */
5.  class Box extends Component {
6.    constructor() { super() }
7.
8.    children = []
9.
10.   /** 添加子元素
11.    * @param {Component} element
12.    * @param {number} index 添加的索引位置，如果不提供，默认从尾部添加
13.    * @returns {Box} this
14.    */
15.   addElement(element, index = -1) {
16.     if (index > -1) {
17.       this.children.splice(index, 0, element)
18.     } else {
19.       this.children.push(element)
20.     }
21.     return (element.parentElement = this)
22.   }
23.
24.   /** 移除子元素
25.    * @param {Component} element
26.    * @returns {Box} this
27.    */
28.   removeElement(element) {
29.     const index = this.children.indexOf(element)
30.     if (!!index) {
```

```
31.       element.parentElement = null
32.       this.children.splice(index, 1)
33.     }
34.     return this
35.   }
36.
37.   render(context) {
38.     const N = this.children.length
39.     for (let j = 0; j < N; j++) {
40.       const element = this.children[j]
41.       element.render(context)
42.     }
43.   }
44. }
45.
46. export default Box
```

这个类具体怎么实现的呢？

- 第 5 行，Box 继承了 Component，自然就拥有了 Component 拥有的触摸事件交互、渲染的能力。
- 第 15 行有一个 addElement 方法，可以添加 Component 类型的子节点，默认是在 children 尾部添加，如果调用 addElement 方法时提供了 index 索引，也可以在其他位置（诸如顶端）添加。
- 第 28 行，这里有一个移除元素的 removeElement 方法。当子元素被移除时，父节点同时被解除。removeElement 和 addElement 这两个方法同时返回组件对象自身，以方便连续调用。
- 第 37 行，对 Box 的 render 方法进行了重写。Box 本身没有 UI，它所有的 UI 都是基于子组件呈现的，因此它的 render 方法就是循环渲染所有子组件。在子组件渲染时是否要考虑父节点的偏移量，这完全取决于子组件自己。在 HTML 开发中，组件在页面中的定位有绝对定位和相对定位之分，如果考虑父节点的偏移量，则相当于相对定位，如果不考虑则相当于绝对定位。

接下来看一下 HBox 类的实现，这是一个横向排列的布局容器，也是关键内容，如代码清单 9-7 所示。

代码清单 9-7 创建 HBox 模块

```
1.  // JS: src\views\hbox.js
2.  import Box from "box.js"
3.
4.  /** 横向排列的容器盒子 */
5.  class HBox extends Box {
6.    constructor() { super() }
7.
8.    gap = 15
9.
10.   /** 将子元素按横排策略重新渲染 */
11.   render(context) {
```

```
12.     let startX = 0
13.       , startY = 0
14.       , elementX
15.       , elementY
16.       , maxHeight = 0
17.
18.     const N = this.children.length
19.
20.     for (let j = 0; j < N; j++) {
21.       const element = this.children[j]
22.       elementX = element.x
23.       elementY = element.y
24.       element.x = startX
25.       element.y = startY
26.       element.render(context)
27.       element.x = elementX // 将子元素位置数据复原
28.       element.y = elementY
29.       startX += this.gap + element.width
30.       if (element.height > maxHeight) maxHeight = element.height
31.     }
32.
33.     // 重新计算盒子的尺寸
34.     if (N > 1) startX -= this.gap
35.     this.width = startX - this.getOffsetXToWindow()
36.     this.height = maxHeight
37.   }
38. }
39.
40. export default HBox
```

这个类都实现了什么呢?

- 第 8 行，gap 是横向排列时子元素的左右间隔。
- 第 11 行至第 37 行是实现横向排列的重点代码，render 方法从左向右依次将子组件渲染。基本原则是，基于子元素的添加顺序从左向右依次排列，子元素之间间隔一个 gap，容器的宽度等于所有子元素宽度之和加上 $N-1$ 个 gap（N 为子元素数总和)，容器的高度等于子元素的最大高度。
- 第 24 行、第 25 行改变了子元素的位置信息，对子元素产生了副作用，但在第 27 行、第 28 行又将位置信息恢复了。**有了这个副作用恢复机制，一个子元素可以同时在多个布局容器中渲染，而不会相互产生影响。**

下面是 VBox 模块的实现，如代码清单 9-8 所示。

代码清单 9-8　创建 VBox 模块

```
1.  // JS: src\views\vbox.js
2.  import Box from "box.js"
3.
4.  /** 横向排列的容器盒子 */
5.  class VBox extends Box {
6.    constructor() { super() }
7.
8.    gap = 15
```

```
9.
10.   /** 将子元素按竖排策略重新渲染 */
11.   render(context) {
12.     let startX = 0
13.       , startY = 0
14.       , elementX
15.       , elementY
16.       , maxWidth = 0
17.
18.     const N = this.children.length
19.
20.     for (let j = 0; j < N; j++) {
21.       const element = this.children[j]
22.       elementX = element.x
23.       elementY = element.y
24.       element.x = startX
25.       element.y = startY
26.       element.render(context)
27.       element.x = elementX // 将子元素位置数据复原
28.       element.y = elementY
29.       startY += this.gap + element.height
30.       if (element.width > maxWidth) maxWidth = element.width
31.     }
32.
33.     // 重新计算盒子的尺寸
34.     if (N > 1) startY -= this.gap
35.     this.height = startY - this.getOffsetYToWindow()
36.     this.width = maxWidth
37.   }
38. }
39.
40. export default VBox
```

这个 VBox 类都实现了什么？HBox 与 VBox 均继承了 Box，都有一个名为 gap 的属性，都重写了 render 方法，它们在实现逻辑上是类似的。

如何使用 VBox、HBox 这两个布局容器呢？写个方块组件的测试示例来看一下，如代码清单 9-9 所示。

代码清单 9-9　方块组件测试示例

```
1. // JS: src\views\square.js
2. import Component from "component.js"
3.
4. /** 一个用于测试的颜色方块 */
5. class Square extends Component {
6.   constructor(color = "red") {
7.     super()
8.     this.#color = color
9.     this.width = this.height = 30
10.   }
11.
12.   #color
```

```
13.
14.   render(context) {
15.     // 取相对定位的位置
16.     const x = this.getOffsetXToWindow()
17.       , y = this.getOffsetYToWindow()
18.     context.fillStyle = this.#color
19.     context.fillRect(x, y, this.width, this.height)
20.   }
21. }
22.
23. export default Square
```

这是一个颜色可以自定义的方块，继承了 Component，可以作为树叶节点使用，方便我们测试。

代码清单 9-10 所示是容器测试代码。

代码清单 9-10　容器测试代码

```
1.  // JS: src\views\box_test.js
2.  import HBox from "hbox.js"
3.  import VBox from "vbox.js"
4.  import Square from "./square.js" // 这里是自动补全后的格式
5.
6.  // 测试颜色方块
7.  export function testForSquare(context){
8.    const square = new Square()
9.    square.x = 50
10.   square.y = 50
11.   square.render(context)
12. }
13.
14. // 测试 HBox
15. export function testForHBox(context) {
16.   const hbox = new HBox()
17.   hbox.x = 50
18.   hbox.y = 100
19.   for (let j = 0; j < 5; j++) {
20.     const element = new Square("blue")
21.     hbox.addElement(element)
22.   }
23.   hbox.render(context)
24. }
25.
26. // 测试 VBox
27. export function testForVBox(context) {
28.   const vbox = new VBox()
29.   vbox.x = 50
30.   vbox.y = 150
31.   for (let j = 0; j < 5; j++) {
32.     const element = new Square("brown")
33.     vbox.addElement(element)
34.   }
35.   vbox.render(context)
36. }
```

```
37.
38. // 测试盒子嵌套，一个 HBox 内含 5 个 VBox，每个 VBox 再包含 3 个方块
39. export function testForComplexBox(context) {
40.   const hbox = new HBox()
41.   hbox.x = 50
42.   hbox.y = 380
43.   for (let j = 0; j < 5; j++) {
44.     const vbox = new VBox()
45.     for (let k = 0; k < 3; k++) {
46.       const element = new Square("green")
47.       vbox.addElement(element)
48.     }
49.     hbox.addElement(vbox)
50.   }
51.   hbox.render(context)
52. }
```

测试文件 box_test.js 作为一个模块，共导出了 4 个测试函数。因为测试时需要画布，所以接下来我们需要修改 game.js 文件，即在 game.js 文件中使用容器测试代码，如代码清单 9-11 所示。

代码清单 9-11　使用容器测试代码

```
1. // JS: 第 5 章\5.1.3\game.js
2. ...
3. import { testForHBox, testForVBox, testForComplexBox, testForSquare } from
   "src/views/box_test.js"
4.
5. /** 游戏对象 */
6. class Game extends EventDispatcher {
7.   ...
8.
9.   /** 渲染 */
10.   #render() {
11.     // 清屏
12.     this.#context.clearRect(0, 0, GameGlobal.CANVAS_WIDTH, GameGlobal.
        CANVAS_HEIGHT) // 清除整张画布
13.     this.#currentPage.render(this.#context)
14.     testForSquare(this.#context)
15.     testForHBox(this.#context)
16.     testForVBox(this.#context)
17.     testForComplexBox(this.#context)
18.   }
19.   ...
20. }
21. ...
```

第 3 行是导入模块中导出的 4 个测试函数，第 14 行至第 17 行分别调用这 4 个函数。之所以放在这里测试，是因为需要使用渲染上下文对象（this.#context）。

测试代码写完了，重新编译，看一下运行效果，如图 9-3 所示。

在这张效果图[⊖]中：

⊖ 本书为单色印刷，颜色效果请以界面和作者描述为准。——编者注

- 第 1 行的红色方格是 testForSquare 函数的测试结果。
- 第 2 行的蓝色方块自左向右排列，它们是 testForHBox 的测试结果。
- 第 3 行至第 7 行的 5 个棕色方块自上向下排列，它们是 testForVBox 的测试结果。
- 第 8 行到第 10 行的 5 列绿色方块自左向右排列，它们是 testForComplexBox 的测试结果。

注意：测试完成以后，别忘记将 game.js 中的测试代码清除。

现在组合模式已经实现，接下来我们将原来的 user_board.js 与 board.js 文件改造一下，然后在项目中应用组合模式。

在 user_board.js 文件内，原来已绘制用户分数和用户头像这两个内容，现在让 Board 类继承 VBox，同时将原来 UserBoard 类中的分数、头像分别用 Component 包装一下，然后塞进 UserBoard 这个 VBox 容器中，从而实现用户头像和分数自上而下的排列效果。

先看 board.js 如何修改：

```
1.  // JS: src\views\board.js
2.  import { drawText } from "../utils.js"
3.  import VBox from "vbox.js"
4.
5.  /** 记分板基类 */
6.  class Board extends VBox {
7.    constructor() { super() } // 有 constructor，
      super 不能省略
8.
9.    ...
10. }
11.
12. export default Board
```

图 9-3 容器测试效果

只有第 3 行、第 6 行、第 7 行的代码有修改。

- 第 3 行导入了布局容器 VBox 类。在 VSCode 中有快速导入的功能，直接输入 VBox，然后按回车键，导入代码就自动补全了。
- 第 6 行，原本 Board 类没有继承任何对象，现在让它继承 VBox。
- 第 7 行添加了 super()，类中其他代码不用修改。如果构造器没有实质性的代码，构造器也可以删除，示例中的空构造器多是作为类分隔符使用的。

再来看一下 UserBoard 类，它的变化最大，为了让旧代码仍然可用，我们新建一个新文件 user_board_boxed.js，以实现容器化的记分板模块，如代码清单 9-12 所示。

代码清单 9-12 容器化的记分板模块

```
1.  // JS: src\views\user_board_boxed.js
2.  import Board from "board.js"
3.  import Component from "component.js"
4.
5.  /** 用户头像组件 */
```

```
6.  class UserAvatar extends Component {
7.    constructor(userAvatarImg) {
8.      super()
9.      this.width = this.height = 45
10.     this.render = context => {
11.       // 取相对定位的位置
12.       const x = this.getOffsetXToWindow()
13.         , y = this.getOffsetYToWindow()
14.       context.drawImage(userAvatarImg, x, y, this.width, this.height)
15.     }
16.   }
17. }
18.
19. /** 用户分数文本组件 */
20. class UserScoreText extends Component {
21.   constructor(drawText) {
22.     super()
23.     this.render = context => {
24.       // 取相对定位的位置
25.       const x = this.getOffsetXToWindow()
26.         , y = this.getOffsetYToWindow()
27.         , scoreText = `用户 ${this.parentElement.score}`
28.       context.font = "100 12px STHeiti"
29.       context.fillStyle = "gray"
30.       drawText(context, x, y, scoreText)
31.       // 文本变化后重新测算文本所占的区域大小
32.       this.width = context.measureText(scoreText).width
33.       this.height = context.measureText("M").width
34.     }
35.   }
36. }
37.
38. /** 用户记分板，代替 user_board.js 的另一种实现 */
39. class UserBoard extends Board {
40.   constructor() {
41.     super()
42.   }
43.
44.   /** 用户头像（Image 对象）*/
45.   // #userAvatarImg
46.
47.   /** 初始化 */
48.   init(options) {
49.     // 检查用户授权情况，拉取用户头像并绘制
50.     wx.getSetting({
51.       success: (res) => {
52.         const authSetting = res.authSetting
53.         if (authSetting["scope.userInfo"]) { // 已有授权
54.           wx.getUserInfo({
55.             success: (res) => {
56.               const userInfo = res.userInfo
57.                 , avatarUrl = userInfo.avatarUrl
58.               console.log("用户头像", avatarUrl)
59.               this.#downloadUserAvatarImage(avatarUrl) // 加载用户头像
60.             }
```

```
61.           })
62.         } else { // 如果首次进入小游戏或拒绝过授权，则需重新授权
63.           this.#getUserAvatarUrlByUserInfoButton()
64.         }
65.       }
66.     })
67.
68.     // 初始化用户分数文本子元素
69.     this.addElement(new UserScoreText(this.drawText))
70.      // 设置盒子坐标偏移量
71.      this.x = 45
72.      this.y = 15
73.    }
74.
75.   /** 初始化 */
76.   // render(context) {
77.   //   // 绘制角色分数
78.   //   context.font = "100 12px STHeiti"
79.   //   context.fillStyle = "gray"
80.   //   this.drawText(context, 20, GameGlobal.CANVAS_HEIGHT - 20, `用 户
         ${this.score}`)
81.
82.   //   // 绘制用户头像到画布上
83.   //   if (this.#userAvatarImg) context.drawImage(this.#userAvatarImg, 40, 5,
         45, 45)
84.   // }
85.
86.   /** 从头像地址加载用户头像 */
87.   #downloadUserAvatarImage(avatarUrl) {
88.     const img = wx.createImage()
89.     img.src = avatarUrl
90.     img.onload = (res) => {
91.       // this.#userAvatarImg = img // 为用户头像图像变量赋值
92.       this.addElement(new UserAvatar(img), 0)
93.     }
94.   }
95.
96.   /** 通过 UserInfoButton 拉取用户头像地址 */
97.    #getUserAvatarUrlByUserInfoButton() {
98.     ...
99.    }
100.  }
101.
102.  export default new UserBoard()
```

这个文件发生了什么变化呢？

- 第6行至第17行实现了UserAvatar类，它继承了Component，负责渲染用户头像，我们准备将它用作VBox的子元素。第10行至第15行是以赋值的方式重写render方法，这样做的目的是为了少定义一个私有变量。如果我们不这样做，则需要将构造器参数userAvatarImg存储为私有变量#userAvatarImg，然后才能在独立的render方法中使用这个私有变量。
- 第20行至第36行是一个与UserAvatar实现方式类似的UserScoreText类，负责渲染用

户得分。UserAvatar 与 UserScoreText 将用作 VBox 的子元素，选择在这里实现，而不是在独立的文件中定义，这样做是为了减少文件的创建。

- 从第39行开始至第100行，是UserBoard类的实现。第45行的私有变量 #userAvatarImg 不再需要了。第 69 行通过 addElement 添加了子元素 UserScoreText，为什么将 this.drawText 作为参数传入呢？这是为了减少一个工具方法的导入。
- 第 71 行、第 72 行决定了 VBox 相对于屏幕左上角的偏移量。
- 第 76 行至第 84 行的 render 代码不再需要了，使用 VBox 默认的渲染逻辑就可以了。
- 第 92 行，在用户头像成功加载后，添加了 UserAvatar 作为 VBox 容器的子元素。

在 game_index_page.js 文件中，模块导入的代码还要进行一些修改：

```
1.  // JS: src\views\game_index_page.js
2.  ...
3.  // import userBoard from "user_board.js" // 导入用户记分板
4.  import userBoard from "user_board_boxed.js" // 导入用户记分板
5.  ...
```

上述代码只在第 4 行修改了 userBoard 实例的导入地址，其他代码不需要修改。由于 UserBoard 是模块化的，因此单独修改 UserBoard 的实现代码时并不需要修改其他代码，这是模块化开发的便利之处。如果我们的新代码是在 user_board.js 文件中直接修改的，那么就连这个导入地址也都不需要修改。

保存代码，重新编译测试，运行效果和之前没有什么区别。应用组合模式后，代码的耦合度降低了，将用户分数文本、用户头像分别作为独立的组件绘制，更彰显了面向对象设计的特征。

本节源码目录参见：disc/ 第 9 章 /9.1/9.1.3。

本课小结

这节课主要通过改写 Game 类，建立了项目的 UI 框架，实现了 VBox、HBox 等布局容器，并在实践过程中学习使用了 3 种设计模式（单例模式、观察者模式、组合模式），这 3 种模式是开发中最常使用的模式。

软件项目大致分两类：一类是侧重分析统计的数据型项目，偏向于应用函数式编程思想；另一类是与现实事物关系比较类似的对象型项目，偏向于应用面向对象编程思想。事实上设计模式在任何对象型项目中都可以应用，并且应用之后，代码的质量都会有不同程度的提升，这是设计模式的价值所在。我们的挡板小游戏是一个十分简单的项目，但应用这 3 种设计模式一点都不违和，就好像项目本身就需要这些设计模式一样。

第 27 课　设计模式重构二：模板方法模式、职责链模式和简单工厂模式

这节课再练习 3 种设计模式：模板方法模式、职责链模式和简单工厂模式。

在页面对象中启用模板方法模式

第 26 课我们对记分板对象 Board 进行了容器化改造，实际上在目前的小游戏项目中，容器绝不仅仅有记分板，像游戏结束页（GameOverPage）、游戏主页（GameIndexPage）都应该是容器对象。下面在应用模板方法模式（Template Method Pattern）的同时，将会进一步应用组合模式。

首先来了解一下什么是模板方法模式？

模板方法模式是一种行为设计模式，它会在基类中定义一套算法框架，然后在子类中重写这套算法的特定步骤。

目前在 Game 类中，#currentPage 这个私有变量统一代表 GameOverPage 和 GameIndexPage，我们将通过它调用 init、start、run、render、end 这 5 个方法。模板方法模式要求在父类中定义流程的总体框架，在子类中实现具体的算法逻辑。现在我们可以在 GameOverPage 与 GameIndexPage 的基类 Page 中实现需要由 Game 调用的这些基本方法，然后在这两个子页面中提供具体的实现。

前面已提到，页面对象本应该是容器对象，在为页面对象应用模板方法模式时，为了实现方便，可以稍带将它实现为组合模式。下面先看一下 Page 类的改动，如代码清单 9-13 所示。

代码清单 9-13 对 Page 类进行容器化改造

```
1.  // JS: src\views\page.js
2.  import Box from "box.js"
3.
4.  /** 页面基类 */
5.  // class Page {
6.  class Page extends Box {
7.    constructor(game) {
8.      super()
9.      this.game = game
10.   }
11.
12.   game
13.
14.   /** 负责初始化 */
15.   init(options) { }
16.
17.   /** 负责渲染 */
18.   // render(context) { }
19.
20.   /** 负责计算 */
21.   run() { }
22.
23.   /** 负责处理触摸结束事件 */
24.   // onTouchEnd(res) { }
25.
26.   /** 负责处理触摸移动事件 */
27.   // onTouchMove(res) { }
28.
29.   /** 负责页面开始事件 */
30.   start() {
31.     this.game.on("touchMove", res => this.onTouchMove.call(this, res))
```

```
32.       this.game.on("touchEnd", res => this.onTouchEnd.call(this, res))
33.     }
34. 
35.     /** 负责页面结束事件 */
36.     end() {
37.       this.game.off("touchMove")
38.       this.game.off("touchEnd")
39.     }
40. }
41. 
42. export default Page
```

这个文件发生了什么变化呢？

- 第6行使Page继承了Box，这样它就可以成为一个容器，便于接下来在子类中添加子元素。为什么要继承Box，而不是Vbox、HBox呢？因为Box更加灵活，对子元素的渲染没有任何约束。
- 原本我们在Page类中就已经实现了init、render、run、start、end、onTouchEnd和onTouchMove这7个方法，虽无模板方法之名，但已具模板方法之实。在第18行、第24行和第27行中，空的render方法、onTouchEnd方法、onTouchMove方法被注释掉了，因为它们在Box中已经定义了，此处如果再有，相当于重写了。

再来看一下子类GameIndexPage（游戏主页对象）有什么变化，如代码清单9-14所示。

代码清单9-14　对GameIndexPage进行容器化重构

```
1.  // JS: src\views\game_index_page.js
2.  ...
3. 
4.  /** 游戏主页页面 */
5.  class GameIndexPage extends Page {
6.    ...
7. 
8.    /** 初始化 */
9.    init(options) {
10.     ...
11.     // 添加子元素
12.     this.addElement(bg)
13.       .addElement(rightPanel)
14.       .addElement(leftPanel)
15.       .addElement(userBoard)
16.       .addElement(systemBoard)
17.       .addElement(ball)
18.       .addElement(audioManager)
19.   }
20. 
21.   /** 渲染 */
22.   // render(context) {
23.   //   // 绘制背景
24.   //   bg.render(context)
25.   //   // 绘制右挡板
26.   //   rightPanel.render(context)
27.   //   // 绘制左挡板
```

```
28.   //   leftPanel.render(context)
29.   //   // 绘制角色分数
30.   //   userBoard.render(context)
31.   //   systemBoard.render(context)
32.   //   // 依据位置绘制小球
33.   //   ball.render(context)
34.   //   // 调用函数绘制背景音乐按钮
35.   //   audioManager.render(context)
36.   // }
37.
38.   ...
39. }
40.
41. export default GameIndexPage
```

我们发现只有两处修改。

- 第12行至第18行通过addElement方法添加了7个子元素。在定义Box的方法addElement时让它返回自身，就是为了在此处可以连续调用。
- 第22行至第36行，render方法已经不需要了。这些注释掉的代码都是对子元素渲染方法render的依次调用。得益于JS是一门动态语言，虽然这些子元素并非继承自Component基类，但不影响它们可以作为Box容器的子元素。这些子元素都已经实现了render(context)这样的方法，它们在容器的render方法被调用时都会被自动调用。

应用模板方法模式让GameIndexPage的代码变得更加简单了。

接下来看一下GameOverPage类的修改，如代码清单9-15所示。

代码清单9-15 对GameOverPage类进行容器化重构

```
1.  // JS: src\views\game_over_page.js
2.  ...
3.  import Component from "component.js"
4.
5.  /** 游戏结束文本 */
6.  class GameOverText extends Component {
7.    constructor(){
8.      super()
9.      this.render = context=>{
10.       context.clearRect(0, 0, GameGlobal.CANVAS_WIDTH, GameGlobal.CANVAS_
          HEIGHT) // 清屏
11.       context.fillStyle = "whitesmoke" // 绘制背景色
12.       context.fillRect(0, 0, GameGlobal.CANVAS_WIDTH, GameGlobal.CANVAS_
          HEIGHT)
13.       const txt = "游戏结束"
14.       context.font = "900 26px STHeiti"
15.       context.fillStyle = "black"
16.       context.textBaseline = "middle"
17.       drawText(context, GameGlobal.CANVAS_WIDTH / 2 - context.measureText
          (txt).width / 2, GameGlobal.CANVAS_HEIGHT / 2, txt)
18.
19.       // 提示用户单击屏幕重启游戏
20.       const restartTip = "单击屏幕重新开始"
21.       context.font = "12px FangSong"
```

```
22.       context.fillStyle = "gray"
23.       drawText(context, GameGlobal.CANVAS_WIDTH / 2 - context.measureText
          (restartTip).width / 2, GameGlobal.CANVAS_HEIGHT / 2 + 25, restartTip)
24.     }
25.   }
26. }
27.
28. /** 游戏结束页面 */
29. class GameOverPage extends Page {
30.   constructor(game) {
31.     super(game)
32.     this.addElement(new GameOverText())
33.   }
34.
35.   ...
36.
37.   /** 渲染 */
38.   // render(context) {
39.   //   context.clearRect(0, 0, GameGlobal.CANVAS_WIDTH, GameGlobal.CANVAS_
      HEIGHT) // 清屏
40.   //   context.fillStyle = "whitesmoke" // 绘制背景色
41.   //   context.fillRect(0, 0, GameGlobal.CANVAS_WIDTH, GameGlobal.CANVAS_
      HEIGHT)
42.   //   const txt = " 游戏结束 "
43.   //   context.font = "900 26px STHeiti"
44.   //   context.fillStyle = "black"
45.   //   context.textBaseline = "middle"
46.   //   drawText(context, GameGlobal.CANVAS_WIDTH / 2 - context.measureText
      (txt).width / 2, GameGlobal.CANVAS_HEIGHT / 2, txt)
47.
48.   //   // 提示用户单击屏幕重启游戏
49.   //   const restartTip = " 单击屏幕重新开始 "
50.   //   context.font = "12px FangSong"
51.   //   context.fillStyle = "gray"
52.   //   drawText(context, GameGlobal.CANVAS_WIDTH / 2 - context.measureText
      (restartTip).width / 2, GameGlobal.CANVAS_HEIGHT / 2 + 25, restartTip)
53.   // }
54. }
55.
56. export default GameOverPage
```

这个文件发生了什么变化呢？

- 第 3 行导入了 Component 基类。
- 第 6 行至第 26 行定义了新的组件 GameOverText，它继承了 Component。
- 第 32 行通过 addElement 方法添加了子元素（GameOverText），这行代码放在 init 内更合理，但目前放在这里更省事。
- 第 38 行至第 53 行，原来的 render 代码已经移到 GameOverText 类的 render 方法内。

修改完成之后，重新编译，看一下运行效果，两个游戏页面的表现和之前没有差别。

最后总结一下，**模板方法模式由两部分组成：一部分是抽象的父类，另一部分是具体的子类。父类负责封装固定的流程，子类负责实现具体逻辑**。在这一节的重构中，Page 是模板方法模式中的父类，GameIndexPage与GameOverPage是子类。init、render、run、start、end、onTouchMove和onTouchEnd方法是在Game类中调用的模板方法，它们在Page类中定义，在GameIndexPage与GameOverPage这两个页面子类中都有各自的实现。render、onTouchMove和onTouchEnd方法不是Page类定义的，但它们也可以算作模板的一部分。

ES6中的模板字符串可以看作是模板方法模式在字符串操作上的具体运用。来看一个示例：

```
let s = "我是${name}，来自${city}。"
```

在这个字符串中，name与city是变量，通过${}这样的语法内嵌在字符串中。整个字符串文本可以看作是模板父本，而内嵌的变量可以看作是重写的子元素。模板字符串内在的实现思想与模板方法模式是相似的，我们在开发中也可以学其应用的灵活性，不必拘泥于父类、子类的固定形式。

本节源码目录参见：disc/第9章/9.2/9.2.1。

使用职责链模式改写单击音效实现

这一节我们尝试在项目中应用职责链模式（Chain of Responsibility Pattern）。职责链模式是一种行为设计模式，当软件中有一个处理请求产生时，它使得多个对象都有机会处理该请求，该模式可以避免请求的发送者和接收者之间产生直接的耦合关系。职责链模式让这些对象形成一个链条，然后沿着这个链条传递该请求，直到有一个对象处理它为止。

目前的小游戏有播放单击音频的需求，比如当小球撞击到左、右挡板时，游戏结束单击屏幕时，以及重启游戏单击“确认”按钮时都需要播放这个音效。目前我们是通过分别在GameIndexPage、GameOverPage中导入一个AudioManager的单例对象来完成这个工作的。但这个实现并不好，如果我们要添加新的页面，还需要再次导入AudioManager单例，并且此页面直接调用了playHitAudio方法，代码耦合性太强，不利于代码维护。

下面定义一个播放音效的任务类Task，让它继承EventDispatcher类，当这个任务产生时在Game对象上派发一个名为playAudio的事件。谁有能力处理这个任务，谁就监听并处理这个事件。

我们来看一下相关代码是如何实现的，首先看一下Task类，如代码清单9-16所示。

代码清单9-16 创建Task类

```
1.  // JS: src\libs\task.js
2.
3.  /** 任务对象 */
4.  class Task {
5.    /** 播放单击音频 */
6.    static PLAY_HIT_AUDIO = "playHitAudio"
7.
8.    constructor(name) {
9.      this.name = name
10.   }
11.
12.   /** 任务名称 */
13.   name
```

```
14.   /** 任务是否完成 */
15.   isDone = false
16.
17.   /** 发出这个任务
18.    * @param {EventDispatcher} processor 任务的起点，是一个事件派发者
19.    */
20.   sendOutBy(processor) {
21.     processor.emit?.(this.name, this)
22.   }
23. }
24.
25. export default Task
```

在这个 Task 类中：

- 第 6 行定义了一个静态变量，它有助于保持名称统一，便于代码的维护和修改。
- 第 13 行，name 是任务名称，也是事件名称。
- 第 15 行，isDone 代表任务是否完成。
- 第 20 行，在任务开始时，sendOutBy 方法将在 processor 对象上派发事件，并将任务自身作为事件参数传递。为什么将任务自身作为参数，稍后就会解释。emit 后面的“?.”是可选链操作符，用在方法前，如果这个方法不存在，则调用中止，代码不会报错。

Task 定义好后怎么使用呢？我们看在 src\views\game_index_page.js 文件（即游戏主页对象）中有哪些修改，如代码清单 9-17 所示。

代码清单 9-17　在游戏主页对象中使用任务对象

```
1.  // JS: src\views\game_index_page.js
2.  ...
3.  import Task from "../libs/task.js" // 导入任务对象
4.
5.  /** 游戏主页页面 */
6.  class GameIndexPage extends Page {
7.    ...
8.
9.    /** 处理开始事务 */
10.   start() {
11.     ...
12.     // audioManager.playHitAudio()
13.     new Task(Task.PLAY_HIT_AUDIO).sendOutBy(this)
14.     ...
15.   }
16.
17.   ...
18.
19.   /** 挡板碰撞检测 */
20.   #testHitPanel() {
21.     switch (leftPanel.testHitBall(ball) || rightPanel.testHitBall(ball)) {
22.       case 1: { // 碰撞了左挡板
23.         ...
24.         // audioManager.playHitAudio()
25.         new Task(Task.PLAY_HIT_AUDIO).sendOutBy(this)
26.         ...
```

```
27.         break
28.       }
29.       case 2: { // 碰撞了右挡板
30.         ...
31.         // audioManager.playHitAudio()
32.         new Task(Task.PLAY_HIT_AUDIO).sendOutBy(this)
33.         break
34.       }
35.       default:
36.       //
37.     }
38.   }
39. 
40.   ...
41. }
42. 
43. export default GameIndexPage
```

这个文件有哪些变化呢?

- 第 3 行是导入代码，导入 Task 任务类。
- 第 13 行、第 25 行、第 32 行，代替原来直接调用 audioManager 的 playHitAudio 方法，改为新建一个 name 为 Task.PLAY_HIT_AUDIO 的 Task 实例并发布，这里使用 Task.PLAY_HIT_AUDIO 是为了便于统一事件名称，sendOutBy 方法的参数是 this，表示该任务首先由页面对象处理。

在这个文件内，任务的起始处理对象是页面，接下来开始修改页面基类 Page，让它有能力处理任务，如代码清单 9-18 所示。

代码清单 9-18 让页面基类处理任务

```
1.  // JS: src\views\page.js
2.  ...
3.  import Task from "../libs/task.js"
4.  
5.  /** 页面基类 */
6.  // class Page {
7.  class Page extends Box {
8.    ...
9.  
10.   /** 负责页面开始事件 */
11.   start() {
12.     ...
13.     this.on(Task.PLAY_HIT_AUDIO, task => {
14.       if (!task.isDone) task.sendOutBy(this.game)
15.     })
16.   }
17. 
18.   /** 负责页面结束事件 */
19.   end() {
20.     ...
21.     this.off("playHitAudio")
22.   }
23. }
```

```
24.
25. export default Page
```

这个文件发生了什么变化呢？

- 第 3 行是导入模块代码。
- 第 13 行至第 15 行监听 Task.PLAY_HIT_AUDIO 事件，检测任务是否已经完成，如果未完成，继续向下传递，交给游戏对象处理。
- 第 21 行，在页面退出时，移除事件监听。

接下来看一下在 game.js 文件中 Game 类有哪些修改，如何继续处理请求，如代码清单 9-19 所示。

代码清单 9-19　在 Game 类中应用任务对象

```
1.  // JS: disc\ 第 9 章 \9.2\9.2.2\game.js
2.  ...
3.  import Task from "src/libs/task.js"
4.
5.  /** 游戏对象 */
6.  class Game extends EventDispatcher {
7.    ...
8.
9.    /** 开始游戏 */
10.   start() {
11.     ...
12.     this.on(Task.PLAY_HIT_AUDIO, task=>{
13.       if (!task.isDone) task.sendOutBy(audioManager)
14.     })
15.   }
16.
17.   ...
18.
19.   /** 游戏结束 */
20.   end() {
21.     ...
22.     this.off("playHitAudio")
23.   }
24. }
25. ...
```

在上面的代码中：

- 第 3 行导入 Task 类。
- 第 12 行至第 14 行监听 Task.PLAY_HIT_AUDIO 事件，并将未完成任务的处理权转交给 audioManager。
- 第 22 行，移除事件监听。这里监听时直接使用了字符串，其实还可以优化。

Game 对 playHitAudio 事件的处理方式与 Page 是相似的。

最后再来看一下需要怎么修改 AudioManager 以实现任务处理，如代码清单 9-20 所示。

代码清单 9-20 在音频管理器中处理任务

```
1.  // JS: src\managers\audio_manager.js
2.  import EventDispatcher from "../libs/event_dispatcher.js"
3.  import Task from "../libs/task.js"
4.
5.  /** 音频管理者，负责管理背景音乐及控制按钮 */
6.  // class AudioManager {
7.  class AudioManager extends EventDispatcher {
8.    ...
9.
10.   // constructor() { }
11.
12.   ...
13.
14.   /** 初始化 */
15.   init(options) {
16.     ...
17.     // 监听播放单击音频的任务
18.     this.on(Task.PLAY_HIT_AUDIO, task => {
19.       if (!task.isDone) {
20.         this.playHitAudio()
21.         task.isDone = true
22.       }
23.     })
24.   }
25.
26.   ...
27. }
28.
29. export default AudioManager.getInstance()
```

在上面的代码中，我们要关注以下几点。

- 第 2 行、第 3 行导入了 EventDispatcher 和 Task。
- 第 7 行，使 AudioManager 继承了 EventDispatcher，现在 AudioManager 也是事件派发者对象了。如果没有这一步，在 Game 类中，Task 的处理请求无法转交到这里，当然代码也不会报错。
- 第 10 行，如果不想在空构造器里添加 super()，可以直接将它注释掉，注释以后它仍然可以发挥分隔符的作用。
- 第 18 行至第 23 行监听 Task.PLAY_HIT_AUDIO 事件，如果监听到，则调用 playHit-Audio 方法播放音频，并将任务状态设置为已完成。

代码修改完了，保存并重新编译一下，运行效果与之前没有差异。

最后总结一下，在这一节中我们通过创建任务类 Task 及对 AudioManager 类的改造，实现了职责链模式。在任务类 Task 中，我们特意添加了一个 isDone 属性，谁处理了这个任务，谁就将这个属性设置为 true，这样避免了重复处理。得益于 JS 是一门单线程语言，我们根本不需要考虑多线程争抢、改变一个任务对象的情况。

可能有人会问，game_index_page.js 文件本身就可以直接通过导入的 audioManager 模块播放单击音频，为什么还要发布一个 Task 呢？

这里播放单击音频应用主要是为了练习职责链模式的使用。在 GameIndexPage 中，有了播放单击音频的需求，可直接在当前对象上发布任务，无须考虑这个任务由谁来处理以及怎么处理。在 Page 接收到这个任务后，它不能处理，于是将任务转交给了与它有连接的 Game。Game 中的 AudioManager 可以处理音频，于是 Game 又将这个任务转交给它。如果画一条职责链，那么将会是如图 9-4 所示这样的。

图 9-4　职责链示意图

本节源码目录参见：disc/ 第 9 章 /9.2/ 9.2.2。

使用简单工厂模式改写 turnToPage 方法

工厂模式分为 3 种：**简单工厂模式（Simple Factory Pattern）、工厂方法模式和抽象工厂模式。这 3 种模式具有相同的目的和相似的实现策略，它们都是通过一个简单的名称，从一系列对象中选择一个对象来创建并返回**。不同点在于，抽象程度和维护代码的自由程度不一样。

简单工厂模式是一种创建型模式，旨在通过一个名称在一个地方返回一系列对象中的一个，在模式内部封装了对象参数的复杂性和创建过程的复杂性。

现在小游戏项目中有两个页面，在正常情况下还会有更多的页面。在创建这些页面时，就可以应用工厂模式。这一节来看一下如何应用简单工厂模式，下面先看一下新建的 page_factory.js 页面，即页面对象的简单工厂，具体如代码清单 9-21 所示。

代码清单 9-21　创建页面对象的简单工厂

```
1.  // JS: src\views\page_factory.js
2.  import GameOverPage from "game_over_page.js"
3.  import GameIndexPage from "game_index_page.js"
4.
5.  /** 页面工厂 */
6.  class PageFactory {
7.    /** 创建页面对象 */
8.    static createPage(pageName, game, context) {
9.      let page // of Page
10.     switch (pageName) {
11.       case "gameOver": {
12.         page = new GameOverPage(game)
13.         break;
14.       }
15.       case "index":
16.       default: {
17.         page = new GameIndexPage(game)
18.         page.init({ context }) // 初始化
19.         break;
20.       }
21.     }
22.
23.     return page
24.   }
```

```
25. }
26.
27. export default PageFactory
```

这个文件做了什么事呢?

- 第2行、第3行导入了两个页面子类。
- 第8行至第25行是在PageFactory类中定义的静态方法，通过一个页面名称和两个初始化参数返回特定的页面对象。函数体是从game.js文件中移植过来的，代码逻辑与原来一样。

PageFactory类的静态方法createPage是一个简单工厂模块的实现。

再来看一下game.js中有什么变化，如代码清单9-22所示。

代码清单9-22 在主文件中使用简单页面工厂

```
1.  // JS: disc\第9章\9.2\9.2.3\game.js
2.  ...
3.  // import GameOverPage from "src/views/game_over_page.js"
4.  // import GameIndexPage from "src/views/game_index_page.js"
5.  ...
6.  import PageFactory from "src/views/page_factory.js" // 导入页面工厂
7.  ...
8.
9.  /** 游戏对象 */
10. class Game extends EventDispatcher {
11.   ...
12.   /** 游戏结束页面 */
13.   // #gameOverPage = new GameOverPage(this)
14.   /** 游戏主页页面 */
15.   // #gameIndexPage = new GameIndexPage(this)
16.   ...
17.
18.   /** 初始化 */
19.   init() {
20.     ...
21.     // 初始化游戏主页对象
22.     // this.#gameIndexPage.init({ context: this.#context })
23.     ...
24.   }
25.
26.   ...
27.
28.   /** 游戏换页 */
29.   turnToPage(pageName) {
30.     this.#currentPage?.end()
31.     this.#currentPage = PageFactory.createPage(pageName, this, this.#context)
32.     this.#currentPage.start()
33.     // switch (pageName) {
34.     //   case "gameOver": {
35.     //     this.#currentPage = this.#gameOverPage
36.     //     this.#currentPage.start()
```

```
37.     //      break;
38.     //    }
39.     //    case "index":
40.     //    default: {
41.     //      this.#currentPage = this.#gameIndexPage
42.     //      this.#currentPage.start()
43.     //      break;
44.     //    }
45.     // }
46.   }
47.
48.   ...
49. }
50. ...
```

上面的代码发生了什么变化呢？

- 第13行、第15行，不再需要#gameOverPage和#gameIndexPage这两个私有变量了，以后添加新页面不再需要在这里添加私有变量。
- 第22行，init方法不再负责任何页面对象的初始化工作。
- 第29行至第46行，代码的修改主要体现在这里。这里的switch代码已经移到了PageFactory的createPage方法中，连带第22行主页对象创建后需要进行初始化的代码也移到了PageFactory中。

为什么不直接使用PageFactory的createPage方法，而是要通过Game的turnToPage方法中转一下呢？主要有两个原因。

- 页面对象的创建和初始化需要游戏对象实例game与渲染上下文对象context，在相关代码移至PageFactory类的createPage方法中后，game与context也需要传递进去。原来调用turnToPage方法的地方有多处，但并不是每个地方都方便提供这两个参数。
- 既然在turnToPage方法修改代码就能达到目的，则没有必要在多个地方修改，后者也不利于代码的维护。多一层简单的调用并不会给CPU带来执行负担，相比其带来的维护便利，这点开销是可以接受的。

在应用了简单工厂模式以后，在game.js文件中已经不需要引用页面类，也不再需要私有变量，如果今后添加新的页面，直接修改PageFactory类就可以了，Game类可以保持不变，这是简单工厂模式带来的便利。

从代码对比来看，PageFactory的createPage和Game的turnToPage方法并没有太多差别，但它已经简化了Game类的代码，让Game类在支持扩展页面上有了更大的灵活性。**简单优雅的重构就像渭城朝雨一样，随风潜入夜，润物细无声。**

保存代码并重新编译，游戏重启后的效果如图9-5所示。

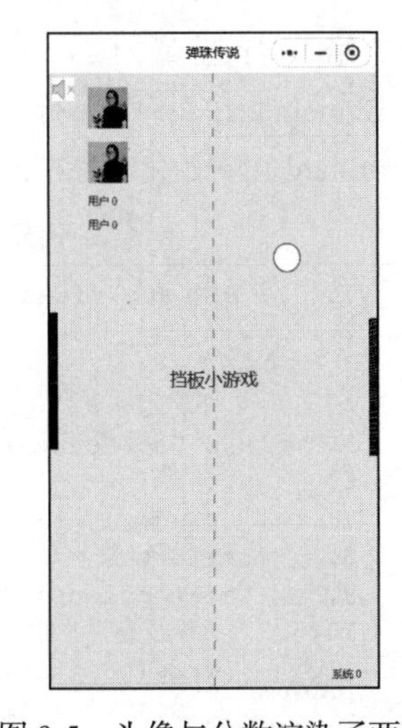

图9-5　头像与分数渲染了两份

为什么用户头像与分数渲染了两份呢？

现在每个页面每一次使用时都是新建的，但是页面中有许多引用的模块是单例，上述问题便缘于这里。看一下 game_index_page.js 文件的代码，如代码清单 9-23 所示。

代码清单 9-23　查找绘制两份头像和得分的原因

```
1.  // JS: src\views\game_index_page.js
2.  ...
3.  import ball from "ball.js" // 导入小球单例
4.  import leftPanel from "left_panel.js" // 导入左挡板
5.  import rightPanel from "right_panel.js" // 导入右挡板
6.  import userBoard from "user_board_boxed.js" // 导入用户记分板
7.  ...
8.
9.  /** 游戏主页页面 */
10. class GameIndexPage extends Page {
11.   ...
12.
13.   /** 初始化 */
14.   init(options) {
15.     // 初始化小球
16.     ball.init()
17.     // 初始化挡板
18.     leftPanel.init({ context: options.context })
19.     rightPanel.init({ context: options.context })
20.     // 初始化用户记分板
21.     userBoard.init()
22.     ...
23.   }
24.
25.   ...
26. }
27.
28. export default GameIndexPage
```

第 16 行至第 21 行，ball、leftPanel、rightPanel 和 userBoard 这 4 个模块单例均有在多个 GameIndexPage 中进行初始化的可能。前 3 个模块单例重复初始化是没有问题的，只有 userBoard 在初始化时存在累积的副作用，看一下它的代码，如代码清单 9-24 所示。

代码清单 9-24　记分板中与头像、得分有关的代码

```
1.  // JS: src\views\user_board_boxed.js
2.  ...
3.
4.  /** 用户记分板，代替 user_board.js 的另一种实现 */
5.  class UserBoard extends Board {
6.    ...
7.
8.    /** 初始化 */
9.    init(options) {
10.     // 检查用户授权情况，拉取用户头像并绘制
11.     wx.getSetting({
12.       success: (res) => {
13.         ...
```

```
14.         if (authSetting["scope.userInfo"]) { // 已有授权
15.           wx.getUserInfo({
16.             success: (res) => {
17.               ...
18.               this.#downloadUserAvatarImage(avatarUrl) // 加载用户头像
19.             }
20.           })
21.         } else { // 如果首次进入小游戏或拒绝过授权，则需重新授权
22.           this.#getUserAvatarUrlByUserInfoButton()
23.         }
24.       }
25.     })
26. 
27.     // 初始化用户分数文本子元素
28.     this.addElement(new UserScoreText(this.drawText))
29.     ...
30.   }
31. 
32.   /** 从头像地址加载用户头像 */
33.   #downloadUserAvatarImage(avatarUrl) {
34.     ...
35.     img.onload = (res) => {
36.       this.addElement(new UserAvatar(img), 0)
37.     }
38.   }
39. 
40.   ...
41. }
42. 
43. export default new UserBoard()
```

在 init 方法中，第 18 行、第 22 行会直接和间接调用第 33 行的方法 #downloadUserAvatarImage，第 36 行会添加子元素 UserAvatar 实例。第 28 行会添加子元素 UserScoreText 实例。init 方法的重复执行会让 UserBoard 重复添加子元素，这就是造成用户头像和分数文本重复渲染的原因。UserBoard 是一个 VBox 容器，从效果来看，无论有多少子元素，它们都是自上向下排列的，这也印证了 VBox 容器的布局功能是有效的。

那么怎么解决呢？我们可以将所有页面持有的子元素都由单例变成实例，让它们都随着页面在对象中重新实例化。当然，这样改动有点大，我们也可以用另外一种更简单的方法，即限制 UserBoard 模块重复初始化。修改 src\views\user_board_boxed.js 文件，代码如下：

```
1.  // JS: src\views\user_board_boxed.js
2.  ...
3. 
4.  /** 用户记分板，代替 user_board.js 的另一种实现 */
5.  class UserBoard extends Board {
6.    ...
7. 
8.    /** 初始化 */
9.    init(options) {
10.     if (!!this.initialized) return; this.initialized = true // 避免重复初始化
11.     ...
```

```
12.    }
13.    ...
14. }
15.
16. export default new UserBoard()
```

第 10 行，只需要添加一行通用的、避免重复初始化的代码就可以了，这行代码在 LeftPanel 和 RightPanel 类中曾经使用过。

保存代码并重新编译测试，游戏重启后运行效果正常了。

最后总结一下，所谓的**简单工厂模式就是向一个函数给出一个输入条件，该函数从一系列对象中返回一个对象并将其初始化，这个函数可以是实例方法，也可以是在一个单独类中定义的静态方法**。因为太过简单，简单工厂模式并未被归入 23 个经典设计模式中，但它的思想在开发中应用却十分普通。

本节源码目录参见：disc/ 第 9 章 /9.2/9.2.3。

本课小结

这节课主要使用模板方法模式优化了页面对象，换一种职责链的方式实现了单击音频播放，使用简单工厂模式优化了游戏对象中的页面跳转，在这个实践过程中一共练习了 3 种设计模式，下节课我们尝试应用工厂方法模式和抽象工厂模式。

本章内容结束。这一章完成了对单例模式、观察者模式、组合模式、模板方法模式、职责链模式和简单工厂模式的应用实战。

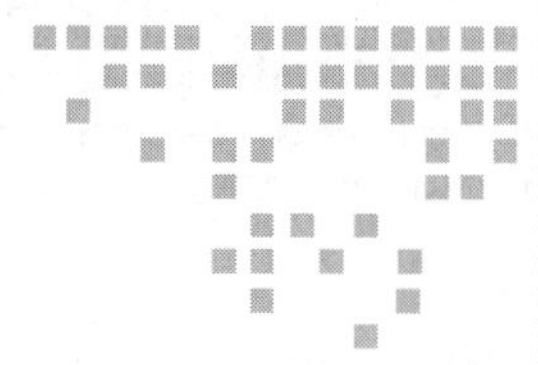

第 10 章 Chapter 10

面向对象重构二：页面对象和分界线的绘制

本章将基于工厂方法模式、抽象工厂模式、建造者模式、命令模式、原型模式、复合命令模式、迭代器模式和享元模式进行重构。其中复合命令模式是命令模式的复杂形态，它可以与命令模式归为一类，也可以拎出来作为一个独立的设计模式，它的应用场景远比命令模式复杂。

第 28 课 设计模式重构三：工厂方法模式和抽象工厂模式

简单工厂模式太过简单，在复杂场景下难以满足需求，因此工厂方法模式和抽象工厂模式应运而生，这节课就来看一下这两个模式如何使用。

使用工厂方法模式创建 Page 页面对象

我们先来看工厂方法模式（Factory Method Pattern）。

在应用简单工厂模式时，为了简化 Game 类，我们在 PageFactory 类中创建了一个名为 createPage 的静态方法，如果要新增页面，直接修改 PageFactory 类即可。createPage 方法里面有一个 switch，添加新页面意味着添加新的 case 分支，面向对象开发是不推荐通过添加分支来扩展代码的，在这种情况下可以考虑使用工厂方法模式。

工厂方法模式是一种创建型设计模式，其在父类中提供了一个创建对象的方法，允许子类决定实例化对象的类型。

接下来我们开始应用工厂方法模式，首先来看实现该模式的文件 page_factory_method.js 的代码，如代码清单 10-1 所示。

代码清单 10-1 应用工厂方法模式

```
1.  // JS: src\views\page_factory_method.js
2.  import GameOverPage from "game_over_page.js"
3.  import GameIndexPage from "game_index_page.js"
4.
5.  /** 场景基类 */
6.  class Scene {
7.    constructor(options) {
8.      this.options = options
9.    }
10.   options
11.   createPage() { }
12. }
13.
14. /** 主页场景 */
15. class IndexPageScene extends Scene {
16.   createPage() {
17.     const page = new GameIndexPage(this.options.game)
18.     page.init({ context: this.options.context })
19.     return page
20.   }
21. }
22.
23. /** 游戏结束页场景 */
24. class GameOverPageScene extends Scene {
25.   createPage() {
26.     return new GameOverPage(this.options.game)
27.   }
28. }
29.
30. /** 场景集合，添加新页面时在这里扩展 */
31. const scenes = {
32.   "index": IndexPageScene,
33.   "gameOver": GameOverPageScene
34. }
35.
36. /** 页面工厂 */
37. class PageFactory {
38.   /** 创建页面对象 */
39.   static createPage(pageName, options) {
40.     const Kind = scenes[pageName]
41.     const scene = new Kind(options)
42.     return scene.createPage()
43.   }
44. }
45.
46. export default PageFactory
```

这个文件是怎么实现的呢？

- 第 6 行至第 12 行定义了一个场景基类 Scene，从功能上来讲，这个基类是为了创建特定的游戏场景而设计的；从代码结构上来讲，它拥有 createPage 方法，正是工厂方法模式中“父类提供的一个创建对象的方法”。

- 第 15 行至第 28 行定义了两个 Scene 的子类：IndexPageScene 和 GameOverPageScene，它们都重写了基类中的 createPage 方法，返回了不同的页面对象。
- 第 31 行至第 34 行，scenes 是一个页面常量，用于建立页面名称与场景类的映射关系。后续如果扩展页面，就需要添加新的映射。
- 第 37 行至第 44 行是一个被改造过的页面工厂 PageFactory，它和第 27 课简单工厂模式中的 PageFactory（位于 src\views\page_factory.js 文件中）已经不一样了，在扩展新页面时，这个类不需要修改。

在这个文件中，Scene 类的 createPage 即为工厂方法，它不决定具体页面对象的类型，具体的页面对象是由子类中的 createPage 方法决定的。

在这个工厂方法模式下，新增页面时如何扩展代码呢？

假设新增的页面名称为 settings，先继承 Page 基类新建一个 SettingsPage 类，再在 page_factory_method.js 文件中实现一个子类 SettingsPageScene，并让 SettingsPageScene 继承基类 Scene 且重写 createPage 方法，最后在页面常量 scenes 中添加映射关系。没有修改 switch 代码或 if else 代码，只有新增的代码，以及对 scenes 的修改，这就是面向对象设计思想中的开放封闭原则（OCP），**好的设计对扩展开放，对修改封闭**。

注意：这里在 page_factory_method.js 文件中定义了多个类，一般我们在开发中不这么做，取而代之的是**一个文件只定义一个类**，除非这些类是紧密相关的，且在其他文件中没有可能被单独引用。这里定义在一起主要是为了减少文件数量，方便演示工厂方法模式的使用。

接下来看一下如何在 game.js 中使用前面刚刚实现的工厂方法，代码如下：

```
1.  // JS: disc\第 10 章\10.1\10.1.1\game.js
2.  ...
3.  // import PageFactory from "src/views/page_factory.js" // 导入页面工厂
4.  import PageFactory from "src/views/page_factory_method.js" // 导入页面工厂
5.
6.  /** 游戏对象 */
7.  class Game extends EventDispatcher {
8.    ...
9.
10.   /** 游戏换页 */
11.   turnToPage(pageName) {
12.     this.#currentPage?.end()
13.     // this.#currentPage = PageFactory.createPage(pageName, this,
        this.#context)
14.     this.#currentPage = PageFactory.createPage(pageName, { game: this,
        context: this.#context })
15.     this.#currentPage.start()
16.   }
17.   ...
18. }
19. ...
```

这个文件都做了什么事呢？

- 第 4 行将导入的文件由 page_factory.js 改为了 page_factory_method.js。其实，在 page_factory_method.js 中没有必要实现一个 PageFactory，甚至连消费工厂方法（Scene 中的 createPage）的代码都可以直接放在 game.js 文件内，之所以仿照原 page_factory.js 文件实现，是为了方便在这里导入和使用目标文件。
- 第 14 行代替了原来的第 13 行，这里只修改了传参的形式，使用一个 options 对象将参数汇集起来再传递，有助于以后可能会产生的参数扩展。如果不需要这个扩展，这行代码其实没有必要修改。

原 turnToPage 方法修改后只剩下 3 行代码了：

```
1.  /** 游戏换页 */
2.  turnToPage(pageName) {
3.    this.#currentPage?.end()
4.    this.#currentPage = PageFactory.createPage(pageName, { game: this,
      context: this.#context })
5.    this.#currentPage.start()
6.  }
```

我们可以直接将这个方法砍掉，在所有消费 turnToPage 方法的地方直接调用 PageFactory 的 createPage 方法，如果要用到参数 game 和 context（渲染上下文对象），也有办法获取到。Game 有一个 getInstance 单例方法，它在任何文件中都可以获取 Game 实例；context 在 Game 中是私有变量，需要将它改成公有，这样在取到 game 以后，很自然地也可以取到 context。

但笔者不建议这么做，这既破坏了原代码的封装性，也徒增了麻烦。既然有一个方法 turnToPage 已经将所有消费代码收敛了，就好像将几束电线拢成了一束，我们就可以直接在这个方法里调用工厂方法，不做无谓折腾。

重新编译，看一下运行效果，与之前一致。

最后总结一下，在什么情况下使用工厂方法模式呢？

本节的使用示例并不是一个好的示例，我们为了应用工厂方法模式创建了 Scene 基类及两个子类（IndexPageScene 和 GameOverPageScene），事实上这 3 个类在项目中没有实质功能。假设我们的游戏很复杂，有很多场景，每个场景又涉及多个页面，那么只有场景本身知道自己应该创建哪个具体的页面对象实例，在这种情况下，应用工厂方法模式也不会显得刻意。

本节源码目录参见：disc/ 第 10 章 /10.1/10.1.1。

使用抽象工厂模式封装页面对象的创建过程

最后看一下抽象工厂模式（Abstract Factory Pattern）。**抽象工厂模式是一种创建型设计模式，它能创建一系列相关的对象，而无须指定具体的类**。实现这个模式的关键在于它包含两条抽象继承支线：一条是抽象工厂和它的继承者，另一条是抽象对象（创建的目标）和它的继承者。

为了方便与前面两个模式做对比，我们仍然在创建页面对象的场景中应用这个模式，下面看一下创建后的 page_abstract_factory.js 文件，如代码清单 10-2 所示。

代码清单 10-2 应用抽象工厂模式

```
1.  // JS: src\views\page_abstract_factory.js
2.  import GameOverPage from "game_over_page.js"
3.  import GameIndexPage from "game_index_page.js"
4.
5.  /** 页面抽象工厂 */
6.  class PageAbstractFactory {
7.    constructor() { }
8.
9.    /** 抽象的页面对象 */
10.   page
11.
12.   /** 创建页面对象的创建执行器
13.    * @returns {function} game => { }
14.    */
15.   createPageCreator() { }
16.
17.   /** 创建页面对象的初始化执行器
18.    * @returns {function} context => { }
19.    */
20.   createPageInitializer() { }
21.
22.   /** 返回页面对象 */
23.   getPage() {
24.     return this.page
25.   }
26. }
27.
28. /** 游戏主页工厂 */
29. class GameIndexPageFactory extends PageAbstractFactory {
30.   createPageCreator() {
31.     return game => {
32.       this.page = new GameIndexPage(game)
33.     }
34.   }
35.
36.   createPageInitializer() {
37.     return context => {
38.       this.page.init({ context })
39.     }
40.   }
41. }
42.
43. /** 游戏结束页工厂 */
44. class GameOverPageFactory extends PageAbstractFactory {
45.   createPageCreator() {
46.     return game => {
47.       this.page = new GameOverPage(game)
48.     }
49.   }
50.
51.   createPageInitializer() {
52.     return context => { }
53.   }
54. }
```

```
55.
56. /** 工厂集合 */
57. const factories = {
58.   "index": GameIndexPageFactory,
59.   "gameOver": GameOverPageFactory
60. }
61.
62. /** 页面工厂 */
63. class PageFactory {
64.   /** 创建页面对象，并在初始化后返回 */
65.   static createPage(pageName, options) {
66.     const Factory = factories[pageName]
67.     const factory = new Factory()
68.     factory.createPageCreator()(options.game)
69.     factory.createPageInitializer()(options.context)
70.
71.     return factory.getPage()
72.   }
73. }
74.
75. export default PageFactory
```

我们看一下这个文件实现了哪些功能？

- 第 6 行至第 26 行定义了一个基类 PageAbstractFactory，这个类就是抽象工厂模式中的抽象工厂，它不做任何实事，仅定义两个子类工厂实际要做的事，一个是第 15 行声明的返回一个页面对象的创建执行器，另一个是第 20 行声明的返回页面对象的初始化执行器。这两个执行器的函数格式分别见第 13 行、第 18 行的参数注释，这相当于是抽象定义。
- 第 29 行至第 54 行，GameIndexPageFactory 和 GameOverPageFactory 是抽象工厂的具体实现。实现什么呢？就是实现上一条中提到的两个执行器，即创建执行器和初始化执行器。
- 第 57 行至第 73 行实现了一个 PageFactory，这里的代码与抽象工厂模式本身已经无关了，相当于是消费代码。第 68 行、第 69 行从实例中获取到执行器后依次完成页面对象的创建和初始化。

在这个抽象工厂模式的实现中，哪些是必不可少的呢？

- 基类 PageAbstractFactory 及它的子类 GameIndexPageFactory、GameOverPageFactory，这是一条抽象支线。
- PageAbstractFactory 的两个执行器（页面创建执行器和初始化执行器）仅在注释中进行了抽象声明，具体的实现是在子类 GameIndexPageFactory、GameOverPageFactory 中，这是另外一条抽象支线。这两个执行器仅在结构上定义参数是什么，以及要做什么事。由于不是接口，也不是虚拟类，因此执行器的实现没有任何约束，全凭开发者自觉。

下面来看一下 game.js 文件有什么变动？

```
1.  // JS: disc\第10章\10.1\10.1.2\game.js
2.  ...
```

```
3.  // import PageFactory from "src/views/page_factory_method.js" // 导入页面工厂
4.  import PageFactory from "src/views/page_abstract_factory.js" // 导入页面抽象工厂
5.  ...
```

只在第 4 行导入地址处有修改，其他代码没有变动。

对比一下上一节的工厂方法模式，抽象工厂模式在实现上与其有什么异同呢？

- 在工厂方法模式中，谁是工厂方法？ createPage 是工厂方法。工厂方法有什么用？在抽象的基类中它只是一个方法，表明它要返回什么（页面对象 Page），在子类中才会决定具体返回哪个页面对象（GameIndexPage 或 GameOverPage）。
- 工厂方法模式仅新增了一条抽象支线，用于完成对一个抽象方法的延迟实现，在消费代码处最终调用了一个具体子类的 createPage 方法；而抽象工厂模式新增了两条抽象支线，在消费代码处拿到的两个执行器其实也是抽象的，它们可以是任何一个子类工厂创建的，这就是抽象工厂模式定义所讲的“创建一系列相关的对象，而无须指定其具体类”。

重新编译测试，游戏的运行效果与之前一致。

最后总结一下，工厂模式具有相同的目的和相似的实现策略，只是抽象程度和自由程度不同而已。

那么在开发中我们应该如何选择使用这 3 种模式呢？

建议运用最简原则，**当我们不明确应该如何选择的时候，推荐选择最简单又能满足需求的方案。具体来说，如果简单工厂模式能解决，就不用工厂方法模式；如果工厂方法模式能解决，就不用抽象工厂模式**。在我们目前的小游戏项目中，简单工厂模式已经足够满足需求，后面两个模式的实现主要是为了进行 PBL 实战练习而介绍的。

本节源码目录参见：disc/ 第 10 章 /10.1/10.1.2。

本课小结

这节课应用了工厂方法模式和抽象工厂模式，我们的项目代码比之前更加合理和易于维护了。即使没有阅读项目的重构说明，仅从源码本身来看也不难理解项目架构。

设计模式是一种通用的架构思想，理解了设计模式，自然也更容易理解应用了设计模式的代码。举个例子，如果在源码中看到名为 getInstance 的静态方法，自然就想到这是单例模式；如果在源码中看到 XxxFactory 这样的字样，自然就想到工厂方法模式和抽象工厂模式，在 25 个经典的设计模式中只有这两个模式名字中带有 Factory 字样。

第 29 课　设计模式重构四：建造者模式、命令模式和原型模式

第 28 课应用工厂方法模式和抽象工厂模式进行了重构，这节课尝试应用建造者模式、命令模式和原型模式。

使用建造者模式构建页面对象

建造者模式（Builder Pattern）是一种创建型模式，有时也叫生成者模式。该模式可以将一类复杂产品的建造过程以一定的顺序分解成多个子步骤。每个具体产品的创造都会遵循同样的流程，但因为每一个步骤的具体实现不相同，因此构建出的产品会呈现出不同的样子和行为。

在我们的小游戏项目中，目前最有可能应用建造者模式的是页面对象。两个页面GameOverPage和GameIndexPage拥有的页面元素不同，正好使用建造者模式，下面在统一的流程下，用不同的子步骤进行构建。

建造者模式主要有如下3个部分。

- Product：产品类，生产的目标。
- Builder：建造者类，定义共性部分。
- Director：建造指挥者类，操控个性部分。

在这一节中，产品类（Product）是页面对象（已经有了），需要创建的是建造者类Builder和建造指挥者类Director。

一般游戏都分为前景、中景和背景3部分，接下来可以将游戏页面的创建分为前景创建、中景创建和背景创建3部分，这是我们创建页面的子步骤。

首先，创建一个建造者基类PageBuilder，这个基类是作为接下来的两个具体子类的父类而存在的。在这个基类里，我们要定义创建页面对象的3个基本步骤，具体如代码清单10-3所示。

代码清单 10-3 创建页面建造者基类

```
1.  // JS: src\views\page_builder.js
2.  /** 页面建造者基类 */
3.  class PageBuilder {
4.    constructor(page) {
5.      this.page = page
6.    }
7.
8.    page
9.
10.   /** 创建背景 */
11.   buildBackground() { }
12.   /** 创建中景（游戏元素）*/
13.   buildGameElements() { }
14.   /** 创建前景 */
15.   buildForeground() { }
16.
17.   /** 返回建造完的产品对象 */
18.   getPage() {
19.     return this.page
20.   }
21. }
22.
23. export default PageBuilder
```

在这个建造者类中，我们要关注以下几点。

- 第 11 行至第 15 行有 3 个基本的构建方法，buildBackground 负责构建背景、buildGameElements 负责构建中景（游戏元素）、buildForeground 负责构建前景。但这三个方法只是“虚”方法，具体的实现要在子类中完成。
- 第 18 行，getPage 返回创建好的页面对象。

如果有两个子页面类都需要调用的构建代码，也适合放在这个基类中。

接下来创建一个具体的建造者类 GameIndexPageBuilder，负责构建游戏主页，如代码清单 10-4 所示。

代码清单 10-4　创建建造者类 GameIndexPageBuilder

```
1.  // JS: src\views\game_index_page_builder.js
2.  import PageBuilder from "page_builder.js"
3.  import bg from "background.js" // 导入背景对象
4.  import ball from "ball.js" // 导入小球单例
5.  import leftPanel from "left_panel.js" // 导入左挡板
6.  import rightPanel from "right_panel.js" // 导入右挡板
7.  import userBoard from "user_board_boxed.js" // 导入用户记分板
8.  import systemBoard from "system_board.js" // 导入系统记分板
9.  import audioManager from "../managers/audio_manager.js" // 音频管理者单例
10.
11. /** 游戏主页对象建造者 */
12. class GameIndexPageBuilder extends PageBuilder {
13.   /** 创建背景 */
14.   buildBackground() {
15.     this.addElement(bg)
16.   }
17.
18.   /** 创建中景 */
19.   buildGameElements() {
20.     // 初始化小球
21.     ball.init()
22.     // 初始化挡板
23.     leftPanel.init({ context: options.context })
24.     rightPanel.init({ context: options.context })
25.     // 初始化用户记分板
26.     userBoard.init()
27.     // 添加子元素
28.     this.addElement(rightPanel)
29.       .addElement(leftPanel)
30.       .addElement(userBoard)
31.       .addElement(systemBoard)
32.       .addElement(ball)
33.   }
34.
35.   /** 构建前景 */
36.   buildForeground() {
37.     this.addElement(audioManager)
38.   }
39. }
```

```
40.
41. export default GameIndexPageBuilder
```

在这个具体的子类中，重写了父类中的3个基本的“虚”方法。这3个方法中的代码基本来自原 game_index_page.js 文件中的 init 方法。

接下来创建一个游戏结束页面建造者类 GameOverPageBuilder：

```
1.  // JS: src\views\game_over_page_builder.js
2.  import PageBuilder from "page_builder.js"
3.  import { GameOverText } from "game_over_page.js"
4.
5.  /** 游戏主页对象建造者 */
6.  class GameOverPageBuilder extends PageBuilder {
7.    /** 创建中景 */
8.    buildGameElements() {
9.      this.addElement(new GameOverText())
10.   }
11. }
12.
13. export default GameOverPageBuilder
```

游戏结束页面不像游戏主页那样复杂，只重写一个构建中景的“虚”方法就可以了。注意，第3行导入的 GameOverText 现在是没有导出的，我们需要修改 game_over_page.js 文件来实现，代码如下：

```
1.  // JS: src\views\game_over_page.js
2.  ...
3.  /** 游戏结束文本 */
4.  export class GameOverText extends Component {
5.    ...
6.  }
7.  ...
8.  export default GameOverPage
```

可以看到，只需要在第4行的 class 前加上 export 就可以了，其他代码不需要修改。这不是默认导出，也不影响第8行的默认导出，在其他文件中导入 GameOverText 类时，需要加上花括号。

最后是创建建造指挥者类 PageBuildDirector，如代码清单10-5所示。

代码清单 10-5 创建建造指挥者类

```
1.  // JS: src\views\page_build_director.js
2.  import GameIndexPage from "game_index_page.js"
3.  import GameOverPage from "game_over_page.js"
4.  import GameIndexPageBuilder from "game_index_page_builder.js"
5.  import GameOverPageBuilder from "game_over_page_builder.js"
6.
7.  /** 建造指挥者 */
8.  class PageBuildDirector {
9.    /** 根据名称构建页面 */
10.   static buildPage(pageName) {
```

```
11.     let builder
12.     switch (pageName) {
13.       case "index": {
14.         builder = new GameIndexPageBuilder(new GameIndexPage())
15.         break
16.       }
17.       case "gameOver":
18.       default: {
19.         builder = new GameOverPageBuilder(new GameOverPage())
20.         break
21.       }
22.     }
23.     builder.buildBackground()
24.     builder.buildGameElements()
25.     builder.buildForeground()
26.
27.     return builder.getPage()
28.   }
29. }
30.
31. export default PageBuildDirector
```

在面向对象编程中，对象不一定要被实例化，有时使用静态方法就可以达到目的。在这个建造指挥者类中，只有一个静态方法 buildPage，这个静态方法中的 switch 有两个 case：一个负责构建主页，另一个负责构建游戏结束页，无论是构建哪个页面，它们的构建顺序和构建方法是一致的（第 23 行至第 25 行）。

接下来就是修改消费代码，下面使用已经完成的建造者模式代码来修改 game.js 文件，具体如下：

```
1.  // JS: disc\第 10 章\10.2\10.2.1\game.js
2.  ...
3.  // import PageFactory from "src/views/page_abstract_factory.js" // 导入页面抽象工厂
4.  import PageBuildDirector from "src/views/page_build_director.js" // 导入页面建造指挥者
5.
6.  /** 游戏对象 */
7.  class Game extends EventDispatcher {
8.    ...
9.
10.   /** 游戏换页 */
11.   turnToPage(pageName) {
12.     ...
13.     // this.#currentPage = PageFactory.createPage(pageName, { game: this, context: this.#context })
14.     this.#currentPage = PageBuildDirector.buildPage(pageName, { game: this, context: this.#context })
15.     ...
16.   }
```

```
17.    ...
18. }
19. ...
```

上面的代码只有两处修改。

- 第 4 行，由导入页面抽象工厂修改为导入页面建造指挥者。
- 第 14 行，调用页面建造指挥者的 buildPage 方法开始创建并实例化页面对象。

重新编译运行，游戏的运行效果与之前一致。

最后总结一下，本节应用了建造者模式，使用两个页面建造者类 GameIndexPageBuilder 和 GameOverPageBuilder 分别完成游戏主页和游戏结束页面的构建。每个页面含有的页面元素不同，具体的构建过程也不尽相同，但拥有相同的“先背景、后中景、再前景”的构建顺序，我们将该构建顺序通过建造者模式固定了下来。

因为我们的游戏很简单，页面也很简单，难以彰显建造者模式的强大，在一个拥有大量复杂对象的软件中，建造者模式的作用会更加明显。

本节源码目录参见：disc/ 第 10 章 /10.2/10.2.1。

拓展：如何理解建造者模式、抽象工厂模式与模板方法模式

建造者模式、抽象工厂模式与模板方法模式都已经在项目中应用过了，有人觉得它们很像，其实它们也有差别，不然就不会是 3 个独立的设计模式了。

设计模式有行为型模式、结构型模式和创建型模式之分。其中行为型模式是约束对象之间的行为的，结构型模式是约束对象之间的组织关系的，创建型模式是帮助开发者创建对象的。这 3 个类别分别控制了对象从创建（创建型）到放置（结构型），再到交互（行为型）的所有方面。

建造者模式和抽象工厂模式，都属于创建型模式，它们的目的都是为了创建对象；而模板方法模式则属于行为型模式，它是用于控制对象的行为的。以上是从模式类型上来看这 3 种模式之间的区别。

抽象工厂模式是在工厂方法模式的基础上发展过来的，后者是在父类中提供一个创建对象的方法，在子类中决定对象实例化时的具体类型，但这种模式不适合用来创建行为与属性复杂的产品对象，于是就有了抽象工厂模式。在抽象工厂模式中，在子类中决定对象实例化的不是一个方法，而是一系列相关对象及其方法。

建造者模式与抽象工厂模式的区别在于，建造者有一个建造指挥者对象，由其指挥对象的创建。而在抽象工厂模式中，并没有指挥者这个角色。

本节示例以 PageBuilder 为基类，实现了 GameIndexPageBuilder 和 GameOverPageBuilder 两个具体的建造者子类，对这两个子类的使用是在建造指挥者 PageBuildDirector 类中完成的。之所以分成两个建造子类，是为了在遵循相同构建步骤的前提下，分别完成不同页面对象的构建。

使用命令模式绘制分界线

这一节我们尝试应用命令模式（Command Pattern）。什么是命令模式？**命令模式是一种行为**

设计模式，它将一个请求动作转换为一个包含了所有请求相关信息的独立对象。该转换让开发者可以根据不同的请求将请求方法参数化、延迟请求的执行或将其放入执行队列中，且能实现可撤销操作。

换一种说法，命令模式是将在某个时间点执行的方法和参数固化为一个对象，然后换个时间在另外一个地方执行。一般在命令模式中，都有一个代表执行命令的execute方法。每个命令都有一个发布者和接收者，**如果没有命令对象，发布者会直接调用接收者；有了命令对象，发布者和接收者之间就可以降低甚至消除耦合。**

在我们目前的项目中，有许多地方都可以应用命令模式，只要两个对象之间有调用行为，就可以把调用抽象为一个命令对象。接下来我们尝试将两个地方的操作命令化，一个是播放单击音效的任务对象（Task），另一个是在Background中绘制分界线的操作。

为了让其他对象可以感知命令对象的状态变化，我们让所有命令对象都继承Event-Dispatcher对象。先来看一下命令基类Command，如代码清单10-6所示。

代码清单10-6　创建命令基类

```
1. // JS: src\libs\command.js
2. import EventDispatcher from "event_dispatcher.js"
3.
4. /** 命令 */
5. class Command extends EventDispatcher {
6.   /** 是否已经完成 */
7.   get complete() {
8.     return this.$complete
9.   }
10.   $complete = false
11.
12.   /** 执行 */
13.   execute() { }
14.
15.   /** 标识命令完成 */
16.   markAsComplete() {
17.     this.$complete = true
18.     this.emit("complete")
19.   }
20. }
21.
22. export default Command
```

Command类可以看作是一个“虚拟”类，它只有一个什么也不做的方法execute（第13行），并且这个方法也没有参数，**命令执行时需要的具体参数可以在子类属性中定义。**第16行至第19行的markAsComplete方法用于标记命令完成。

既然已经有了命令对象，那么就可以把原来已经定义的任务对象改造一下了，如代码清单10-7所示。

代码清单10-7　使用命令改造任务对象

```
1. // JS: src\libs\task.js
2. import Command from "command.js"
```

```
3.
4.  /** 任务对象 */
5.  class Task extends Command {
6.    /** 播放单击音频 */
7.    static PLAY_HIT_AUDIO = "playHitAudio"
8.
9.    constructor(name, processor = null) {
10.     super()
11.     this.name = name
12.     this.#processor = processor
13.   }
14.
15.   /** 任务名称 */
16.   name
17.   /** 任务是否完成 */
18.   // isDone = false
19.   get isDone() {
20.     return this.$complete
21.   }
22.   set isDone(v) {
23.     if (v) this.markAsComplete()
24.   }
25.   /** 任务执行者 */
26.   #processor
27.
28.   /** 发出这个任务
29.    * @param {EventDispatcher} processor 任务的起点，是一个事件派发者
30.    */
31.   sendOutBy(processor) {
32.     this.#processor = processor
33.     // processor.emit?.(this.name, this)
34.     this.execute()
35.   }
36.
37.   execute() {
38.     this.#processor.emit?.(this.name, this)
39.   }
40. }
41.
42. export default Task
```

isDone 和 sendOutBy 在原代码中都有用到，必须保留，在这个原则下，主要的改动有如下3处。

- 第19行至第24行将原来的公开属性 isDone 注释掉，取而代之的是名为 isDone 的访问器（getter，第19行）和设置器（setter，第22行），它们是通过父类中的 $complete 属性实现的。
- 第31行的 sendOutBy 不再直接派发事件，而是将第33行的 emit 代码移植到第37行的 execute 方法内。
- 执行者对象 #processor 原来是在调用 sendOutBy 方法时传递进来的，现在将 Task 改造为 Command 之后，在构造器内需要将 processor 传递进来（第9行）。

这个改造不会影响原消费代码的运行，但会让任务对象变成一个命令对象，并且可以像一个标准的命令对象那样在命令集合中运行。

接下来我们创建一个绘制分界线的命令对象，如代码清单 10-8 所示。

代码清单 10-8　创建绘制分界线的命令对象

```
1.  // JS: src\libs\draw_line_command.js
2.  import Command from "command.js"
3.
4.  /** 绘制分界线的命令 */
5.  class DrawLineCommand extends Command {
6.    constructor(context, startX, startY, gap = 10) {
7.      super()
8.      this.#context = context
9.      this.#startX = startX
10.     this.#startY = startY
11.     this.#gap = gap
12.   }
13.
14.   /** 起始 X 坐标 */
15.   #startX
16.   /** 起始 Y 坐标 */
17.   #startY
18.   /** 线段间隔 */
19.   #gap
20.   /** 渲染上下文对象 */
21.   #context
22.
23.   execute() {
24.     this.#context.moveTo(this.#startX, this.#startY)
25.     this.#context.lineTo(this.#startX, this.#startY + this.#gap)
26.     this.markAsComplete()
27.   }
28. }
29.
30. export default DrawLineCommand
```

在这个文件中，第 15 行至第 21 行都是命令执行时需要用到的参数。这样大费周章，只为了执行第 24 行、第 25 行的代码吗？稍后在消费代码处可以看到，将代码中用到的数据参数化，是为了复用命令对象类型。

接下来我们看一下如何在 Background 对象中应用这个命令对象（DrawLineCommand），如代码清单 10-9 所示。

代码清单 10-9　在 Background 对象中应用命令模式

```
1.  // JS: src\views\background.js
2.  import DrawLineCommand from "../libs/draw_line_command.js"
3.
4.  /** 背景对象 */
5.  class Background {
6.    ...
7.
8.    /** 渲染 */
```

```
9.     render(context) {
10.      ...
11.      for (var i = 0; ; i++) {
12.        ...
13.        let y = posY
14.        // set.add(() => {
15.        //   this.#drawLine(context, startX, y)
16.        // })
17.        set.add(new DrawLineCommand(context, startX, y))
18.        ...
19.      }
20.      context.beginPath()
21.      // for (let f of set) f() // 循环元素调用函数，这个位置仍然可以访问文件变量 posY
22.      for (let c of set) c.execute()
23.      ...
24.    }
25.
26.    /** 独立的绘制直线函数 */
27.    // #drawLine(context, x, y) {
28.    //   context.moveTo(x, y)
29.    //   context.lineTo(x, y + 10)
30.    // }
31. }
32.
33. export default new Background()
```

在这个消费代码的改造中：

- 第 17 行先将所有绘制步骤实例化为一个个命令对象，然后将它们依次推入一个 Set 集合中。
- 第 22 行将 set 中的所有子命令对象循环执行。

重新编译测试，游戏的运行效果与之前是一样的。

分界线的绘制效果没有变化，这样做并不能提高绘制性能。稍后在复合指令模式中还会再次用到这个命令对象（DrawLineCommand）。

最后总结一下，命令模式是将动作看作对象，将执行动作的执行者、方法和参数用一个对象封装起来，以便在需要的时候使用。**动作对象化是面向对象软件设计中的基本技巧之一。一切皆为对象，对象是对象，对象之间的动作也可以看作对象。**

本节源码目录参见：disc/ 第 10 章 /10.2/10.2.3。

使用原型模式复制对象

原型模式（Prototype Pattern）是一种创建型设计模式，该模式可以使开发者在复制已有对象时无须依赖被复制对象所属的类。

在 JS 中，所有对象都有一个 prototype 属性，通过这个属性我们可以轻松地扩展对象原本没有的属性。先来看一下如何利用 prototype 属性创建新的命令对象（DrawLineCommand）实例，如代码清单 10-10 所示。

代码清单 10-10 使用 prototype 属性创建命令对象实例

```
1.  // JS: src\views\background.js
2.  ...
3.
4.  /** 背景对象 */
5.  class Background {
6.    ...
7.
8.    /** 渲染 */
9.    render(context) {
10.     ...
11.     let posY = 0
12.       , set = new Set()
13.       , drawLineCommandInstance = new DrawLineCommand(context, 0, 0)
14.       , OtherDrawLineCommandClass = () => { }
15.     OtherDrawLineCommandClass.prototype = drawLineCommandInstance
16.     for (var i = 0; ; i++) {
17.       ...
18.       // set.add(new DrawLineCommand(context, startX, y))
19.       const c = new OtherDrawLineCommandClass()
20.       c.#context = context
21.       c.#startX = startX
22.       c.#startY = y
23.       set.add(c)
24.       ...
25.     }
26.     ...
27.   }
28. }
29.
30. export default new Background()
```

上面的代码发生的改动如下。

- 第 14 行通过一个空的箭头函数创建了一个空的对象类型 OtherDrawLineCommandClass，第 15 行是为它的 prototype 属性赋值，所赋的值为 DrawLineCommand 的实例 drawLineCommandInstance。将 prototype 赋值为一个什么样的对象，就代表 prototype 拥有什么样对象的属性和方法。在这里要注意区分 prototype 等号的右边是实例还是对象类型，如果赋值为 DrawLineCommand，那么 OtherDrawLineCommandClass 继承的便是一个 class 拥有的属性和方法。
- 第 19 行，在 prototype 扩展完成以后，通过 OtherDrawLineCommandClass 创建了实例，这时这个实例拥有的属性 context、startX 和 startY 都是源自 drawLineCommandInstance 实例的默认值。
- 第 20 行至第 22 行，手动更改新实例 c 中的属性值。每个实例 c 指向的并不是同一个内存地址，所以它们可以拥有不同的属性值。

这个示例中的改动只是为了说明如何使用 JS 的 prototype 属性，代码本身结构并不比原来的清晰。

保存代码，编译测试，调试区报出了如下错误：

```
TypeError: attempted to use private field on non-instance
```

这是因为以“#”开头的属性是私有属性，在外部是不能修改的。而通过 prototype 属性实例化的对象都具有相同的默认值，我们必须修改每个实例的属性。在这种情况下，可以修改 DrawLineCommand 的实现，以达到修改绘制对象属性的可见性的目的，具体如代码清单 10-11 所示。

代码清单 10-11 修改绘制对象属性的可见性

```
1.  // JS: src\libs\draw_line_command.js
2.  import Command from "command.js"
3.
4.  /** 绘制分界线的命令 */
5.  class DrawLineCommand extends Command {
6.    constructor(context, startX, startY, gap = 10) {
7.      super()
8.      this.context = context
9.      this.startX = startX
10.     this.startY = startY
11.     this.gap = gap
12.   }
13.
14.   /** 起始 X 坐标 */
15.   startX
16.   /** 起始 Y 坐标 */
17.   startY
18.   /** 线段间隔 */
19.   gap
20.   /** 渲染上下文对象 */
21.   context
22.
23.   execute() {
24.     this.context.moveTo(this.startX, this.startY)
25.     this.context.lineTo(this.startX, this.startY + this.gap)
26.     this.markAsComplete()
27.   }
28. }
29.
30. export default DrawLineCommand
```

将文件中的所有“#”删除，同时将 Background 类中 3 行代码的“#”也删除：

```
1.  c.context = context
2.  c.startX = startX
3.  c.startY = y
```

再次编译测试，效果已经正常了，与之前一致。

除了 prototype 以外，JS 中还有一个原型属性 __proto__，使用它同样可以达到复制对象的目的，接下我们看另一种使用原型复制对象的示例，如代码清单 10-12 所示。

代码清单 10-12 使用 __proto__ 属性复制命令实例

```
1.  // JS: src\views\background.js
2.  ...
```

```
3.
4.  /** 背景对象 */
5.  class Background {
6.    ...
7.
8.    /** 渲染 */
9.    render(context) {
10.     ...
11.     let posY = 0
12.       , set = new Set()
13.       , drawLineCommandInstance = new DrawLineCommand(context, 0, 0)
14.       // , OtherDrawLineCommandClass = () => { }
15.     // OtherDrawLineCommandClass.prototype = drawLineCommandInstance
16.     for (var i = 0; ; i++) {
17.       ...
18.       // const c = new OtherDrawLineCommandClass()
19.       const c = {}
20.       c.__proto__ = drawLineCommandInstance
21.       c.context = context
22.       c.startX = startX
23.       c.startY = y
24.       set.add(c)
25.       ...
26.     }
27.    ...
28.   }
29. }
30.
31. export default new Background()
```

上述示例进行了如下改动。

- 第 14 行和第 15 行被注释掉了，不再需要 OtherDrawLineCommandClass 这个伪类。
- 第 19 行直接通过 {} 创建一个空对象，然后将它的 __proto__ 属性设置为 drawLineCommandInstance，这样就完成了对象的复制。

这样是不是更简单了？在这个示例中，我们想将 c 复制为 DrawLineCommand 的实例，只需要知道它的一个实例 drawLineCommandInstance 就可以了，而不必知道类 DrawLineCommand，这就是原型模式定义中所讲的“无须依赖被复制对象所属的类”。

这两个原型示例效果是等同的，不同之处在于用的原型属性不同。通过代码不难看出，__proto__ 是实例原型属性，是为了给具体的实例对象设置原型的，设置以后只对这一个实例有影响；而 prototype 是类型原型属性，是为了给一个类型（class）设置原型而使用的，设置之后这个类型的所有实例都会受到影响。

在 JS 中一切皆为对象，所有对象都有原型，它有一条潜在的原型链，我们通过下面这段代码了解一下：

```
1.  function Foo() { }
2.  let f1 = new Foo(), f2 = new Foo()
3.  let o1 = new Object(), o2 = new Object()
4.  console.log(f1, f2)
```

```
5.  console.log(o1, o2)
```

在上面的代码中：

- 第 1 行的 Foo 是 Function 类型，当它放在关键字 new 后面时（第 2 行），它就是对象 Foo 的构造器。
- 第 2 行，实例 f1、f2 的 __proto__ 属性指向 Foo.prototype，而 Foo.prototype 的 __proto__ 属性又指向 Object.prototype。Foo.prototype 和 Object.prototype 在这里分别代表 Foo、Object 对象类型本身。
- 第 3 行，由于另外一组变量 o1、o2 的对象类型是 Object，因此原型链长度比 f1、f2 短了一级。

在 JS 中，除了 Object 对象本身以外，所有的对象都有一个非空的 __proto__ 属性。通过下图可以更加清晰地了解它们之间的原型链关系。

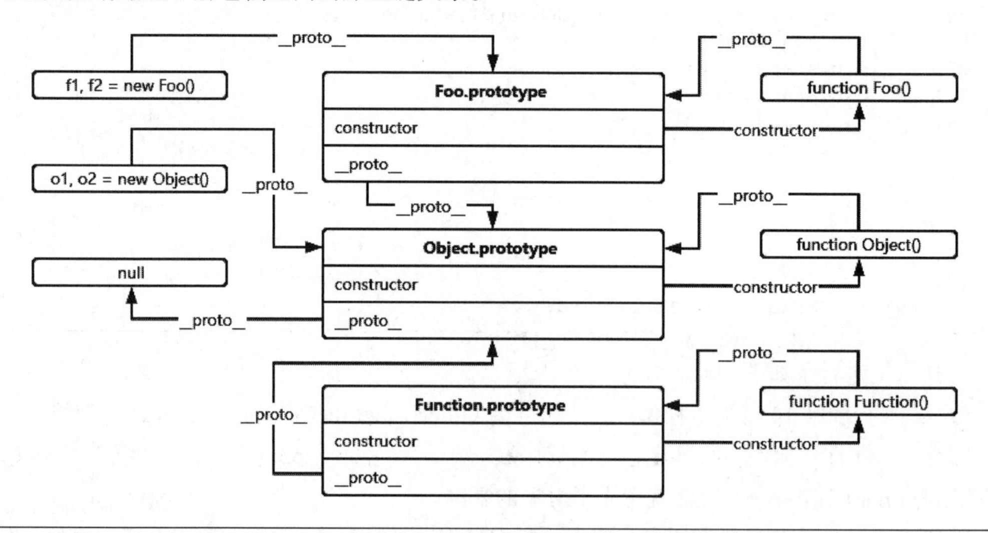

注意：严格来说，__proto__ 并不是实例属性，它是在 Object.prototype 上定义的，是一个 getter、setter 存取属性，封装的是对实例的私有属性 [[Prototype]] 的访问。

本节源码目录参见：disc/ 第 10 章 /10.2/10.2.4。

拓展：JS 如何实现浅复制与深复制

接下来我们看一个相关问题。上一节通过 __proto__ 属性或 prototype 属性实现了对象的复制，除了这种方式以外，还有没有其他更为通用的方法实现对象的复制呢？

我们来看一段代码：

```
1.  // JS: src\utils.js
2.  /** 浅复制对象 */
3.  export default function copy(source) {
4.    let res = {}
```

```
5.     for (var key in source) {
6.       res[key] = source[key]
7.     }
8.     return res
9.   }
10. ...
```

这是一个工具方法，它通过遍历对象的可枚举属性，达到了复制对象的目的。

但是这个方法有缺陷，我们都知道，在 JS 中像 Number、Boolean、String 这些基本类型都是值类型，而像 Object、Array、Date、RegExp 这些类型都是引用类型，**当我们通过遍历对象属性的方法复制对象时，如果对象的属性是引用类型，那么复制后的对象属性和源属性指向的是同一个内存地址，修改其中一个，另一个也会发生变化。**

仅复制了值类型，而没有复制引用类型，这种复制便是浅复制。

除了上面这个自定义的复制方法之外，JS 本身也提供了一个 Object.assign 方法来实现简单对象的浅复制：

```
Object.assign(target, ...sources)
```

Object.assign 方法只会复制源对象自身的并且可枚举的属性到目标对象中，这个方法及上面的复制方法，只适合复制有“一层”值类型属性、没有嵌套的简单对象。

与浅复制相反，既能复制值类型，也能复制引用类型，同时支持嵌套复制的是深复制。

接下来我们看一看深复制如何实现，如代码清单 10-13 所示。

代码清单 10-13　实现深复制方法

```
1.  // JS: src\libs\clone.js
2.  // 通过扩展原型，实现对象的深复制
3.  if (!Object.prototype.clone) {
4.    Array.prototype.clone = function () {
5.      let sourceArr = this.valueOf()
6.      let newArr = []
7.      for (let j = 0; j < sourceArr.length; j++) {
8.        newArr.push(sourceArr[j].clone())
9.      }
10.     return newArr
11.   }
12.
13.   Boolean.prototype.clone = function () {
14.     return this.valueOf()
15.   }
16.   Number.prototype.clone = function () {
17.     return this.valueOf()
18.   }
19.   String.prototype.clone = function () {
20.     return this.valueOf()
21.   }
22.
23.   Date.prototype.clone = function () {
24.     return new Date(this.valueOf())
25.   }
26.   RegExp.prototype.clone = function () {
```

```
27.     let pattern = this.valueOf()
28.     let flags = ""
29.     flags += pattern.global ? "g" : ""
30.     flags += pattern.ignoreCase ? "i" : ""
31.     flags += pattern.multiline ? "m" : ""
32.     return new RegExp(pattern.source, flags)
33.   }
34.   Function.prototype.clone = function () {
35.     let that = this
36.     let temp = function () {
37.       return that.apply(this, arguments)
38.     }
39.     for (let key in this) {
40.       if (this.hasOwnProperty(key)) {
41.         temp[key] = this[key]
42.       }
43.     }
44.     return temp
45.   }
46.   Object.prototype.clone = function () {
47.     let Constructor = this.constructor
48.     let obj = new Constructor()
49.
50.     for (let attr in this) {
51.       if (this.hasOwnProperty(attr)) {
52.         if (this[attr] === null) {
53.           obj[attr] = null
54.         } else if (!!this[attr].clone()) {
55.           obj[attr] = this[attr].clone()
56.         } else {
57.           obj[attr] = this[attr]
58.         }
59.       }
60.     }
61.     return obj
62.   }
63. }
```

在这个文件中，我们对JS中的基本类型Array、Boolean、Number、String、Date、RegExp、Function和Object实现了原型扩展，在原型对象上针对每个类型都实现了一个clone方法。第50行至第60行，Object类型的复制是通过循环调用所有基本类型（调用clone方法）实现的。

clone的使用方法很简单。因为我们是通过prototype原型扩展的clone方法，所以任何一个对象的实例都有clone方法，在导入该文件后（让其先执行，以使原型扩展代码生效），复制对象时直接在对象上调用clone方法就可以了。

下面来看一下如何使用的示例，如代码清单10-14所示。

代码清单 10-14 测试深复制方法

```
1.  import "./clone.js"
2.
3.  // 测试代码
```

```
4.  let obj1 = {
5.    name: "Beijing",
6.    date: new Date(),
7.    desc: null,
8.    reg: /^LY$/,
9.    arr: ["a", 1, true],
10.   fn: function (a, b) {
11.     this.n = this.n || 1
12.     console.log(++this.n + a + b, this.name)
13.   }
14. }
15.
16. let obj2 = obj1.clone()
17. obj2.name = "Bj"
18. obj1.fn(1, 2) // 输出：5 'Beijing'
19. obj2.fn(1, 2) // 输出：5 'Bj'
20. obj2.fn(1, 2) // 输出：6 'Bj'
21. console.log(obj1.fn === obj2.fn) // 输出：false
```

测试输出如下：

```
1.  5 'Beijing'
2.  5 'Bj'
3.  6 'Bj'
4.  false
```

在上面的测试代码中，obj1.fn 与 obj2.fn 的首次调用打印的数字都是 5，但打印的 name 属性不同，这表明它们指向的对象并不是同一个内存地址。而当 obj2.fn 发生第二次调用时，虽然参数相同，但这次打印的数字是 6，这是正常的，因为 this.n 递增了。最后一行输出 false，代表两个引用类型对象的 fn 指向的并不是同一个内存地址，可见，深复制成功了。

在 JS 中如何复制对象呢？最后总结一下，**对某一类对象的复制，最方便的方法是使用 prototype；而临时对某一个复杂对象进行深复制，建议使用本节介绍的深复制方法 clone；复制一个简单对象时，适合直接使用 JS 原生的 Object.assign 方法。**

本节源码目录参见：disc/ 第 10 章 /10.2/10.2.5。

本课小结

这节课介绍了建造者模式、命令模式和原型模式，并在实践中学习了如何复制对象。

第 30 课　设计模式重构五：复合命令模式、迭代器模式和享元模式

这节课我们尝试应用复合命令模式、迭代器模式和享元模式。

使用复合命令模式重构 GameOverPage

复合命令模式（Complex Command Pattern）是在命令模式的基础上发展起来的，它包括两

个集合命令对象：串发命令和并发命令。**串发命令指子命令依次执行，最后一个命令执行完代表整体执行完成；并发命令指所有子命令一起并发执行，执行时间最长的命令执行完代表整体命令执行完成。**

复合命令模式是命令模式的扩展，它不属于 23 个经典设计模式，但在研发中有普遍的应用。下面来看一个示例。首先，创建一个复合命令对象的基类，如代码清单 10-15 所示。

代码清单 10-15 创建复合命令对象的基类

```
1.  // JS: src\libs\command_group.js
2.  import Command from "command.js"
3.
4.  /** 复合命令基类 */
5.  class CommandGroup extends Command {
6.    constructor(subCommands = []) {
7.      super()
8.      this.subCommands = subCommands
9.    }
10.
11.   /** 子命令集合 */
12.   subCommands
13.
14.   /** 添加子命令 */
15.   addCommand(c) {
16.     this.subCommands.push(c)
17.     return this
18.   }
19.
20.   /** 移除子命令 */
21.   removeCommand(c) {
22.     const index = this.subCommands.indexOf(c)
23.     if (index) this.subCommands.splice(index, 1)
24.     return this
25.   }
26.
27.   /** 重设所有子命令对象状态 */
28.   resetAllSubCommands() {
29.     this.subCommands.forEach(c => c.off("complete"))
30.     return this
31.   }
32. }
33.
34. export default CommandGroup
```

上面的代码都发生了什么呢？

- 第 12 行的基类持有一个子命令数组。
- 第 15 行至第 31 行依次定义了添加（addCommand）、移除（removeCommand）、重设（resetAllSubCommands）子命令的方法。在接下来的演示中，只会用到 addCommand 方法，但这并不代表另外两个方法没有用。事实上，移除与重设这两个方法在需要重设子命令并重新执行复合命令时才有用。

注意：resetAllSubCommands 这个方法稍后会被重构，虽然换了个名字，但它的功能不变。

接下来我们在基类的基础上创建一个串发复合命令，如代码清单 10-16 所示。

代码清单 10-16　创建串发复合命令

```
1.  // JS: src\libs\serial_command_group.js
2.  import CommandGroup from "command_group.js"
3.
4.  /** 串发复合命令，子命令依次执行，直至所有子命令完成 */
5.  class SerialCommandGroup extends CommandGroup {
6.    /** 当前执行的子命令索引 */
7.    #currentIndex = -1
8.
9.    execute() {
10.     const executeNextCommand = () => {
11.       if (++this.#currentIndex < this.subCommands.length) {
12.         const c = this.subCommands[this.#currentIndex]
13.         c.once("complete", () => {
14.           executeNextCommand()
15.         })
16.         c.execute()
17.       } else {
18.         this.markAsComplete()
19.       }
20.     }
21.     executeNextCommand()
22.   }
23.
24.   resetAllSubCommands() {
25.     super.resetAllSubCommands()
26.     this.#currentIndex = -1
27.   }
28. }
29.
30. export default SerialCommandGroup
```

上面的代码都做了什么呢？

- 串发命令的关键在于子命令是依次执行的，只有在上一个子命令执行完成以后，才会启动下一个子命令。
- 第 13 行的复合对象会感知子命令是否完成，而这是通过监听一个名为 complete 的事件完成的，这也是之前我们让 Command 类继承 EventDispatcher 的原因。
- 第 24 行，resetAllSubCommands 方法负责重设复合命令的状态，这里先调用了父方法，这是一种在子类方法中增加逻辑代码的常用技巧。
- 第 18 行，在最后一个子命令对象完成以后，若无子命令可执行，则调用 markAsComplete 方法来标记命令对象已完成，这个方法是在 Command 类上定义的。

串发复合命令本身也继承自 Command，它也可以作为一个子命令添加到另一个复合命令集合中。在串发复合命令完成的时候，也会派发 complete 事件，这个事件同样可以被它的父复合命令对象监听到。是不是感觉与组合模式很像？从这个意义上讲，复合命令模式是命令模式+组合模式的合体。

接下来来看并发命令集合对象的实现，如代码清单 10-17 所示。

代码清单 10-17　创建并发复合命令集合对象

```
1.  // JS: src\libs\parallel_command_group.js
2.  import CommandGroup from "command_group.js"
3.
4.  /** 并发复合命令，所有子命令一起执行，直至最后一个子命令完成 */
5.  class ParallelCommandGroup extends CommandGroup {
6.    #completedNumber = 0
7.
8.    execute() {
9.      this.subCommands.forEach(c => {
10.       c.once("complete", () => {
11.         if (++this.#completedNumber >= this.subCommands.length) {
12.           this.markAsComplete()
13.         }
14.       })
15.       c.execute()
16.     })
17.   }
18.
19.   resetAllSubCommands() {
20.     super.resetAllSubCommands()
21.     this.#completedNumber = 0
22.   }
23. }
24.
25. export default ParallelCommandGroup
```

在并发复合命令对象中，所有的子命令对象都是同时开始执行的，每完成一个子命令，completedNumber 的值加 1，直到所有子命令完成后才会调用 markAsComplete 方法（第 12 行）派发 complete 事件。

上一节使用命令对象改写背景分界线的绘制代码时，创建了一个新的命令对象 DrawLineCommand。如果每改写一段代码就创建一个新的对象，那么会给开发带来额外的负担。接下来我们创建一个可以执行闭包函数的通用命令对象，如代码清单 10-18 所示。

代码清单 10-18　创建闭包函数命令对象

```
1.  // JS: src\libs\closure_func_command.js
2.  import Command from "command.js"
3.
4.  /** 执行一个闭包函数的命令 */
5.  class ClosureFunctionCommand extends Command{
6.    constructor(closure, thisRef = null){
7.      super()
8.      this.#closure = closure
9.      this.#thisRef = thisRef
10.   }
11.
```

```
12.   #closure
13.   #thisRef
14.
15.   execute(){
16.     this.#closure.call(this.#thisRef)
17.   }
18. }
19.
20. export default ClosureFunctionCommand
```

这个命令对象在构造时可以传入一个闭包函数和一个this对象的指针，后者只会在闭包函数代码中使用了this关键字时才需要传递，一般情况下不需要传递。有些闭包函数的代码不涉及异步线程，没有异步等待的时间，它们是同步的，在这种场景下可使用另一个扩展的同步闭包命令对象：

```
1.  // JS：src\libs\sync_closure_function_command.js
2.  import ClosureFunctionCommand from "closure_function_command.js"
3.
4.  /** 执行不占用时间的同步闭包命令，执行后马上完成 */
5.  class SyncClosureFunctionCommand extends ClosureFunctionCommand {
6.    execute() {
7.      super.execute()
8.      this.markAsComplete()
9.    }
10. }
11.
12. export default SyncClosureFunctionCommand
```

现在准备工作已经完成了，我们开始应用已经创建好的复合命令。目前在GameOverPage类中有一个start方法，具体代码如下：

```
1.  /** 进入页面时要执行的代码 */
2.  start() {
3.    super.start()
4.    // 游戏结束的模态弹窗提示
5.    wx.showModal({
6.      title: "游戏结束",
7.      content: "单击【确定】重新开始",
8.      success: (res) => {
9.        if (res.confirm) {
10.         this.game.turnToPage("index")
11.       }
12.     }
13.   })
14.   audioManager.stopBackgroundSound()
15. }
```

这个方法做了4件事。

- ❑ 调用了父类的start方法，父类方法中有一些添加事件监听的代码。
- ❑ 弹出一个模态窗口。
- ❑ 停止播放背景音乐。

❑ 在用户单击“确定”按钮后重启游戏。

因为这 4 件事是串行的，所以接下来尝试使用串发复合命令重构这个游戏的重启逻辑，如代码清单 10-19 所示。

代码清单 10-19　使用命令模式重构游戏重启逻辑

```
1.  // JS: src\views\game_over_page.js
2.  ...
3.  import ClosureFunctionCommand from "../libs/closure_function_command.js"
4.  import SyncClosureFunctionCommand from "../libs/sync_closure_function_
    command.js"
5.  import SerialCommandGroup from "../libs/serial_command_group.js"
6.  
7.  ...
8.  
9.  /** 游戏结束页面 */
10. class GameOverPage extends Page {
11.   ...
12. 
13.   /** 进入页面时要执行的代码 */
14.   // start() {
15.   //   super.start()
16.   //   // 游戏结束的模态弹窗提示
17.   //   wx.showModal({
18.   //     title: "游戏结束",
19.   //     content: "单击【确定】重新开始",
20.   //     success: (res) => {
21.   //       if (res.confirm) {
22.   //         this.game.turnToPage("index")
23.   //       }
24.   //     }
25.   //   })
26.   //   audioManager.stopBackgroundSound()
27.   // }
28.   start() {
29.     const showModelCommand = new ClosureFunctionCommand(() => {
30.       // 游戏结束的模态弹窗提示
31.       wx.showModal({
32.         title: "游戏结束",
33.         content: "单击【确定】重新开始",
34.         success: (res) => {
35.           if (res.confirm) {
36.             showModelCommand.markAsComplete()
37.           }
38.         }
39.       })
40.     })
41.     const serialCommandGroup = new SerialCommandGroup([
42.       new SyncClosureFunctionCommand(() => super.start()),
43.       new SyncClosureFunctionCommand(() => audioManager.stopBackgroundSound()),
44.       showModelCommand, // 弹窗提示
45.       new SyncClosureFunctionCommand(() => this.game.turnToPage("index"))
46.     ])
47.     serialCommandGroup.on("complete", () => console.log("串发复合命令执行完成"))
```

```
48.     serialCommandGroup.execute()
49.   }
50. }
51.
52. export default GameOverPage
```

上面的代码发生了什么变化呢？

- 第 14 行至第 27 行，是被注释掉的旧代码。第 28 行至第 50 行是应用了闭包命令对象（ClosureFunctionCommand）、同步闭包命令对象（SyncClosureFunctionCommand）和串发复合命令对象（SerialCommandGroup）之后的新代码。
- 第 42 行，箭头函数内的 super 可以正常引用父类对象，不影响执行。
- 第 45 行，回调代码中使用了 this 关键字，但该同步闭包命令对象（SyncClosureFunction-Command）的第二个构造参数没有传递 this，因为在箭头函数中它能取到正确的引用。
- 第 44 行，showModelCommand 是一个异步完成的命令对象，因为需要在用户单击“确认”按钮后主动完成命令（第 36 行），所以将它声明为一个临时变量。
- 整个 serialCommandGroup 是一个串发复合命令，当模态弹窗出现时，这个指令的执行就暂停了，直到用户单击“确认”按钮，串发复合命令对象才恢复执行。当最后一个子命令（第 45 行）执行完成时，页面跳转到主页。

如果我们想在 GameOverPage 的 start 方法内再多做一件事，例如在用户关闭模态弹窗时播放一次单击音效，该怎样实现呢？具体实现如代码清单 10-20 所示。

代码清单 10-20　在命令模式中扩展功能

```
1.  // JS: src\views\game_over_page.js
2.  ...
3.  import ClosureFunctionCommand from "../libs/closure_function_command.js"
4.  import SyncClosureFunctionCommand from "../libs/sync_closure_function_
    command.js"
5.  import SerialCommandGroup from "../libs/serial_command_group.js"
6.  import Task from "../libs/task.js"
7.
8.  ...
9.
10. /** 游戏结束页面 */
11. class GameOverPage extends Page {
12.   ...
13.
14.   start() {
15.     const showModelCommand = new ClosureFunctionCommand(() => {
16.       ...
17.     })
18.     const serialCommandGroup = new SerialCommandGroup([
19.       new SyncClosureFunctionCommand(() => super.start()),
20.       new SyncClosureFunctionCommand(() => audioManager.stopBackgroundSound()),
21.       showModelCommand, // 弹窗提示
22.       new Task(Task.PLAY_HIT_AUDIO, this.game), // 播放单击音效
23.       new SyncClosureFunctionCommand(() => this.game.turnToPage("index"))
24.     ])
```

```
25.      serialCommandGroup.on("complete", () => console.log(" 串发复合命令执行完成 "))
26.      serialCommandGroup.execute()
27.    }
28. }
29.
30. export default GameOverPage
```

我们只需在第 21 行的 showModelCommand 命令对象后面添加一个 Task 实例即可。Task 本来是一个任务对象，我们在第 29 课应用命令模式时将它改成了命令对象，所以它也可以作为串发复合命令的子命令。

游戏的运行效果与之前是一致的。在游戏结束页面单击“确定”按钮，游戏会跳转到主页重启。

最后总结一下，这一节介绍的复合命令模式包含两个复合命令：串发复合命令和并发复合命令。我们在示例中只举例说明了串发复合命令如何使用，而并发复合命令的使用方法是类似的，只是使用场景不同。举个例子，在游戏资源下载场景中，假设一个游戏资源更新包有 5 个资源文件需要下载，那么我们可以同时开启 5 个网络请求，分别将其封装在 5 个子命令中执行，然后将这 5 个子命令用一个并发复合命令封装，这个并发复合命令执行完即为资源包整体下载完成。

本节源码目录参见：disc/ 第 10 章 /10.3/10.3.1。

使用迭代器模式改造复合命令实现

迭代器模式（iterator pattern）是一种行为设计模式，它可以让开发者在不暴露集合底层表现形式（例如列表、栈等）的情况下，遍历集合中的所有元素。

换言之，**迭代器模式可以为集合型数据对象提供统一的遍历接口，让消费代码实现对集合各元素的遍历，而不必关心集合内部的实现**。一般情况下，我们这样定义迭代器接口：

```
1.  interface Iterator{
2.    next(): {
3.         value(): any
4.         done: Boolean
5.    }
6.  }
```

这个迭代器接口有一个方法 next，该方法会返回一个迭代值对象，每个迭代值对象包括一个 value 方法，用于返回真实的元素值；它还包括一个 done 属性，标识迭代是否结束。

上一节在复合命令对象（CommandGroup）中遍历了一个子命令数组，接下来我们尝试将这个子命令数组改为迭代器对象，并改用迭代的方式遍历它。

我们来实现一个通用的迭代器类，它可以接收 Object、Array、Set、Map、TypedArray 等数据类型，并将这些数据类型作为数据源，如代码清单 10-21 所示。

代码清单 10-21 创建通用迭代器类

```
1.  // JS: src\libs\iterator.js
2.  // 扩展 Object 类型的迭代器接口
3.  if (!Object.prototype[Symbol.iterator]){
```

```
4.     Object.prototype[Symbol.iterator] = function* () {
5.       let keys = Object.keys(this).sort()
6.       for (let key of keys) {
7.         yield [key, this[key]]
8.       }
9.     }
10. }
11.
12. /** 迭代器 */
13. class Iterator{
14.    /** 迭代器构造器
15.     * @param {*} source Object、Array、string、Set、Map和TypedArray
16.     */
17.    constructor(source){
18.      this.#internalIterator = source[Symbol.iterator]()
19.    }
20.
21.    #internalIterator
22.
23.    next(){
24.      return this.#internalIterator.next()
25.    }
26. }
27.
28. export default Iterator
```

上面的代码发生了什么？

- 第18行，通过访问source（集合类型对象）的一个特殊属性得到了一个内部迭代器。Symbol.iterator是ES6中新增的一个统一返回迭代器对象的方法名称，在集合类型上调用该方法可以返回一个标准的Iterator迭代器。
- 因为Object不是集合类型，天生不具备Symbol.iterator成员，所以我们通过prototype原型和第4行的Generator函数（生成器）扩展出了这个特殊属性。Generator函数的标志（function*）和yield关键字是配合使用的，但只有在Generator函数内，这个yield关键字才能发生作用。yield在这里的作用可以理解为迭代返回值，是一个特殊的return语句。

注意：Generator函数是由generator function（function*）语法返回的，符合可迭代协议和迭代器协议，是可用于迭代操作的一种特殊函数。

通用的迭代器有了，接下来写个示例测试一下，如代码清单10-22所示。

代码清单10-22　测试迭代器

```
1.  // JS: src\libs\iterator_test.js
2.  import Iterator from "./iterator.js"
3.
4.  // 测试用的打印函数
5.  function print(source) {
6.    console.log(`\nprint ${typeof source}: ${source.toString()}`)
7.    const iterator = new Iterator(source)
8.    let item = iterator.next()
```

```
9.     while (!item.done) {
10.      console.log(`value:${item.value}, done: ${item.done}`)
11.      item = iterator.next()
12.    }
13. }
14.
15. const arr = [123, "LY", true, new Date().getTime()]
16. print(arr)
17.
18. const str = "I see u"
19. print(str)
20.
21. const m = new Map([["name", "LY"], [123, "NumberKeyed"], [{}, "ObjectKeyed"],
    [() => { }, "Arrow Funcs Keyed"]])
22. print(m)
23.
24. const s = new Set([1, 2, 2, 3, 3, 5])
25. print(s)
26.
27. const obj = {
28.   name: "LY",
29.   location: "Beijing",
30.   age: 18
31. }
32. print(obj)
33.
34. const obj2 = {}
35. print(obj2)
```

在这个示例中，分别将普通数组（Array）、字符串（String）、Map、Set、Object 转换为迭代器对象进行了打印。输出如代码清单 10-23 所示。

代码清单 10-23 迭代器测试输出

```
1.  print object: 123,LY,true,1634265999995
2.  value:123, done: false
3.  value:LY, done: false
4.  value:true, done: false
5.  value:1634265999995, done: false
6.
7.  print string: I see u
8.  value:I, done: false
9.  value: , done: false
10. value:s, done: false
11. value:e, done: false
12. value:e, done: false
13. value: , done: false
14. value:u, done: false
15.
16. print object: [object Map]
17. value:name,LY, done: false
18. value:123,NumberKeyed, done: false
19. value:[object Object],ObjectKeyed, done: false
20. value:function () {},Arrow Funcs Keyed, done: false
21.
```

```
22. print object: [object Set]
23. value:1, done: false
24. value:2, done: false
25. value:3, done: false
26. value:5, done: false
27.
28. print object: [object Object]
29. value:age,18, done: false
30. value:location,Beijing, done: false
31. value:name,LY, done: false
32.
33. print object: [object Object]
```

从测试可以看出，这个迭代器支持Object、Array、Map、Set、String类型。代码具有一定的稳健性，即使目标是一个空对象，也不会报错。

思考与练习（面试题）：Map与Object有什么区别？

接下来我们使用迭代器改造并发复合命令对象，如代码清单10-24所示。

代码清单10-24　使用迭代器改造并发复合命令对象

```
1.  // JS: src\libs\parallel_command_group.js
2.  import CommandGroup from "command_group.js"
3.  import Iterator from "iterator.js"
4.
5.  /** 并发复合命令，所有子命令一起执行，直至最后一个子命令完成 */
6.  class ParallelCommandGroup extends CommandGroup {
7.    #completedNumber = 0
8.
9.    execute() {
10.     // this.subCommands.forEach(c => {
11.     //   c.once("complete", () => {
12.     //     if (++this.#completedNumber >= this.subCommands.length) {
13.     //       this.markAsComplete()
14.     //     }
15.     //   })
16.     //   c.execute()
17.     // })
18.     const iterator = new Iterator(this.subCommands)
19.     let item = iterator.next()
20.     while (!item.done) {
21.       const c = item.value
22.       c.once("complete", () => {
23.         if (++this.completedNumber >= this.subCommands.length) {
24.           this.complete()
25.         }
26.       })
27.       c.execute()
28.       item = iterator.next()
29.     }
30.   }
31.
```

```
32.   ...
33. }
34.
35. export default ParallelCommandGroup
```

这个文件有哪些变动呢?

- 第3行，导入了迭代器类 Iterator。
- 在 execute 方法内部，第10行至第17行是注释掉的旧代码，第18行至第29行是使用迭代器实现的新代码。

接下来看一下如何使用迭代器改造串发复合命令对象，如代码清单10-25所示。

代码清单10-25 使用迭代器改造串发复合命令对象

```
1.  // JS: src\libs\serial_command_group.js
2.  ...
3.  import Iterator from "iterator.js"
4.
5.  /** 串发复合命令，子命令依次执行，直至所有子命令执行完成 */
6.  class SerialCommandGroup extends CommandGroup {
7.    /** 当前执行的子命令索引 */
8.    // #currentIndex = -1
9.
10.   execute() {
11.     // const executeNextCommand = () => {
12.     //   if (++this.#currentIndex < this.subCommands.length) {
13.     //     const c = this.subCommands[this.#currentIndex]
14.     //     c.once("complete", () => {
15.     //       executeNextCommand()
16.     //     })
17.     //     c.execute()
18.     //   } else {
19.     //     this.markAsComplete()
20.     //   }
21.     // }
22.     // executeNextCommand()
23.     const iterator = new Iterator(this.subCommands)
24.     const executeNextCommand = () => {
25.       let c = iterator.next()
26.       if (!c.done) {
27.         c = c.value
28.         c.once("complete", () => {
29.           executeNextCommand()
30.         })
31.         c.execute()
32.       } else {
33.         this.markAsComplete()
34.       }
35.     }
36.     executeNextCommand()
37.   }
38.
39.   // resetAllSubCommands() {
40.   //   super.resetAllSubCommands()
```

```
41.   //    this.#currentIndex = -1
42.   // }
43. }
44.
45. export default SerialCommandGroup
```

上面的代码发生了什么变化呢？

- 在 execute 方法内部，第 11 行至第 22 行是注释掉的旧代码，第 23 行至第 36 行是新代码。
- 因为迭代器本身就有一个隐含的次序，所以就不再需要原 #currentIndex 私有属性了，第 39 行的 resetAllSubCommands 方法也不需要重写了。

为了测试并发复合命令（ParallelCommandGroup），下面改造一下背景对象 Background，如代码清单 10-26 所示。

代码清单 10-26　测试并发复合命令

```
1.  // JS: src\views\background.js
2.  ...
3.  import ParallelCommandGroup from "../libs/parallel_command_group.js"
4.
5.  /** 背景对象 */
6.  class Background {
7.    ...
8.
9.    /** 渲染 */
10.   render(context) {
11.     ...
12.     let ...
13.       // , set = new Set()
14.       , drawLineCommandInstance = new DrawLineCommand(context, 0, 0)
15.       , parallelCommandGroup = new ParallelCommandGroup()
16.     for (var i = 0; ; i++) {
17.       ...
18.       const c = {}
19.       c.__proto__ = drawLineCommandInstance
20.       c.context = context
21.       c.startX = startX
22.       c.startY = y
23.       // set.add(c)
24.       parallelCommandGroup.addCommand(c)
25.       ...
26.     }
27.     ...
28.     // for (let c of set) c.execute()
29.     parallelCommandGroup.execute()
30.     ...
31.   }
32. }
33.
34. export default new Background()
```

上面的代码发生了什么呢？

- 第 3 行导入了并发复合命令对象 ParallelCommandGroup。

- 第 13 行将 set 注释掉，改用第 15 行的 parallelCommandGroup。
- 第 24 行添加了子命令。第 19 行至第 22 行是通过原型属性复制对象的代码，在实际开发中一般不会这样写，但此处曾经是我们的示例代码，因此沿用它，不再修改。
- 第 29 行，执行并发复合指令。

因为子命令类型是 DrawLineCommand（第 14 行），该对象实例的执行几乎不占用时间，所以 parallelCommandGroup 的执行也几乎不占用时间，基本上在调用 execute 方法后，绘制工作就马上完成了。

重新编译测试，游戏的运行效果与之前是一样的。

最后总结一下，在 JS 中使用迭代器，基于 ES6 集合类型对象的特殊方法 Symbol.iterator 属性实现是最便捷的。至于 Object，虽然它没有这个属性，但可以通过原型扩展。本节将运行良好的集合命令对象使用迭代器改造了一下，但这并不能使它的运行效率提高，我们的目的只是为了应用迭代器模式。在实际的项目开发中，应该循环使用统一的迭代器模式遍历集合数据，这样可以让代码更易读，同时在一定程度上可以避免写出错误代码。

本节源码目录参见：disc/ 第 10 章 /10.3/10.3.2。

使用享元模式改写分界线绘制

享元模式（Flyweight Pattern）是一种结构型设计模式，它摒弃了在每个对象中保存所有数据的方式，通过共享多个对象所共有的数据，让开发者可以在有限的内存空间中载入更多的对象。换言之，享元模式运用共享理念，以细粒度方式创建对象，从而减少了创建大对象的资源开销。

下面以背景分界线绘制为例来介绍享元模式，目前主要的绘制代码如代码清单 10-27 所示。

代码清单 10-27 分界线绘制代码

```
1.  // JS: src\views\background.js
2.  ...
3.
4.  /** 背景对象 */
5.  class Background {
6.    ...
7.
8.    /** 渲染 */
9.    render(context) {
10.     ...
11.
12.     // 绘制分界线
13.     context.strokeStyle = "lightgray"
14.     context.lineWidth = 2
15.     const startX = GameGlobal.CANVAS_WIDTH / 2
16.     let posY = 0
17.       , drawLineCommandInstance = new DrawLineCommand(context, 0, 0)
18.       , parallelCommandGroup = new ParallelCommandGroup()
19.     for (var i = 0; ; i++) {
20.       if (i % 2) continue // 取模操作，逢奇数跳过
21.       posY = i * 10
22.       let y = posY
```

```
23.         const c = {}
24.         c.__proto__ = drawLineCommandInstance
25.         c.context = context
26.         c.startX = startX
27.         c.startY = y
28.         parallelCommandGroup.addCommand(c)
29.         if (posY > GameGlobal.CANVAS_HEIGHT) break
30.       }
31.       context.beginPath()
32.       parallelCommandGroup.execute()
33.       context.stroke()
34.
35.       ...
36.     }
37. }
38.
39. export default new Background()
```

每次绘制都要创建一个 ParallelCommandGroup 对象和 *n* 个 DrawLineCommand 对象。如果是只创建一次还好，问题是 render 方法每帧都要被调用。接下来我们尝试将这段代码使用享元模式优化一下。

我们先来创建一个享元模式工厂，这个工厂将帮助我们创建命令对象：

```
1.  // JS: src\libs\flyweight_factory.js
2.  /** 享元模式工厂 */
3.  class FlyweightFactory {
4.    static cache = new Map()
5.
6.    /** 从缓存中创建对象 */
7.    static create(name, options, createInstance, thisObj = null) {
8.      let instance = this.cache.get(name)
9.      if (!instance){
10.       instance = createInstance.bind(thisObj)()
11.       this.cache.set(name,instance)
12.     }
13.     for (const p in options) instance[p] = options[p]
14.
15.     return instance
16.   }
17. }
18.
19. export default FlyweightFactory
```

上面的代码实现了什么呢？

- 第 4 行和第 7 行，在 FlyweightFactory 类中，直接使用 static 关键字定义了静态方法 create 和静态属性 cache，这是不创建单例而使用单例思想的另一种方式。
- 第 10 行先通过 bind 绑定 this 对象，然后调用，这种操作会影响程序的运行效率。第 11 行，向 cache 集合对象写入新元素，这也会影响程序的运行效率，但这些影响都不是最严重的。稍后我们会看到什么才是严重的。

现在将享元模式应用到背景分界线的绘制中，如代码清单 10-28 所示。

代码清单 10-28 应用享元模式

```
1.  // JS: src\views\background.js
2.  ...
3.  import FlyweightFactory from "../libs/flyweight_factory.js"
4.
5.  /** 背景对象 */
6.  class Background {
7.    ...
8.
9.    /** 渲染 */
10.   render(context) {
11.     ...
12.     let posY = 0
13.       // , drawLineCommandInstance = new DrawLineCommand(context, 0, 0)
14.       // , parallelCommandGroup = new ParallelCommandGroup()
15.       , parallelCommandGroup = FlyweightFactory.create(`bgDrawLineParallelGr
          oup${~~(Math.random(10) * 10)}`, {}, () => new ParallelCommandGroup())
16.     for (var i = 0; ; i++) {
17.       if (i % 2) continue // 取模操作，逢奇数跳过
18.       posY = i * 10
19.       let y = posY
20.       // const c = {}
21.       // c.__proto__ = drawLineCommandInstance
22.       // c.context = context
23.       // c.startX = startX
24.       // c.startY = y
25.       // parallelCommandGroup.addCommand(c)
26.       parallelCommandGroup.addCommand(FlyweightFactory.create
          (`bgDrawLineCommand${i}`, { startX, y }, () => new DrawLineCommand
          (context, startX, y)))
27.       if (posY > GameGlobal.CANVAS_HEIGHT) break
28.     }
29.     context.beginPath()
30.     parallelCommandGroup.on("complete", ()=>console.log("分界线绘制完成"))
31.     parallelCommandGroup.execute()
32.     context.stroke()
33.
34.     ...
35.   }
36. }
37.
38. export default new Background()
```

上面的代码发生了什么变化呢？

- 第 15 行，在 render 方法中，我们使用 FlyweightFactory.create 代替 new 关键字创建了复合命令对象，第 3 个参数是一个闭包，用于返回实际的复合命令对象实例。闭包函数中没有使用 this 关键字，所以 FlyweightFactory.create 方法的第 4 个参数 thisObj 不需要传递。
- 第 15 行，Math.random 方法返回一个随机数，结果是小数，参数是随机范围因子。这里面的两个波浪号（~~）是一个双重二进制否运算符，作用是给小数取整，是比 Math.floor 方法更快的替代方法。

- 第 26 行，仍然是使用 FlyweightFactory.create 方法创建分界线绘制命令对象实例。

注意： 二进制否运算符（~）会将每个二进制位都变为相反值，但位运算只对整数有效，遇到小数时会将小数部分舍去，所以在对数值使用两个波浪号时可以将小数去掉，同时保持相同的正负号。位运算是计算机运算中最快的操作之一，几乎所有使用位运算可以办成的事，效果都比使用函数或四则运算好。

保存代码，重新编译运行，界面效果与之前一样。虽然两者的效果表面看起来是一样的，但目前这个代码是有问题的，仔细观察一下会发现程序非常卡顿，小球基本上是跳跃着前进的，越是性能差的机器卡顿会越明显。这是为什么呢？

发生这种现象的原因与上面提到的在享元模式工厂中写入对象、调用 bind 方法有关，如果我们去掉 bind 调用，会发现小球移动得快一点；如果我们不将对象写入缓存，小球还会运动得更快一些（孤岛对象被 GC 回收了），但这些都不是最重要的。最重要的是我们在程序中的某些地方添加了某些事件监听，且在事件结束后没有显式移除这些监听。

注意： 为什么这里将对象写入缓存后，小球的运动并不是变得更快呢？那是因为 FlyweightFactory 是全局的，它的 cache 属性是静态的、全局的对象，当把缓存的 ParallelCommandGroup 和 DrawLineCommand 的对象实例写入 cache 时，这两类命令对象便不能被 GC 及时回收了。否则即使没有及时移除的事件越积越多，只要 GC 过一段时间移除了它们，程序也不至于非常卡顿。

上面示例的第 30 行、第 31 行代码如下：

```
1.  parallelCommandGroup.on("complete", ()=>console.log("分界线绘制完成"))
2.  parallelCommandGroup.execute()
```

代码 parallelCommandGroup.on 添加了一个对 complete 事件的监听，后续 render 方法被调用，那么同一个对象会重复添加相同的监听。这行代码处在 render 方法内，每秒大约执行 60 次，可以想象添加了多少个 complete 事件监听了。原来没有使用享元模式的时候，速度还比较快，现在使用了享元模式，速度反而降下来了。

接下来我们尝试修改代码，首先在 Command 对象上添加一个 reset 方法：

```
1.  // JS: src\libs\command.js
2.  ...
3.
4.  /** 命令 */
5.  class Command extends EventDispatcher {
6.    ...
7.
8.    /** 移除事件监听 */
9.    reset(){
10.     this.off("complete")
11.   }
12. }
13.
14. export default Command
```

第 9 行的 reset 方法将移除所有 complete 事件监听。

接着在 CommandGroup 类中重写 reset 方法，如代码清单 10-29 所示。

代码清单 10-29 重写 reset 方法

```
1.  // JS: src\libs\command_group.js
2.  ...
3.
4.  /** 复合命令基类 */
5.  class CommandGroup extends Command {
6.    ...
7.
8.    /** 重设所有子命令对象状态 */
9.    // resetAllSubCommands() {
10.   //   this.subCommands.forEach(c => c.off("complete"))
11.   //   return this
12.   // }
13.   /** 重设自己及所有子命令状态 */
14.   reset() {
15.     super.reset()
16.     this.subCommands.forEach(c => c.reset())
17.     return this
18.   }
19. }
20.
21. export default CommandGroup
```

第 14 行至第 18 行，因为 reset 方法行使了原 resetAllSubCommands 方法的职责，所以第 9 行至第 12 行代码可以注释掉了。

还有 ParallelCommandGroup 类，也需要修改：

```
1.  // JS: src\libs\parallel_command_group.js
2.  ...
3.
4.  /** 并发复合命令，所有子命令一起执行，直至最后一个子命令执行完成 */
5.  class ParallelCommandGroup extends CommandGroup {
6.    ...
7.
8.    // resetAllSubCommands() {
9.    //   super.resetAllSubCommands()
10.   //   this.#completedNumber = 0
11.   // }
12.   reset() {
13.     super.reset()
14.     this.#completedNumber = 0
15.   }
16. }
17.
18. export default ParallelCommandGroup
```

为了保持一致性，我们在 ParallelCommandGroup 类中也注释掉了原 resetAllSubCommands 方法。reset 这个方法名称在其他地方也有用到，实现的都是重设或类似重设的功能。保持相同的命名有助于后期的代码维护。

SerialCommandGroup 类中的原 resetAllSubCommands 方法已经被注释掉，不需要重写 reset 方法了。

最后回到 Background 类中，进行背景对象的改造，如代码清单 10-30 所示。

代码清单 10-30 改造背景对象

```
1. // JS: src\views\background.js
2. ...
3.
4. /** 背景对象 */
5. class Background {
6.  ...
7.
8.   /** 渲染 */
9.   render(context) {
10.     ...
11.     // parallelCommandGroup.on("complete", ()=>console.log(" 分界线绘制完成 "))
12.     parallelCommandGroup.once("complete", () => parallelCommandGroup.
        reset())
13.     parallelCommandGroup.execute()
14.     context.stroke()
15.
16.     ...
17.   }
18. }
19.
20. export default new Background()
```

上面的代码主要修改了什么呢？

第 12 行添加监听的方法由 on 改为了 once，即只监听一次。还是这一行，在复合命令执行完成以后会主动调用 reset 方法清除自己及所有子命令对象的 complete 事件。console.log 代码如果执行得太多，也会影响程序的执行效率，因此在这里也被移除了，不再打印。

原来我们在 GameOverPage 类的 start 方法内使用过 SerialCommandGroup，代码如下：

```
1. // JS: src\views\game_over_page.js
2. ...
3.
4. /** 游戏结束页面 */
5. class GameOverPage extends Page {
6.   ...
7.
8.   /** 进入页面时要执行的代码 */
9.   start() {
10.     ...
11.     // serialCommandGroup.on("complete", () => console.log(" 串发复合命令执行完成 "))
12.     serialCommandGroup.once("complete", () => serialCommandGroup.reset())
13.     serialCommandGroup.execute()
14.   }
15. }
16.
17. export default GameOverPage
```

GameOverPage 类的 start 方法并不会频繁执行，但我们也应该及时移除事件监听。第 12 行，将 on 改为 once，同时在回调函数中调用命令复合对象的 reset 方法移除事件监听，并重设状态。

修改后重新编译测试，效果不变。

这一次运行不再卡顿了。前面曾提到，相比调用 bind 方法及向全局缓存中写入对象，有更加影响程序性能的事情，指的便是事件重复添加，并且在添加后不及时移除。

最后总结一下，什么情况下使用享元模式？实际上我们在 Background 类中使用享元模式有点杀鸡用牛刀的意思。从程序运行效率上讲，不使用享元模式及绘制命令对象，直接在 context 上绘制线段是最快的方式。享元模式一般用于大内存对象的内存共享，并且在使用时要特别注意，因为有了全局缓存对象，一些代码处理不当（例如事件监听），特别容易影响程序的运行效率。

实际上在我们当前的项目中，除了本节实现的 FlyweightFactory 以外，之前已经应用过享元模式。比如，项目中有 Background 类这种在两个页面都用到的背景对象，但是它没有在两个对象中重复创建，它是一个单例，在两个页面中分别以模块的形式导入，其实导入的是同一个对象实例。这也是一种很小的享元模式思想的运用。

本节源码目录参见：disc/ 第 10 章 /10.3/10.3.3。

本课小结

总结一下，这节课在项目中先后应用了复合命令模式、迭代器模式和享元模式。

有些模式是基于 PBL 理念的，为了学习这些模式，笔者将其强行加入项目中，有些模式对当前项目却恰好有用。

像命令模式，它优化了我们原来创建的 Task 对象，让命令的发出者和接收者解耦了。还有复合命令模式也是实用的，在 GameOverPage 中的 start 方法内，我们使用串发复合命令让执行逻辑更加简单清晰了。当然，并发与串发指令的作用不止于此，将它们组合起来在用户互动操作中使用，有时可以创造出一种类似“智能”的效果。还有迭代器模式，通用的迭代器可以规范集合遍历代码，让代码更加清晰易懂。

建造者模式、原型模式、享元模式则是为了帮助读者学习而故意添加的，不是这些模式没有作用或作用不大，而是在我们目前这个简单的小游戏项目中，它们难以发挥强大的威力。

本课在讲享元模式时，穿插了对事件的讲解。要特别注意的是，因为应用了单例模式，将对象缓存了，这使得对象无法被及时释放，如果不注意及时移除事件监听，那么可能会导致某些对象一直不能被 GC 回收，它们会一直占用 CPU 和内存资源，从表象上看便是程序运行越来越卡顿。**每个设计模式都有它们适用的场景，只有在适用的场景正确地使用，它们才能发挥出良好的作用。**

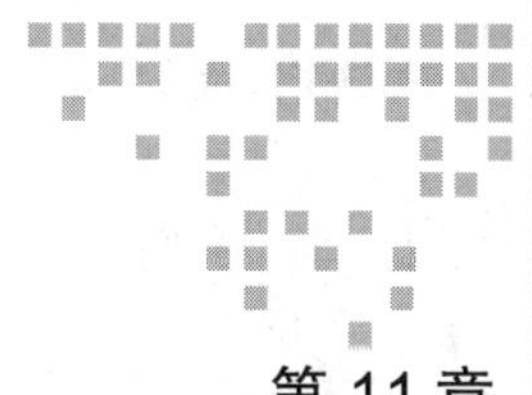

第 11 章 Chapter 11

面向对象重构三：重构音频管理等

这一章主要对音频管理、碰撞检测和右挡板移动算法进行重构，结合实践讲解如何利用适配器模式、桥接模式、装饰模式、访问者模式和策略模式进行重构。这是关于面向对象重构最后的 5 个设计模式。

第 31 课　设计模式重构六：适配器模式、桥接模式和装饰模式

这节课尝试应用适配器模式、桥接模式和装饰模式。下面先看适配器模式。

使用适配器模式改造音频管理者

适配器模式（Adapter Pattern）是一种结构型设计模式，它能使接口不兼容的对象相互合作。换一种说法，适配器模式通过定义一个方法或对象，充当两个不兼容的接口或对象之间的桥梁。在同一个软件系统或模块内，一般不存在不兼容的接口，因为所有不兼容的接口在重构允许的情况下都是可以修改的。不兼容的情况多发生在两个软件系统或模式之间。举个例子，我们的小游戏项目调用了微信小游戏的接口，我们目前修改不了微信小游戏的接口，如果此时我们自己的代码又因为牵涉太多或已经对外发版而无法修改，那么添加一个中间的适配器是一个最好的选择。

在目前的小游戏项目中，不存在不兼容的接口，不过我们可以创造一个。播放背景音乐和单击音效的代码是写死在 AudioManager 类中的，我们不能随意播放任何一个音频文件，但可以在 AudioManager 类中扩展出一个 play 方法，用于播放、停止任何一个音频。

此外，单击音频的播放是通过 Task 完成的，但目前 Task 仅能播放默认的单击音频，不能播放背景音乐，也不能停止任何已经开始播放的音频，所以接下来我们准备将 Task 拓展一下，让

它具备这些能力。

新增的 play 方法与拓展后的 Task 是不兼容的，如何让它们兼容呢？这时适配器模式就有用武之地了。

在添加 play 方法之前，我们再寻找一个背景音乐和一个单击音效。Open Game Art（https://opengameart.org）是一个开放的可以在游戏中自由使用的游戏素材资源库，在这个网站上我们又找到两个音频资源。加上原来的音频资源，现在已经有 4 个了：

- https://opengameart.org/sites/default/files/audio_preview/01%20track%201.ogg.mp3，默认背景音乐 bg。
- https://opengameart.org/sites/default/files/audio_preview/click.wav.mp3，默认单击音频 click。
- https://opengameart.org/sites/default/files/the_field_of_dreams.mp3，背景音乐 bg2。
- https://opengameart.org/sites/default/files/gmae.wav，单击音频 click2。

前两 2 个文件已经保存过了，现在将后面 2 个文件保存至 static/audios/ 目录下，文件名分别为 bg2.mp3、click2.mp3。

注意，下载时要选择 iOS 与 Android 同时支持的文件格式，例如 mp3、m4a、wav 和 aac。下表是 iOS 和 Android 两个系统支持的音频列表。

格式	iOS	Android	格式	iOS	Android
flac	×	√	wav	√	√
m4a	√	√	mp3	√	√
ogg	×	√	mp4	×	√
ape	×	√	aac	√	√
amr	×	√	aiff	√	×
wma	×	√	caf	√	×

mp3 格式除了同时支持 iOS 和 Android 手机以外，还可以在 Chrome 浏览器上直接试听，是首选格式。非 mp3 格式的音频可以使用在线转换工具（例如 https://online-audio-converter.com/cn/）转换为 mp3 格式。

音频素材已经有了，接下来我们尝试在 AudioManager 中添加 play 方法，这个方法可以用于播放，也可以停止音频。音频文件由原来的 2 个扩展为 4 个，具体实现如代码清单 11-1 所示。

代码清单 11-1 实现 play 方法

```
1.  // JS: src\managers\audio_manager.js
2.  ...
3.  import FlyweightFactory from "../libs/flyweight_factory.js"
4.
5.  /** 音频管理者，负责管理背景音乐及控制按钮 */
6.  class AudioManager extends EventDispatcher {
7.    ...
8.
9.    /**
10.    * 播放或停止一个声音，source 格式：[play|stop]/[bg|small]/audio_url
```

```
11.     *
12.     * 可用的单击音频有:
13.     * "static/audios/click.mp3"
14.     * "static/audios/click2.mp3"
15.     *
16.     * 背景音乐有:
17.     * "static/audios/bg.mp3"
18.     * "static/audios/bg2.mp3"
19.     */
20.   play(source) {
21.     const arr = /^(stop|play)?\/(bg|small)\/(\S+)?$/.exec(source)
22.     if (arr) {
23.       const action = arr[1] // play or stop
24.         , isBgAudio = arr[2] === "bg"
25.         , audioUrl = arr[3] // 音频文件网络地址
26.         , innerAudioContext = FlyweightFactory.create(`audio${encodeURIComponent
          (audioUrl)}`, { src: audioUrl }, () => wx.createInnerAudioContext())
27. 
28.       if (action === "play") {
29.         if (!innerAudioContext.listenedEvent) {
30.           innerAudioContext.onError(err => console.log(`play audio
            error:${err}`))
31.           innerAudioContext.listenedEvent = true
32.         }
33.         if (isBgAudio) {
34.           innerAudioContext.autoplay = true
35.           innerAudioContext.loop = true
36.         }
37.         innerAudioContext.seek(0)
38.         innerAudioContext.play()
39.       } else if (action === "stop") {
40.         innerAudioContext.stop()
41.       }
42.     }
43.   }
44. 
45.   ...
46. }
47. 
48. export default AudioManager.getInstance()
```

- 第26行，我们在play方法中以音频文件的网络地址作为key，应用第30课创建的享元模式工厂（FlyweightFactory）。加载音频文件是需要时间的，尤其是从外网加载，在内存中缓存音频对象，是一种以空间换时间的策略。这些音频文件都比较大，尤其是背景音乐，建议优先考虑将其存储在CDN网络上，然后以网络链接的方式在源码中使用；如果放在本地，可能因代码包太大而无法在手机上预览或无法发布。对于这种情况，可以用在线压缩工具（例如https://www.compresss.com/cn/compress-audio.html）将音频文件压缩一下。
- play方法的参数source是一个特殊格式的字符串，播放格式分为三段。第一段为play或stop，代表动作；第二段表明音频资源是背景音乐还是音效，bg是背景音乐，small是小音频文件；第三段是音频资源地址，可以是本地地址、网络地址和云文件ID。

- 第 21 行用一个正则表达式将 source 解析为一个数组。竖杠表示“或”，小括号表示分组，分组以后匹配成功的数组 arr 里面将出现我们需要的三段数据。
- 第 29 行代码里的 listenedEvent 并不是 innerAudioContext 的属性，它是一个动态添加的开关属性（布尔型）。得益于 JS 是一门动态弱类型语言，我们才可以在这里根据需要添加这个开关属性。由于音频对象在内存中已缓存，因此存在重复使用的情况，我们必须避免重复给音频对象添加有关错误的事件监听（onError）；此处使用开关属性（listenedEvent），恰好避免了事件监听的重复添加。

方法介绍完了，接下来看看如何使用。使用很简单，如代码清单 11-2 所示。

代码清单 11-2 在音频管理者中使用 play 方法

```
1.  // JS: src\managers\audio_manager.js
2.  ...
3.
4.  /** 音频管理者，负责管理背景音乐及控制按钮 */
5.  class AudioManager extends EventDispatcher {
6.    ...
7.
8.    /** 背景音乐是否在播放（只读）*/
9.    get bgMusicIsPlaying() {
10.     return this.#bgAudio.duration > 0 && !this.#bgAudio.paused
11.   }
12.   /** 背景音乐对象 */
13.   #bgAudio // = wx.createInnerAudioContext()
14.   ...
15.
16.   /** 初始化 */
17.   init(options) {
18.     ...
19.     // 背景音乐对象初始化
20.     // this.#bgAudio.src = options.bjAudioSrc || "static/audios/bg.mp3"
21.     // this.#bgAudio.autoplay = true // 加载完成后自动播放
22.     // this.#bgAudio.loop = true // 循环播放
23.     // this.#bgAudio.obeyMuteSwitch = false
24.     const bgAudioUrl = options.bjAudioSrc || "static/audios/bg2.mp3"
25.     this.#bgAudio = FlyweightFactory.create(`audio${encodeURIComponent
        (bgAudioUrl)}`, { src: bgAudioUrl, autoplay: false, loop: true }, () =>
        wx.createInnerAudioContext())
26.     ...
27.   }
28.
29.   /**
30.    * 播放或停止一个声音，source 格式：[play|stop]/[bg|small]/audio_url
31.    *
32.    * 可用的单击音效有：
33.    * "static/audios/click.mp3"
34.    * "static/audios/click2.mp3"
35.    *
36.    * 背景音乐有：
37.    * "static/audios/bg.mp3"
38.    * "static/audios/bg2.mp3"
39.    */
```

```
40.    play(source) {
41.      ...
42.    }
43.
44.    ...
45.
46.    /** 播放背景音乐 */
47.    playBackgroundSound() {
48.      // this.#bgAudio.seek(0)
49.      // this.#bgAudio.play()
50.      this.play("play/bg/static/audios/bg2.mp3")
51.    }
52.
53.    /** 停止背景音乐 */
54.    stopBackgroundSound() {
55.      // this.#bgAudio.stop()
56.      this.play("stop/bg/static/audios/bg2.mp3")
57.    }
58.
59.    /** 播放单击音效 */
60.    playHitAudio() {
61.      // const audio = wx.createInnerAudioContext()
62.      // audio.src = "static/audios/click.mp3"
63.      // audio.play()
64.      this.play("play/small/static/audios/click.mp3")
65.    }
66.
67.    ...
68. }
69.
70. export default AudioManager.getInstance()
```

- 第 47 行至第 65 行有 3 个旧方法，但它们的实现在这里已经修改，统一使用 play 方法间接实现。第 48 行、第 49 行、第 55 行，已经不再依赖私有变量 #bgAudio，但这并不意味着这个变量可以删除，事实上它在第 13 行仍然存在。
- 第 20 行至第 23 行，不再需要关于 #bgAudio 的初始化代码了，初始的属性设置是通过第 25 行 FlyweightFactory 的 create 方法的第 3 个实参（对象）实现的。第 13 行使用 new 关键字实例化对象的代码已被注释掉，对象的实例化现在是第 25 行负责的。
- 第 10 行，因为这里还在获取背景音乐对象的播放状态，所以第 13 行的 #bgAudio 还不能删掉。虽然没有删掉，但这个对象和在 play 方法中播放默认背景音乐时获取到的对象是同一个，这两个对象在调用 FlyweightFactory 的 create 方法时，第一个参数是相同的，这保证了它们是同一个引用。

play 方法添加完了，下面我们开始拓展 Task 类，在该类中应用 play 方法。Task 类的修改如代码清单 11-3 所示。

代码清单 11-3　在 Task 类中应用 play 方法

```
1.  // JS: src\libs\task.js
2.  ...
```

```
3.
4.  /** 任务对象 */
5.  class Task extends Command {
6.    /** 播放单击音频 */
7.    static PLAY_HIT_AUDIO = "playHitAudio"
8.    /** 停止播放单击音频 */
9.    static STOP_HIT_AUDIO = "stopHitAudio"
10.   /** 播放背景音乐 */
11.   static PLAY_BG_AUDIO = "playBgAudio"
12.   /** 停止播放背景音乐 */
13.   static STOP_BG_AUDIO = "stopBgAudio"
14.
15.   constructor(name, processor = null, audioName = "hit") {
16.     super()
17.     this.name = name
18.     this.#processor = processor
19.     this.audioName = audioName
20.   }
21.
22.   /** 音频名称，例如bg、bg2、hit、hit2 */
23.   audioName
24.
25.   ...
26. }
27.
28. export default Task
```

- 第9行至第13行，添加了3个静态属性，依次代表停止播放单击音频、播放背景音乐和停止播放背景音乐。
- 第23行新增了一个属性audioName，代表音频名称，有4个有效值。我们同时在构造器中添加了构造参数（第15行），audioName必须默认为hit，因为旧代码默认播放的是hit音频。

那功能是如何拓展的呢？看一下game.js文件，如代码清单11-4所示。

代码清单11-4 game.js文件为应用新方法所做的修改

```
1.  // JS: disc\第11章\11.1\11.1.1\game.js
2.  ...
3.
4.  /** 游戏对象 */
5.  class Game extends EventDispatcher {
6.    ...
7.
8.    /** 开始游戏 */
9.    start() {
10.     ...
11.     // this.on(Task.PLAY_HIT_AUDIO, task => {
12.     //   if (!task.isDone) task.sendOutBy(audioManager)
13.     // })
14.     const onTask = task => {
15.       if (!task.isDone) task.sendOutBy(audioManager)
16.     }
17.     this.on(Task.PLAY_HIT_AUDIO, onTask)
```

```
18.     this.on(Task.STOP_HIT_AUDIO, onTask)
19.     this.on(Task.PLAY_BG_AUDIO, onTask)
20.     this.on(Task.STOP_BG_AUDIO, onTask)
21.   }
22.
23.   ...
24. }
25. ...
```

- 第 11 行至第 13 行是原代码，只处理了 PLAY_HIT_AUDIO 事件。
- 第 14 行至第 20 行统一添加了对新增的 3 个事件的监听，监听方式与原来一致。

接下来是重头戏，看一下音频管理者 AudioManager 类的修改，如代码清单 11-5 所示。

代码清单 11-5　在音频管理者中处理任务

```
1.  // JS: src\managers\audio_manager.js
2.  ...
3.
4.  /** 音频管理者，负责管理背景音乐及控制按钮 */
5.  class AudioManager extends EventDispatcher {
6.    ...
7.
8.    /** 初始化 */
9.    init(options) {
10.     ...
11.     // 监听播放单击音频的任务
12.     // this.on(Task.PLAY_HIT_AUDIO, task => {
13.     //   if (!task.isDone) {
14.     //     this.playHitAudio()
15.     //     task.isDone = true
16.     //   }
17.     // })
18.     const onTask = task => {
19.       if (task.isDone) return
20.       task.isDone = true
21.
22.       const { name: taskName, audioName } = task
23.       let source = (() => {
24.         switch (taskName) {
25.           case Task.PLAY_HIT_AUDIO:
26.           case Task.PLAY_BG_AUDIO:
27.             return "play"
28.           case Task.STOP_HIT_AUDIO:
29.           case Task.STOP_BG_AUDIO:
30.           default:
31.             return "stop"
32.         }
33.       })()
34.
35.       switch (audioName) {
36.         case "bg2":
37.           source += "/bg/static/audios/bg2.mp3"
38.           break
39.         case "bg": // 默认背景音乐
```

```
40.           source += "/bg/static/audios/bg.mp3"
41.           break
42.         case "hit2":
43.           source += "/small/static/audios/click2.mp3"
44.           break
45.         case "hit": // 默认单击音乐
46.         default:
47.           source += "/small/static/audios/click.mp3"
48.       }
49.
50.       this.play(source)
51.     }
52.     this.on(Task.PLAY_HIT_AUDIO, onTask)
53.     this.on(Task.STOP_HIT_AUDIO, onTask)
54.     this.on(Task.PLAY_BG_AUDIO, onTask)
55.     this.on(Task.STOP_BG_AUDIO, onTask)
56.   }
57.
58.   ...
59. }
60.
61. export default AudioManager.getInstance()
```

- 第 12 行至第 17 行是旧代码，原来只处理了 PLAY_HIT_AUDIO 事件，并且是通过调用 playHitAudio 方法（第 14 行）实现的。
- 第 18 行至第 55 行，与 game.js 文件中添加事件监听的形式一样，因为 4 个事件的处理逻辑一致，所以先定义了一个名为 onTask 的箭头函数常量，然后将 4 个事件监听都放在这个事件句柄上。
- 第 22 行是析构赋值的语法，从 task 对象中取出 name 和 audioName，同时将 name 重命名为 taskName。
- 第 23 行至第 33 行定义和执行了一个临时箭头函数，目的是取得播放指令名称并赋值给 source。在 switch 内部，每个 case 分支都需要 break 语句，但如果直接用 return 语句就不需要了。
- 第 35 行至第 48 行又是一个 switch，用于组装 source 文本。

在这里，第 18 行定义的 onTask 函数相当于实现了适配器模式，这个函数常量将 Task 与 play 方法适配起来，使得 Task 也可以间接调用 play 方法。

我们再来看一下适配器模式的定义：定义一个方法或对象，作为两个不兼容的接口或对象之间的桥梁。应用适配器模式并不一定要创建对象，也可以创建一个方法，用方法转换调用请求。

最后我们来看一下 Task 类如何使用，如代码清单 11-6 所示。

代码清单 11-6 使用 Task 类

```
1.  // JS: src\managers\audio_manager.js
2.  ...
3.
4.  /** 音频管理者，负责管理背景音乐及控制按钮 */
5.  class AudioManager extends EventDispatcher {
```

```
6.     ...
7.
8.     /** 播放背景音乐 */
9.     playBackgroundSound() {
10.      // this.play("play/bg/static/audios/bg2.mp3")
11.      new Task(Task.PLAY_BG_AUDIO, this, "bg2").execute()
12.    }
13.
14.    /** 停止背景音乐 */
15.    stopBackgroundSound() {
16.      // this.play("stop/bg/static/audios/bg2.mp3")
17.      new Task(Task.STOP_BG_AUDIO, this, "bg2").execute()
18.    }
19.
20.    /** 播放单击音效 */
21.    playHitAudio() {
22.      // this.play("play/small/static/audios/click.mp3")
23.      new Task(Task.PLAY_HIT_AUDIO, this, "hit").execute()
24.      // this.play("play/small/static/audios/click2.mp3")
25.    }
26.
27.    ...
28. }
29.
30. export default AudioManager.getInstance()
```

第 11 行、第 17 行、第 23 行是使用 Task 的示例代码。如果是在游戏页面中，可以这样使用：

```
1.  new Task(Task.PLAY_HIT_AUDIO, this.game, "hit").execute()
```

因为游戏对象也监听了相关音频事件，所以第二个构造器参数 processor 也可以设置为游戏对象（this.game）。

重新编译测试，界面效果与之前一致。

表面上看这里的运行效果与之前是一致的，但控制音频的能力已经增加了。

最后总结一下：若系统中有两部分不兼容的代码，它们之间需要完成调用与被调用的关系，并且还不能被随便修改（有代码消费它们，改动了会影响其他代码），那么就适合使用适配器模式。适配器模式相当于在两处代码中间添加了一个中间层。

本节源码目录参见 disc/ 第 11 章 /11.1/11.1.1。

使用桥接模式重构碰撞检测

桥接模式（bridge pattern）是一种结构型设计模式，可将一系列紧密相关的类拆分为抽象和实现两个独立的层次结构，从而在开发时分别使用。

换一个说法，桥接模式也可以理解为将对象的抽象部分与它的具体实现部分分离，使它们都可以独立地变化。在桥接模式中，一般包括两个抽象部分和两个具体实现，一个抽象部分和一个具体实现为一组，一共有两组，两组通过中间的抽象部分进行桥接，这样一来，两组的具体实现就可以相对独立、自由地变化了。

为了更好地理解这个模式，我们通过图 11-1 看一个应用示例。

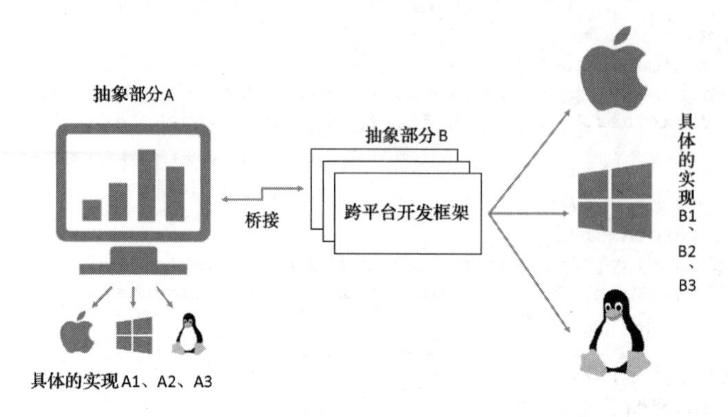

图 11-1 桥接模式示例示意图

在图 11-1 的中间是一个跨平台开发框架，它为开发者抽离出一套通用接口（抽象部分 B），这些接口是通用的、系统无关的，借此开发框架实现了跨平台特性。在开发框架中，具体到每个系统（Mac、Windows 和 Linux），每个接口及 UI 又有不同的实现（即 B1、B2、B3）。在应用程序中，开发者在软件中定义了一套抽象部分 A（见图的左边），在每个系统上有不同的具体实现（即 A1、A2、A3）。应用程序面向抽象部分 B 编程时，不必关心开发框架在每个系统下的具体实现；应用程序具体的实现 A1、A2、A3 是基于抽象部分 A 编程的，它们也不需要知道抽象部分 B。抽象部分 A 与 B 之间仿佛有一个桥将它们连接了起来，这两个抽象部分与其具体实现所呈现的模式便是桥接模式。

试想一下，如果我们不使用桥接模式，没有中间这一个跨平台的开发框架，没有抽象部分 B 和抽象部分 A，那么我们想实现 A1、A2、A3，该怎么做呢？直接在各个系统的基础类库上实现吗？让 A1 与 B1 耦合、A2 与 B2 耦合、A3 与 B3 耦合吗？如果这样操作，那么每次在应用程序中添加一个新功能，都要在 3 个地方分别实现。而有了桥接模式之后，消费代码不需要关心 B1、B2、B3，只需要知道抽象部分 B 就可以了；添加新功能时，只需要在抽象部分 A 中定义并基于抽象部分 B 实现核心功能就可以了，A1、A2、A3 只是 UI 和交互方式不同而已。这就是使用桥接模式的价值。

在我们目前的项目中，有两类碰撞检测：一类发生在球与挡板之间，另一类发生在球与屏幕边界之间。接下来我们将发生碰撞的双方分别定义为两个可以独立变化的抽象对象（HitObjectRectangle 与 HitedObjectRectangle），然后让它们的具体实现部分独立变化，以此实现对桥接模式的应用。

目前球（Ball）与挡板（Panel）还没有基类，可以让它们继承新创建的抽象基类，但这样并不是很合理，它们都属于可视化对象，如果要继承，更应该继承 Component 基类。**在 JS 中，一个类只能实现单继承，不能让一个类同时继承多个基类，在这种情况下我们怎么实现桥接模式中的抽象部分呢？除了继承之外，对象扩展能力的方式还有复合，我们可以将定义好的桥接模式中的具体实现，以实例属性的方式放在球和挡板对象中。**

接下来开始实践。我们先定义桥接模式当中的抽象部分：一个是主动撞击对象的抽象部分（HitObjectRectangle），一个是被动撞击对象的抽象部分（HitedObjectRectangle）。由于这两个抽象部分具有相似性，因此我们可以先定义一个抽象部分的基类 Rectangle，如代码清单 11-7 所示。

代码清单 11-7　矩形基类

```
1.  // JS: src\views\hitTest\rectangle.js
2.  /** 对象的矩形描述，默认将注册点放在左上角 */
3.  class Rectangle {
4.    constructor(x, y, width, height) {
5.      this.x = x
6.      this.y = y
7.      this.width = width
8.      this.height = height
9.    }
10.
11.   /** X 坐标 */
12.   x = 0
13.   /** Y 坐标 */
14.   y = 0
15.   /** X 轴方向上所占区域 */
16.   width = 0
17.   /** Y 轴方向上所占区域 */
18.   height = 0
19.
20.   /** 顶部边界 */
21.   get top() {
22.     return this.y
23.   }
24.   /** 底部边界 */
25.   get bottom() {
26.     return this.y + this.height
27.   }
28.   /** 左边界 */
29.   get left() {
30.     return this.x
31.   }
32.   /** 右边界 */
33.   get right() {
34.     return this.x + this.width
35.   }
36. }
37.
38. export default Rectangle
```

上面的代码做了什么事呢？

- 第 12 行至第 18 行是 4 个属性，x、y 决定注册点，width、height 决定尺寸。
- 第 21 行至第 35 行是 4 个 getter 访问器，分别代表对象在 4 个方向上的边界值。这 4 个属性不是实际存在的，而是通过注册点与尺寸计算出来的。根据注册点位置的不同，这 4 个 getter 的值也不同。如果默认注册点，即（0, 0）坐标点在左上角，这时候 top 等于 y；如果注册点在左下角，这时候 top 等于 y 减去 height。

Rectangle 描述了一个对象的矩形范围，关于 4 个边界属性 top、bottom、left、right 与注册点的关系，可以参见图 11-2。

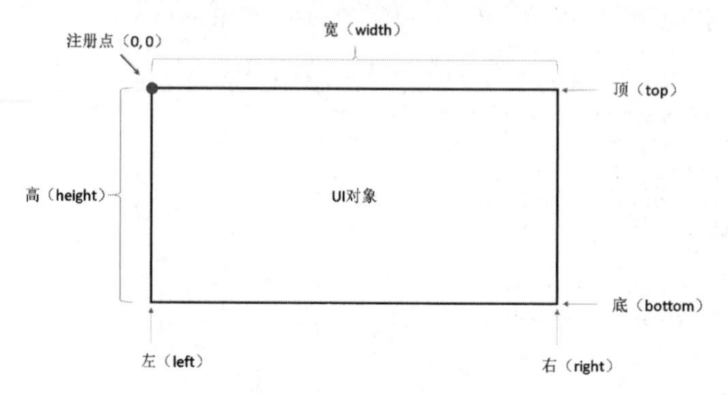

图 11-2 注册点与边界值的关系

接下来我们开始定义两个抽象部分：一个是撞击对象的，另一个是被撞击对象的。先看被撞击对象的定义，比较简单：

```
1.  // JS: src\views\hitTest\hited_object_rectangle.js
2.  import Rectangle from "rectangle.js"
3.
4.  /** 被碰撞对象的抽象部分，屏幕及左、右挡板的注册点默认在左上角 */
5.  class HitedObjectRectangle extends Rectangle{
6.    constructor(x, y, width, height){
7.      super(x, y, width, height)
8.    }
9.  }
10.
11. export default HitedObjectRectangle
```

HitedObjectRectangle 类没有新增属性或方法，所有特征都是从基类继承的。该类的主要作用是作为基类被继承，稍后有 3 个子类继承它。

再看一下撞击对象的定义，如代码清单 11-8 所示。

代码清单 11-8 创建撞击对象基类

```
1.  // JS: src\views\hitTest\hit_object_rectangle.js
2.  import Rectangle from "rectangle.js"
3.  import LeftPanelRectangle from "left_panel_rectangle.js"
4.  import RightPanelRectangle from "right_panel_rectangle.js"
5.  import ScreenRectangle from "screen_rectangle.js"
6.
7.  /** 碰撞对象的抽象部分，球与方块的注册点在中心，不在左上角 */
8.  class HitObjectRectangle extends Rectangle {
9.    constructor(width, height) {
10.     super(GameGlobal.CANVAS_WIDTH / 2, GameGlobal.CANVAS_HEIGHT / 2, width,
        height)
11.   }
12.
```

```
13.   get top() {
14.     return this.y - this.height / 2
15.   }
16.   get bottom() {
17.     return this.y + this.height / 2
18.   }
19.   get left() {
20.     return this.x - this.width / 2
21.   }
22.   get right() {
23.     return this.x + this.width / 2
24.   }
25. 
26.   /** 与被撞对象的碰撞检测 */
27.   hitTest(hitedObject) {
28.     let res = 0
29.     if (hitedObject instanceof LeftPanelRectangle) { // 碰撞到左挡板返回1
30.       if (this.left < hitedObject.right && this.top > hitedObject.top &&
          this.bottom < hitedObject.bottom) {
31.         res = 1 << 0
32.       }
33.     } else if (hitedObject instanceof RightPanelRectangle) { // 碰撞到右挡板返回2
34.       if (this.right > hitedObject.left && this.top > hitedObject.top &&
          this.bottom < hitedObject.bottom) {
35.         res = 1 << 1
36.       }
37.     } else if (hitedObject instanceof ScreenRectangle) {
38.       if (this.right > hitedObject.right) { // 触达右边界返回4
39.         res = 1 << 2
40.       } else if (this.left < hitedObject.left) { // 触达左边界返回8
41.         res = 1 << 3
42.       }
43.       if (this.top < hitedObject.top) { // 触达上边界返回16
44.         res = 1 << 4
45.       } else if (this.bottom > hitedObject.bottom) { // 触达下边界返回32
46.         res = 1 << 5
47.       }
48.     }
49.     return res
50.   }
51. }
52. 
53. export default HitObjectRectangle
```

在上面的代码中，我们要注意以下几点。

- HitObjectRectangle 也是作为基类存在的，稍后有一个子类继承它。在这个基类中，第 13 行至第 24 行通过重写 getter 访问器属性，将注册点由左上角移到了中心。
- 第 10 行，在构造器函数中我们看到，默认的 x、y 起始坐标是屏幕中心。
- 第 27 行至第 50 行，hitTest 方法的实现是核心代码，碰撞到左挡板和碰撞到右挡板返回的数字与之前定义的一样，碰撞四周墙壁返回的数字是 4 个新增的数字。

- 第 35 行出现的 1<<0 代表数值的二进制向左移动了 0 个位置。移动 0 个位置没有意义，这样书写是为了与下面的第 39 行、第 41 行等保持格式一致。1<<0 等于 1，1<<1 等于 2，1<<2 等于 4，1<<3 等于 8，这些数值是按 2 的 *N* 次幂递增的。

接下来我们定义 ScreenRectangle，它是被撞击部分的具体实现：

```
1.  // JS: src\views\hitTest\screen_rectangle.js
2.  import HitedObjectRectangle from "hited_object_rectangle.js"
3.
4.  /** 被碰撞对象屏幕大小的数据 */
5.  class ScreenRectangle extends HitedObjectRectangle {
6.    constructor() {
7.      super(0, 0, GameGlobal.CANVAS_WIDTH, GameGlobal.CANVAS_HEIGHT)
8.    }
9.  }
10.
11. export default ScreenRectangle
```

ScreenRectangle 是有关屏幕大小和位置数据的对象，也是一个继承了 HitedObjectRectangle 的具体实现。ScreenRectangle 作为一个具体实现类，没有添加额外的属性或方法，那我们为什么要定义它呢？因为它本身是作为一个对象而存在的，作为一个对象存在就是它的意义，参见 HitObjectRectangle 类中的 hitTest 方法。

接下来我们看一下左挡板的大小和位置数据的对象：

```
1.  // JS: src\views\hitTest\left_panel_rectangle.js
2.  import HitedObjectRectangle from "hited_object_rectangle.js"
3.
4.  /** 被碰撞对象左挡板的大小数据 */
5.  class LeftPanelRectangle extends HitedObjectRectangle {
6.    constructor() {
7.      super(0, (GameGlobal.CANVAS_HEIGHT - GameGlobal.PANEL_HEIGHT) / 2,
        GameGlobal.PANEL_WIDTH, GameGlobal.PANEL_HEIGHT)
8.    }
9.  }
10.
11. export default LeftPanelRectangle
```

LeftPanelRectangle 与 ScreenRectangle 一样，是继承了 HitedObjectRectangle 的一个具体实现，它仍然没有新增属性或方法，所有的信息，包括大小和位置，都已经通过构造器参数传递进去了。

再来看一下右挡板的大小和位置数据对象：

```
1.  // JS: src\views\hitTest\right_panel_rectangle.js
2.  import HitedObjectRectangle from "hited_object_rectangle.js"
3.
4.  /** 被碰撞对象右挡板的大小数据 */
5.  class RightPanelRectangle extends HitedObjectRectangle {
6.    constructor() {
```

```
7.       super(GameGlobal.CANVAS_WIDTH - GameGlobal.PANEL_WIDTH, (GameGlobal.
         CANVAS_HEIGHT - GameGlobal.PANEL_HEIGHT) / 2, GameGlobal.PANEL_WIDTH,
         GameGlobal.PANEL_HEIGHT)
8.     }
9.   }
10.
11. export default RightPanelRectangle
```

RightPanelRectangle 也是继承了 HitedObjectRectangle 的一个具体实现，与 LeftPanelRectangle 不同的只是坐标位置。

我们再来看一下碰撞对象的具体实现，里面只有一个 BallRectangle 类：

```
1.  // JS: src\views\hitTest\ball_rectangle.js
2.  import HitObjectRectangle from "hit_object_rectangle.js"
3.
4.  /** 碰撞对象的具体实现，球的大小及运动数据对象 */
5.  class BallRectangle extends HitObjectRectangle {
6.    constructor() {
7.      super(GameGlobal.RADIUS * 2, GameGlobal.RADIUS * 2)
8.    }
9.  }
10.
11. export default BallRectangle
```

BallRectangle 是描述球的位置和大小的，所有的信息在基类中都具备了，所以它不需要添加任何属性或方法了。

以上就是我们为了应用桥接模式而定义的所有类，为了进一步明确它们之间的关系，看一张示意图，如图 11-3 所示。

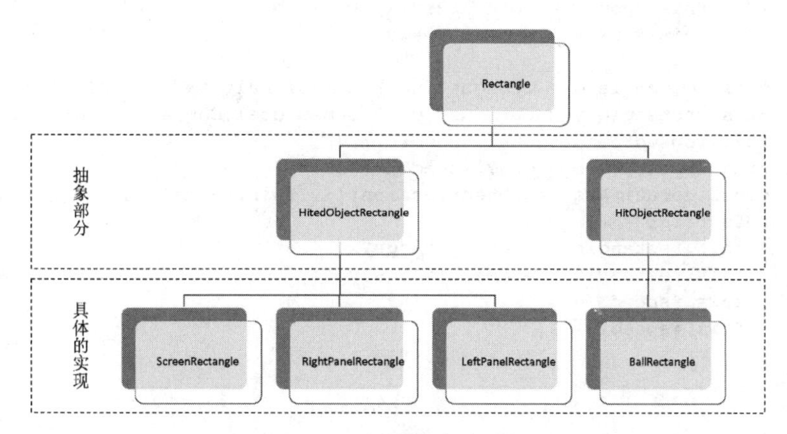

图 11-3　桥接模式关系图

第二层的 HitObjectRectangle 和 HitedObjectRectangle 是桥接模式中的抽象部分，第三层是具体的实现。事实上如果需要的话，我们还可以在 HitObjectRectangle 和 HitedObjectRectangle 这两条支线上定义更多的具体实现类。

接下来看一下如何使用，我们先改造原来的 Ball 类，如代码清单 11-9 所示。

代码清单 11-9 改造 Ball 类

```
1.  // JS: src/views/ball.js
2.  import BallRectangle from "hitTest/ball_rectangle.js"
3.
4.  /** 小球 */
5.  class Ball {
6.    ...
7.
8.    constructor() { }
9.
10.   get x() {
11.     // return this.#pos.x
12.     return this.rectangle.x
13.   }
14.   get y() {
15.     // return this.#pos.y
16.     return this.rectangle.y
17.   }
18.   /** 小于碰撞检测对象 */
19.   rectangle = new BallRectangle()
20.   // #pos // 球的起始位置
21.   #speedX = 4 // X 方向分速度
22.   #speedY = 2 // Y 方向分速度
23.
24.   /** 初始化 */
25.   init(options) {
26.     // this.#pos = options?.ballPos ?? { x: GameGlobal.CANVAS_WIDTH / 2, y:
        GameGlobal.CANVAS_HEIGHT / 2 }
27.     // const defaultPos = { x: this.#pos.x, y: this.#pos.y }
28.     // this.reset = () => {
29.     //   this.#pos.x = defaultPos.x
30.     //   this.#pos.y = defaultPos.y
31.     // }
32.     this.rectangle.x = options?.x ?? GameGlobal.CANVAS_WIDTH / 2
33.     this.rectangle.y = options?.y ?? GameGlobal.CANVAS_HEIGHT / 2
34.     this.#speedX = options?.speedX ?? 4
35.     this.#speedY = options?.speedY ?? 2
36.     const defaultArgs = Object.assign({}, this.rectangle)
37.     this.reset = () => {
38.       this.rectangle.x = defaultArgs.x
39.       this.rectangle.y = defaultArgs.y
40.       this.#speedX = 4
41.       this.#speedY = 2
42.     }
43.   }
44.
45.   /** 重设 */
46.   reset() { }
47.
48.   /** 渲染 */
49.   render(context) {
50.     ...
51.   }
52.
53.   /** 运行 */
```

```
54.   run() {
55.     // 小球运动数据计算
56.     // this.#pos.x += this.#speedX
57.     // this.#pos.y += this.#speedY
58.     this.rectangle.x += this.#speedX
59.     this.rectangle.y += this.#speedY
60.   }
61.
62.   /** 小球与墙壁的四周碰撞检查 */
63.   // testHitWall() {
64.   //   if (this.#pos.x > GameGlobal.CANVAS_WIDTH - GameGlobal.RADIUS) { //
      触达右边界
65.   //     this.#speedX = -this.#speedX
66.   //   } else if (this.#pos.x < GameGlobal.RADIUS) { // 触达左边界
67.   //     this.#speedX = -this.#speedX
68.   //   }
69.   //   if (this.#pos.y > GameGlobal.CANVAS_HEIGHT - GameGlobal.RADIUS) { //
      触达右边界
70.   //     this.#speedY = -this.#speedY
71.   //   } else if (this.#pos.y < GameGlobal.RADIUS) { // 触达左边界
72.   //     this.#speedY = -this.#speedY
73.   //   }
74.   // }
75.   testHitWall(hitedObject) {
76.     const res = this.rectangle.hitTest(hitedObject)
77.     if (res === 4 || res === 8) {
78.       this.#speedX = -this.#speedX
79.     } else if (res === 16 || res === 32) {
80.       this.#speedY = -this.#speedY
81.     }
82.   }
83.
84.   ...
85. }
86.
87. export default Ball.getInstance()
```

在 Ball 类中发生了什么变化呢？

- 第 19 行添加了新的实例属性 rectangle，它是 BallRectangle 的实例。所有关于球的位置、大小等信息都移到了 rectangle 中，所以原来的实例属性 #pos（第 20 行）都不再需要了，同时原来调用它的代码（例如第 58 行、第 59 行）都需要使用 rectangle 改写。
- 第 32 行至第 42 行是初始化代码，原来 #pos 是一个坐标，包括 x、y 两个值，现在将这两个值分别以 rectangle 中的 x、y 代替。
- 方法 testHitWall 用于检测屏幕边缘碰撞，第 63 行至第 74 行是旧代码，第 75 行至第 82 行是新代码。hitedObject 是新增的参数，它是 HitedObjectRectangle 子类的实例。

小球属于撞击对象，它的 rectangle 是一个 HitObjectRectangle 的子类实例（BallRectangle）。

下面看一下对 Panel 类的改造，它是 LeftPanel 和 RightPanel 的基类，如代码清单 11-10 所示。

代码清单 11-10 改造 Panel 类

```
1.  // JS: src/views/panel.js
2.  /** 挡板基类 */
3.  class Panel {
4.    constructor() { }
5.
6.    // x // 挡板的起点 x 坐标
7.    // y // 挡板的起点 y 坐标
8.    get x() {
9.      return this.rectangle.x
10.   }
11.   set x(val) {
12.     this.rectangle.x = val
13.   }
14.   get y() {
15.     return this.rectangle.y
16.   }
17.   set y(val) {
18.     this.rectangle.y = val
19.   }
20.   /** 挡板碰撞检测对象 */
21.   rectangle
22.   ...
23. }
24.
25. export default Panel
```

这个基类发生了什么变化呢？

- 第 21 行，rectangle 是新增的 HitedObjectRectangle 的子类实例，具体是哪个类型，要在子类中决定。
- 第 6 行、第 7 行将 x、y 去掉，代之以第 8 行至第 19 行的 getter 访问器和 setter 设置器，对 x、y 属性的访问和设置，将转变为对 rectangle 中 x、y 的访问和设置。

为什么要在 Panel 基类中新增一个 rectangle 属性呢？因为要在它的子类 LeftPanel、RightPanel 中新增这个属性，挡板是被撞击对象，rectangle 是 HitedObjectRectangle 的子类实例。与其在子类中分别设置，不如在基类中的某一个地方统一设置。另外，基类中的 render 方法在渲染挡板时也要使用 x、y 属性，这也要求必须在基类中定义 rectangle。

下面看一下对 LeftPanel 类的改造，如代码清单 11-11 所示。

代码清单 11-11 改造 LeftPanel 类

```
1.  // JS: src/views/left_panel.js
2.  ...
3.  import LeftPanelRectangle from "hitTest/left_panel_rectangle.js"
4.
5.  /** 左挡板 */
6.  class LeftPanel extends Panel {
7.    constructor() {
8.      super()
9.      this.rectangle = new LeftPanelRectangle()
10.   }
```

```
11.
12.   ...
13.
14.   /** 小球碰撞到左挡板返回 1 */
15.   testHitBall(ball) {
16.     return ball.rectangle.hitTest(this.rectangle)
17.     // if (ball.x < GameGlobal.RADIUS + GameGlobal.PANEL_WIDTH) { // 触达左挡板
18.     //   if (ball.y > this.y && ball.y < (this.y + GameGlobal.PANEL_HEIGHT)) {
19.     //     return 1
20.     //   }
21.     // }
22.     // return 0
23.   }
24. }
25.
26. export default new LeftPanel()
```

上面的代码只有两处改动。

- 第 9 行决定了基类中的 rectangle 是 LeftPanelRectangle 实例。LeftPanelRectangle 是 HitedObjectRectangle 的子类。
- 第 16 行改为由小球的 rectangle 与当前对象的 rectangle 进行碰撞测试。

接下来是对 RightPanel 类的改写，如代码清单 11-12 所示。

代码清单 11-12　改造 RightPanel 类

```
1. // JS: src/views/right_panel.js
2. ...
3. import RightPanelRectangle from "hitTest/right_panel_rectangle.js"
4.
5. /** 右挡板 */
6. class RightPanel extends Panel {
7.   constructor() {
8.     super()
9.     this.rectangle = new RightPanelRectangle()
10.   }
11.
12.   ...
13.
14.   /** 小球碰撞到左挡板返回 2 */
15.   testHitBall(ball) {
16.     return ball.rectangle.hitTest(this.rectangle)
17.     // if (ball.x > (GameGlobal.CANVAS_WIDTH - GameGlobal.RADIUS -
        GameGlobal.PANEL_WIDTH)) { // 碰撞右挡板
18.     //   if (ball.y > this.y && ball.y < (this.y + GameGlobal.PANEL_HEIGHT)) {
19.     //     return 2
20.     //   }
21.     // }
22.     // return 0
23.   }
24. }
25.
26. export default new RightPanel()
```

与 LeftPanel 类似，在这个 RightPanel 类中也只有两处修改，见第 9 行与第 16 行。

最后，我们开始改造 GameIndexPage，它是我们应用桥接模式的最后一站了，如代码清单 11-13 所示。

代码清单 11-13 改造游戏主页对象

```
1.  // JS: src\views\game_index_page.js
2.  ...
3.  import ScreenRectangle from "hitTest/screen_rectangle.js"
4.
5.  /** 游戏主页页面 */
6.  class GameIndexPage extends Page {
7.    ...
8.    /** 墙壁碰撞检测对象 */
9.    #rectangle = new ScreenRectangle()
10.
11.   ...
12.
13.   /** 运行 */
14.   run() {
15.     ...
16.     // 小球碰撞检测
17.     // ball.testHitWall()
18.     ball.testHitWall(this.#rectangle)
19.     ...
20.   }
21.
22.   ...
23. }
24.
25. export default GameIndexPage
```

在 GameIndexPage 类中，只有两处修改。

- 第 9 行添加了一个私有属性 #rectangle，它是一个碰撞检测数据对象，是 HitedObject-Rectangle 的子类实例。
- 第 18 行，调用小球的 testHitWall 方法时，将 #rectangle 作为参数传递进去。

现在代码修改完了，重新编译测试，运行效果与之前一样。

现在我们思考一下，在碰撞检测这一块应用桥接模式时创建了许多新类，除了把项目变复杂以外，这样做到底有什么积极作用呢？我们将碰撞测试元素拆分为两个抽象对象（HitObjectRectangle 和 HitedObjectRectangle）的意义在哪里呢？

来看一张示意图，如图 11-4 所示，它表示了碰撞对象和被碰撞对象在桥接模式中的整体结构关系。

HitObjectRectangle 代表碰撞对象的碰撞检测数据对象，HitedObjectRectangle 代表被碰撞对象的碰撞检测数据对象，后者有 3 个具体实现的子类——ScreenRectangle、LeftPanelRectangle 和 RightPanelRectangle，这 3 个子类代表 3 类被撞击的类型。如果游戏中出现一个四周需要被碰撞检测的对象，它的检测数据对象可以继承 ScreenRectangle；如果出现一个右侧需要被碰撞检测的对象，它的检测数据对象可以继承 RightPanelRectangle。以此类推，如果是左侧出现的对象，它的检测数据对象可以继承 LeftPanelRectangle；如果出现一个撞击对象，它的检测数据对象则可以继承 BallRectangle。

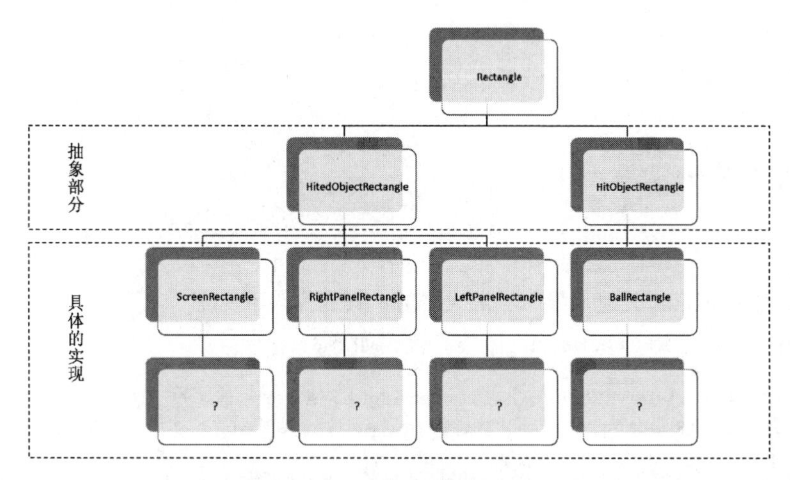

图 11-4　待扩展的桥接模式示意图

目前我们这个小游戏项目太过简单，不足以显示桥接模式的作用。接下来进行扩展，新增一个红色方块代替小球，具体实现如代码清单 11-14 所示。

代码清单 11-14　创建方块模块

```
1.  // JS: src\views\cube.js
2.  import { Ball } from "ball.js"
3.  import CubeRectangle from "hitTest/cube_rectangle.js"
4.
5.  /** 红色方块 */
6.  class Cube extends Ball {
7.    constructor() {
8.      super()
9.      this.rectangle = new CubeRectangle()
10.   }
11.
12.   /** 渲染 */
13.   render(context) {
14.     context.fillStyle = "red"
15.     context.beginPath()
16.     context.rect(this.rectangle.left, this.rectangle.top, this.rectangle.
        width, this.rectangle.height)
17.     context.fill()
18.   }
19. }
20.
21. export default new Cube()
```

Cube 类的代码与 Ball 是类似的，只是 render 代码略有不同，让它继承 Ball 是最简单的实现方法。第 9 行，rectangle 设置为 CubeRectangle 的实例，这个类尚不存在，稍后我们创建，它是BallRectangle的子类。

在cube.js文件中导入的Ball（第2行）现在还没有导出，我们需要修改一下ball.js文件，代码如下：

```
1.  // JS: src/views/ball.js
2.  ...
3.
4.  /** 小球 */
5.  // class Ball {
6.  export class Ball {
7.          ...
8.  }
9.  ...
```

第6行，使用export关键字添加了常规导出，其他代码不变。

现在来看一下新增的CubeRectangle类，代码如下：

```
1.  // JS: src\views\hitTest\ball_rectangle.js
2.  import BallRectangle from "ball_rectangle.js"
3.
4.  /** 碰撞对象的具体实现部分，方块的大小及运动数据对象 */
5.  class CubeRectangle extends BallRectangle { }
6.
7.  export default CubeRectangle
```

CubeRectangle是方块的检测数据对象。CubeRectangle可以继承HitObjectRectangle类而实现需要的功能，但因为方块与小球的特征很像，所以让它继承BallRectangle更容易实现。事实上它只需要继承（第5行），其他什么也不用做。

接下来开始使用方块。为了使测试代码更简单，我们可将game.js文件中的页面创建代码修改一下，如代码清单11-15所示。

代码清单11-15 使用页面工厂创建页面对象

```
1.  // JS: disc\第11章\11.1\11.1.2\game.js
2.  ...
3.  // import PageBuildDirector from "src/views/page_build_director.js" // 导入页
    面建造指挥者
4.  import PageFactory from "src/views/page_factory.js" // 导入页面工厂
5.
6.  /** 游戏对象 */
7.  class Game extends EventDispatcher {
8.    ...
9.
10.   /** 游戏换页 */
11.   turnToPage(pageName) {
12.     ...
13.     // this.#currentPage = PageBuildDirector.buildPage(pageName, { game:
        this, context: this.#context })
14.     this.#currentPage = PageFactory.createPage(pageName, this, this.#context)
15.     ...
16.   }
17.
```

```
18.     ...
19. }
20. ...
```

这里只有两处改动：第 4 行和第 14 行。继续使用 PageBuildDirector 不利于代码测试，使用 PageFactory 代码会更简单。这一改动与本节的桥接模式没有直接关系。

最后修改 game_index_page.js 文件，以使用方块，代码如下：

```
1.  // JS: src\views\game_index_page.js
2.  ...
3.  // import ball from "ball.js" // 导入小球单例
4.  import ball from "cube.js" // 导入方块实例
5.  ...
```

只有第 4 行导入的地址变了，其他不会改变。

代码扩展完了，重新编译测试，游戏的运行效果如图 11-5 所示。

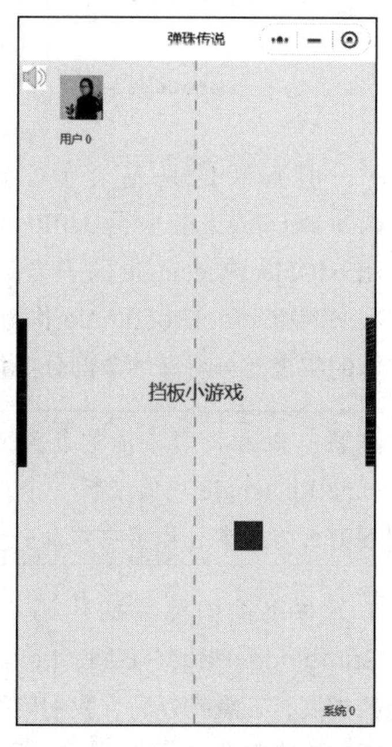

图 11-5　小球变成了红色方块

改动后，白色的小球变成了红色的方块。现在，将 CubeRectangle 纳入结构图，如图 11-6 所示。

第四层添加了一个 CubeRectangle，我们的 HitObjectRectangle 修改了吗？没有。在 HitObjectRectangle 的 hitTest 方法中，我们使用 instanceof 进行了类型判断，具体如下：

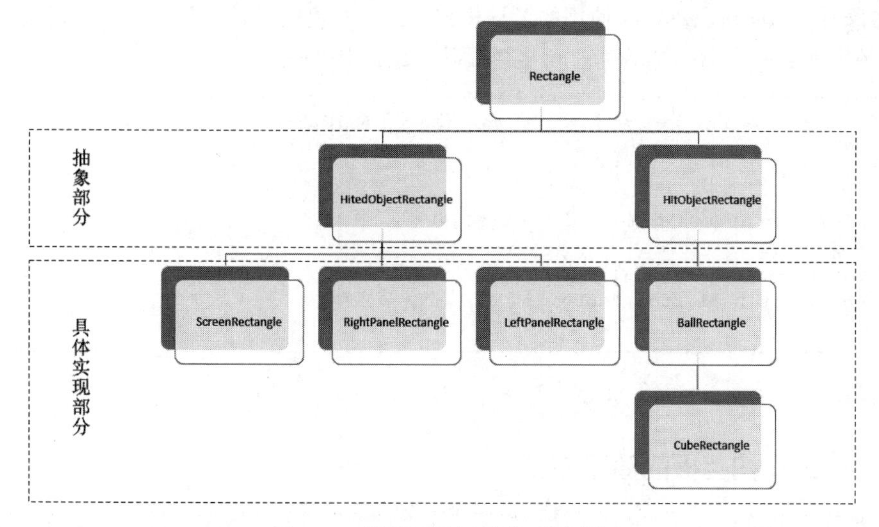

图 11-6　扩展后的桥接模式示意图

```
1.  /** 与被撞对象的碰撞检测 */
2.  hitTest(hitedObject) {
```

```
3.     let res = 0
4.     if (hitedObject instanceof LeftPanelRectangle) {
5.       ...
6.     } else if (hitedObject instanceof RightPanelRectangle) {
7.       ...
8.     } else if (hitedObject instanceof ScreenRectangle) {
9.       ...
10.    }
11.    return res
12. }
```

但判断的是基类型，在第四层添加子类型不会影响代码的执行。我们添加的CubeRectangle继承了BallRectangle，属于HitObjectRectangle的一支，如果添加一个新类继承HitedObjectRectangle的子类，结果是一样的，代码不用修改，仍然有效。**HitObjectRectangle和HitedObjectRectangle作为抽象部分，是我们实现桥接模式的重要组成内容，它们可帮助具体的实现部分屏蔽抽象部分变化的复杂性。**

注意：如果我们添加的新碰撞检测类型不同于ScreenRectangle、LeftPanelRectangle和RightPanelRectangle中的任何一个，代码应该如何扩展呢？这时就需要修改HitObjectRectangle类的hitTest方法啦，即需要添加一个else if分支。

对比重构前后的代码不难发现，**在应用桥接模式之前，我们的碰撞检测代码是与GameIndexPage、Ball、LeftPanel和RightPanel耦合在一起的，并且不方便进行新的碰撞对象扩展；在重构以后，我们碰撞检测的代码变成了只有top、bottom、left和right属性数值的对比**，这样就非常清晰了。

在本章所有面向对象重构时使用的设计模式里，桥接模式是最复杂的一个，因此所用的笔墨最多。在大型跨平台GUI软件中，桥接模式基本是必定出现的。

注意：在本节测试完成以后，为了便于以后继续使用Ball测试，记得将game_index_page.js文件中的修改恢复过来，具体如下：

```
1.  // JS: src\views\game_index_page.js
2.  ...
3.  import ball from "ball.js" // 导入小球单例
4.  // import ball from "cube.js" // 导入方块实例
5.  ...
```

本节源码目录参见disc/第11章/11.1/11.1.2。

使用装饰模式重构挡板的渲染方式

装饰模式（Decorator Pattern）是一种结构型设计模式，允许开发人员将对象放入包含新行为或新特征的特殊封装对象中，以此为原对象添加新的行为能力或特征。

换言之，装饰模式允许向一个对象添加新的能力或特征，但同时又不改变原对象的结构。

继承是为对象添加新的行为能力最简单的方式之一，但如果继承需要扩展的能力很多，那么会造成类的数目暴涨，这时装饰模式便应运而生了。在装饰模式中有两个对象，一个是被装饰对象，另一个是装饰对象。其中装饰对象一般是一个基类，它可以被装饰子类继承，且构造器参数是被装饰对象。

下面来看一个示例。在我们目前的小游戏项目中，绘制挡板所用的填充样式有两种，一种为纯色，另一种为木板材质，具体填充样式由渲染上下文对象的fillStyle属性来设置。此外，shadowColor属性可以设置阴影颜色。对渲染上下文对象的属性进行设置相当于全局设置，会对画布上所有的渲染动作都生效，因此渲染场景特别适合应用装饰模式，每个装饰对象仅给渲染上下文对象设置一种效果，多个装饰对象放在一起就可以组合设置出多个效果。

首先，我们定义一个装饰对象基类，如代码清单11-16所示。

代码清单 11-16　装饰对象基类

```
1.  // JS: src\views\render\render_decorator.js
2.  /** 装饰对象基类 */
3.  class RenderDecorator {
4.    /**
5.     * @constructor
6.     * @param {object} target 有一个 render(context) 方法
7.     */
8.    constructor(target) {
9.      this.targetRender = target.render.bind(target)
10.     this.render = this.render.bind(this)
11.   }
12.
13.   /** 被装饰对象的原始 render 方法 */
14.   targetRender
15.
16.   render(context){
17.     this.targetRender(context)
18.   }
19. }
20.
21. export default RenderDecorator
```

这个基类的作用就是在render方法中调用目标对象target的render方法（第17行），完成“装饰”功能。

ColorFillDecorator继承了RenderDecorator，它是一个具体的颜色填充装饰器类，如代码清单11-17所示。

代码清单 11-17　颜色填充装饰器类

```
1.  // JS: src\views\render\color_fill_decorator.js
2.  import RenderDecorator from "render_decorator.js"
3.
4.  /** 颜色填充装饰对象 */
5.  class ColorFillDecorator extends RenderDecorator {
6.    /**
7.     * @constructor
8.     * @param {object} target 有一个 render(context) 方法
```

```
9.       * @param {string} color，填充色，默认为白色
10.      */
11.    constructor(target, color = "white") {
12.      super(target)
13.      this.fillStyle = color
14.    }
15.
16.    /** 填充样式，默认为颜色（白色）*/
17.    fillStyle
18.
19.    render(context) {
20.      context.fillStyle = this.fillStyle
21.      super.render(context)
22.    }
23.  }
24.
25.  export default ColorFillDecorator
```

第20行，在调用目标对象的render方法之前，先设置了fillStyle属性，装饰对象在这一行产生了填充样式的装饰作用。

PatternFillDecorator继承了ColorFillDecorator，也是一个具体的实现：

```
1.  // JS: src\views\render\pattern_fill_decorator.js
2.  import ColorFillDecorator from "color_fill_decorator.js"
3.
4.  /** 材质填充装饰对象 */
5.  class PatternFillDecorator extends ColorFillDecorator {
6.    constructor(target, context, patternImageSrc = "static/images/mood.png") {
7.      super(target)
8.      // 加载材质填充对象
9.      const img = wx.createImage()
10.     img.onload = () => {
11.       this.fillStyle = context.createPattern(img, "repeat")
12.     }
13.     img.src = patternImageSrc
14.   }
15. }
16.
17. export default PatternFillDecorator
```

因为这个类继承了ColorFillDecorator，所以完全可以替代后者。第9行至第13行，这些代码在panel.js文件中出现过，用于加载一个图像，然后用这个图像初始化材质填充对象。

ShadowDecorator是继承了RenderDecorator的一个具体实现，如代码清单11-18所示。

代码清单11-18 阴影效果装饰器类

```
1.  // JS: src\views\render\shadow_decorator.js
2.  import RenderDecorator from "render_decorator.js"
3.
4.  /** 阴影效果装饰器类 */
5.  class ShadowDecorator extends RenderDecorator {
6.    constructor(target, shadowColor = "black") {
7.      super(target)
```

```
8.       this.shadowColor = shadowColor
9.     }
10.
11.    /** 阴影颜色 */
12.    shadowColor
13.
14.    render(context) {
15.      context.shadowColor = this.shadowColor
16.      context.shadowOffsetX = 2
17.      context.shadowOffsetY = 4
18.      super.render(context)
19.      context.shadowOffsetX = 0
20.      context.shadowOffsetY = 0
21.    }
22. }
23.
24. export default ShadowDecorator
```

第19行、第20行的代码是为了在执行渲染逻辑（render）后将阴影效果设置清除，避免对后续的其他渲染造成影响。

上面创造了4个类，其中ColorFillDecorator、PatternFillDecorator和ShadowDecorator是具体的装饰器类。图11-7给出了这4个类的结构关系。

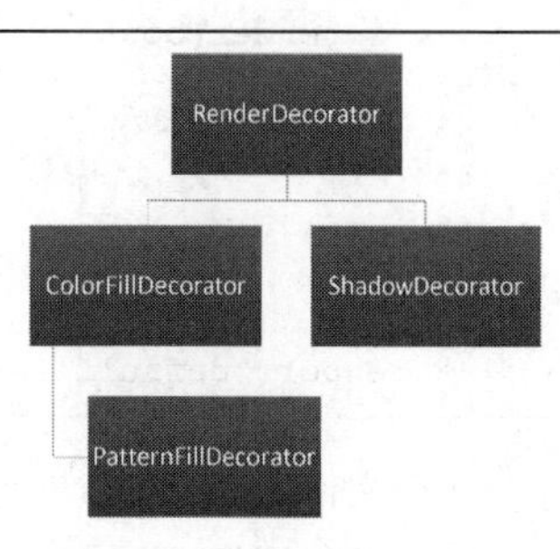

图11-7 装饰器类示意图

接下来看如何在挡板上应用装饰模式。打开panel.js文件，修改如代码清单11-19所示。

代码清单11-19 在挡板上使用装饰模式

```
1.  // JS: src/views/panel.js
2.  import ShadowDecorator from "render/shadow_decorator.js" // 导入装饰器类
3.  import ColorFillDecorator from "render/color_fill_decorator.js"
4.  import PatternFillDecorator from "render/pattern_fill_decorator.js"
5.
6.  /** 挡板基类 */
7.  class Panel {
8.    ...
9.
10.   /** 初始化 */
11.   init(options) {
12.     // 加载材质填充对象
13.     // const context = options.context
14.     // const img = wx.createImage()
15.     // img.onload = () => {
16.     //   this.panelPattern = context.createPattern(img, "repeat")
17.     // }
18.     // img.src = options.patternImageSrc || "static/images/mood.png"
19.     // 清洗渲染方法
20.     this.render = context => {
21.       context.fillRect(this.x, this.y, GameGlobal.PANEL_WIDTH, GameGlobal.
          PANEL_HEIGHT)
22.     }
23.     // 创建装饰器
```

```
24.     // const decorator = new ShadowDecorator(
25.     //   new PatternFillDecorator(
26.     //     this
27.     //     , options.context
28.     //     , options.patternImageSrc || "static/images/mood.png"
29.     //   )
30.     // )
31.     const decorator = new PatternFillDecorator(
32.       new ShadowDecorator(this)
33.       , options.context
34.       , options.patternImageSrc || "static/images/mood.png"
35.     )
36.     // 替换渲染方法
37.     this.render = decorator.render
38.   }
39.
40.   /** 渲染 */
41.   render(context) {
42.     ...
43.   }
44.
45.   ...
46. }
47.
48. export default Panel
```

这个文件发生了什么变化呢？

- 第 2 行至第 4 行导入了刚创建的 3 个装饰器具体实现类。
- 主要修改都在 init 方法内。第 12 行至第 18 行是初始化填充材质对象的旧代码，这部分代码已经移到了 PatternFillDecorator 类中。
- 第 20 行至第 22 行是用于重写 Panel 类的 render 方法，这让渲染代码变得非常简洁，方便我们测试。为什么不直接重写第 41 行的 render 方法呢？因为这样的方式可以保持原代码继续有效，如果我们想恢复，只需要将第 12 行至第 18 行代码恢复，且将新增的代码删除就可以了。
- 第 24 行至第 30 行与第 31 行至第 35 行，这两处测试代码都是创建一个嵌套的装饰对象，并且它们是可以相互替换的。**无论是使用 PatternFillDecorator 包裹 ShadowDecorator，还是反过来，都是成立的，这是装饰模式的显著特征。**
- 第 37 行是为了在挡板的渲染方法被页面调用时，能以装饰器的渲染方法代替。

代码修改完了，运行效果与之前没有差异。

注意：在手机上预览，目前是看不到阴影效果的，而在 PC 微信客户端上预览是正常的。不过没有关系，这不影响其他代码的正常运行。

最后总结一下，装饰模式是一个相对简单的模式。被装饰的对象可以是一个类，也可以是一个方法，在本节示例中，我们实现的是对挡板对象的 render 方法的装饰。具体的装饰器类（例如 PatternFillDecorator、ShadowDecorator）是可以相互嵌套的，如果我们愿意，还可以创建更多的装饰器类，以有限的装饰类就可以组合出多种装饰效果。

本节源码目录参见 disc/ 第 11 章 /11.1/11.1.3。

本课小结

这节课我们应用了适配器模式、桥接模式和装饰模式。这 3 个模式中最难理解和应用的是桥接模式。有人觉得桥接模式和适配器模式很像，特别在刚接触设计模式时，甚至感觉它们没有区别，其实不是这样的。

在理解桥接模式时，脑海里要想着有两路分支对象，这两路对象各自有一个抽象的基类。两路对象通过抽象基类达成协作，但两路对象又有所不同，它们在自己的具体实现部分又独立、自由地变化着。桥接模式中的这两路具体的对象，就像两只手左右交叉在一起，这也是其名字中“桥接”二字的意义。理解了这一点，我们就明白桥接模式和适配器模式完全是两码事了。

下节课我们尝试应用访问者模式和策略模式。

第 32 课　设计模式重构七：访问者模式和策略模式

这节课我们着手应用访问者模式和策略模式，这是本书应用的最后两个模式。

使用访问者模式优化碰撞检测

访问者模式（Visitor Pattern）是一种行为设计模式，它能将算法与算法所作用的对象隔离开来。换言之，访问者模式根据访问者的不同，展示出不同的行为或者做出不同的处理。使用访问者模式，一般意味着调用反转，本来是 A 调用 B，结果该调用最终反过来，是通过 B 调用 A 完成的。

这个模式一般涉及两个方面，我们可以拿软件外包市场中的甲方和乙方类比一下。甲方是发包方，乙方是接包方，本来需要甲方到乙方公司阐明系统需求，由乙方根据需求安排不同的项目组进行开发。现在反过来了，甲方不动，由乙方派不同的开发小组到甲方公司内部，在现场与甲方进行对接。

上一节实现碰撞检测时，在 HitObjectRectangle 类中有一个很重要的方法，如代码清单 11-20 所示。

代码清单 11-20　撞击对象的 hitTest 方法

```
1.  // JS: src\views\hitTest\hit_object_rectangle.js
2.  ...
3.  
4.  /** 碰撞对象的抽象部分，球与方块的注册点在中心，不在左上角 */
5.  class HitObjectRectangle extends Rectangle {
6.    ...
7.  
8.    /** 与被撞对象的碰撞检测 */
9.    hitTest(hitedObject) {
10.     let res = 0
```

```
11.     if (hitedObject instanceof LeftPanelRectangle) { // 碰撞到左挡板返回 1
12.       ...
13.     } else if (hitedObject instanceof RightPanelRectangle) { // 碰撞到右挡板返回 2
14.       ...
15.     } else if (hitedObject instanceof ScreenRectangle) {
16.       ...
17.     }
18.     return res
19.   }
20. }
21.
22. export default HitObjectRectangle
```

正是由 hitTest 这个方法实现了碰撞检测，它为不同的被撞击对象做了不同的边界检测。

但是这个方法有"坏味道"，它内部有 if else，并且该 if else 的复杂度会随着被检测对象的类型增多而增加。那么怎么优化它呢？

我们可以使用访问者模式重构。在访问者模式中，我们可以根据不同的对象做不同的处理，这里的多个被撞击对象恰好是定义中所说的不同对象。

我们先给 LeftPanelRectangle、RightPanelRectangle 和 ScreenRectangle 都添加一个相同的方法 accept。第一个 LeftPanelRectangle 的改动如下：

```
1.  // JS: src\views\hitTest\left_panel_rectangle.js
2.  ...
3.
4.  /** 被碰撞对象左挡板的大小数据 */
5.  class LeftPanelRectangle extends HitedObjectRectangle {
6.    ...
7.
8.    visit(hitObject) {
9.      if (hitObject.left < this.right && hitObject.top > this.top &&
        hitObject.bottom < this.bottom) {
10.       return 1 << 0
11.     }
12.     return 0
13.   }
14. }
15.
16. export default LeftPanelRectangle
```

第 8 行至第 13 行新增的 visit 方法是在原来的 HitObjectRectangle 类中摘取一段并稍加修改完成的，这里碰撞检测只涉及两个对象的边界，没有 if else，逻辑上简洁清晰多了。

RightPanelRectangle 类的改动如下：

```
1.  // JS: src\views\hitTest\right_panel_rectangle.js
2.  ...
3.
4.  /** 被碰撞对象右挡板的大小数据 */
5.  class RightPanelRectangle extends HitedObjectRectangle {
6.    ...
7.
```

```
8.    visit(hitObject) {
9.      if (hitObject.right > this.left && hitObject.top > this.top &&
        hitObject.bottom < this.bottom) {
10.       return 1 << 1
11.     }
12.     return 0
13.   }
14. }
15.
16. export default RightPanelRectangle
```

第8行至第13行中visit方法的实现，与LeftPanelRectangle中visit方法的实现如出一辙。

ScreenRectangle类的改动，如代码清单11-21所示。

代码清单11-21　屏幕的被碰撞对象

```
1.  // JS: src\views\hitTest\screen_rectangle.js
2.  ...
3.
4.  /** 被碰撞对象屏幕的大小数据 */
5.  class ScreenRectangle extends HitedObjectRectangle {
6.    ...
7.
8.    visit(hitObject) {
9.      let res = 0
10.     if (hitObject.right > this.right) { // 触达右边界返回4
11.       res = 1 << 2
12.     } else if (hitObject.left < this.left) { // 触达左边界返回8
13.       res = 1 << 3
14.     }
15.     if (hitObject.top < this.top) { // 触达上边界返回16
16.       res = 1 << 4
17.     } else if (hitObject.bottom > this.bottom) { // 触达下边界返回32
18.       res = 1 << 5
19.     }
20.     return res
21.   }
22. }
23.
24. export default ScreenRectangle
```

第8行至第21行是新增的visit方法。所有的返回值均与原来是一样的，代码的逻辑结构也是一样的，只是从哪个对象上取值进行比较有了变化。

上面这3个类都是HitedObjectRectangle的子类，为了让基类的定义更加完整，我们也修改一下hited_object_rectangle.js文件，具体如下：

```
1.  // JS: src\views\hitTest\hited_object_rectangle.js
2.  ...
3.
4.  /** 被碰撞对象的抽象部分，屏幕及左、右挡板的注册点默认在左上角 */
5.  class HitedObjectRectangle extends Rectangle {
```

```
6.    ...
7.
8.    visit(hitObject) { }
9.  }
10.
11. export default HitedObjectRectangle
```

这里仅第 8 行添加了一个空方法 visit，这个改动可以让所有 HitedObjectRectangle 对象都有一个默认的 visit 方法，在某些情况下可以避免代码报错。

最后我们再看一下 HitObjectRectangle 类的改动，这也是访问者模式中的核心部分，如代码清单 11-22 所示。

代码清单 11-22 在撞击对象中应用访问者模式

```
1.  // JS: src\views\hitTest\hit_object_rectangle.js
2.  ...
3.
4.  /** 碰撞对象的抽象部分，球与方块的注册点在中心，不在左上角 */
5.  class HitObjectRectangle extends Rectangle {
6.    ...
7.
8.    /** 与被撞对象的碰撞检测 */
9.    hitTest(hitedObject) {
10.     // let res = 0
11.     // if (hitedObject instanceof LeftPanelRectangle) { // 碰撞到左挡板返回 1
12.     //   if (this.left < hitedObject.right && this.top > hitedObject.top &&
        this.bottom < hitedObject.bottom) {
13.     //     res = 1 << 0
14.     //   }
15.     // } else if (hitedObject instanceof RightPanelRectangle) { // 碰撞到右挡
        板返回 2
16.     //   if (this.right > hitedObject.left && this.top > hitedObject.top &&
        this.bottom < hitedObject.bottom) {
17.     //     res = 1 << 1
18.     //   }
19.     // } else if (hitedObject instanceof ScreenRectangle) {
20.     //   if (this.right > hitedObject.right) { // 触达右边界返回 4
21.     //     res = 1 << 2
22.     //   } else if (this.left < hitedObject.left) { // 触达左边界返回 8
23.     //     res = 1 << 3
24.     //   }
25.     //   if (this.top < hitedObject.top) { // 触达上边界返回 16
26.     //     res = 1 << 4
27.     //   } else if (this.bottom > hitedObject.bottom) { // 触达下边界返回 32
28.     //     res = 1 << 5
29.     //   }
30.     // }
31.     // return res
32.     return hitedObject.visit(this)
33.   }
34. }
35.
36. export default HitObjectRectangle
```

第 10 行至第 31 行是 hitTest 方法中被注释掉的旧代码，**原来复杂的 if else 逻辑没有了，只留下简短的一句话（第 32 行）。这样我们在增加新的碰撞检测对象时，只需要创建新类型就可以了，没有 if else 逻辑需要添加，也不会影响旧代码**。第 9 行的 hitTest 方法，相当于一般访问者模式示例的 accept 方法。

当我们将访问者模式和桥接模式结合起来应用时，代码变得异常简洁清晰，这才是好的面向对象设计该有的样子。

小游戏的运行效果与之前是一致的。

最后总结一下，**访问者模式特别擅长将拥有多个 if else 逻辑或 switch 分支逻辑的代码以一种反向调用的方式转化为两类对象，并以一对一的逻辑关系进行处理**。这是一种应用十分普遍的设计模式，当遇到复杂的 if else 代码时，可以考虑使用该模式重构。

本节源码目录参见 disc/ 第 11 章 /11.2/11.2.1。

使用策略模式扩展右挡板的移动算法

策略模式（Strategy Pattern）是一种行为设计模式，当开发者定义一系列算法并将每种算法都放入独立的类中时，该模式使这些算法对象能够相互替换。换言之，策略模式会定义一系列算法，并把它们封装成独立的对象，且每个算法对象都可以相互替换。在 23 个经典设计模式中，很少有将方法视为对象进行设计的，而策略模式就是例外。在 JS 中，一切皆为对象，将方法视为对象进行设计，也是完全可以的。

在我们目前的小游戏项目中，右挡板是由系统控制的，在上下方的一定范围内匀速往复平移，如代码清单 11-23 所示。

代码清单 11-23　右挡板的移动代码

```
1.  // JS: src/views/right_panel.js
2.  ...
3.
4.  /** 右挡板 */
5.  class RightPanel extends Panel {
6.    ...
7.
8.    /** 运算 */
9.    run() {
10.     // 右挡板运动数据计算
11.     this.y += this.#speedY
12.     const centerY = (GameGlobal.CANVAS_HEIGHT - GameGlobal.PANEL_HEIGHT) / 2
13.     if (this.y < centerY - GameGlobal.RIGHT_PANEL_MOVE_RANGE || this.y >
        centerY + GameGlobal.RIGHT_PANEL_MOVE_RANGE) {
14.       this.#speedY = -this.#speedY
15.     }
16.   }
17.   ...
18. }
19.
20. export default new RightPanel()
```

第11行至第15行，在run方法内，为右挡板实现了上下自主移动的算法。我们可以将这个算法抽离为一个对象，然后扩展出一个带钟摆加速效果的算法，从而使这两个算法可以相互替换。

首先，实现一个PanelUniformSpeedYStrategy类，如代码清单11-24所示。

代码清单11-24 右挡板匀速移动策略

```
1.  // JS: src\views\strategy\panel_uniform_speed_y_strategy.js
2.  /** 挡板移动的匀速策略 */
3.  class PanelUniformSpeedYStrategy {
4.    constructor(startSpeedY = 0.5) {
5.      const centerY = (GameGlobal.CANVAS_HEIGHT - GameGlobal.PANEL_HEIGHT) / 2
6.      this.speedY = this.startSpeedY = startSpeedY
7.      this.minY = centerY - GameGlobal.RIGHT_PANEL_MOVE_RANGE
8.      this.maxY = centerY + GameGlobal.RIGHT_PANEL_MOVE_RANGE
9.    }
10.
11.   minY
12.   maxY
13.   /** 当前速度 */
14.   speedY
15.   /** 默认起始速度 */
16.   startSpeedY = 0
17.
18.   getValue(y) {
19.     if (y < this.minY || y > this.maxY) {
20.       this.speedY = -this.speedY
21.     }
22.     return this.speedY
23.   }
24. }
25.
26. export default PanelUniformSpeedYStrategy
```

在这个类中，minY是右挡板运动的上边界，maxY是下边界，getValue方法实现了原来让挡板上下往复移动的算法。

接下来我们实现另一个算法类PanelAcceleratedSpeedYStrategy，即实现右挡板变速移动策略，如代码清单11-25所示。

代码清单11-25 右挡板变速移动策略

```
1.  // JS: src\views\strategy\panel_accelerated_speed_y_strategy.js
2.  import PanelUniformSpeedYStrategy from "panel_uniform_speed_y_strategy.js"
3.
4.  /** 挡板移动的单摆式变速策略 */
5.  class PanelAcceleratedSpeedYStrategy extends PanelUniformSpeedYStrategy {
6.    constructor(startSpeedY = 4) {
7.      super(startSpeedY)
8.    }
9.
10.   /** 加速度 */
11.   acceleration = -0.08
12.
```

```
13.   getValue(y) {
14.     if (this.speedY < -this.startSpeedY || this.speedY > this.startSpeedY) {
15.       this.acceleration = -this.acceleration
16.     }
17.     return (this.speedY += this.acceleration)
18.   }
19. }
20.
21. export default PanelAcceleratedSpeedYStrategy
```

这个类是通过继承上一个算法类 PanelUniformSpeedYStrategy 实现的，子类在父类的基础上添加了加速度这个概念。当然我们也可以按照一般做法，将 PanelAcceleratedSpeedYStrategy 定义为与 PanelUniformSpeedYStrategy 平级的一个类，还可以让它们继承一个共同的父类，但这样又多一个类文件，不符合至简原则。

算法类定义好，接下来就是使用了。消费代码只存在于 RightPanel 类中，我们看一下它的变化，如代码清单 11-26 所示。

代码清单 11-26　在右挡板中应用策略模式

```
1. // JS: src/views/right_panel.js
2. ...
3. import PanelAcceleratedSpeedYStrategy from "strategy/panel_accelerated_
   speed_y_strategy.js"
4. import PanelUniformSpeedYStrategy from "strategy/panel_uniform_speed_y_
   strategy.js"
5.
6. /** 右挡板 */
7. class RightPanel extends Panel {
8.   ...
9.
10.   /** 挡板的上下移动策略 */
11.   #speedYStrategy
12.   // #speedY = 0.5 // 右挡板 Y 轴方向的移动速度
13.
14.   /** 初始化 */
15.   init(options) {
16.       ...
17.
18.     // this.#speedYStrategy = new PanelUniformSpeedYStrategy()
19.     this.#speedYStrategy = new PanelAcceleratedSpeedYStrategy()
20.
21.     ...
22.     this.reset = () => {
23.       ...
24.       // this.#speedY = 0.5
25.     }
26.   }
27.
28.   /** 运算 */
29.   run() {
30.     // 右挡板运动数据计算
31.     // this.y += this.#speedY
32.     // const centerY = (GameGlobal.CANVAS_HEIGHT - GameGlobal.PANEL_HEIGHT) / 2
```

```
33.      // if (this.y < centerY - GameGlobal.RIGHT_PANEL_MOVE_RANGE || this.y >
         centerY + GameGlobal.RIGHT_PANEL_MOVE_RANGE) {
34.      //    this.#speedY = -this.#speedY
35.      // }
36.      this.y += this.#speedYStrategy.getValue(this.y)
37.    }
38.    ...
39. }
40.
41. export default new RightPanel()
```

这个文件发生了什么变化呢?

- 最主要的变化是第 30 行至第 35 行的代码全部注释掉了，取而代之的是第 36 行代码。是不是非常简洁？所有简洁代码的背后，都是因为对象将这部分活给干了。
- 第 11 行添加了一个新的私有属性 #speedYStrategy，代表当前挡板的上下移动策略。
- 第 12 行，#speedY 不再需要了，可以注释掉。第 24 行的代码也不再需要。
- 第 18 行、第 19 行是策略对象的实例化代码，二者任选其一就可以。注意，这两行代码不能放在构造器中，也不能在第 11 行声明类属性时直接初始化，具体原因可以看一下这两个策略类的构造器代码。

新增的类属性 #speedYStrategy 是一个策略对象，它可以是 PanelUniformSpeedYStrategy 或 PanelAcceleratedSpeedYStrategy 中任何一个类的实例。这两个算法类具有相同的结构和调用方式，可以相互替换。这就是本节实现的策略模式。

除了右挡板有钟摆加速效果之外，游戏的运行效果与之前是一样的。

最后总结一下，本节尝试实现的是策略模式，策略模式是对算法的封装。策略模式中的算法对象可以相互替换，一般这些算法是并列的兄弟关系，本节实现的两个算法是父子继承关系，以减少类文件的创建。在项目实战中，一个类往往肩负着多个角色，它们有可能在多个设计模式中都担任了某角色，而示例中的设计模式一般都是分开讲解的，这是为了讨论和理解方便。

本节源码目录参见 disc/ 第 11 章 /11.2/11.2.2。

拓展：关于 25 个设计模式的补充说明

笔者的两本微信小游戏开发书会介绍 25 个设计模式，包括 23 个经典的设计模式、一个简单工厂模式和一个在命令模式基础上扩展的复合命令模式。

可以将 25 个设计模式分为 3 类，其结构关系如图 11-8 所示。

本书中没有应用的设计模式有 6 个，下面对它们进行简单介绍。

- 外观模式（Facade Pattern）：一种结构型设计模式，它能为程序库、框架或其他复杂类对外提供一套简单的访问接口。换言之，外观模式代表由不同接口和界面实现的子系统，对外提供一致的界面或统一的访问接口。外观模式一般在复杂的项目（例如一个功能全面的 UI 组件库）中才能发挥作用。
- 代理模式（Proxy Pattern）：一种结构型设计模式，它能给对象提供一个替代品或占位符。

代理模式控制着对原对象的访问，并允许在将请求提交给对象的前后逻辑点进行一些处理。换言之，代理模式是开发者为了调用方便或者添加额外控制，把对一个对象的访问交给另一个代理对象来控制。

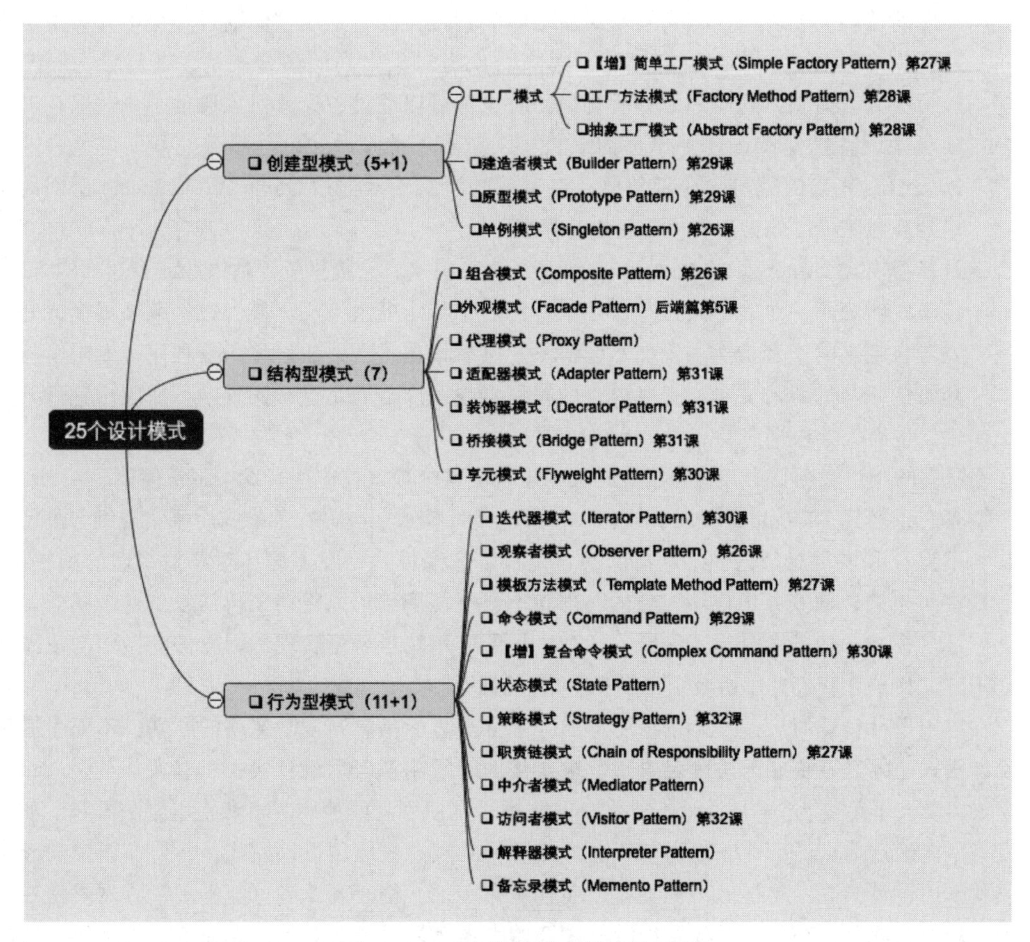

图 11-8　25 个设计模式结构关系图

在我们目前的项目中，有一个 UserAvatar 类，其用于在屏幕上展示当前微信用户的头像。这个对象的最终状态是一个图像，但它至少还有两个状态：一个是用户未授权，显示“获取用户信息”按钮的状态；另一个是有头像拉取权限，正在拉取中但还没有拉取到的状态。无论哪种状态，都可以将 UserAvatar 类使用代理模式改造一下，使它在任何状态下都可以被当作一个图像处理。

- 状态模式（State Pattern）：一种行为设计模式，它让开发者能在一个对象的内部状态发生变化时改变其行为，使对象看上去像改变了自身所属的类一样。换言之，状态模式是将对象的状态作为一种对象，使软件可以在不同的状态对象间切换；当对象的状态发生变化时，对象的属性和行为也发生了相应的变化。在我们当前的游戏中，有游戏运行状态和游戏结束状态，可以将这两个状态抽离为对象，以此实现状态模式。游戏页面的跳转，对应的就是对象状态的切换。

- 中介者模式（Mediator Pattern）：一种行为设计模式，它能让开发者减少对象之间混乱无序的依赖关系。该模式会限制对象之间的直接交互，迫使它们通过一个中介者对象进行合作。换言之，中介者模式为了解除对象与对象之间的耦合关系，在对象之间增加一个中介者对象，这样一来，所有相关对象都可以通过中介者对象通信了。一般在前端项目中，特别像 Vue 这种单页面项目中，都有一个 EventBus（事件总线）角色，这个 EventBus 充当的就是中介者角色。在目前的游戏中，通过 Game.getInstance() 返回的全局游戏对象可以作为一个中介者角色存在。
- 解释器模式（Interpreter Pattern）：一种行为型模式，它提供了评估语法或表达式的方式，该模式实现了一个表达式接口，用于解释一个特定的上下文。换言之，解释器模式是开发者自定义的一套表达一段文本的语法，然后根据这套语法设计一套程序，专门解析这套语法编写的语法文本。一般语言的解释器或编译器就是这么实现的。在应用软件开发中，也有人会根据需要实现文本解释器。

在我们的小游戏项目中，暂且没有相关的需求，这个模式在应用开发中不常使用。

- 备忘录模式（Memento Pattern）：一种行为设计模式，允许在不暴露对象实现细节的情况下保存和恢复对象之前的状态。换言之，备忘录模式是在不破坏对象封装性的前提下，在对象之外捕获并保存该对象的内部状态，以便后续可以将对象再恢复到这个状态。备忘录模式一般与命令模式结合，一个常见的应用场景就是实现编辑软件的撤销与重做功能。目前在我们的小游戏项目中没有这样做的需求。

在应用设计模式时有一个十分重要但因为十分浅显而易被开发者忽略的原则：**不要生搬硬套设计模式，尤其不要在无法确定未来需求变化的时候刻意应用设计模式**。有人甚至说过，设计模式“误人子弟”。这不是设计模式本身的问题，是使用者的使用时机和使用方法不对。如果开发者不能确定需求的变化，记得基于渐进式重构的理念去运用设计模式，不要在研发的起始阶段就强用设计模式。这样做不但无益，而且是有害的。细心的读者可能发现了，**本书是在主要项目功能完成后，在面向对象重构阶段才开始大量运用设计模式的，而在第二篇及第三篇的模块化重构阶段，仅有单例模式、迭代器模式等少量设计模式运用。**

本课小结

本课应用了访问者模式和策略模式。访问者模式并不复杂，也很有用，可以帮助我们有效地消除程序中像 if else 这样的代码的“坏味道”。访问者模式能显现开发者面向对象编程的水平。

学完本章后，本书就结束了。本书只涉及微信小游戏前端开发相关的知识，后端开发的知识请看《微信小游戏开发：后端篇》。只学习本书仅能开发一般的单机小游戏，学了《微信小游戏开发：后端篇》才能开发具有动态数据互动、社交营销、广告盈利等功能的全栈小游戏产品。学完本书，相当于全栈开发的学习道路已经走完了一半，趁热打铁，马上开始《微信小游戏开发：后端篇》的学习吧。

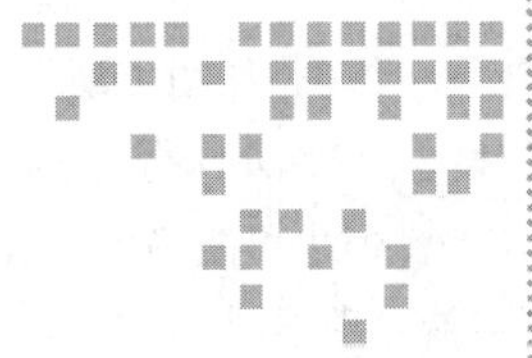

附录 Appendix

思考与练习参考答案

第1章

思考与练习 1-1

断言代码如下：

```
1.  let canvas = wx.createCanvas()
2.  ...
3.  console.assert(canvas.width == 414 && canvas.height == 736, "屏幕尺寸断言有误")
```

有人可能会担心使用过多的 console.log，程序的性能会受到影响。

使用 console.log 确实会对性能有一些影响。只要是代码，其执行都会占用 CPU，但只有当输出特别大的对象时，console.log 才会显著影响性能。在生产环境中，我们更应该关心的不是因使用 console.log 过多而降低性能，而是调试 API 可能产生的调试信息泄露。

在上线前，我们可以通过 wx.setEnableDebug 接口手动关闭调试模式，以及通过重写 console.log 方法让所有打印信息都消失不见，而不用把所有 console.log 代码都删除或注释掉。具体代码如下：

```
1.  // 关闭调试
2.  wx.setEnableDebug({  enableDebug: true})
3.  console.log = (...args)=> {} // 重写打印方法
```

思考与练习 1-2

参考代码如下：

```
context.fillRect(canvas.width / 2 - 50, canvas.height / 2 - 50, 100, 100)
```

思考与练习 1-3

可能会输出十万个 0，如图 1 所示。

图 1 输出十万个 0

这分别是在第 8 行和第 15 行（在该问题描述中的代码的第 2 代码段中）输出的。但也可能输出不到 500 个 0。不同的系统、不同性能的机器可能表现不同。

第 10 行期望的输出 300 并不会发生。程序跑起来后可能会有一些明显的卡顿，所耗时间远远大于 1s，最后 for 循环结束后，输出 0。为什么不是 300 呢，此时图像应该早加载完成了？

正如预备篇第 1 课所讲，**计算机就是一个“傻瓜”，它并没有智力，所有代码的执行都是 CPU 预先安排出来的。在第 5 行代码之后，程序马上开始 for 循环，此时 10 万次的循环代码在一瞬间就已经准备就绪了，从当前的文件作用域中取到的都是未加载完成状态的 image 对象，width 理所应当一直是 0**。看起来卡顿是因为 console.log 输出时性能有所损耗。

如果我们将第 8 行 for 循环内的第一个 console.log 输出代码注释掉，程序很快就会输出 0，并且只会输出一个 0。这也从侧面说明了大量 console 输出会影响一些程序性能。

思考与练习 1-4

可以在图像加载完成后再调用 moveDownImage 函数：

```
1.  // JS: disc\第 1 章\1.2\1.2.7_练习 4\game.js
2.  ...
3.  // 实现动画
4.  let image = wx.createImage()
5.  image.onload = function () {
6.    // mainContext.drawImage(image, 0, 0)
7.    moveDownImage()
8.  }
9.  ...
10. // moveDownImage()
```

在上面的代码中：

- 将第 10 行对 moveDownImage 的调用移至第 7 行，即 onload 的回调函数中。
- 将原第 6 行代码注释掉。在 moveDownImage 函数内部有绘制功能，第 6 行的绘制代码就不需要了。

虽然 moveDownImage 函数是在最下面定义的，但在上面 onload 回调函数中可以调用它，因为此时文件代码已经执行过了，在 JS 的符号表中已经有了 moveDownImage 这个函数标识符了。

思考与练习 1-5

参考代码如下：

```
1.  // JS: disc\第 1 章\1.2\1.2.8_练习 5\game.js
2.  ...
3.  // 实现有缓慢移动效果的拖动动画
4.  let targetX = 0,
5.    targetY = 0,
6.    currentX = 0,
```

```
7.    currentY = 0
8.
9.  let image = wx.createImage()
10. image.onload = function () {
11.   mainContext.drawImage(image, 0, 0)
12. }
13. image.src = "https://cdn.jsdelivr.net/gh/rixingyike/images/2021/
    20210829224044 小游戏从 0 到 1.png"
14.
15. wx.onTouchMove(function (e) {
16.   let touch = e.touches[0]
17.   targetX = touch.clientX
18.   targetY = touch.clientY
19. })
20. // 循环
21. function animate() {
22.   mainContext.clearRect(0, 0, canvas.width, canvas.height)
23.   currentX += (targetX - currentX) / 15 // 分母越大，滑动效果越细腻
24.   currentY += (targetY - currentY) / 15
25.   mainContext.drawImage(image, currentX, currentY)
26.   requestAnimationFrame(animate)
27. }
28. animate()
```

在上面的代码中：

- （targetX、targetY）是目标位置坐标，每次绘制会先计算一下当前位置与目标位置的差距，每次仅递增前进距离中的 1/15。
- 第 23 行、24 行的“+=”是复合赋值操作符，代码 currentX += (targetX-currentX)/20 等同于 currentX = currentX + (targetX-currentX)/20。

第 2 章

思考与练习 2-1

参考代码如下：

```
context.fillText(" 挡板小游戏 ", 10,30,20)
```

maxWidth 参数用于限制绘制的文本宽度，修改后仅能显示两个汉字，其余被截断。

思考与练习 2-2

参考代码如下：

```
context.font = "30px 'Microsoft Yahei'"
```

当字体名称中间有空格时，需要添加引号，这条规则也适用于其他 CSS 样式。运行效果如图 2 所示。

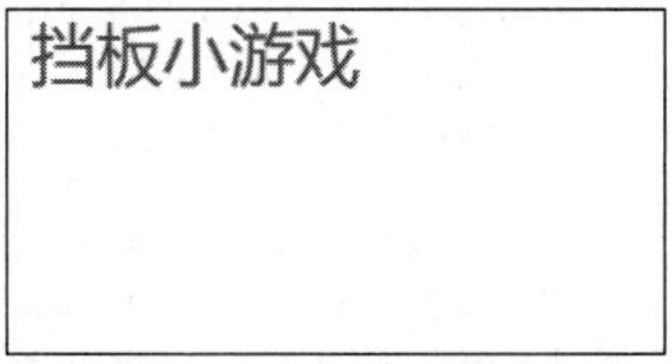

挡板小游戏

图 2　为标题设置字体及字号的效果

思考与练习 2-3

参考代码如下：

```
context.font = "oblique 30px Microsoft Yahei"
```

思考与练习 2-4

在整个渲染上下文对象上设置 fillStyle 属性，将会对整张画布生效，渲染上下文对象属于那个画布，就对那画布生效。文本是在坐标（10, 30）处开始绘制的，起始 x 是 10，而渐变对象却是从（0, 0）点开始绘制的。

现在我们尝试修改代码：

```
1.  <!-- HTML：disc\ 第 2 章 \2.1\2.1.8_ 练习 4\index.html -->
2.  ...
3.    <script>
4.    ...
5.    // 设置渐变填充对象
6.    // const grd = context.createLinearGradient(0, 0, context.measureText(" 挡
      板小游戏 ").width, 0)
7.    const grd = context.createLinearGradient(10, 0, context.measureText(" 挡板小
      游戏 ").width, 0)
8.    ...
9.    context.fillText(" 挡板小游戏 ", 10, 30)
10. </script>
```

第 7 行将第 1 个参数 0 改为 10，运行效果便正常了，如图 3 所示。

图 4 是之前的绘制效果，仔细对比，两者是有区别的。

图 3　渐变填充色平均分布的效果

图 4　渐变填充色非平均分布的效果

增大第 9 行第 2 个参数在旧代码中的值，例如由 10 改为 30，对比将会更加明显。

思考与练习 2-5

参考代码如下：

```
1.  <!-- HTML：disc\ 第 2 章 \2.1\2.1.9_ 练习 5\index.html -->
2.  ...
3.  // 思考与练习 2-5，实现从上向下颜色渐变
4.  context.font = "italic 800 20px STHeiti"
5.  const txtWidth = context.measureText(" 挡板小游戏 ").width
6.  const txtHeight = context.measureText("M").width
7.  const xpos = (canvas.width - txtWidth) / 2
8.  const ypos = (canvas.height - txtHeight) / 2
9.  const grd = context.createLinearGradient(0, ypos, 0, ypos + txtHeight)
10. grd.addColorStop(0, "red") // 添加渐变颜色点
11. grd.addColorStop(.5, "white")
12. grd.addColorStop(1, "yellow")
```

```
13. context.fillStyle = grd
14. context.textBaseline = "top" // 设置文本绘制基线
15. context.fillText(" 挡板小游戏 ", xpos, ypos)
```

在上面的代码中，第 10 行颜色渐变对象从上向下渐变，起始坐标与结束坐标的 x 值都是 0，将它们设置为 0 与设置为 canvas.width/2，效果是等同的。

运行效果如图 5 所示。

图 5　上下颜色渐变的文本

思考与练习 2-6

参考代码如下：

```
1.  <!-- HTML: disc\ 第 2 章 \2.2.1_ 练习 6\index.html -->
2.  ...
3.  // 绘制画布对角线
4.  context.strokeStyle = "red"
5.  context.beginPath()
6.  context.moveTo(canvas.width, 0)
7.  context.lineTo(0, canvas.height)
8.  context.moveTo(0, 0)
9.  context.lineTo(canvas.width, canvas.height)
10. context.stroke()
```

如果要绘制的对角线为红色，必须再次设置 strokeStyle 属性，否则默认使用最近一次设置过的颜色（黑色）。

运行效果如图 6 所示。

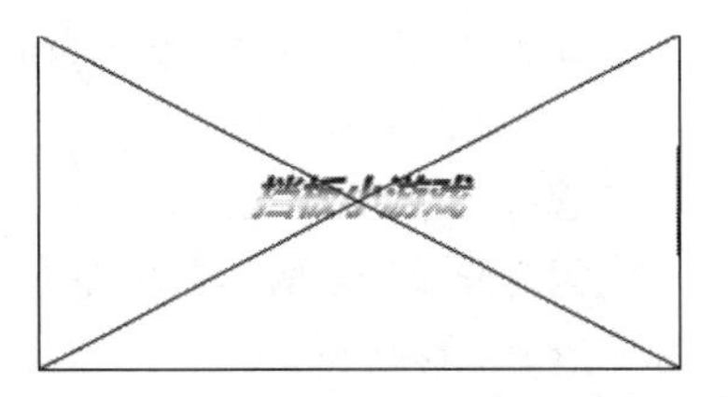

图 6　画布对角线

思考与练习 2-7（面试题）

JS 有 8 种基本数据类型：undefined、null、boolean、number、string、object、symbol、bigint。symbol 和 bigint 是 ES6 中新增的类型。按存储位置分为以下两种类型。

- 栈类型：值类型（undefined、null、boolean、number、string、symbol、bigint）。
- 堆类型：引用类型（object）。

两种类型在操作系统中的存储位置不同，一般分为栈区和堆区。

栈区内存由编译器自动分配释放，一般存放函数的参数值、局部变量的值等，其操作方式类似于数据结构中的栈；堆区内存一般由开发者分配与释放，若开发者不释放，则可能由编程语言的垃圾回收器回收。

symbol 是一个特殊的基本数据类型，使用时有引用类型的特征，但不是引用类型，使用 Symbol("a") instanceof Object 判断，将会返回 false。

思考与练习 2-8（面试题）

JS 是基于原型的语言，操作符 instanceof 用于判断一个对象是否属于某个类型（操作符右值）的实例，即判断该对象的原型链中是否出现了该类型。基于该原理，实现的 instanceOf 函数如下：

```
1.  // JS: disc\ 第 2 章 \2.2.2_ 练习 8\instance_of.js
```

```
2.  function instanceOf(left, right) {
3.    const instancePrototype = Object.getPrototypeOf(left)
4.    if(!instancePrototype) return false
5.    if (instancePrototype === right.prototype) return true
6.    return instanceOf(Object.getPrototypeOf(instancePrototype), right)
7.  }
8.  console.log(instanceOf(1, Number)) // true
9.  console.log(instanceOf("1", String)) // true
10. console.log(instanceOf({}, Object)) // true
11. console.log(instanceOf(Symbol("1"), Symbol)) // true
12. console.log(instanceOf(1n, BigInt)) // true
13. console.log(instanceOf(/[0-9]{2}/g, RegExp)) // true
```

该函数比原生的instanceof操作符更胜一筹，不仅能判断对象的子类型，还能判断基本数据类型。

思考与练习 2-9（面试题）

判断类型的方法有 4 个。

- 使用typeof操作符判断。
- 使用instanceof操作符判断。
- 使用构造器判断，每个类型都有一个构造器函数，例如 (1).constructor === Number 会返回 true。
- 使用 Object.prototype.toString.call() 判断，例如 Object.prototype.toString.call(1) 会返回 [object Number]。

思考与练习 2-10

因为线条绘制的 x 坐标值是 canvas.width，线条是骑在画布的右边界绘制的，可以将绘制坐标 x 值向左移动 5px 试一下，代码如下：

```
1.  context.moveTo(canvas.width - 5, (canvas.height - panelHeight) / 2)
2.  context.lineTo(canvas.width - 5, (canvas.height + panelHeight) / 2)
```

运行效果如图 7 所示。

图 7 修正位置后用线条绘制的右挡板

思考与练习 2-11（面试题）

其他类型转换为数值类型的主要规则如下。

- undefined 转换为 NaN。
- null 转换为 0。
- 对于 boolean 类型的值，true 转换为 1，false 转换为 0。
- 对于 string 类型的值，如果字符串包含非数字内容，转换为 NaN，否则转换为数字，空字符串转换为 0。
- symbol 类型的值不能转换为数字，硬转会报出异常。
- 自定义对象转换为数值，依次看 3 个方法，即 [Symbol.toPrimitive]、valueOf 和 toString，如果这 3 个方法中的任何一个返回值是字符串，可应用上面的第 4 条规则。

关于如何让自定义对象与数字进行四则运算，可以通过实现 toPrimitive 方法间接达成，看一个示例：

```
1.  // JS：disc\第2章\2.2.5_练习11\to_primitive.js
2.  let tech = tech2 = {
3.    name: "小游戏",
4.    age: 2021,
5.    [Symbol.toPrimitive](hint) {
6.      switch (hint) {
7.        case "number":
8.          return this.age
9.        case "string":
10.         return this.name
11.       default:
12.         return `{ name: ${this.name} }`
13.     }
14.   }
15. }
16.
17. // 消费代码
18. tech.name = "全栈开发"
19. const a = tech + 1
20. console.log(a) // { name: 全栈开发 }1
21. console.log(`tech: ${tech}`) // 输出为“tech：全栈开发”
22. ++tech // 正则运算
23. const b = tech + 1
24. console.log(b) // 2023
25. console.log(tech) // 2022
26. console.log(`tech: ${tech}`) // 输出为“tech：2022”
27. console.log(`tech2: ${tech2}`) // 输出为“tech2：全栈开发”
```

在该示例中，我们要关注以下几点。

- 第 5 行至第 14 行是一个有特殊名称的方法 toPrimitive，它是 JS 处理自动类型转换的内置方法，允许开发者在自定义对象中重写。参数 hint 有 3 种值，即 number、string 和 default。当不清楚自动转换是转换为数字还是字符串时，hint 等于 default；如果明确知道期望值是数字，则 hint 等于 number；同理，如果知道期望值是字符串，则 hint 等于 string。
- 第 19 行的加号（+）在词法上意思不明，可以是两个数字相加，也可以是两个字符串拼接，因此这里当 toPrimitive 被调用时，hint 参数是 default。第 20 行，我们看到的输出结果是第 12 行的模块字符串内容 +1。
- 第 21 行，将 tech 用在模板字符串中，是期待将其当作字符使用，所以此时 hint 等于 string，执行的是第 10 行的分支。
- 第 22 行是递增运算，已经将对象当作数字来使用了，此时 hint 等于 number，执行的是第 8 行分支。
- 第 23 行，因为 tech 的内部类型已经在当前作用域内被当作 number 类型了，所以这行不再执行拼接字符串，而是进行四则运算，运算结果 b 等于 2023。

- ❑ 第 26 行，因为 tech 的内部类型已经被当作 number 了，所以这行输出与第 21 行的迥然不同，虽然它们的代码是一样的。
- ❑ 第 27 行，tech2 和 tech 其实指向的是同一个字面量对象，但当 tech 的内部类型（hint）已确定时，tech2 依然是“纯洁”的，它的打印结果与第 21 行中 tech 没有被“污染”前是一样的。

补充一下，对于一个自定义对象，在进行隐式类型转换时，规则如下。

- ❑ 首先看有没有实现 toPrimitive 方法。如果有，按实际期许类型调用：如果期望类型是一个字符串，则 hint 参数为 string；如果期望类型是一个数字，则 hint 参数为 number。如果不清楚是什么类型，则 hint 参数为 default。
- ❑ 如果没有 toPrimitive 方法，且期望值是字符串类型的场景，先尝试调用 toString；如果没有，再尝试 valueOf。
- ❑ 对于期望值是数字类型的场景，反过来，先尝试调用 valueOf，再尝试调用 toString。

思考与练习 2-12（面试题）

在旧的浏览器中，undefined 是一个全局的标识符，它可以被开发者重写，代码如下：

```
1.  undefined = true
2.  let a
3.  if (a === undefined) {
4.    console.log("a is undefined")
5.  }
```

重写后，undefined 相当于是 true 的别名，第 4 行代码将不会再执行。

但是在现代浏览器中，这段代码仍然可以正常运行，原因是在 ES5 规范中已经明确规定 undefined 不可写、不可枚举、不可配置，并且现在大多数浏览器都已经实现了这个标准。

在旧的浏览器环境中，我们可以使用 void 0 代替 undefined。void 后面跟任何字面量或表达式都会返回 undefined。

思考与练习 2-13

仍然返回 true。数组即使为空，作为一个引用类型的对象实例，只要不为 null，转化为布尔值仍然为真。

思考与练习 2-14

参考代码如下：

```
1.  <!-- HTML: disc\第2章\2.2\2.2.8_练习14\index.html -->
2.  ...
3.  // 思考与练习 2-14，使用材质填充对象绘制右挡板
4.  const panelHeight = 50
5.  const img = document.getElementById("mood")
6.  img.onload = function () {
7.    const pat = context.createPattern(img, "no-repeat")
8.    context.fillStyle = pat
9.    context.fillRect(canvas.width - 5, (canvas.height - panelHeight) / 2, 5,
      panelHeight)
10. }
```

修改后强制刷新浏览器也没有问题了。这里有一个问题留给读者思考：当图像填充材质不可用时，填充的是渐变色吗？

思考与练习 2-15

输出：undefined。

for 循环自带一对花括号，它也是一个独立的区块作用域，在它内部声明的变量 i，在外部无论是否加了前缀 this，变量 i 都不能被访问。

思考与练习 2-16（面试题）

一般有两种方法。第一种，可以使用 toFixed 方法降低数值的存储精度：

```
1.  let x = 0.1,
2.    y = 0.2,
3.    z = (x + y).toFixed(2)
4.  console.log(z == 0.3) // true
```

第二种，如果存储精度不能降低，可将两个数的差与一个允许的最小机器精度误差值进行比对，若小于这个误差值，则认为两个数是相等的：

```
1.  Math.eq = function equal(a, b) {
2.    return Math.abs(a - b) < Number.EPSILON
3.  }
4.  let x = 0.1,
5.    y = 0.2,
6.    z = (x + y)
7.  console.log(Math.eq(z, 0.3)) // true
```

第 1 行，eq 是在原生对象 Math 上扩展的一个判断小数相等的方法。

思考与练习 2-17

参考代码如下：

```
1.  <!-- HTML: disc\第2章\2.3\2.3.1_练习17\index.html -->
2.  // 思考与练习 2-17，使用 arcTo 绘制右挡板
3.  const panelHeight = 50
4.  const panelWidth = 10,
5.        round = 4 // 圆角跨度
6.  p1 = { x: canvas.width - panelWidth, y: (canvas.height - panelHeight) / 2 },
7.    p2 = { x: canvas.width, y: (canvas.height - panelHeight) / 2 },
8.    p3 = { x: canvas.width, y: (canvas.height + panelHeight) / 2 },
9.    p4 = { x: canvas.width - panelWidth, y: (canvas.height + panelHeight) / 2 }
10. context.fillStyle = "brown"
11. context.lineWidth = 2
12. context.beginPath()
13. context.moveTo(p1.x + round, p1.y)
14. context.lineTo(p2.x - round, p2.y)
15. context.arcTo(p2.x, p2.y, p2.x, p2.y + round, round)
16. context.lineTo(p3.x, p3.y - round)
17. context.arcTo(p3.x, p3.y, p3.x - round, p3.y, round)
18. context.lineTo(p4.x + round, p4.y)
19. context.arcTo(p4.x, p4.y, p4.x, p4.y - round, round)
20. context.lineTo(p1.x, p1.y + round)
21. context.arcTo(p1.x, p1.y, p1.x + round, p1.y, round)
```

```
22. context.stroke()
23. context.fill()
```

在上面的代码中：

- 第 6 行至第 9 行，常量 p1 至 p4 是矩形没有圆角效果时的 4 个顶点，基于这 4 个点绘制的圆角效果。
- 第 5 行，round 是圆角跨度，作为常量，它可以被修改为任何一个大于等于 0，且小于 1/2 挡板宽度的数值。

代码稍微有点复杂，运行效果还是可以的，如图 8 所示。

可以看到挡板有明显的圆角效果。

如果将 round 修改为 0，则是矩形，效果如图 9 所示。

图 8 使用 arcTo 绘制的圆角右挡板

图 9 arcTo 绘制的 0 圆角右挡板

思考与练习 2-18

参考代码如下：

```
1.  <!-- HTML: disc\第 2 章\2.3\2.3.2_练习\index.html -->
2.  ...
3.  // 思考与练习 2-18，绘制一个碗形
4.  context.clearRect(0, 0, canvas.width, canvas.height)
5.  context.shadowColor = "white"
6.  const r = 50, // 碗的半径
7.    centerPos = { x: canvas.width / 2, y: canvas.height / 2 - r / 2 } // 碗心坐标
8.  context.strokeStyle = "black"
9.  context.lineWidth = 2
10. context.beginPath()
11. context.arc(centerPos.x, centerPos.y, r, 0, Math.PI) // 开始绘制碗底
12. context.moveTo(centerPos.x - r, centerPos.y)
13. context.arcTo(centerPos.x, centerPos.y - 10, centerPos.x + r, centerPos.y,
    4 * r + 20) //绘制上碗沿
14. context.lineTo(centerPos.x + r, centerPos.y)
15. context.moveTo(centerPos.x + r, centerPos.y)
16. context.arcTo(centerPos.x, centerPos.y + 10, centerPos.x - r, centerPos.y,
    4 * r + 20) //绘制下碗沿
17. context.lineTo(centerPos.x - r, centerPos.y)
18. context.stroke()
```

在上面的代码中：

- 第 4 行、第 5 行是为了消除旧渲染代码的影响。
- 第 13 行、第 14 行是绘制上碗沿，绘制完成后需要在第 15 行通过 moveTo 将绘制点移动

到碗的右上角，否则第 16 行、第 17 行的弧线绘制会受到影响，可以将第 15 行注释掉并查看变化。**moveTo 看似只是移动笔触，不执行真正的绘制，但在复杂的二维图形绘制中极有用。**

运行效果如图 10 所示。

注意，右挡板是后来在 onload 回调函数中异步绘制的，所以它没有受第 4 行清屏代码的控制。

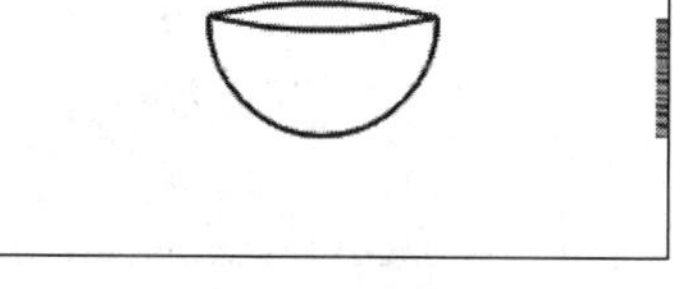

图 10　碗形绘制效果

思考与练习 2-19

参考代码如下：

```
1.  <!-- HTML: disc\ 第 2 章 \2.4\2.4.1_ 练习 19\index.html -->
2.  ...
3.  // 思考与练习 2- 19，绘制米碗的填充效果
4.  context.clearRect(0, 0, canvas.width, canvas.height)
5.  context.fillStyle = "whitesmoke"
6.  context.shadowOffsetX = context.shadowOffsetY = 0
7.  const r = 50, // 碗半径
8.    centerPos = { x: canvas.width / 2, y: canvas.height / 2 - r / 2 }, // 碗心
    坐标
9.    linearGradient = context.createLinearGradient(centerPos.x, centerPos.
    y - 10, centerPos.x, centerPos.y + 30)// 渐变填充区域是从上碗沿至碗底
10. linearGradient.addColorStop(0, "#33333300")
11. linearGradient.addColorStop(1, "#333333ff")
12. // 先绘制下半部分渐变填充效果
13. context.strokeStyle = "#333"
14. context.fillStyle = linearGradient
15. context.lineWidth = 1
16. context.beginPath()
17. context.arc(centerPos.x, centerPos.y, r, 0, Math.PI) // 绘制碗底
18. context.moveTo(centerPos.x - r, centerPos.y)
19. context.arcTo(centerPos.x, centerPos.y - 10, centerPos.x + r, centerPos.y,
    4 * r + 20) // 绘制上碗沿
20. context.lineTo(centerPos.x + r, centerPos.y)
21. context.fillStyle = linearGradient // 渐变填充
22. context.stroke()
23. context.fill()
24. // 再绘制顶部白色填充效果
25. context.strokeStyle = "white"
26. context.fillStyle = "white"
27. context.beginPath()
28. context.moveTo(centerPos.x - r, centerPos.y)
29. context.arcTo(centerPos.x, centerPos.y - 10, centerPos.x + r, centerPos.y,
    4 * r + 20) // 绘制上碗沿
30. context.lineTo(centerPos.x + r, centerPos.y)
31. context.arcTo(centerPos.x, centerPos.y + 10, centerPos.x - r, centerPos.y,
    4 * r + 20) // 绘制下碗沿
32. context.lineTo(centerPos.x - r, centerPos.y)
33. context.stroke()
34. context.fill()
```

这段代码看起来很复杂，但所有技能点在前面都已经讲解过了。第 4 行与第 6 行是为了避免已有代码影响绘制效果，将画布清空并移除阴影效果。第 10 行中的颜色 "#33333300" 是深

灰透明色，第 11 行 "#333333ff" 是 100% 深灰色，差别在最后两个字符上，00 代表透明，ff 是十六进制，转换成十进制是 255，代表不透明。

思考与练习 2-20

参考代码如下：

```
1. <!-- HTML: disc\第 2 章\2.4\2.4.5_ 练习 20\index.html -->
2. ...
3. // 思考与练习 2-20，使用 do while 循环绘制分界线
4. context.strokeStyle = "whitesmoke"
5. context.lineWidth = 1
6. const startX = canvas.width / 2
7. let posY = 0
8. context.beginPath()
9. do {
10.   context.moveTo(startX, posY)
11.   context.lineTo(startX, posY + 10)
12.   if (posY > canvas.height) break
13.   posY += 20
14. } while (true)
15. context.stroke()
16. ...
```

在上面的代码中，第 12 行是关键，当 posY 超出画布高度时，跳出 do while 循环。如果没有第 12 行代码，第 14 行 do while 的循环条件为 true，则这个循环将一直进行下去。我们可以尝试将第 12 行代码注释掉，查看浏览器表现。**谷歌浏览器每个 Tab 页都是一个独立的进程，JS 死循环或许会造成页面假死，但不会影响整个浏览器和电脑的运行。**

运行效果没有变化。

思考与练习 2-21

参考代码如下：

```
1. <!-- HTML: disc\第 2 章\2.4\2.4.6_ 练习 21\index.html -->
2. ...
3. // 思考与练习 2-21
4. context.strokeStyle = "whitesmoke"
5. context.lineWidth = 1
6. const startX = canvas.width / 2
7. let posY = 0
8. context.beginPath()
9. for (let i = 0; ; i = i + 2) {
10.   posY = i * 10
11.   context.moveTo(startX, posY)
12.   context.lineTo(startX, posY + 10)
13.   // i++, i++
14.   if (posY > canvas.height) break
15. }
16. context.stroke()
17. ...
```

第 13 行被注释掉了，直接替换为第 9 行的 i = i + 2。

运行效果与第 6 课的示例是一样的。

思考与练习 2-22

不正常。箭头函数内的局部变量 y 是在运行时决定的，此时 posY 已是定值，再赋值已无意义。

第 3 章

思考与练习 3-1

定时器不会立马执行。即使定时器的间隔为 0，执行时机也会安排在后面，即等主线程有空了再执行。代码会输出 2、1，而不是 1、2。

思考与练习 3-2

会有很大改善。但是注意，浏览器里 HTML5 一般允许的最小定时器间隔是 4ms，低于 4ms 会按 4ms 处理。

思考与练习 3-3（面试题）

动画出现卡顿，并不一定是电脑性能不足，否则为什么同一台电脑使用定时器卡顿，使用 requestAnimationFrame 就流畅了呢？**requestAnimationFrame 的最大优势在于可以由系统决定回调函数执行的最佳时机，假设屏幕刷新频率是 60Hz，那么回调函数就是每 16.7ms 执行一次；如果刷新频率是 75Hz，那么回调函数就是每 13.3ms 执行一次，requestAnimationFrame 的回调执行是随着系统屏幕的刷新频率而定的**。这个机制可以保证每个帧频间隙都能执行一次回调函数，回调函数内的视图数据运算代码不至于因为阻塞而没有改变。只有当视图数据不发生变化时，卡顿才会发生。

除了拥有最适合的执行时机之外，requestAnimationFrame 还有两个优势。

- 静默休眠。当浏览器页面为非激活页面时，页面内的定时器计时会放慢，但不会停止。requestAnimationFrame 会因视图刷新的停止而停止执行回调函数。
- 函数节流。假设屏幕每 16.7ms 刷新一次，如果定时器间隔是 5ms，这意味着在一个帧频周期内代码要运算 5 次以上，但只有最后一次的运算结果会输出到屏幕上，这就造成了浪费。requestAnimationFrame 可以减少这种浪费。

思考与练习 3-4（面试题）

延迟执行一个 script 文件主要有以下 5 种方法。

1）最简单的办法是把 script 标签放在页面底部，等页面全部解析完成了再加载与执行 script 文件。

2）可以使用 jQuery 类库对页面文档的加载事件进行监听（例如 $(document).ready(...)），当文档加载完成后，再动态创建一个 script 标签，以此来导入和执行 JS 脚本。

3）可以在一个 script 标签内，使用 setTimeout 定时器，延迟创建一个动态的 script 标签。

4）**给 script 脚本标签添加 defer 属性，该属性会让脚本与文档同步解析，但只有在整个页面文档解析完成后，才会按照设置 defer 的顺序，依次执行 script**。执行顺序在多个浏览器中并不一定一致。

5）给 script 标签添加 async 属性，这个属性会使脚本像挂在页面 DOM 树上一样，脚本会异步加载，并且不会阻塞页面的正常解析。脚本完全加载以后才会执行，多个设置 async 属性的脚本的执行顺序并不可测。

思考与练习 3-5

参考代码如下：

```
1.  // 监听鼠标移动事件
2.  const mouseTopOffset = canvas.getBoundingClientRect().top - panelHeight / 2,
3.    panelBottomOffset = canvas.height - panelHeight
4.  canvas.addEventListener("mousemove", function (e) {
5.    let y = e.clientY - mouseTopOffset
6.    if (y > 0 && y < panelBottomOffset) { // 溢出检测
7.      leftPanelY = y
8.    }
9.  })
```

书中的示例还有可优化之处，读者可自行优化。

思考与练习 3-6

不是。输出 2、1。

对于 a && b，如果 a 为真，则返回 b；如果 a 为假，则返回 a。对于 a || b，如果 a 为假，则返回 b；如果 a 为真，则返回 a。

思考与练习 3-7

参考代码及输出如下：

```
1.  console.log(parseInt("1,000")) // 输出 1，不是 1000
2.  console.log(+null) // 0
3.  console.log(+undefined) // NaN，不支持转化未定义值
4.  console.log(+true) // 1
5.  console.log(+false) // 0
6.  console.log(+"0x0F") // 15，是从 16 进制转化的
7.  console.log(+"1e-4") // 0.0001，1e-4 是科学计数，代表万分之一
8.  console.log(+{}) // NaN，不支持转化对象，但对象如果为 null，支持转化
```

思考与练习 3-8（面试题）

其他类型转换为字符串的基本规则如下。

- null 和 undefined 直接加上引号转换为字符串，null 转换为 "null"，undefined 转换为 "undefined"。
- boolean 类型直接将值加上引号转换为字符串，true 转换为 "true"，false 转换为 "false"。
- number 类型的值直接加上引号变成字符串。
- symbol 类型的值会直接显式转换为字符串，不支持隐式类型转换。
- 对于 object 类型，除非开发重写了 toString 方法，否则会调用 Object.prototype.toString 方法输出，例如 "[object Object]"。

思考与练习 3-9

使用 addEventListener 添加的事件句柄，与使用 removeEventListener 移除的事件句柄，必须是同一个函数，并且第 3 个参数 useCapture 还必须一致。

在下面这段代码中：第 2 行通过 addEventListener 方法将一个匿名函数作为事件句柄并添加了事件监听；第 4 行，移除事件监听可以使用 **arguments**.callee，它指代的便是第 2 行添加监听的匿名事件句柄函数：

```
1.  <!-- HTML: disc\第3章\3.3\3.3.3_2\event.html -->
2.  window.addEventListener("click", function (e) {
3.    console.log("单击已发生")
4.    e.currentTarget.removeEventListener(e.type, arguments.callee)
5.    console.log("监听已移除")
6.    return false
7.  }, false)
8.  // 输出：
9.  // 单击已发生
10. // 监听已移除
```

这样只会输出一次“单击已发生”。

思考与练习 3-10

可以反过来测试，参考代码如下：

```
1.  if (!audio.canPlayType("audio/ogg")) {
2.    audio.src = "./click.mp3"
3.  } else if (!audio.canPlayType("audio/mp3")) {
4.    audio.src = "./click.ogg"
5.  } else {
6.    // 未找到合适类型
7.  }
```

ogg 类型与 mp3 有一定的互斥性，三大主流浏览器 IE、Chrome、Safari 均支持 mp3，如果浏览器不支持 ogg 格式，就选择 mp3 类型；如果不支持 mp3，再选择 ogg。这个策略可以最大程度地保证这两个音频类型的可用覆盖率。

在小游戏开发中支持 m4a、aac、mp3、wav 等音频类型，不存在音频文件的兼容性问题，音频兼容性问题在小程序 / 小游戏开发中不存在。

第 4 章

思考与练习 4-1

参考代码如下：

```
1.  wx.getSystemInfo({
2.    success: (res) => {
3.      console.log("屏幕尺寸", res.screenWidth, res.screenHeight)
4.      console.log("窗口尺寸", res.windowWidth, res.windowHeight)
5.      console.log("状态栏高度", res.statusBarHeight)
6.    }
7.  })
8.  // 输出：
9.  // 屏幕尺寸 375 667
10. // 窗口尺寸 375 667
11. // 状态栏高度 20
```

小游戏默认没有开启状态栏，所以窗口高度等于屏幕高度。

思考与练习 4-2（面试题）

BOM 是浏览器对象模型。JS 作为一门寄生语言，只实现了基本的内置对象，在浏览器环境中，BOM 是 JS 与浏览器进行交互的一套接口。BOM 的核心对象是 window，window 也是 JS 在浏览器环境下的全局对象。window 对象含有 location、navigator、screen、document 等子对象，其中 document 便是 DOM。

DOM 是文档对象模型，该对象主要定义了 JS 与页面进行交互的一套接口。例如动态创建 script 标签就是通过 DOM 接口完成的。

思考与练习 4-3

参考代码如下：

```
1.  const hitAudio = wx.createInnerAudioContext() // 单击音效对象
2.  hitAudio.src = "./click.mp3"
3.  // 播放单击音效
4.  function playHitAudio() {
5.    if (hitAudio.duration) hitAudio.play()
6.  }
```

duration 是当前音频长度，加载到音频资源后，在 if 语句内才会返回 true，通过这个属性进行判断可防止播放异常。

思考与练习 4-4

代码执行状况如下：

```
1.  void 0 // undefined
2.  void false // undefined
3.  void [] // undefined
4.  void null // undefined
5.  void function fn() { } // undefined类型
6.  void (() => { }); // undefined类型
7.  (() => { })() // undefined类型
```

在 JS 中，利用 void 关键字对任何表达式进行操作，都会返回 undefined。在定义函数时，即使函数内没有 return 关键字，函数也会返回 undefined。第 7 行的匿名箭头函数的输出也是 undefined。

思考与练习 4-5

参考代码如下：

```
1.  function onTouchMove(e) { // 新瓶装旧酒，函数体与原wx.onTouchMove回调函数是一样的
2.    let touch = res.touches[0] || { clientY: 0 }
3.    let y = touch.clientY - panelHeight / 2
4.    if (y > 0 && y < (canvas.height - panelHeight)) { // 溢出检测
5.      leftPanelY = y
6.    }
7.  }
8.  wx.onTouchStart(e => {
9.    wx.onTouchMove(onTouchMove) // 按下时开始监听
```

```
10. })
11. wx.onTouchEnd(e => {
12.   wx.offTouchMove(onTouchMove) // 抬起时移除监听
13. })
```

利用 wx.onTouchStart 和 wx.onTouchEnd 接口，在触摸事件开始时添加移动监听，而当触摸事件结束时移除监听。

第 5 章

思考与练习 5-1

因为在 render 函数中，背景音乐按钮的绘制代码在小球绘制代码的下面，具体如下：

```
1.  // 渲染
2.  function render() {
3.    ...
4.    // 依据位置绘制小球
5.    ...
6.    context.arc(ballPos.x, ballPos.y, radius, 0, 2 * Math.PI)
7.    context.stroke()
8.    context.fill()
9.
10.   // 调用函数绘制背景音乐按钮
11.   drawBgMusicButton()
12. }
```

思考与练习 5-2

输出：1。由于 switch 语句中的 case 是全等判断，因此代码会执行 default 默认分支。

思考与练习 5-3（面试题）

使用 new 关键字创建新对象包括以下步骤：

1）创建一个新对象；

2）将新对象的 _proto_ 属性与构造函数的 prototype 关联；

3）将新对象绑定为构造函数内的 this，执行构造函数；

4）返回构造函数的执行结果或新对象。

箭头函数没有 prototype，没有自己的 this，其中第 2、3 步都无法完成，所以 new 关键字不能用于箭头函数。

思考与练习 5-4

不是。在箭头函数中没有 arguments，程序将报出如下异常：

```
1.  Uncaught ReferenceError: arguments is not defined
2.  // 未捕获的引用异常，arguments 未定义
```

思考与练习 5-5（面试题）

JS 的词法域是静态词法域，箭头函数中的 this 取决于定义它的函数，即指向定义它的父函数中的 this。来看一个示例：

```
1. // 代码一：ES6
2. const obj = {
3.   getThis() {
4.     return () => {
5.       console.log(this === obj)
6.     };
7.   }
8. }
9. obj.getThis()() // true
10.
11. // 代码二：由 Babel 编译后
12. var obj = {
13.   getThis: function getThis() {
14.     var _this = this
15.     return function () {
16.        console.log(_this === obj)
17.     }
18.   }
19. }
20. obj.getThis()() // true
```

代码一是使用ES6语法编写的代码，代码二是使用Babel编译后的代码。从生成的代码可以看出：

- **ES6箭头函数的语法本身只是一个语法糖，箭头函数最终会转换为普通的function函数；**
- **箭头函数中的this是定义箭头函数的父函数中的this。**

思考与练习 5-6

参考代码如下：

```
1. if (userAvatarImg) context.drawImage(userAvatarImg, canvas.width - 65,
   canvas.height - 75, 45, 45)
```

运行效果如图11所示。

思考与练习 5-7

参考代码如下：

```
1. // 游戏结束的模态弹窗提示
2. wx.showModal({
3.   title: "游戏结束",
4.   content: "单击【是】重新开始",
5.   confirmText: "是",
6.   confirmColor: "#FF0000",
7.   cancelText: "否",
8.   cancelColor: "#999999",
9.   success(res) {
10.    if (res.confirm) {
11.      restart()
12.    }
13.  }
14. })
```

模拟器中的运行效果如图12所示。

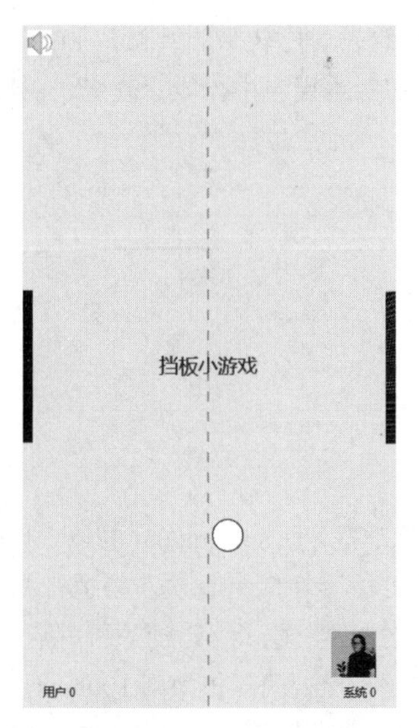

图 11　在屏幕右下角绘制头像的效果

图 12　模拟器中的自定义弹窗效果

在微信 PC 客户端中的效果如图 13 所示。

上述运行结果再次证明微信 PC 客户端与微信开发者工具中的模拟器并不是相同的环境实现。

在手机上预览，效果如图 14 所示。

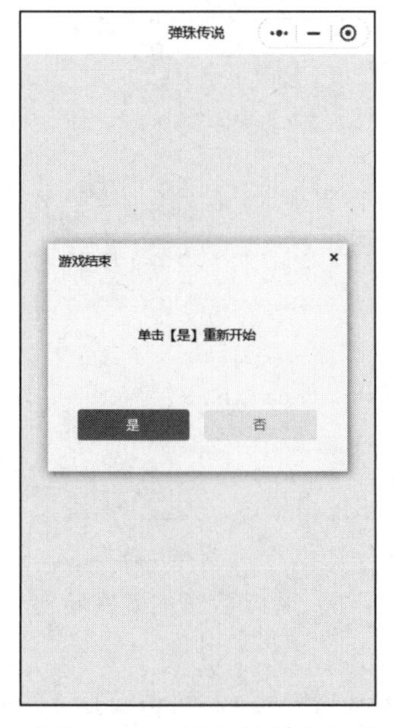

图 13　微信 PC 客户端中的自定义弹窗效果

图 14　在手机端自定义模态弹窗按钮的效果

模拟器与手机端的效果是一致的，微信 PC 客户端的表现比较另类。微信 PC 客户端也是最终的用户环境之一，它的表现与预期不符，这在以后的版本更新中可能会改变。在当前阶段，直接使用多端相对一致的默认 UI 设置就可以了。

思考与练习 5-8

99% 的情况都不是，笔者一次执行的输出如下：

```
1.  106
2.  215
3.  308
4.  401
5.  510
```

从上述执行结果可以得到如下 3 个启示。

- **定时器本身的计时检查机制并不严格**。HTML5 标准规定，setTimeout 的最短检视间隔是 4ms，如果两个定时器间隔时间小于 4ms，那么可能会在同一批次获得执行权。如果笔记本电脑在使用电池，对于 Chrome 和 IE 9 以上的版本，会将 4s 的检视间隔扩大到大约 16ms。有时浏览器为了省电，会在非当前页面将这一检视间隔扩大到 1000ms，即 1s。
- **JS 是单线程的事件触发型异步编程脚本语言**。定时器事件是异步事件，由单独的异步线程管理，当事件触发时，要看主线程有没有空，如果主线程当前不忙，定时器回调函数在被推入线程列表后，会立即被执行；如果列表里已经有许多回调代码在排队了，就会产生等待，这时候定时器回调代码的执行肯定会延迟。
- **对于间隔执行的定时器，如果上一次执行被耽误了，并不意味着这一次要向后顺延**。第 2 行输出是 215，理论上延迟了 15ms，但第 3 行输出是 308，理论上延迟只有 8ms，反而变小了。异步线程和主线程各干各的，异步线程只负责在指定时间点将异步代码推给主线程，至于主线程什么时候执行，异步线程不会管，它也管不着。

思考与练习 5-9

只需修改一个关键字就能解决问题了：

```
1.  for (let i = 1; i <= 5; i++) { // 此处由 var 改为 let
2.    setTimeout(function () {
3.      console.log(i)
4.    }, i * 1000)
5.  }
6.  console.log(i) // 报出“ReferenceError: i is not defined”异常
```

第 1 行，将 var 关键字改为 let。

在未修改之前，第 6 行的打印结果是 6；修改后，打印报出异常，因为 i 未定义。

这个问题与闭包的函数作用域有关。当使用 var 关键字声明局部变量 i 的时候，在定时器执行之前，i 在当前作用域（即当前文件作用域）已经变成了 6，所以后续的 6 次定时器回调函数取到的 i 值都是 6。

而当 var 改成了 let 之后，变量 i 在当前文件作用域内是未知的（不可访问），它只是一个 for 循环区块内的局部变量。在使用 setTimeout 创建定时器时，局部变量 i 和回调函数一起被打包成了一个闭包，i 在这个闭包内是唯一的，在每个半包内都有一个唯一的值，所以最后打印结果也是 1 至 5。

第 6 章

思考与练习（面试题）

构造函数前面的 new 关键字主要完成了 3 件事。

- 基于构造函数的 prototype 原型属性，创建一个新对象。
- 将新对象绑定为构造函数中的 this，并执行构造函数。
- 返回对象，如果构造函数有返回并且是引用对象，返回它；否则返回创建的新对象。

基于这个逻辑，代替 new 关键字的 newOperator 函数如下：

```
1.  // JS: disc\ 第 6 章 \6.2\6.2.2\new_operator.js
2.  function newOperator() {
3.    const constructor = Array.prototype.shift.call(arguments)
4.
5.    // 判断参数是否是一个函数
6.    if (typeof constructor !== "function") throw SyntaxError(" 第 1 个参数必须是函数 ")
7.
8.    // 创建一个空对象
9.    const newObject = Object.create(constructor.prototype)
10.   // 绑定 this 对象，执行构造函数
11.   const result = constructor.apply(newObject, arguments)
12.   // 看构造函数是否有返回并且是引用类型
13.   const flag = result && (typeof result === "object" || typeof result ===
      "function")
14.
15.   // 返回结果
16.   return flag ? result : newObject
17. }
18.
19. // 构造函数
20. function PersonConstructorFunction(name, age, job) {
21.   this.name = name
22.   this.age = age
23.   this.job = job
24.   this.friends = [" 小王 ", " 小李 "]
25.   this.say = function () {
26.     return ` 我的名字是 ${this.name}，我是 ${this.job}。`
27.   }
28. }
29. // let p = new PersonConstructorFunction(" 石桥码农 ", 18, " 程序员 ")
30. let p = newOperator(PersonConstructorFunction, " 石桥码农 ", 18, " 程序员 ")
31. p.say() // 我的名字是石桥码农，我是程序员。
```

在该示例中：

- 第 2 行至第 17 行是 newOperator 函数。
- 第 3 行将第一个参数取出作为构造函数，newOperator 的第一个实参必须为函数。

- 第 9 行使用 Object.create 基于一个原型类型创建一个对象，就是以原型类型的对象实例作为新对象实例的 [[Prototype]] 属性。
- 第 11 行在调用 apply 方法时，将新对象实例 newObject 作为构造函数中的 this 绑定了。
- 第 13 行检测构造函数有没有返回，没有则准备返回创建的对象实例。
- 第 20 行至第 31 行是测试代码，从测试结果看，使用 new 关键字的第 29 行代码与使用 newOperator 函数的第 30 行代码的效果是一样的。

第 7 章

思考与练习 7-1

静态属性 instance 并不需要在外部被访问，可以将其私有化，修改后的代码如下：

```
1.  static #instance
2.  /** 单例 */
3.  static getInstance() {
4.    if (!this.#instance) {
5.      this.#instance = new Ball()
6.    }
7.    return this.#instance
8.  }
```

#instance 作为静态私有变量，必须先声明才可以在 getInstance 中使用。

思考与练习 7-2（面试题）

typeof NaN 返回 Number。isNaN 与 Number.isNaN 的区别主要在于隐式类型转换的规则。

- isNaN 会进行隐式类型转换，尝试将参数转换为 number 类型，所有参数不能自动转换的情况都将返回 true；转换后再判断结果是否为 Number.NaN。
- Number.isNaN 不会进行隐式转换，先判断参数是否为 number：如果不是，则直接返回 false；如果是 number 类型，再与 Number.NaN 进行比较、判断。

```
1.  console.log(isNaN("a")) // 输出 true
2.  console.log(isNaN("1")) // 输出 false
3.  console.log(Number.isNaN("a")) // 输出 false
4.  console.log(Number.isNaN(Number.NaN)) // 输出 true
5.  console.log(Number.isNaN({})) // 输出 false
```

在实际开发中，若想尝试将字符串转换为数字，可以先用全局函数 isNaN 进行判断，如果返回 false，再将其转换。

第 8 章

思考与练习

因为定时器的回调函数是一个普通的匿名函数，看一下代码：

```
1.  this.gameOverTimerId = setTimeout(function () {
2.    this.gameIsOver = true
3.  }, 1000 * 30)
```

第 2 行，this.gameIsOver 取到的并不是当前游戏对象实例的属性 gameIsOver，而是 undefined，因为此处 this 等于全局对象 GameGlobal。解决办法也很简单，只需将普通匿名函数改为箭头函数即可：

```
1.  this.gameOverTimerId = setTimeout(() => {
2.    this.gameIsOver = true
3.  }, 1000 * 30)
```

箭头函数没有自己的 this，它的 this 等于定义它的父函数中的 this。

第 9 章

思考与练习（面试题）

Object.is 与全等（===）、相等（==）运算符的区别主要有以下 3 点。

- 使用相等（==）运算符，如果左右值类型不一致，会发生隐式强制类型转换。
- 使用全等（===）运算符，如果两边类型不一致，不会进行强制类型转换，会直接返回 false。
- 使用 Object.is 来进行相等判断时，常规情况下和全等运算符的使用规则相同，不过处理了一些特殊情况：例如 −0 和 +0 不相等，而两个 NaN 是相等的。

第 10 章

思考与练习（面试题）

Map 和 Object 的主要区别如下。

- Map 默认不包含任何键，只用于存储键值对数据；Object 有一个原型（Object.prototype），原型上的键名可能会和开发者设置的键名产生冲突，**使用 Object.create(null) 可以得到一个“纯净”的 Object。**
- Map 的键可以是任意类型，包括函数、对象及任意基本数据类型；而 Object 的键必须是 string 或者 symbol 类型。
- Map 的键是有序的，迭代的时候会以插入的顺序返回；Object 的键是无序的。
- Map 可以通过 size 属性获取键值对个数，而 Object 的键值对个数只能由开发者手动计算。
- Map 是可迭代类型，可以直接使用 for of 迭代；Object 必须先用 Object.keys 拿到键的数组，才可以迭代。
- Map 对频繁增删键值对进行了优化，性能更佳；Object 在此场景下未做出优化。

推荐阅读

Unity3D高级编程:主程手记

978-7-111-69819-7

Unity3D游戏开发领域里程碑之作，上市公司资深游戏主程多年工作经验结晶。

层层拆解Unity3D游戏客户端架构，深入剖析各个模块技术方案，详细讲解游戏客户端的渲染原理。

百万在线：大型游戏服务端开发

978-7-111-68755-9

使用Skynet引擎开发对战游戏，直面各类工程难题！

与《Unity3D网络游戏实战（第2版）》互补，一同构建完整的“客户端+服务端”游戏开发技术体系！

Unity AR/VR开发：实战高手训练营

978-7-111-68499-2

畅销书作者撰写，让小白读者也能轻松上手AR/VR开发！

实战为王，详解AR/VR开发必须掌握的Unity3D技能，以及如何应用多种主流AR/VR设备、平台与技术